“十二五”普通高等教育
本科国家级规划教材

面向21世纪课程教材
Textbook Series for 21st Century

普通物理学教程
电磁学

（第五版）

梁灿彬　秦光戎　梁竹健　原著
李晓文　修订

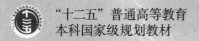

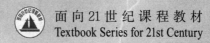

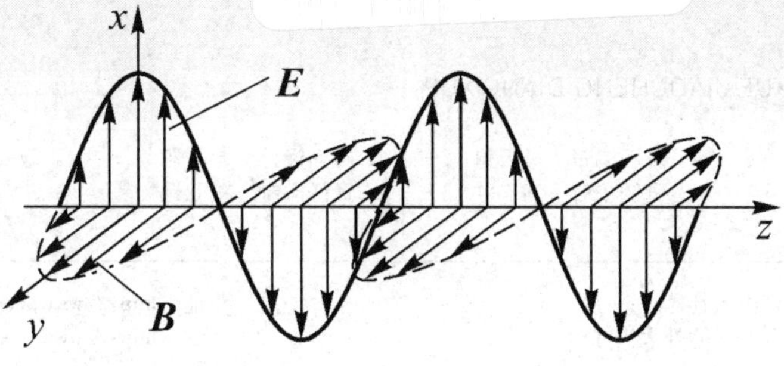

中国教育出版传媒集团
高等教育出版社·北京

内容简介

本书是“十二五”普通高等教育本科国家级规划教材，在第四版的基础上修订而成。本书第二版是教育部“高等教育面向21世纪教学内容和课程体系改革计划”的研究成果，是面向21世纪课程教材，第一版是梁灿彬、秦光戎、梁竹健原著教材《电磁学》(1980年)(该书曾获首届国家教委高等学校优秀教材一等奖)。此次修订注意保持原版的基本风格，对部分欠妥之处进行了改正。全书共含10章，内容有：静电场的基本规律、有导体时的静电场、静电场中的电介质、恒定电流和电路、恒定电流的磁场、电磁感应与暂态过程、磁介质、交流电路、时变电磁场和电磁波以及电磁学的单位制。本书对问题的叙述比较详细，既考虑到与理论物理课程的衔接，也照顾到与中学物理教材的联系。

本书可用作高等学校物理学类专业电磁学课程的教材，也可供其他相关专业的师生以及中学物理教师参考。

图书在版编目(CIP)数据

普通物理学教程. 电磁学 / 梁灿彬，秦光戎，梁竹健原著. --5版. --北京：高等教育出版社，2024. 9. -- ISBN 978-7-04-062299-7

Ⅰ. O4

中国国家版本馆CIP数据核字第20241VR752号

PUTONG WULIXUE JIAOCHENG DIANCIXUE

策划编辑 马天魁　责任编辑 马天魁　封面设计 赵 阳　版式设计 徐艳妮
责任绘图 裴一丹　责任校对 高 歌　责任印制 刘弘远

出版发行 高等教育出版社
社　　址 北京市西城区德外大街4号
邮政编码 100120
印　　刷 天津鑫丰华印务有限公司
开　　本 787mm×1092mm 1/16
印　　张 22.5
字　　数 530千字
购书热线 010-58581118
咨询电话 400-810-0598
网　　址 http://www.hep.edu.cn
　　　　 http://www.hep.com.cn
网上订购 http://www.hepmall.com.cn
　　　　 http://www.hepmall.com
　　　　 http://www.hepmall.cn
版　　次 1980年12月第1版
　　　　 2024年9月第5版
印　　次 2024年9月第1次印刷
定　　价 50.00元

物 料 号 62299-00

新形态教材网使用说明

普通物理学教程
电磁学（第五版）

梁灿彬
秦光戎 原著
梁竹健

李晓文 修订

计算机访问：

1 计算机访问https://abooks.hep.com.cn/1254443。

2 注册并登录，进入“个人中心”，点击“绑定防伪码”，输入图书封底防伪码（20位密码，刮开涂层可见），完成课程绑定。

3 在“个人中心”→“我的图书”中选择本书，开始学习。

手机访问：

1 手机微信扫描下方二维码。

2 注册并登录后，点击“扫码”按钮，使用“扫码绑图书”功能或者输入图书封底防伪码（20位密码，刮开涂层可见），完成课程绑定。

3 在“个人中心”→“我的图书”中选择本书，开始学习。

课程绑定后一年为数字课程使用有效期。受硬件限制，部分内容无法在手机端显示，请按提示通过计算机访问学习。

如有使用问题，请直接在页面点击答疑图标进行问题咨询。

物理学家简介　　授课视频　　普通物理学教程电磁学（拓展篇）　　习题分析与解答

http://abooks.hep.com.cn/1254443

第五版前言

本书是梁灿彬、秦光戎、梁竹健原著《电磁学》(1980年)的第五版,是在第四版的基础上修订而成的。

原著《电磁学》是梁先生几十年教学钻研的结晶,对基本概念和规律在普通物理范围内讲得准确、深刻和透彻,对很多问题的讲解非常巧妙,是难得一见的精品教材,荣获首届国家教育委员会高等学校优秀教材一等奖,被近百所高校广泛选用。笔者在大学期间修"电磁学"用的就是梁先生这本教材的第一版。如今,我在教授电磁学课程,依然选用梁先生的教材,再一次体会到它的优秀。

时至本书第五版修订之际,可惜先生已经仙逝。出于对先生的敬重,也为了优秀文化的传承,笔者毫不犹豫地欣然接受修订的任务。

先生有言,不做大的改动。因而,本次修订中,笔者仅修改了文字错误、表达不够严密之处,以及个别插图的错误或欠妥之处。

书中相关的电磁学发展史以拓展阅读文档(二维码)的形式提供给读者,希能以此传承科学精神。

欢迎广大读者与笔者交流、赐教(电子邮箱:xwli@bnu.edu.cn)。

李晓文

2023年11月

第四版前言

本书是梁灿彬、秦光戎、梁竹健原著《电磁学》(1980 年)的第四版,是在第三版的基础上修订而成的。

在第二版(2004 年)的前言中,笔者曾经明确许诺要将多年来在各地讲授过的、戏称为《电磁学》小字背后的小字的个人体会写进《普通物理学教程　电磁学(拓展篇)》中(简称《拓展篇》),而本书在必要时可称为《普通物理学教程　电磁学(基础篇)》(简称《基础篇》)。然而,由于种种原因,《拓展篇》的写作一拖再拖,笔者在第三版(2012 年)的前言中曾向读者深切致歉。值得高兴的是,《拓展篇》今年终于面世了。

《拓展篇》的写作过程极为漫长(从 2002 年至 2017 年),完稿时跟《基础篇》的第三版难免有若干地方衔接不好。因此,第四版的修订任务有两个方面:(1) 对第三版的某些错漏和不满意之处进行修改;(2) 使第四版跟《拓展篇》尽量“光滑连接”。虽然笔者在这两方面都做了努力,但错误和缺点一定不少,恳请广大读者不吝指正。

梁灿彬

2018 年 4 月于北京

第三版前言

本书是梁灿彬、秦光戎、梁竹健原著《电磁学》(1980年)的第三版,是在第二版的基础上修订而成的。主要的修改包括:(1) 某些讲法上的欠妥或者不够严密之处(例如第190页的第一段小字);(2) 个别插图中的错误或欠妥之处(例如图4-23的正方向箭头、图4-47中电池的极性);(3) 第179页那个积分的上下限;(4) 习题答案中的个别错误。北京师范大学物理系寇谡鹏教授在第二版出版后讲授此书多年,感谢他对笔者提出的修改意见和建议。笔者也要感谢湖南师范大学敖胜美、邹红梅老师最近通过高等教育出版社转来修改意见。

在第二版的前言中,笔者曾经明确许诺要将多年来在各地讲授过的、戏称为《电磁学》小字背后的小字的个人体会写进《普通物理学教程　电磁学(拓展篇)》中。然而,由于种种考虑,笔者不得不把时间优先用来写作《从零学相对论》(将于不久后出版)等教材,迫使拓展篇的写作一而再,再而三地让路。笔者为此要诚挚地向等待拓展篇出版的读者们致以深切的歉意。现在只能说,除非出现非常特殊的情况,笔者将尽力争取尽早使拓展篇成书出版。

梁灿彬

2012年9月于北京

第二版前言

本书是梁灿彬、秦光戎、梁竹健原著《电磁学》(1980年)的修订版。修订工作从一开始就遇到两个技术性难题:(1)众口难调(以本书为教材的高校颇多,所涉及学生的层次和能力差别很大);(2)篇幅限制。原版出版时就因篇幅所限而略去若干对读者很有帮助的提高性内容。原版出版23年来,随着笔者数理修养的提高和对电磁学教学的钻研,这些提高性的认识不断得到增加、深化和改进。笔者曾多次应邀到全国各地向高校物理(特别是电磁学)教师介绍过这些内容(曾戏称为“《电磁学》小字背后的小字”),受到欢迎。许多教师希望笔者把这些个人体会写书出版。限于时间,此事一直未被提上工作日程。此次修订时,笔者深感其中部分内容亟应写进修订版中,但这又势必导致篇幅激增;思考再三,感到下面的方案也许有助于一箭双雕地解决上述两大难题:把新版《电磁学》全书分为两大部分(分别称为“基础篇”和“拓展篇”),按两册出版。本书虽然称为“电磁学”,其实只是它的基础篇。

基础篇字数比原版字数略少,包含大学物理系本科电磁学课程的全部内容(对一般学生已经够用),与原版内容大同小异,总体难度大致持平。为了使原版的优点得以保存,也为了使习惯于原版的广大教师更快地适应修订版,本书基础篇着意保持原版的基本风格(特别是在讲解概念和道理时尽可能清晰、详尽和透彻的做法)。同时,为了进一步发扬原版的优点,基础篇对原版也做了大大小小的多处改动(其中某些改动的用意只有细心的读者方可看出)。为了缩减篇幅,原书部分小字已被删除或移入拓展篇,但在基础篇中也新添了应该添加的少量小字。与原版一样,小字部分或者是对问题的深入一步的分析,或者是扩大知识面的内容,主要是为有余力的学生而写入的,讲授时可以根据具体情况部分或全部略去。大字部分的内容自成体系,不会由于略去小字部分而妨碍后续大字内容的学习。修订版的思考题和习题在原版的基础上略有增删。与原版一样,标以 * 号的思考题和习题与书中小字部分相对应。

拓展篇的主要内容是十多个专题,例如,电磁学中的客体与模型,孤立体系和无限远,高斯定理与库仑定律的逻辑关系,导体的接地,用电场线和唯一性定理讨论静电平衡问题,再论电容器及其电容,静电屏蔽的进一步讨论,介质中的唯一性定理,网络拓扑学简介,磁荷与磁单极子(着重阐明两者的区别并澄清某些比较普遍存在的误解),库仑电场与感生电场再认识,动生电动势及其“切割法则”,交流电路中的电压概念,电磁场的能量、动量和角动量……(由于远未杀青,上述题目与将来面世的拓展篇未必完全一致。)其中多数讲法都是笔者本人的认识和体会,含有与读者一同探讨的成分和抛砖引玉的目的,相信会对电磁学教师以及大量有余力的学生有所帮助。无余力的学生可以不购拓展篇,这对减轻经济负担也有好处。

修订中的第三个问题是与狭义相对论的联系问题。近十数年来,国内出版的不少电磁学教材(特别是物理系本科教材)都或多或少地加进这方面的内容。然而这种做法对本书修订而言利弊同在。其利无须多说,其弊则可罗列一二:(1)学生在力学中对狭义相对论只是略知皮毛,以此为基础讲述电磁学涉及的相对论问题不免有掣肘之感。(2)篇幅必然猛涨。

笔者早已打算写一本面向物理系师生和物理工作者的关于狭义相对论的专门著作，书中可以比较充分地展开从相对论看电磁现象的阐述。因此，本书(至少基础篇)不拟涉及从相对论看电磁学的有关问题。

本书原版作者之一梁竹健教授对修订工作一直鼎力相助，笔者在与他的讨论中获得许多启发，受益良多。他还审阅了修订版的全部手稿并提出了许多宝贵意见和建议，贡献了他在多年讲授电磁学过程中积累的若干有分量、有特色的习题并且参与了修订版全部思考题、习题和答案的修订工作。笔者的同事狄增如副教授不仅仔细阅读了修订版各章的手稿，而且与笔者进行过多次有益的讨论，从而对修订版的质量做出了重要的贡献。笔者以前的学生张宏宝硕士参与了修订版内容的部分讨论，阅读了修订版各章的手稿并提出了许多宝贵的意见和建议。特别值得一提的是笔者以前的学生曹周键同学，他在攻读博士学位期间仍以饱满的热情和充沛的精力就修订版涉及的许多学术问题参与了笔者邀请的不计其数的讨论，并以一个优秀学子的敏锐思维提出过许多很有价值的看法，对修订版做出了难能可贵的贡献。此外，笔者在广义相对论科研工作中的老合作者、中国科学院数学研究所的邝志全研究员曾以一个喜爱物理的数学工作者的身份阅读过修订版的少数章节并提出过有价值的意见，笔者还曾就书中涉及的个别数学问题向他请教并获得有益的帮助。笔者的同事裴寿镛教授阅读过小节 9.4.3 并提出过很好的建议，笔者谨此一并致谢。最后，笔者还想特别感谢对本书给予关心和厚爱的广大读者。原版出版后的二十多年来，笔者收到无数读者的来信，他们除对本书表示肯定外，还指出了书中大大小小的欠妥和不足之处并建议再版时修改。此处要特别鸣谢的是素昧平生的邹在田和叶春放老师，他们在联名来信中列出了 90 处他们认为应作修改的地方，其中多处已被修订版采纳。

本书的修订工作得到北京市教委 2002 年北京市高等教育精品教材建设立项基金资助，特此鸣谢。

限于笔者的水平和时间，修订版中的错误和缺点一定不少，恳请广大读者不吝指正。

梁灿彬

2003 年 10 月于北京

目　录

第一章　静电场的基本规律

§1.1　电　荷

大家知道,用丝绸或毛皮摩擦过的玻璃、塑料、硬橡胶等都能吸引轻小物体,这表明它们在摩擦后进入一种特别的状态.我们把处于这种状态的物体称为**带电体**,并说它们带有**电荷**.大量实验表明,自然界的电荷只有两种,一种与丝绸摩擦过的玻璃棒的电荷相同,叫**正电荷**;另一种与毛皮摩擦过的橡胶棒的电荷相同,叫**负电荷**[正负电荷的称谓是由富兰克林(Franklin)提出的].同种电荷间有斥力,异种电荷间有吸力.

图 1-1　验电器

利用同性相斥的现象可以制成验电器(见图 1-1),它是检验物体是否带电的最简单的仪器.验电器的主要部分是一根上端带有金属小球的金属棒,棒的下端悬挂着两片金属箔片.当带电体与金属小球接触时,金属箔便得到同种电荷并张开.为了避免气流的影响,金属棒和箔片被封闭在一个玻璃瓶中.

验电器的工作表明电荷可以从金属棒的一端移至另一端.但并非所有物体都允许电荷流动.允许电荷流动的物体叫**导体**,不允许电荷流动的物体叫**绝缘体**或**电介质(绝缘介质)**.干燥的玻璃、橡胶、塑料、陶瓷等是良好的绝缘体,而金属、石墨和酸、碱、盐的水溶液(统称电解液)则是良好的导体.人体、墙壁和地球也是导体,但导电性不如金属.干燥且未被电离的气体是绝缘体,但被电离的气体却是导体.此外,还有一种导电性介于导体与绝缘体之间而且电性质非常特殊的材料(例如锗和硅),称为**半导体**①.半导体是近代电子技术中的重要材料.

利用物质的微观结构可对物体的带电以及不同物体具有不同的导电性作出解释.物体由微观粒子(主要是质子、中子和电子)构成.电子带负电荷,质子带有与电子电荷等值反号的正电荷.当由于某种原因获得(失去)某些电子时物体便处于带电状态.金属之所以导电,是因为内部存在许多自由电子,它们可以摆脱原子核的束缚而自由地在金属内部运动.电解液之所以导电,是因为内部存在许多能做宏观运动的正负离子.反之,在绝缘体内部,由于电子受到原子核的束缚,基本上没有自由电子,因此绝缘体呈绝缘性质.

大量实验证明,在一个与外界没有电荷交换的系统内(最大的系统就是整个宇宙),正负电荷的代数和在任何物理过程中始终保持不变,这称为**电荷守恒定律**,它反映了电荷的一种重要特性,是物理学的重要规律之一.

电荷的另一重要特性是它的**量子化**,即任何带电体的电荷都只能是某一基本单位的整数倍.这个基本单位就是质子所带的电荷,称为**元电荷**,通常记为 e.

用绳子悬挂着的重物虽受重力的作用却没有加速度,是因为绳子对它的张力(拉力)与重力抵消.张力本

---

① 半导体与导体、绝缘体的区别其实远不只是“导电性介于两者之间”这么简单,见小节 5.5.5 小字.

质上是什么？重物在重力作用下有向下加速的倾向，使绳子被稍微拉长.粗略地说，绳内任意两个上下相邻的原子的距离略有增大，它们的外围电子之间的斥力略有减弱，相当于出现一种使绳子恢复原长的宏观力，这就是张力.可见张力不外是微观电荷之间的电磁力的某种宏观表现.原子与原子之所以可结合为稳定的分子（以及分子与分子可结合为稳定的物体），也是由于原子内部电荷的微观分布状态使原子之间产生电磁吸力.

两个静止质子之间既有静电斥力又有万有引力.哪个大？大多少？利用万有引力定律和库仑定律不难求得 $F_{引}/F_{电}=10^{-36}$，这暗示引力比电磁力通常要弱得多.然而这并不意味着引力与电磁力相比总可被忽略.关键在于电荷有正负两种，它们的效应相互抵消，而任何粒子之间的万有引力都是吸力（或说“引力荷”只有一种），因此它们倾向于积聚到一起，效应互相加强.“团结就是力量”，其结果便是大型物体周围出现强引力场.反之，由于同性相斥，同种电荷却难于积聚在一起而产生强电场.例如，太阳虽然有大量质子，但是也有同样数量的电子，于是呈电中性.地球亦然.假定太阳及地球的电子数比质子数多出仅 10^{-18}，即假定 $(\Delta N/N)_{日}=(\Delta N/N)_{地}=10^{-18}$，其中 N 代表电子数，ΔN 代表电子数减质子数，则日地间的电斥力将等于万有引力，地球绕太阳的公转将不可能！（请读者证明这一结论.提示：从质子间的 $F_{引}/F_{电}=10^{-36}$ 出发的证明较简单.）可否存在一种只有质子和中子而没有（或很少）电子的星体？不可能，因为质子之间同性相斥.事实上，在天体物理的许多对象（例如恒星、星系和星系团）中，万有引力起主导作用，而电磁力则“退居二线”.

既然原子核由质子和中子组成，质子之间的静电斥力为什么不使质子四散分飞呢？这是因为你已进入微观领域，在微观领域中除电磁力和引力外还有其他力.在原子核内部，核子之间存在一种很强的力，称之为**核力**（又称**强力**，即强相互作用力），其特点是：(1) 力程甚短，仅约为 10^{-15} m，超过此范围强力将急剧减小，实际上为零（请注意电磁力和引力的力程都是无限长）；(2) 非常强，比电磁力还大两个量级[特点(1)和(2)使强力“不鸣则已，一鸣惊人”]；(3) 与核子是否带电无关（质子与质子之间的强力等于质子与中子或中子与中子之间的强力）.因为力程如此之短，强力在宏观现象中自然不起作用，但在核内部却可克服质子间的电斥力从而使核得以“团结”为一个稳定的集体.但是，如果核子太多（例如铀有 92 个质子，加上中子共有 235 个核子），核的尺寸太大，靠强力维系的平衡就比较脆弱，一旦被一个慢中子撞击就要一分为二（裂变），放出“核能”（这正是原子弹释放能量的机制），但其实它不过是电力足以战胜核力而使核子分散开所释放出的电能.除强力外，还有一种微观力，叫**弱力**，其力程更短（约为 10^{-17} m），强度大约只有强力的 10^{-13}，它弱到无法像强力那样把粒子束缚为一个系统，但却很重要，主要表现在支配某些粒子的衰变和俘获现象中（例如中子的 β 衰变）.

总之，目前认为自然界中的基本相互作用只有 4 种，按强度排队为：强力，电磁力，弱力，引力.引力虽然最弱，但因为强力和弱力都无宏观表现，而电磁力又常因正负相消而不起作用，所以引力在涉及天体和宇宙的问题中往往会起主导作用.反之，在微观领域内引力则因为太弱而总可忽略.电磁力是唯一既有宏观又有微观表现的、“身兼二职”的力.我们的生活起居、工作学习都与电磁力存在密不可分的关系.

电磁学的重要性还远不止于此.事实上，电磁理论对近代理论物理的发展曾不止一次地起过难以估量的启发和推动作用.例如，对几种相互作用的统一起着关键性作用的规范场论就是杨振宁和米尔斯（Mills）从电磁理论获得启发而创立的，电磁场理论是最简单的规范场论.

认识电荷量子化的最早实验是美国物理学家密立根（Millikan）的著名的油滴实验（1909 年），他因此（以及对光电效应的实验验证）获得 1923 年诺贝尔物理学奖.电荷量子化具有深刻的物理内涵，同许多深刻的近代物理问题都有关系.人们至今仍不知道如何解释这一事实.然而，狄拉克（Dirac）于 1931 年提出并证明，若存在磁单极子，则电荷必然是量子化的.传统的电磁理论认为磁单极子不存在（磁铁总有两极，而且摔成两段后每段仍有两极）.狄拉克的诱人设想就像磁石吸铁般地吸引了许多物理学家通过实验探寻磁单极子.1982 年，有人在美国斯坦福（Stanford）大学宣称测到磁单极子并一度引起轰动，然而后来未能取得公认.应该说磁单极子的实验存在性至今仍无定论①.与电荷量子化有关的另一问题是盖尔曼（Gell-Mann）在 1963 年提出的夸克模型.这一理论认为质子和中子都有内部结构：它们都由更为基本的粒子——带有分数

---

① 许多人把“磁单极子存在性”与“磁荷存在性”混为一谈，殊不知这是两个非常不同的问题.只要愿意，你可以说电子既有电荷又有磁荷（你可能难以接受，其实都正确），《普通物理学教程　电磁学（拓展篇）》专题 22 特意为大家讲解和澄清这一问题.

电荷($\pm e/3$ 或 $\pm 2e/3$)的夸克组成.这一模型已被普遍接受.然而实验至今未能观测到自由夸克,因此人们认为夸克是受到"禁闭"的.

§1.2 库仑定律

1.2.1 库仑定律

观察表明,两个静止的带电体之间的静电力除与电荷的数量及相对位置有关外,还依赖于带电体的大小、形状及电荷的分布情况.要用实验直接确立所有这些因素对静电力的影响是困难的.但是,如果带电体的线度比带电体之间的距离小得多,问题就会大为简化.满足这个条件的带电体称为**点带电体**或**点电荷**①.点电荷的概念类似于力学中质点的概念.带电体能否被看作点电荷,不仅取决于本身的大小,而且取决于它们之间的距离.例如,两个半径为 1 cm 的带电球,当球心距离为 100 m 时可相当精确地被看作点电荷;当球心距离为 3 cm 时再看作点电荷就会带来很大误差.但是,究竟带电体的线度比距离小多少才能被看作点电荷(就是说,怎样的误差才可被忽略),却没有一个绝对的标准,它取决于讨论问题时所要求的精确程度.带电体一旦被看作点电荷,就可用一个几何点标志它的位置,两个点电荷的距离就是标志它们的位置的两个几何点之间的距离.

相对于惯性系静止的两个点电荷间的静电力服从的规律称为**库仑定律**,包括如下两个内容:

(1) 大小相等方向相反,并且沿着它们的连线;同号电荷相斥,异号电荷相吸.

(2) 大小与各自的电荷 q_1 及 q_2 成正比,与距离 r 的平方成反比,即

$$F=k\frac{q_1q_2}{r^2}, \tag{1-1}$$

其中 k 是比例常数,依赖于各物理量单位的选取.

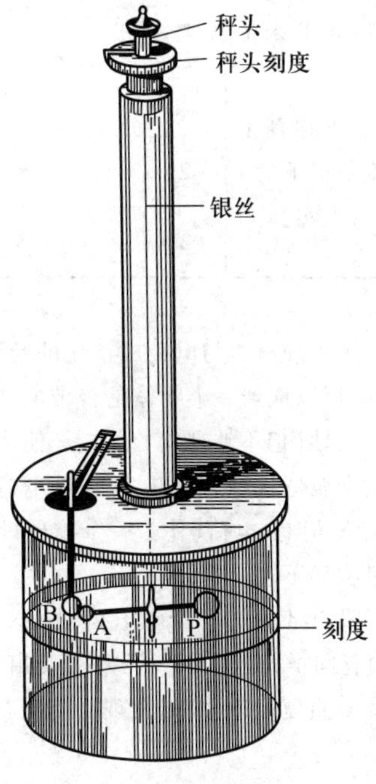

图 1-2 库仑扭秤

库仑定律是法国科学家库仑(Coulomb)在 1785 年确立的.他注意到电荷之间的静电力与万有引力有许多类似之处,大胆地假设静电力的规律与万有引力定律有类似的形式,如式(1-1).为了证实这一假设,他精心设计了一些实验,其中主要的一个是研究同性电荷相互作用力的"扭秤实验".扭秤的结构如图 1-2.在银质悬丝(银丝)下端挂一横杆,杆的一端有一小球 A,另一端有一平衡物 P.A 的旁边还有一固定小球 B.令 A、B 带同性电荷,A 便因 B 的斥力而转开,直至银丝的扭力矩与 A 所受的静电力矩平衡.设此时 A、B 的距离为 r.若沿相反方向转动秤头使银丝扭

① 带电体是指带电的物体(或粒子),电荷是指物体的某种属性.但习惯上把两者都称为电荷,点带电体更是普遍地称为点电荷.(类似的情况很多,例如把电容器称为电容,今后不再一一指出.)为了定量地研究带电的数量,需要把电荷定义为一个物理量,过去曾称之为电量,现在把这物理量也统称为电荷或电荷量.

角增大,球 A 便会重新向 B靠近.令 A、B 间的距离稳定于 $r/2$.读出秤头的转角便不难推知银丝此时的扭角(见小字部分).库仑发现这个扭角等于当两球相距为 r 时的银丝扭角的 4 倍.注意到扭力矩与扭角成正比以及两球电荷并无变化,便知静电力与距离的平方成反比.

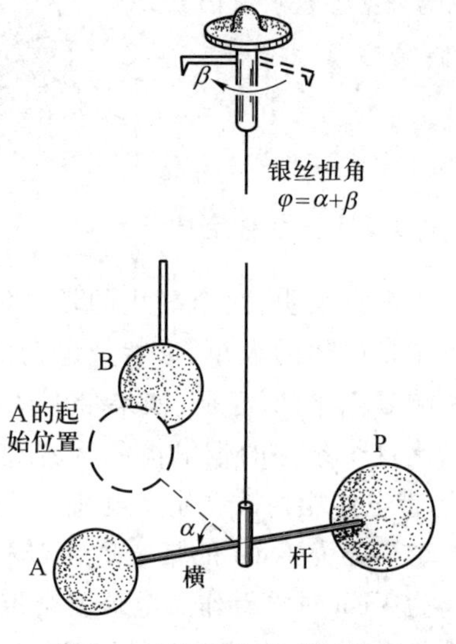

图 1-3 银丝扭角的计算

由于银丝下悬横杆,上连秤头,因此其扭角应由横杆转角及秤头转角共同决定.设横杆转角为 α,秤头(沿反向)转角为 β(图 1-3),则银丝扭角 $\varphi=\alpha+\beta$.α 及 β 可分别由玻璃圆筒及秤头上的刻度读出.库仑报告了如下一组(三个)实验数据(见表 1-1).实验(1):在 $\beta=0$ 时令球 A、B 带电,A 便因 B 的斥力而转开,测得平衡时 $\alpha=36°$.实验(2):转动秤头使 $\beta=126°$,横杆便随之转动,测得平衡时 $\alpha=18°$.实验(3):再次转动秤头使 $\beta=567°$,测得平衡时 $\alpha=8.5°$.这些数据表明斥力与距离的平方成反比.例如,从实验(1)到实验(2),A、B 间的夹角减至一半($18°/36°=1/2$),故距离减至一半(近似认为距离与夹角成正比),而银丝扭角 φ 增至 4 倍($144°/36°=4$),说明扭力矩增至 2^2 倍.

表 1-1 库仑扭秤实验数据

		横杆转角(即 A、B 间夹角)α	秤头转角 β	银丝扭角 $\varphi=\alpha+\beta$
球 A、B 未带电时		0°	0°	0°
球 A、B 电荷不变情况下的三次实验	(1)	36°	0°	36°
	(2)	18° = 36°/2	126°	144° = 4×36°
	(3)	8.5° ≈ 18°/2	567°	576° = 4×144°

关于静电力与电荷成正比的验证则要麻烦一些.问题在于,当时关于电荷还只有定性的概念,根据这个概念,可以谈到一个物体是否带电,却无从确定它带电的数量.为了找到静电力与电荷的关系,库仑使用了一个巧妙(但不够严格)的方法.他从对称性的考虑断定,令一个带电金属球与半径、材料完全相同的另一不带电金属球接触后分开,每球的电荷应是原带电球的电荷之半.他用这个方法证实了静电力与电荷成正比的关系.但是,电荷(作为一个物理量)的严格定义是后来的科学家[特别是高斯(Gauss)]作出的,他们的定义过程如下.

设有 A、B、C 三个点电荷.先令 A 与 C 间距离为 r[图 1-4(a)],用扭秤测出它们的静电力 F_{AC}.再令 B 与 C 间有同样距离[图 1-4(b)],测出它们的静电力 F_{BC}.记下这两个力的比值 F_{AC}/F_{BC}.用其他点电荷 D、E、…代替 C 重复以上实验,发现

$$\frac{F_{AC}}{F_{BC}}=\frac{F_{AD}}{F_{BD}}=\frac{F_{AE}}{F_{BE}}=\cdots, \tag{1-2}$$

表明这个比值只取决于点电荷 A、B 而与第三个点电荷无关.改变距离 r 重复以上实验,发现式(1-2)仍成立.可见,比值 F_{AC}/F_{BC} 反映 A 与 B 本身的带电性质,可以把它定义为 A 与 B 的电荷之比.以 q_A 及 q_B 分别代表 A 及 B 的电荷(暂时还没有定义),我们定义

(a) 测得力为F_{AC} (b) 测得力为F_{BC}

图 1-4 电荷的定义

$$\frac{q_A}{q_B}=\frac{F_{AC}}{F_{BC}}. \tag{1-3}$$

任意指定 B 的电荷为一个单位(即指定 $q_B=1$),便有

$$q_A=\frac{F_{AC}}{F_{BC}}.$$

这就是电荷的高斯定义,它提供了一种测量电荷的方法:为测某个点带电体的电荷,只需令它为 A 并与选作单位的点电荷 B 及任一点电荷 C 按图 1-4 做实验,测出 F_{AC}/F_{BC} 便得 A 的电荷 q_A.

1.2.2 电荷的单位

电磁学中最常用的单位制是国际单位制和高斯制.高斯制由力学的厘米·克·秒制(CGS 制)发展而成.在高斯制中电荷的单位称为**静库**(statcoulomb,简记为 SC),它是通过令式(1-1)中的比例常数 $k=1$ 而定义的:

$$F=\frac{q_1q_2}{r^2}, \tag{1-4}$$

当 $q_1=q_2=1$ 及 $r=1$ 时由上式有 $F=1$,可见,当两个电荷相等的点带电体相距1 cm而静电力为 1 dyn(达因)时,每个点带电体的电荷就是 1 SC.国际单位制是目前国际上流行的一种单位制(简记为 SI),其力学及电磁学部分称为MKSA制.该制以长度、质量、时间及电流为基本量,以 m(米)、kg(千克)、s(秒)及A(安培)为基本单位.电荷在 MKSA 制中的单位叫**库仑**(记为 C),它与 A(安培)和 s(秒)的关系为 1 C=1 A·s,C 与 SC 的关系则为 1 C $=\tilde{3}\times10^9$ SC(注:$\tilde{3}$ 是 2.997 924 58 的简写,以下的 $\tilde{9}\equiv\tilde{3}^2$).必须指出,采用 MKSA 制时,式(1-1)中各量的单位已分别指定为 N(牛顿)、C 和 m,故 k 不能再任意指定而只能由计算求得,结果为 $k=\tilde{9}\times10^9(\mathrm{N\cdot m^2/C^2})$.计算过程见第十章小节 10.3.3 的例 4.为方便起见,在 MKSA 制中常将 k 写成

$$k=\frac{1}{4\pi\varepsilon_0}$$

的形式,相应的常量 ε_0 为

$$\varepsilon_0\approx8.9\times10^{-12}\,\mathrm{C^2/(N\cdot m^2)}.$$

ε_0 的物理意义见第三章.引入 ε_0 后,式(1-1)就改写为

$$F=\frac{1}{4\pi\varepsilon_0}\frac{q_1q_2}{r^2}. \tag{1-5}$$

同一物理规律在不同单位制中可有不同的数学表达式.式(1-4)及式(1-5)分别是库仑定律在高斯制和 MKSA 制中的表达式.式(1-5)虽比式(1-4)复杂,但由它推出的许多关系式却比较简单.本书一律采用 MKSA 制.

1.2.3 库仑定律的矢量形式

库仑定律对两个点电荷间静电力的大小和方向都作了确切描述,其全部内容包括小节 1.2.1 的(1)、(2)两点.式(1-5)只反映静电力的大小所服从的规律,并未涉及静电力的方向.要反映方向就要把它改写为矢量形式.在介绍这一形式之前,先对本书所用的矢量符号作一

说明.以矢量 $\boldsymbol{a}$ 为例,我们用黑斜体字母 $\boldsymbol{a}$ 代表矢量本身,白斜体字母 a 代表矢量 $\boldsymbol{a}$ 的大小(长度),恒为正,即 $a\equiv|\boldsymbol{a}|>0$(本书以≡作为"定义为"或"代表"的符号),$\boldsymbol{e}_a$ 代表与 $\boldsymbol{a}$ 同方向但长度为 1 的矢量,叫**单位矢量**.显然 $\boldsymbol{a}=a\boldsymbol{e}_a$.库仑定律的矢量形式可以表示为

$$\boldsymbol{F}_{12}=\frac{q_1q_2}{4\pi\varepsilon_0r^2}\boldsymbol{e}_{r12},\quad \boldsymbol{F}_{21}=\frac{q_1q_2}{4\pi\varepsilon_0r^2}\boldsymbol{e}_{r21},\tag{1-6}$$

其中 $\boldsymbol{F}_{12}$ 代表点电荷 1 对 2 的作用力,$\boldsymbol{F}_{21}$ 代表 2 对 1 的作用力,$\boldsymbol{e}_{r12}$ 代表由 1 指向 2 的单位矢量,$\boldsymbol{e}_{r21}$ 代表由 2 指向 1 的单位矢量(显然 $\boldsymbol{e}_{r12}=-\boldsymbol{e}_{r21}$).只要把 q_1 及 q_2 理解为可正可负的代数量(区别于只取正值的算术量,如距离 r),就不难看出式(1-6)可以同时反映静电力的大小及方向.例如,设 q_1 与 q_2 同号,则 $q_1q_2>0$,矢量 $\boldsymbol{F}_{12}$ 等于一个正数乘矢量 $\boldsymbol{e}_{r12}$,故 $\boldsymbol{F}_{12}$ 与 $\boldsymbol{e}_{r12}$ 同向,即点电荷 1 对 2 的静电力沿两者连线且由 1 指向 2,这就是斥力.同理可知 $\boldsymbol{F}_{21}$ 也是斥力.反之,当 q_1 与 q_2 异号时,由式(1-6)不难看出 $\boldsymbol{F}_{12}$ 及 $\boldsymbol{F}_{21}$ 都是吸力(见图 1-5).可见矢量等式具有比标量等式更丰富的内容.今后,在涉及矢量问题时,我们将经常使用矢量表达式,请读者注意它们所表达的全部内容,不要与标量表达式等同看待.

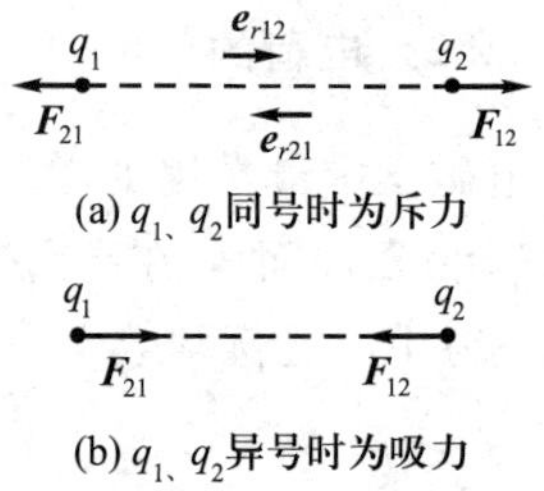

图 1-5 用库仑定律矢量形式判断两个点电荷间静电力的方向

1.2.4 叠加原理

库仑定律讨论的是两个点电荷之间的静电力.当空间有两个以上点电荷时,就必须补充另一实验事实——作用于每一电荷上的总静电力等于其他点电荷单独存在时作用于该电荷的静电力的矢量和①.这称为**叠加原理**.库仑定律与叠加原理相配合,原则上可以解决静电学的全部问题.

§1.3 静 电 场

设空间存在静止点电荷 Q②,则任一点的静止点电荷 q 必然受到来自 Q 的静电力,可见 Q 的存在使空间具有一种特殊的性质,我们说 Q 在周围空间激发一个**静电场**.

1.3.1 电场强度

为了研究电场中各点的性质,可以用一个静止于该点的点电荷(称为**试探电荷**)q 做实验.试探电荷应该满足两个条件:(1) 其线度必须小到可被看作点电荷,以便确定场中每点的性质;(2) 其电荷要足够小,使得它的置入不引起原有电荷的重新分布(否则测出来的将是重新分布后的电荷激发的电场).

先讨论静止点电荷 Q 激发的静电场.我们把在电场中所要研究的点称为**场点**.在场点放置一个静止的试探电荷 q.按照库仑定律,q 所受的电场力为

① 这意味着:一个点电荷作用于另一点电荷的力总是符合库仑定律的,不论周围是否存在其他电荷.

② 如无特别声明,凡"静止"一律是相对于某个事先选定的惯性系而言的.

$$\boldsymbol{F}=\frac{qQ}{4\pi\varepsilon_0 r^2}\boldsymbol{e}_r,$$

式中 r 是场点与点电荷 Q 的距离,$\boldsymbol{e}_r$ 是从 Q 到 q 的单位矢量.能不能用 $\boldsymbol{F}$ 表征场点的性质呢?不能,因为 $\boldsymbol{F}$ 不但与场点有关,而且与试探电荷 q 有关.但是上式表明比值 $\boldsymbol{F}/q$ 只与场点有关.这一结论还可推广到由任意静止电荷激发的电场,为此只需把激发电场的电荷分成许多点电荷并利用叠加原理.场中每点的 $\boldsymbol{F}/q$ 称为该点的**电场强度**(在近代文献中常又简称**电场**),以 $\boldsymbol{E}$ 代表,即

$$\boldsymbol{E}\equiv\frac{\boldsymbol{F}}{q}. \tag{1-7}$$

由这定义可知,电场强度是描写电场中某点性质的矢量,其大小等于单位试探电荷在该点所受电场力的大小,其方向与正试探电荷在该点所受电场力的方向相同.在场中任意指定一点,就有一个确定的电场强度 $\boldsymbol{E}$;对同一场中的不同点,$\boldsymbol{E}$ 一般可以不同.各点的电场强度有相同大小和方向的电场称为**均匀电场**.

一般地说,若空间每点有一个标量 f(例如地球周围每点有一个高度),就说空间中存在一个**标量场**;若空间每点有一个矢量 $\boldsymbol{a}$,就说空间中存在一个**矢量场**.因为空间每点可用三个坐标 x、y、z 刻画,所以标量场 f 和矢量场 $\boldsymbol{a}$ 也可表示为坐标的函数 $f(x,y,z)$ 和 $\boldsymbol{a}(x,y,z)$,于是标量场和矢量场又称**标量点函数**和**矢量点函数**.电场强度是矢量场的一例,可以表示为 $\boldsymbol{E}(x,y,z)$.无论是标量场还是矢量场,都要特别注意它作为坐标的函数的函数关系,"求某一带电体激发的电场"就是指求出函数关系 $\boldsymbol{E}(x,y,z)$.

电场强度的国际单位制单位由式(1-7)定义,它没有专门名称,一般记作 N/C(或 V/m,即伏特每米,伏特的定义见小节 1.6.2).

1.3.2 电场强度的计算

先计算静止点电荷 Q 激发的电场.由电场强度定义及库仑定律可知

$$\boldsymbol{E}=\frac{Q}{4\pi\varepsilon_0 r^2}\boldsymbol{e}_r, \tag{1-8}$$

其中 $\boldsymbol{e}_r$ 是从 Q 点(指 Q 所在的点)到场点的单位矢量,r 是 Q 点与场点的距离.上式表明,点电荷 Q 的电场强度数值随场点与 Q 点的距离依平方反比律减小,方向则沿场点与 Q 点的连线.当 $Q>0$ 时,$\boldsymbol{E}$ 与 $\boldsymbol{e}_r$ 同向,电场背离 Q 点;当 $Q<0$ 时,$\boldsymbol{E}$ 与 $\boldsymbol{e}_r$ 反向,电场指向 Q 点.

当电场由 n 个点电荷激发时,以 $\boldsymbol{F}_i$ 代表第 i 个点电荷对试探电荷 q 施加的静电力,$\boldsymbol{E}_i$ 代表第 i 个点电荷在 q 所在点的电场强度,则由电场强度定义及叠加原理得

$$\boldsymbol{E}=\frac{\boldsymbol{F}}{q}=\frac{\sum\boldsymbol{F}_i}{q}=\sum\frac{\boldsymbol{F}_i}{q}=\sum\boldsymbol{E}_i\,.$$

可见 n 个点电荷所激发的电场在某点的总电场强度等于每个点电荷单独存在时所激发的电场在该点的电场强度的矢量和,这称为**电场强度的叠加原理**.

例 1 在直角坐标系原点 O 及($\sqrt{3}$ m,0)点分别放置电荷 $Q_1=-2$ μC 及 $Q_2=+1$ μC 的点电荷(μC 即微库),求场点 P($\sqrt{3}$ m,-1 m)处的电场强度(图1-6).

解:Q_1 在 P 点激发的电场强度

$$E_1=\frac{Q_1}{4\pi\varepsilon_0 r_1^2}e_{r1},$$

其中 r_1 为原点 O 与场点 P 的距离,e_{r1}为从 O 点到 P 点的单位矢量.代入已知数据得

$$E_1=-4.5\times10^3\ e_{r1}\ \text{N/C},$$

其中用到 $\varepsilon_0\approx8.9\times10^{-12}\ \text{C}^2/(\text{N}\cdot\text{m}^2)$.$Q_2$ 在 P 点激发的电场强度

$$E_2=\frac{Q_2}{4\pi\varepsilon_0 r_2^2}e_{r2},$$

其中 r_2 是 Q_2 所在点与 P 点的距离,e_{r2}是从 Q_2 所在点到 P 点的单位矢量.代入已知数据得

$$E_2=8.9\times10^3\ e_{r2}\ \text{N/C}.$$

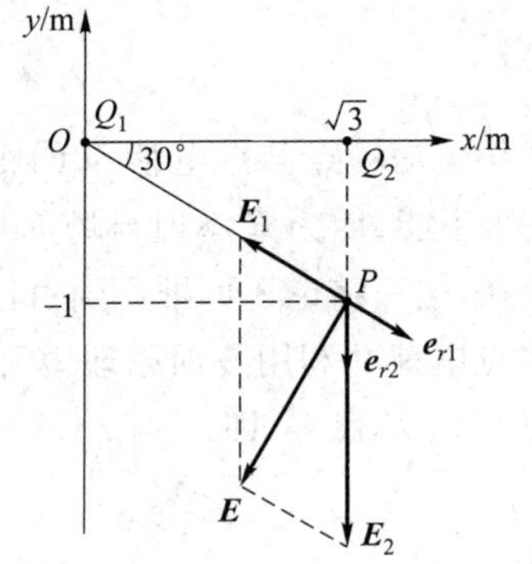

图 1-6　点电荷 Q_1 及 Q_2 在 P 点激发的电场强度

根据电场强度的叠加原理,P 点的总电场强度为 $E=E_1+E_2$.矢量的叠加可归结为对应分量的叠加.由图可知,E_1 及 E_2 的 x、y 分量分别为

$$E_{1x}=-E_1\cos 30°=-(4.5\times10^3)\times\frac{\sqrt{3}}{2}\ \text{N/C}=-3.9\times10^3\ \text{N/C},$$

$$E_{1y}=E_1\cos 60°=(4.5\times10^3)\times\frac{1}{2}\ \text{N/C}=2.3\times10^3\ \text{N/C},$$

$$E_{2x}=0,$$

$$E_{2y}=-E_2=-8.9\times10^3\ \text{N/C},$$

故

$$E_x=E_{1x}+E_{2x}=-3.9\times10^3\ \text{N/C},$$
$$E_y=E_{1y}+E_{2y}=-6.6\times10^3\ \text{N/C}.$$

以上便是本例答案,其矢量形式则为

$$E=[-(3.9\times10^3)i-(6.6\times10^3)j]\ \text{N/C},$$

其中 i、j 是沿 x、y 轴正向的单位矢量.

再讨论电荷连续分布时电场强度的计算.如前所说,宏观物体的净电荷归根结底来自组成物体的微观粒子(质子和电子)的电荷.因此,微观看来电荷分布是不连续的.然而,如果只关心宏观电磁学,物理学家的惯用手法是对电荷分布作"宏观抹开"处理,即忽略微观起伏而认为电荷连续地分布于某一宏观体积、曲面或曲线上.为了计算电场,首先应该了解电荷的具体分布情况.

(1) 电荷连续分布于某一空间区域中.

为了描写电荷的分布,可以引入电荷体密度的概念.在带电区域中某点周围取一个小体元 ΔV,设 ΔV 内的电荷为 Δq,则

$$\rho\equiv\frac{\Delta q}{\Delta V}\tag{1-9}$$

称为该点的**电荷体密度**.简单说,一点的电荷体密度在数值上等于该点附近单位体积的电荷.为精确反映电荷分布的宏观不均匀性,ΔV 取得越小越好.然而 ΔV 又必须包含足够多的带电粒子,以免电荷分布的微观起伏暴露出来.这种宏观看来很小而微观看来很大的体元称为**物理无限小体元**.

电荷体密度 ρ 是一个(宏观)标量场.如果某区域中各点 ρ 相等,就说电荷在该区域是均

匀分布的.

为了计算电场强度,可把带电区域分为许多小体元 $\mathrm{d}V$,每个 $\mathrm{d}V$ 可看作电荷为 $\rho\mathrm{d}V$ 的点带电体,它在场点 P 激发的元电场强度为

$$\mathrm{d}\boldsymbol{E}=\frac{\rho\mathrm{d}V}{4\pi\varepsilon_0 r^2}\boldsymbol{e}_r,$$

其中 r 为 $\mathrm{d}V$ 与 P 的距离,$\boldsymbol{e}_r$ 为从 $\mathrm{d}V$ 到 P 点的单位矢量(见图 1-7).根据叠加原理,整个带电区域在 P 点激发的总电场强度等于所有 $\mathrm{d}\boldsymbol{E}$ 的矢量和,可以写成如下积分:

$$\boldsymbol{E}=\frac{1}{4\pi\varepsilon_0}\iiint\frac{\rho\mathrm{d}V}{r^2}\boldsymbol{e}_r, \tag{1-10}$$

积分遍及整个带电区域.

(2) 电荷连续分布于某一薄层内(见图 1-8).

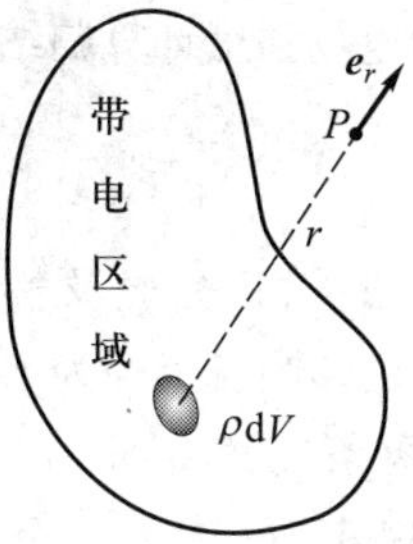

图 1-7 电荷连续分布于某一空间区域时电场强度的计算(场点 P 也可在带电区域内)

图 1-8 带电薄层

当场点与薄层的距离远大于薄层厚度 δ 时,可忽略厚度而认为电荷分布在一个几何曲面上.在曲面上某点周围取一面元 ΔS,设 ΔS 内的电荷为 Δq,则

$$\sigma\equiv\frac{\Delta q}{\Delta S} \tag{1-11}$$

称为该点的**电荷面密度**.应该说明,Δq 实际上是以 ΔS 为底面、以薄层厚度 δ 为高的小体元(图 1-8 中的小扁盒)内的电荷,只是为简单而把薄层看作几何面时才把 Δq 看成几何面元 ΔS 上的电荷.通过这种处理,我们把带电薄层(电荷以有限体密度连续分布于其内)抽象为“带电面”(面模型),正如当场点与带电体的距离远大于带电体的线度时把带电体抽象为“点电荷”(点模型)那样.

计算带电曲面激发的电场强度时,可把每一面元 ΔS 看作电荷为 $\sigma\Delta S$ 的点带电体,电场强度的计算归结为如下的曲面积分:

$$\boldsymbol{E}=\frac{1}{4\pi\varepsilon_0}\iint\frac{\sigma\mathrm{d}S}{r^2}\boldsymbol{e}_r, \tag{1-12}$$

其中 r 是面元 $\mathrm{d}S$ 到场点的距离,$\boldsymbol{e}_r$ 是 $\mathrm{d}S$ 到场点的单位矢量,积分遍及整个带电面.

把图 1-8 的小扁盒抽象为一个几何面元 ΔS 时,我们把盒的电荷 Δq 看作都集中到几何面元 ΔS 上.设电荷以某一电荷体密度 $\rho(x,y,z)$ 分布于薄层内,则以 ΔS 为底、δ 为高的小扁盒的电荷为 $\Delta q=\rho\delta\Delta S$[见图 1-9(a)],保持 Δq 不变而令 $\delta\to 0$,就得到一个带电几何面元 ΔS[见图1-9(b)].这个面元的电荷体密度是没有意义的,因为 $\Delta q/\delta\Delta S$在 $\delta\to 0$ 时趋于无穷.但是电荷面密度 $\Delta q/\Delta S$ 却能把电荷在面元 ΔS 处的疏密情况恰当地表达出来.

与此类似,把带电体看成点电荷时,也认为它的电荷全部集中于一个几何点.对点电荷来说,电荷体密

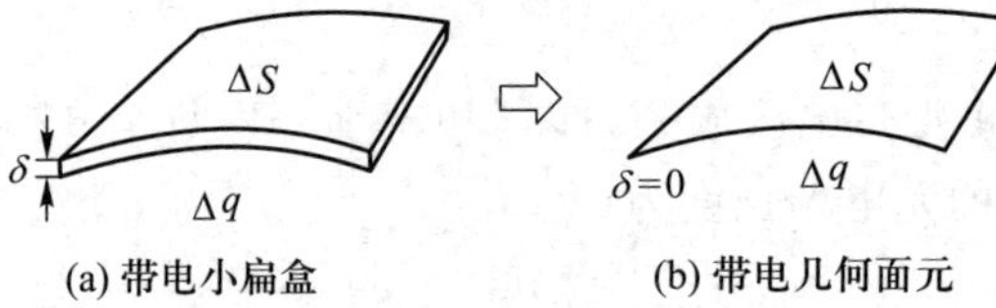

图 1-9　从体分布到面分布(保持 Δq 不变而令 $\delta\to 0$)

度和电荷面密度都没有意义(都趋于无穷),只能用电荷 q 本身描写这个点的带电情况.

(3) 电荷连续分布于某细棒上(见图 1-10).

当场点与棒的距离远大于棒的粗细时,可忽略粗细而认为电荷分布于一条几何曲线上(线模型),并类似地定义**电荷线密度** η:

$$\eta\equiv\frac{\Delta q}{\Delta l},\tag{1-13}$$

其中 Δq 是细棒上长度为 Δl 的元段内的电荷.这种情况下的电场强度计算归结为一个曲线积分:

$$\boldsymbol{E}=\frac{1}{4\pi\varepsilon_0}\int\frac{\eta\mathrm{d}l}{r^2}\boldsymbol{e}_r,\tag{1-14}$$

其中 r 是线元 $\mathrm{d}l$ 与场点的距离,$\boldsymbol{e}_r$ 是从 $\mathrm{d}l$ 到场点的单位矢量,积分遍及整条带电曲线.

例 2　求均匀带电圆盘轴线上(不含盘心)的电场强度.已知圆盘半径为 R,电荷面密度为 σ.

解:以盘心 O 为心作半径各为 r 及 $r+\mathrm{d}r$ 的圆,再作两条夹角为 $\mathrm{d}\varphi$ 的半径,便截出一个很小的"半扇形",如图 1-11 的深灰色部分所示.因 $\mathrm{d}\varphi$ 很小,可认为这个半扇形为矩形,其长、宽各为 $\mathrm{d}r$ 及 $r\mathrm{d}\varphi$,其面积为 $\mathrm{d}S=r\mathrm{d}\varphi\mathrm{d}r$,其电荷为 $\mathrm{d}q=\sigma\mathrm{d}S=\sigma r\mathrm{d}\varphi\mathrm{d}r$.按照点电荷电场强度公式,它在轴上一点 P 贡献的电场强度(大小)为

$$\mathrm{d}E=\frac{\sigma r\mathrm{d}\varphi\mathrm{d}r}{4\pi\varepsilon_0 l^2},$$

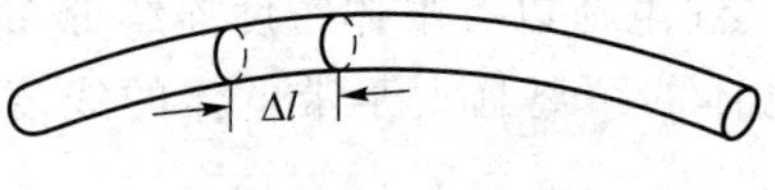

图 1-10　带电细棒

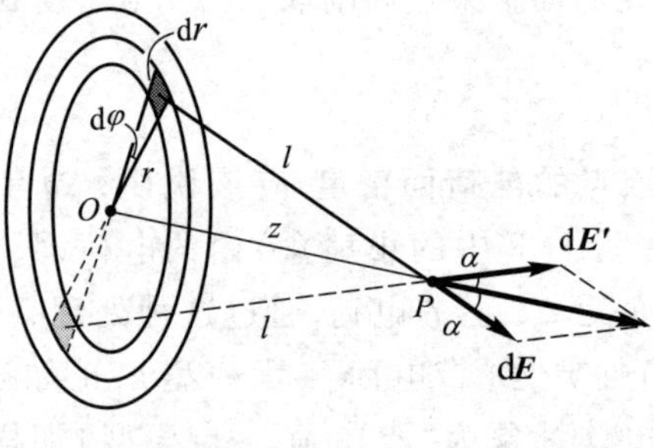

图 1-11　均匀带电圆盘轴线上的电场强度(此图只适用于 $\sigma>0$)

其中 l 是半扇形与 P 点的距离.由问题的对称性可知,必然存在与所取半扇形对称配置的另一个半扇形(图中用虚线围出的浅灰色部分),两者面积、电荷分别相等.虚线半扇形在 P 点贡献的电场强度如图中的 $\mathrm{d}\boldsymbol{E}'$所示.$\mathrm{d}\boldsymbol{E}$ 与 $\mathrm{d}\boldsymbol{E}'$大小相等,与轴线夹角 α 亦相等,两者的合电场强度必平行于轴线.整个圆盘可分割为一对对这样的半扇形,故 P 点的总电场强度 $\boldsymbol{E}$ 亦必平行于轴线.因此,对 $\mathrm{d}\boldsymbol{E}$ 沿轴线的分量 $\mathrm{d}E_z$ 积分便可求出 E.由图可知

$$\mathrm{d}E_z=\mathrm{d}E\cos\alpha=\frac{\sigma r\mathrm{d}\varphi\mathrm{d}r}{4\pi\varepsilon_0 l^2}\cos\alpha=\frac{\sigma r\mathrm{d}\varphi\mathrm{d}r}{4\pi\varepsilon_0 l^2}\frac{z}{l}=\frac{\sigma z r\mathrm{d}\varphi\mathrm{d}r}{4\pi\varepsilon_0(r^2+z^2)^{3/2}},$$

其中 z 是场点 P 与圆盘的距离(恒为正).对变量 r、φ 作二重积分便得

$$E=\frac{\sigma z}{4\pi\varepsilon_0}\int_0^{2\pi}\mathrm{d}\varphi\int_0^R\frac{r\mathrm{d}r}{(r^2+z^2)^{3/2}}=\frac{\sigma}{2\varepsilon_0}\left[1-\frac{1}{\sqrt{1+(R/z)^2}}\right].\tag{1-15}$$

对上式可进行两点有趣的讨论.

(1) R/z 很大的情况.

设 R/z 无限增大,对式(1-15)取极限得

$$E=\frac{\sigma}{2\varepsilon_0}\lim_{R/z\to\infty}\left[1-\frac{1}{\sqrt{1+(R/z)^2}}\right]=\frac{\sigma}{2\varepsilon_0}.$$

虽然实际上不存在半径为无限大(按数学意义)的带电圆盘,但只要圆盘半径 R 远大于场点与圆盘的距离 z,就可近似认为

$$E=\frac{\sigma}{2\varepsilon_0},\tag{1-16}$$

而且由于 E 是 R/z 的单调递增函数,所以比值 R/z 越大时上式的精确度越高,即把圆盘看作无限大所导致的误差越小.

以上结论是由式(1-15)出发导出的,对于不在轴线上的场点是否适用仍然是个问题.可以证明(有余力的读者不妨一试),只要场点与轴线的距离 y 远小于盘的半径($y\ll R$),再加上 $z\ll R$ 的条件,圆盘就可近似看作无限大的均匀带电平面,其电场强度就可由式(1-16)近似表示.

在日常讨论中还会遇到边缘不是圆形的均匀带电盘(指形状任意的闭合曲线围成的均匀带电平面区域).可以证明(见本书《拓展篇》专题 1),如果存在满足以下两个条件的场点,这带电盘对该场点而言也可近似看作无限大的均匀带电平面,即该点的电场强度也可由式(1-16)近似表示.这两个条件是:(1) $z\ll R_{小}$;(2) $R_{大}-R_{小}\ll R_{小}$,其中 z 为场点与带电区域所在平面的距离,$R_{小}$ 和 $R_{大}$ 分别是场点与带电区域边缘的最小和最大距离.

(2) R/z 很小的情况.

把式(1-15)右边方括号中第二项作泰勒展开:

$$\frac{1}{\sqrt{1+(R/z)^2}}=[1+(R/z)^2]^{-1/2}=1-\frac{1}{2}\left(\frac{R}{z}\right)^2+\frac{3}{8}\left(\frac{R}{z}\right)^4-\cdots,$$

注意到 $R/z\ll 1$,略去 $(R/z)^4$ 及其以上的项,得

$$\frac{1}{\sqrt{1+(R/z)^2}}\approx 1-\frac{1}{2}\left(\frac{R}{z}\right)^2,$$

代入式(1-15)得

$$E\approx\frac{\sigma}{4\varepsilon_0}\frac{R^2}{z^2}=\frac{\pi R^2\sigma}{4\pi\varepsilon_0 z^2}=\frac{q}{4\pi\varepsilon_0 z^2},$$

其中 q 是圆盘的电荷.上式与点电荷电场强度公式一致.虽然上式是对轴上远离盘心的点推出的,但不难相信,远离圆盘的任何场点都近似适用点电荷电场公式,因此,只要 R/z 足够小,就可足够精确地把带电圆盘看作点电荷.这进一步说明,带电体能否被看作点电荷,不在于本身的绝对大小,而在于其线度与它到场点的距离相比是否足够小.同一个带电圆盘,当场点很远时可被看作点电荷,当场点在盘心附近时则可被看作无限大平面.

§1.4 高斯定理

高斯定理是静电学的一个重要定理,是关于静电场中任一闭合曲面的"$\boldsymbol{E}$ 通量"的定理.下面先介绍 $\boldsymbol{E}$ 通量的概念.

1.4.1　$\boldsymbol{E}$ 通量

通量的概念最初是在流体动力学中引入的.在流体动力学中,速度 $\boldsymbol{v}$ 是一个矢量场,即流体中每一点都有一个确定的速度矢量 $\boldsymbol{v}$.在流体中取一面元 $\mathrm{d}S$,则单位时间内流过 $\mathrm{d}S$ 的流体体积称为 $\mathrm{d}S$ 的**通量**(绝对值).由于 $\mathrm{d}S$ 很小,可以认为其上各点的 $\boldsymbol{v}$ 相同.以 $\mathrm{d}S$ 为底、$\boldsymbol{v}$ 为母线作一柱体(见图 1-12).因为 v 是流体微团在单位时间内移过的距离,只有位于这个柱体内部的流体微团才能在单位时间内流过 $\mathrm{d}S$,所以 $\mathrm{d}S$ 的通量 $\mathrm{d}\Phi$ 在数值上等于柱体的体积,即 $|\mathrm{d}\Phi|=|v_\mathrm{n}|\mathrm{d}S$,其中 v_n 是 $\boldsymbol{v}$ 在面元的法向单位矢量 $\boldsymbol{e}_\mathrm{n}$ 方向上的投影.按照矢量点乘积的定义,v_n 又可写成 $v_\mathrm{n}=\boldsymbol{v}\cdot\boldsymbol{e}_\mathrm{n}$,故 $\mathrm{d}\Phi=\boldsymbol{v}\cdot\boldsymbol{e}_\mathrm{n}\mathrm{d}S$.为简单起见,常把矢量 $\boldsymbol{e}_\mathrm{n}\mathrm{d}S$ 写成 $\mathrm{d}\boldsymbol{S}$(称为**矢量面元**),于是 $\mathrm{d}\Phi=\boldsymbol{v}\cdot\mathrm{d}\boldsymbol{S}$.以上是流体中一个面元的通量的表达式.对于流体中的任一有限曲面 S,其通量 Φ 等于组成这一曲面的每个面元的通量的代数和(见图 1-13),因而可写成如下曲面积分:

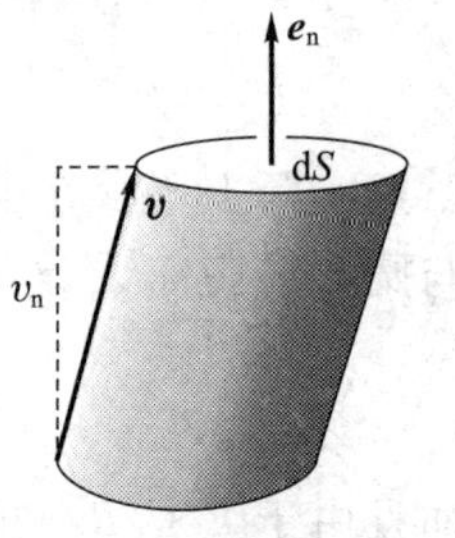

图 1-12　流体中面元的通量

$$\Phi\equiv\iint_S\boldsymbol{v}\cdot\mathrm{d}\boldsymbol{S}.$$

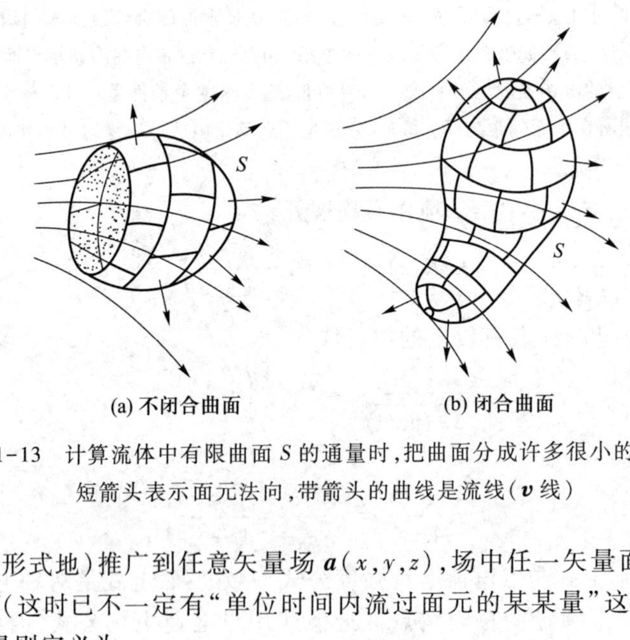

图 1-13　计算流体中有限曲面 S 的通量时,把曲面分成许多很小的面元.短箭头表示面元法向,带箭头的曲线是流线($\boldsymbol{v}$ 线)

通量的概念可以(形式地)推广到任意矢量场 $\boldsymbol{a}(x,y,z)$,场中任一矢量面元 $\mathrm{d}\boldsymbol{S}$ 的 $\boldsymbol{a}$ **通量**定义为 $\mathrm{d}\Phi_a\equiv\boldsymbol{a}\cdot\mathrm{d}\boldsymbol{S}$(这时已不一定有"单位时间内流过面元的某某量"这样的物理意义),有限曲面 S 的 $\boldsymbol{a}$ 通量则定义为

$$\Phi_a\equiv\iint_S\boldsymbol{a}\cdot\mathrm{d}\boldsymbol{S}.$$

电场强度 $\boldsymbol{E}(x,y,z)$ 的通量称为 $\boldsymbol{E}$ **通量**.电场中面元 $\mathrm{d}\boldsymbol{S}$ 的 $\boldsymbol{E}$ 通量定义为

$$\mathrm{d}\Phi_E\equiv\boldsymbol{E}\cdot\mathrm{d}\boldsymbol{S},\tag{1-17}$$

有限曲面(闭合或不闭合)S 的 $\boldsymbol{E}$ 通量为

$$\Phi_E\equiv\iint_S\boldsymbol{E}\cdot\mathrm{d}\boldsymbol{S}.\tag{1-18}$$

对 $\boldsymbol{E}$ 通量的概念应注意以下两点(也适用于其他通量):

(1) $\boldsymbol{E}$ 和 $\boldsymbol{e}_n$ 都是曲面上的矢量场,其点乘积 $\boldsymbol{E}\cdot\boldsymbol{e}_n$ 是曲面上的标量场,故 $\boldsymbol{E}$ 通量是标量.但 $\boldsymbol{E}$ 通量不是点函数(不是标量场),因为给定一点并不能确定一个曲面,从而无通量可言.只能谈及某面元或某曲面的通量而不能谈及某点的通量.

(2) $\boldsymbol{E}$ 通量是代数量.在场强一定时,$\boldsymbol{E}$ 通量的正负取决于面元法向的选取.例如对图 1-14 的面元既可取 $\boldsymbol{e}_{n1}$的方向为法向,也可取 $\boldsymbol{e}_{n2}$的方向为法向.两种取法求得的通量等值异号(因 $\cos\theta_1=-\cos\theta_2$).因此,谈及通量前应明确选定面元的法向.对于闭合曲面,我们约定一律以向外为法向[见图 1-13(b)].对于非闭合曲面,应根据情况事先规定法向.

1.4.2　高斯定理①

高斯定理是关于闭合曲面 $\boldsymbol{E}$ 通量的定理.先讨论最简单的情况.设电场由点电荷 q 激发,以 q 为心作半径为 r 的球,在球面上任取一面元 $\mathrm{d}S$(见图 1-15),其 $\boldsymbol{E}$ 通量为

$$\mathrm{d}\Phi=\boldsymbol{E}\cdot\mathrm{d}\boldsymbol{S}=\frac{q}{4\pi\varepsilon_0 r^2}\boldsymbol{e}_r\cdot\mathrm{d}\boldsymbol{S}=\frac{q}{4\pi\varepsilon_0 r^2}\mathrm{d}S$$

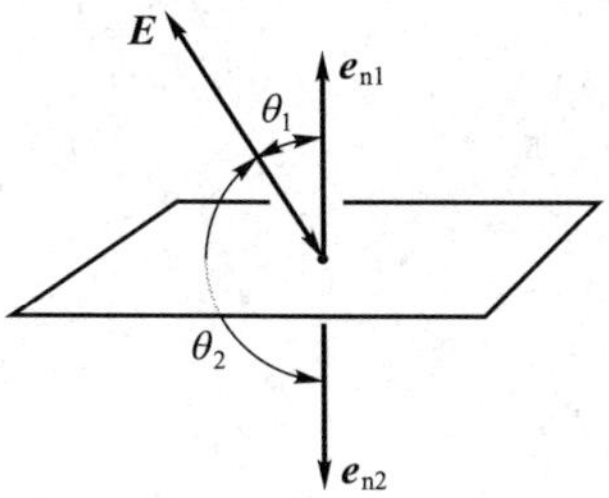

图 1-14　同一面元的两种法向

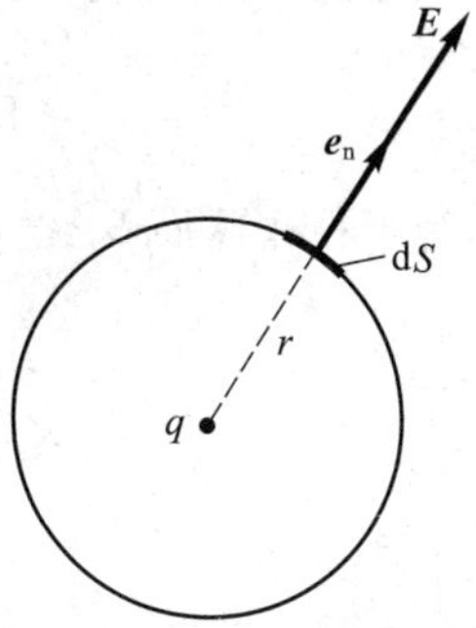

图 1-15　以点电荷为心的球面的 $\boldsymbol{E}$ 通量

(为简洁计,已把 Φ_E 简写为 Φ),整个球面的 $\boldsymbol{E}$ 通量为

$$\Phi=\oiint_{\text{球面}}\frac{q}{4\pi\varepsilon_0 r^2}\mathrm{d}S=\frac{q}{4\pi\varepsilon_0 r^2}\oiint_{\text{球面}}\mathrm{d}S,$$

其中 $\oiint_{\text{球面}}\mathrm{d}S$ 是球面积,等于 $4\pi r^2$,故

$$\Phi=\frac{q}{\varepsilon_0}. \tag{1-19}$$

这说明球面的 $\boldsymbol{E}$ 通量与点电荷的电荷成正比而与半径无关.

下面证明式(1-19)对于包围 q 的任一闭合曲面(图 1-16 中的 S)也成立. 以 q 为心、任一 r_1 为半径作球面 S_1.以 q 为顶点作一任意形状的小锥体,它在 S_1 及 S 上截出面元 $\mathrm{d}S_1$ 及 $\mathrm{d}S$.$\mathrm{d}S_1$ 的 $\boldsymbol{E}$ 通量为

$$\mathrm{d}\Phi_1=\frac{q}{4\pi\varepsilon_0 r_1^2}\mathrm{d}S_1,$$

① 编者注:梁灿彬先生讲授的“高斯定理”的课堂实录可登录本书配套的数字课程网站观看.

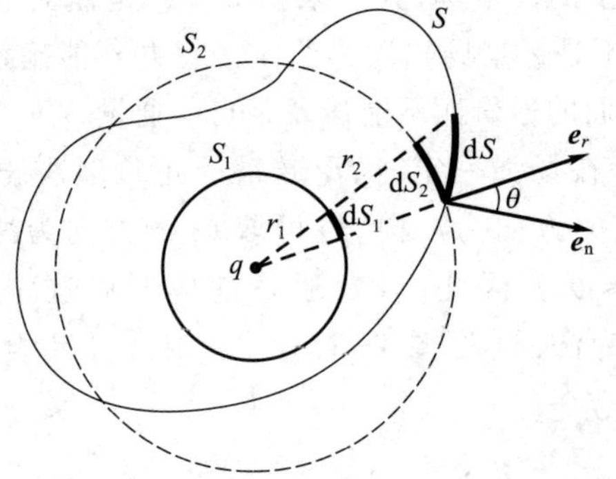

图 1-16 包围点电荷的任意闭合曲面 S 的 $\boldsymbol{E}$ 通量

dS 的 $\boldsymbol{E}$ 通量为

$$d\Phi=\boldsymbol{E}\cdot d\boldsymbol{S}=\frac{q}{4\pi\varepsilon_0 r_2^2}\boldsymbol{e}_r\cdot\boldsymbol{e}_n dS,$$

其中 r_2 是 dS 与 q 的距离,$\boldsymbol{e}_n$ 是 dS 的外法向单位矢量.设 $\boldsymbol{e}_r$ 与 $\boldsymbol{e}_n$ 夹角为 θ,则$\boldsymbol{e}_r\cdot\boldsymbol{e}_n=\cos\theta$,故

$$d\Phi=\frac{q}{4\pi\varepsilon_0 r_2^2}dS\cos\theta.$$

以 q 为心、r_2 为半径作球面 S_2,与锥体截出面元 dS_2.不难看出

$$dS_2=dS\cos\theta, \tag{1-20}$$

故

$$d\Phi=\frac{q}{4\pi\varepsilon_0 r_2^2}dS_2.$$

由立体几何知

$$\frac{dS_2}{dS_1}=\frac{r_2^2}{r_1^2},$$

因而

$$d\Phi=\frac{q}{4\pi\varepsilon_0 r_1^2}dS_1=d\Phi_1, \tag{1-21}$$

即 dS 与 dS_1 有相等的 $\boldsymbol{E}$ 通量.S 面及 S_1 面可被许多锥体分成这样一对对面元,可见 S 面的 $\boldsymbol{E}$ 通量等于 S_1 面的 $\boldsymbol{E}$ 通量,而 S_1 是球面,故

$$\oiint_S \boldsymbol{E}\cdot d\boldsymbol{S}=\frac{q}{\varepsilon_0}. \tag{1-22}$$

这就是所要证明的.

下面证明不包围点电荷 q 的任意闭合曲面[图 1-17(a)的 S]的 $\boldsymbol{E}$ 通量为零.在 S 上任选一闭合曲线 L 把 S 分为 S_1 及 S_3 两部分(两者都不闭合).以 L 为边线作一个不闭合曲面 S_2[见图 1-17(b)],使 S_2 与 S_1 组成的闭合曲面包围 q.设 S_1 及 S_2 的 $\boldsymbol{E}$ 通量各为 Φ_1 及 Φ_2,由式(1-22)可知

$$\Phi_1+\Phi_2=\frac{q}{\varepsilon_0}. \tag{1-23}$$

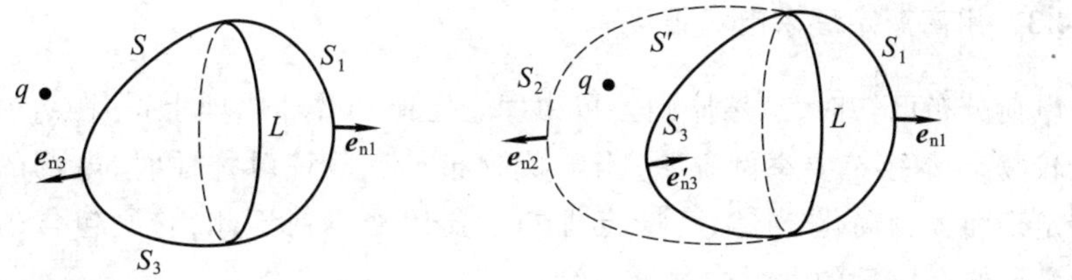

(a) 任选闭合曲线L把闭合曲面S分为S_1及S_3　　(b) 补作曲面S_2

图 1-17　不包围 q 的闭合曲面的 $\boldsymbol{E}$ 通量为零

另一方面，S_2 与 S_3 也组成一个包围 q 的闭合曲面，记为 S'.按照闭合曲面法向单位矢量向外的约定，S_3 作为闭合曲面 S 的一部分时的法向单位矢量 $\boldsymbol{e}_{n3}$ 应与 S_3 作为闭合曲面 S' 的一部分时的法向单位矢量 $\boldsymbol{e}'_{n3}$ 反向.以 Φ_3 及 Φ'_3 分别代表 S_3 在两种情况下的 $\boldsymbol{E}$ 通量，有 $\Phi_3=-\Phi'_3$.把式(1-22)用于闭合曲面 S'，有 $\Phi_2+\Phi'_3=q/\varepsilon_0$，或 $\Phi_2=\Phi_3+q/\varepsilon_0$，代入式(1-23)得 $\Phi_1+\Phi_3+q/\varepsilon_0=q/\varepsilon_0$，故 $\Phi_1+\Phi_3=0$，即闭合曲面 S 的 $\boldsymbol{E}$ 通量为零.

以上讨论了点电荷电场中闭合曲面的 $\boldsymbol{E}$ 通量.如果电场由 n 个点电荷激发(见图1-18)，那么可用电场强度叠加原理把任一闭合曲面 S 的 $\boldsymbol{E}$ 通量写为

$$\Phi=\oiint_S \boldsymbol{E}\cdot \mathrm{d}\boldsymbol{S}=\oiint_S \sum \boldsymbol{E}_i\cdot \mathrm{d}\boldsymbol{S}=\sum \oiint_S \boldsymbol{E}_i\cdot \mathrm{d}\boldsymbol{S}=\sum \Phi_i, \tag{1-24}$$

其中 Φ_i 是第 i 个点电荷 q_i 在 S 上的 $\boldsymbol{E}$ 通量.Φ_i 的取值只有两种可能：当 q_i 在 S 内时 $\Phi_i=q_i/\varepsilon_0$；当 q_i 在 S 外时 $\Phi_i=0$.因此，式(1-24)中的 $\sum \Phi_i$ 等于 S 面内点电荷的代数和(以 $q_{内}$ 表示)除以 ε_0(对图 1-18，$q_{内}=q_1+q_3+q_4$).故式(1-24)成为

$$\oiint_S \boldsymbol{E}\cdot \mathrm{d}\boldsymbol{S}=\frac{q_{内}}{\varepsilon_0}. \tag{1-25}$$

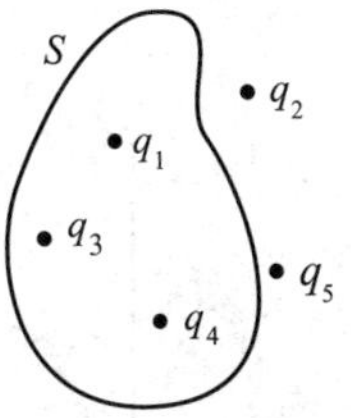

图 1-18　n 个点电荷的场中闭合曲面的 $\boldsymbol{E}$ 通量

连续分布的电荷可分割为无限多个电荷元 $\mathrm{d}q$，各电荷元可视为点电荷，所以上式仍然成立.上式称为静电场的**高斯定理**，其文字表述为：

静电场中任一闭合曲面的 $\boldsymbol{E}$ 通量等于该曲面内电荷的代数和除以 ε_0.

对高斯定理还有必要说明以下两点.

(1) 高斯定理断言闭合曲面外的电荷对闭合曲面的通量没有贡献，但不意味着这些电荷对面上各点的电场没有贡献.例如，图 1-18 中的点电荷 q_5 总要按点电荷电场强度公式在周围(包括闭合曲面上的点)激发电场，只是由于它对闭合曲面各面元提供的通量有正有负，才导致 q_5 对整个闭合曲面贡献的通量为零.

(2) 高斯定理是由库仑定律(及叠加原理)推出的，但两者在使用上分工不同.大致说来，库仑定律(及叠加原理)解决从电荷分布求电场的问题，高斯定理则使我们能从电场(作为已知矢量场)求出电荷分布.欲求某点的电荷体密度 ρ，可包围该点作一形状适当的小闭合曲面，根据面上的已知电场强度求出面的 $\boldsymbol{E}$ 通量，由高斯定理便可得知面内的电荷 Δq.设此面所围的体积为 ΔV，则 $\Delta q/\Delta V$ 就近似等于该点的电荷体密度 ρ.所取的 ΔV 越小，求得的 ρ 就越精确.这个计算虽然可能很麻烦，但原则上是可行的.借用矢量分析的语言，可把高斯定理写成另一形式(**微分形式**)，根据这一形式，只要对已知的矢量场 $\boldsymbol{E}(x,y,z)$ 作微分运算，便可方便地求得各点的 ρ，详见电动力学，亦可参阅拓展篇的式(15-18).

在一些特殊情况下，直接利用高斯定理就可从已知的电荷分布计算它们激发的电场强度.下小节将给出几个例子.

1.4.3 用高斯定理求电场强度

在电荷分布已知时,虽然原则上可由库仑定律和叠加原理求得各点的电场强度,但计算往往比较复杂.本小节要举例说明,当电荷分布具有某种对称性时,电场的计算可以由于应用高斯定理而大为简化.当然,高斯定理的主要用处不在于此,它所包含的深刻物理内容及重要意义需要在以后的学习中逐渐体会.

例 1 电荷均匀分布于一个无限大平面上,其面密度为 σ,求其激发的静电场的电场强度.

解:在场中任取一点 P.由电荷分布的对称性可知 $\boldsymbol{E}$ 与带电面垂直,我们用反证法来证明.假定 $\boldsymbol{E}$ 不与面垂直(如图 1-19 中的 $\boldsymbol{E}'$),过 P 作带电面的垂线,令带电面以此垂线为轴转 180°角.因电场由电荷分布决定,电荷分布整体转 180°必导致电场方向转 180°,即转到 $\boldsymbol{E}''$(与 $\boldsymbol{E}'$不重合).但另一方面,因带电面为无限大且各点 σ 相同,面的旋转事实上并未改变空间中的电荷分布,电场方向应不变,即 $\boldsymbol{E}''$应与 $\boldsymbol{E}'$重合.这就导致了矛盾的结果,可见电荷分布的对称性保证 $\boldsymbol{E}$ 与带电面垂直.在此基础上便可用高斯定理求 $\boldsymbol{E}$.过 P 点作与带电面平行的小平面 S_1,以 S_1 为底作与带电面垂直的柱体,其长度等于 P 点到带电面距离的 2 倍(见图 1-20).柱体表面的 $\boldsymbol{E}$ 通量 $\varPhi$ 等于两底面 S_1 及 S_2 的 $\boldsymbol{E}$ 通量 $\varPhi_1$ 及 $\varPhi_2$ 与侧面的 $\boldsymbol{E}$ 通量 $\varPhi_{侧}$ 之和:

$$\varPhi=\varPhi_1+\varPhi_2+\varPhi_{侧}.$$

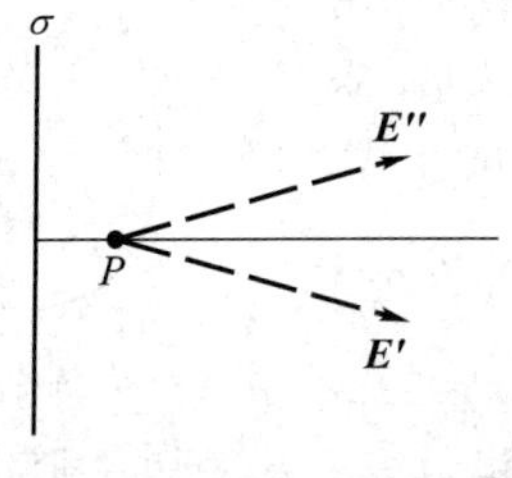

图 1-19 用反证法证明电场与带电面垂直

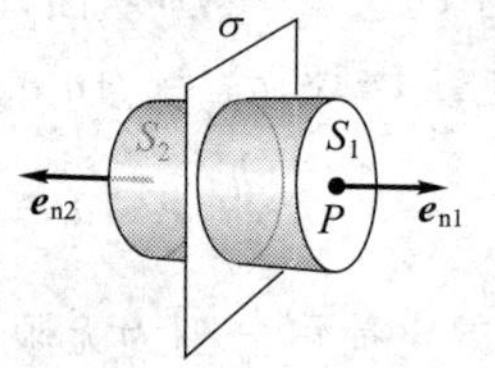

图 1-20 用高斯定理求均匀带电无限大平面的电场

因侧面的 $\boldsymbol{E}$ 与侧面平行,故 $\varPhi_{侧}=0$,而 $\varPhi_1=\boldsymbol{E}_1\cdot\boldsymbol{e}_{n1}S=E_{1n}S$,式中 S 是柱底的面积,E_{1n}是 $\boldsymbol{E}_1$ 在 $\boldsymbol{e}_{n1}$方向上的投影.因 $\boldsymbol{E}_1 /\!/ \boldsymbol{e}_{n1}$,故只有两种可能:当 $\sigma>0$ 时,$\boldsymbol{E}_1$ 与 $\boldsymbol{e}_{n1}$同向,$E_{1n}>0$;当 $\sigma<0$ 时,$\boldsymbol{E}_1$ 与 $\boldsymbol{e}_{n1}$反向,$E_{1n}<0$.同理,$\varPhi_2=\boldsymbol{E}_2\cdot\boldsymbol{e}_{n2}S=E_{2n}S$.由对称性可知 $E_{1n}=E_{2n}$(但 $\boldsymbol{E}_1$ 不等于 $\boldsymbol{E}_2$ 而等于$-\boldsymbol{E}_2$),用 E_n 简记 E_{1n}(即 E_{2n}),有 $\varPhi=2E_nS$.另一方面,包在封闭柱面内的电荷为 $q_{内}=\sigma S$,由高斯定理可知 $2E_nS=\sigma S/\varepsilon_0$,故

$$E_n=\frac{\sigma}{2\varepsilon_0}. \tag{1-26}$$

统一以 $\boldsymbol{e}_n$ 代表 $\boldsymbol{e}_{n1}$及 $\boldsymbol{e}_{n2}$(在带电面右侧规定 $\boldsymbol{e}_n\equiv\boldsymbol{e}_{n1}$,左侧规定 $\boldsymbol{e}_n\equiv\boldsymbol{e}_{n2}$),因 E_n 是 $\boldsymbol{E}$ 在 $\boldsymbol{e}_n$ 方向的投影且 $\boldsymbol{E} /\!/ \boldsymbol{e}_n$,故

$$\boldsymbol{E}=\frac{\sigma}{2\varepsilon_0}\boldsymbol{e}_n. \tag{1-27}$$

上式对带电面两边都成立,$\boldsymbol{e}_n$ 应理解为背离带电面的单位矢量.由上式可知,当 $\sigma>0$ 时 $\boldsymbol{E}$ 与

e_n 同向；当 $\sigma<0$ 时 $\boldsymbol{E}$ 与 e_n 反向.这表明当带电面带正电时电场强度背离带电面，当带电面带负电时电场强度指向带电面.此外，上式右边与场点的坐标无关，可见任一点的电场强度数值都相等，带电面的两侧各形成一个均匀电场.

无限大的带电面实际上并不存在，它只是一种模型.然而这是一个"有客体基础"的模型，因为，至少均匀带电圆盘对满足适当条件的场点而言可被视为均匀带电无限大平面[见式(1-16)后一段的讨论]，边缘不是圆形的均匀带电盘只要满足某些条件也可被视为均匀带电无限大平面[见式(1-16)后的小字部分].

请读者利用本例结果及叠加原理证明：均匀地带等量异号电荷的一对平行无限大平面之间存在均匀电场，其方向与面垂直并从带正电面指向带负电面，其大小为 σ/ε_0；两面外部电场为零.

应该指出，虽然在上例求解过程中仅出现圆柱面所围的那部分电荷($q_{内}=\sigma S$)，但求得的 $\boldsymbol{E}$ 却是整个无限大带电面贡献的电场强度.下面对这一问题作一分析.设圆柱面内、外电荷激发的电场分别为 $\boldsymbol{E}_{内}$ 及 $\boldsymbol{E}_{外}$，则总电场为

$$\boldsymbol{E}=\boldsymbol{E}_{内}+\boldsymbol{E}_{外}.$$

根据高斯定理，

$$\oiint \boldsymbol{E}\cdot \mathrm{d}\boldsymbol{S}=\frac{q_{内}}{\varepsilon_0}. \tag{1-28}$$

如果单独考虑 $\boldsymbol{E}_{内}$，它当然也服从高斯定理(为什么?)，故

$$\oiint \boldsymbol{E}_{内}\cdot \mathrm{d}\boldsymbol{S}=\frac{q_{内}}{\varepsilon_0}. \tag{1-29}$$

两个积分都对封闭圆柱面进行.上两式只说明 $\boldsymbol{E}$ 及 $\boldsymbol{E}_{内}$ 对封闭圆柱面的 $\boldsymbol{E}$ 通量相同，不说明 $\boldsymbol{E}$ 与 $\boldsymbol{E}_{内}$ 在面上各点相等.到底求出的电场强度是 $\boldsymbol{E}$ 还是 $\boldsymbol{E}_{内}$? 这取决于两者哪个能从积分号中提出.在上例求解过程中，根据全部电荷均匀分布于无限大平面上(有对称性)知道：(1) 各点的 $\boldsymbol{E}$ 与带电面垂直；(2) 带电面两侧对称位置上的 E_n 相等.于是有

$$\oiint \boldsymbol{E}\cdot \mathrm{d}\boldsymbol{S}=\Phi_1+\Phi_2+\Phi_{侧}=2E_nS,$$

与式(1-28)对比便可求得 $\boldsymbol{E}$，如式(1-27)所示.然而对 $\boldsymbol{E}_{内}$ 来说，因为电荷 $q_{内}$ 的分布不存在这种对称性，$\boldsymbol{E}_{内}$ 不能从积分号内提出，单从式(1-29)根本求不出 $\boldsymbol{E}_{内}$.

例 2 电荷 q 均匀分布于半径为 R 的球面上，求球内外静电场的电场强度.

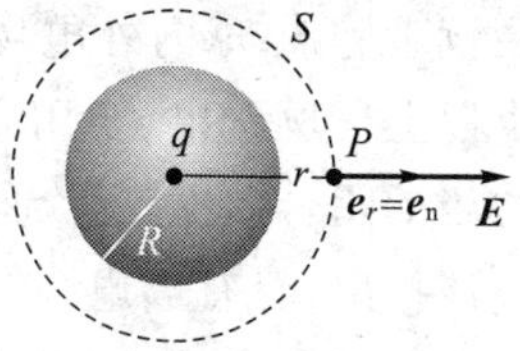

图 1-21 用高斯定理求均匀带电球面外部的电场强度

解：在球外任取一点 P，过 P 作与带电球面同心的球面 S(见图 1-21).从电荷分布的球对称性出发，不难仿照例 1 的方法证明面上各点电场强度大小相等，方向沿径向，故 S 面的 $\boldsymbol{E}$ 通量

$$\Phi=\oiint_S \boldsymbol{E}\cdot \mathrm{d}\boldsymbol{S}=\oiint_S E_n\mathrm{d}S=E_n\oiint_S \mathrm{d}S=E_n\cdot 4\pi r^2, \tag{1-30}$$

其中 E_n 是 $\boldsymbol{E}$ 在 e_n 方向上的投影，r 是球面 S 的半径.另一方面，球面 S 内的电荷就是带电球面的电荷 q，由高斯定理有 $\Phi=q/\varepsilon_0$，故

$$E_n=\frac{q}{4\pi\varepsilon_0 r^2}.$$

因 $\boldsymbol{E}/\!/\boldsymbol{e}_n$，故 $\boldsymbol{E}=E_n\boldsymbol{e}_n=E_n\boldsymbol{e}_r$，于是

$$\boldsymbol{E}=\frac{q}{4\pi\varepsilon_0 r^2}\boldsymbol{e}_r. \tag{1-31}$$

设想把带电球面的全部电荷 q 置于球心成一点电荷，其电场强度的表示式显然与式(1-31)相同.可见，均匀带电球面外任一点的电场等于球面全部电荷集中于球心时在该点所激发的电场.

现在讨论带电球面内的电场.过球面内任一点作与带电球面同心的球面 S'，式(1-30)对 S' 显然仍成立，但 S' 面内电荷为零，故 $E_n\cdot 4\pi r^2=0$，因而 $\boldsymbol{E}=\boldsymbol{0}$.即均匀带电球面内任一点的电场为零.

由以上结果可以画出电场强度(大小)E 随 r 而变的函数曲线，如图 1-22(a)所示.为了比较，图 1-22(b)画出了把球面电荷集中于球心时的曲线.对比两图可知，就球外电场而言，两种情况等效；但球内电场则根本不同.

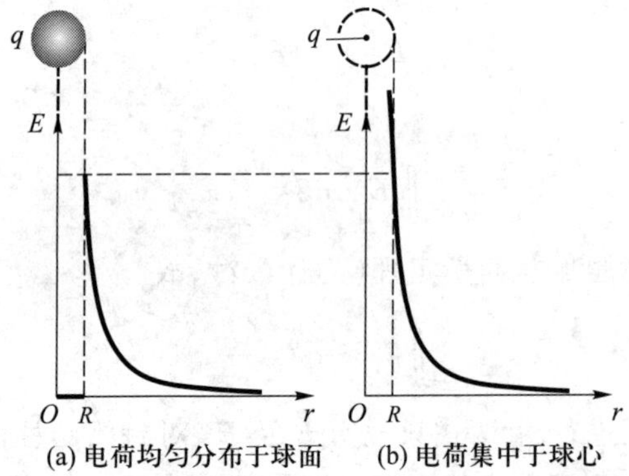

图 1-22 均匀带电球面的电场强度曲线与点电荷的电场强度曲线的比较

例 3 电荷 q 均匀分布于半径为 R 的球体上，求球内外的电场强度.

解：仿照例 2 可知球外电场仍由式(1-31)表示.球内电场则为

$$\boldsymbol{E}=\frac{q}{4\pi\varepsilon_0 R^3}\boldsymbol{r}, \tag{1-32}$$

推导由读者完成.球内外电场强度(大小)随 r 变化的曲线如图 1-23 所示.

由以上三例看出，要用高斯定理求电场(更一般地说用高斯定理讨论问题)，通常要先作一个适当的闭合曲面，这个曲面称为**高斯面**.

应该指出，只有当电荷分布具有某种对称性时才可用高斯定理直接求电场.在一般情况下，由已知电荷分布求电场的问题可用库仑定律配以叠加原理解决而不能单独用高斯定理解决.这一事实说明，高斯定理只从一个侧面反映静电场的性质.要全面掌握静电场的性质还需借助由库仑定律(配以叠加原理)推出的另一定理——“环路定理”(见小节 1.6.1).把两个定理结合起来，就可以从原则上解决静电学的一切问题.

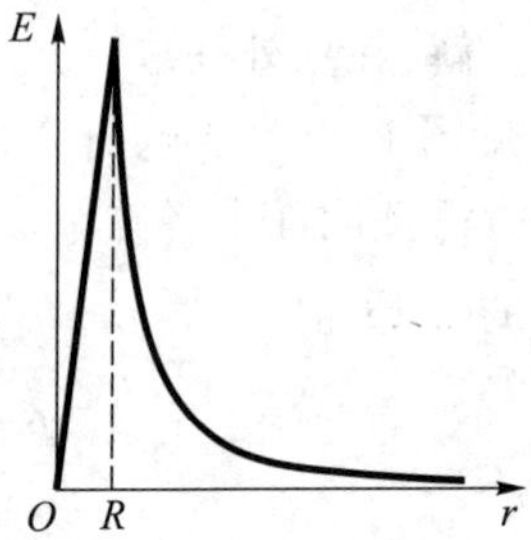

图 1-23 均匀带电球体的电场强度曲线

如果不用高斯定理，例 3 当然也可求解，为此只需对带电球体作积分.然而这远比用高斯定理求解的工作量大.用高斯定理之所以可以简捷求解，

关键在于电荷分布有球对称性.以过球心的任何直线为轴做任何角度的转动，如果电荷体密度 ρ 在转动下不变，就说 ρ 有球对称性.均匀带电球体（ρ 为常量）当然满足这一要求，但满足这一要求的不一定是均匀带电球体.事实上，只要 ρ 只是 r 的函数（与方位角 θ、φ 无关），即只要 $\rho=\rho(r)$，就能满足上述要求，就有球对称性.不难看出，如果把例 3 的已知条件从 ρ 为常量改为 $\rho=\rho(r)$，则球外电场表达式仍为式（1-31）（但球内电场表达式要变）.可见，不管电荷作怎样的球对称分布，球外电场仍相当于全部电荷集中到球心时的电场，从而使讨论大为简化.这一结论也适用于引力场中的对应问题.例如，地球外部一点的引力场强就等于把地球质量集中于球心时激发的场强，理由是：（1）引力服从的规律$\left(\text{万有引力定律 } F=\dfrac{Gm_1m_2}{r^2}\right)$与静电力服从的库仑定律 $F=\dfrac{kq_1q_2}{r^2}$有相同的数学表达式；（2）地球的质量分布近似有球对称性.虽然现在看来这是个很简单的问题，但牛顿当年在对万有引力进行开拓性研究时情况远非如此明朗.牛顿在研究月球的轨道时（约在 1667 年）就曾敏锐地猜出上述结论，但当时却无法给出严格证明，因为那时既没有高斯定理，也没有微积分学.经过约 20 年的研究（在此期间他还创立了自己的微积分学），他才在 1687 年发表的划时代巨著《自然哲学的数学原理》中写进了这一结论.牛顿对科学问题的严谨态度由此可见一斑.

图 1-23 是一条连续曲线，由此可知均匀带电球体的电场强度在球内、外及球面上都是连续的矢量场.但图 1-22（a）却表明均匀带电球面的电场强度在面上有突变.注意到均匀带电无限大平面（及均匀带电圆盘）两侧电场强度方向相反，可知电场强度（作为矢量场）在面上也有突变.由式（1-27）和式（1-31）不难看出两种情况下电场强度的突变量（大小）都为 σ/ε_0.其实，电场强度的法向分量 E_n 在任意带电面的任一点处（面密度为 σ）都有突变，突变量都为 σ/ε_0［仿照小节 3.6.2 前半部分的讨论方法（作与图 3-22 类似的扁柱体）便可证明］.

电场强度在带电面上的突变是采用面模型的结果.面模型是带电薄层的简化，电场强度从薄层的一壁到另一壁是连续变化的，只是由于过渡到面模型（把薄层厚度看作零）才出现突变.现在以均匀带电的同心球层为例来说明［见图 1-24（a）上方］.球层的内外壁把空间分为三区：$r<R_1$ 为 A 区；$R_1<r<R_2$ 为 B 区；$r>R_2$ 为 C 区.由高斯定理不难求得三区的电场强度为

A 区 $$E_A=0,$$

B 区 $$E_B=\frac{\rho}{3\varepsilon_0}\left(r-\frac{R_1^3}{r^2}\right), \tag{1-33}$$

C 区 $$E_C=\frac{\rho(R_2^3-R_1^3)}{3\varepsilon_0 r^2}=\frac{q}{4\pi\varepsilon_0 r^2},$$

其中 ρ 及 q 分别为球层的体密度及电荷.根据上式画出的 $E-r$ 曲线如图 1-24（a）所示，这是一条连续曲线，在任何 r 处都无突变.球层内外壁（$r=R_1$ 及 $r=R_2$ 处）电场强度的差值为

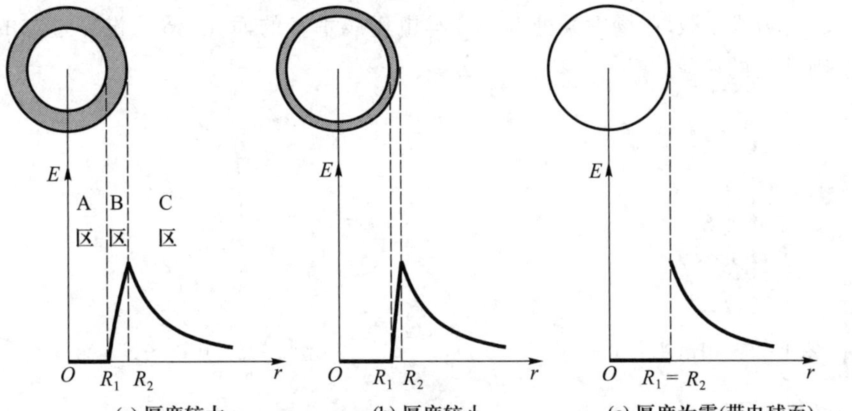

(a) 厚度较大　(b) 厚度较小　(c) 厚度为零(带电球面)

图 1-24　均匀带电球层的电场强度（保持电荷不变而令球层厚度渐减为零）

$$\Delta E=\frac{q}{4\pi\varepsilon_0 R_2^2}. \tag{1-34}$$

按小节 1.3.2 (2)小字部分所讲,带电面模型是把带电薄层的电荷集中于一个几何面上得到的.保持球层总电荷 q(及外径 R_2)不变而令 R_1 趋近 R_2,由式(1-34)可知 ΔE 并不改变[见图 1-24(b)],在极限情况下有

$$\lim_{R_1\to R_2}\Delta E=\frac{q}{4\pi\varepsilon_0 R_2^2}\neq 0.$$

就是说,球层薄至成一几何面时(只要电荷不变),内外壁的电场强度差仍为一有限值[见图1-24(c)],即分居球面[图 1-24(c)的几何面]两侧的两个极近点的电场强度有一个有限差值,这就意味着电场强度在带电球面上发生突变.

上述讨论表明,电场强度在带电面上的突变是采用面模型的必然结果.这一突变使我们不能问及"带电面上的电场强度有多大?"这样的问题.如果想用公式或曲线表达电场在整个空间的全貌而不关心带电层内及其附近的电场强度是否表达得很准确,就可以采用面模型.反之,一旦有必要关心带电层内及其附近的准确电场,就应放弃面模型而还其体分布的本来面目(体分布其实也是模型,是对微观电荷分布作宏观抹开的结果).

§1.5 电 场 线

静电学的
数学研究

1.5.1 电场线

描写电场的最精确方法是写出电场强度 $\boldsymbol{E}$ 的函数形式,如式(1-8)及式(1-32)等,但这种描写不够直观.为了形象地描写电场,可在场中画许多小箭头,其方向及长度表示各点电场强度的方向和大小(见图 1-25).可是这种方法也有两个缺点:(1) 只能表示有限个点的电场强度;(2) 场中布满箭头,杂乱而不清晰.为了改善这种情况,可用曲线代替箭头,使曲线上每点的切线方向与该点的电场强度方向相同.这种曲线称为**电场线**,如图 1-26.改成曲线表示后,用箭头长度表示电场大小的优越性便消失.为使电场线不但能描写电场的方向而且能大致描写电场的大小,可作如下附加规定:穿过场中任一面元的电场线条数正比于该面元的 $\boldsymbol{E}$ 通量,即

$$\text{通过任一 }\Delta\boldsymbol{S}\text{ 的电场线条数}^{①}=K\boldsymbol{E}\cdot\Delta\boldsymbol{S}, \tag{1-35}$$

其中 K 为比例常数($K>0$).我们来证明,只要按上式的要求来画电场线,就可用电场线的疏密程度(简称电场线密度)反映电场强度的大小.**电场线密度**是指穿过某一与电场线垂直的单位面元的电场线条数.在场中某处取一个与电场线垂直的面元 $\Delta S_{\perp}$,设穿过它的电场线条数为 ΔN,则该处的

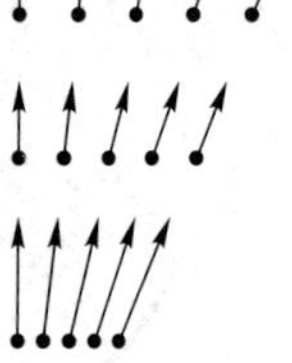

图 1-25 用箭头表示电场

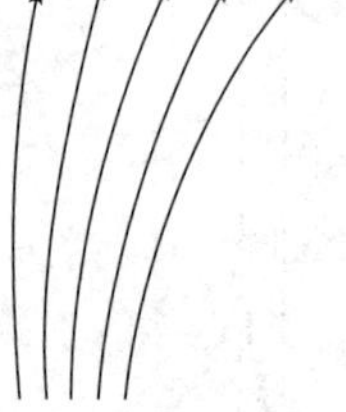

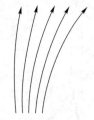

图 1-26 用电场线表示电场

① 当电场线方向与面元法向夹角为锐角时条数算作正,夹角为钝角时算作负.

$$电场线密度=\frac{\Delta N}{\Delta S_{\perp}}.$$

按式(1-35),$\Delta N=K\boldsymbol{E}\cdot\Delta\boldsymbol{S}_{\perp}=KE\Delta S_{\perp}$(注意 $\boldsymbol{E}$ 与 $\Delta\boldsymbol{S}_{\perp}$ 垂直,故 $\cos\theta=1$),所以

$$电场线密度=\frac{KE\Delta S_{\perp}}{\Delta S_{\perp}}=KE. \tag{1-36}$$

可见,场中任一处的电场线密度与该处电场强度大小 E 成正比,所以场线密处电场强度大,场线疏处电场强度小.

图 1-27 是几种简单静电场的电场线图.在许多实际场合中,例如在表现电子管或波导管内的电场时,电场线图也是非常有用的工具.

不难把电场线的概念推广到一般矢量场 $\boldsymbol{a}(x,y,z)$ 而得到 $\boldsymbol{a}$ 的**场线**(或 $\boldsymbol{a}$ **线**,电场线就是 $\boldsymbol{E}$ 线).今后将遇到许多矢量场,如电位移 $\boldsymbol{D}$、电流密度 $\boldsymbol{J}$、磁感应强度 $\boldsymbol{B}$ 及磁场强度 $\boldsymbol{H}$ 等,相应就有 $\boldsymbol{D}$ 线、$\boldsymbol{J}$ 线、$\boldsymbol{B}$ 线和 $\boldsymbol{H}$ 线等.各种矢量场的场线有一些共同性质,但由于不同场可以服从不同规律,它们的场线也可以有不同的性质.下小节介绍电场线的两个重要性质,它们是由静电场的规律决定的.

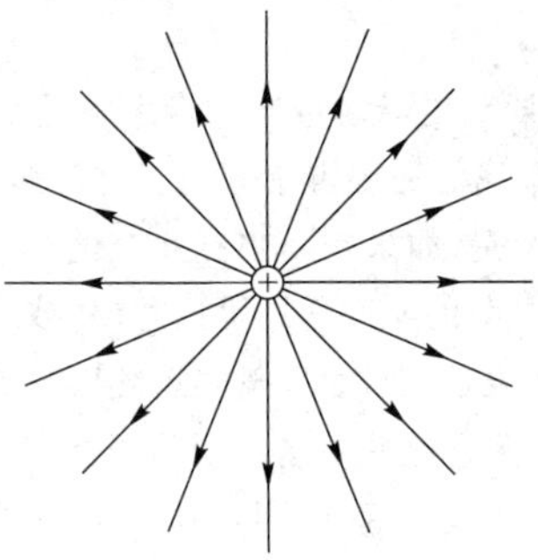

(a) 正点电荷的场

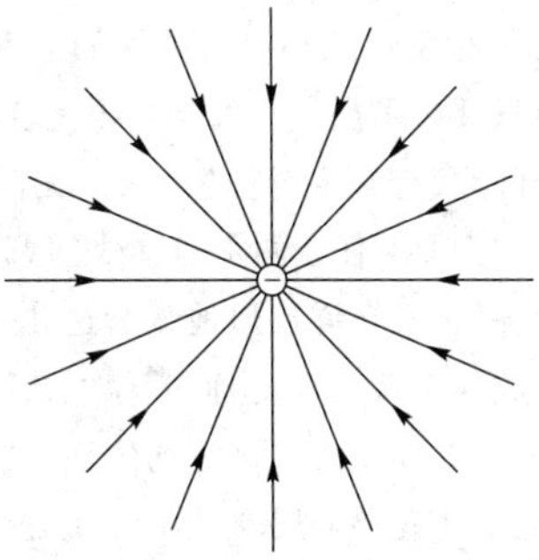

(b) 负点电荷的场

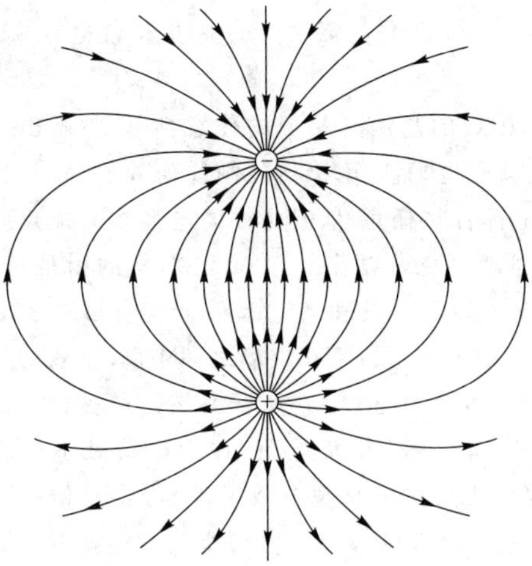

(c) 两个等值异号点电荷的场

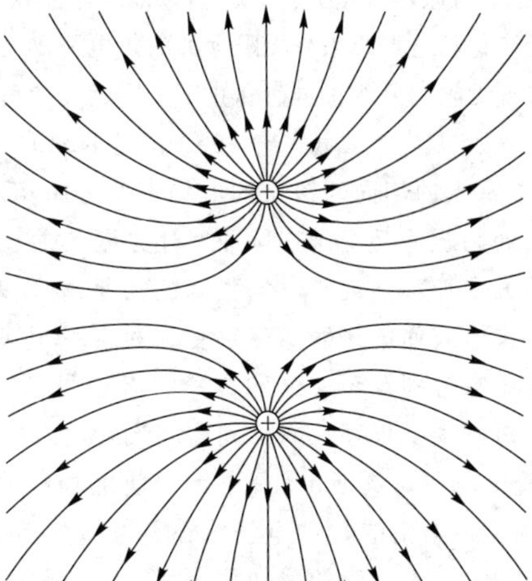

(d) 两个等值同号点电荷的场①

图 1-27 几种简单静电场的电场线

① 图 1-27(d)的一个常见问题:是否应补上过对称中心的两条互相垂直的直线?《拓展篇》专题 3 的图 3-2(及其周围)有详细讨论.

1.5.2 电场线的性质

性质 1 电场线发自正电荷(或无限远),止于负电荷(或无限远),在无电荷处不中断.

这可用高斯定理证明.设 P 点有电场线发出(见图 1-28).围绕 P 作一个很小的闭合曲面 S,由 P 点发出的电场线便从 S 穿出,故 S 有正的 $\boldsymbol{E}$ 通量.由高斯定理知 S 内必有正电荷,可见电场线发自正电荷.同理可证电场线必止于负电荷.以上结论也说明电场线在无电荷处不中断,因为中断点可看作发出点或终止点,而那些点一定有电荷①.

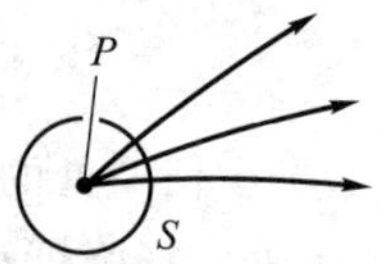

图 1-28 电场线发自正电荷

由高斯定理还可得到电场线性质 1 的如下定量表述:

性质 1(定量表述) 电场线发自(止于)点电荷所在处.点电荷 q 发出(终止)的电场线条数为 $\dfrac{K|q|}{\varepsilon_0}$.

这也可看作高斯定理在某种程度上的直观表述.利用这一表述有时可以解决一些问题,下章将看到有关的例子.

关于电场线的性质 1,还有必要作如下两点说明.

(1) 上面只证明了电场线发自正电荷止于负电荷,却没有谈到电场线可以发自无限远或止于无限远.为了说明这个问题,有必要对物理上的"无限远"概念作一解释.我们的宇宙中分布着许许多多的电荷(全宇宙电荷代数和为零).任意两个电荷之间都存在相互作用力.但是,如果空间中有几个电荷相距较近而与其他电荷相距很远,就允许近似地认为这几个电荷与其他所有电荷的相互作用可以忽略,或者说可以认为这几个电荷构成一个孤立系统,而其他电荷则位于物理上的"无限远"处.如果孤立系统中只有一个正的点电荷,由它发出的电场线就应该是均匀辐射状的,如图 1-27(a)所示.这些电场线既然不能在没有电荷的地方中断,就只能不断向外伸展.当伸展到足够远时,原来被看作位于无限远处的某些电荷对于电场的影响就不再能忽略,于是电场线不再为直线,而且最终必将终止于"无限远"处的负电荷.只是由于绘画电场线图时只局限于"有限区域"内的情况,所以既看不到这些电场线止于何处,也看不到它们的弯曲.同理,孤立负点电荷所终止的电场线来自无限远处的正电荷.对于由多个点电荷组成的孤立系统,一般来说也有一部分电场线来自无限远处的正电荷和止于无限远处的负电荷.

(2) 如果不考虑由式(1-35)表述的附加规定,电场线的画法有相当的任意性.只要画出一些曲线,其上每点的切向与该点的电场强度方向相同,它们就是电场线.至于何处画线何处不画线、何处画密些何处画疏些乃至画连续曲线还是断续曲线,原则上都存在任意性.但这样的电场线只能反映电场强度的方向而不能反映电场强度的大小.要反映电场强度大小就要作式(1-35)那样的附加规定,而这样一来也就使电场线的画法受到约束.考虑两个邻近的面元 ΔS_1 和 ΔS_2.为保证穿过 ΔS_1 和 ΔS_2 的电场线条数分别等于 ΔS_1 和 ΔS_2 的 $\boldsymbol{E}$ 通量,某些电场线就可能不得不在它们之间中断.一般的矢量场 $\boldsymbol{a}(x,y,z)$ 的场线也存在同样问题.至于场线到底在何处中断何处连续,则完全由该矢量场自身的性质决定.静电场服从高斯定理,正是它使电场线具有起于正电荷、止于负电荷、在无电荷处不中断的性质.特别应该指出的是,"电场线在无电荷处不中断"的性质虽然从直观上似乎很易接受,但在逻辑上[在考虑了式(1-35)的附加规定后]绝不是不证自明的.如果没有高斯定理,这一结论就不一定成立.例如,假定两个点电荷之间的静电力与距离 r 的三次方成反比,那么点电荷 q 的电场强度将为

$$\boldsymbol{E}=\frac{q}{4\pi\varepsilon_0 r^3}\boldsymbol{e}_r,$$

① 关于电场线的定义、附加规定和性质 1 以及三者的关系,《拓展篇》专题 3 还有更详细的讨论.

以 q 为心、r 为半径的球面 S（见图 1-29）的 $\boldsymbol{E}$ 通量因而为

$$\Phi=\oiint \boldsymbol{E}\cdot \mathrm{d}\boldsymbol{S}=\frac{q}{4\pi\varepsilon_0 r^3}\oiint \mathrm{d}S=\frac{q}{4\pi\varepsilon_0 r^3}4\pi r^2=\frac{q}{\varepsilon_0 r},$$

可见高斯定理不再成立.再作一个半径为 r' 的同心球面 S'.显然，S' 与 S 有不同的 $\boldsymbol{E}$ 通量，穿过 S' 和 S 的电场线条数就应不同，因而必有一些电场线在球面 S' 与 S 之间的夹层内中断.但夹层内没有电荷，可见"电场线在无电荷处不中断"的结论在这种假定下不再成立.

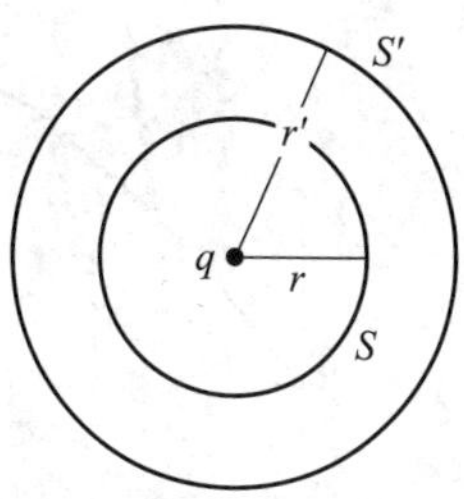

图 1-29　如果静电力服从三次方反比律，则电场线必须在无电荷处中断

下面介绍电场线的性质 2.这一性质涉及的电势概念将在小节 1.6.2 中定义.

性质 2　电势沿电场线方向不断减小，因而电场线不能构成闭合曲线.

这一性质是静电场的"环路定理"的必然推论，其证明将在讲完该定理后给出（小节 1.6.1 和 1.6.2）.

§1.6 电　势

1.6.1 静电场的环路定理

电荷在电场中运动时电场力要做功.研究静电场力做功的规律，对了解静电场的性质有重要意义.

先讨论点电荷 Q 的静电场.设试探电荷 q 从场中一点 P_1 沿某一路径移到另一点 P_2（见图 1-30）.任取一元位移 $\mathrm{d}\boldsymbol{l}$，设 q 在位移前后与 Q 的距离分别为 r 及 r'，则电场力 $\boldsymbol{F}$ 在这一元位移上所做的元功为 $\mathrm{d}W=\boldsymbol{F}\cdot\mathrm{d}\boldsymbol{l}$，由库仑定律知

$$\boldsymbol{F}=\frac{qQ}{4\pi\varepsilon_0 r^2}\boldsymbol{e}_r.$$

设 α 是 $\mathrm{d}\boldsymbol{l}$ 与 $\boldsymbol{e}_r$ 的夹角，便得元功

$$\mathrm{d}W=\frac{qQ}{4\pi\varepsilon_0 r^2}\boldsymbol{e}_r\cdot\mathrm{d}\boldsymbol{l}=\frac{qQ}{4\pi\varepsilon_0 r^2}\mathrm{d}l\cos\alpha=\frac{qQ}{4\pi\varepsilon_0 r^2}\mathrm{d}r,$$

其中 $\mathrm{d}l\equiv|\mathrm{d}\boldsymbol{l}|$，$\mathrm{d}r\equiv r'-r$. 在 q 从 P_1 移到 P_2 的过程中电场力所做的总功为

$$W=\int_{r_1}^{r_2}\frac{qQ}{4\pi\varepsilon_0}\frac{\mathrm{d}r}{r^2}=\frac{qQ}{4\pi\varepsilon_0}\left(\frac{1}{r_1}-\frac{1}{r_2}\right).\tag{1-37}$$

此式说明，试探电荷 q 在点电荷 Q 的静电场中运动时电场力的功只取决于运动电荷的始末位置而与路径无关.对于不是由点电荷激发的静电场，把场源电荷分为许多点电荷并利用电场强度的叠加原理不难证明上述结论同样适用.可见，当点电荷 q 在任意静电场中运动时，电场力的功只取决于运动的始末位置而与路径无关.这是静电场的一个重要性质，称为**有势性**（**有位性**）.具有有势性的场称为**势场**（**位场**）.静电场是势场的重要例子.

有势性还可用另一形式表述.设单位正点电荷在静电场 $\boldsymbol{E}$ 中沿某闭合曲线 L 运动一周，电场力的功便是 $\oint_L \boldsymbol{E}\cdot\mathrm{d}\boldsymbol{l}$.这称为矢量场 $\boldsymbol{E}$ 沿闭合曲线 L 的**环路积分**（简称**环流**）.下面证明静电场 $\boldsymbol{E}$ 沿任意闭合曲线的环流都为零.在 L 上任取两点 A 和 B 把 L 分成两部分 L_1 及 L_2（见图 1-31），有

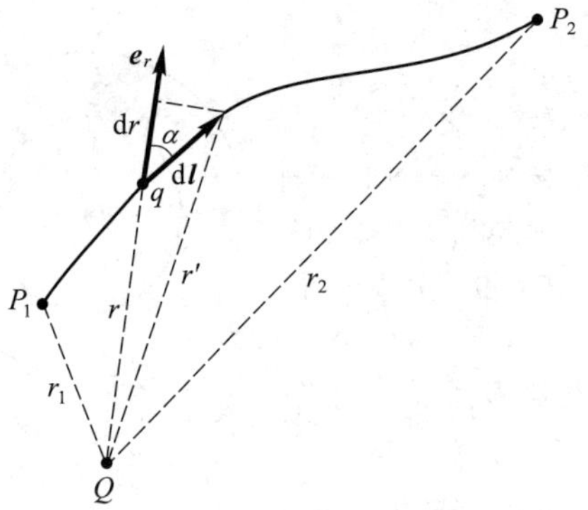

图 1-30 电荷运动时电场力做功的计算

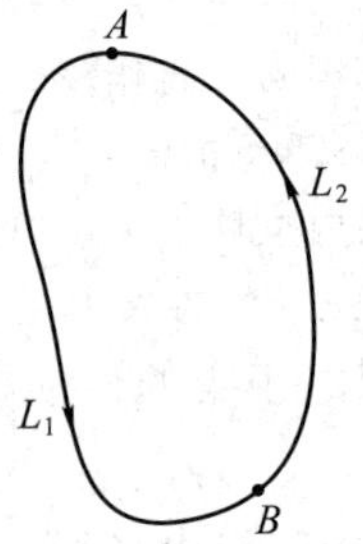

图 1-31 闭合曲线 L 上 A、B 点把 L 分成 L_1 及 L_2 两部分

$$\oint_L \boldsymbol{E}\cdot \mathrm{d}\boldsymbol{l}=\int_{A(\text{沿}L_1)}^{B}\boldsymbol{E}\cdot \mathrm{d}\boldsymbol{l}+\int_{B(\text{沿}L_2)}^{A}\boldsymbol{E}\cdot \mathrm{d}\boldsymbol{l}=\int_{A(\text{沿}L_1)}^{B}\boldsymbol{E}\cdot \mathrm{d}\boldsymbol{l}-\int_{A(\text{沿}L_2)}^{B}\boldsymbol{E}\cdot \mathrm{d}\boldsymbol{l},$$

而静电场的有势性给出

$$\int_{A(\text{沿}L_1)}^{B}\boldsymbol{E}\cdot \mathrm{d}\boldsymbol{l}=\int_{A(\text{沿}L_2)}^{B}\boldsymbol{E}\cdot \mathrm{d}\boldsymbol{l},$$

故

$$\oint_L \boldsymbol{E}\cdot \mathrm{d}\boldsymbol{l}=0 \quad (\text{对任意闭合曲线 } L). \tag{1-38}$$

可见，静电场强沿任一闭合曲线的环流为零.这称为静电场的**环路定理**，是静电场中与高斯定理并列的一个重要定理.

上面从有势性出发推出了环路定理.不难相信，从环路定理也可以推出有势性.可见有势性和环路定理是静电场同一性质的两种等价表述.

用环路定理不难证明电场线的性质 2——电场线不能构成闭合曲线.用反证法证明.设有一条电场线构成闭合曲线，沿这曲线计算积分 $\oint_L \boldsymbol{E}\cdot \mathrm{d}\boldsymbol{l}$ 时，因每点的切线方向(即 d$\boldsymbol{l}$ 方向)与电场强度方向相同，$\boldsymbol{E}\cdot \mathrm{d}\boldsymbol{l}=E\mathrm{d}l>0$，故 $\oint_L \boldsymbol{E}\cdot \mathrm{d}\boldsymbol{l}>0$，与环路定理矛盾.可见电场线不能构成闭合曲线.

势场的概念最初是在研究重力及静电场力做功时引入的.但是，利用环路定理的数学表述[式(1-38)]，可以把势场概念推广到其他矢量场而不一定与做功相联系.设 $\boldsymbol{a}(x,y,z)$ 为矢量场，若它沿任一闭合曲线 L 的环流都为零($\oint_L \boldsymbol{a}\cdot \mathrm{d}\boldsymbol{l}=0$)，就称之为**势场**，否则称之为**非势场**(又称**涡旋场**).以后将看到磁感应强度 $\boldsymbol{B}$、磁场强度 $\boldsymbol{H}$ 及随时间变化的电场 $\boldsymbol{E}$ 都是非势场.

高斯定理和环路定理是由库仑定律(及叠加原理)推出的静电场的基本定理，前者指出 $\boldsymbol{E}$ 对场中任一闭合曲面的通量等于 $q_{\text{内}}/\varepsilon_0$，后者断言 $\boldsymbol{E}$ 沿场中任一闭合曲线的环流为零.矢量分析的定理告诉我们，已知矢量场 $\boldsymbol{a}(x,y,z)$ 在某区域①内任一闭合曲线的环流及任一闭合曲面的通量，加上适当的边界条件，可以唯一确定该区域的矢量场 $\boldsymbol{a}(x,y,z)$②.由此可见高斯定理与环路定理对静电场的重要性.

---

① 是指由一个闭合曲面所包围的区域.

② 详见《拓展篇》专题 18 中的定理 18-5.

上述矢量分析定理的准确表述如下.以 Ω 代表由闭合曲面 S 包围的空间区域.如果矢量场 $\boldsymbol{a}$ 沿 Ω 内任一闭合曲线的环流及 $\boldsymbol{a}$ 对 Ω 内任一闭合曲面的通量皆已知,而且 $\boldsymbol{a}$ 在边界面 S 上各点的法向分量 a_n 也已知,则 Ω 内的矢量场 $\boldsymbol{a}$ 被唯一确定.我们以静电场 $\boldsymbol{E}$ 为例帮助读者理解边界条件的作用.在孤立点电荷 q 外取一个不包围 q 的闭合曲面 S(见图 1-32),设我们只关心 S 所围区域 Ω 内的静电场.由环路定理可知 $\boldsymbol{E}$ 沿 Ω 内任一闭合曲线的环流 $\oint \boldsymbol{E}\cdot \mathrm{d}\boldsymbol{l}$ 为零,注意到 q 在 Ω 之外,由高斯定理可知 $\boldsymbol{E}$ 对 Ω 内任一闭合曲面的通量 $\oiint \boldsymbol{E}\cdot \mathrm{d}\boldsymbol{S}$ 也为零.然而谁都知道 Ω 内的 $\boldsymbol{E}$ 处处非零,这自然是 q 的影响所致.上述定理无非是把 q 对 Ω 内的 $\boldsymbol{E}$ 的影响归结为通过边界条件的影响:只要 $q\neq 0$,则边界面上不会处处 $E_n=0$,定理断言,正是这非零的 E_n 使 Ω 内的 $\boldsymbol{E}$ 非零.总之,Ω 外的场源对 Ω 内的场的影响可通过边界条件来体现.

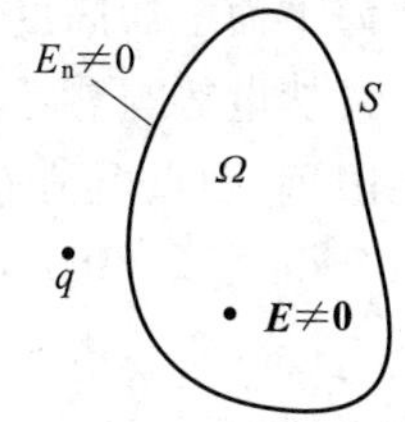

图 1-32　外部场源对 Ω 区内的场的影响体现为边界条件的影响

1.6.2　电势和电势差

利用静电场的有势性可以引入电势的概念.在场中任取一点 P_0(称为**参考点**).设单位正电荷从场中一点 P 移到 P_0,则不论路径如何,场力的功都有同一数值,它只与 P 及 P_0 两点有关.既然参考点 P_0 已事先选定,这个功自然反映 P 点的性质.于是我们找到一个新的物理量:单位正电荷从 P 点移到参考点 P_0 时电场力的功称为 P 点的**电势**(或**电位**),本书用 V 代表电势.既然电场力的功与电场强度有关,就应能找到电势与电场强度的联系.设点电荷 q 从 P 点移到 P_0 点时电场力的功为 W,则 P 点的电势

$$V\equiv \frac{W}{q}=\frac{1}{q}\int_P^{P_0}F\cos\alpha\,\mathrm{d}l=\frac{1}{q}\int_P^{P_0}\boldsymbol{F}\cdot \mathrm{d}\boldsymbol{l},$$

其中 α 是 $\boldsymbol{F}$ 与 $\mathrm{d}\boldsymbol{l}$ 的夹角(见图 1-30).上式亦可改为

$$V\equiv \int_P^{P_0}\boldsymbol{E}\cdot \mathrm{d}\boldsymbol{l}. \tag{1-39}$$

这就是电势与电场强度的积分关系,它说明一点的电势是电场强度沿某条曲线的线积分.读者可由上式证明电场线性质 2 的另一表述:电势沿电场线方向不断减小.

由定义知电势是标量场,参考点 P_0 的电势为零(所以参考点又称**零势点**).

场中任意两点电势之差称为该两点之间的**电势差**(或**电压**).容易证明,A、B 之间的电势差在数值上等于单位正电荷从 A 点到 B 点时电场力的功,即

$$V_A-V_B=\int_A^B\boldsymbol{E}\cdot \mathrm{d}\boldsymbol{l}. \tag{1-40}$$

点电荷 q 从 A 点移至 B 点时静电场力的功显然为 $W=q(V_A-V_B)$.

设 A 是静电场中的一点.从 A 出发沿着过 A 点的电场线方向前进到达某点 B,则式(1-40)的积分为正(因 $\boldsymbol{E}\cdot \mathrm{d}\boldsymbol{l}>0$),故 $V_A>V_B$.可见电势沿电场线方向不断减小,因而电场线不构成闭合曲线.这可看作电场线性质 2 的另一证明.

对电势和电压的概念还应注意:(1) 电压与电势不同,它不是标量场.应该养成"对一点谈电势,对两点谈电压"的习惯.(2) 在许多情况下不但要关心两点间电压的绝对值,而且要关心这两点的电势谁高谁低.一般以 U_{AB}代表 V_A-V_B(称为"A 对 B 的电压"),于是从 U_{AB}的正负便知 A、B 电势谁高谁低.(3) 静电场力的功与路径无关,所以当电场确定时,两点的电压就完全确定,但每点的电势还与参考点的位置有关.因此,说到某点的电势时,一定要明确指

出参考点.只要在同一问题中选定一个参考点,电势就有确定的意义,正如把高度的参考点选在海平面上后高度就有确定意义一样.

既然电势与参考点有关,就可通过适当选择参考点来使问题简化.例如,若把参考点选在无限远,则点电荷 Q 的电场中 P 点的电势就是[参见式(1-37)的推导]

$$V_P = \int_P^{P_0} \boldsymbol{E} \cdot \mathrm{d}\boldsymbol{l} = \frac{Q}{4\pi\varepsilon_0}\int_{r_P}^{\infty} \frac{\mathrm{d}r}{r^2} = \frac{Q}{4\pi\varepsilon_0 r_P}, \tag{1-41}$$

式中 r_P 是场点 P 与点电荷 Q 的距离.若参考点不选在无限远,电势的公式就复杂一些.今后如无特殊声明,就默认参考点在无限远.

电势的国际单位制单位可由式 $V=W/q$ 定义,称为**伏特**(V).

把参考点选在无限远的前提是无限远各点有相同的电势.在电荷分布延伸至无限远的情况下这一条件不被满足,所以不能把参考点选在无限远(对特殊情况的特殊处理将在本书拓展篇专题 2 中讨论).

1.6.3 电势的计算

当电荷分布已知时,可用如下两种方法计算电势.

(1) 用点电荷的电势公式(1-41)计算电势.

由电场强度的叠加原理不难证明电势的叠加原理:n 个点电荷在某点产生的电势等于每个点电荷单独存在时在该点产生的电势的代数和.把激发电场的电荷分为许多点电荷,利用点电荷的电势公式(1-41)及电势叠加原理便可求得场中各点的电势.当电荷以电荷体密度 ρ 连续分布时,可把带电区域分为无限多个无限小体元 $\mathrm{d}\tau$,其电荷为 $\rho\mathrm{d}\tau$,其对场点 P 贡献的元电势按式(1-41)为

$$\mathrm{d}V=\frac{\rho\mathrm{d}\tau}{4\pi\varepsilon_0 r},$$

其中 r 是 $\mathrm{d}\tau$ 与场点 P 的距离.整个带电区域在 P 点激发的电势为

$$V = \frac{1}{4\pi\varepsilon_0}\iiint \frac{\rho\mathrm{d}\tau}{r}, \tag{1-42}$$

积分遍及整个带电区域.类似地,当电荷按电荷面密度 σ 连续分布于某曲面上时,电势公式为

$$V = \frac{1}{4\pi\varepsilon_0}\iint \frac{\sigma\mathrm{d}S}{r}, \tag{1-43}$$

积分遍及整个带电曲面.

式(1-41)[因而式(1-42)及式(1-43)]只对参考点在无限远的情况成立.因此,当参考点不在无限远时,就不宜使用这种计算方法.

(2) 用电势与电场强度的积分关系式(1-39)计算电势.

使用这种方法时,首先应在欲求电势的场点 P 与参考点 P_0 间选择一条适当的曲线并根据电荷分布求出线上各点的电场强度.由于积分路径的任意性,可以根据具体情况选择一条最便于计算的曲线.

下面举例说明上述两种方法的应用.

例 1 求均匀带电圆盘轴线上的电势.已知圆盘半径为 R,电荷面密度为 σ,参考点在无

限远.

解:因参考点在无限远且电荷作面分布,故可用式(1-43)计算.用极坐标把圆平面分成许多面元(见图 1-11).坐标为 r、φ 的面元的面积为 $dS=rd\varphi dr$,电荷为 $dq=\sigma dS=\sigma rd\varphi dr$,由式(1-41)可知它在轴上一点 P 贡献的电势为

$$dV=\frac{\sigma rd\varphi dr}{4\pi\varepsilon_0\sqrt{r^2+z^2}},$$

其中 z 为 P 与圆盘的距离(不论 P 在圆盘的左侧还是右侧,z 恒取正).整个圆盘在 P 点贡献的电势为

$$V=\iint\frac{\sigma rd\varphi dr}{4\pi\varepsilon_0\sqrt{r^2+z^2}}=\frac{\sigma}{4\pi\varepsilon_0}\int_0^{2\pi}d\varphi\int_0^R\frac{rdr}{\sqrt{r^2+z^2}}=\frac{\sigma}{2\varepsilon_0}(\sqrt{R^2+z^2}-z).$$

电势沿圆盘轴线的分布如图 1-33 的曲线所示(当 $\sigma>0$ 时).这是一条连续曲线(包括盘心 O 点在内).这就说明,虽然电场强度在带电圆盘面上突变(面两侧的电场强度虽然数值相同,但方向相反,故为突变),但电势在面上是连续的.

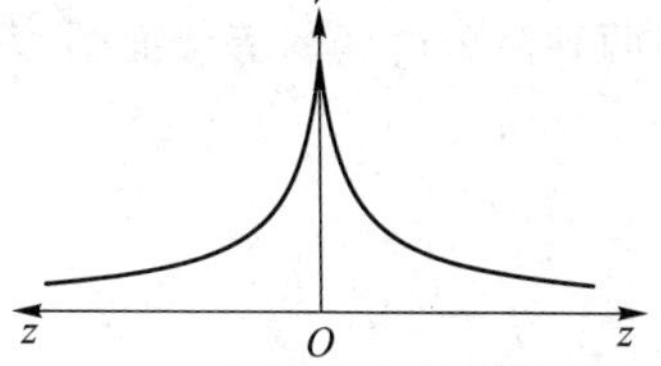

图 1-33　均匀带电圆盘轴线上的电势分布(z 代表与盘心的距离)

一般而言,虽然电场强度在任意带电面上都有突变,但电势在面上仍是连续的,理由是:把带电面还原为有一小厚度 ε 的薄层,则试探电荷从层的一侧移至另一侧时电场力的功为 $E\varepsilon$(E 为层内平均电场强度,是有限值),它在 $\varepsilon\to0$ 时趋于零.

本例也可用第(2)种方法求解,为此可选圆盘轴线为积分路径并利用小节 1.3.2 例 2 求得的电场强度表达式.

例 2　求均匀带电球面内外的电势.已知球半径为 R,电荷为 q,参考点在无限远处.

解:本题可用上述两种方法的任一种求解.考虑到小节 1.4.3 例 2 已求得均匀带电球面内外的电场强度为

$$\boldsymbol{E}=\begin{cases}\dfrac{q}{4\pi\varepsilon_0 r^2}\boldsymbol{e}_r & (r>R);\\ \boldsymbol{0} & (r<R),\end{cases}$$

用第(2)种方法较为简单.注意到问题的球对称性,只需求出 V 作为 r 的函数.在球外(含球面)任取一点 A,设其与球心 O 的距离为 r(见图 1-34).按照式(1-39),A 点的电势为

$$V=\int_A^{P_0}\boldsymbol{E}\cdot d\boldsymbol{l},$$

其中 P_0 在无限远处.选 OA 的延长线为积分路径,此路径上电场强度与点电荷的电场强度相同,故积分结果必与点电荷场的有关结果相同,即

$$V=\frac{q}{4\pi\varepsilon_0 r}\quad(r\geqslant R),$$

再在球内取一点 B,其与 O 的距离亦以 r 表示.选 OB 的延长线为积分路径.因球内外电场强度的函数关系不同,故积分要分为两段.注意到电势在带电面上无突变,便有

$$V=\int_B^C\boldsymbol{E}\cdot d\boldsymbol{l}+\int_C^{P_0}\boldsymbol{E}\cdot d\boldsymbol{l}=0+\int_R^\infty\frac{q}{4\pi\varepsilon_0}\frac{dr}{r^2}=\frac{q}{4\pi\varepsilon_0 R}\quad(r<R).$$

电势在球内外的分布如图 1-35 曲线所示.

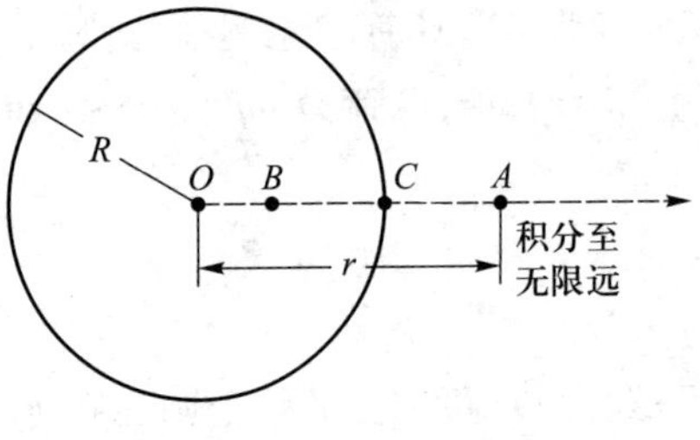

图 1-34　求均匀带电球面内外的电势

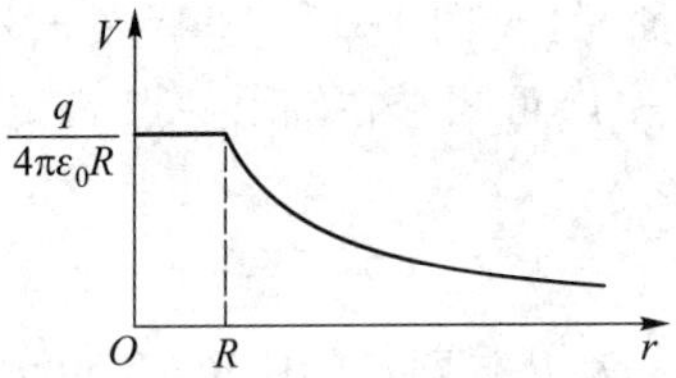

图 1-35　均匀带电球面内外的电势

1.6.4　等势面

静电场中电势相等的点组成的曲面称为**等势面**.容易证明,点电荷场的等势面是以电荷所在点为心的同心球面,均匀带电无限大平面的场的等势面是与带电面平行的平面.图 1-36 是两种简单电场的等势面图,其中虚线是等势面(与纸面的交线),实线是电场线.

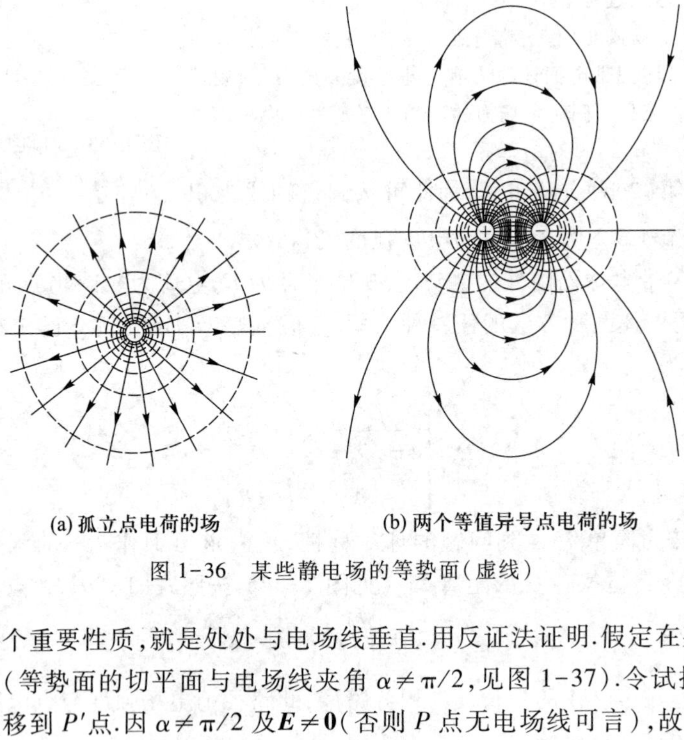

(a) 孤立点电荷的场　　(b) 两个等值异号点电荷的场

图 1-36　某些静电场的等势面(虚线)

等势面有一个重要性质,就是处处与电场线垂直.用反证法证明.假定在某点 P 上等势面与电场线不垂直(等势面的切平面与电场线夹角 $\alpha\neq\pi/2$,见图 1-37).令试探电荷从 P 点沿等势面作一元位移到 P' 点.因 $\alpha\neq\pi/2$ 及 $\boldsymbol{E}\neq\mathbf{0}$(否则 P 点无电场线可言),故电场力所做的功不为零,即 P 与 P' 电势不等.这就与等势面的定义矛盾.

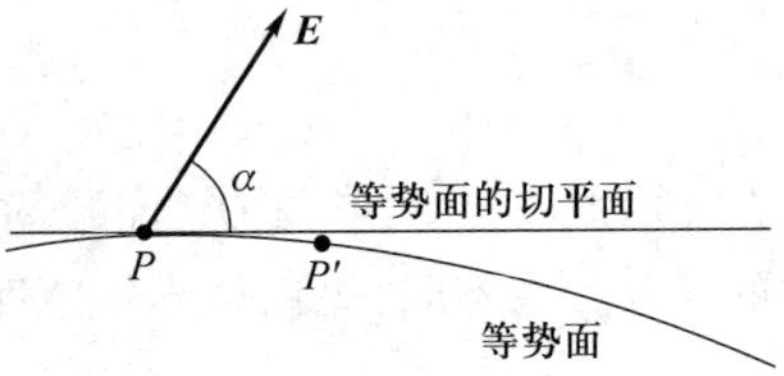

图 1-37　用反证法证明等势面与电场线垂直

一般来说,过电场中的任一点都可以作等势面.为使等势面更直观地反映电场的性质,可对等势面的画法作一附加规定:场中任意两个相邻等势面的电势差为常量(这个常量可事先任意指定,越小则等势面越密,对场的描写越精确).读者读完下小节后可自行证明:按照这个附加规定画图,电场强度较大处等势面必较密,反之必较疏.因此,与电场线类似,等势面的疏密程度可以反映电场强度的大小.

1.6.5 电势与电场强度的微分关系

由电势与电场强度的积分关系可以导出它们的微分关系.在场中取一点 P_1,过 P_1 作等势面 S_1 及其法线,在法线上取与 P_1 极近的点 P_2,过 P_2 作等势面 S_2(图 1-38).规定 S_1 及 S_2 面的法向单位矢量 $\boldsymbol{e}_n$ 自 P_1 指向 P_2,并用 Δn 代表 P_1 与 P_2 的距离($\Delta n>0$).由等势面与电场线垂直可知 $\boldsymbol{E}$ 与 $\boldsymbol{e}_n$ 只能同向或反向,以 E_n 代表 $\boldsymbol{E}$ 在 $\boldsymbol{e}_n$ 方向上的投影,即 $\boldsymbol{E}=E_n\boldsymbol{e}_n$.当 $E_n>0$ 时 $\boldsymbol{E}$ 与 $\boldsymbol{e}_n$ 同向,否则反向.以 V_1 及 V_2 代表 P_1 及 P_2 的电势,由式(1-40)有

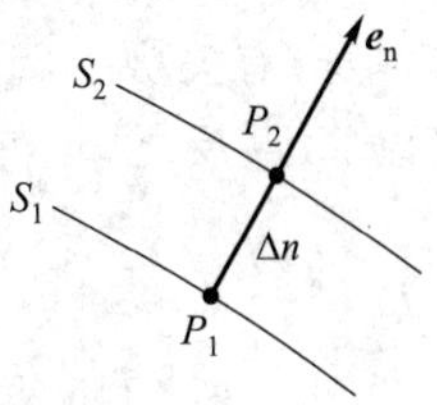

图 1-38　电势与电场强度微分关系的推导

$$V_1-V_2=\int_{P_1}^{P_2}\boldsymbol{E}\cdot \mathrm{d}\boldsymbol{l}=\int_{P_1}^{P_2}E_n\boldsymbol{e}_n\cdot \mathrm{d}\boldsymbol{l}.$$

令积分沿 P_1、P_2 所连直线进行,这时 $\mathrm{d}\boldsymbol{l}/\!/\boldsymbol{e}_n$ 且两者同向,故 $\boldsymbol{e}_n\cdot \mathrm{d}\boldsymbol{l}=\mathrm{d}l$,

$$V_1-V_2=\int_{P_1}^{P_2}E_n\mathrm{d}l.$$

又因 P_1 与 P_2 极近,可认为连线上各点的 E_n 与 P_1 点的 E_n 相等,故

$$V_1-V_2=E_n\Delta n.$$

令 $\Delta V\equiv V_2-V_1$,得

$$E_n=-\frac{\Delta V}{\Delta n},\tag{1-44}$$

或

$$\boldsymbol{E}=-\frac{\Delta V}{\Delta n}\boldsymbol{e}_n.\tag{1-45}$$

上式说明:

(1) 一点的电场强度方向与过该点的等势面垂直,而且指向电势减小的方向.后一句话可分两种情况证实(穷举法).

① 当 $V_1>V_2$(即 $\Delta V<0$)时.

这时 $\Delta V/\Delta n<0$(因 Δn 恒为正),由式(1-45)知 $\boldsymbol{E}$ 与 $\boldsymbol{e}_n$ 同向,即从 P_1 指向 P_2.注意到这时 P_1 电势比 P_2 高($V_1>V_2$),可知电场强度指向电势减小的方向.

② 当 $V_1<V_2$(即 $\Delta V>0$)时.

这时 $\Delta V/\Delta n>0$,由式(1-45)知 $\boldsymbol{E}$ 与 $\boldsymbol{e}_n$ 反向,即从 P_2 指向 P_1.但现在 P_1 电势比 P_2 低($V_1<V_2$),故电场强度仍指向电势减小的方向.

(2) 某点电场强度的大小等于该点电势沿等势面法向的变化率(沿法向的方向导数).这可从 $|E_n|=|\Delta V/\Delta n|$ 看出.严格地说,以上推导只在 $P_2\to P_1$ 的极限情况下成立,故式(1-45)应写为

$$\boldsymbol{E}=-\left(\lim_{P_2\to P_1}\frac{\Delta V}{\Delta n}\right)\boldsymbol{e}_n=-\frac{\partial V}{\partial n}\boldsymbol{e}_n,\tag{1-46}$$

其中 $\partial V/\partial n$ 代表标量场 $V(x,y,z)$ 沿等势面法向的导数.

式(1-45)[严格说是式(1-46)]就是电势与电场强度的微分关系,由它可方便地根据电势的分布 $V(x,y,z)$ 求电场强度,为此只需作一微分运算.电势是标量场,其计算往往比电场强度

(矢量场)简单,所以通常愿意根据电荷分布先求 $V(x,y,z)$ 再求 $\boldsymbol{E}$.小节 3.2.3 末小字部分将给出一个先求电势再求电场强度的应用实例.当然,如果电场强度 $\boldsymbol{E}(x,y,z)$ 已知(例如当电荷分布有对称性时可用高斯定理方便地求得),也可由 $\boldsymbol{E}$ 求 V,为此只需作一积分运算.

电势与电场强度的微分关系说明一点的电场强度与该点的电势变化率(而不是该点电势本身)有关.从一点的电势不足以确定该点的电场强度.特别是,电势为零的点的电场强度可以非零;反之,若在某点的邻域内电势为常量(虽不为零),该点的电场强度必然为零.

思 考 题

1.1 判断下列说法是否正确,并说明理由.

(1) 一点的电场强度方向就是该点的试探点电荷所受电场力的方向;

(2) 电场强度的方向可由 $\boldsymbol{E}=\boldsymbol{F}/q$ 确定,其中 q 可正可负;

(3) 在以点电荷为心的球面上,由该点电荷所产生的电场强度处处相等.

1.2 半球面上均匀分布着正电荷.如何利用对称性判断球心的电场强度方向?

1.3 下列说法是否正确?为什么?

(1) 闭合曲面上各点电场强度为零时,面内总电荷必为零;

(2) 闭合曲面内总电荷为零时,面上各点电场强度必为零;

(3) 闭合曲面的 $\boldsymbol{E}$ 通量为零时,面上各点电场强度必为零;

(4) 闭合曲面上的 $\boldsymbol{E}$ 通量仅是由面内电荷提供的;

(5) 闭合曲面上各点的电场强度仅是由面内电荷提供的;

(6) 应用高斯定理的条件是电荷分布具有对称性;

(7) 用高斯定理求得的电场强度仅是由高斯面内的电荷激发的.

1.4 “均匀带电球面激发的电场强度等于面上所有电荷集中在球心时激发的电场强度”,这个说法是否正确?

1.5 附图中 A 和 B 为两个均匀带电球体,S 为与 A 同心的球面,试问:

(1) S 面的 $\boldsymbol{E}$ 通量与 B 的位置及电荷是否有关?

(2) S 面上某点的电场强度与 B 的位置及电荷是否有关?

(3) 可否用高斯定理求出 S 面上一点的电场强度?为什么?

1.6 半径为 R 的均匀带电球内挖去半径为 r 的小球.对附图(a)与(b)的两种挖法,能否用高斯定理和叠加原理求各点的电场强度?

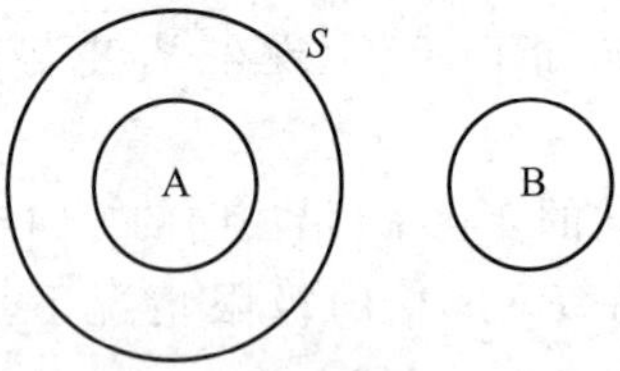

思考题 1.5 图

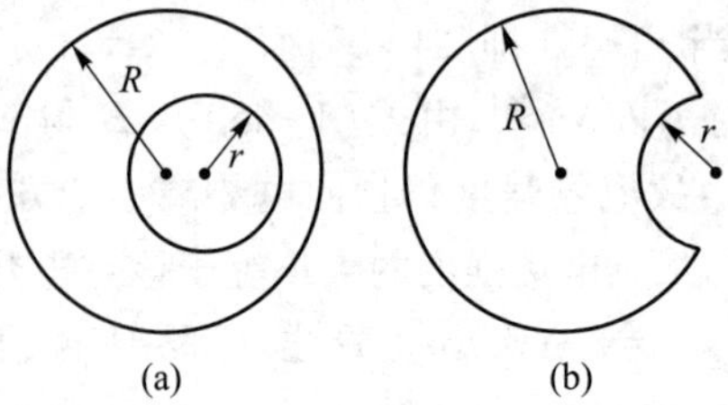

思考题 1.6 图

1.7 附图中的 S_1、S_2、S_3 及 S_4 都是以闭合曲线 L 为边线的曲面(曲面法线方向如图所示).已知 S_1 的 $\boldsymbol{E}$ 通量为 Φ_1,求曲面 S_2、S_3 及 S_4 的 $\boldsymbol{E}$ 通量 Φ_2、Φ_3 及 Φ_4.

1.8 附图中 S_1、S_2 是两个闭合曲面,以 $\boldsymbol{E}_1$、$\boldsymbol{E}_2$、$\boldsymbol{E}_3$ 分别代表由 q_1、q_2、q_3 激发的静电场的电场强度,试判断下列各等式的对错:

(1) $\oiint_{S_1} \boldsymbol{E}_1 \cdot \mathrm{d}\boldsymbol{S} = \dfrac{q_1}{\varepsilon_0}$,

(2) $\oiint_{S_2} \boldsymbol{E}_3 \cdot \mathrm{d}\boldsymbol{S} = \dfrac{q_3}{\varepsilon_0}$,

(3) $\oiint_{S_1} (\boldsymbol{E}_2 + \boldsymbol{E}_3) \cdot \mathrm{d}\boldsymbol{S} = \dfrac{q_2}{\varepsilon_0}$,

(4) $\oiint_{S_1} (\boldsymbol{E}_1 + \boldsymbol{E}_2) \cdot \mathrm{d}\boldsymbol{S} = \dfrac{q_1 + q_2}{\varepsilon_0}$,

(5) $\oiint_{S_2} (\boldsymbol{E}_1 + \boldsymbol{E}_2 + \boldsymbol{E}_3) \cdot \mathrm{d}\boldsymbol{S} = \dfrac{q_2 + q_3}{\varepsilon_0}$,

(6) $\oiint_{S_1} (\boldsymbol{E}_1 + \boldsymbol{E}_2 + \boldsymbol{E}_3) \cdot \mathrm{d}\boldsymbol{S} = \dfrac{q_1 + q_2 + q_3}{\varepsilon_0}$.

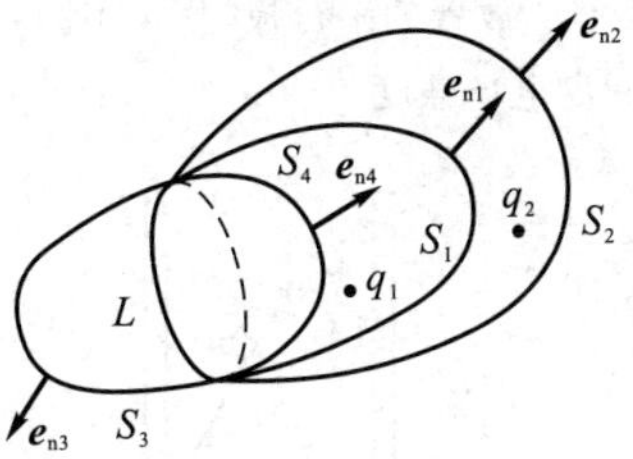

思考题 1.7 图

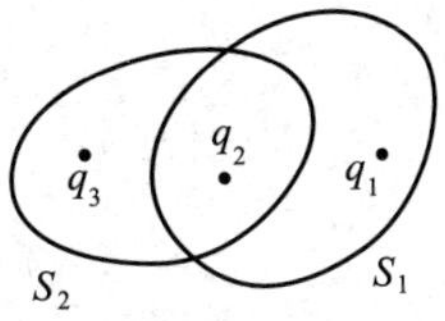

思考题 1.8 图

1.9　分别画出等值同号与等值异号的两无限大均匀带电平面的电场线图.

1.10　电场线是不是点电荷在电场中的运动轨迹?(设此点电荷除电场力外不受其他力.)

1.11　下列说法是否正确？如不正确,请举一反例加以论述.

(1) 电场强度点点相等的区域中电势也点点相等；

(2) 若两点电势相等,则它们的电场强度也相等；

(3) 设 A 点电场强度(大小)大于 B 点电场强度,则 A 点电势必高于 B 点电势；

(4) 电场强度为零处电势一定为零；

(5) 电势为零处电场强度一定为零.

1.12　两个半径分别为 R_1 及 $R_2 = 2R_1$ 的同心均匀带电球面,内球所带电荷 $q_1>0$.当外球所带电荷 q_2 满足什么条件时内球电势为正？满足什么条件时内球电势为零？满足什么条件时内球电势为负？(参考点选在无限远.)

1.13　试证等势区的充要条件是区内电场强度处处为零.

1.14　试证均匀带电半球面的大圆截面 S(见附图)为等势面.(提示:补上另一半球面,借对称性论证每个半球面在 S 上贡献的电场强度垂直于 S.)

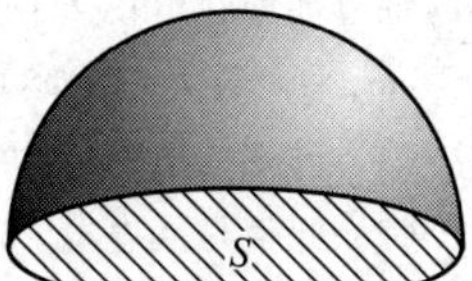

思考题 1.14 图

习　题

1.2.1　真空中有两个点电荷,其中一个的量值是另一个的 4 倍.它们相距 5.0×10^{-2} m 时相互排斥力为 1.6 N. 问：

(1) 它们的电荷各为多少？

(2) 它们相距 0.1 m 时排斥力是多少？

1.2.2　两个同性点带电体所带电荷之和为 Q.在两者距离一定的前提下,它们所带电荷各为多少时相互作用力最大？

1.2.3　两个相距为 L 的点带电体所带电荷分别为 $2q$ 和 $q(q>0)$，将第三个点带电体放在何处时，它所受的合力为零？

1.2.4　在直角坐标系的(0 m,0.1 m)和(0 m,-0.1 m)的两个位置上分别放有电荷为 $q=10^{-10}$ C 的点带电体，在(0.2 m,0 m)的位置上放一电荷为 $Q=10^{-8}$ C 的点带电体，求 Q 所受力的大小和方向.

1.2.5　在正方形的顶点上各放一个电荷为 q 的同性点带电体.

(1) 证明放在正方形中心的任意点电荷所受的力为零；

(2) 若在中心放一点电荷 Q，使顶点上每个电荷受到的合力恰为零，求 Q 与 q 的关系.

1.2.6　两个量值相等的同性点电荷相距 $2a$，在两者连线的中垂面上置一试探点电荷 q_0，求 q_0 受力最大的点的轨迹.

1.3.1　在长为 50 cm、相距为 1 cm 的两个带电平行板间的电场是均匀电场(电场强度方向竖直向上). 将一电子从 P 点(与上下板等距离)以初速 $v_0=10^7$ m/s 水平射入电场(见附图). 若电子恰在下板右侧离开电场，求该均匀电场的大小.(忽略边缘效应，认为板外电场强度为零，且略去重力对电子运动的影响.)

1.3.2　用细线悬一质量为 0.2 g 的小球，将其置于两个竖直放置的平行板间(见附图). 设小球所带电荷为 6×10^{-9} C，欲使悬挂小球的细线与电场夹角为 60°，求两板间的电场强度.

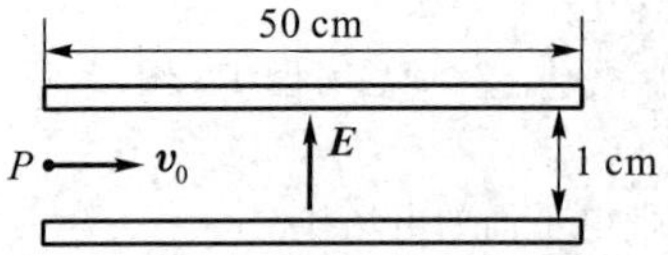

习题 1.3.1 图

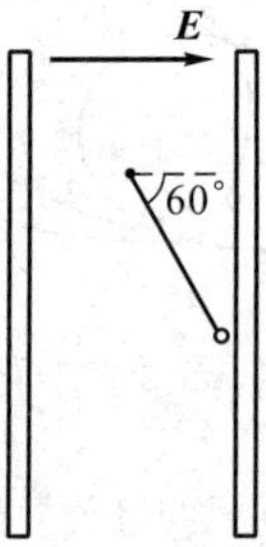

习题 1.3.2 图

1.3.3　一个电子射入电场强度是 5×10^3 N/C、方向竖直向上的均匀电场，电子的初速为 10^7 m/s，与水平面所夹的入射角为 30°(见附图)，不考虑重力的影响. 求：

(1) 电子上升的最大高度；

(2) 电子回到原来高度时的水平射程.

1.3.4　电子的电荷最先是由密立根通过油滴实验测出的. 密立根设计的实验装置如附图所示，一个很小的带电油滴在电场 $\boldsymbol{E}$ 内，调节 $\boldsymbol{E}$ 使作用在油滴上的电场力与油滴的重量平衡. 如果油滴的半径为 1.64×10^{-4} cm，平衡时 $E=1.92\times10^5$ N/C.

(1) 已知油的密度为 0.851 g/cm³，求油滴电荷的绝对值；

(2) 此值是元电荷 e 的多少倍？

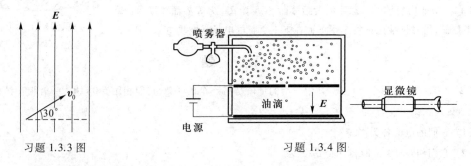

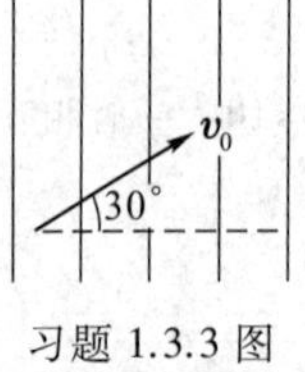

习题 1.3.3 图

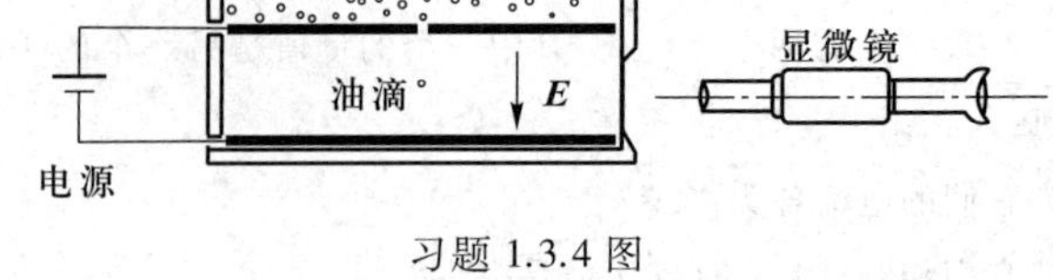

习题 1.3.4 图

1.3.5　两个点电荷 $q_1=4.0\ \mu$C 和 $q_2=8.0\ \mu$C 相距 10 cm，求离它们都是 10 cm 处的电场强度 $\boldsymbol{E}$.

1.3.6　附图中均匀带电圆环的半径为 R，总电荷为 q.

（1）求轴线上离环心 O 为 x 处的电场强度 $\boldsymbol{E}$；

（2）轴线上何处电场强度最大？其值是多少？

（3）大致画出 E-x 曲线.

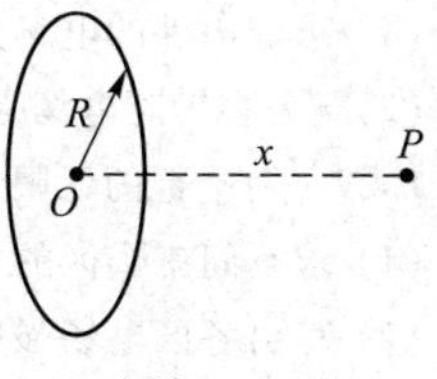

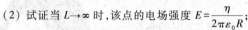

习题 1.3.6 图

1.3.7　电荷以电荷线密度 η 均匀分布在长为 L 的直线段上.

（1）求带电线的中垂面上与带电线相距为 R 的点的电场强度；

（2）试证当 $L\to\infty$ 时，该点的电场强度 $E=\dfrac{\eta}{2\pi\varepsilon_0 R}$；

（3）试证当 $R\gg L$ 时所得结果与点电荷电场强度公式一致.

1.3.8　把电荷线密度为 η 的无限长均匀带电线分别弯成附图(a)、(b)的两种形状，若圆弧半径为 R，求两图中 O 点的电场强度 $\boldsymbol{E}$.

1.3.9　无限长带电圆柱面的电荷面密度由下式决定：$\sigma=\sigma_0\cos\varphi$（见附图）. 求圆柱面轴线上的电场强度.

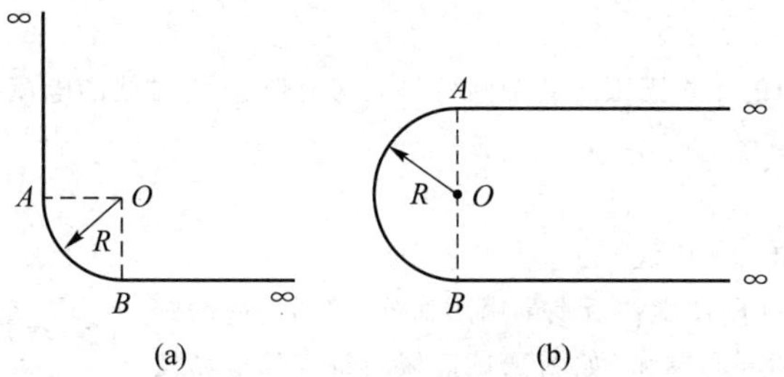

习题 1.3.8 图

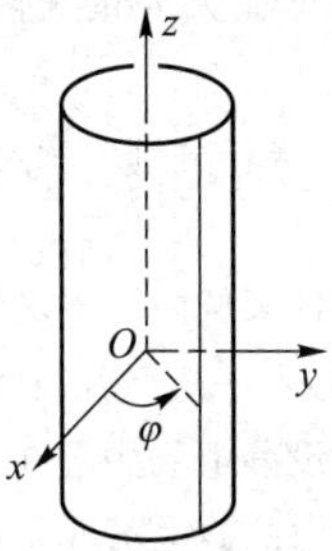

习题 1.3.9 图

1.4.1　附图中的立方体边长为 $a=10$ cm，电场强度分量为 $E_x=bx^{1/2}$，$E_y=E_z=0$，其中 $b=800$ N/(C · $\mathrm{m}^{\frac{1}{2}}$). 求：

（1）立方体表面的 $\boldsymbol{E}$ 通量；

（2）立方体内的总电荷.

1.4.2　均匀电场 $\boldsymbol{E}$ 与半径为 R 的半球面的对称轴平行（见附图），试计算此半球面的 $\boldsymbol{E}$ 通量（约定半球面的法向矢量向右）. 若以半球面的边线为边线另作一任意形状的曲面（法向矢量仍向右），此面的 $\boldsymbol{E}$ 通量为多少？（提示：两问都用高斯定理求解.）

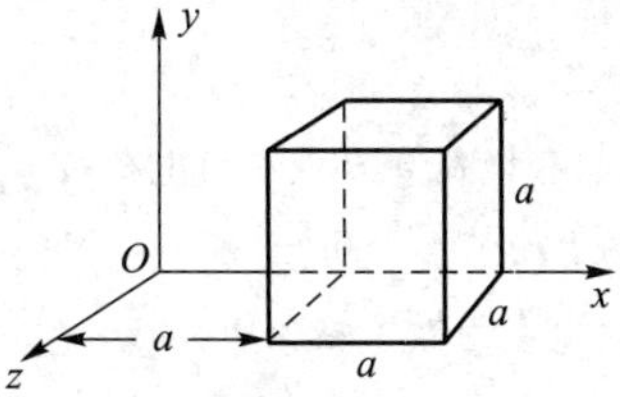

习题 1.4.1 图

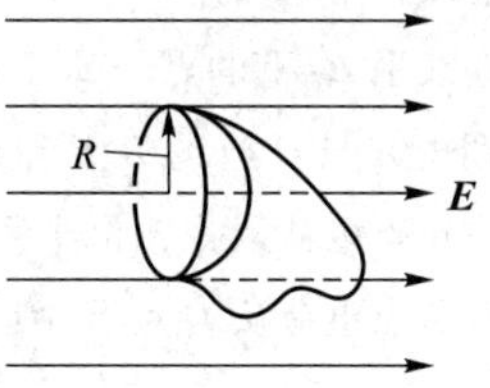

习题 1.4.2 图

1.4.3　用高斯定理求电荷线密度为 η 的无限长均匀带电直线在空间任一点激发的电场强度，并与 1.3.7 题(2)问的结果比较.

1.4.4　求半径为 R、电荷面密度为 σ 的无限长均匀带电圆柱面内外的电场强度，并大致画出 E-r 曲线.

1.4.5　电荷以电荷体密度 ρ 均匀分布在厚度为 d 的无限大平板内，求板内外的电场强度 $\boldsymbol{E}$.

1.4.6　电荷以电荷体密度 $\rho=\rho_0(1-r/R)$ 分布在半径为 R 的球内，其中 ρ_0 为常量，r 为球内某点与球心的距离.

(1) 求球内外的电场强度(以 $\boldsymbol{r}$ 代表从球心到场点的矢量);

(2) r 为多大时电场强度最大?该点电场强度 $E_{\max}=$?

1.4.7 两平行的无限大平面均匀带电,电荷面密度分别为 σ_1 和 σ_2,

(1) 求空间三个区的电场强度;

(2) 写出各区电场强度在下列两种情况下的表达式:(a) $\sigma_1=\sigma_2\equiv\sigma$,(b) $\sigma_1=-\sigma_2\equiv\sigma$.

1.4.8 在球心为 O、半径为 a、电荷体密度为 ρ 的均匀带电球体内偏心挖去一个半径为 b 的小球(球心为 O'),如图所示.

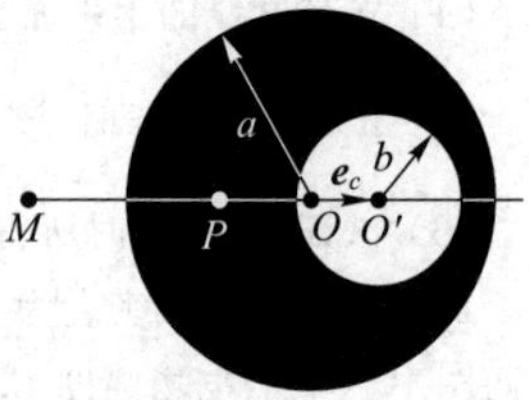

习题 1.4.8 图

(1) 试证空心小球内存在均匀电场并写出电场强度表达式(以 $\boldsymbol{c}$ 代表从 O 到 O' 的矢量);

(2) 求 O、O'连线延长线上 M 点和 P 点的电场强度 $\boldsymbol{E}_M$ 和 $\boldsymbol{E}_P$.(以 $\boldsymbol{e}_c$ 代表沿 $\boldsymbol{c}$ 方向的单位矢量,r_M、r_P 分别代表 M、P 与 O 的距离.)

1.4.9 半径为 R 的无限长圆柱体均匀带电,电荷体密度为 ρ,求柱内外的电场强度并大致画出 $E-r$ 曲线.

1.4.10 半径分别为 R_1 和 $R_2(R_2>R_1)$的一对无限长共轴圆柱面上均匀带电,沿轴线的电荷线密度分别为 λ_1 和 λ_2.

(1) 求各区域内的电场强度;

(2) 若 $\lambda_1=-\lambda_2$,情况如何?大致画出 $E-r$ 曲线.

1.5.1 设静电场中存在这样一个区域(附图虚线所围半扇形部分,扇形相应的圆心为 O),域内的静电场线是以 O 点为心的同心圆弧(如图),试证域内每点的电场强度都反比于该点与 O 的距离.

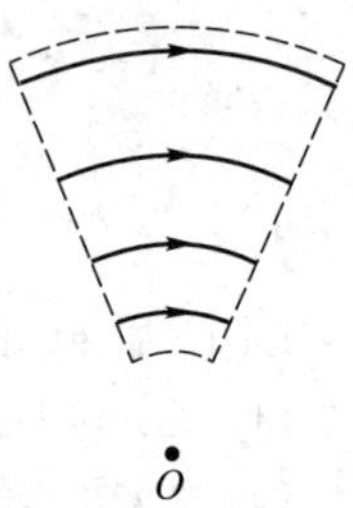

习题 1.5.1 图

1.5.2 证明:在无电荷的空间中,凡是电场线都是平行连续(不间断)直线的地方,电场强度的大小必定处处相等.[提示:利用高斯定理和环路定理,分别证明连线满足以下条件的两点有相等的电场强度:(1) 与电场线平行;(2) 与电场线垂直.]

1.6.1 设有一个 $q=1.5\times10^{-8}$ C 的点电荷.

(1) 求电势为 30 V 的等势面的半径;

(2) 电势差为 1 V 的任意两个等势面的半径之差是否相同?

1.6.2 两个电荷分别为 q 与 $-3q$ 的点带电体距离为 d(见附图),求:

(1) 两者连线上 $V=0$ 的点;

(2) 两者连线上 $\boldsymbol{E}=\boldsymbol{0}$ 的点.

1.6.3 附图中 A 与 O、O 与 B、B 与 D 的间距皆为 L,A 点有正电荷 q,B 点有负电荷 $-q$.

(1) 把单位正点电荷从 O 点沿半圆 OCD 移到 D 点,电场力做了多少功?

(2) 把单位负点电荷从 D 点沿 AD 的延长线移到无限远,电场力做了多少功?

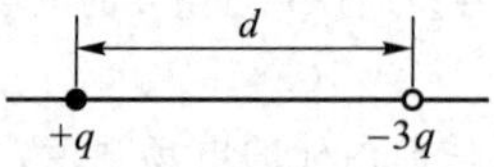

习题 1.6.2 图

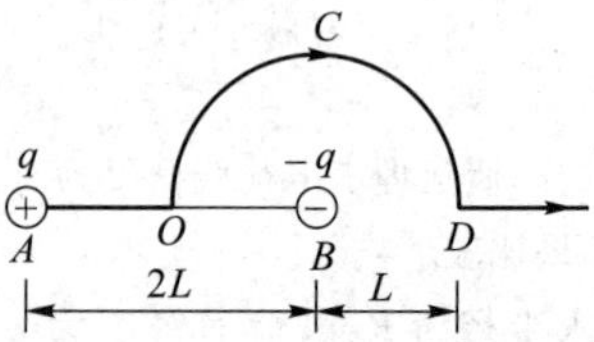

习题 1.6.3 图

1.6.4 电荷 Q 均匀分布在半径为 R 的球体内,选电势参考点在无限远,试证离球心 r 处($r<R$)的电势为

$$V=\frac{Q(3R^2-r^2)}{8\pi\varepsilon_0 R^3}.$$

1.6.5　半径为 R_1 和 R_2 的两个同心球面均匀带电，电荷分别为 Q_1 和 Q_2，

(1) 求Ⅰ、Ⅱ、Ⅲ区(见附图)内的电势；

(2) 在 $Q_2=-Q_1$ 和 $Q_2=-Q_1\dfrac{R_2}{R_1}$ 的两种情况下写出三区的电势表达式，并大致画出 V-r 曲线.

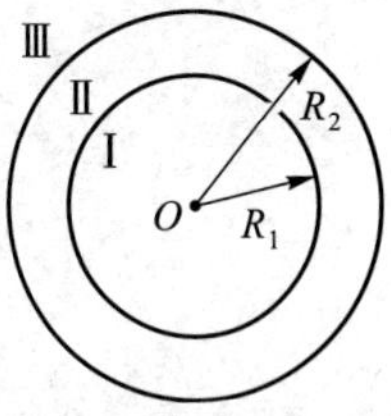

习题 1.6.5 图

1.6.6　求 1.4.8 题中 O、O'、P、M 各点的电势.

1.6.7　在 1.4.10 题中设 $\lambda_1=-\lambda_2\equiv\lambda$ 并分别把电势参考点选在无限远和轴线上，求空间各区的电势及两柱面之间的电势差的绝对值 ΔV，并大致画出 V-r 曲线.

1.6.8　半径为 R 的无限长圆柱体均匀带电，电荷体密度为 ρ. 把电势参考点选在轴线上，求柱体内外的电势.

第二章　有导体时的静电场

§2.1　静电场中的导体

本章讨论有金属导体存在时的各种静电学问题.讨论前,有必要对几个常用术语给出明确定义.总(净)电荷不为零的导体称为**带电导体**.总电荷为零的导体称为**中性导体**.与其他物体距离足够远的导体称为**孤立导体**.这里的"足够远"是指其他物体的电荷在我们所关心的场点上激发的电场强度小到可以忽略.因此,物理上就可以说孤立导体之外没有其他物体.

2.1.1　静电平衡

金属导体中有大量自由电子,它们时刻做无规则的微观运动("热运动").当自由电子受到电场力(或其他力)时,还要在热运动的基础上附加一种有规则的宏观运动,形成电流.有关电流的内容将在第四、第六、第八章介绍.当自由电子不做宏观运动(没有电流)时,我们说导体处在**静电平衡**状态.静电平衡的必要条件是导体内部各点电场强度为零.因为,如果有一点电场强度不为零,该点的自由电子就要在电场力作用下做宏观运动,就不是静电平衡.请注意这一必要条件只有当导体内部电荷除静电场力外不受其他力时才成立.如果电荷还受到其他力(例如由化学原因引起的化学力,统称为非静电力),静电平衡的必要条件就应改为导体内部可移动的电荷所受的一切力的合力为零.可见,在有非静电力的情况下,为了静电平衡,导体内部某些点的静电场强度恰恰不能为零.本章只讨论导体内不存在非静电力时的静电平衡问题.非静电力存在时的导体(包括静电平衡和有电流两种情况)将在第四章及第六章讨论.

导体的静电平衡状态可以由于外部条件的变化而受到破坏,但在新的条件下又将达到新的平衡.读者已经了解的静电感应现象就是一例.设 B 是中性导体.在周围没有带电体时,它的内部及表面电荷密度处处为零,从而内部各点电场强度为零.这是一种最简单的静电平衡态.把带电体 A(施感电荷)放在 B 的左边(见图 2-1),A 就在周围(包括 B 的内部)激发电场,迫使 B 内自由电子向左移动,结果是左端带负电而右端带正电(感生电荷).当感生电荷与施感电荷在 B 内各点激发的合电场为零时,B 重新达到静电平衡,但这已经是一种新的平衡状态.

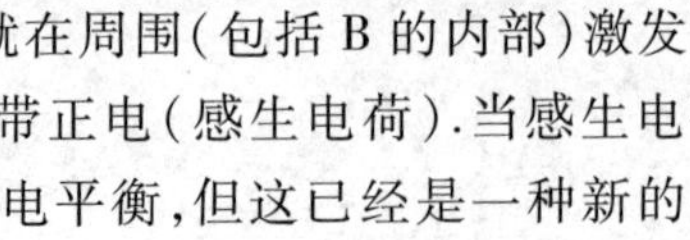

图 2-1　静电感应

从内部电场强度为零这一必要条件出发可推出导体在静电平衡时有如下性质.

(1) 导体是等势体,导体表面是等势面.

导体内任意两点 P 和 P' 总可被一条在导体内部的连续曲线所连接.线上各点电场强度为零保证电场强度从 P 沿此线到 P' 的线积分为零,因此 P、P' 两点等势.

(2) 导体内部电荷体密度为零,电荷只能分布在导体表面.

在导体内任取一点 P,围绕 P 作一个很小的闭合曲面.面上各点电场强度为零导致闭合曲面的 $\boldsymbol{E}$ 通量为零,由高斯定理可知闭合曲面内(净)电荷为零.由此易见 P 点的电荷体密度为零.但是以上证明不适用于导体表面,因为围绕表面一点所作的闭合曲面再小也总有一部分在导体外部,而导体外的电场强度可以非零.事实上也很清楚,对于带电导体来说,其电荷既然不能存在于内部,就只能以某种面密度分布于表面①.即使是中性导体,其表面也可能由于外界影响而出现电荷面密度(某些地方为正,某些地方为负,代数和为零,例如图 2-1 的中性导体 B).讨论静电平衡状态下的导体时,最应该关心的就是电荷在其表面上的分布情况,即表面各点的电荷面密度 σ.

(3) 在导体外部,紧靠导体表面的点的电场强度方向与导体表面垂直,电场强度大小与导体表面对应点的电荷面密度成正比.

导体表面往往带电,而电场强度在带电面上有突变(见小节 1.4.3),所以不谈导体表面的电场强度而谈导体外紧靠导体表面的各点的电场强度(简称"导体表面附近的电场强度").由电场线与等势面垂直可知导体表面附近的电场强度与表面垂直.至于电场强度大小与电荷面密度的关系,可由高斯定理推出.在导体外紧靠表面处任取一点 P_1,过 P_1 作导体表面的外法向单位矢量 $\boldsymbol{e}_{\mathrm{n}}$,则 P_1 点的电场强度可表示为$\boldsymbol{E}=E_{\mathrm{n}}\boldsymbol{e}_{\mathrm{n}}$,其中 E_{n} 是 $\boldsymbol{E}$ 在 $\boldsymbol{e}_{\mathrm{n}}$ 上的投影.过 P_1 作与导体表面平行的小面元 ΔS_1,以 ΔS_1 为底作与表面垂直的短柱体,其另一底面 ΔS_2 在导体内部(见图 2-2).柱的上下底及侧面构成一个高斯面.ΔS_2 上电场强度为零导致其通量为零,柱的侧面被导体表面分为导体内外两部分,内部电场强度为零,外部电场强度与侧面平行,故侧面的 $\boldsymbol{E}$ 通量也为零,因而高斯面的 $\boldsymbol{E}$ 通量等于 ΔS_1 的 $\boldsymbol{E}$ 通量,其值为 $\Delta\Phi=E_{\mathrm{n}}\Delta S_1$.另一方面,高斯面内的电荷为 $q_{内}=\sigma\Delta S$,其中 σ 是导体表面与 P_1 正对的一点 P 的电荷面密度,ΔS 是柱体在导体表面上截出的面积(等于 ΔS_1).由高斯定理得 $E_{\mathrm{n}}\Delta S_1=\sigma\Delta S/\varepsilon_0$,故$E_{\mathrm{n}}=\sigma/\varepsilon_0$,写成矢量形式为

$$\boldsymbol{E}=\frac{\sigma}{\varepsilon_0}\boldsymbol{e}_{\mathrm{n}}. \tag{2-1}$$

更明确地可以写成

$$\boldsymbol{E}(P_1)=\frac{\sigma(P)}{\varepsilon_0}\boldsymbol{e}_{\mathrm{n}}. \tag{2-2}$$

上式说明,导体表面附近一点 P_1 的电场强度与表面上对应点 P 的电荷面密度成正比.理解这一结论时必须注意,P_1 点的电场强度并不只是高斯面内电荷 $q_{内}=\sigma\Delta S$ 的贡献,它是该导体表面全部电荷以及场中所有带电体的电荷所贡献的合电场强度(与小节 1.4.3 例 1 有类似之处).乍看起来似有矛盾:式(2-2)说明$\boldsymbol{E}(P_1)$只与$\sigma(P)$有关,其他地方的电荷怎能影响$\boldsymbol{E}(P_1)$的值? 这个问题可用一个例子解释.图 2-3(a)中的 B 是一个孤立带电导体球,由对称性可知电荷在球面上均匀分布,设其电荷面密度为 σ_0.由式(2-1)知球面附近任一点

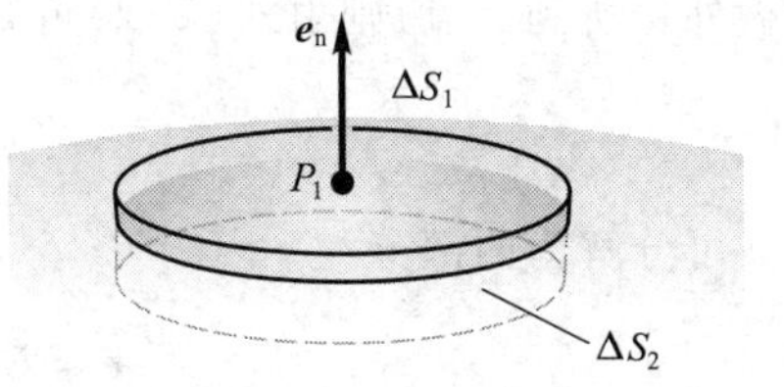

(a) 立体图

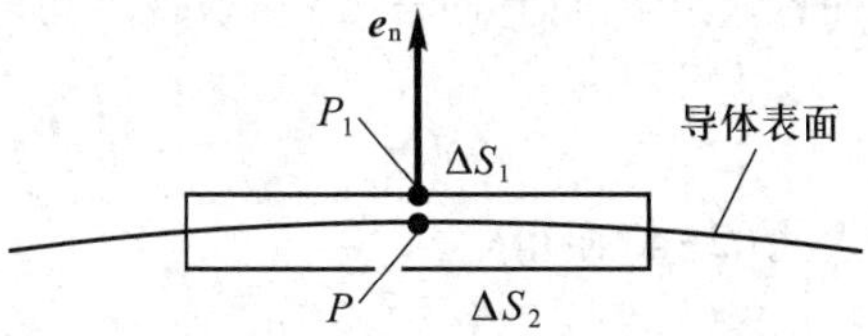

(b) 截面图

图 2-2 导体表面附近的电场强度

① 设导体带负电,计算表明其过剩电子将堆积在表面附近几个 Å(1 Å = 10^{-10} m)的薄层中,宏观地可看作几何面,故可谈及面密度.

的电场强度(大小,下同)均为 σ_0/ε_0.将一个负的点电荷 A 置于 B 附近[见图 2-3(b)],它在 B 内激发的电场强度将使自由电子做宏观移动,直至球面电荷达到这样一种分布,使它与 A 在球面内任一点的合电场强度为零.这时球面电荷分布不可能再均匀(否则球内合电场强度不会为零),即 A 的引入改变了 B 的电荷分布.设现在球面某点的电荷面密度为 σ',则其附近的电场强度按式(2-1)将变为 σ'/ε_0.可见,其他地方的电荷可以通过影响导体表面各点的电荷面密度来间接影响其附近的电场强度.就是说,虽然导体表面的电荷面密度 σ 与附近电场强度 $\boldsymbol{E}$ 的关系[式(2-1)]不受外界影响,但 σ 及 $\boldsymbol{E}$ 却可以一同受外界影响.

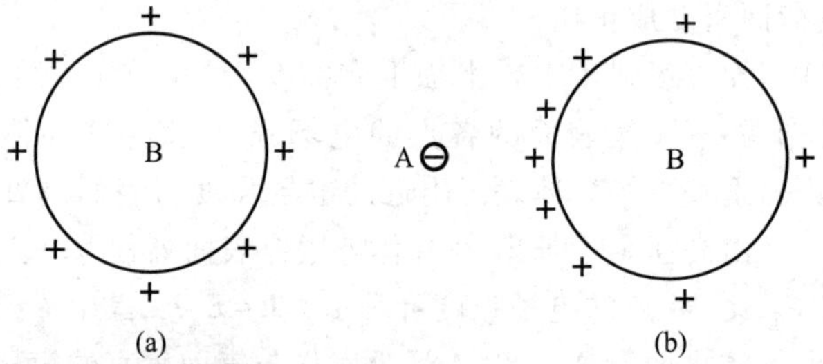

图 2-3 金属球表面的 σ 及其附近的电场强度 $\boldsymbol{E}$ 一同受外界(点电荷 A)影响,但两者关系不变,两图都有 $E_n=\sigma/\varepsilon_0$

2.1.2 带电导体所受的静电力

设 ΔS 是导体表面含 P 点的小面元,σ 是 P 点的电荷面密度,则 ΔS(作为一个电荷为 $\sigma\Delta S$ 的点带电体)所受到的静电场力为

$$\Delta\boldsymbol{F}=\boldsymbol{E}'(P)\sigma\Delta S, \tag{2-3}$$

其中 $\boldsymbol{E}'(P)$ 是除 ΔS 外所有电荷在 P 点贡献的电场强度.设 P_1 是从 P 出发沿导体表面法向稍做外移所到之点,则由式(2-2)可知 P_1 点的电场强度为

$$\boldsymbol{E}(P_1)=\frac{\sigma}{\varepsilon_0}\boldsymbol{e}_n.$$

它又可分解为两部分:

$$\frac{\sigma}{\varepsilon_0}\boldsymbol{e}_n=\boldsymbol{E}(P_1)=\boldsymbol{E}_{\Delta S}(P_1)+\boldsymbol{E}'(P_1), \tag{2-4}$$

其中 $\boldsymbol{E}_{\Delta S}(P_1)$ 是 $\sigma\Delta S$ 在 P_1 的电场强度,$\boldsymbol{E}'(P_1)$ 是除 $\sigma\Delta S$ 外的电荷在 P_1 的电场强度.因为 P_1 可任意靠近 P,对它而言 ΔS 可被视为均匀带电无限大平面,所以

$$\boldsymbol{E}_{\Delta S}(P_1)=\frac{\sigma}{2\varepsilon_0}\boldsymbol{e}_n,$$

代入式(2-4)便得

$$\boldsymbol{E}'(P_1)=\frac{\sigma}{2\varepsilon_0}\boldsymbol{e}_n.$$

P 是带电面上的点,电场强度在 P 点有突变,但这是指总电场强度 $\boldsymbol{E}$.由于激发分电场强度 $\boldsymbol{E}'$的电荷已不含 ΔS 的电荷(见图 2-4),因此 $\boldsymbol{E}'$在 P 点是连续的.既然连续,相距极近的两点 P 和 P_1 的 $\boldsymbol{E}'$就相同,所以

$$\boldsymbol{E}'(P)=\boldsymbol{E}'(P_1)=\frac{\sigma}{2\varepsilon_0}\boldsymbol{e}_n,$$

代入式(2-3)便得

$$\Delta \boldsymbol{F}=\frac{\sigma^{2}\Delta S}{2\varepsilon_{0}}\boldsymbol{e}_{\mathrm{n}}. \qquad (2-5)$$

这就是导体表面任一面元 ΔS 的受力公式.把上式沿导体表面作积分便可求得整个导体所受的静电力.

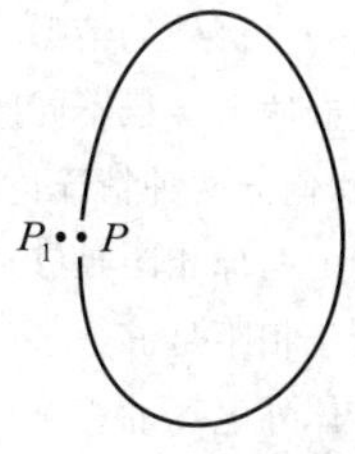

图 2-4　P 点不是 $\boldsymbol{E}'$ 的突变点,故 $\boldsymbol{E}'(P)=\boldsymbol{E}'(P_1)$

从上述讨论可知,导体表面稍微往外的点 P_1 的总电场强度 $\boldsymbol{E}(P_1)=(\sigma/\varepsilon_0)\boldsymbol{e}_{\mathrm{n}}$ 由两部分构成[等于 $\boldsymbol{E}_{\Delta S}(P_1)$ 与 $\boldsymbol{E}'(P_1)$ 的矢量和],每一部分都为 $(\sigma/2\varepsilon_0)\boldsymbol{e}_{\mathrm{n}}$,故总和为 $(\sigma/\varepsilon_0)\boldsymbol{e}_{\mathrm{n}}$.若考虑导体表面稍微往里的点 P_2(图中未画出),则 $\boldsymbol{E}_{\Delta S}(P_2)$ 改为 $-(\sigma/2\varepsilon_0)\boldsymbol{e}_{\mathrm{n}}$($\boldsymbol{e}_{\mathrm{n}}$ 仍代表外法向单位矢量),而 $\boldsymbol{E}'$ 的连续性保证 $\boldsymbol{E}'(P_2)$ 仍为 $(\sigma/2\varepsilon_0)\boldsymbol{e}_{\mathrm{n}}$,于是 $\boldsymbol{E}(P_2)=\boldsymbol{0}$.总之,电场强度 $\boldsymbol{E}$ 在导体表面一点 P 的突变 $(\sigma/\varepsilon_0)\boldsymbol{e}_{\mathrm{n}}$ 完全是由含 P 的小面元 ΔS 的电场强度 $\boldsymbol{E}_{\Delta S}$ 的突变造成的.

2.1.3　孤立导体形状对电荷分布的影响

图 2-3 的例子说明,电荷在导体表面的分布不但与导体自身形状而且与其外界条件有关.只有孤立导体的电荷分布才由自身的形状及电荷总量决定.大致说来,在孤立导体表面,向外突出的地方(曲率为正且较大)电荷较密;比较平坦的地方电荷较疏;向里凹进的地方(曲率为负)电荷最疏.图 2-5 是由实验测得的尖形导体的等势面、电场线及电荷密度分布图.

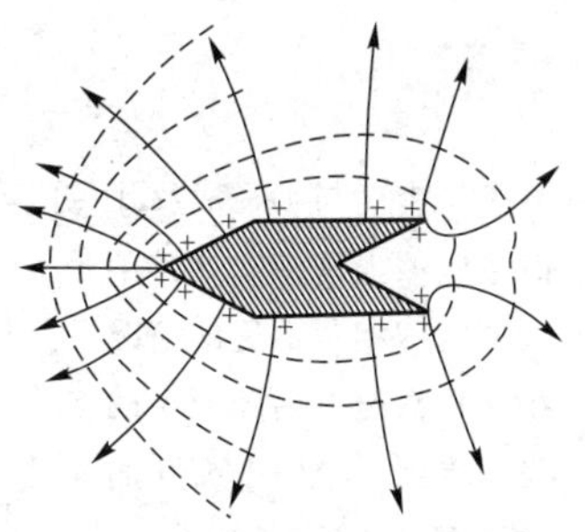

图 2-5　尖形导体的电荷分布

由于尖端附近电场较强,该处的空气可能因被电离成导体而出现尖端放电现象.尖端放电导致高压电极上电荷的丢失,使高压输电线损耗能量并干扰电视信号,因此,凡对地有高压的导体(或两个互相有高压的相邻导体),其表面都应尽量光滑.另一方面,在很多情况下尖端放电也可以利用,静电加速器(小节 2.2.3)、感应起电机(小节 2.4.1)的喷电针尖及集电针尖都是应用例子.讲到尖端放电的应用时往往还会提及富兰克林首创的避雷针,因为它是电学早期发展史的一个杰作.为了避免误解,有必要介绍一点有关知识.落地雷是雷云(带电云层)与大地之间的放电.在正式放电前,雷云先在下方被电离的空气中进行断续的放电,这称为"先导".当先导接近地面时,地面高耸物(尖端)附近空气被电离,出现从高耸物迎向先导的强烈的主放电,电流最大可达数百 kA(千安).现代的避雷针由针头、引下线和接地体(与地下土壤连接的金属体)组成,针头是一根直径约 10 mm 的圆钢,由于它高耸于周围建筑物之上,可看作大地这个导体的更为突出的尖端,于是放电总在它与雷云之间发生.避雷针的良好接地装置引导强大的雷电流顺利入地,雷云的电荷在不造成破坏的情况下得以释放.可见,避雷针实际上是"引雷针".避雷针的保护范围是以它为轴的一个圆锥形区域.为拓宽保护范围还可安置双支避雷针甚至多支避雷针.此外,为了使远距离架空电线免遭雷击,后来又发展出避雷线,它是平行于(而又高于)被保护电线的接地导线,作用与避雷针相同.

关于孤立导体形状与电荷分布的关系,我们主要是作为实验事实介绍的.对于某些具有规则形状的孤立导体(例如旋转椭球体),可以从理论上证明曲率越大处 $|\sigma|$ 越大.但这并不是一个一般的结论,可以举

出不止一个例外的情形.

考虑两个半径不同的金属球 A 和 B,用细导线连接两球,其整体可看成一个孤立导体.令这个孤立导体带电,我们分两种情况讨论其电荷面密度与曲率的关系.

(1) 两球相距足够远(即细导线足够长)的情况.

由于相距足够远,每个球的电荷对另一球的电场的影响可以忽略.由于导线很细,其表面的电荷总量及其对导体外电场的影响也可忽略.因此,每个球都可近似看作孤立导体球.根据球对称性,电荷在两球表面均匀分布.设两球电荷分别为 q_A 和 q_B,半径分别为 R_A 和 R_B,由小节 1.6.3 例 2 可知每球的电势为

$$V_A=\frac{q_A}{4\pi\varepsilon_0 R_A},\quad V_B=\frac{q_B}{4\pi\varepsilon_0 R_B}.$$

因两球以导线相连,故电势相等,即

$$\frac{q_A}{4\pi\varepsilon_0 R_A}=\frac{q_B}{4\pi\varepsilon_0 R_B},$$

所以

$$\frac{q_A}{q_B}=\frac{R_A}{R_B}.$$

由于均匀分布,两球面上的电荷面密度分别为

$$\sigma_A=\frac{q_A}{4\pi R_A^2},\quad \sigma_B=\frac{q_B}{4\pi R_B^2},$$

故

$$\frac{\sigma_A}{\sigma_B}=\frac{q_A}{q_B}\frac{R_B^2}{R_A^2}=\frac{R_B}{R_A}. \tag{2-6}$$

可见电荷面密度与半径成反比,亦即与曲率成正比.

但是应该强调指出这并不是一个一般的结论,我们来看下面的情况.

(2) 两球相距不远的情况.

在这种情况下两球面上的电荷不再均匀分布(请读者用反证法证明).然而同一球面各点的曲率相同,于是我们看到一个曲率相同而 σ 不同的例子.关于孤立导体表面电荷面密度与曲率的关系,拓展篇专题 16 还有详细得多的讨论.

注 既然把用导线连接的两球看作一个孤立导体,导线自然也是这一孤立导体的一部分,其表面也应存在电荷.然而,直观地想,只要导线足够细,这一影响就可忽略.事实上,物理学家似乎都有这样的信念:连接两个导体的细导线的唯一作用是使导体之间可以交换电荷直至等势.[例如,见费曼著,王子辅译,《费曼物理学讲义》第二卷(上海:上海科学技术出版社,1981)6-11.] 一旦达到等势(静电平衡),导线就不再有任何影响.如果此时撤去导线,导体电荷的分布(因而导体内外的静电场)不会有任何变化.这当然只是一种理想模型,不妨称之为“无限细导线模型”.任何实际导线都与这种模型导线有或多或少的差别.在实际情况下(即使被连接的是两个金属球这一最简单情况),要对导线电荷的影响进行定量讨论是很困难的.我们无意对这方面的研究工作给出述评,只想说明,本书中涉及的导线一律指无限细导线模型.

2.1.4 导体静电平衡问题的讨论方法

第一章的常见问题是已知电荷分布求电场强度(电势)或相反.这在原则上没有困难,至多是写不出积分结果的解析表达式.例如,设空间有两个均匀带电球面,只要已知两球面的电荷、半径及球心位置,便可确定空间的静电场 $\boldsymbol{E}$.然而一旦涉及导体,情况就不再如此简单.例如,若把刚才问题中的“均匀带电球面”改为“带电导体球表面”,则由于两球之间的互相影响,两球面上的电荷分布都不可能均匀.当然,如果已知两球面的电荷面密度 σ_1 和 σ_2(作为球面上的标量场),通过面积分就可计算空间的静电场 $\boldsymbol{E}$,问题是 σ_1 和 σ_2 事先无从知晓.事实上,可以作为已知条件的只能是每个导体的电荷总量(或电势),至于每个导体表面的电

荷面密度 σ,则只能与空间的电场 $\boldsymbol{E}$ 一起放进待求量之列.其实两者中求得一个便可得到另一个,因为,设 $\boldsymbol{E}$ 已求得,则对任一导体表面的任一点 P 都可由 $E_n(P_1)=\sigma(P)/\varepsilon_0$ 求得 $\sigma(P)$(其中 P_1 是该导体外极靠近 P 的一点);反之,若每个导体的 σ 都已求得,则空间任一点的 $\boldsymbol{E}$ 便可由面积分计算(归结为第一章的问题).然而,这两个待求量(σ 和 $\boldsymbol{E}$)通常总是"捆在一起"的,除极简单的、对称性非常高的情况外,我们无法施行"各个击破"的战略,要想单独"啃下"任何一个都不可能.唯一可行的是联立求解,然而这又常遇到许多数学困难.为了克服困难,人们创造了若干非常巧妙的解题技巧,例如"电像法""复变函数法"以及虽然近似却很实用(尤其在工程中)的"图解法",不过其适用范围并不很宽.限于课程性质,本书(基础篇)不拟介绍这些方法①,只想在定性(极少数情况下定量)范围内尽可能多解决一些问题,并尽量避免由于"想当然"而出现的错误.这就遇到一个麻烦:正确的讨论必须遵从静电学的两个基本规律(高斯定理和环路定理),而应用这两个规律又往往涉及过多的数学知识.克服困难的一个巧妙办法是把这两个规律形象化,小节 1.5.2 所讲电场线的两个性质在一定程度上正是这两个规律的形象体现.因此,从静电平衡的性质出发,利用某些解题技巧,必要时加上电场线这一形象工具,就构成本书(基础篇)定性讨论静电平衡问题的主要方法.

先举三例说明用电场线讨论问题的方法.

例 1 在图 2-6 的静电感应现象中,A 是带正电荷 q 的点电荷,B 是中性导体,试证 B 左端的感生负电荷绝对值 q' 小于等于施感电荷 q.

证明:根据电场线的性质 1,导体 B 左端的负电荷处一定有电场线终止.这些电场线的来源只有三种可能:(1) A 上的正电荷,(2) B 右端的正电荷,(3) 无限远.下面先用反证法排除(2)、(3)两种可能.假定止于 B 左端的电场线发自 B 右端的正电荷,根据电场线的性质 2,同一条电场线不能有电势相等的点,于是 B 的左右两端电势不等,这就与导体在静电平衡时是等势体的结论矛盾.可见第(2)种可能不成立[见图 2-6(a)].再假定止于 B 左端的电场线发自无限远,根据电场线性质 2 就有 $V_\infty > V_B$.另一方面,B 右端的正电荷发出的电场线既然不能止于 B 左端的负电荷,就只能止于无限远,于是又有 $V_B > V_\infty$,与 $V_\infty > V_B$ 矛盾.可见第(3)种可能也不成立.于是,我们肯定止于 B 左端的电场线全部发自 A 的正电荷[见图 2-6(b)].再根据电场线性质 1 的定量表述,止于 B 左端的电场线条数正比于 q',发自 A 的电场线条数正比于 q,而终止的条数只能小于或等于发出的条数,因此 $q' \leqslant q$.

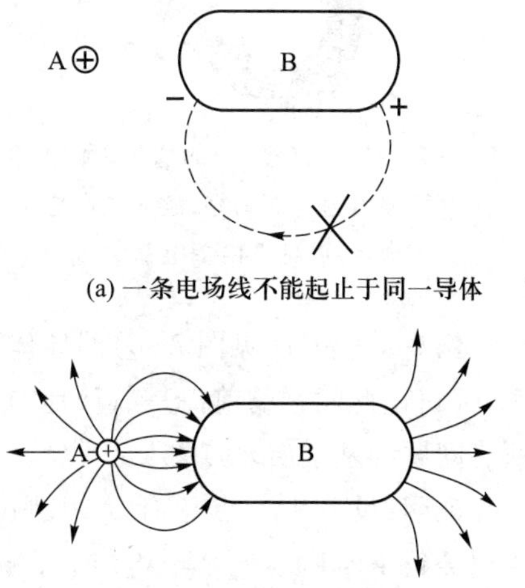

(a) 一条电场线不能起止于同一导体

(b) 止于B的电场线全部发自A

图 2-6 例 1 用图

施感电荷发出的电场线通常有一些不终止于 B 的左端,故往往有 $q'<q$(例 5 是一个定量实例).只在很特殊的条件下(如例 2 和例 6),才出现感生电荷(绝对值)等于施感电荷的情况.

① "电像法"的详细讨论见拓展篇专题 7,"复变函数法"和"图解法"在拓展篇专题 16 中有所介绍.

例 2　中性封闭金属壳内有正点电荷 q(见图2-7),求壳内、外壁感生电荷的数量.

解:根据电场线性质 1(定量表述),q 发出的电场线条数正比于 q.这些电场线既不能在无电荷处中断,又不能穿过导体(内部电场强度为零),就只能止于壳的内壁,故壳内壁的总电荷为 $-q$.已知壳为中性,内外壁电荷代数和必须为零,故外壁总电荷为 q.以上证明并未要求壳外没有带电体,所得结论不论壳外有无带电体都正确.壳外带电体的存在只影响壳外壁电荷的分布而不影响外壁的电荷总量.

本例也可用高斯定理直接求解,为此只需在金属壳的内部作一高斯面(图2-7中虚线).这是可用高斯定理直接讨论的少数问题之一.

例 1 中的施感电荷是点电荷.如果它是一个大小不能忽略的带电导体,则当它与中性导体靠近时,不但后者出现感生电荷,前者的电荷分布也会变化.更一般地说,当两个带电导体互相靠近时,两者的电荷分布都要发生变化("互相感应").一个带正电的导体 B 移近另一个带正电的导体 A 时,其靠近 A 的一端甚至可能出现负电荷(当然另一端会出现更多的正电荷以保证总电荷为正,如图2-8).但是,读者以电场线为工具可以证明,在两个导体中至少有一个导体,其表面任意两点的 σ 不会互相异号.

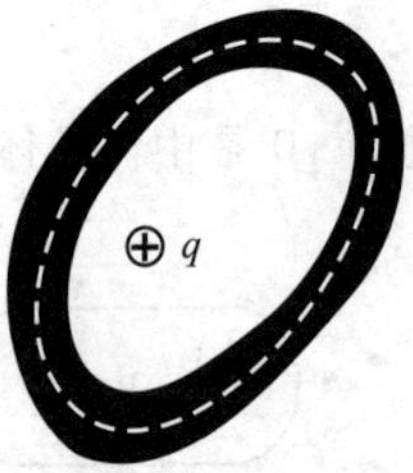

图 2-7　高斯面(虚线)的通量因面上各点电场强度为零而为零,故面内总电荷为零,可见壳内壁电荷为 $-q$

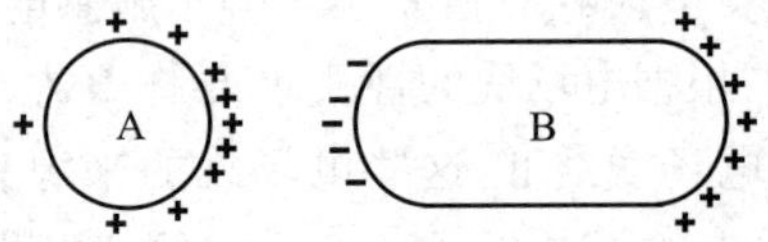

图 2-8　带正电导体 B 左端出现负电荷

例 3　把例 1(见图 2-6)的导体 B 接地,试证 B 上不再有 $\sigma>0$ 的点.

(讨论此问题的前提是默认地与无限远等势,即默认 $V_{地}=V_{\infty}$.这是讨论涉及导体接地的所有问题的基本出发点①.)

证明:设 B 上某点竟有 $\sigma>0$,则它所发电场线只能伸至无限远,故 $V_B>V_{\infty}$.另一方面,B 接地导致 $V_B=V_{地}=V_{\infty}$,与 $V_B>V_{\infty}$ 矛盾.命题得证.

注　(1) 既然 B 右侧("远端")的正电荷在接地后不复存在,自然可以认为它们沿接地线流入了大地(实际上是电子从大地流到导体 B 以中和掉 B 的正电荷).然而,如果不借用电场线而是从"同性相斥异性相吸"出发致力于动态分析,对某些问题就可能感到困惑.例如,曾听到对如下问题的争论:"如果接地线连接的不是 B 的右侧而是左侧("近端"接地),右侧的正电荷还能全部流光吗?"其实,根据用电场线的讨论,无论远端还是近端接地,"正电荷流

① 如果地球是中性导体,则 $V_{地}=V_{\infty}$ 不难理解("无限远"指"足够远").然而,地球是带有负电荷的导体[详见费曼著,王子辅译,《费曼物理学讲义》第二卷(上海:上海科学技术出版社,1981)9-1 及后续几节],这时问题变得相当复杂,笔者认为 $V_{地}=V_{\infty}$ 至多只能近似成立(详见本书拓展篇专题 9).然而,只要涉及接地问题,所有书都或明或暗地承认和使用 $V_{地}=V_{\infty}$ 这一近似结果,本书也不例外.

光"的结论都成立.(2) 接地不但使 B 右端的正电荷流光,而且改变了 B 左端的负电荷的分布.(为什么?)

以上例子说明,灵活运用电场线性质可以定性地讨论一些有关导体的问题.在本章的后面几节以及思考题中还会看到更多的例子.至于导体问题的定量计算,一般来说是比较困难的.然而,利用一些巧妙的方法,在某些情况下也能求得定量结果.下面仅举 3 例.

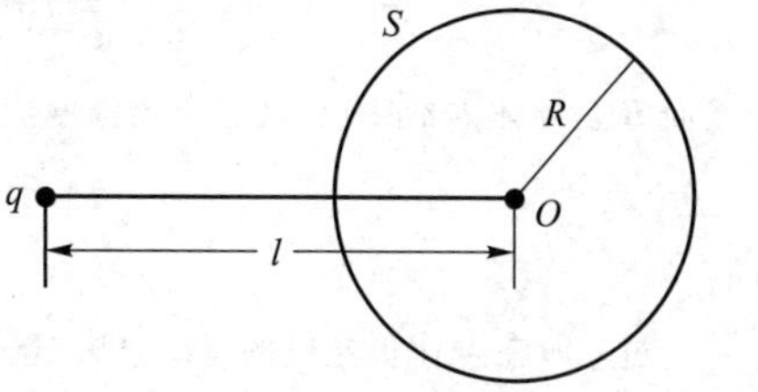

图 2-9 例 4 用图

例 4 半径为 R、电荷为 Q 的金属球外有一个距球心 l 的点电荷 q(见图 2-9),求金属球的电势(参考点在无限远处).

解:因金属球为等势体,只需求得球心 O 的电势 V_O.以 S 代表球面,σ' 代表 S 上的电荷面密度(可随点而变),则

$$V_O = \frac{q}{4\pi\varepsilon_0 l} + \oiint_S \frac{\sigma' \mathrm{d}S}{4\pi\varepsilon_0 R} = \frac{q}{4\pi\varepsilon_0 l} + \frac{1}{4\pi\varepsilon_0 R}\oiint_S \sigma' \mathrm{d}S = \frac{q}{4\pi\varepsilon_0 l} + \frac{Q}{4\pi\varepsilon_0 R}.$$

例 5 半径为 R 的接地金属球外有一个距球心 l 的点电荷 q,求金属球的电荷(感生电荷总量)q'.(本例可看作例 3 的、可定量求解的特例.)

解:读者应能仿照上例的技巧(并利用 $V_{地} = V_\infty = 0$)求解.答案为

$$q' = -q\frac{R}{l}.$$

注 例 4 和例 5 情况类似,区别在于:例 4 是已知导体的电荷 Q 而欲求电势 V,例 5 则相反(接地就是已知 $V=0$).这其实是如下结论的一个具体表现:把导体的 Q 和 V 看作变量,指定其一就可确定另一,两者互不独立.这一结论也适用于场中有任意个导体的情形.例如,设空间中只有导体 A 和 B(形状、位置等非电学条件都已知),则只要指定两者的电荷(或电势),空间的静电场[因而每个导体的电势(或电荷)]就被确定.你甚至可以对 A 指定电荷而对 B 指定电势,一经指定,空间的静电场(因而 A 的电势和 B 的电荷)也就被确定.这是一个很重要的结论,称为**静电唯一性定理**,其证明见本书拓展篇专题 5.

例 6 无限大接地金属平板左侧有一与板距离为 l 的点电荷 q(见图 2-10),求金属板表面的感生电荷面密度 σ' 及左壁总电荷.(本例可看成例 3 的、可定量求解的又一特例.)

解:金属板接地导致其右壁电荷面密度为零,故只需求左壁的 σ'.设 A 为左壁任一点,在左壁上取包含 A 点的面元 ΔS,在板内极近 A 点处取一点 B(正对 A 点),其电场强度 $\boldsymbol{E}(B)$ 可以看作由如下三部分叠加而成:

(1) 点电荷 q 激发的电场强度 $\boldsymbol{E}_1(B)$,显然

$$\boldsymbol{E}_1(B) = \frac{q}{4\pi\varepsilon_0 l^2}\cos^2\theta\boldsymbol{e}_r,$$

其中 $\boldsymbol{e}_r$ 是从 q 所在点到 A 的单位矢量,θ 是如图所示的夹角.$\boldsymbol{E}_1(B)$ 的法向分量($\boldsymbol{e}_\mathrm{n}$ 指向板内)为

$$E_{1\mathrm{n}}(B) = \frac{q}{4\pi\varepsilon_0 l^2}\cos^3\theta.$$

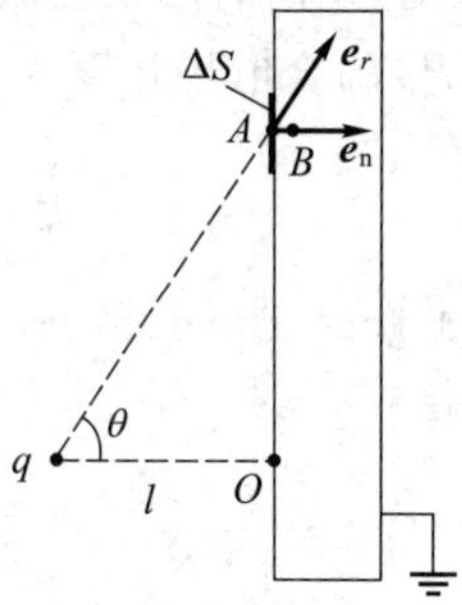

图 2-10 无限大接地导体板在点电荷 q 影响下的感生电荷面密度的计算

(2) 面元 ΔS 上的电荷 $\sigma'(A)\Delta S$ 激发的电场强度 $\boldsymbol{E}_2(B)$.

虽然 ΔS 是小面元,但只要所取的 B 点与 A 点的距离足够小,则 ΔS 对 B 点而言仍可看作无限大均匀带电平面,故 $\boldsymbol{E}_2(B)$ 的法向分量为 $E_{2\mathrm{n}}(B) = \sigma'(A)/2\varepsilon_0$.

(3) 板的左壁上除 ΔS 外的全部电荷激发的电场强度 $\boldsymbol{E}_3(B)$.

由于 $\boldsymbol{E}_3$ 不含面元 ΔS 的电荷的贡献,它在 A 点是连续的(类似于小节 2.1.2 末).既然连续,距离极近的两点 B、A 的 $\boldsymbol{E}_3$ 就可看作相同,即 $\boldsymbol{E}_3(B) = \boldsymbol{E}_3(A)$.另一方面,左壁除 ΔS 外所有电荷在 A 点激发的电场强度

显然只能沿左壁的切向,故 $\boldsymbol{E}_3(A)$ 的法向分量 $E_{3n}(A)=0$,因而 $E_{3n}(B)=0$.

综上所述可知 B 点的总电场强度的法向分量为

$$E_n(B)=E_{1n}(B)+E_{2n}(B)+E_{3n}(B)=\frac{q}{4\pi\varepsilon_0 l^2}\cos^3\theta+\frac{\sigma'(A)}{2\varepsilon_0}.$$

然而 B 是导体内的一点,其总电场强度应该为零,故 $\frac{q}{4\pi\varepsilon_0 l^2}\cos^3\theta+\frac{\sigma'(A)}{2\varepsilon_0}=0$,因此

$$\sigma'(A)=-\frac{q}{2\pi l^2}\cos^3\theta. \tag{2-7}$$

过 q 所在点作板左壁的垂线,则左壁以垂足 O 为心的任一圆周的各点有相同 θ 值,故有相同的电荷面密度 σ'.可见左壁的 σ' 的分布关于 O 点对称.上式还表明离 O 越远的圆周的 σ' 越小.用积分不难证明(留给读者完成)左壁总电荷(感生电荷总量)$q'=-q$.

注　金属板若不接地,结论又如何?这时板的左右壁将分别有电荷 $-q$ 和 q.左侧空间的点电荷 q 的存在使左壁电荷分布不均.但板的右侧空间没有特别的点,因此右壁电荷均匀分布(直观看来这是可以接受的,更严密的论证将在本书拓展篇专题 7 给出).考虑到金属板是无限大的这一前提,有限的电荷 q 均匀分布的结果只能是密度为零,所以板不接地时仍然维持上例结论.

2.1.5　平行板导体组例题

平行板导体组是涉及导体静电平衡问题的一类简单而有用的模型.本小节通过两个典型例题介绍平行板导体组的解题技巧.

例 1　长宽相等的金属平板 A 和 B 在真空中平行放置(对齐,如图 2-11 所示),板间距离比长宽小得多.分别令每板带 q_A 及 q_B 的电荷,求每板表面的电荷面密度.

解:由于板的长宽比距离大得多,可近似把板看成无限大.由对称性可知两板四壁的电荷均匀分布(边缘除外,把板看作无限大暗示不考虑边缘),其电荷面密度依次记为 σ_1、σ_2、σ_3 和 σ_4.在 A 板内取一点 P_1,设 $\boldsymbol{e}_n$ 是向右的单位法向矢量,根据式(1-27),四个无限大带电平面在 P_1 的合电场强度为

$$\boldsymbol{E}=\frac{\sigma_1}{2\varepsilon_0}\boldsymbol{e}_n-\frac{\sigma_2}{2\varepsilon_0}\boldsymbol{e}_n-\frac{\sigma_3}{2\varepsilon_0}\boldsymbol{e}_n-\frac{\sigma_4}{2\varepsilon_0}\boldsymbol{e}_n.$$

静电平衡时 $\boldsymbol{E}=\boldsymbol{0}$,故 $\sigma_1-\sigma_2-\sigma_3-\sigma_4=0$.再在 B 板内取一点 P_2,类似的有

$$\sigma_1+\sigma_2+\sigma_3-\sigma_4=0,$$

故

$$\sigma_1=\sigma_4,\quad \sigma_2=-\sigma_3. \tag{2-8}$$

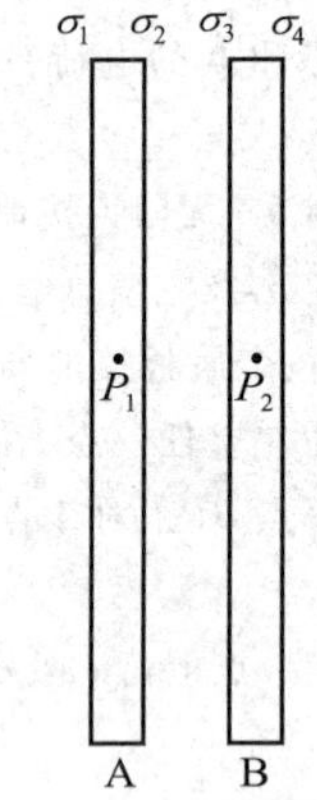

图 2-11　例 1 用图

欲求 σ_1 至 σ_4 还需再列两个方程.设每壁面积为 S,则由已知条件得

$$q_A=\sigma_1 S+\sigma_2 S,\quad q_B=\sigma_3 S+\sigma_4 S.$$

两式相加减并注意到式(2-8),得

$$\sigma_1=\sigma_4=\frac{q_A+q_B}{2S},\quad \sigma_2=-\sigma_3=\frac{q_A-q_B}{2S}. \tag{2-9}$$

以上结果可用来讨论几种具体情况:

(1) 设 $q_A=-q_B$(图 2-26 用电池对平板电容器充电就是这种情况),由式(2-9)得

$$\sigma_1=\sigma_4=0,\quad \sigma_2=-\sigma_3=\frac{q_A}{S},$$

说明电荷只分布在两板内壁.

(2) 设 $q_A=q_B$(分别令两板带电可造成这种情况),由式(2-9)得

$$\sigma_1=\sigma_4=\frac{q_A}{S},\quad \sigma_2=-\sigma_3=0.$$

说明电荷只分布在两板外壁.

以上是两个极端情况,下面看一个居中情况.

(3) 设 $q_A=-5q_B/2$,由式(2-9)得

$$\sigma_1=\sigma_4=\frac{3q_A}{10S},\quad \sigma_2=-\sigma_3=\frac{7q_A}{10S},$$

即四壁都有电荷,请读者画出由两板分成的三区中的电场线图.

例 2　在上例两板间插入长宽相同的中性金属平板 C(对齐,见图 2-12),求六个壁的电荷面密度.

解:每板内取一点可列三个方程,由三板的电荷又可列三个方程.联立求解得

$$\sigma_1=\sigma_6=\frac{q_A+q_B}{2S},\quad \sigma_2=-\sigma_3=\sigma_4=-\sigma_5=\frac{q_A-q_B}{2S}.\quad (2-10)$$

对比式(2-10)与式(2-9)可知中性板的插入不改变原来两板的电荷分布,但中性板两壁却出现等值异号电荷.设已知数据同例 1 的(3),即 $q_A=-5q_B/2$,请读者计算六个壁的电荷面密度并画出电场线图.

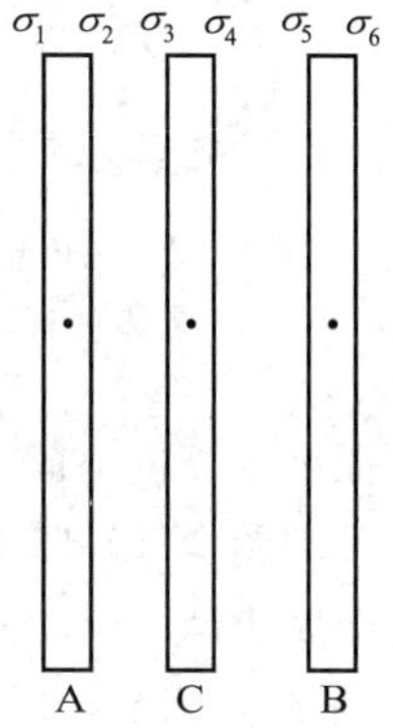

图 2-12　例 2 用图

§2.2　封闭金属壳内外的静电场

把导体(哪怕是中性导体)引进静电场中,电场就会因导体电荷的重新分布而改变.利用这个事实,可以根据需要人为地选择导体的形状来改造电场.这种改造应用很广.例如,用封闭金属壳把电学仪器罩住可使仪器免受外界影响,因为壳外电荷在壳内空间激发的电场强度为零.下两小节讨论封闭金属壳内外的静电场.

2.2.1　壳内空间的场

(1) 壳内空间无带电体的情况.

用反证法可以证明,不论壳外带电情况如何,壳内空间各点电场强度必然为零.设壳内有一点 P 的电场强度不为零,就可以过它作一条电场线.这条电场线既不能在无电荷处中断,又不能穿过导体,就只能起于壳内壁的某点而止于另一点(见图2-13).这两点既然在同一电场线上,电势就不能相等,而这就与导体是等势体矛盾.可见壳内空间各点电场强度为零.

对上述结论不应误解.设壳外有一点电荷 q(见图 2-14),它是否由于壳的存在就不在壳内空间激发电场?当然不是.任何点电荷都要按点电荷电场强度公式在空间任何点激发电

场,无论周围有什么存在.壳内空间电场强度之所以为零,只是因为壳的外壁出现感生电荷,它们与 q 在壳内空间任一点激发的合电场强度为零.可见,所谓壳外电荷在壳内无电场,这"壳外电荷"是包括壳的外壁的电荷分布在内的.

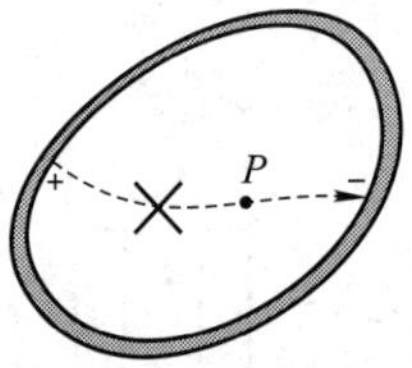

图 2-13　壳内电场强度为零的证明

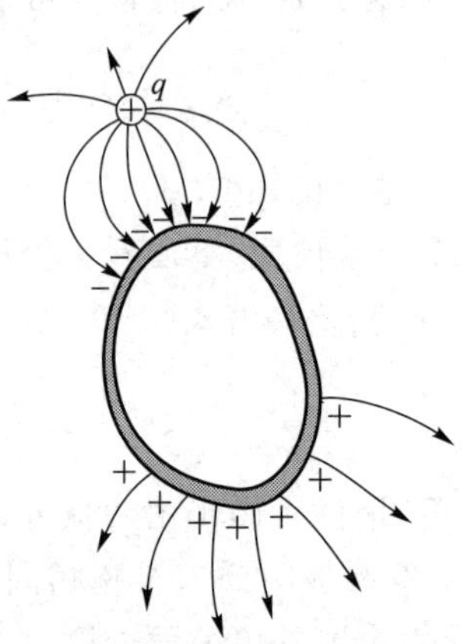

图 2-14　壳外全部电荷(包括壳外壁电荷)在壳内空间贡献的电场强度为零

证明了壳内空间无电场后,根据式(2-1)便可由 $E=0$ 得知壳的内壁处处有 $\sigma=0$.这个结论可用图 2-15 的演示来证实.图中 A 是近乎封闭的带电金属筒,B 是验电器,C 是带绝缘柄的金属小球.令 C 与 A 外壁接触后与验电器相接,从金箔的张开可知 A 的外壁有电荷.但若 C 与 A 内壁接触后再接验电器,金箔并不张开.甚至先令 C 与 A 外壁接触(因而带电)再与内壁接触,C 的电荷亦会消失.这是因为接触时 C 已成为 A 内壁的一部分,在达到静电平衡的短暂过程中,C 的电荷已传到 A 的外壁.利用这一原理,可以将电荷不断从内部传给一个金属壳.静电加速器(见小节 2.2.3)就是利用这一原理设计的.

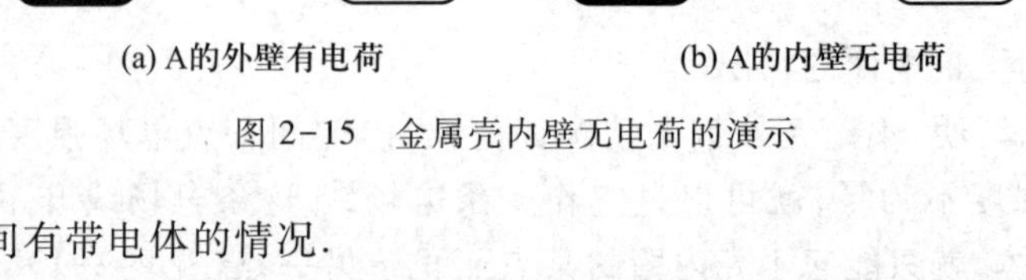

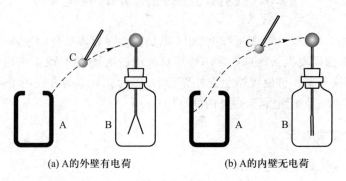

图 2-15　金属壳内壁无电荷的演示

(2) 壳内空间有带电体的情况.

这时,壳内空间将因壳内带电体的存在而出现电场,壳的内壁也会出现电荷分布.但是可以证明,这一电场只由壳内带电体及壳的内壁形状决定而与壳外电荷分布情况无关.就是说,壳外电荷对壳内电场仍无影响.这一结论虽然也可用电场线来证明,但是很复杂.利用唯一性定理可以给出简洁而严格的证明,见本书拓展篇专题 6.

2.2.2 壳外空间的场

(1) 壳外无带电体的情况.

与壳内空间不同,壳外空间在壳外无带电体时仍然可能有电场.设壳为中性,壳内有一正点电荷 q[见图 2-16(a)],则壳的内外壁的感生电荷分别为 $-q$ 及 q.显然,外壁的电荷将发出电场线,可见壳外空间存在电场,它是壳内电荷(通过在壳外壁感应出等量电荷)间接引起的.所谓壳内带电体 q 只在壳外间接引起电场,并不是说 q 本身不在壳外激发电场,而是指 q 以及由它在壳内壁感生的等量负电荷在壳外激发的合电场强度为零.

把金属壳接地就可消除壳外电场[见图 2-16(b)].为了证明这点,只需证明接地壳的外部空间不能存在电场线.由于导体壳是等势体,同一电场线不能起于壳外壁某点而止于外壁另一点.同样,因为无限远处电场强度为零,整个无限远区是等势区,同一电场线也不能起于无限远而止于无限远.可见,壳外如果有电场线,只能是起于壳外壁而止于无限远或相反.然而当壳接地时这也是不可能的,因为这时 $V_{壳}=V_{地}=V_{\infty}$.证毕.

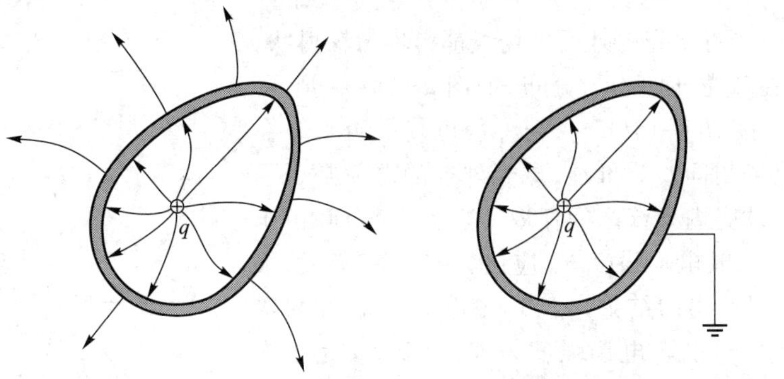

(a) 壳不接地时壳外电场强度非零 (b) 壳接地时壳外电场强度为零

图 2-16 金属壳外的电场(壳外无带电体时)

对上述结论也可作一直观解释:金属壳接地时壳外壁的感生电荷全部沿接地线流入大地,因此它们在壳外激发的电场强度不复存在.但应注意,接地线的存在只提供壳与地交换电荷的可能性,并不保证壳外壁的电荷密度在任何情况下都为零(并不总是"导体一接地,电荷就流光").下面就要看到,当壳外有带电体时,接地壳外壁仍是有电荷的.

(2) 壳外有带电体的情况.

以图 2-17(a)为例,用反证法可以肯定接地的球壳外壁电荷密度并不处处为零.因为,假定外壁各点电荷面密度为零,则空间除点电荷 q 外别无电荷,导体壳层内(指金属内部)电场强度就不会为零,而这就与静电平衡的条件矛盾.可见,接地并不导致壳外壁电荷为零.[图 2-17(a)与小节 2.1.4 例 5 本质一样.根据该例的定量结果,图 2-17(a)的球壳外壁有非零的总电荷 q'.]但是,用唯一性定理可以证明,接地壳保证壳外电场不受壳内电荷的影响,即不管壳内带电情况如何,壳外电场只由壳外情况决定,图 2-17 的三种情况就是这一结论的图示.应该注意,如果球壳不接地且为中性,三种情况的壳外电场是不同的.具体地说,设图(a)的壳不接地且为中性,则壳外壁总电荷为零(与接地时不同,接地线的存在使壳不再为中性).但因壳外正点电荷 q 的存在,壳外壁有左负右正的电荷分布.这一分布与 q 联合决定壳外电场.现在若在壳内放置一点电荷 q_1，则外壁电荷亦为 q_1，故外壁的电荷分布（因而壳外电场）必然与壳内无电荷时不同.

综上所述可知，封闭金属壳（不论接地与否）内部静电场不受壳外电荷影响；接地封闭金属壳外部静电场不受壳内电荷影响.这种现象称为**静电屏蔽**，在电工和电子技术中有广泛应用.

为使读者在讨论较复杂问题时有所依据，这里再明确给出一个结论（其证明要用到唯一性定理，见拓展篇专题 5，6）.设壳内空间的电荷为 q_1，壳内壁电荷为 q_2（$q_2=-q_1$），壳外壁电荷为 q_3（对中性壳有 $q_3=-q_2=q_1$），壳外空间（不算外壁）的电荷为 q_4，则不论壳是否接地，q_1、q_2 在壳内壁之外任一点的合电场强度为零，q_3、q_4 在壳外壁之内任一点的合电场强度为零.以中性金属球壳为例.设壳内有一点电荷 q，壳外为真空.若 q 位于球心，由对称性可以肯定壳内外的电场线都为均匀辐射状，等价地，电荷在球壳外壁均匀分布，如图 2-18（a）所示.若 q 改为偏心［见图2-18（b）］，壳外静电场是否与 q 在球心时的静电场相同？等价地，球壳外壁的电荷是否仍均匀分布？在球壳内外壁之间任取一点 P.一方面，由于 P 位于金属内部，其电场强度 $\boldsymbol{E}_P$ 应该为零.另一方面，根据上面用重点号给出的结论，q 与内壁电荷（$-q$）在内壁之外任一点（含 P）的合电场强度为零，所以 $\boldsymbol{E}_P$ 完全来自球壳外壁的电荷.而由第一章就知道均匀分布于球面上的电荷在面内任一点的电场强度为零，因此，为了保证 q 偏心后 $\boldsymbol{E}_P$ 仍然为零，外壁电荷不需作任何调整（仍均匀分布）①.由此可知，q 偏心时球壳外部的静电场与 q 在球心时的静电场完全相同.

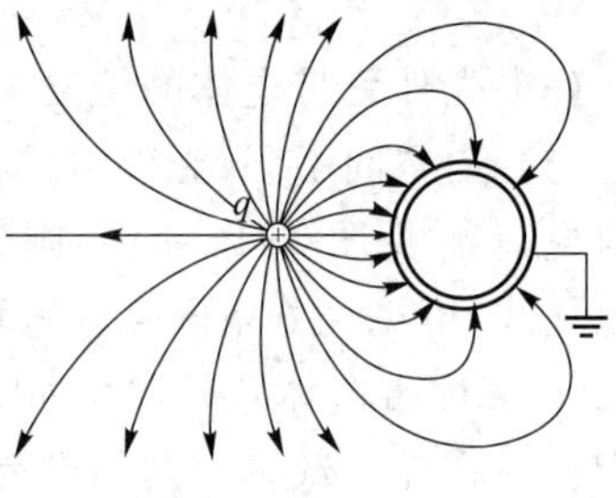

(a)壳内无电荷

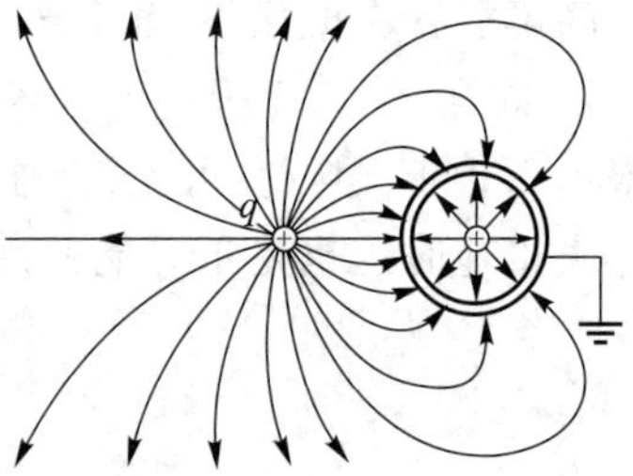

(b) 壳内(球心处)有一个正点电荷

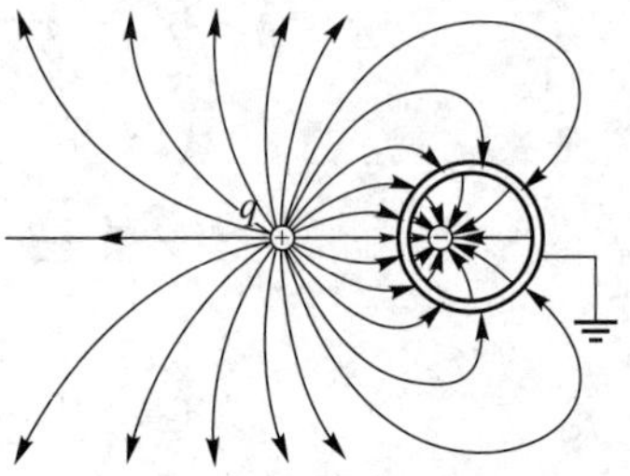

(c)壳内有一个偏心的负点电荷

图 2-17　接地时壳外电场强度与壳内带电情况无关

作为上述结论的第二个应用例子，考虑一个任意形状的不接地中性金属壳.根据上述结论，q_1、q_2 对壳外空间贡献的合电场为零，壳内电荷 q_1 对壳外空间电场的唯一影响是使壳的外壁有了一份电荷 $q_3=q_1$，这 q_3 与壳外的电荷分布一起决定着壳外电场.所以，不接地金属壳内的电荷 q_1 除使壳的外壁多了一份电荷$q_3=q_1$、从而通过 q_3 影响壳外电场之外，对壳外电场别无影响.在这个意义上也可说不接地金属壳对外部电场也还是起到一定程度的屏蔽作用.顺便一提，既然壳外静电场完全由壳的外壁形状以及壳外带电体（含壳外壁）的电荷（或电势）、形状及配置决定，在定性绘画壳外电场线时就只需考虑这些因素而不必考虑壳内电场线的分布情形.那种认为壳外电场线的分布（及走向）与壳内电场线分布（及走向）总有某些联系（内外"接力"）的想法是不对的.图 2-18（b）就是不"接力"的一例.

① 读者可能提出这样的问题：q 偏心时外壁电荷是否可能存在另一种分布（不均匀分布），这一分布在导体内部每点贡献的电场强度亦为零？根据唯一性定理，答案是否定的.事实上，正文中用重点号给出的结论以及本例题的严格证明都离不开唯一性定理（见拓展篇专题 5）.

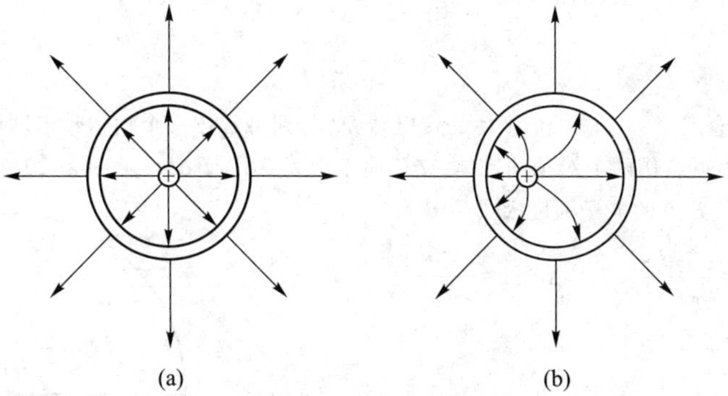

图 2-18　无论球壳内部点电荷位置如何，壳外电场都一样，壳外壁的电荷都均匀分布

2.2.3　范德格拉夫起电机

使金属壳带电的巧妙途径是设法让电荷进入壳的内壁.利用此法让金属壳获得大量电荷的装置称为**范德格拉夫起电机**(van de Graaff generator)，其重要应用之一就是金属壳与大地之间的强电场可以加速带电粒子(**静电加速器**).图 2-19 是静电加速器的示意图.图中 K 是中空金属罩(近似于封闭金属壳)，称为**高压电极**.T 是抽成高真空的加速管，管的上方有发射粒子的装置(**离子源**).当 K 对地有正高电压时，我们得到高速正离子流.高压可用下述方法获得.在金属轮 A 和 B 间装一条由绝缘材料制成的传送带，带的下端附近装一排针尖 C，针尖与直流电源(电压为几万伏)的正极相接，电源的负极及轮 A 接地.这样，针尖 C 与轮 A 之间的几万伏电压使附近空气电离，负电荷跑向针尖，正电荷跑向传送带并附于其上.用电动机带动轮 A，传送带就带着正电荷向上运动.高压电极内侧也装有一排针尖 D，它在传送带的正电荷感应下带负电，传送带与针尖之间形成强电场并使空气电离.空气的正负电荷在电场力作用下不断跑向针尖和传送带，实际就是传送带的正电荷通过空气传到针尖.把高压电极近似看作闭合金属壳，则壳的内壁(包括针尖)只能具有与壳内空间的电荷(传送带的正电荷)异号的电荷，即负电荷，故针尖得到的正电荷不断传到电极外壁，并使电极与地之间的电压不断升高(最终因漏电而平衡于某值，可达数兆伏).这是从内部向导体壳输送电荷的一个应用实例.去掉加速管 T 后该装置就是一个范德格拉夫起电机，在静电实验中有重要应用.

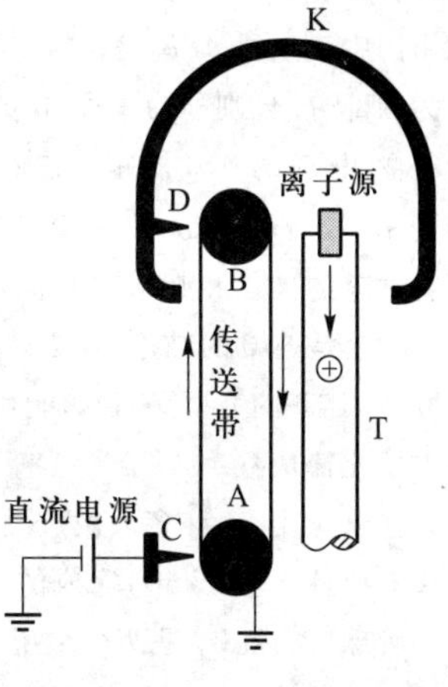

图 2-19　静电加速器示意图

*2.2.4　库仑平方反比律的精确验证

库仑定律是静电学的基础，其精确度至关紧要.库仑用扭秤证实这一定律时，实验误差相当可观.虽然可以尽量改进实验技巧，但由于这种测量方法本身的局限性，误差很难减到很小.为了从根本上提高测量精度，可以采用间接实验，这是指卡文迪什(Cavendish)以及后人所做的验证带电导体球壳内部空间无电场的一类实验.为什么这类实验可以间接验证库仑定律呢?

设库仑力取如下的较为一般的形式：

$$F=\frac{q_1q_2}{4\pi\varepsilon_0 r^{2+\delta}} \tag{2-11}$$

（当 $\delta=0$ 时就回到库仑定律）.考虑一个极薄的带电球壳（薄到可看作一个均匀带电球面），在球壳内部空腔中任取一点 P，以 P 为顶点作两个对顶的锥体，交球面于面元 ΔS_1 及 ΔS_2（见图 2-20）.设球壳的电荷面密度为 σ，则 ΔS_1 及 ΔS_2 在 P 点的电场强度大小为

$$|\Delta \boldsymbol{E}_1|=\frac{\sigma\Delta S_1}{4\pi\varepsilon_0 r_1^{2+\delta}},\quad |\Delta \boldsymbol{E}_2|=\frac{\sigma\Delta S_2}{4\pi\varepsilon_0 r_2^{2+\delta}}.$$

令 $\Delta\boldsymbol{E}\equiv\Delta\boldsymbol{E}_1+\Delta\boldsymbol{E}_2$，经推导得

$$|\Delta\boldsymbol{E}|=\frac{\sigma\Delta\Omega}{4\pi\varepsilon_0\cos\alpha}\left|\frac{1}{r_1^{\delta}}-\frac{1}{r_2^{\delta}}\right|, \tag{2-12}$$

其中

$$\Delta\Omega=\frac{\Delta S_1\cos\alpha}{r_1^2}=\frac{\Delta S_2\cos\alpha}{r_2^2},$$

是锥顶的立体角.若 $\delta=0$，由式（2-12）得 $\Delta\boldsymbol{E}=\boldsymbol{0}$.因为整个球面可被分成一对对这样的面元，所以球面电荷在 P 点贡献的电场强度 $\boldsymbol{E}=\boldsymbol{0}$.反之，若 $\delta\neq0$，我们来证明必有 $\boldsymbol{E}\neq\boldsymbol{0}$（除非 P 与球心 O 重合）.只要 P 不与球心重合，则 $r_1\neq r_2$，由式（2-12）得 $\Delta\boldsymbol{E}\neq\boldsymbol{0}$.考虑由图中直线段 APB 代表的、与纸面垂直的平面，它把整个球面分为两部分，分别称为平面 APB 的右侧和左侧部分.如果 ΔS_1 跑遍右侧，相应的 ΔS_2 便跑遍左侧.于是令 ΔS_1 跑遍右侧部分并对 $\Delta\boldsymbol{E}$ 求和便得 $\boldsymbol{E}$.设 $r_1<r_2$（如图 2-20），若 $\delta>0$，则 $1/r_1^{\delta}>1/r_2^{\delta}$，在 $\sigma>0$ 的情况下 $\Delta\boldsymbol{E}$ 便从 P 指向左下方.因为每一 ΔS_1 必有一 $\Delta S'_1$ 与之相应（见图 2-20），两者贡献的矢量和必从 P 指向球心 O，所以求和结果 $\boldsymbol{E}$ 必然也从 P 指向 O（反之，在 $\sigma<0$ 的情况下 $\boldsymbol{E}$ 背离 O）. 以上是 $\delta>0$ 的结论.不难看出在 $\delta<0$ 时 $\boldsymbol{E}$ 的方向与 $\delta>0$ 时相反.无论如何，只要 $\delta\neq0$ 就有 $\boldsymbol{E}\neq\boldsymbol{0}$，可见 $\delta=0$ 是 $\boldsymbol{E}=\boldsymbol{0}$ 的充要条件.如能用实验证实带电金属球壳内（空腔内）的 $\boldsymbol{E}=\boldsymbol{0}$，就能间接证明 $\delta=0$，即库仑的平方反比律成立.

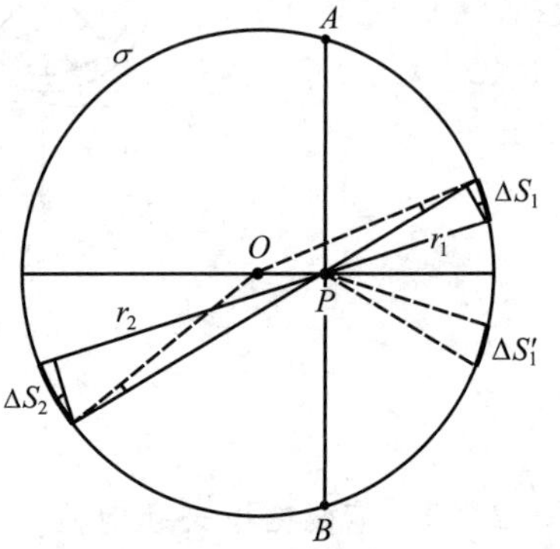

图 2-20 库仑平方反比律失效导致球内有电荷的证明（当锥顶立体角 $\Delta\Omega$ 足够小时，用短弧线标出的四个角可认为相等，记为 α）

在电学史上，许多人做过类似的实验，而且精确度不断提高.第一个定量实验是卡文迪什在 1772 年（先于库仑扭秤实验 13 年）完成的.图 2-21（a）是根据他的原始实验装置图改画的示意图.A 是一个有绝缘支柱的金属球，B_1 和 B_2 是两个金属半球壳（其中一个有一小孔），其内径比 A 半径稍大，B_1 和 B_2 固定于绝缘架 C_1 和 C_2 上，C_1 与 C_2 间装有铰链以便开合.将球壳合上（总称为 B）并把 A 同心地包在里面[见图 2-21（b）].用丝线 1 挂一短导线 2 穿过球壳的小孔使内球与球壳接触，然后令球壳带电.根据前面的讨论，如果库仑平方反比律不成立，导线内部就有电场，电荷就会沿导线流到内球 A 上.利用丝线撤去导线，打开球壳，内球 A 应该带电[请注意在库仑力只能取式（2-11）的约定下 A 不带电等价于 $\delta=0$，即等价于平方反比律].卡文迪什用当时最灵敏的验电器（木髓球静电计）对 A 进行仔细测量，没有发现任何带电迹象.这表明平方反比律是正确的，或者更确切地说，即使平方反比律不成立，差值 δ 的绝对值也一定很小，以致验电器反映不出来.根据验电器的灵敏度和球壳的数据，他估计 δ 与 0 之差不会超过 0.02，即库仑定律中 r 的指数只可能介于 1.98 与 2.02 之间.可惜他的实验结果没有发表.

1870 年，麦克斯韦（Maxwell）以改进了的方式重做了卡文迪什的实验，方法上的主要不同在于：在撤去内外球的连接导线后，他不把外球壳移走而是将它接地，再用一个“象限静电计”测量内球的电势 $V_{内}$（静电计的探针穿过外球壳上的小孔接触内球）.他在理论上推出一个关于 $V_{内}$ 与 δ 的关系式，该式表明 $\delta=0$ 与 $V_{内}=0$ 等价.结果他测得内球电势为零.根据所用测量装置的数据及静电计的灵敏度，他估计 δ 与 0 之差不会超过 $\frac{1}{21\,600}$（近似为 5×10^{-5}）.1936 年，普林普顿（Plimpton）与劳顿（Lawton）重做类似实验，把 δ 与 0 的差

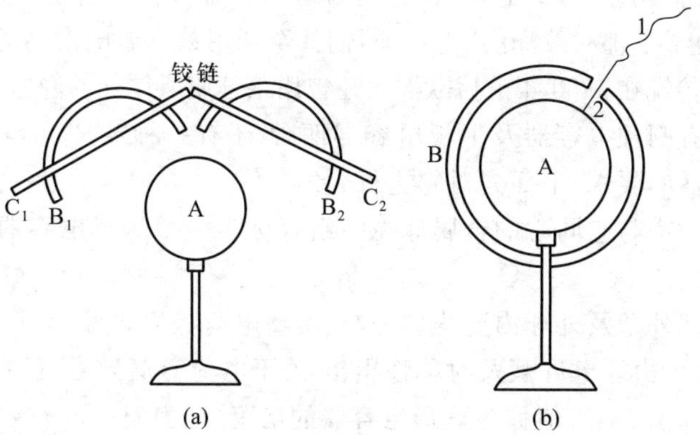

图 2-21 卡文迪什实验装置示意图

值确定在 2×10^{-9} 以内.1971 年,威廉斯(Williams)、否勒(Faller)和希尔(Hill)利用近代电子技术改进了实验方法,把 δ 与 0 的差值确定在 $(2.7\pm3.1)\times10^{-16}$ 以内.

§2.3 电容器及其电容

2.3.1 孤立导体的电容

本节讨论孤立导体电势与电荷的关系.先讨论孤立带电导体球.由对称性可知孤立导体球的电荷均匀分布于球面上,其电势根据小节 1.6.3 的例 2 为

$$V=\frac{q}{4\pi\varepsilon_0 R},\qquad(2-13)$$

式中 q 及 R 分别是球的电荷及半径.此式说明孤立导体球的电势与电荷成正比.可以证明,电势与电荷的正比关系对任何形状的孤立导体都成立(证明见拓展篇专题 8),所以可以写出

$$q=CV,\qquad(2-14)$$

式中比例常量 C 称为**孤立导体的电容**.电容取决于导体的几何因素,对导体球有 $C=4\pi\varepsilon_0 R$.从式(2-14)可知,孤立导体电容的物理意义是使导体电势升高一个单位所需的电荷.

电容的国际单位制单位由式(2-14)定义,称为**法拉**,记为 F.实用中常因为法拉太大,以它的 10^{-6} 甚至 10^{-12} 为单位,分别称之为**微法**(μF)及**皮法**(pF),即 1 μF(微法)$\equiv10^{-6}$ F(法),1 pF(皮法)$\equiv10^{-12}$ F(法).

2.3.2 电容器及其电容

在一个带电导体附近置入其他导体,这个带电导体的电势就会受到影响,电势与电荷的正比关系就不复成立.因此,式(2-14)只适用于孤立导体.然而孤立导体很少遇见,实际上用得最多的是由两个导体组成的**电容器**.顾名思义,电容器就是能够有效地存储电荷的装置.在人类开始认识和研究电现象时,一个重要问题就是如何储存来之不易的电荷.荷兰莱顿大学的一位教授在 1746 年发明的**莱顿瓶**(Leyden jar)是世界上第一个电容器.一个内外壁都贴有锡箔(作为内外导体)的玻璃瓶就可充当莱顿瓶.富兰克林从 1750 年起用莱顿瓶做过许多实验和演示,例

如，他让若干人手拉手围成一圈，当其中两人把拉着的手分开并各自握住莱顿瓶的一极时，每个参与者都感受到电击！那时欧洲的“电技师”们甚至把用莱顿瓶电击鸟类和其他一些动物的表演作为谋生手段.传说在 1780 年前后欧洲人还曾用莱顿瓶所储存的静电荷来治疗牙痛.

常见的电容器有圆柱电容器及平板电容器两种.还有一种球形电容器，虽然用得不多，但能严格满足电容器的要求，下面先对它进行介绍.

一个金属球和一个与它同心的金属球壳的组合称为一个**球形电容器**（见图2-22），它有如下特点：

(1) 电荷在内球外壁及外球内壁均匀分布，两壁电荷等值异号.

关于均匀分布，可由静电屏蔽及对称性得出.关于电荷等值异号，已在小节 2.1.4 例 2 证明.我们把内球电荷 q_1 的绝对值称为**球形电容器的电荷**，记为 Q.

应该指出，外球外壁的电荷分布可能很复杂，因为它与球外带电情况有关.图 2-23 是球壳内外的电场线示意图.重要的是，由于球壳的屏蔽作用，两球间的电场线总是均匀辐射状的.

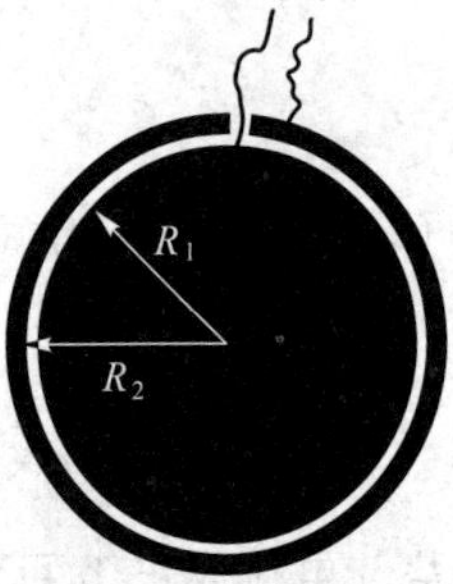

图 2-22 球形电容器

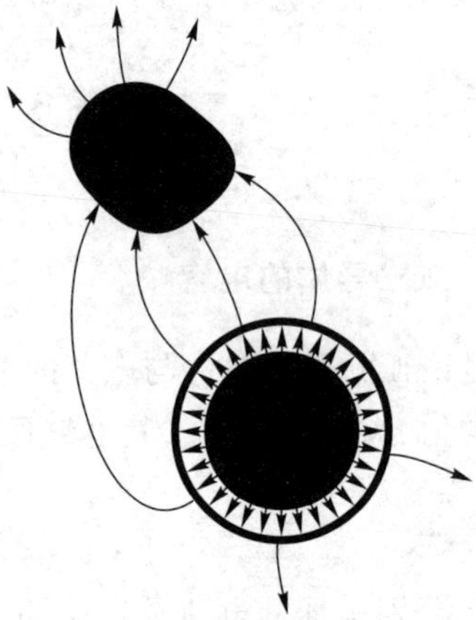

图 2-23 无论外球外面情况如何，两球间电场线总保持均匀辐射状

(2) 两球间的电压 U（指绝对值，下同）与球形电容器的电荷 Q 成正比，证明如下.以 $\boldsymbol{E}$ 代表两球间的电场，则两球间的电势差为 $V_1 - V_2 = \int_{R_1}^{R_2} \boldsymbol{E} \cdot \mathrm{d}\boldsymbol{l}$，其中 R_1 为内球半径，R_2 为外球内半径.设 q_1 为内球电荷，以 $\boldsymbol{e}_r$ 代表径向（外向）单位矢量，则

$$\boldsymbol{E} = \frac{q_1}{4\pi\varepsilon_0 r^2}\boldsymbol{e}_r,$$

因而

$$V_1 - V_2 = \frac{q_1}{4\pi\varepsilon_0}\int_{R_1}^{R_2} \frac{\mathrm{d}r}{r^2} = \frac{q_1}{4\pi\varepsilon_0}\frac{R_2 - R_1}{R_1 R_2}.$$

按定义，$U \equiv |V_1 - V_2|$，$Q \equiv |q_1|$，故

$$U = \frac{R_2 - R_1}{4\pi\varepsilon_0 R_1 R_2}Q, \tag{2-15}$$

即球形电容器的电压与电荷成正比.无论外球外部带电体的情况如何改变，电压与电荷之间的

比例系数都保持不变.这当然与球壳的静电屏蔽作用分不开.但实际上往往不要求这样严格的屏蔽,例如图 2-24 那样两块平行放置的金属板(组成**平板电容器**),只要距离比板的长、宽都小得多,不论板外情况如何,板间的电场就基本上是均匀电场(边缘区域除外),于是就可以证明两板间的电压 U 与一板内壁电荷的绝对值 Q(称为**平板电容器的电荷**)成正比(证明留作练习):

$$U=\frac{d}{\varepsilon_0 S}Q \quad (\text{其中 } d \text{ 和 } S \text{ 分别为板间距离和一板面积}). \tag{2-16}$$

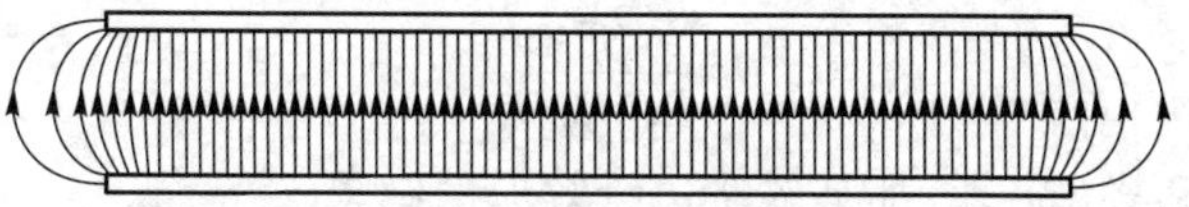

图 2-24　平板电容器(板外无带电体,否则两板外壁可以有电荷)

除平板电容器外,圆柱电容器也是(甚至更是)常用的电容器.一个金属圆柱和一个与它同轴的金属圆柱壳的组合,如果两柱距离比其长度小得多,就构成一个**圆柱电容器**(见图 2-25).忽略边缘效应,不难证明两柱间的电压 U 与内柱电荷的绝对值 Q(称为**圆柱电容器的电荷**)有如下正比关系(证明留作练习):

$$U=\frac{\ln(R_2/R_1)}{2\pi\varepsilon_0 L}Q, \tag{2-17}$$

其中 R_1 是内柱半径,R_2 是外柱内半径,L 是柱长.

既然电容器电荷 Q 与电压 U 的比值只与电容器自身条件有关,它就是描写电容器本身性质的物理量,称为该**电容器的电容**,记为 C,即

$$C\equiv\frac{Q}{U}. \tag{2-18}$$

上式说明,为使电容器电压升高,就要给它提供电荷(**充电**).电容的物理意义就是使电压升高一个单位所需的电荷.

图 2-26 是电容器充电的例子.设开关接通前电容器电荷为零(因而电压也为零)[见图 2-26(a)].开关接通后,电子从电池负极流到电容器右板(内壁),而左板(内壁)的电子则流到电池正极,于是两板内壁出现等值异号电荷[见图2-26(b)]①.这就是充电.若断开开关并用导线接通两板,两板的电压及电荷就变为零,这称为**放电**.

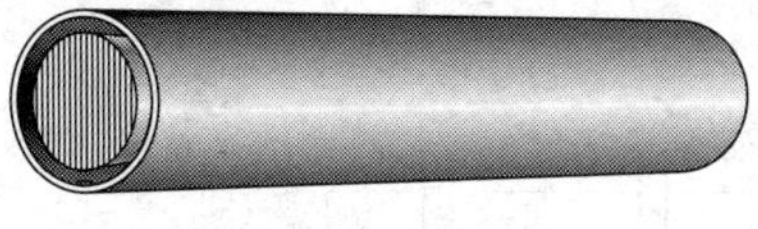

图 2-25　圆柱电容器

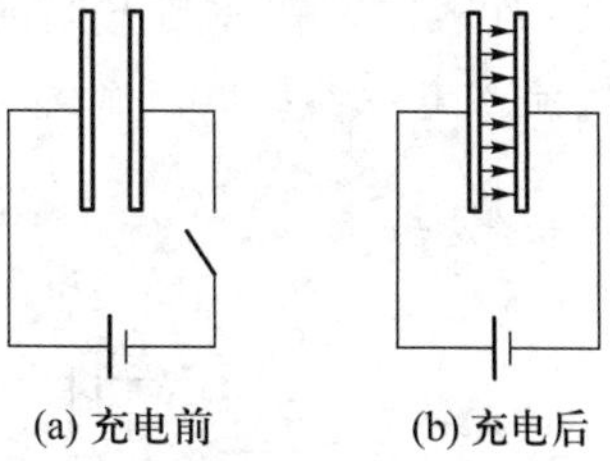

图 2-26　电容器的充电

① 当电容器附近有带电体或导体时,两板外壁也可能有电荷.通常情况下两板电荷主要集中于内壁(因而一板的电荷也就是内壁的电荷),特殊情况则要作特殊讨论.《拓展篇》§ 8.5 的标题是"一板两壁的事实不容忽视",该节对外壁电荷的影响问题有较详细的讨论.

由式(2-18)出发,结合式(2-15)、式(2-16)、式(2-17),不难得出三种电容器的电容公式:

球形电容器
$$C=\frac{4\pi\varepsilon_0 R_1 R_2}{R_2-R_1}, \tag{2-19}$$

平板电容器
$$C=\frac{\varepsilon_0 S}{d}, \tag{2-20}$$

圆柱电容器
$$C=\frac{2\pi\varepsilon_0 L}{\ln(R_2/R_1)}. \tag{2-21}$$

注 式(2-20)和式(2-21)都是忽略边缘效应的结果.

第三章将要证明,在电容器的两个导体之间充入绝缘介质可使电容增大.实用中常利用这个方法增大电容.充入均匀介质后,式(2-19)~式(2-21)的右边都要乘以一个大于1的常量 ε_r(由介质的性质决定),即电容增至 ε_r 倍.

电容器和电容的概念还可以推广到更为普遍的场合.一般地说,可以认为两个任意形状的导体也构成一个电容器,其电容可定义为 $C\equiv Q/U$,其中 U 代表两导体之间的电势差(的绝对值),这是很明确的.然而,两个导体的电荷 q_1 和 q_2 可以非常任意,上式中的 Q 应作何理解?设想用一根导线将这两个导体接通,导体之间便要交换电荷直至达到新的静电平衡状态.上式中的 Q 应该理解为两个导体从接通开始到重新平衡为止所交换的电荷(的绝对值).可以证明(见本书拓展篇专题8),这份电荷与两导体接通前的电压 U 之比是一个常量,所以由这一比值定义的电容 C 对这个确定的电容器而言是不变的.球形电容器、平板电容器及圆柱电容器的电容都可看作这一定义的特例.以平板电容器来说,不难看出,两板用导线接通后交换的电荷恰好就是一板内壁的电荷.

由两个任意形状导体构成的电容器通常只有很小的电容,而且这个电容很易受到外界的影响,因此实际上很少使用.然而,在某些特殊情况下,电路中的两根导线、两个焊点或一个开关(切断时)的两个触点之间的电容可能起着一定的甚至是关键性的作用,这时就必须考虑它们的存在和影响.这种电容通常称为“潜布电容”.我们在小节6.8.3将会看到潜布电容起重要作用的例子.

2.3.3 电容器的连接

几个电容器可以用导线按一定规律连接成**电容器组**.两个电容器的接法只有两种,如图2-27所示,其中(a)叫**并联**,(b)叫**串联**.比值 Q/U 称为**电容器组的电容**(或**总电容**、**等效电容**),其中 U 代表两端钮 A 与 B 间的电压(绝对值),Q 代表充电时流入电容器组的总电荷.

并联时,流入电容器组的电荷 Q 分别进入两个电容器的左板,即 $Q=Q_1+Q_2$,故并联总电容

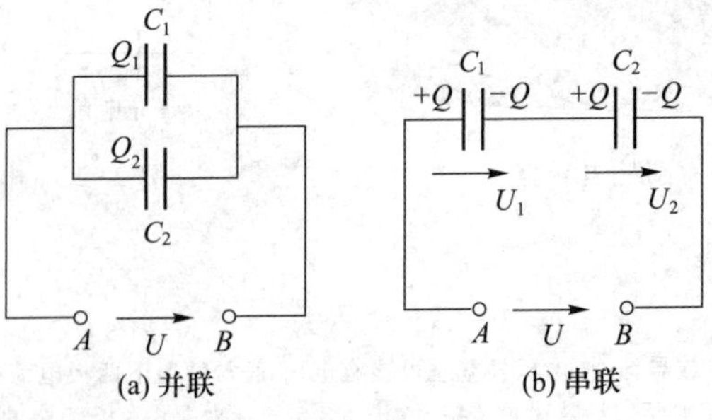

图 2-27 电容器的并联和串联

$$C=\frac{Q}{U}=\frac{Q_1}{U}+\frac{Q_2}{U}=C_1+C_2, \tag{2-22}$$

即并联总电容等于每个电容器电容之和.

串联时,流入电容器组的电荷 Q 全部进入第一个电容器的左板,其右板因感应而带电荷 $-Q$,于是第二个电容器左板带电荷 $+Q$,右板带电荷 $-Q$.故串联总电容

$$C=\frac{Q}{U}=\frac{Q}{U_1+U_2}=\frac{1}{\dfrac{U_1}{Q}+\dfrac{U_2}{Q}}=\frac{1}{\dfrac{1}{C_1}+\dfrac{1}{C_2}},$$

或

$$\frac{1}{C}=\frac{1}{C_1}+\frac{1}{C_2}. \tag{2-23}$$

即串联总电容的倒数等于每个电容的倒数之和.

多个电容器连接时,可以全部并联或串联,也可以既有并联又有串联(叫**混联**),此外还有更复杂的连法(不能分解为并联和串联).n 个电容器并联时总电容

$$C=C_1+C_2+\cdots+C_n, \tag{2-22'}$$

n 个电容器串联时总电容则满足下式:

$$\frac{1}{C}=\frac{1}{C_1}+\frac{1}{C_2}+\cdots+\frac{1}{C_n}. \tag{2-23'}$$

以上二式说明,电容器并联时电容增大,串联时电容减小.实用中可根据需要而选用并联或串联.为了增大电容,收音机的调谐电容器由很多平板电容器并联而成,纸介电容器则用两张长条形锡箔夹以薄纸卷成,相当于许多圆柱电容器的并联.另一方面,电容器串联时虽然电容减小,却可以提高耐压能力(承受外加电压的能力).每个电容器的电压都有一个界限,超过界限时内部电场强度过大,使两导体间的空气或绝缘材料变为导体以至于损坏电容器(称之为**击穿**).串联时总电压分配于各电容器上,因而串联电容器组具有比每个电容器都高的耐压能力.

§2.4　静电演示仪器

2.4.1　感应起电机

利用静电感应可使中性导体带电.图 2-28(a)的 B_1 和 B_2 是紧密接触的两个中性导体,A 是带电导体.在 A 的感应下,B_1、B_2 两端出现异号电荷.将 B_1、B_2 分开少许[见图 2-28(b)],电荷分布应与图 2-28(a)基本相同.将 A 移去再令 B_1、B_2 远离[见图 2-28(c)],便得到两个带电导体.

如果中性导体 B 不能分开,则可改用下法:将带电体 A 移近 B 并用手指与 B 接触,人体便与 B 组成一个导体.对施感电荷 A 来说,整个 B 可看作近端,而远端则是人体,所以 B 带有与 A 反号的电荷.收回手指再移去 A,则 B 成为带电导体.

利用上述原理制成的感应起电机是静电演示实验中连续产生静电荷及高电压的常用仪器.图 2-29 是起电机的外形,其中黑色部分是两个绝缘圆盘,盘边均匀地粘有锡箔条.两盘外侧各有一个两端带有金属刷子(**电刷**)的金属杆,两杆互相垂直(图中只看见一个).摇动摇柄可使两盘反向转动.图 2-30 是感应起电机原理的示意图.大小两圆 N 和 M 代表两个圆盘,

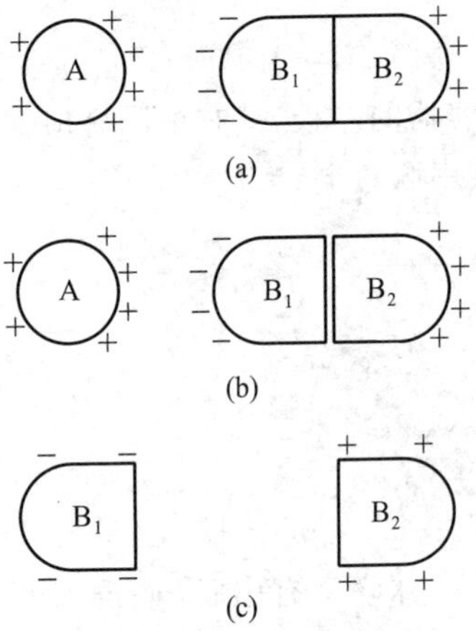

图 2-28　感应起电原理

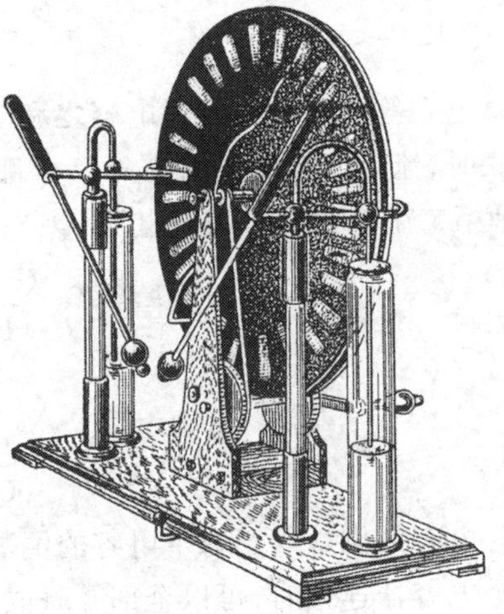

图 2-29　感应起电机

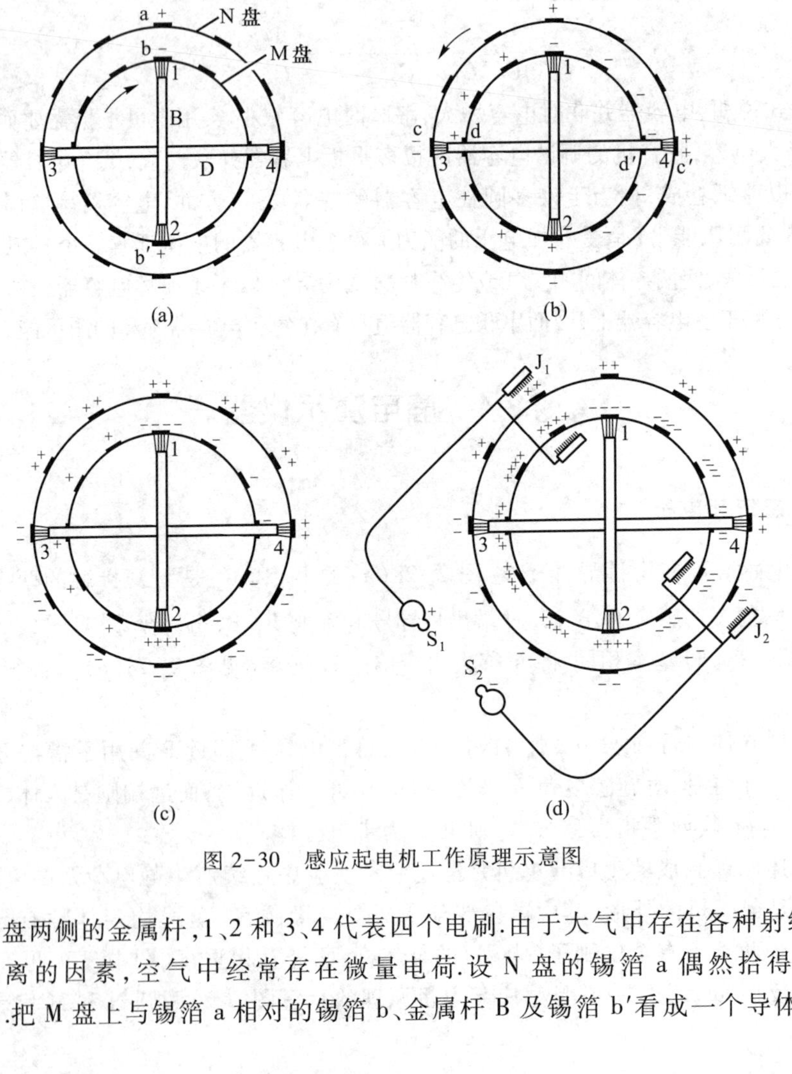

图 2-30　感应起电机工作原理示意图

B、D 代表两盘两侧的金属杆，1、2 和 3、4 代表四个电刷.由于大气中存在各种射线以及其他引起空气电离的因素，空气中经常存在微量电荷.设 N 盘的锡箔 a 偶然拾得正电荷[见图 2-30(a)].把 M 盘上与锡箔 a 相对的锡箔 b、金属杆 B 及锡箔 b′看成一个导体，则由于静电感应,b 带负电而 b′带正电.先设 M 盘顺时针转动而 N 盘不动,则 M 盘上每对锡箔在与电刷 1、2 接触时都带上等量异号电荷,转动半周后情况如图 2-30(b)所示.值得注意的是 N 盘与电刷 3、4 接触的一对锡箔 c 和 c′也因感应而带异号电荷,且因 M 盘上正对 3、4 的一对锡箔 d 和 d′都有施感电荷,故 c 和 c′的感生电荷比在图 2-30(a)中的 b、b′的感生电荷要大.设从现在起 M 盘不动而 N 盘逆时针转半周,情况应如图 2-30(c)所示.由图可见,两盘电荷在一、三象限异号而在二、四象限同号.在二、四象限放置**集电梳**(一排针尖)J_1 及 J_2[见图 2-30(d)],利用尖端放电原理(与范德格拉夫起电机相同),就可把正、负电荷不断收集至小球 S_1 及 S_2 上,使两球间出现很高的电势差.

事实上,两个圆盘是同时反向转动的,但上述讨论仍然适用,只是过程加速.重要的是圆盘转向不得与图 2-30 所示相反,否则两盘在二、四象限将带异号电荷.

当两球间电压足以使空气击穿时,球间出现强烈的火花放电.(设两球相距10 cm,请读者估算放电时两球间的电压.已知空气的击穿电场强度为 3×10^6 V/m.) 为了储存更多电荷而不放电,可在球间连接两个莱顿瓶(图 2-29 中的两个玻璃瓶),两者间可有四种接法(见图 2-31).采用接法(a)时,球间电容最大,两球达到放电电压所需时间最长,但每次放电的持续时间也最长(说明储存的电荷最多).其他接法所储电荷依次减少,四种接法的效果均可由放电情况看出.

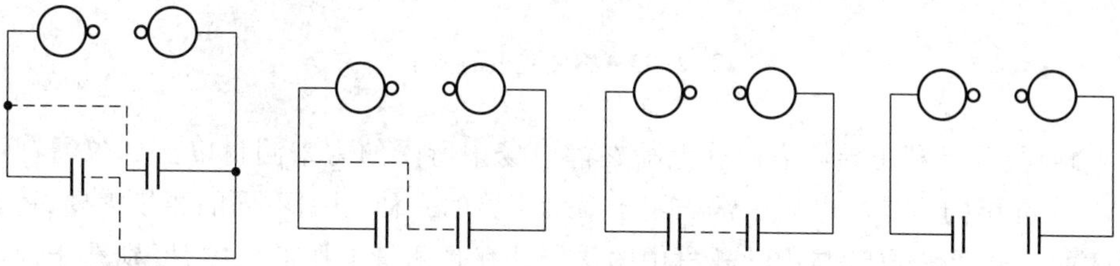

图 2-31　感应起电机中莱顿瓶的接法

2.4.2　静电计

把验电器的玻璃瓶改为金属盒(盒上留一玻璃窗作观察用),铝箔改为带刻度的金属指针,该装置就成为一个能定量测量电势差的**静电计**(见图 2-32).测量导体 A 与 B 的电势差时,将 A、B 分别与静电计的金属棒及盒相连,棒与盒间便出现电场,指针表面的电荷便在电场力作用下偏转,这电场力包括棒上同号电荷的斥力及金属盒内壁异号电荷的吸力,指针表面单位面积的力与电荷面密度 σ(因而电场强度)的平方成正比[见式(2-5)].被测电势差越大时盒内电场强度越大,指针偏角也就越大.简单说来,静电计是对验电器作如下三点改进的结果:(1) 把玻璃瓶改为金属盒,以便静电屏蔽;(2) 金属棒及盒可各自引出导线,以便测量两点间的电压;(3) 增加刻度,以便定量测量.

静电计也可以测量导体的电势(参考点选在大地),为此只需将被测导体与静电计的棒相连并将金属盒接地.

图 2-32　静电计

作为应用例子,我们来讨论静电感应和静电起电的一个演示实验(见

图 2-33).将带电体靠近静电计棒的小球,指针偏转[见图 2-33(a)].将静电计棒接地,指针下垂[见图 2-33(b)].撤去棒的接地线,指针仍不动[见图 2-33(c)].移去带电体,指针又复偏转[见图 2-33(d)].请读者说明每一步的道理.

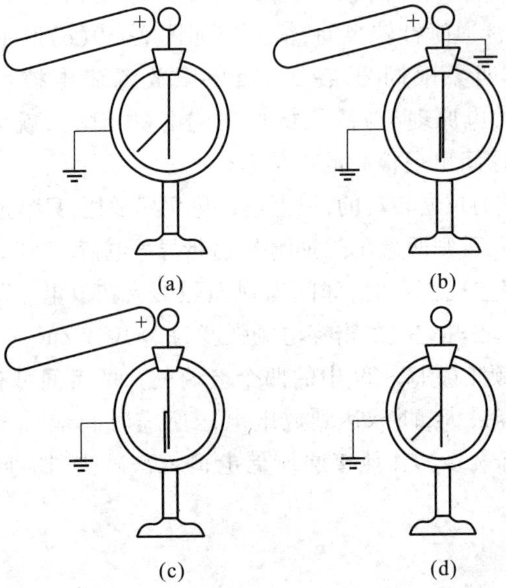

图 2-33 感应起电的演示

一般地说,凡是利用导体表面静电荷在静电场中所受的力来测量电压的仪器都可称为静电计.以上介绍的只是静电计中常被用于演示实验的一种.根据不同的测量需要,还有许多其他形式的静电计.静电计与中学教材中的伏特计都是测量电压的仪器,区别在于前者利用静电荷所受静电场力而后者利用电流所受磁场力(详见小节 5.6.3).后者在测量时必须从被测对象吸取电流,从而或多或少改变被测电压的数值.前者不吸收电流,这是它优于后者之处.此外,静电计通常用于测量高电压(数千伏以上),而常用的伏特计由于受到绝缘材料的限制而只能测量较低的电压(万伏以下).

§2.5 带电体系的静电能

2.5.1 带电体系的静电能

电场既然是势场,就可以仿照重力势能概念引入**静电势能**的概念.电势能与电势的不同类似于重力势能与高度的不同.理解势能这一概念时应该注意两点:(1) 势能不是点函数(不是标量场).只能说某质点 m 位于高度为 h 的点 P 时具有势能 mgh,不能说 P 点本身的势能是 mgh(从势能与 m 有关亦可看出这点).(2) "质点 m 在 P 点的势能 mgh"应理解为质点与地球构成的物体系的势能,它不但与质点有关,还与地球有关.若把同一质点 m 放在月球表面同一高度,势能并不相同.可见势能概念是属于物体系的.对物体系之所以可以引入重力势能概念,是因为物体间存在万有引力,而且引力场是势场.两个物体互相靠近时,引力做正功,势能减少;反之则势能增加.类似地,对静电体系也可引入静电势能的概念.考虑由两个点电荷 q_1、q_2 构成的静电体系以及这一体系所处的两个静电状态:(1) q_1 和 q_2 分别静止于1、2两点;(2) q_1 和 q_2 分别静止于1′、2′两点.设体系从第一状态逐渐运动到第二状态,则电场力在这个过程中做了功.仿照电势概念的定义方法,我们把这个功定义为体系在新旧两种状态中的静电(势)能之差.进一步约定 q_1、q_2 处于无限远离的静电状态时的静电能为零,则它们处于任意静电状态的静电能便有明确值,等于让两者从该状态运动到无限远离状态的过程中电场力的功.同理,对多个点电荷构成的静电体系也可以类似地定义静电能.

只有一个点电荷的静电体系有没有静电势能?点电荷实际上也是带电物体,可以看作一个由无限多个小块构成的静电体系,因此也有静电势能.(设想让各小块分开并静止于无限远,它们之间的电场力便要做正功,这个功就等于该带电物体的静电势能.)这一静电能称为这个带电体的**自能**,以区别于把每个点电荷置于一定距离时两者之间的**互能**(相互作用能)①.一般地说,由多个带电体组成的体系的静电能等于以下两部分之和:(1) 每个带电体的自能,定义为让它的每一小块无限远离时电场力的功;(2) 各个带电体之间的互能,定义为令各个带电体无限远离时电场力的功.

下面推导 n 个点电荷体系的互能公式.

先讨论点电荷 q_1、q_2 位于1、2两点的情况.令 q_1 不动而 q_2 从2点移至无限远(这已保证两者无限远离),求出这一过程中电场力的功,便得到它们位于1、2点时的互能.静电场的有势性保证电场力的功与移动路径无关,总等于 q_2V_{12},其中 V_{12}是 q_1 在2点激发的静电势.因此,q_1、q_2 分别位于1、2两点时的互能为

$$W_{12}=q_2V_{12}.$$

若改令 q_2 不动而 q_1 从1点移至无限远,又得

$$W_{21}=q_1V_{21}.$$

因 $W_{12}=W_{21}$(都等于 $q_1q_2/4\pi\varepsilon_0D$,其中 D 为1、2两点的距离),故 W_{12}可以写成比较对称的形式:

$$W_{12}=\frac{1}{2}(q_1V_{21}+q_2V_{12}). \tag{2-24}$$

再讨论三个点电荷 q_1、q_2、q_3 分别位于1、2、3点时的互能.选择如下两步使三者无限远离:(1) 令 q_3 从3点移至无限远,这时 q_1 及 q_2 作用于 q_3 的电场力都做了功,前者等于 W_{13},后者等于 W_{23};(2) 令 q_2 从2点移至无限远,这时只有 q_1 作用于 q_2 的力做功,数值等于 W_{12}.可见,三者从原位到无限远离状态的过程中电场力的总功(亦即三者在原位时的互能)为

$$W_{123}=(W_{13}+W_{23})+W_{12}. \tag{2-25}$$

仿照式(2-24)可得 W_{13}和 W_{23}的表达式,代入式(2-25)并整理,便得互能表达式

$$W_{123}=\frac{1}{2}[q_1(V_{21}+V_{31})+q_2(V_{12}+V_{32})+q_3(V_{13}+V_{23})].$$

令

$$V_1\equiv V_{21}+V_{31},\quad V_2\equiv V_{12}+V_{32},\quad V_3\equiv V_{13}+V_{23},$$

其中 V_1 代表除 q_1 外所有电荷在1点的电势,V_2、V_3 可仿此理解,则

$$W_{123}=\frac{1}{2}\sum_{i=1}^{3}q_iV_i.$$

推广上式可得 n 个点电荷体系的互能公式

① 这里所说的点电荷都是指有一定大小的带电体.但是近代物理中有时要把带电粒子(如电子)的线度当成零来处理,这时关于自能的讨论就会遇到困难,我们不拟涉及.

$$W_{互} = \frac{1}{2}\sum_{i=1}^{n} q_i V_i, \tag{2-26}$$

其中 q_i 是第 i 个点电荷的电荷，V_i 是除 q_i 外所有电荷在 q_i 处激发的电势.

*2.5.2　带电导体组的静电能

先讨论由一个带电导体构成的体系.把导体表面分成许多(n 个)小面元 ΔS_i，每个面元可看作电荷为 $\sigma_i \Delta S_i$ 的点电荷(σ_i 是第 i 个面元所在处的面密度)，各面元间的互能按式(2-26)为

$$W_{互} = \frac{1}{2}\sum_{i=1}^{n} \sigma_i \Delta S_i V_i,$$

其中 V_i 为除 $\sigma_i \Delta S_i$ 外导体表面所有电荷在 ΔS_i 处的电势.现在令每个面元面积趋于零并求极限.所有 $\Delta S_i \to 0$ 意味着带电面被无限分割，所以用极限步骤求得的互能也就是整个体系的静电能 W，即

$$W = \lim_{最大\Delta S_i \to 0} W_{互} = \frac{1}{2}\oiint \sigma V \mathrm{d}S,$$

其中 V 是导体的静电势，积分遍及整个导体表面.

当带电体系由 m 个导体构成时，应对每个导体的上述积分取和，故

$$W = \frac{1}{2}\sum_{j=1}^{m} \oiint \sigma_j V_j \mathrm{d}S_j,$$

下标 j 代表第 j 个导体.应该强调，V_j 是所有导体的电荷(包括第 j 个导体本身的电荷)在第 j 个导体上贡献的电势.注意到导体表面是等势面，V_j 可提出积分号外，即

$$W = \frac{1}{2}\sum_{j=1}^{m} V_j \oiint \sigma_j \mathrm{d}S_j .$$

而 $\oiint \sigma_j \mathrm{d}S_j$ 等于第 j 个导体的电荷，记为 Q_j，便得

$$W = \frac{1}{2}\sum_{j=1}^{m} Q_j V_j . \tag{2-27}$$

上式说明，带电导体组的静电能等于每个导体的电荷乘电势之和的一半.

当我们从功和能的角度考虑问题时，静电能的表达式有非常重要的意义.它的一个重要应用是计算带电体在电场中所受的力(见有关电动力学教材).此外，在关于导体问题的一些定性讨论中，借助式(2-27)有时也可以解决一部分问题.

例　在带正电的导体 A 附近有一个接地导体 B，试证 A 离 B 越近时电势越低.

证明：由式(2-27)可知导体 A、B 构成的带电体系的静电能为 $W=\frac{1}{2}Q_A V_A+\frac{1}{2}Q_B V_B$. B 的接地导致 $V_B=0$，故

$$W=\frac{1}{2}Q_A V_A. \tag{2-28}$$

欲知 A 靠近 B 时 V_A 如何变化，只需知道 W 如何变化，而为此只需知道 A 与 B 之间的静电力是吸力还是斥力.由于 B 接地，A 上不会有 $\sigma<0$ 的点，B 上不会有 $\sigma>0$ 的点(见图 2-34，证明留给读者)，故 A 表面上任一面元与 B 表面上任一面元的静电力为吸力，所以 A 和 B(作为两个整体)之间存在吸力.当 A 向 B 接近时，这个吸力做正功，体系的静电能减小，而 Q_A 为常量，故由式(2-28)可知 V_A 减小.

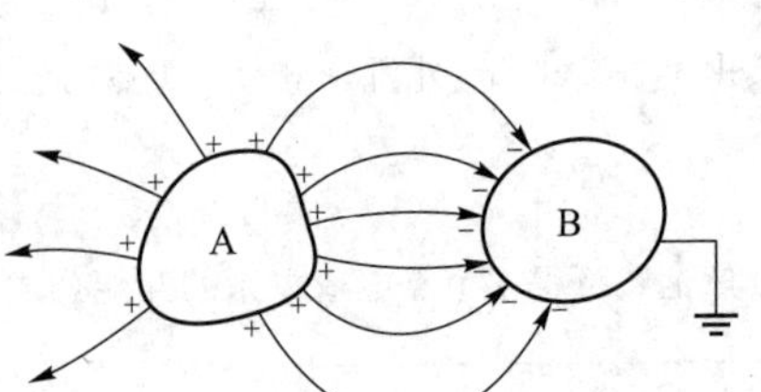

图 2-34　A 与 B 越接近电势越低

2.5.3　电容器的静电能

由于电容器两板(内壁)电荷等值异号,可以想象充电过程是把元电荷 $\mathrm{d}q$ 从一板搬到另一板的过程.以小写字母 u 和 q 分别代表电容器充电至某一程度时的电压和电荷(以区别于充电结束时的电压 V 和电荷 Q),在此状态下搬移 $\mathrm{d}q$ 时电场力所做负功的绝对值为 $u\mathrm{d}q=\frac{q}{C}\cdot\mathrm{d}q$,其中 C 是电容.在搬移电荷 Q 的整个过程中电场力的负功的绝对值为

$$A=\int_0^Q u\mathrm{d}q=\frac{1}{C}\int_0^Q q\mathrm{d}q=\frac{Q^2}{2C}.$$

此值等于体系静电能的增加量.设未充电时(两板电荷 Q 和 $-Q$ 无限远离时)能量为零,则 A 就是电容器充电至电荷 Q 时的能量 W.注意到 $Q=CU$,便得电容器能量的如下三个等价表示:

$$W=\frac{Q^2}{2C},\quad W=\frac{1}{2}QU,\quad W=\frac{1}{2}CU^2. \tag{2-29}$$

*2.5.4　关于自能和互能的进一步说明

以上几小节讨论了几种重要的带电体系的静电能.每个带电体系都有一定的静电能,但是把一个体系的静电能划分为自能与互能两大部分,却存在许多不同的分法.例如,假定体系由三个带电体 q_1、q_2 和 q_3 组成.我们可以把每个带电体看作整个体系的一个"子体系"(简称子系),即把整个体系分成三个子系,体系的静电能等于三个子系的自能与它们之间的互能之和.但是,也可以把 q_1 和 q_2 合起来看作一个子系,把 q_3 看作第二个子系,于是体系的静电能就等于两个子系的自能以及它们之间的互能之和.两种划分方式所得到的自能和互能不会相等,但是自能与互能之和却是一样的(就是体系的静电能).把带电体系的静电能分为自能和互能的一个好处是使计算简化.例如,假定点电荷 q 在其他电荷激发的静电场(简称为外电场)中受力而加速,q 与激发外电场的全部电荷所组成的体系不受外力.如果要计算 q 的动能在加速过程中的改变量,就可把整个体系分成这样两个子系:(1) 点电荷 q 本身;(2) 体系中除 q 外的一切电荷(亦即激发外电场的全部电荷).子系(1)的自能在加速过程中是不变的.如果子系(2)的电荷分布在加速过程中不改变,那么子系(2)的自能也保持不变,于是在加速过程中唯一发生变化的电能就是两个子系之间的互能 $W_{互}$.我们把这个 $W_{互}$ 称为点电荷 q 在外电场中的互能.根据能量守恒定律,点电荷 q 的动能增加量应等于 $W_{互}$ 的减小量.不难看出 $W_{互}=qV$,其中 V 是点电荷 q 所在点的外电场的电势.这样,根据加速过程始末两点电势的变化便可方便地求得点电荷 q 动能的变化.这里顺便说明一个问题.有些普通物理和中学教材在介绍电势概念之前先讲"点电荷 q 在静电场中一点的电势能"这个概念,再把单位正电荷在某点的电势能定义为该点的电势 V,于是

$$q\text{ 在某点的电势能}=qV.$$

现在看来,这里所谓的"点电荷 q 在静电场中一点的电势能"就是我们所讲的"点电荷 q 在外电场中一点的互能",即并未包括 q 的自能在内.

以上讨论可以推广到更一般的情况,就是说,把一个带电体系分解为若干个子系,如果每个子系的自能保持不变,那么从功能关系考虑问题时就只需考虑体系中互能的改变量,从而使计算变得简单.但是,如果子系的自能也有变化,就必须把这个变化考虑在内.为了简化计算,可以尽量寻求这样的划分子系的方法,使每个子系的自能保持不变.不过在某些情况下这样划分是有困难的.例如由两个导体组成的带电体系,虽然可以把每个导体选作一个子系,但当两导体之间的相对位置改变时每个导体表面的电荷分布随之而变,每个子系的自能也就随之而变.因此,在导体组的情况下,不如把每个导体上的每个无限小面元选为一个子系(整个体系分成无限多个子系),这时每个子系的自能为零,各子系之间的互能也就是整个体系的静电能.

式(2-27)正是这个意思.不妨把它与式(2-26)作一对比.表面看来两者很像,实质上却有一根本不同:式(2-27)包含了导体系的全部静电能,而式(2-26)只代表点电荷系的互能.是否也可把导体系中每个导体看作一个子系并只写出各子系间的互能 $W_互$ 的表达式?原则上并无不可,然而,当任一导体改变位置时各导体表面电荷都要重新分布,自能都会改变,在用功能原理时不允许只考虑 $W_互$ 的改变量,所以这样划分而得的 $W_互$ 用处不大.只有一种情况例外:当每个导体的线度都小到可被看作点电荷时,"导体表面的电荷分布"已无关紧要,各导体的自能就可被视为常量,这时就可只考虑 $W_互$ 的改变量.不过这时的"导体系"也就成了点电荷系,所谓的"导体系的 $W_互$ 表达式"无非也就是式(2-26).

思　考　题

2.1　带正电的球 A 放在中性导体 B 旁边(B 为两个中性导体 B_1 与 B_2 相接触而成的导体).由于静电感应,B_1 带负电,B_2 带正电[附图(a)].有人由此得出结论说"B_1 的电势低于 B_2 的电势",此话是否正确?如果先将导体分为两部分再移去 A[附图(b)],上述说法是否正确?

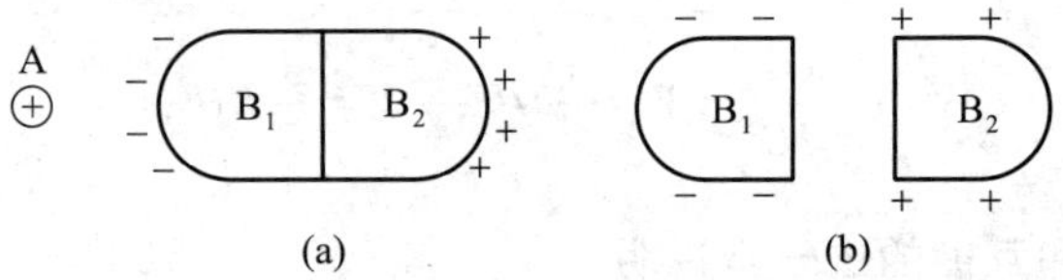

思考题 2.1 图

2.2　"两个带电导体球之间的静电力等于把每个球的电荷集中于球心所得的两个点电荷之间的静电力",此话是否正确?

2.3　有两个金属球(见附图),大球电荷为 $Q(Q>0)$,小球为中性,B 为小球面上一点,判断下列说法的是非.

(1) B 点的电势小于零(电势参考点在无限远);

(2) 大球面上电荷在大球外任意一点激发的电场强度 $\boldsymbol{E}=\dfrac{Q}{4\pi\varepsilon_0 r^2}\boldsymbol{e}_r$,其中 r 为大球球心至该点的距离;

(3) 设 P 为小球外邻近 B 的一点,则 $\boldsymbol{E}_P=\dfrac{\sigma(B)}{\varepsilon_0}\boldsymbol{e}_n$,其中 $\sigma(B)$ 是 B 点的电荷面密度,$\boldsymbol{e}_n$ 为小球在 B 点的外法向单位矢量;

(4) 若用导线接通两球,两球电荷面密度之比为 $\dfrac{\sigma_1}{\sigma_2}=\dfrac{R_2}{R_1}$,其中 R_1、R_2 为两球的半径.

2.4　附图中 1、2 分别是带电金属球和带电金属长方块,过球心作方块的垂线,交球面及方块左壁于 A、B 点.设 C、D 是垂线上的两点,C 极近 A 而 D 极近 B.以 $\boldsymbol{E}_1$、$\boldsymbol{E}_2$ 分别代表 1、2 的电荷激发的电场强度,$\boldsymbol{E}$ 代表 $\boldsymbol{E}_1+\boldsymbol{E}_2$,用下标 n 代表外法向分量,则

(1) $E_n(C)$ 等于

(a) $\sigma(A)/\varepsilon_0$,　(b) $\sigma(A)/2\varepsilon_0$,　(c) $[\sigma(A)+\sigma(B)]/\varepsilon_0$,

(d) $[\sigma(A)+\sigma(B)]/2\varepsilon_0$,　(e) 难以确定.

(2) $E_{2n}(D)$ 等于

(a) $\sigma(B)/\varepsilon_0$,　(b) $\sigma(B)/2\varepsilon_0$,　(c) $[\sigma(A)+\sigma(B)]/\varepsilon_0$,

(d) $[\sigma(A)+\sigma(B)]/2\varepsilon_0$,　(e) 难以确定.

(3) $E_{1n}(C)$ 等于

(a) $\sigma(A)/\varepsilon_0$,　(b) $\sigma(A)/2\varepsilon_0$,　(c) $[\sigma(A)+\sigma(B)]/\varepsilon_0$,

(d) $[\sigma(A)+\sigma(B)]/2\varepsilon_0$,　(e) 难以确定.

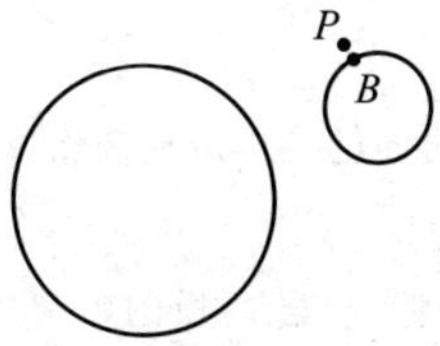

思考题 2.3 图

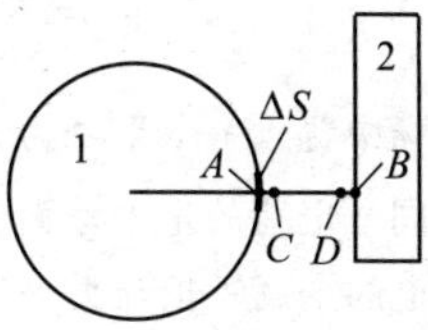

思考题 2.4 图

(4) 过 A 在球面上取面元 ΔS(对 C 而言可看作无限大平面),以 $\boldsymbol{E}'$ 代表除 ΔS 外所有电荷(包括 2 上的电荷)激发的电场强度,则 $E_n'(C)$ 等于

(a) $\sigma(A)/\varepsilon_0$,　　(b) $\sigma(A)/2\varepsilon_0$,　　(c) $[\sigma(A)+\sigma(B)]/\varepsilon_0$,

(d) $[\sigma(A)+\sigma(B)]/2\varepsilon_0$,　　(e) 难以确定.

2.5　将带正电导体 M 置于中性导体 N 附近,两者表面的电荷都将重新分布.是否可能出现这样的情况,即每个导体表面都既有正电荷又有负电荷(见附图)?

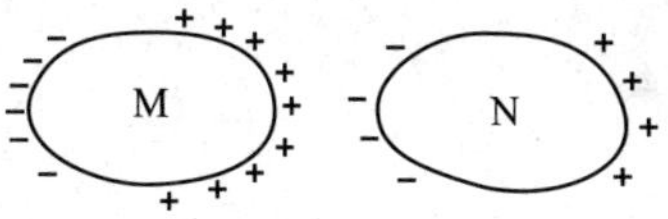

思考题 2.5 图

2.6　封闭金属壳 M 内有一电荷为 q 的导体 A,试证:使 $V_A=V_M$ 的唯一方法是令 $q=0$.此结论与 M 是否带电有无关系?

2.7　封闭金属壳 M 内有带电导体 A 及中性导体 B(见附图),三者的电势分别为 V_A、V_B、V_M.试证:若 A 带正电,则 V_A 为三者中之最高者;若 A 带负电,则 V_A 为三者中之最低者.

2.8　附图中(a)、(b)两图的中性金属壳有相同的外壁形状,壳内带电体的电荷 q 也相同,两图的壳外电场是否相同?

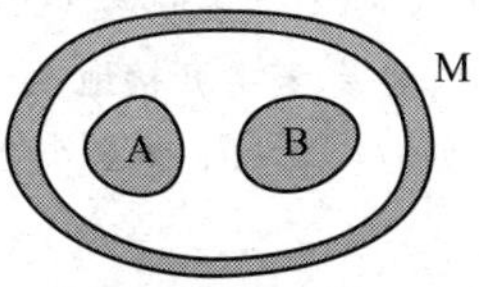

思考题 2.7 图

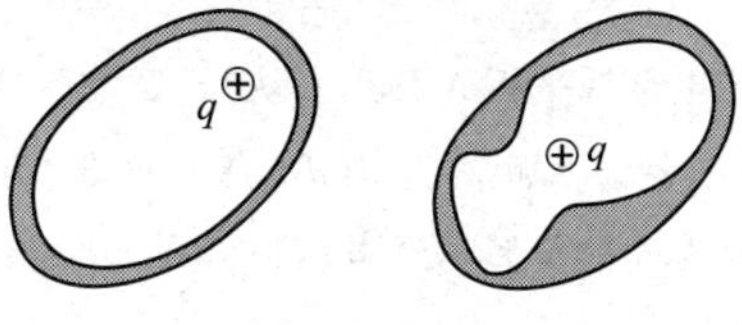

(a)　　(b)

思考题 2.8 图

2.9　金属球 A 置于与它同心的封闭金属球壳 M 内,A 及 M 的电荷分别为 q_A 及 q_M,A 的半径为 R_A,M 的内外半径分别为 R_1 及 R_2,

(1) 求 A 的表面及 M 的内外表面的电荷面密度 σ_A、σ_1、σ_2;

(2) 若 A 改取偏心位置(但不与 M 接触),σ_A、σ_1、σ_2 是否改变? M 外的静电场是否改变?

(3) 若 A 与 M 接触,情况又如何?

*2.10　两个导体 A、B 构成的带电体系的静电能为 $W=\dfrac{1}{2}q_AV_A+\dfrac{1}{2}q_BV_B$.可否说 $\dfrac{1}{2}q_AV_A$ 及 $\dfrac{1}{2}q_BV_B$ 分别是 A 和 B 的自能? 为什么?

2.11　两金属平板 A、B 构成电容为 C 的平板电容器,把它看成一个平板导体组,分别令两板带电,电荷各为 q_A 和 q_B,这时两板间电压为 U,导体组的静电能为 W,则等式 $W=CU^2/2$

(a) 无条件成立,　　(b) 当 $q_A=q_B$ 时成立,

(c) 当 $q_A=-q_B$ 时成立,　　(d) 无论何时皆不成立.

*2.12　中性导体球壳内放一同心带电导体球,

(1) 当球壳接地时,带电体系的静电能是增加还是减少? 该结论与内球电荷的正负有无关系?

(2) 当内球接地(与地有电荷交换)时,情况又如何?

(3) 内外球均不接地,将球与球壳相接时,情况又如何?

习 题

2.1.1 在均匀电场中置入一个半径为 R 的中性金属球,球表面的感生电荷面密度为 $\sigma=\sigma_0\cos\theta$($\theta$ 角的含义见附图),求带有同号电荷的半个球面所受的静电力.

2.1.2 一块带正电的金属平板与另一接地平板构成平板导体组,若两板的电势差为 160 V,两板的面积都是 3.6 cm^2,两板相距 1.6 mm,略去边缘效应,求两板间的电场强度和各板上的电荷.

2.1.3 三块平行金属板 A、B、C 构成平板导体组(见附图).以 S 代表各板面积,x 及 d 分别代表 A、B 之间及 B、C 之间的距离.设 d 小到各板可视为无限大平板.令 B、C 板接地,A 板电荷为 Q,略去 A 板的厚度,求:

(1) B、C 板上的感应电荷;

(2) 空间的电场强度及电势分布.

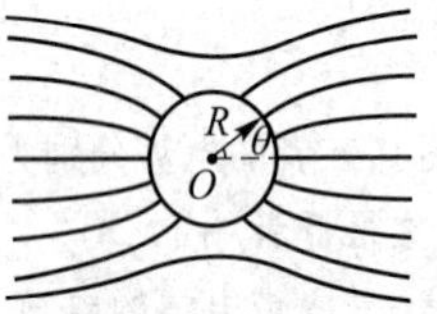

习题 2.1.1 图

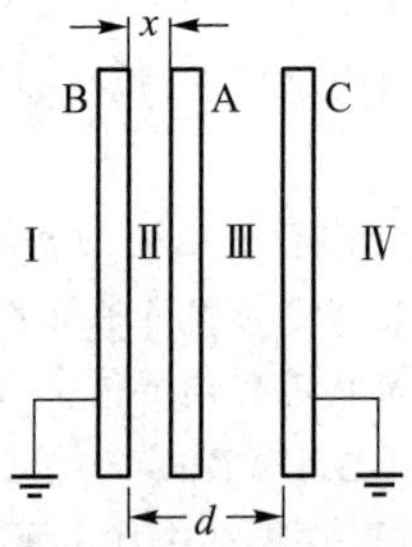

习题 2.1.3 图

2.1.4 把带电金属平板 A 移近一块长、宽均与 A 相等的中性金属平板 B,并使两板互相正对.设 A 板电荷为 q_A,两板面积各为 S,距离为 $d(d\ll\sqrt{S})$.忽略边缘效应,求两板的电势差.若将 B 接地,结果又如何?

*2.1.5 半径为 R 的金属球经电压为 U 的电池接地(见附图),球外有一与球心距离为 $2R$ 的点电荷 q,求球面上的感应电荷 q'.

*2.1.6 接地的无限大导体平板前垂直放置一条半无限长均匀带电直线,线的端点与平板距离为 d(见附图).若带电线的电荷线密度为 η,求:

(1) 垂足 O 点的感生电荷面密度;

(2) 平板左壁上距 O 为 r 的点 P 的感生电荷面密度.

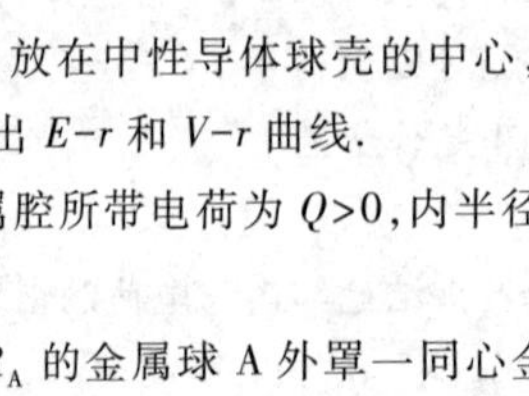

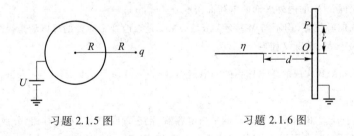

习题 2.1.5 图

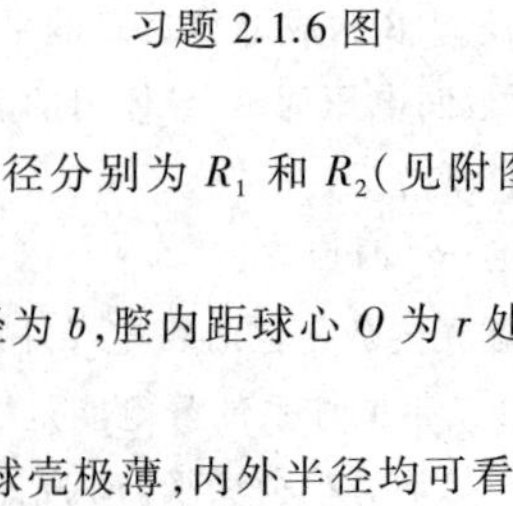

习题 2.1.6 图

2.2.1 点电荷 q 放在中性导体球壳的中心,壳的内外半径分别为 R_1 和 R_2(见附图),求电场强度和电势的分布,并大致画出 $E-r$ 和 $V-r$ 曲线.

2.2.2 球形金属腔所带电荷为 $Q>0$,内半径为 a,外半径为 b,腔内距球心 O 为 r 处有一点电荷 q(见附图),求 O 点的电势.

2.2.3 半径为 R_A 的金属球 A 外罩一同心金属球壳 B,球壳极薄,内外半径均可看作 R_B(见附图).已知 A、B 的电荷分别为 Q_A 和 Q_B,

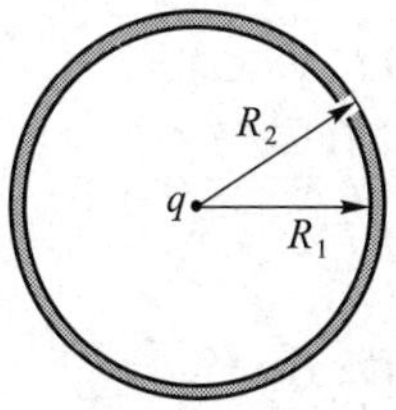

习题 2.2.1 图

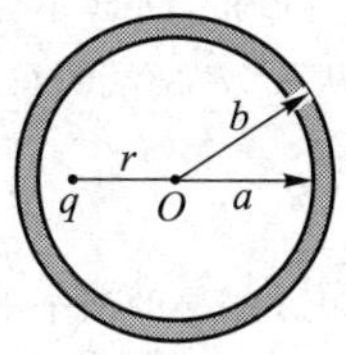

习题 2.2.2 图

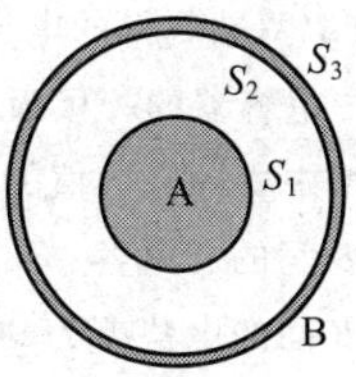

习题 2.2.3 图

（1）求 A 的表面 S_1 及 B 的内外表面 S_2、S_3 的电荷 q_1、q_2、q_3；

（2）求 A 和 B 的电势 V_A 和 V_B；

（3）将球壳 B 接地，再答（1）、（2）两问；

（4）在（2）问之后将球 A 接地，再答（1）、（2）两问；

（5）在（2）问之后在 B 外再罩一个很薄的同心金属球壳 C（半径为 R_C），再答（1）、（2）两问，并求 C 的电势 V_C.

2.2.4　有两个极薄的同心金属球壳，半径分别为 a 和 b，内球壳电荷为 Q_1，

（1）外球壳电荷 Q_2 为多大时内球壳电势为零？

（2）当满足上问条件时，求空间任一点的电势.

2.2.5　同轴传输线由两个很长且彼此绝缘的同轴金属直圆柱构成（见附图）.设内圆柱体的电势为 V_1，半径为 a，外圆柱体的电势为 V_2，内半径为 b，求其间离轴为 r 处（$a<r<b$）的电势.

习题 2.2.5 图

2.3.1　把地球看作半径为 6 370 km 的孤立导体球，试计算它的电容.

2.3.2　平板电容器两极板 A、B 的面积都是 S，相距为 d.在两板间平行放置一厚度为 t 的中性金属板 D（见附图），则 A、B 仍可看作一个电容器的两极板.略去边缘效应，

（1）求电容 C 的表达式；

（2）金属板离极板的远近对电容 C 有无影响？

（3）设未放金属板时电容器的电容 $C_0=600\ \mu F$，两极板间的电势差为 10 V，A、B 不与外电路连接，求放入厚度 $t=d/4$ 的金属板后的电容 C 及两极板间的电势差 U.

2.3.3　球形电容器内球及外球壳的半径分别为 R_1 及 R_2（球壳极薄）.设该电容器与地面及其他物体相距都很远，现将内球通过细导线接地.试证此时球面间的电容可用公式 $C=\dfrac{4\pi\varepsilon_0 R_2^2}{R_2-R_1}$ 表示.（提示：球壳外壁与大地也构成一个电容器.）

2.3.4　空气平板电容器由两块相距 0.5 mm 的薄金属平板 A、B 构成.将此电容器放在金属盒 K 内（见附图），盒的上下两壁与 A、B 分别相距 0.25 mm.

习题 2.3.2 图

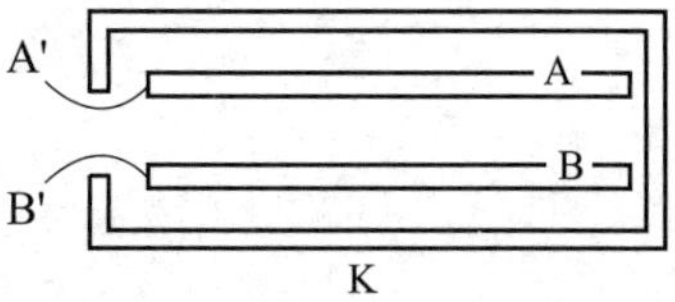

习题 2.3.4 图

(1) 从 A'、B'两端测得的电容 C'是原电容 C 的几倍(不计边缘效应)?

(2) 将盒中电容器的一极板与盒连接,从 A'、B'两端测得的电容是 C 的几倍?

2.3.5 附图中所标电容值的单位是微法.

(1) 求 A、B 间的总电容;

(2) 若 A、B 间的电势差为 900 V,求与 A、B 相接的两个电容器的电荷;

(3) 若 A、B 间的电势差为 900 V,求 D、E 间的电势差.

2.3.6 附图中 $C_1=C_4=C_5=C_6=1.0\ \mu F$, $C_2=C_3=0.5\ \mu F$, $q_5=10^{-4}$ C,求 q_6、U_{BE}、q_3、q_2、U_{AE}.

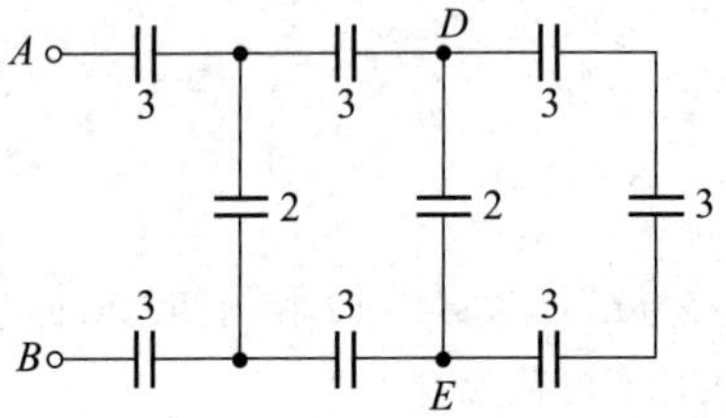

习题 2.3.5 图

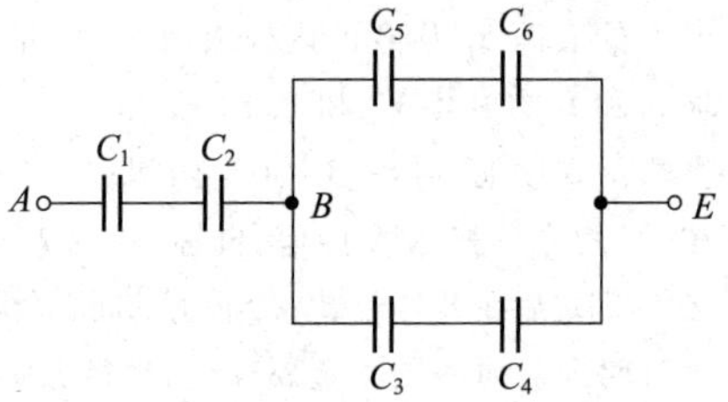

习题 2.3.6 图

2.3.7 附图中所标电容值的单位是微法,求 A、B 间的总电容.

2.3.8 某仪器需用一个容量为 120 pF、耐压为 2 000 V 的电容器.能否用两个分别标有(200 pF,1 000 V)和(300 pF,1 500 V)的电容器通过适当联接代替?

2.5.1 两个电容器的电容之比为 $C_1:C_2=1:2$,把它们串联后接到电源上充电,它们的电能之比是多少?如果并联充电,电能之比是多少?

*2.5.2 三个点电荷相对位置如图所示,计算:

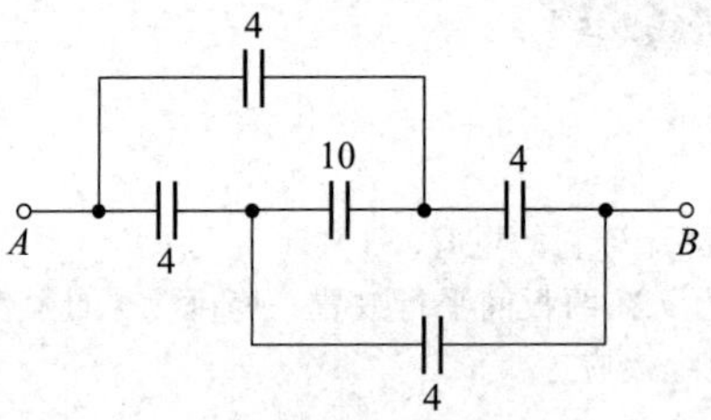

习题 2.3.7 图

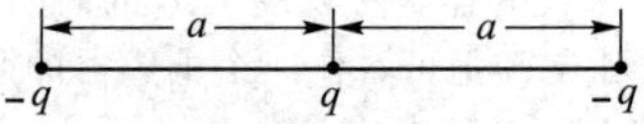

习题 2.5.2 图

(1) 各对电荷之间的相互作用能;

(2) 这电荷系统的相互作用能.

*2.5.3 求半径为 R、总电荷为 Q 的带电导体球的静电能.

*2.5.4 一均匀带电球体(非导体)半径为 R,总电荷为 Q,求其静电能.

第三章　静电场中的电介质

§3.1　概　　述

电场既可以存在于真空之中，也可以存在于实物介质内部.例如，在电容器内放入电介质并给电容器充电，电介质内部就有电场.第一章研究了静电场的基本规律，有时也强调说这是“真空中静电场”的规律，因为它们都是从真空中点电荷所服从的库仑定律(及叠加原理)推出的.这样就出现一个问题：这些规律对于介质中的静电场是否适用？实物介质由分子和原子组成，后者又由更小的粒子(其中许多是带电粒子，如质子和电子)组成.深入到原子内部，粒子与粒子之间仍是真空.只要原子内部带电粒子之间的静电力仍然服从库仑定律(和叠加原理)，第一章的规律就仍然适用于介质内部.库仑的实验是对宏观带电体进行的，库仑定律对微观领域中相距如此之小的带电粒子之间的静电力是否成立，当时无从断定.卢瑟福(Rutherford)所做的著名的 α 粒子散射实验证明，当距离远小于原子的线度(10^{-10} m)时，库仑定律仍然成立.近代核物理实验进一步证明，库仑定律在距离小至原子核线度(10^{-15} m)时依然近似成立.至于 10^{-16} m 以下，目前尚无定论，因为至今对于核内的物理情况了解得还不完全清楚.不过，我们可以暂且不管核内的情况而把原子核的整体及核外各电子分别看作点电荷，这样就可以把第一章的规律用于介质内部的静电场.一旦深入到介质内部，许多物理量(如电场强度、电势、电荷密度)都涉及微观值和宏观值的问题.微观值是指该量在介质中各微观点的值，在一个微观带电粒子和另一个粒子之间，电场强度和电势的微观值发生急剧起伏.然而宏观实验测得的只是一种平均效果，因此宏观电磁学(及宏观电动力学)只需关心物理量的宏观值.宏观值是微观值在物理无限小体积中的平均值.所谓物理无限小，是指宏观看来足够小而微观看来足够大(包含大量分子或原子).由于第一章的规律对物理量的微观值成立，用求平均的方法可以证明对宏观值也成立.洛伦兹(Lorentz)等人对物理量的宏观值和微观值等问题做过深入研究，“物理无限小体积”的概念就是洛伦兹提出的.

§3.2　偶　极　子

3.2.1　电介质与偶极子

上一章看到导体(即使是中性导体)的引入对静电场有很大影响.例如，在充电后脱离电源的平板电容器中插入金属板(见图 3-1)会使电容器的电压下降(第二章习题 2.3.2).正如上一章所指出的，金属导体能够影响电场的关键原因在于导体内部的自由电子在电场作用下重新分布.电介质内部没有自由电子，在静电场中置入电介质后，电场是否就不改变呢？不是的.用玻璃板代替金属板 C 重做图 3-1 的实验，同样可从静电计指针的下降看到电容器

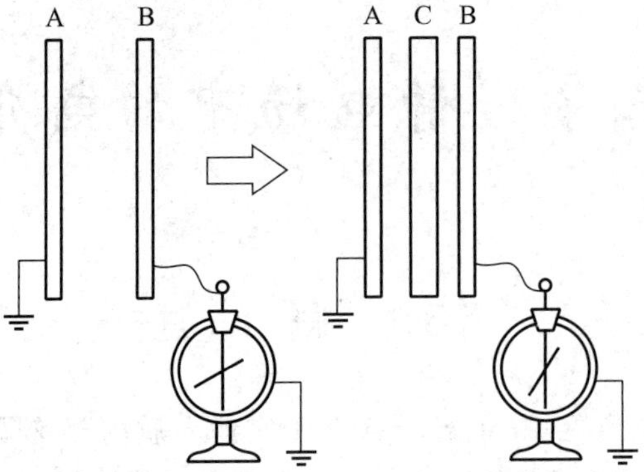

图 3-1　金属板 A、B 间插入金属板 C 后 U_{AB} 下降

电压的下降,只是程度要弱得多.要解释这一现象,就要对电介质的微观结构及其在电场作用下的变化有所认识.电介质是由电中性分子(电中性"晶胞"①)构成的.所谓电中性,是指分子中所有电荷的代数和为零.但是从微观角度看,分子中各微观带电粒子在位置上并不重合,因而电荷代数和为零并不意味着分子在电场作用下没有反应.为了讨论电介质在电场中的行为,恰恰必须弄清它的电中性分子在电场作用下有什么变化以及这些变化反过来对电场产生什么影响.

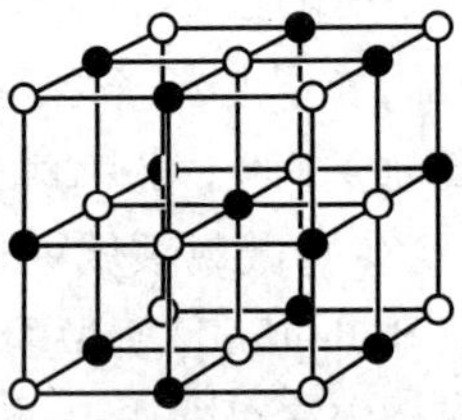

图 3-2　氯化钠的晶格结构

(●为 Na^+ 离子,○为 Cl^- 离子)

电介质是电的绝缘体,它内部的自由电子少到可以忽略的程度.可以说,由于分子内在力的约束,电介质分子中的带电粒子不能发生宏观位移,因而这些带电粒子被称作**束缚电荷**.然而这些粒子在外电场作用下仍然可以有微观位移,而且正如后面将要看到的那样,这种微观位移将激发附加电场,从而使总电场改变.电中性分子内部的带电粒子往往很多,讨论由于每个粒子的位移所激发的附加电场是很复杂的.但是,可以证明,当场点与分子的距离远大于分子的线度时,整个电中性分子激发的电场就可以近似采用一种"重心模型"来计算,即可以认为分子中所有正电荷和所有负电荷分别集中于两个几何点上,分别称为正、负电荷的"重心"(两个"重心"不一定重合).电中性分子在远处激发的电场近似等于其全部正、负电荷分别集中于各自的"重心"时激发的电场.

两个相距很近而且等值异号的点电荷的组合称为一个**偶极子**.所谓很近,是指场点与这两个点电荷的距离比两个点电荷之间的距离大得多.采用"重心模型"后,每个中性分子就可以近似看作一个偶极子.为了讨论电介质在电场作用下的变化以及变化后对电场的影响,首先必须对偶极子在被动方面(在外电场作用下如何变化)及主动方面(如何激发电场)的行为有一个基本认识.

---

①　电介质分为气态电介质(如氢、氧、氮及一切在非电离情况下的气体)、液态电介质(如油、纯水、漆、有机酸等)和固态电介质(如玻璃、陶瓷、橡胶、纸、石英等).固态电介质又分为非晶体和晶体两种.气态、液态及非晶固态电介质由中性分子组成.在晶体内部,分子、原子或离子按一定规则排列,这些分子、原子或离子所在位置称为晶格的**格点**,格点的集合称为**点阵**(又称**晶格**,见图 3-2).整个晶格由许多小单元周期性地排列组成,每个小单元称为一个**晶胞**.

3.2.2 偶极子在外电场中所受的力矩

本节讨论偶极子在外电场中所受到的影响.所谓外电场,是指除组成偶极子的电荷以外的所有电荷激发的电场.

先讨论均匀外电场的情形.这时组成偶极子的两个点电荷受到的电场力等值反向,整个偶极子(作为一个系统)受到的合外力为零.但是,只要这两个力的作用线不重合[见图 3-3(a)],偶极子将受到一个力偶矩 $\boldsymbol{M}$.以 $q(>0)$ 和 $-q$ 分别代表偶极子的两个点电荷,l 代表从 $-q$ 到 q 的连线的长度,θ 代表连线与外电场 $\boldsymbol{E}$ 的夹角,F 代表 q(及 $-q$)所受电场力的大小,则偶极子受到的力偶矩 $\boldsymbol{M}$ 的大小 $M=Fl\sin\theta=qEl\sin\theta$,其方向垂直于纸面并指向读者.从 $-q$ 到 q 作长为 l 的矢量 $\boldsymbol{l}$,则力偶矩矢量 $\boldsymbol{M}$ 可用矢量叉乘的形式表示为

$$\boldsymbol{M}=q\boldsymbol{l}\times\boldsymbol{E}. \tag{3-1}$$

定义矢量

$$\boldsymbol{p}\equiv q\boldsymbol{l}, \tag{3-2}$$

则

$$\boldsymbol{M}=\boldsymbol{p}\times\boldsymbol{E}. \tag{3-3}$$

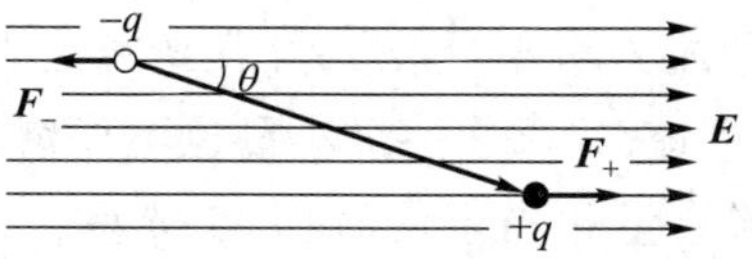

(a) 当$\boldsymbol{l}$与$\boldsymbol{E}$夹角为θ时,力偶矩的大小$M=Fl\sin\theta$

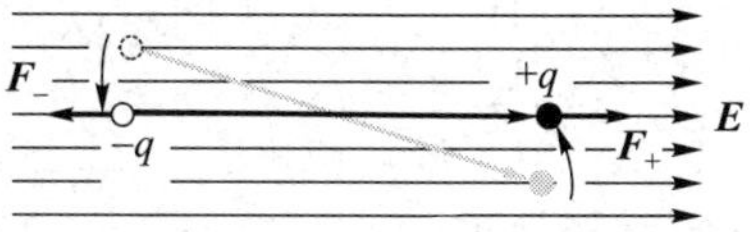

(b) 力偶矩力图使偶极子的$\boldsymbol{l}$转到$\boldsymbol{E}$的方向,当$\boldsymbol{l}$与$\boldsymbol{E}$平行时力偶矩为零

图 3-3 偶极子在均匀电场中所受的力偶矩

由式(3-2)定义的矢量 $\boldsymbol{p}$ 称为偶极子的**电偶极矩**(简称**偶极矩**或**电矩**).式(3-3)说明,在外电场 $\boldsymbol{E}$ 一定时,偶极子所受力偶矩由偶极矩 $\boldsymbol{p}$ 唯一决定.两个偶极子可有不同的 q 及 $\boldsymbol{l}$,但只要 $\boldsymbol{p}$ 相等,它们在相同外电场中所受的力偶矩必然相等.

式(3-3)说明力偶矩 $\boldsymbol{M}$ 力图使偶极子的偶极矩 $\boldsymbol{p}$ 转到与外场 $\boldsymbol{E}$ 一致的方向[见图 3-3(b)],只有当 $\boldsymbol{p}$ 与 $\boldsymbol{E}$ 平行或反平行时偶极子所受的力偶矩才为零,偶极子才处于平衡状态.其中,$\boldsymbol{p}$ 与 $\boldsymbol{E}$ 平行的状态是稳定平衡态,$\boldsymbol{p}$ 与 $\boldsymbol{E}$ 反平行的状态是不稳定平衡态(任何微小扰动都将使它越来越偏离这一状态).

以上讨论的是均匀外电场.当外电场不均匀时,偶极子除受力矩外还受到一个合外力.详见电动力学教材.

3.2.3 偶极子激发的静电场

偶极子激发的电场比点电荷的电场复杂.本小节重点推导偶极子在 $\boldsymbol{p}$ 的延长线及中垂面上的电场强度表达式.最后将给出任一点的电场强度表达式并用小字介绍其推导思路.

(1) 偶极子在 $\boldsymbol{p}$ 的延长线上的电场强度.

在 $\boldsymbol{p}$ 的延长线上取一场点 A(见图 3-4).根据点电荷的电场强度公式,$+q$ 及 $-q$ 在 A 点激发

的电场强度大小为(注意 q 为正数)

$$E_+=\frac{q}{4\pi\varepsilon_0\left(r-\dfrac{l}{2}\right)^2},\quad E_-=\frac{q}{4\pi\varepsilon_0\left(r+\dfrac{l}{2}\right)^2},\qquad(3-4)$$

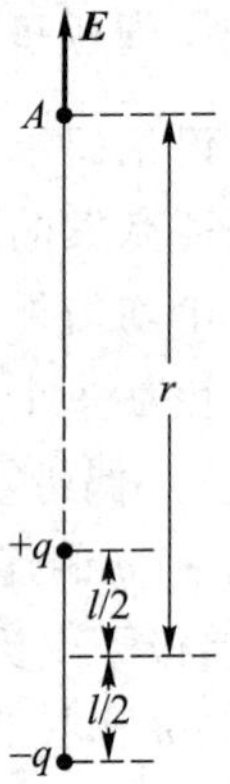

图 3-4 偶极子在 $\boldsymbol{p}$ 的延长线上的电场强度

因 $\boldsymbol{E}_+$及 $\boldsymbol{E}_-$方向相反,故合电场强度大小为

$$E=E_+-E_-=\frac{q}{4\pi\varepsilon_0}\frac{\left(r+\dfrac{l}{2}\right)^2-\left(r-\dfrac{l}{2}\right)^2}{\left(r-\dfrac{l}{2}\right)^2\left(r+\dfrac{l}{2}\right)^2}$$

$$=\frac{q}{4\pi\varepsilon_0}\frac{2rl}{\left(r-\dfrac{l}{2}\right)^2\left(r+\dfrac{l}{2}\right)^2}=\frac{q}{4\pi\varepsilon_0}\frac{2l}{r^3\left(1-\dfrac{l^2}{4r^2}\right)^2}.\qquad(3-5)$$

偶极子的定义中强调了两个点电荷"相距很近",意思就是 l 比场点与偶极子中心的距离 r 小得多,即 l/r 为小量.可以利用这个条件对式(3-4)作近似处理,原则是保留一级小量 l/r 而忽略二级小量 $(l/r)^2$[保留一级小量意味着当式中出现 r 与 l 相加减时,不能因为 $r\gg l$ 就把 l 忽略.如果连一级小量也不保留,则由式(3-4)可知 $E_+=E_-$,导致 $E=0$.从物理上说,忽略一级小量相当于认为 $+q$ 与 $-q$ 重合,它们的电场彼此抵消,整个偶极子不激发电场.这当然不是我们研究偶极子电场的目的].略去式(3-5)的二级小量 $l^2/4r^2$ 并利用 $p=ql$,得

$$E\approx\frac{2p}{4\pi\varepsilon_0 r^3}.\qquad(3-6)$$

(2) 偶极子在 $\boldsymbol{p}$ 的中垂面上的电场强度.

在中垂面上任取一点 A(见图 3-5),以 r 代表它与偶极子中心的距离.A 点的总电场强度 $\boldsymbol{E}=\boldsymbol{E}_++\boldsymbol{E}_-$,而 $\boldsymbol{E}_+$及 $\boldsymbol{E}_-$的大小为

$$E_+=E_-=\frac{q}{4\pi\varepsilon_0\left(r^2+\dfrac{l^2}{4}\right)}=\frac{q}{4\pi\varepsilon_0 r^2\left(1+\dfrac{l^2}{4r^2}\right)}.$$

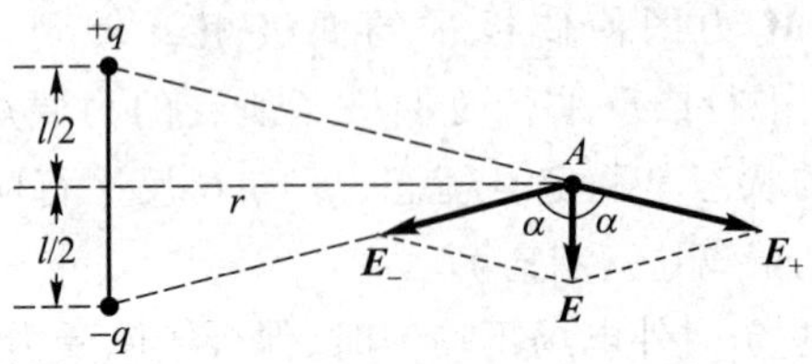

图 3-5 偶极子在 $\boldsymbol{p}$ 的中垂面上的电场强度

由对称性可知 $\boldsymbol{E}$ 的方向平行于 $+q$ 与 $-q$ 的连线(在图 3-5 中竖直向下),大小则为

$$E=2E_+\cos\alpha=2\frac{q}{4\pi\varepsilon_0 r^2\left(1+\dfrac{l^2}{4r^2}\right)}\frac{\dfrac{l}{2r}}{\sqrt{1+\dfrac{l^2}{4r^2}}}=\frac{ql}{4\pi\varepsilon_0 r^3\left(1+\dfrac{l^2}{4r^2}\right)^{3/2}},$$

忽略二级小量 $l^2/4r^2$，得

$$E\approx\frac{p}{4\pi\varepsilon_0 r^3}. \tag{3-7}$$

式(3-6)及式(3-7)说明偶极子在 $\boldsymbol{l}$ 的延长线及中垂面上激发的电场强度取决于两个因素：① 偶极子本身的偶极矩 p；② 场点与偶极子的距离 r.与点电荷电场强度公式对比，发现偶极矩 p 在偶极子电场公式中的地位类似于电荷 q 在点电荷电场公式中的地位（偶极子的 $E\propto p$，点电荷的 $E\propto q$），但两者的电场对 r 的依赖关系则很不相同：点电荷电场与 r 的平方成反比，偶极子电场与 r 的三次方成反比，这表明偶极子电场随距离增大而减弱得较快.以上结论是对 $\boldsymbol{p}$ 延长线及中垂面上的点推导出来的.计算（见小节末小字）表明，对偶极子场中的任一点，"电场与 p 成正比、与 r^3 成反比"的结论仍然成立，只是电场还依赖于第三个因素，即场点到偶极子的连线与 $\boldsymbol{p}$ 的夹角 θ.这表明偶极子的电场不但取决于偶极矩的大小，而且取决于偶极矩的方向.计算结果用球坐标系表达比较方便，我们也借此机会帮助读者复习一下球坐标系的知识.先以偶极子（的中点）为原点建直角坐标系 $Oxyz$（其 z 轴与 $\boldsymbol{p}$ 平行），再以 z 轴为测量 θ 角的起点建球坐标系（如图3-6所示，此时 z 轴称为**极轴**），则空间任一点 A 的球坐标 r、θ、φ 与直角坐标 x、y、z 的关系为

$$x=r\sin\theta\cos\varphi,\quad y=r\sin\theta\sin\varphi,\quad z=r\cos\theta.$$

与直角坐标系的三个正交单位矢量 $\boldsymbol{i}$、$\boldsymbol{j}$、$\boldsymbol{k}$ 类似，A 点也有三个特殊的、互相正交的单位矢量 $\boldsymbol{e}_r$、$\boldsymbol{e}_\theta$、$\boldsymbol{e}_\varphi$，它们分别沿 r、θ、φ 单独增长的方向（$\boldsymbol{e}_r$ 沿径向向外，$\boldsymbol{e}_\theta$ 沿经线向下，$\boldsymbol{e}_\varphi$ 沿纬线向右，见图 3-6）.偶极子电场的轴对称性保证 $\boldsymbol{E}$ 与 φ 角无关，即 $\boldsymbol{E}$ 只依赖于 r 和 θ，为明确起见可写成 $\boldsymbol{E}(r,\theta)$，计算（见小字）结果为

$$\boldsymbol{E}(r,\theta)=\frac{p}{4\pi\varepsilon_0 r^3}(\boldsymbol{e}_r\cdot 2\cos\theta+\boldsymbol{e}_\theta\sin\theta). \tag{3-8}$$

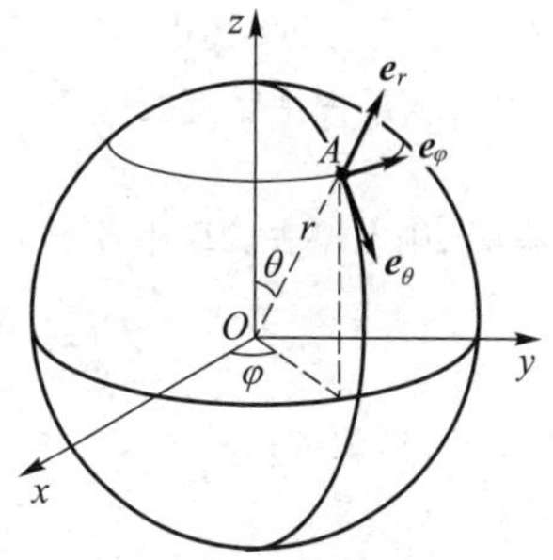

图 3-6 A 点的球坐标 r、θ、φ 和正交单位矢量 $\boldsymbol{e}_r$、$\boldsymbol{e}_\theta$、$\boldsymbol{e}_\varphi$

前面两种特殊情况不外是上式在 $\theta=0$ 和 $\theta=\pi/2$ 时的特例.图 3-7 给出偶极子场的电场线（实线）及等势面（虚线）.

以上两小节表明，偶极子的主、被动行为都取决于它的偶极矩 $\boldsymbol{p}$.

第一章介绍的点电荷及均匀带电无限大平面都是实际带电体的近似，都是为简化讨论而引入的某种模型.现在又接触到一种新的模型——偶极子.要了解点电荷的行为只需掌握它的电荷 q；要了解均匀带电无限大平面的行为只需掌握它的电荷面密度 $\boldsymbol{\sigma}$.类似地，要了解一个偶极子的行为只需掌握它的偶极矩 $\boldsymbol{p}$.可见，偶极矩 $\boldsymbol{p}$ 对于偶极子的重要性类似于电荷 q 对于点电荷、电荷面密度 $\boldsymbol{\sigma}$ 对于均匀带电无限大平面的重要性.

虽然偶极子由两个点电荷组成（距离 l 非零），但它在模型语言中只占据空间的一点（这可从图 3-7 看出），在这个意义上与点电荷没有区别.两者的不同在于，描述点电荷的特征量（电荷 q）是标量，而描述偶极子的特征量（偶极矩 $\boldsymbol{p}$）是矢量.由此带来一个重要差别：点电荷的静电场有球对称性，而偶极子的静电场则只有轴对称性（以 $\boldsymbol{p}$ 的延长线为对称轴，见图 3-7）.

下面介绍式(3-8)的推导思路.电场强度是矢量场而电势是标量场，后者比前者简单，先求电势再求电场强度往往是计算电场强度的捷径，所以我们首先计算偶极子场的电势（参考点选在无限远处）.以 r_+、r_- 和

r 分别代表从 $+q$、$-q$ 和偶极子中心 O 到场点 A 的距离(见图3-8),则 A 点的电势为

$$V=\frac{q}{4\pi\varepsilon_0}\left(\frac{1}{r_+}-\frac{1}{r_-}\right)=\frac{q}{4\pi\varepsilon_0 r}\left(\frac{r}{r_+}-\frac{r}{r_-}\right). \tag{3-9}$$

以 O 为原点、偶极矩 $\boldsymbol{p}$ 的延长线为极轴建立球坐标系.由余弦定理得

$$r_+^2=r^2+\left(\frac{l}{2}\right)^2-rl\cos\theta,\quad r_-^2=r^2+\left(\frac{l}{2}\right)^2+rl\cos\theta.$$

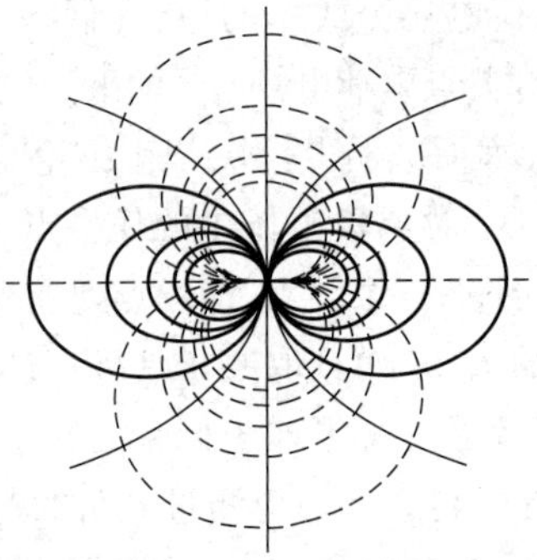

图 3-7　偶极子场的电场线(实线)和等势面(虚线).偶极子位于全图的中心(其偶极矩 $\boldsymbol{p}$ 竖直放置).把图平面绕图中竖直线转 2π 角便得整个空间电场

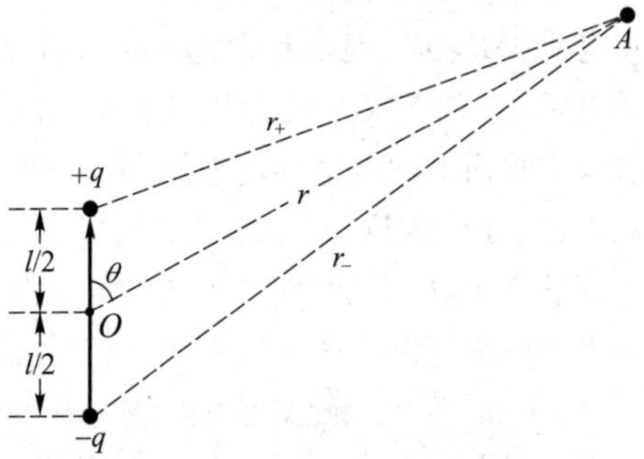

图 3-8　偶极子电势计算用图($\boldsymbol{p}$ 向上)

令 $\delta\equiv l/r$,则在略去二级小量 δ^2 后有

$$\left(\frac{r}{r_+}\right)^2=\frac{1}{1-\delta\cos\theta},\quad\left(\frac{r}{r_-}\right)^2=\frac{1}{1+\delta\cos\theta},$$

故式(3-9)右边的括号为

$$\frac{r}{r_+}-\frac{r}{r_-}=(1-\delta\cos\theta)^{-\frac{1}{2}}-(1+\delta\cos\theta)^{-\frac{1}{2}}.$$

对上式作泰勒展开,只保留一级小量,得

$$\frac{r}{r_+}-\frac{r}{r_-}=\delta\cos\theta=\frac{l\cos\theta}{r}.$$

代入式(3-9)得

$$V(r,\theta)=\frac{q}{4\pi\varepsilon_0 r}\frac{l\cos\theta}{r}=\frac{p\cos\theta}{4\pi\varepsilon_0 r^2}. \tag{3-10}$$

这就是偶极子的电势在球坐标系下的表达式.V 与第三坐标 φ 无关是偶极子场有轴对称性的表现.式中把 V 写成 $V(r,\theta)$ 意在表明 V 只是第一、第二坐标 r、θ 的函数.

现在便可利用电场强度与电势的微分关系计算电场强度.先讨论场点 A 在偶极矩 $\boldsymbol{p}$ 延长线(球坐标系的极轴)上的情况.因为极轴是对称轴,过轴上任一点 A 的等势面必与极轴垂直,于是式(1-46)中的法向距离 Δn 现在就是 r,故该式中的 $\partial V/\partial n$ 就是 $\partial V/\partial r$(即 V 对 r 的偏导数,"偏"字暗示求导时应把 θ 看作常数).对式(3-10)求导的结果为

$$\frac{\partial V}{\partial r}=-\frac{2p\cos\theta}{4\pi\varepsilon_0 r^3}. \tag{3-11}$$

把沿 r 增长方向的单位矢量 $\boldsymbol{e}_r$ 取作式(1-46)中的 $\boldsymbol{e}_n$,则上式与式(1-46)结合便得极轴上的电场强度

$$\boldsymbol{E}\Big|_{\text{极轴}}=-\boldsymbol{e}_r\frac{\partial V}{\partial r}\Bigg|_{\substack{\theta=0\\ \text{或}\theta=\pi}}=\pm\frac{2p}{4\pi\varepsilon_0 r^3}\boldsymbol{e}_r. \tag{3-12}$$

这就是与式(3-6)相应的矢量表达式.

再讨论场点 A 在 $\boldsymbol{p}$ 的中垂面上的情况.因为中垂面上任一点有 $\theta=\pi/2$,由式(3-10)知其电势 $V=0$,故

中垂面是等势面.根据小节 1.6.5,中垂面上任一点 A 的电场强度正比于电势沿等势面(中垂面)法向的导数 $\partial V/\partial n$.过 A 作中垂面的法线,选 A 点的单位法向矢量 $\boldsymbol{e}_{\mathrm{n}}$ 使之与 $\boldsymbol{e}_\theta$ 一致,并在法线上取很短的一段 Δn,两端点为 A 和 A'(图 3-9),它对应于一个 $\Delta\theta\equiv\Delta n/r$,其中 r 是 A 点的径向坐标.当 $\Delta n\to 0$ 时 $\Delta\theta\to 0$,A'点与 A 点有相同的 r 坐标,可见 A'与 A 的电势差 ΔV 只由 θ 的变化所致.因此,从式(3-10)出发计算$\partial V/\partial n$ 时可认为 r 为常量,于是

$$\frac{\partial V}{\partial n}=\lim_{A'\to A}\frac{\Delta V}{\Delta n}=\lim_{A'\to A}\frac{1}{r}\frac{\Delta V}{\Delta\theta}=\frac{1}{r}\left.\frac{\partial V}{\partial\theta}\right|_{\theta=\frac{\pi}{2}}=-\frac{p}{4\pi\varepsilon_0 r^3},$$

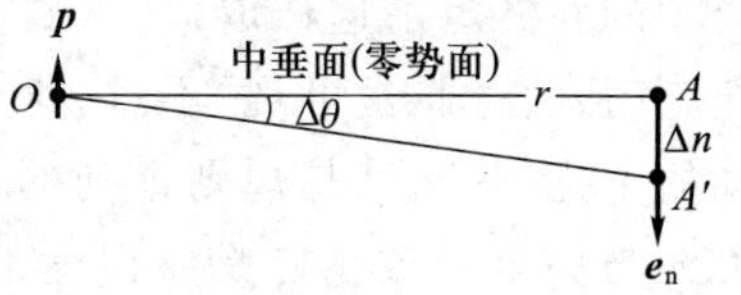

图 3-9 中垂面上点 A 沿等势面法向移动小距离 Δn 至 A'

与式(1-46)结合得

$$\boldsymbol{E}=-\frac{\partial V}{\partial n}\boldsymbol{e}_{\mathrm{n}}=\frac{p}{4\pi\varepsilon_0 r^3}\boldsymbol{e}_\theta. \tag{3-13}$$

这就是与式(3-7)相应的矢量表达式.

以上两种特例中偏导数$\dfrac{\partial V}{\partial n}$的计算之所以简单,是因为在每一特例下,当场点从 A 沿等势面法向移开一无限小距离时只有一个坐标在变(对前者是 r,后者是 θ).当讨论偶极子场的任一点时,一般来说 r 和 θ 都变,其所带来的 V 的改变是两者分别改变时 V 的改变之和,数学上可以证明,这时有

$$\boldsymbol{E}=-\frac{\partial V}{\partial n}\boldsymbol{e}_{\mathrm{n}}=-\left(\boldsymbol{e}_r\frac{\partial V}{\partial r}+\boldsymbol{e}_\theta\frac{1}{r}\frac{\partial V}{\partial\theta}\right). \tag{3-14}$$

读者从以上两特例不难接受这一结果.对 $V(r,\theta)$ 的表达式(3-10)求偏导数得

$$\frac{\partial V}{\partial r}=-\frac{2p\cos\theta}{4\pi\varepsilon_0 r^3},\quad \frac{\partial V}{\partial\theta}=-\frac{p\sin\theta}{4\pi\varepsilon_0 r^2}, \tag{3-15}$$

代入式(3-14)便得式(3-8).

§3.3 电介质的极化

3.3.1 位移极化和取向极化

电介质可以分成两类.在第一类电介质中,每个分子的正负电荷“重心”在没有外电场时重合,因此分子偶极矩为零.这样的分子称为**无极分子**.H_2、N_2、CO_2、CH_4 和 CCl_4 分子等都属于无极分子.在第二类电介质中,每个分子的正负电荷“重心”在没有外电场时不重合,因此偶极矩非零,这样的分子称为**有极分子**,H_2O、SO_2、NH_3、H_2S 及水、硝基苯、酯类、有机酸等分子都属于有极分子.虽然每个有极分子在没有外电场时的偶极矩并不为零,但由于分子不断做无规则的热运动,各个分子偶极矩的方向杂乱无章,因此宏观看来不显电性.

在外电场的作用下,无论是无极分子还是有极分子都要发生变化,这种变化称为电介质的**极化**.极化分为位移极化和取向极化两种,分别介绍如下:

(1) 无极分子的位移极化.

在外电场 $\boldsymbol{E}$ 的作用下,无极分子中正负电荷的“重心”向相反方向做微小位移(见图 3-10),两个“重心”不再重合,分子偶极矩不再为零,其方向与电场强度 $\boldsymbol{E}$ 一致,其大小与 E 成正比.这种变化称为**位移极化**.

(2) 有极分子的取向极化.

无外电场时,电介质内部各有极分子偶极矩的方向杂乱无章[见图 3-11(a)].有外电场

E 时,按小节3.2.2 的结论,每个偶极子所受到的力偶矩力图使其偶极矩转到与电场一致的方向.如果所有有极分子的偶极矩都这样取向,这将是一种非常强烈的极化,其强度将非常可观,不过,由于分子的无规则热运动的干扰(热运动是规则排列的天敌),各分子偶极矩方向与完全一致相比是差得远的.显然,电场 **E** 越强,各偶极矩转向 **E** 方向的程度就越大.这种由偶极矩转向电场方向而造成的极化称为**取向极化**,如图3-11(b)所示.

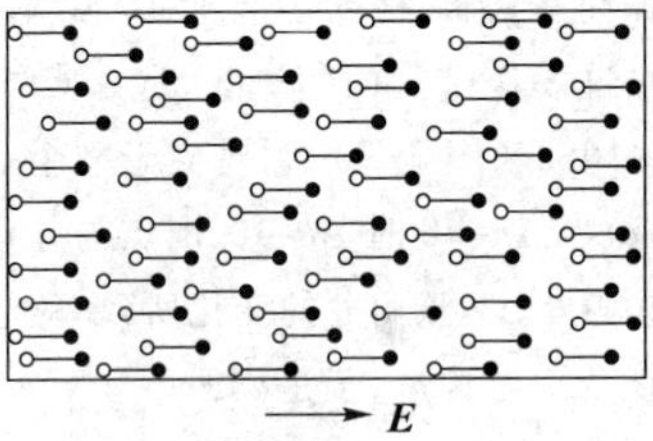

图 3-10 无极分子的位移极化(○代表负电荷重心,●代表正电荷重心)

实际上,有极分子在外电场作用下除发生取向极化之外还要发生位移极化,只是在通常情况下后者比前者弱得多.然而,当电场以很高的频率变化时,分子由于惯性较大,难于跟上电场的变化,取向极化将大为减弱.另一方面,电子的惯性很小,于是由电子的位移所引起的位移极化就在有极分子中起主要作用.

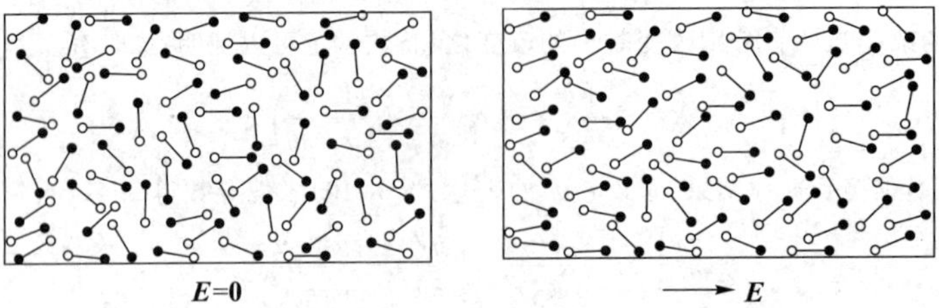

图 3-11 有极分子的取向极化

3.3.2 极化强度

极化强度是定量描述电介质极化程度的宏观物理量.在电介质中取物理无限小体积 ΔV,它包含 m 个中性分子(m 很大).若是无极分子,极化前每个分子的偶极矩为零,ΔV 内所有分子偶极矩的矢量和显然为零.若是有极分子,虽然极化前每个分子的偶极矩不为零,但各分子偶极矩的方向杂乱无章,ΔV 内所有分子偶极矩的矢量和仍为零.再看极化后的情况.若是无极分子,每个分子都将出现一个与电场 **E** 同向的偶极矩,因此 ΔV 内全部分子偶极矩的矢量和不再为零而且与 **E** 同向.若是有极分子,其偶极矩将在电场 **E** 的作用下发生一定程度的取向,于是 ΔV 内所有分子偶极矩的矢量和也是一个与电场同向的非零矢量.可见,无论哪一类电介质,极化总是意味着 ΔV 内分子偶极矩矢量和从零变为非零,而且显然极化程度越高这个矢量和越大.因此可以考虑用这个矢量和作为极化程度的描写.但是,在同一极化程度下,这个矢量和显然还与 ΔV 的大小有关(ΔV 越大矢量和越大).为了去掉这种对 ΔV 的依赖性,可以用这个矢量和与 ΔV 的比值作为极化程度的描写,于是有如下定义:电介质中某物理无限小体积内所有分子偶极矩矢量和与该体积 ΔV 之比称为该点的**极化强度**,记为 **P**,即

$$\boldsymbol{P} \equiv \frac{\sum \boldsymbol{p}_i}{\Delta V}, \tag{3-16}$$

式中 $\boldsymbol{p}_i$ 代表 ΔV 内第 i 个分子的偶极矩，求和遍及 ΔV 内所有分子.极化强度从定义开始就是宏观矢量场，极化强度的微观值没有意义.如果电介质的总体或某区域内各点的 $\boldsymbol{P}$ 相同，就说它是(总体或在某区域内)**均匀极化**的.真空可以看作电介质的特例，其中各点的 $\boldsymbol{P}$ 为零.

3.3.3 极化强度与电场强度的关系

实验表明多数电介质中每点的极化强度 $\boldsymbol{P}$ 与该点电场强度 $\boldsymbol{E}$ 有如下关系：

$$\boldsymbol{P}=\varepsilon_0 \chi \boldsymbol{E}. \tag{3-17}$$

其中 χ 是正数，反映电介质每点的宏观性质，称为电介质的**电极化率**.上式表明每点的 $\boldsymbol{P}$ 必与该点的 $\boldsymbol{E}$ 方向相同，而且，不管 $\boldsymbol{E}$ 的方向如何，同一大小的 $\boldsymbol{E}$ 总要在自己的方向上引起同一大小的 $\boldsymbol{P}$.或者说，$\boldsymbol{P}$ 与 $\boldsymbol{E}$ 的关系与方向无关，所以满足式(3-17)的电介质称为**各向同性电介质**.如果每点的 χ 还与 $\boldsymbol{E}$ 无关，则称之为**各向同性的线性电介质**.各点的 χ 都相同的电介质称为**均匀电介质**.大多数气、液态电介质在电场不是很强的情况下都是均匀各向同性线性电介质.固态电介质一般来说也是线性的，但由于它有结晶结构，因此它往往不是各向同性的.非各向同性电介质的性质不能简单地用一个标量 χ 描述.本书后面提到电介质在不加声明时一律指各向同性线性电介质.

对于非各向同性电介质，同一点的 $\boldsymbol{P}$ 与 $\boldsymbol{E}$ 的方向可以不同，$\boldsymbol{P}$ 的大小不仅与 $\boldsymbol{E}$ 的大小有关，而且取决于 $\boldsymbol{E}$ 与电介质晶轴的夹角(“非各向同性性”).为了描述 $\boldsymbol{P}$ 对 $\boldsymbol{E}$ 的依赖情况，可以讨论 $\boldsymbol{P}$ 和 $\boldsymbol{E}$ 在直角坐标系的分量 P_x、P_y、P_z 与 E_x、E_y、E_z 的关系.对绝大多数非各向同性电介质，这一关系可用如下的线性方程组表示：

$$\begin{cases} P_x=\varepsilon_0(\chi_{11}E_x+\chi_{12}E_y+\chi_{13}E_z), \\ P_y=\varepsilon_0(\chi_{21}E_x+\chi_{22}E_y+\chi_{23}E_z), \\ P_z=\varepsilon_0(\chi_{31}E_x+\chi_{32}E_y+\chi_{33}E_z), \end{cases} \tag{3-18}$$

其中 9 个数 χ_{11}、χ_{12}、…、χ_{33} 是只由电介质决定的常数.如果选择另一直角坐标系(由原来坐标系通过某一旋转得到)，则 $\boldsymbol{P}$ 及 $\boldsymbol{E}$ 的分量分别变为 P_x'、P_y'、P_z' 及 E_x'、E_y'、E_z'，它们的关系为

$$\begin{cases} P_x'=\varepsilon_0(\chi_{11}'E_x'+\chi_{12}'E_y'+\chi_{13}'E_z'), \\ P_y'=\varepsilon_0(\chi_{21}'E_x'+\chi_{22}'E_y'+\chi_{23}'E_z'), \\ P_z'=\varepsilon_0(\chi_{31}'E_x'+\chi_{32}'E_y'+\chi_{33}'E_z'), \end{cases} \tag{3-18'}$$

其中 χ_{11}'、χ_{12}'、…、χ_{33}' 是另外 9 个常数，仍只由电介质性质决定.对同一电介质中的同一点，χ_{11}、χ_{12}、…、χ_{33} 与 χ_{11}'、χ_{12}'、…、χ_{33}' 有一个确定的关系(比较复杂，此处不再赘述)，称之为张量关系，或说 χ_{11}、χ_{12}、…、χ_{33} 及 χ_{11}'、χ_{12}'、…、χ_{33}' 是同一个**张量**在不同坐标系中的 9 个分量(正如 E_x、E_y、E_z 及 E_x'、E_y'、E_z' 是同一个矢量 $\boldsymbol{E}$ 在不同坐标系中的 3 个分量那样).这个张量由电介质本身决定，称为电介质的**极化率张量**.各向同性电介质中每点的性质只需用一个标量(极化率 χ)描写，而非各向同性电介质中每点的性质却必须用一个张量描写.

由式(3-18)看出，在非各向同性电介质中，即使电场强度只有 x 分量($E_y=E_z=0$)，极化强度也可以存在 y、z 分量，即 x 方向的电场不但可以引起沿 x 方向的极化，还可以引起沿 y、z 方向的极化.这是由电介质的非各向同性的内部结构导致的.

虽然式(3-18)比 $\boldsymbol{P}=\varepsilon_0\chi\boldsymbol{E}$ 复杂得多，但因为 χ_{11}、χ_{12}、…、χ_{33} 是只由电介质决定的常数(不随电场强度而变)，P_x、P_y、P_z 对 E_x、E_y、E_z 仍有线性的依赖关系，所以这种电介质称为**非各向同性的线性电介质**.但是也存在一类更特殊的非各向同性电介质，如酒石酸钾钠(又称洛瑟盐，即 $NaKC_4H_4O_6 \cdot 4H_2O$)及钛酸钡($BaTiO_3$)等，其 $\boldsymbol{P}$ 与 $\boldsymbol{E}$ 的分量之间连线性关系也不存在.更有甚者，在这种电介质中，$\boldsymbol{P}$ 与 $\boldsymbol{E}$ 之间甚至不存在单值的函数关系，也就是说，对于一个确定的 $\boldsymbol{E}$ 值，其 $\boldsymbol{P}$ 值的大小还取决于原来极化的历史情况.这一现象与铁磁介质(铁、钴、镍及其合金)非常类似，见 §7.3.由于这种类似性，这类特殊的电介质又称为**铁电体**

(“铁”字只反映它与铁磁质相似,不是说它含有铁的成分).正如铁磁质在磁化后会有剩余磁性一样,铁电体在极化后也有剩余极化存在.也就是说,即使撤去引起极化的外电场,铁电体的极化强度也不会减为零.这一情况使铁电体具有“压电效应”并因而获得广泛的应用,见§3.8.

铁电体的另一特点是在很弱的外电场中可以获得很强的极化(这也与铁磁质类似).因此,在电容器中放入铁电体后,电容将大大增加(可增至1 000倍以上),这也是铁电体的应用之一.铁电体的另一重要用途是由其非线性决定的,用它制成的非线性电容可用于振荡电路、频率倍增器及电介质放大器.利用铁电体的电滞现象(参见小节7.3.2)则可以制造记忆元件.

§3.4 极化电荷

电场是电介质极化的原因,极化则反过来影响电场.这是由于电介质在极化后出现一种附加的电荷(称为极化电荷),因而激发附加的电场.本节要讨论极化电荷密度与极化强度的关系,§3.5将讨论由极化电荷所引起的附加电场对总电场的影响以及一系列有关的问题.

3.4.1 极化电荷

从微观角度看,电荷是微观粒子的一种属性,带电粒子必有电荷.从宏观角度看,如果说一个导体带电,就是指导体失去或得到一些自由电子,因而整个导体的电荷代数和不为零.有时一个导体的电荷代数和为零(中性导体),但在外电场感应下两端出现等值异号电荷(感生电荷),也可以说它局部带电.如果说一块电介质在宏观上带电,这又是指什么呢? 在知道极化现象以前,我们对电介质的宏观带电现象已有过一些感性认识.用丝绢摩擦玻璃棒,分开后两者都带了电,其中玻璃棒带正电.这就是说,通过摩擦,玻璃棒上的部分电子转移到了丝绢上,使玻璃棒内所有带电粒子的电荷代数和为正.其次,用不带电的玻璃棒与带负电的金属球接触,金属球上的部分电子也会转移到玻璃棒上,使玻璃棒的电荷代数和为负,亦即带负电.这两种情况都是电介质宏观带电的例子.但是,如果一块电介质的电荷代数和为零,它是否一定宏观不带电? 不一定.只要电介质在外电场作用下发生极化,在电介质内部取一个物理无限小体积ΔV,其所含带电粒子的电荷代数和就可能不为零.以位移极化为例,由于正、负电荷重心的位移,某些负电荷重心移出ΔV之外,另一些负电荷重心从另一侧移进ΔV之内,如果移进和移出的数目不等(下面将看到这是可能的),ΔV内的电荷代数和就不为零.这种由于极化而出现的宏观电荷称为**极化电荷**.ΔV内的极化电荷除以ΔV就是该点的极化电荷体密度.类似地,在极化了的电介质表面也可以存在极化电荷面密度.为明确起见,一般把不是由极化引起的宏观电荷称为**自由电荷**,例如电介质由于摩擦或与带电体接触而呈现的宏观电荷以及导体由于失去或得到自由电子而呈现的宏观电荷都属于自由电荷①.无论是极化电荷还是自由电荷,都按第一章的规律激发静电场.本章以q'、ρ'及σ'分别代表极化电荷及其密度,而以q_0、ρ_0及σ_0分别代表自由电荷及其密度.

---

① 自由电荷一词其实不太恰当,因为第一,电介质因摩擦或与带电体接触而获得的电荷在电介质内部不能做宏观移动,因而并不“自由”;金属由于失去自由电子而带正电时,对这种正电提供贡献的是金属的结晶骨架,它们显然也不“自由”.第二,作为“极化电荷”的反义词,“自由电荷”一词也不十分恰当.但考虑到这种叫法相当普遍,本书也就沿用过来.

3.4.2 极化电荷体密度与极化强度的关系

我们来计算电介质中体积 ΔV 内的极化电荷 q'.当 ΔV 缩至物理无限小时,比值 $q'/\Delta V$ 便是该点的极化电荷体密度 ρ'.用偶极子代替电介质内的中性分子.显然,整体位于 ΔV 内部的偶极子对 q' 的贡献是零,只有被 ΔV 的边界面 S 截为两段的偶极子才对 q' 有所贡献[见图 3-12(a)].在 S 上取面元 $\mathrm{d}S$,因为 $\mathrm{d}S$ 很小,可以认为其上各点的 $\boldsymbol{P}$ 相同,而且其附近的偶极子都有相等的 q(偶极子中正电荷的量)及 $\boldsymbol{l}$,因而也有相等的偶极矩 $\boldsymbol{p}=q\boldsymbol{l}$,且 $\boldsymbol{p}$ 与 $\boldsymbol{P}$ 平行[见图3-12(b)].在 $\mathrm{d}S$ 两侧对称地作两个平行于 $\mathrm{d}S$ 的面元 $\mathrm{d}S_1$ 及 $\mathrm{d}S_2$,两者沿 $\boldsymbol{P}$ 方向的距离为 l.$\mathrm{d}S_1$、$\mathrm{d}S_2$ 和侧壁(其母线平行于 $\boldsymbol{P}$)围成一个斜柱状夹层.显然,中心在层内的偶极子[见图 3-12(b)中的 1 和 2]一定被 $\mathrm{d}S$ 所截,中心在层外的偶极子[见图3-12(b)中的 3 和 4]则一定不被 $\mathrm{d}S$ 所截.因此,对 q'有贡献的仅是中心在层内的偶极子.设单位体积内的分子数为 n,以 θ 代表 $\boldsymbol{P}$ 同 $\mathrm{d}S$ 的外法矢 $\boldsymbol{e}_\mathrm{n}$ 的夹角,则由图 3-12(b)可知夹层的体积为 $l\,|\cos\theta|\,\mathrm{d}S$,因此有贡献的偶极子数为 $nl\,|\cos\theta|\,\mathrm{d}S$,所贡献的电荷为

$$\mathrm{d}q'=-qnl\cos\theta\mathrm{d}S, \tag{3-19}$$

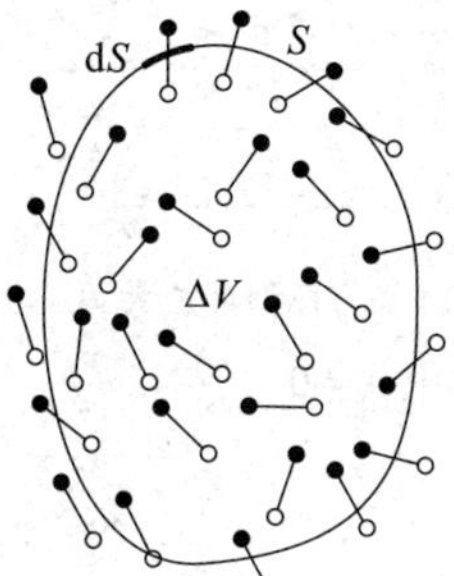

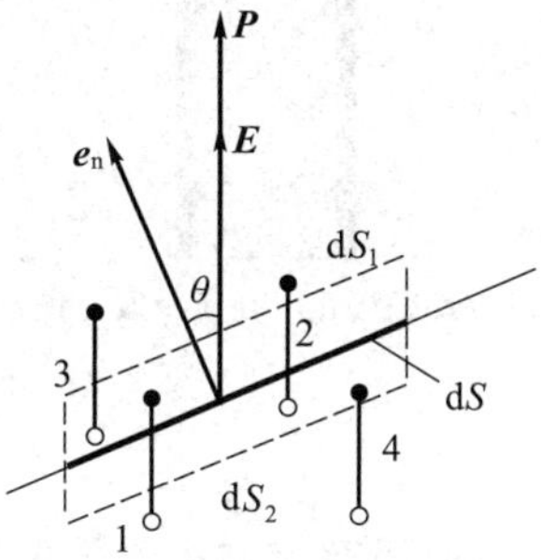

图 3-12 极化电荷体密度与极化强度的关系

式中负号由如下考虑得出:当 θ 为锐角时[见图 3-12(b)的情形],被截的偶极子把负电荷留在 ΔV 内,$\mathrm{d}q'$应小于零.注意到这时 $\cos\theta>0$,而 q、n、$\mathrm{d}S$ 都为正数,必须加一负号才能保证 $\mathrm{d}q'<0$.当 θ 为钝角时加负号的必要性留给读者说明.

再看式(3-19).ql 是每个偶极子偶极矩的大小,nql 就是单位体积的偶极矩矢量和(极化强度 $\boldsymbol{P}$)的大小,即 $nql=P$,故

$$\mathrm{d}q'=-P\cos\theta\mathrm{d}S=-\boldsymbol{P}\cdot\mathrm{d}\boldsymbol{S}, \tag{3-20}$$

对 ΔV 的整个边界面 S 积分便得 ΔV 内的极化电荷总量

$$q'=-\oint_S\boldsymbol{P}\cdot\mathrm{d}\boldsymbol{S}. \tag{3-21}$$

令 ΔV 缩为物理无限小并以 ΔV 除上式两边,便得该点的极化电荷体密度

$$\rho'=-\frac{\oint_S\boldsymbol{P}\cdot\mathrm{d}\boldsymbol{S}}{\Delta V}. \tag{3-22}$$

作为上式的一个应用特例,我们来证明均匀极化时电介质内部的极化电荷体密度为零.(不妨想象平板电容器内充满均匀电介质的情形,这时电介质必均匀极化,即 $\boldsymbol{P}$ 为常矢量

场.）在电介质中任取一个与 $\boldsymbol{P}$ 垂直的长方体，其截面 $ABCD$ 如图 3-13 所示.显然，只有 AB 和 CD 所代表的左右侧面才与偶极子相截.由于两面的 $\boldsymbol{P}$ 相同，两面所截偶极子数必然相等.如果 AB 面所截偶极子把正电荷留在长方体内[见图 3-13(b)]，则 CD 面所截偶极子必把负电荷留在体内，且两者绝对值相等，因而长方体内 q' 为零.把长方体缩为物理无限小，便可证明电介质内任一点的极化电荷体密度 $\rho'=0$.

假定图 3-13(a)中的均匀电介质不是一块而是两块（交界面垂直于 $\boldsymbol{P}$），则虽然每块电介质内部 $\rho'=0$，但交界面仍可能存在极化电荷面密度.下面讨论一般情形.

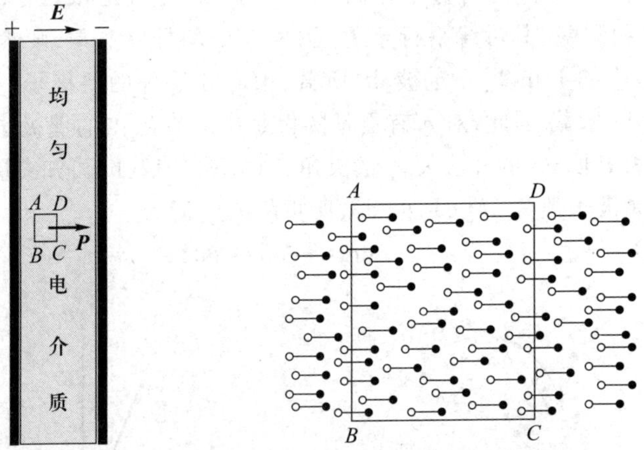

(a) 在均匀极化电介质中取一长方体　　(b) 长方体截面放大图

图 3-13　均匀极化电介质中 $\rho'=0$

3.4.3　极化电荷面密度与极化强度的关系

现在讨论两种介质交界处的极化电荷面密度.这里的介质包括电介质、真空和金属.真空可看作一种特殊的电介质，其极化强度 $\boldsymbol{P}$ 永为零；金属中除自由电子外还有束缚电子，也存在极化问题.不过静电场中的金属内部电场强度为零，因而不会极化：静电场中的金属内部处处有 $\boldsymbol{P}=\boldsymbol{0}$.设介质 1 和 2 交于界面 S[见图 3-14(a)].在 S 上任取面元 ΔS，作如图所示的薄层，其两底为 ΔS_1 及 ΔS_2，其高 h 比底面周长小得多.这个薄层要取得符合物理无限小的要求，即宏观看来小到可以看作界面 S 的一个点，微观看来大到包含足够多的分子.我们来计算层内的极化电荷 $\Delta q'$.显然，只有被薄层上、下底面截断的偶极子才对 $\Delta q'$ 有贡献（侧面高度比两底周长小得多，其贡献可忽略）.由式(3-20)可知上下底面的贡献分别为 $\Delta q_1'=-\boldsymbol{P}_1\cdot\Delta\boldsymbol{S}_1$，$\Delta q_2'=-\boldsymbol{P}_2\cdot\Delta\boldsymbol{S}_2$，其中 $\boldsymbol{P}_1$ 及 $\boldsymbol{P}_2$ 分别为 $\Delta\boldsymbol{S}_1$ 及 $\Delta\boldsymbol{S}_2$ 上的极化强度.以 ΔS 代表 ΔS_1 及 ΔS_2 的面积，$\boldsymbol{e}_{n1}$ 及 $\boldsymbol{e}_{n2}$ 分别代表 $\Delta\boldsymbol{S}_1$ 及 $\Delta\boldsymbol{S}_2$ 的外法向单位矢量，因 ΔS_1 与 ΔS_2 很近，有 $\boldsymbol{e}_{n1}=-\boldsymbol{e}_{n2}$，故

$$\begin{aligned}\Delta q'&=\Delta q_1'+\Delta q_2'=-\boldsymbol{P}_1\cdot\boldsymbol{e}_{n1}\Delta S-\boldsymbol{P}_2\cdot\boldsymbol{e}_{n2}\Delta S=(\boldsymbol{P}_2-\boldsymbol{P}_1)\cdot\boldsymbol{e}_{n1}\Delta S\\&=(P_{2n}-P_{1n})\Delta S.\end{aligned}\tag{3-23}$$

请注意 P_{1n} 及 P_{2n} 分别是 $\boldsymbol{P}_1$ 及 $\boldsymbol{P}_2$ 在同一法向单位矢量 $\boldsymbol{e}_{n1}$ 上的投影.

当场点与薄层的距离远大于薄层的厚度时，可以认为极化电荷 $\Delta q'$ 集中在几何面 ΔS 上，其面密度为

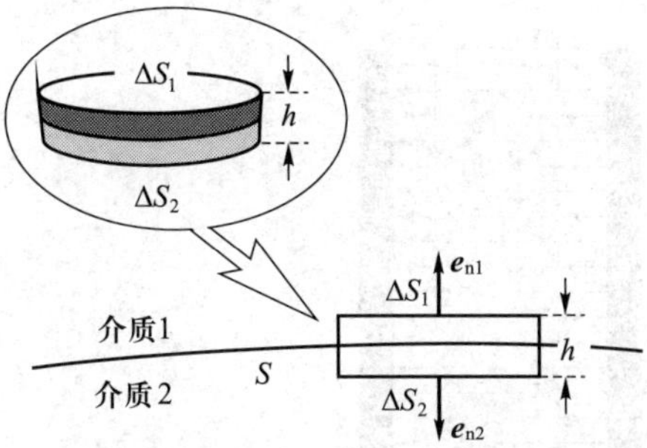

(a) 在界面S上下取一薄层

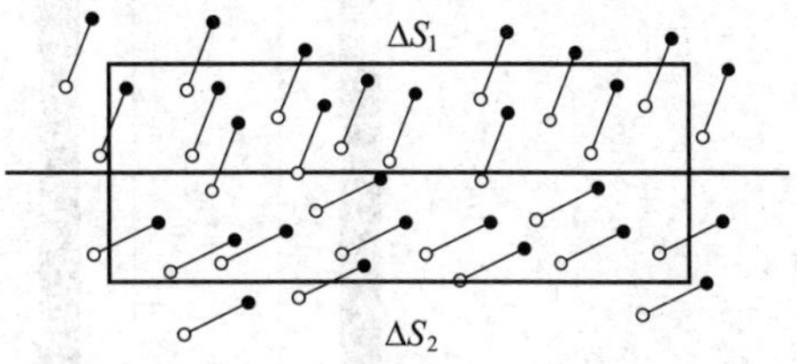

(b) 薄层内偶极子放大示意图

图 3-14 两种介质界面上的极化电荷面密度

$$\sigma' \equiv \frac{\Delta q'}{\Delta S} = P_{2n} - P_{1n} = (\boldsymbol{P}_2 - \boldsymbol{P}_1) \cdot \boldsymbol{e}_n, \tag{3-24}$$

其中 $\boldsymbol{e}_n$是从介质 2 指向 1 的法向单位矢量[即图 3-14(a)中的 $\boldsymbol{e}_{n1}$].应该指出,虽然面元 ΔS_1 与 ΔS_2 极近,但两者处在不同介质中,P_{1n}与 P_{2n}可以不等($\boldsymbol{P}$ 在面上可以有突变),因此极化电荷面密度 σ'可以不为零.

下面分三种情况讨论式(3-24).

(1) 介质 2 是电介质而介质 1 是真空.

这时显然 $P_{1n}=0$,故 $\sigma'=P_{2n}$.请注意 $\boldsymbol{e}_n$的方向是从 2 到 1,即从电介质指向真空.

在平板电容器内放一块均匀电介质板,其两个表面 S_1 及 S_2 与金属板平行但不接触[见图 3-15(a)],则 S_1 和 S_2 就是电介质与真空交界的例子.对 S_1 而言,$\boldsymbol{e}_n$ 的方向按约定应从电介质指向真空,即向左.设电容器左板带正电而右板带负电,则电介质板内的 $\boldsymbol{P}$ 向右,故 $P_n<0$,即 S_1 面的极化电荷为负.同理可知 S_2 面的极化电荷为正.为了讨论极化面电荷对电场的影响,可把电容器内分为三区[见图 3-15(a)].就宏观而言,S_1 和 S_2 面可看作两个均匀带电无限大平面(忽略边缘效应),并且电荷密度等值异号(因电介质均匀极化),它们只在 2 区内激发附加电场,方向与金属板上的自由电荷激发的电场 $\boldsymbol{E}_0$ 相反.因此,2 区内的电场强度 $\boldsymbol{E}_2$ 比无电介质时的电场强度 $\boldsymbol{E}_0$ 小,而 1、3 区的电场强度则与 $\boldsymbol{E}_0$ 相同[见图 3-15(b)].这个结论也可用电场线反映.由于左金属板发出的电场线有一部分要止于电介质左边的负极化电荷,所以电介质内部电场线密度会变小.图 3-15(b)画出了当极化电荷面密度 $|\sigma'|$ 恰等于自由电荷面密度 $|\sigma_0|$ 之半的情况.读者可能提出这样的问题:如果 $|\sigma'|>|\sigma_0|$,将出现什么结果? 事实上,这种情况是不可能的,理由留给读者在学完 §3.5 后思考.

(2) 介质 2 是电介质而介质 1 是金属.

电容器内充满电介质就是这种情况.金属在静电平衡时极化强度为零,即$P_{1n}=0$,故由式(3-24)得 $\sigma'=\boldsymbol{P}_2 \cdot \boldsymbol{e}_n = P_{2n}$,其中 $\boldsymbol{e}_n$的方向是从电介质指向金属.

(3) 两种介质都是电介质.

由式(3-24)可知,这时界面上一点的 σ'等于两电介质中与该点极近的点的极化强度法向分量之差 $P_{2n}-P_{1n}$.

利用极化电荷的概念还可解释静电演示实验中的一个基本现象——带电棒会吸引附近

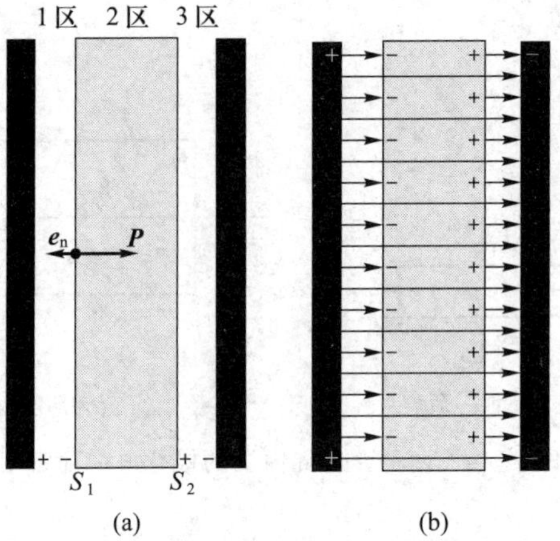

图 3-15 平板电容器中插入与金属板平行的均匀电介质板

的纸片等轻小不带电物体(见图 3-16).纸片在带电棒(设其带正电)激发的电场中发生极化,两端出现等值异号的极化电荷(上负下正),它们都受电场力.因为上边电场强度大于下边,合力向上,所以纸片被吸向带电棒.显然,带电棒带负电时同样能吸引纸片.这里的关键是纸片处于非均匀电场中.如果电场均匀,纸片便不受力.一般来说,整体不带电的电介质小块在不均匀电场中所受的力指向电场强度较大的方向.静电植绒就是这个原理的应用.把涂有黏结剂的待植绒材料(称为基材)平放在水平的接地平板电极上(该极与上方的正极构成静电场),从上方落下的绒毛经过电场时被极化成偶极子,它们在这个不均匀电场中加速下落并固结在基材上.

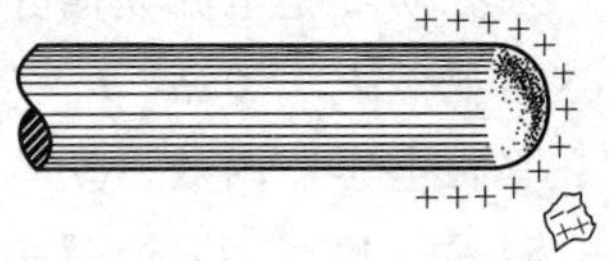

图 3-16 带电棒吸引纸片(电介质)的解释

§3.5 有电介质时的高斯定理

3.5.1 电位移 $\boldsymbol{D}$,有电介质时的高斯定理

导体问题之所以复杂,是由于自由电子在电场作用下重新分布,结果出现的宏观面电荷反过来又影响电场.电介质虽然没有自由电子,但由电场引起的极化电荷也要激发附加电场,这就改变了原来的电场,反过来又使极化情况发生变化.如此互相影响,最后达到平衡.平衡时,空间每点的电场强度都可分为两部分:

$$\boldsymbol{E}=\boldsymbol{E}_0+\boldsymbol{E}', \tag{3-25}$$

其中 $\boldsymbol{E}_0$ 及 $\boldsymbol{E}'$分别是空间中所有自由电荷及所有极化电荷的电场强度.现在应该明确指出,公式 $\boldsymbol{P}=\varepsilon_0\chi\boldsymbol{E}$[式(3-17)]中的 $\boldsymbol{E}$ 必须理解为总电场强度而不是自由电荷的电场强度 $\boldsymbol{E}_0$,因为 $\boldsymbol{E}'$对极化同样要起作用.

但是,最初的极化毕竟是自由电荷引起的,没有自由电荷就没有极化电荷(铁电体例外).因此,只要知道自由电荷的分布及电介质的极化率,原则上应能求得空间的电场强度.但是直接计算遇到如下困难:要由电荷分布求电场强度 $\boldsymbol{E}$,必须同时知道自由电荷及极化电荷的密度,而极化电荷密度取决于 $\boldsymbol{P}$[式(3-22)及式(3-24)],$\boldsymbol{P}$ 又取决于 $\boldsymbol{E}$[式(3-17)],这就似乎形成计算上的循环.克服困难的方法是列出有关 $\boldsymbol{E}$、$\boldsymbol{P}$、ρ'、σ'的数量足够的方程,然后联立求解.为求解方便,可先把 ρ'及 σ'从方程中消去,同时引入一个新矢量场 $\boldsymbol{D}$,最后得出一个联立方程组.下面介绍这个过程.

当空间有电介质时,只要把自由电荷和极化电荷同时考虑在内,第一章的高斯定理仍然成立:

$$\oiint_S \boldsymbol{E} \cdot \mathrm{d}\boldsymbol{S}=\frac{q_0+q'}{\varepsilon_0}, \tag{3-26}$$

其中 q_0 和 q'分别为闭合曲面 S 所围区域内的自由电荷和极化电荷.把式(3-21)代入上式得 $\oiint_S \boldsymbol{E} \cdot \mathrm{d}\boldsymbol{S} = \left(q_0 - \oiint_S \boldsymbol{P} \cdot \mathrm{d}\boldsymbol{S}\right)\Big/\varepsilon_0$,或

$$\oiint_S (\varepsilon_0\boldsymbol{E} + \boldsymbol{P}) \cdot \mathrm{d}\boldsymbol{S} = q_0. \tag{3-27}$$

引入一个辅助性的矢量(称为**电位移**)

$$\boldsymbol{D} \equiv \varepsilon_0\boldsymbol{E}+\boldsymbol{P}①, \tag{3-28}$$

便可改写式(3-27)为

$$\oiint_S \boldsymbol{D} \cdot \mathrm{d}\boldsymbol{S} = q_0. \tag{3-29}$$

上式称为**有电介质时的高斯定理**,简称 **$\boldsymbol{D}$ 的高斯定理**.把真空看作电介质的特例,因其 $\boldsymbol{P}=\boldsymbol{0}$,由式(3-28)可知 $\boldsymbol{D}=\varepsilon_0\boldsymbol{E}$,故式(3-29)还原为真空中的高斯定理.

式(3-29)的好处在于它不包含极化电荷,付出的代价是式中出现了与 $\boldsymbol{P}$ 有关的矢量场 $\boldsymbol{D}$.这种处理对讨论有什么好处?这个问题的答案需要学完全章才能逐渐领会,但现在至少可以指出一点:对于某些有对称性的场合,用式(3-29)可以方便地根据自由电荷 q_0 的分布求 $\boldsymbol{D}$,进而求 $\boldsymbol{E}$.按 $\boldsymbol{D}$ 的定义[式(3-28)],要由 $\boldsymbol{D}$ 求 $\boldsymbol{E}$ 还需知道 $\boldsymbol{P}$,但因 $\boldsymbol{P}$ 与 $\boldsymbol{E}$ 有 $\boldsymbol{P}=\varepsilon_0\chi\boldsymbol{E}$ 的关系,代入$\boldsymbol{D}=\varepsilon_0\boldsymbol{E}+\boldsymbol{P}$ 便得

$$\boldsymbol{D}=\varepsilon_0(1+\chi)\boldsymbol{E}. \tag{3-30}$$

可见,只要已知电介质的极化率χ,便可由 $\boldsymbol{D}$ 求 $\boldsymbol{E}$.本节末将给出在对称情况下由 q_0 求 $\boldsymbol{D}$ 进而求 $\boldsymbol{E}$ 的例子.

式(3-30)说明电介质中任一点的 $\boldsymbol{D}$ 与该点的 $\boldsymbol{E}$ 方向相同,大小成正比,比例系数$\varepsilon_0(1+\chi)$只与该点的电介质性质χ 有关,称为电介质的**介电常量**,记为 ε,即

$$\varepsilon \equiv \varepsilon_0(1+\chi). \tag{3-31}$$

把真空看作电介质的特例,其 $\boldsymbol{P}$ 在任何 $\boldsymbol{E}$ 时均为零,故其$\chi=0$,$\varepsilon=\varepsilon_0$.可见,国际单位制公式中经常出现的 ε_0 原来就是真空的介电常量.电介质的介电常量 ε 与真空的介电常量 ε_0 之比 $\varepsilon/\varepsilon_0$ 称为该电介质的**相对介电常量**,记为 ε_{r},即

$$\varepsilon_{\mathrm{r}} \equiv \frac{\varepsilon}{\varepsilon_0}=1+\chi. \tag{3-32}$$

相对介电常量 ε_{r} 是量纲一的量,是把介电常量 ε 做无量纲化处理的结果.对任何电介质(不含真空和金属),由$\chi>0$ 易见 $\varepsilon_{\mathrm{r}}>1$(即 $\varepsilon>\varepsilon_0$).常见电介质的 ε_{r} 值见表 3-1.

---

① 请注意 $\boldsymbol{D}$ 从定义起就是宏观矢量场.

表 3-1 电介质的相对介电常量与介电强度 *

电介质	相对介电常量 ε_r	介电强度/(10^6 V/m)	电介质	相对介电常量 ε_r	介电强度/(10^6 V/m)
真空	1	—	普通陶瓷	5.7~6.8	6~20
空气	1.000 590	3	电木	7.6	10~20
水	78	—	聚乙烯	2.3	50
油	4.5	12	聚苯乙烯	2.6	25
纸	3.5	14	二氧化钛	100	6
玻璃	5~10	10~25	氧化钽	11.6	15
云母	3.7~7.5	80~200	钛酸钡	10^2~10^4	3

* 当电介质内的电场强度超过某一极限值时,绝缘性能就被破坏,这种现象称为电介质的**击穿**,这个场强极限值称为电介质的**介电强度**或**击穿电场强度**.在电容器中充入电介质除可以增大电容外,还能提高电容器的耐压能力,因为多数电介质的介电强度都比空气高.

把式(3-31)代入式(3-30)得

$$\boldsymbol{D}=\varepsilon\boldsymbol{E}=\varepsilon_0\varepsilon_r\boldsymbol{E}. \tag{3-33}$$

这是描写各向同性线性电介质中同一点的 $\boldsymbol{D}$ 与 $\boldsymbol{E}$ 之间关系的重要公式.

小节 3.4.2 曾证明均匀极化电介质内的极化电荷体密度为零,证明时只要求极化均匀($\boldsymbol{P}$ 为常矢量)而不要求电介质均匀(χ 为常量).现在证明,在均匀电介质中(不要求均匀极化),凡自由电荷体密度 ρ_0 为零的点,极化电荷体密度 ρ' 也一定为零.在电介质中任取物理无限小体积 ΔV,根据式(3-22),该点的极化电荷体密度为 $\rho'=-\left(\oiint\boldsymbol{P}\cdot d\boldsymbol{S}\right)\Big/\Delta V$.把 $\boldsymbol{P}=\varepsilon_0\chi\boldsymbol{E}$ 及 $\boldsymbol{D}=\varepsilon\boldsymbol{E}$ 代入,注意到 ε 及 χ 为常量,得 $\rho'=-\dfrac{\varepsilon_0\chi}{\varepsilon}\left(\oiint\boldsymbol{D}\cdot d\boldsymbol{S}\right)\Big/\Delta V$.根据有电介质时的高斯定理,$\oiint\boldsymbol{D}\cdot d\boldsymbol{S}$ 等于 ΔV 内的自由电荷,故 $\left(\oiint\boldsymbol{D}\cdot d\boldsymbol{S}\right)\Big/\Delta V$ 等于该点的自由电荷体密度 ρ_0,因而

$$\rho'=-\left(\frac{\varepsilon_0\chi}{\varepsilon}\right)\rho_0=-(\varepsilon-\varepsilon_0)\frac{\rho_0}{\varepsilon}.$$

若 $\rho_0=0$,便有 $\rho'=0$.这就是所要证明的.

在某些有对称性的情况下,电位移 $\boldsymbol{D}$ 和电场强度 $\boldsymbol{E}$ 可用 $\boldsymbol{D}$ 的高斯定理求出,举例如下.

例 1 半径为 R、电荷为 q_0 的金属球埋在介电常量为 ε 的均匀无限大电介质中(见图 3-17),求电介质内的电场强度 $\boldsymbol{E}$ 及电介质与金属交界面上的极化电荷面密度 σ'.

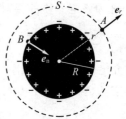

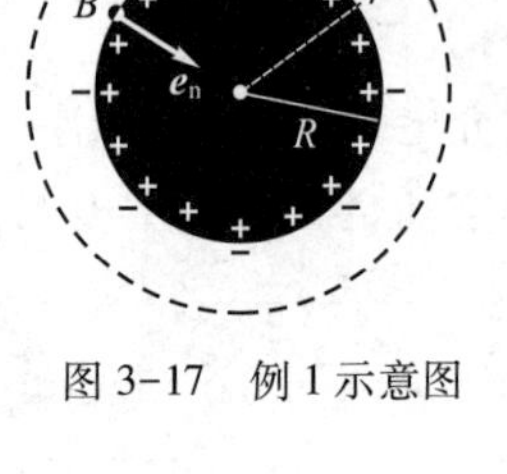

图 3-17 例 1 示意图

解:电介质极化的根源是金属球的自由电荷,后果是出现极化电荷.由于电介质均匀,其极化电荷体密度处处为零(见本例前小字),但电介质与金属的界面上有极化电荷面密度 σ',它所激发的附加电场 $\boldsymbol{E}'$ 使电介质中的电场改变,电场改变反过来又使 σ' 改变……然而,我们可以不管从金属球刚置入开始到静电平衡的短暂过程而设法直接计算平衡后的有

关各量.前已指出,电位移 $\boldsymbol{D}$ 的引入有助于列出数量足够的方程,以便联立求解.由于本例有球对称性,只用 $\boldsymbol{D}$ 的高斯定理就足以求 $\boldsymbol{D}$.为此,设 A 是介质中的任一场点,过 A 作半径为 r 的同心球面 S(高斯面),由对称性可知 S 上各点的 $\boldsymbol{D}$ 大小相等且沿径向,故 S 面上的 $\boldsymbol{D}$ 通量为

$$\oiint_S \boldsymbol{D}\cdot \mathrm{d}\boldsymbol{S}=\oiint_S D_r \mathrm{d}S=D_r\oiint_S \mathrm{d}S=D_r\cdot 4\pi r^2,$$

其中 D_r 是 $\boldsymbol{D}$ 沿 S 面外法向的投影.又由 $\boldsymbol{D}$ 的高斯定理得 $D_r\cdot 4\pi r^2=q_0$,从而

$$D_r=\frac{q_0}{4\pi r^2},\quad 或\quad \boldsymbol{D}=\frac{q_0}{4\pi r^2}\boldsymbol{e}_r, \tag{3-34}$$

其中 $\boldsymbol{e}_r$ 是场点沿径向向外的单位矢量.再由 $\boldsymbol{D}=\varepsilon\boldsymbol{E}$ 便得

$$\boldsymbol{E}=\frac{q_0}{4\pi\varepsilon r^2}\boldsymbol{e}_r. \tag{3-35}$$

为求交界面上一点 B 的 σ',过该点作界面的法向单位矢量 $\boldsymbol{e}_n$(按约定应由电介质指向金属),由式(3-24)得(下式的 B 是指电介质中与 B 极近的一点)

$$\sigma'=\boldsymbol{P}(B)\cdot\boldsymbol{e}_n=\varepsilon_0\chi\boldsymbol{E}(B)\cdot\boldsymbol{e}_n=-\frac{\varepsilon_0\chi}{4\pi\varepsilon}\frac{q_0}{R^2}=-\frac{\varepsilon-\varepsilon_0}{\varepsilon}\sigma_0, \tag{3-36}$$

其中 σ_0 是金属球面的自由电荷面密度.上式说明:(1) σ'与 σ_0 恒反号;(2) $|\sigma'|<|\sigma_0|$,即交界面上的极化电荷面密度在数值上一定小于自由电荷面密度;(3) 交界面上的总电荷面密度 $\sigma=\sigma_0+\sigma'=\sigma_0[1-(\varepsilon-\varepsilon_0)/\varepsilon]=\sigma_0/\varepsilon_r$,即总面密度减小到自由电荷面密度的 $1/\varepsilon_r$.若把电介质换为真空,则电场强度为$q_0\boldsymbol{e}_r/(4\pi\varepsilon_0 r^2)$,与式(3-35)比较可知充满均匀电介质时电场强度减小到无电介质时的$1/\varepsilon_r$.这是不难理解的,因为(3)表明有电介质时交界面上的总电荷减小到无电介质时的$1/\varepsilon_r$,而且其他地方又没有电荷.

例 2　在平板电容器(板面积为 S,板间距为 d)中充满介电常量为 ε 的均匀电介质,已知两金属板内壁自由电荷面密度为 σ_{01} 及 $\sigma_{02}(\sigma_{02}=-\sigma_{01})$,求电介质中的 $\boldsymbol{E}$、电介质与金属板交界面的 σ'及电容器的电容 C.

解:(1) 求电介质中的 $\boldsymbol{E}$.

由对称性可知电介质中的 $\boldsymbol{E}$ 及 $\boldsymbol{D}$ 都与板面垂直.在电介质中任取一点 A,过 A 作与板面平行的小平面 S_1,以 S_1 为底作柱体(其轴与 $\boldsymbol{D}$ 平行),柱体的另一底 S_2 在金属板内(见图 3-18).柱体两底及其侧面被选为高斯面.静电平衡时金属内部 $\boldsymbol{E}$ 及 $\boldsymbol{P}$ 为零保证 $\boldsymbol{D}$ 为零,电介质中的 $\boldsymbol{D}$ 又与高斯面的侧面平行,故高斯面的 $\boldsymbol{D}$ 通量等于 S_1 面的 $\boldsymbol{D}$ 通量 D_nS_1(D_n 是 $\boldsymbol{D}$ 沿 S_1 面法向单位矢量 $\boldsymbol{e}_n$的投影).另一方面,高斯面内的自由电荷为 $\sigma_{01}S_1$,由高斯定理得$D_nS_1=\sigma_{01}S_1$,故 $\boldsymbol{D}=\sigma_{01}\boldsymbol{e}_n$,于是得电介质中的电场强度

$$\boldsymbol{E}=\frac{\boldsymbol{D}}{\varepsilon}=\frac{\sigma_{01}}{\varepsilon}\boldsymbol{e}_n. \tag{3-37}$$

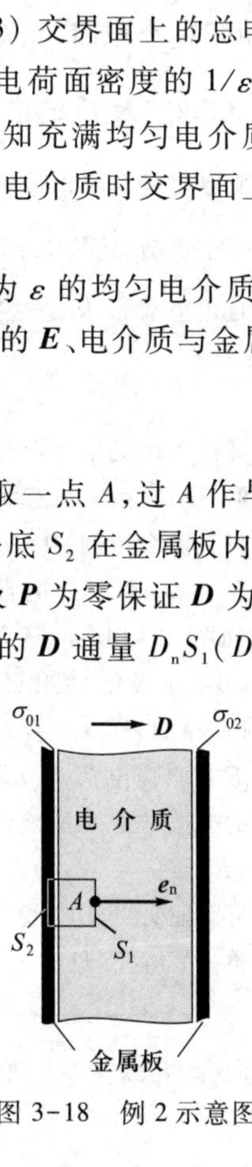

图 3-18　例 2 示意图

(2) 求电介质与金属板界面上的极化电荷面密度.

电介质与左右金属板界面上的极化电荷面密度分别为

$$\sigma_1'=-\boldsymbol{P}\cdot\boldsymbol{e}_n=-\varepsilon_0\chi\boldsymbol{E}\cdot\boldsymbol{e}_n=-\frac{\varepsilon-\varepsilon_0}{\varepsilon}\sigma_{01},$$

$$\sigma_2'=\boldsymbol{P}\cdot\boldsymbol{e}_{\mathrm{n}}=\frac{\varepsilon-\varepsilon_0}{\varepsilon}\sigma_{01}=-\sigma_1'.$$

可见交界面的极化电荷面密度与自由电荷面密度异号，且绝对值比后者小.仿照上例的讨论不难得知，充入均匀电介质后界面上总电荷面密度是无电介质时的 $1/\varepsilon_{\mathrm{r}}$，而均匀极化电介质内又无极化体电荷，故电介质中电场强度减到充入电介质前的 $1/\varepsilon_{\mathrm{r}}$[见式(3-37)].

(3) 求充入电介质后的电容.

在充有电介质时，电容的定义仍是电荷与电压之比，其中电荷是指一板内壁的自由电荷(绝对值)，因为把电容器接入电路时，可与外界交换的只能是自由电荷.设两板内壁距离为 d，由于电压是电场强度 $\boldsymbol{E}$ 的线积分，而电容器内为均匀电场，故电压绝对值 $U=Ed$.把式(3-37)代入上式得 $U=(\sigma_0/\varepsilon)d$，其中 σ_0 代表 $|\sigma_{01}|$.设板的面积为 S，则一板内壁自由电荷(绝对值)为 $q_0=\sigma_0 S$，故电容

$$C\equiv\frac{q_0}{U}=\frac{\varepsilon S}{d}. \tag{3-38}$$

以 C_0 代表无电介质时的电容，由第二章知 $C_0=\varepsilon_0 S/d$，可见 $C=(\varepsilon/\varepsilon_0)C_0=\varepsilon_{\mathrm{r}}C_0$，即充入均匀电介质后，平板电容器的电容增至 ε_{r} 倍.

不难证明，在任何电容器中充满均匀电介质后电容总是增至 ε_{r} 倍(ε_{r} 是所充电介质的相对介电常量)，证明要用到小节 3.5.2 的结论，有兴趣的读者可在读完该节后完成这个证明.由于这个原因，相对介电常量也被称为**相对电容率**.

*3.5.2 对 $\boldsymbol{D}$ 的进一步讨论

对电位移 $\boldsymbol{D}$ 的准确理解需要一个逐渐深入的过程.作为第一步，此处用与 $\boldsymbol{E}_0$ 对比的方法帮助读者对 $\boldsymbol{D}$ 建立一个正确的认识.初次接触 $\boldsymbol{D}$ 时，往往以为 $\boldsymbol{D}$ 只与自由电荷有关，理由是 $\boldsymbol{D}$ 的高斯定理 $\oint\!\!\oint \boldsymbol{D}\cdot\mathrm{d}\boldsymbol{S}=q_0$ 只含自由电荷 q_0.但是这种看法不对.上式仅说明 $\boldsymbol{D}$ 对任一闭合曲面的通量只与面内自由电荷有关，不说明 $\boldsymbol{D}$ 只与自由电荷有关.造成这一错误印象的另一原因可能是以上两例的解答：$\boldsymbol{D}=\dfrac{q_0}{4\pi r^2}\boldsymbol{e}_r$(在包围带电金属球的均匀无限大电介质中)和 $\boldsymbol{D}=\sigma_{01}\boldsymbol{e}_{\mathrm{n}}$(在充满平板电容器内部的均匀电介质中).的确，以上两例的 $\boldsymbol{D}$ 不但只与自由电荷有关，而且与自由电荷的电场强度 $\boldsymbol{E}_0$ 的区别只在一个常系数 ε_0 上，即 $\boldsymbol{D}=\varepsilon_0\boldsymbol{E}_0$.然而这只是两个特例，$\boldsymbol{D}=\varepsilon_0\boldsymbol{E}_0$ 并非普遍结论.下面举一反例.设在均匀无限大液态电介质中有一根细长均匀电介质棒 AB，其介电常量与液态电介质不同.在棒的延长线上置一自由点电荷 q_0(实为带电金属小球)，如图 3-19 所示.只有 q_0 是自由电荷，$\boldsymbol{E}_0$ 与点电荷场无异，$\boldsymbol{E}_0$ 线是以 q_0 为心的辐射线.电介质棒在 $\boldsymbol{E}_0$ 的影响下极化，极化强度 $\boldsymbol{P}$①沿棒的方向且从 A 指向 B.液体及棒是均匀电介质，其内部极化体电荷为零，只在棒的表面(主要在两端)及液体与金属球的界面上有极化面电荷.空间(包括棒内和棒外)的电场强度 $\boldsymbol{E}$ 由自由电荷及极化电荷共同激发，$\boldsymbol{E}$ 线显然不是以 q_0 为心的辐射线.液体中任一点的 $\boldsymbol{D}=\varepsilon\boldsymbol{E}$($\varepsilon$ 是液体的介电常量)，故液体中的 $\boldsymbol{D}$ 线也不是以 q_0 为心的辐射线.而 $\boldsymbol{E}_0$ 线却是以 q_0 为心的辐射线，可见 $\boldsymbol{D}\neq\varepsilon_0\boldsymbol{E}_0$.

可以证明，当均匀电介质充满场不为零的空间时，$\boldsymbol{D}=\varepsilon_0\boldsymbol{E}_0$ 成立.我们仅就若干个导体埋在均匀无限大电介质中的情况(见图 3-20)作一证明(对一般情况的证明见拓展篇专题 10).这种情况可以看作例 1 的推

① 棒极化后出现极化电荷，它的电场强度 $\boldsymbol{E}'$ 与 $\boldsymbol{E}_0$ 合成后进一步使 $\boldsymbol{P}$ 改变，最终达到平衡.正文的 $\boldsymbol{P}$ 是指平衡时的 $\boldsymbol{P}$.

广(由球形导体到任意形状导体,由一个导体到多个导体).例 1 的结论是电介质中的 $\boldsymbol{E}$ 等于 $\boldsymbol{E}_0$ 的 $1/\varepsilon_r$,原因是电介质与导体界面上的总电荷减为自由电荷的$1/\varepsilon_r$,而且电介质内部的极化体电荷密度为零.这两个原因对图 3-20 同样成立.对于图中任一导体与电介质的界面,

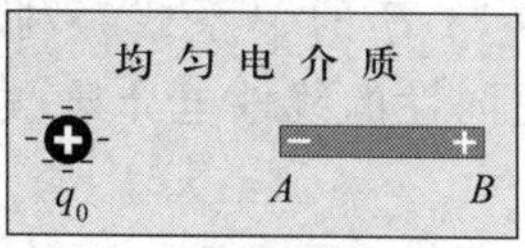

图 3-19　$\boldsymbol{D}\neq\varepsilon_0\boldsymbol{E}_0$ 的一个例子

图 3-20　埋有导体的均匀无限大电介质中每点都有 $\boldsymbol{D}=\varepsilon_0\boldsymbol{E}_0$

$$\sigma'=-\boldsymbol{P}\cdot\boldsymbol{e}_n=-\varepsilon_0\chi\boldsymbol{E}\cdot\boldsymbol{e}_n=-\frac{\varepsilon_0\chi}{\varepsilon}\boldsymbol{D}\cdot\boldsymbol{e}_n, \tag{3-39}$$

其中 $\boldsymbol{P}$、$\boldsymbol{E}$、$\boldsymbol{D}$ 是电介质中极近界面处的矢量,$\boldsymbol{e}_n$ 是界面的法向单位矢量,从导体指向电介质.根据 $\boldsymbol{D}$ 的高斯定理,仿照式(2-1)的推导,得 $\boldsymbol{D}=\sigma_0\boldsymbol{e}_n$,其中 σ_0 是该导体表面的自由电荷面密度.代入式(3-39)得 $\sigma'=-(\varepsilon_0\chi/\varepsilon)\sigma_0$,于是界面上的总电荷面密度

$$\sigma=\sigma_0+\sigma'=\sigma_0-\frac{\varepsilon_0\chi}{\varepsilon}\sigma_0=\frac{\varepsilon_0}{\varepsilon}\sigma_0=\frac{\sigma_0}{\varepsilon_r},$$

即每个导体与电介质界面上每点的 σ 都减至 σ_0 的 $1/\varepsilon_r$.而均匀电介质中又无极化体电荷,可见电介质中任一点有 $\boldsymbol{E}=\boldsymbol{E}_0/\varepsilon_r$,与 $\boldsymbol{D}=\varepsilon\boldsymbol{E}$ 结合便得 $\boldsymbol{D}=\varepsilon_0\boldsymbol{E}_0$.

应该指出:(1)“均匀电介质充满场不为零的空间”这一条件只是 $\boldsymbol{D}=\varepsilon_0\boldsymbol{E}_0$ 的充分条件而不是必要条件;(2) $\boldsymbol{D}=\varepsilon_0\boldsymbol{E}_0$ 成立的充分条件还可放宽,整个命题可以陈述为(证明见拓展篇专题 10):当均匀电介质分区充满电场空间且分界面都是等势面时(例如图 3-21),场中各点就有 $\boldsymbol{D}=\varepsilon_0\boldsymbol{E}_0$.本章有若干习题可以直接使用这一结论.

事实上,正是由于并非任何情况下都有 $\boldsymbol{D}=\varepsilon_0\boldsymbol{E}_0$,所以才有必要引入 $\boldsymbol{D}$ 这个物理量.也正是这个原因,才使 $\boldsymbol{D}$ 的物理意义不能简单地阐明.对 $\boldsymbol{D}$ 的认识需要在以后的学习中逐渐加深.

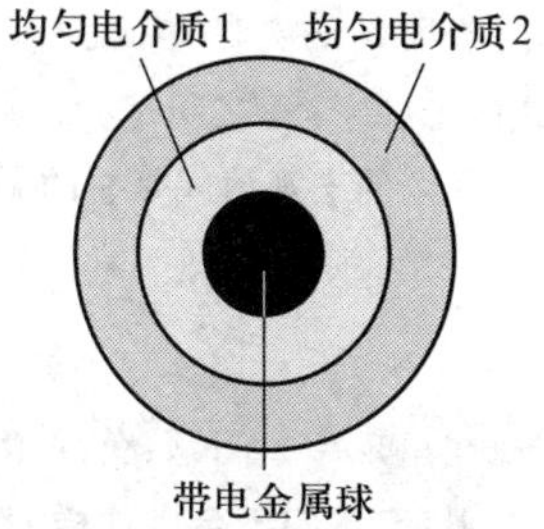

图 3-21　均匀电介质分区充满电场空间且分界面为等势面时 $\boldsymbol{D}=\varepsilon_0\boldsymbol{E}_0$

§3.6　有电介质时的静电场方程

3.6.1　静电场方程

第一章推导了静电场的两个基本方程:

$$\oiint \boldsymbol{E}\cdot d\boldsymbol{S}=\frac{q}{\varepsilon_0}\quad(\text{对任意闭合曲面}), \tag{3-40}$$

$$\oint \boldsymbol{E}\cdot d\boldsymbol{l}=0\quad(\text{对任意闭合曲线}). \tag{3-41}$$

电介质存在时,如果把 q 理解为总电荷,以上两式仍然成立.为使极化电荷在方程中不出现,小节 3.5.1 引入了电位移 $\boldsymbol{D}$ 并由式(3-40)出发导出

$$\oiint \boldsymbol{D} \cdot \mathrm{d}\boldsymbol{S} = q_0. \tag{3-29}$$

由于式(3-41)不涉及电荷,故可不作改变,于是式(3-29)及式(3-41)就成为有电介质时的静电场方程.前面讲过,已知一个矢量场对任一闭合曲面的通量和任一闭合曲线的环流(加上边界条件)就能决定该矢量场.但方程(3-29)及方程(3-41)涉及两个矢量场 $\boldsymbol{D}$ 和 $\boldsymbol{E}$,要决定这两个矢量场还需添加第三个方程($\boldsymbol{D}$ 与 $\boldsymbol{E}$ 的关系式).利用 $\boldsymbol{D}$ 的定义式(3-28)以及 $\boldsymbol{P}$ 与 $\boldsymbol{E}$ 的关系就可得到这一方程.对各向同性的线性电介质,这一方程取如下简单形式:

$$\boldsymbol{D} = \varepsilon \boldsymbol{E}. \tag{3-42}$$

这称为电介质的**性能方程**.当自由电荷及电介质的 ε 已知时,加上适当的边界条件,原则上就可由式(3-29)、式(3-41)及式(3-42)决定 $\boldsymbol{E}$ 和 $\boldsymbol{D}$.

前文已指出 $\boldsymbol{P}$ 和 $\boldsymbol{D}$ 是天生的宏观矢量场,它们的微观值没有意义.与此相反,$\boldsymbol{E}$ 的原始含义是微观矢量场,可以确定电介质中某分子内一点的 $\boldsymbol{E}$ 的微观值,此值在两个分子(或原子)之间急剧变化.然而,这种微观尺度的变化难以被宏观观测所发觉.例如,当我们用带电金属小球测量液体电介质中的电场时,测得的只能是微观电场的平均值 $\bar{\boldsymbol{E}}$,其定义为

$$\bar{\boldsymbol{E}} \equiv \frac{1}{V}\iiint_V \boldsymbol{E}\mathrm{d}V,$$

其中 V 是包含场点的某个物理无限小体积,积分号内的 $\boldsymbol{E}$ 是电场的微观值(以下记为 $\boldsymbol{E}_{微}$).通常把这一平均值称为电场 $\boldsymbol{E}$ 的宏观值,记为 $\boldsymbol{E}_{宏}$.当说到某电介质内有均匀电场时,显然是指 $\boldsymbol{E}_{宏}$ 而言的,因为 $\boldsymbol{E}_{微}$ 在两个分子(或两个原子核)之间是会急剧起伏的.这一认识可以推广至微观值和宏观值都有意义的其他物理量,例如电荷体密度的宏观值就是它的微观值 ρ 的平均值,即

$$\rho_{宏} = \bar{\rho} \equiv \frac{1}{V}\iiint_V \rho_{微}\mathrm{d}V.$$

现在出现一个问题:公式 $\boldsymbol{P} = \varepsilon_0 \chi \boldsymbol{E}$ 中的 $\boldsymbol{E}$ 是电场的微观值还是宏观值?答案当然是后者,因为 $\boldsymbol{P}$ 和 χ 都是宏观量,它们不会以这样简单的方式与 $\boldsymbol{E}_{微}$ 相联系,况且这是个实验结果,而实验测得的通常是宏观值.因此,对 $\boldsymbol{P} = \varepsilon_0 \chi \boldsymbol{E}$ 的准确理解应是 $\boldsymbol{P} = \varepsilon_0 \chi \boldsymbol{E}_{宏}$.类似地,$\rho' = -\left(\oiint \boldsymbol{P} \cdot \mathrm{d}\boldsymbol{S}\right) \Big/ \Delta V$ 中的 ρ' 应理解为极化电荷密度的宏观值(ρ' 的微观值没有意义),$\boldsymbol{E} = \boldsymbol{E}_0 + \boldsymbol{E}'$ 应理解为 $\boldsymbol{E}_{宏} = \boldsymbol{E}_{0宏} + \boldsymbol{E}'_{宏}$,$\boldsymbol{D} = \varepsilon \boldsymbol{E}$ 应理解为 $\boldsymbol{D} = \varepsilon \boldsymbol{E}_{宏}$.这又引出下一个问题:在推导方程 $\oiint \boldsymbol{D} \cdot \mathrm{d}\boldsymbol{S} = q_0$ 时曾用到 $\oiint \boldsymbol{E} \cdot \mathrm{d}\boldsymbol{S} = (q_0 + q')/\varepsilon_0$,此式的 $\boldsymbol{E}$ 是 $\boldsymbol{E}_{宏}$ 还是 $\boldsymbol{E}_{微}$?如果是 $\boldsymbol{E}_{微}$,为什么在变成 $\oiint (\varepsilon_0 \boldsymbol{E} + \boldsymbol{P}) \cdot \mathrm{d}\boldsymbol{S} = q_0$ 后又成了 $\boldsymbol{E}_{宏}$?(此式中的 $\boldsymbol{E}$ 只能是 $\boldsymbol{E}_{宏}$,否则无法与 $\boldsymbol{P}$ 相加.)如果是 $\boldsymbol{E}_{宏}$,为什么从一开始就知道 $\oiint \boldsymbol{E}_{宏} \cdot \mathrm{d}\boldsymbol{S} = (q_0 + q')/\varepsilon_0$ 成立?答案是:在从第一章进入本章时,我们自然默认 $\boldsymbol{E}_{微}$ 满足高斯定理和环路定理,即 $\oiint \boldsymbol{E}_{微} \cdot \mathrm{d}\boldsymbol{S} = q/\varepsilon_0$ 及 $\oint \boldsymbol{E}_{微} \cdot \mathrm{d}\boldsymbol{l} = 0$ 成立.然而,为了推得有电介质时的场方程 $\oiint \boldsymbol{D} \cdot \mathrm{d}\boldsymbol{S} = q_0$,$\oint \boldsymbol{E}_{宏} \cdot \mathrm{d}\boldsymbol{l} = 0$,我们需要 $\oiint \boldsymbol{E}_{宏} \cdot \mathrm{d}\boldsymbol{S} = q/\varepsilon_0$ 及 $\oint \boldsymbol{E}_{宏} \cdot \mathrm{d}\boldsymbol{l} = 0$.有趣的是,只要承认宏观值是微观值的平均值,就可从 $\boldsymbol{E}_{微}$ 满足的方程 $\oiint \boldsymbol{E}_{微} \cdot \mathrm{d}\boldsymbol{S} = q/\varepsilon_0$ 及 $\oint \boldsymbol{E}_{微} \cdot \mathrm{d}\boldsymbol{l} = 0$ 出发证明 $\boldsymbol{E}_{宏}$ 满足方程 $\oiint \boldsymbol{E}_{宏} \cdot \mathrm{d}\boldsymbol{S} = q/\varepsilon_0$ 及 $\oint \boldsymbol{E}_{宏} \cdot \mathrm{d}\boldsymbol{l} = 0$[证明见塔姆著,钱尚武、赵祖森译,《电学原理》(北京:人民教育出版社,1958)上册].从而本章前面的结论都有效,只是应注明下标“宏”的量没有注明而已.为便于读者明确认识,此处把涉及 $\boldsymbol{E}_{宏}$ 的主要公式重列如下:

$$\boldsymbol{P}=\varepsilon_0\chi\boldsymbol{E}_{宏},\quad \boldsymbol{E}_{宏}=\boldsymbol{E}_{0宏}+\boldsymbol{E}'_{宏},\quad \oiint \boldsymbol{E}_{宏}\cdot \mathrm{d}\boldsymbol{S}=q/\varepsilon_0,$$

$$\oint \boldsymbol{E}_{宏}\cdot \mathrm{d}\boldsymbol{l}=0,\quad \boldsymbol{D}\equiv\varepsilon_0\boldsymbol{E}_{宏}+\boldsymbol{P},\quad \boldsymbol{D}=\varepsilon\boldsymbol{E}_{宏}.$$

*3.6.2 边值关系

静电场 $\boldsymbol{E}$ 在导体表面突变的结论是我们早已熟知的.利用静电场方程式(3-29)、式(3-41)和性能方程式(3-42),不难推出静电场量 $\boldsymbol{E}$ 和 $\boldsymbol{D}$ 在任意两种电介质的界面上的突变情况.在界面附近作一极扁的柱体,其上下底分别位于电介质1和2中,柱的两底及侧面组成一个高斯面(见图3-22).设两底面积为 ΔS,因柱高极小,高斯面的 $\boldsymbol{D}$ 通量近似为

$$\oiint \boldsymbol{D}\cdot \mathrm{d}\boldsymbol{S}=\boldsymbol{D}_1\cdot \boldsymbol{e}_{n1}\Delta S+\boldsymbol{D}_2\cdot \boldsymbol{e}_{n2}\Delta S,$$

令 $\boldsymbol{e}_n\equiv\boldsymbol{e}_{n1}=-\boldsymbol{e}_{n2}$,则 $\oiint \boldsymbol{D}\cdot \mathrm{d}\boldsymbol{S}=(D_{1n}-D_{2n})\Delta S$,其中 D_{1n} 及 D_{2n} 是 $\boldsymbol{D}_1$ 及 $\boldsymbol{D}_2$ 在 $\boldsymbol{e}_n$ 方向上的分量.设界面上没有自由电荷(事实上许多情况下自由电荷只存在于导体表面),则由 $\boldsymbol{D}$ 的高斯定理得 $(D_{1n}-D_{2n})\Delta S=0$,故

$$D_{1n}=D_{2n}. \tag{3-43}$$

上式说明 $\boldsymbol{D}$ 的法向分量在两种电介质的界面上连续.然而两电介质的 ε 不等,由此立即可知 $\boldsymbol{E}$ 的法向分量在界面上突变:界面两侧的性能方程 $\boldsymbol{D}_1=\varepsilon_1\boldsymbol{E}_1$ 和 $\boldsymbol{D}_2=\varepsilon_2\boldsymbol{E}_2$ 的法向分量为 $D_{1n}=\varepsilon_1E_{1n}$ 和 $D_{2n}=\varepsilon_2E_{2n}$,与式(3-43)结合给出

$$\frac{E_{1n}}{E_{2n}}=\frac{\varepsilon_2}{\varepsilon_1}. \tag{3-44}$$

只要 $\varepsilon_1\neq\varepsilon_2$,就有 $E_{1n}\neq E_{2n}$,即电场强度的法向分量在界面上突变.

另一方面,在界面附近作一个极窄的矩形闭合曲线(见图3-23),把方程(3-41)用于这一闭合曲线,略去两短边对积分的贡献,得 $0=\oint \boldsymbol{E}\cdot \mathrm{d}\boldsymbol{l}=(E_{1t}-E_{2t})\Delta l$,其中 Δl 是矩形的长边长,E_{1t} 和 E_{2t} 是 $\boldsymbol{E}_1$ 和 $\boldsymbol{E}_2$ 的切向分量(指与长边平行的那个切向,即图中 $\boldsymbol{e}_t$ 代表的方向).上式给出

$$E_{1t}=E_{2t}, \tag{3-45}$$

于是由性能方程 $\boldsymbol{D}_1=\varepsilon_1\boldsymbol{E}_1$ 和 $\boldsymbol{D}_2=\varepsilon_2\boldsymbol{E}_2$ 立即得出

$$\frac{D_{1t}}{D_{2t}}=\frac{\varepsilon_1}{\varepsilon_2}, \tag{3-46}$$

可见电位移的切向分量在界面上突变.与法向不同,界面的切向有无限多个,但以上推导对切向并无限制(可沿任一切向取图3-23的窄矩形),故结论对于任一切向皆成立.

式(3-43)至式(3-46)合称 $\boldsymbol{E}$ 和 $\boldsymbol{D}$ 的**边值关系**,它们无非是把场方程用于界面的结果.在涉及界面附近的情况时,用边值关系讨论问题往往比用场方程方便.此外,有时还可用边值关系校验计算结果的正确与否.

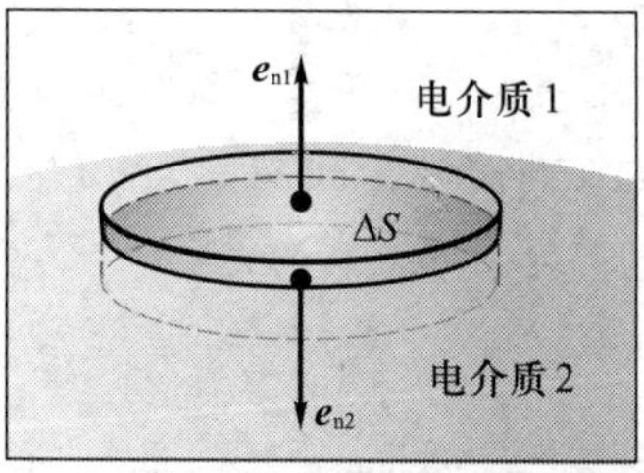

图 3-22 界面附近的极扁柱体

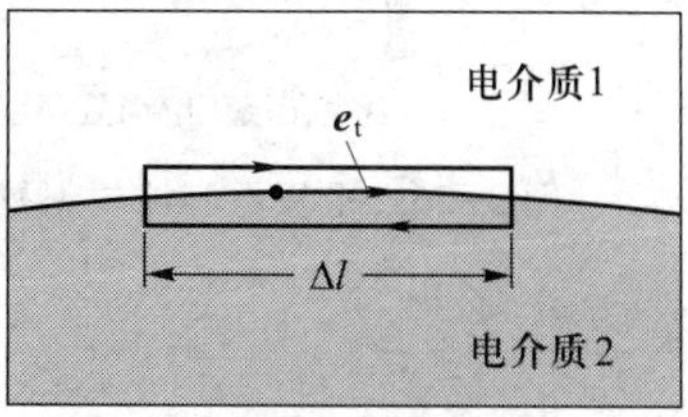

图 3-23 界面附近的极窄矩形

* 3.6.3　*D* 线在界面上的折射

既然在界面上 D_t 有突变而 D_n 无突变，$\boldsymbol{D}$ 的方向必然在界面上发生突变.设 α_1、α_2 是 $\boldsymbol{D}_1$、$\boldsymbol{D}_2$ 与法线的夹角(见图 3-24)，由图可知

$$\tan\alpha_1=\frac{D_{1t}}{D_{1n}},\quad \tan\alpha_2=\frac{D_{2t}}{D_{2n}}.$$

结合式(3-43)及式(3-46)得

$$\frac{\tan\alpha_1}{\tan\alpha_2}=\frac{\varepsilon_1}{\varepsilon_2},\tag{3-47}$$

可见 α 角(从而 $\boldsymbol{D}$ 的方向)在界面上果然发生突变①.这种方向上的突变可以形象地体现为 $\boldsymbol{D}$ 线在界面上的弯折，称为 $\boldsymbol{D}$ 线的**折射**.图 3-25 及图 3-26(a)是 $\boldsymbol{D}$ 线折射的两个例子.图3-26(b)还画出了这种情况下的 $\boldsymbol{E}$ 线. $\boldsymbol{E}$ 线与 $\boldsymbol{D}$ 线的一个重要区别在于它可以在界面上发出或终止，这是因为 $\boldsymbol{E}$ 所服从的高斯定理为 $\oiint \boldsymbol{E}\cdot d\boldsymbol{S}=q/\varepsilon_0$，其中 q 包括极化电荷.反之，$\boldsymbol{D}$ 所服从的高斯定理为 $\oiint \boldsymbol{D}\cdot d\boldsymbol{S}=q_0$，所以 $\boldsymbol{D}$ 线只能在有自由电荷的地方发出或终止.

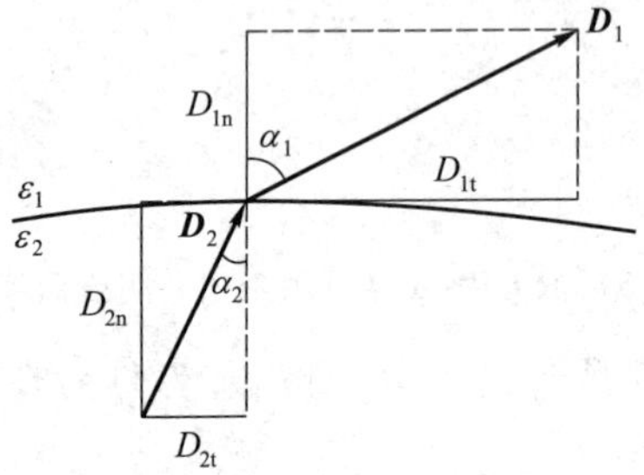

图 3-24　*D* 的方向在界面上发生突变

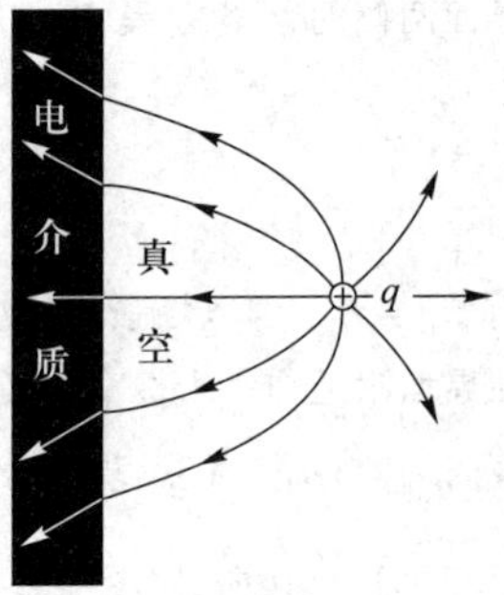

图 3-25　真空与半无限大均匀电介质界面上 *D* 线的折射(q 为真空中的点电荷)

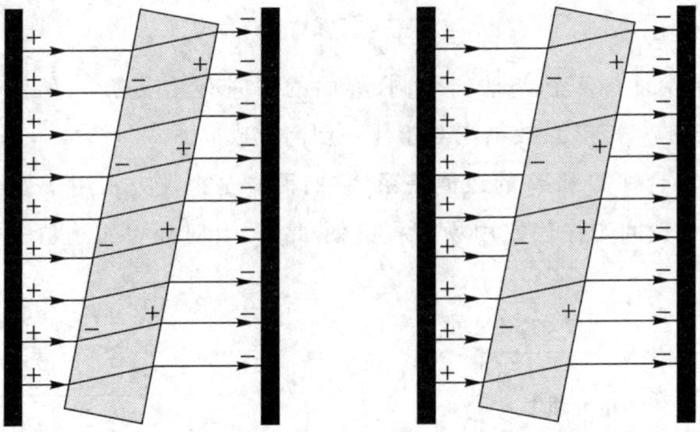

(a) *D*线在极化电荷处不起不止　　(b) *E*线起止于自由及极化电荷

图 3-26　平板电容器内斜置电介质板时 *D* 线的折射(电介质板的 $\varepsilon_r=2$)

① 严格说来，证明式(3-47)前应先证明 $\boldsymbol{D}_1$、$\boldsymbol{D}_2$ 及法向单位矢量 $\boldsymbol{e}_n$ 三者共面(类似于几何光学中叙述折射定律时先说明入射线、折射线和法线三者共面).证明留作思考题.

§3.7 电场的能量

第二章讨论过带电体系的静电能，当时把它作为体系的势能来理解.现在进一步问:带电体系的静电能存在于何处？例如，两个点电荷构成的带电体系的能量是存在于点电荷内还是存在于整个空间中的？初看起来，这个问题提得没有必要:引入体系静电势能的概念有助于用能量守恒定律讨论问题，而这也就足够，为什么还要问能量存在于何处呢？其实，“能量存在于何处”(亦称能量的“定域化”)是关于能量守恒的更深层次的问题，对热能早已谈及这个问题，对电(或磁)能，开始时并不清楚.人们现在已达成如下共识:虽然静电场可以不涉及这个问题，但对随时间而变化的电场和磁场就非考虑这个问题不可.(随时间而变化的电磁场简称**时变电磁场**，是 time-varying electromagnetic field 的汉译.)时变电磁场是可以脱离场源(电荷和电流)存在的，例如感应起电机的两个小球在电压达到一定程度时发生火花放电，放电激发时变电磁场，并以波的形式向周围空间传出(电磁波).虽然火花放电已经停止，两个小球也不再有电荷，这个电磁波却继续向外传播.当它传到一个收音机时，收音机发出“咔啦”一响，说明接收到了能量①.只要承认能量守恒定律，就必须认为这份能量是由电磁波携带过来的.这说明电磁场具有能量，而且可被(电磁波)从此处携带至彼处，因此“电磁能量存在于何处”是个有意义的问题.这一理念的建立表明人类对能量的认识上升到一个新的高度:不但认识到电磁场具有能量，而且认识到电磁场能量也是定域化的，它定域地存在于电磁场中并可在空间传播(流动).在电磁波应用得如此广泛甚至成为污染源的今天，这种认识也许司空见惯，但在电磁理论发展初期这曾经是不清楚的.

电磁能量定域地存在于电磁场中的含义之一是可以引进**场能密度**(单位体积中的能量)来描写场能的分布.仅以平板电容器为特例作一讨论.由小节2.5.3可知电容器内的静电能(现在可称之为静电场能)W_e(下标 e 代表“电”)为

$$W_e=\frac{1}{2}CU^2. \tag{3-48}$$

以 S 和 d 分别代表一板的面积和板间的距离，则电容器内的体积为 $V=Sd$.设电容器内充满均匀各向同性线性电介质，则 $\boldsymbol{E}$ 及 $\boldsymbol{D}$ 为常矢量场，电场能量在电容器内应均匀分布，故能量密度为

$$w_e\equiv\frac{W_e}{V}=\frac{\frac{1}{2}CU^2}{Sd},$$

以 $C=\varepsilon S/d$ 及 $U=Ed$ 代入得

$$w_e=\frac{\varepsilon E^2}{2}=\frac{DE}{2}, \tag{3-49}$$

或

$$w_e=\frac{1}{2}\boldsymbol{D}\cdot\boldsymbol{E}. \tag{3-50}$$

---

① 不要误以为收音机发出的声能全部来自电磁波.实际上，电磁波带给收音机的能量很有限，喇叭发声的能量大部分来自收音机的电源，电磁波的作用主要是促成这种能量转化.不装电源的简单二极管收音机的声能就全是电磁波的能量转化过来的.

此即静电场能量密度的表达式.上式虽从特例推出,但适用于各向同性线性电介质中的任意静电场.静电场中任一区域的电场能量可用上式通过积分求得.对真空静电场,上式简化为

$$w_e = \frac{1}{2}\varepsilon_0 E^2. \tag{3-51}$$

第九章还要说明上式也代表真空中时变电磁场的电场能量密度.

例 绝对介电常量为 ε 的均匀无限大各向同性线性电介质中有一金属球,球的半径和自由电荷分别为 R 及 q_0,求静电场的总能量.

解:由小节 3.5.1 例 1 可知电介质中的电位移和电场强度分别为

$$\boldsymbol{D} = \frac{q_0}{4\pi r^2}\boldsymbol{e}_r, \quad \boldsymbol{E} = \frac{q_0}{4\pi\varepsilon r^2}\boldsymbol{e}_r,$$

代入式(3-50)得电场的能量密度

$$w_e = \frac{\boldsymbol{D}\cdot\boldsymbol{E}}{2} = \frac{q_0^2}{32\pi^2\varepsilon r^4}.$$

因金属球内电场强度为零,故电场的总能量归结为如下积分(r、θ、φ 是球坐标):

$$\begin{aligned} W_e &= \iiint_{\text{球外}} w_e \mathrm{d}V = \iiint \frac{q_0^2}{32\pi^2\varepsilon r^4} r^2 \sin\theta \mathrm{d}r\mathrm{d}\theta\mathrm{d}\varphi \\ &= \frac{q_0^2}{32\pi^2\varepsilon}\int_R^\infty \frac{1}{r^2}\mathrm{d}r\int_0^\pi \sin\theta\mathrm{d}\theta\int_0^{2\pi}\mathrm{d}\varphi = \frac{q_0^2}{8\pi\varepsilon R}. \end{aligned}$$

* §3.8 压电效应及其应用

铁电体及某些晶体(石英、电气石等)在机械形变(如压缩和伸长)时,其相对的两个表面会呈现异号电荷,这种现象称为**压电效应**.

我们以铁电体为例对压电效应做一个简单的解释.在小节 3.3.3 中已讲过,铁电体可以在没有电场时存在极化,因而铁电体薄方块的两个表面上本来就存在异号的极化电荷.但是空气中经常存在微量的正负离子和电子,它们被这些极化电荷吸附于表面并与之中和,使铁电体不呈电性.当铁电体做机械形变时,其极化强度(因而极化电荷)随之而变,导致表面吸附的自由电荷随之而变.在两个表面装上电极并用导线接通(见图 3-27),变化着的自由电荷便从一个极板移至另一极板,形成电流.

铁电体一定有压电效应,但有压电效应的电介质不一定是铁电体(例如石英).通常把有压电效应的电介质称为**压电体**.

压电体同时还必然有**逆压电效应**:在图 3-27 的导线中串入电源使两个电极出现电压,压电体就发生机械形变(压缩或伸长).如果用的是交变电源,则压电体交替出现压缩和伸长,即发生机械振动.

压电效应最常见的应用例子是晶体话筒,这是把声音变为电信号的一种器件.声波使话筒内的压电晶体振动,由于压电效应,表面上的两个电极便出现微弱的音频电压.与此类似的是晶体电唱头(又称晶体拾音器).当唱片转动时,唱片中的音纹起伏通过唱针传到唱头中的压电晶体,其电极便出现音频电压.反之,晶体扬声器(晶体喇叭)及晶体耳机则是逆压电效应的应用例子.

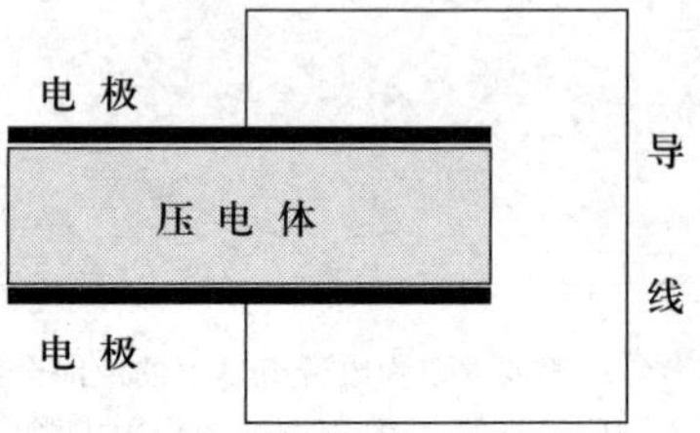

图 3-27 压电效应

把压电效应及逆压电效应巧妙地结合,可以制成一种用处很大

的元件——压电振子(压电谐振器).压电振子实际上就是一块夹在两个电极之间的压电晶片.把压电振子接在交流电路中,由于逆压电效应,振子两极的交变电压使压电片发生机械振动.由于压电效应,这个机械振动反过来又在两极产生交变电压,从而影响电路中的交变电流.因为压电片的机械振动有一个确定的固有频率,所以它对电流的影响密切依赖于电流的频率.或者说,压电振子是对频率非常敏感的电路元件.在电子技术中,大量利用这一特点制造石英振荡器和陶瓷①滤波器.石英振荡器的突出优点是振荡频率稳定度很高,因而广泛用于需要高稳定度的广播电台、电视台及各种电子仪器中.

此外,利用压电效应及逆压电效应还可以制成水声换能器、鱼群探测器、压电陶瓷变压器、陶瓷压力计及加速度计、超声波发生器……

思 考 题

3.1 判断下列说法是否正确,并说明理由:

(1) 若高斯面内的自由电荷总量为零,则面上各点的 $\boldsymbol{D}$ 必为零;

(2) 若高斯面上各点的 $\boldsymbol{D}$ 为零,则面内自由电荷总量必为零;

(3) 若高斯面上各点的 $\boldsymbol{E}$ 为零,则面内自由电荷及极化电荷总量分别为零;

(4) 高斯面的 $\boldsymbol{D}$ 通量仅与面内自由电荷的总量有关;

(5) $\boldsymbol{D}$ 仅与自由电荷有关.

3.2 在不带电的均匀电介质球外放一点电荷 q(见附图),求高斯面 S_1、S_2 上的 $\boldsymbol{E}$ 通量和 $\boldsymbol{D}$ 通量.

*3.3 在球形电容器中间同心地放一电介质球壳(未充满电容器空间),其相对介电常量 $\varepsilon_r=2$,试画出充电后电介质内外的 $\boldsymbol{E}$ 线与 $\boldsymbol{D}$ 线.

3.4 下列公式中,哪些是普遍成立的?哪些是有条件地成立的?对后者,试指出其成立的条件.

(1) $\boldsymbol{D}=\varepsilon_0\boldsymbol{E}+\boldsymbol{P}$;

(2) $\boldsymbol{D}=\varepsilon\boldsymbol{E}$;

(3) $\boldsymbol{D}=\varepsilon_0\boldsymbol{E}_0$;

(4) $\boldsymbol{D}=\varepsilon_0\boldsymbol{E}$;

(5) $\boldsymbol{P}=\chi\varepsilon_0\boldsymbol{E}$;

(6) 电介质中某点 A 的电势 $V_A=\int_A^{A_0}\boldsymbol{E}\cdot\mathrm{d}\boldsymbol{l}$(其中 A_0 为电势参考点).

3.5 带电金属块浸在非均匀的各向同性线性电介质中,A 为金属与电介质交界面上的一点,B 为电介质中极近(且正对)A 的一点,C 为金属中的任一点(见附图),试在以下各问的答案中选出正确者.

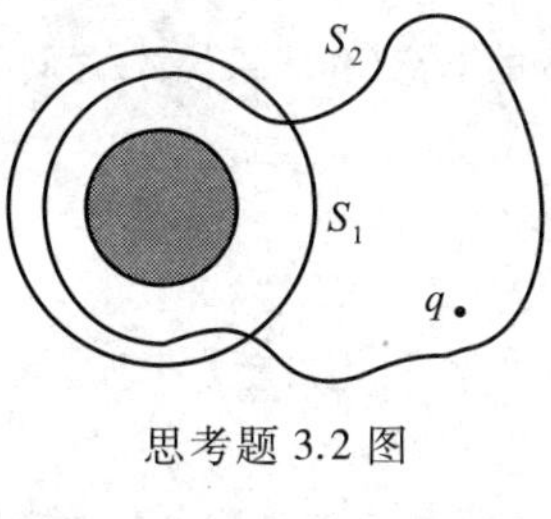

思考题 3.2 图

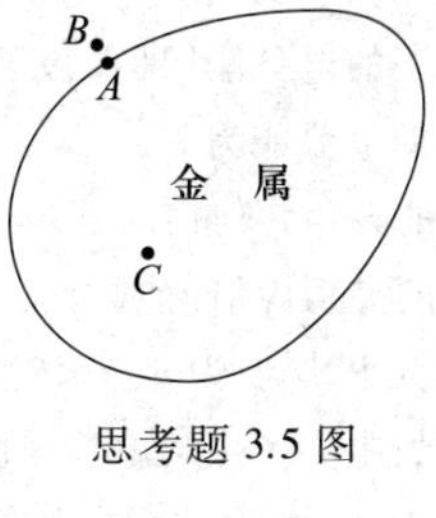

思考题 3.5 图

(1) 以 σ_0、σ'分别代表 A 点的自由、极化电荷面密度,ε、ε_r 分别代表 B 点的介电常量和相对介电常量,则

① 这里所说的陶瓷又叫压电陶瓷,是指一种具有压电效应的多晶体,只因生产工艺与普通陶瓷相似而得此名.最常见的压电陶瓷有钛酸钡陶瓷、锆钛酸铅陶瓷等.压电陶瓷既是压电体,又是铁电体.

（a）$\sigma'=\dfrac{\varepsilon-\varepsilon_0}{\varepsilon}\sigma_0$，　　（b）$\sigma'=\dfrac{\varepsilon_0-\varepsilon}{\varepsilon}\sigma_0$，　　（c）$\sigma'=\dfrac{\sigma_0}{\varepsilon_r}$，　　（d）$\sigma'=\dfrac{\sigma_0}{\varepsilon}$，

（e）$\sigma'=\dfrac{\sigma_0}{\varepsilon_0}$，　　（f）因电介质不均匀，以上都不对.

（2）以 σ 代表 A 点的总电荷面密度（$\sigma=\sigma_0+\sigma'$），则

（a）$\sigma=\dfrac{\sigma_0}{\varepsilon_r}$，　　（b）$\sigma=\dfrac{\sigma_0}{\varepsilon}$，　　（c）$\sigma=\dfrac{\sigma_0}{\varepsilon_0}$，　　（d）以上都不对.

（3）以 E_n 代表 B 点的电场强度的外法向分量（"外"是指从金属指向电介质），则

（a）$E_n=\sigma_0$，　　（b）$E_n=\dfrac{\sigma_0}{\varepsilon}$，　　（c）$E_n=\dfrac{\sigma_0}{\varepsilon_0}$，　　（d）$E_n=\dfrac{\sigma_0}{\varepsilon_r}$，

（e）以上都不对.

（4）以 $\boldsymbol{E}$（内）、$\boldsymbol{E}_0$（内）、$\boldsymbol{E}'$（内）依次代表总电荷、自由电荷和极化电荷在金属内贡献的电场强度，$\boldsymbol{D}$（内）代表金属内的电位移，试选出以下答案中的正确者（正确答案不止一个）

（a）$\boldsymbol{E}$（内）$=\boldsymbol{0}$，　　（b）$\boldsymbol{E}_0$（内）$=\boldsymbol{0}$，　　（c）$\boldsymbol{E}'$（内）$=\boldsymbol{0}$，　　（d）$\boldsymbol{D}$（内）$=\boldsymbol{0}$.

*3.6　试证图 3-24 中的 $\boldsymbol{D}_1$、$\boldsymbol{D}_2$ 及 $\boldsymbol{e}_n$（界面的法向单位矢量）三者共面.

习　题

3.2.1　偶极矩为 $\boldsymbol{p}$ 的偶极子处在外电场 $\boldsymbol{E}$ 中，

（1）若 $\boldsymbol{E}$ 是均匀的，当 $\boldsymbol{p}$ 与 $\boldsymbol{E}$ 的夹角 θ 为何值时偶极子达到平衡？此平衡是稳定平衡还是不稳定平衡？

（2）若 $\boldsymbol{E}$ 是不均匀的，偶极子能否达到平衡？

3.2.2　两个偶极子相距 r，偶极矩 $\boldsymbol{p}_1$ 和 $\boldsymbol{p}_2$ 的方向与它们的连线平行，试证：

（1）它们之间的相互作用力（大小）为

$$F=\frac{3p_1p_2}{2\pi\varepsilon_0 r^4};$$

（2）相互作用力的方向满足：$\boldsymbol{p}_1$ 与 $\boldsymbol{p}_2$ 同向时互相吸引，反向时互相排斥.

注　"偶极子"一词已暗示组成偶极子的两个点电荷之间的距离远小于偶极子到场点的距离.

3.2.3　电荷分别为 q 和 $-q$、相距 l 的两个点电荷组成的偶极子位于均匀外电场 $\boldsymbol{E}$ 中.已知 $q=1.0\times10^{-6}$ C，$l=2.0$ cm，$E=1.0\times10^5$ N/C，

（1）求外电场作用于偶极子上的最大力矩；

（2）把偶极矩从不受力矩的方向转到受最大力矩的方向，求在此过程中外电场力所做的功.

*3.2.4　偶极矩为 $\boldsymbol{p}$ 的偶极子处在外电场 $\boldsymbol{E}$ 中.

（1）求偶极子的电势能[即偶极子（作为系统 1）与激发外场的电荷（作为系统 2）之间的互能].约定偶极子在无限远时的电势能为零.

（2）$\boldsymbol{p}$ 与 $\boldsymbol{E}$ 的夹角为何值时偶极子的电势能最小？其值是多少？

（3）$\boldsymbol{p}$ 与 $\boldsymbol{E}$ 的夹角为何值时偶极子的电势能最大？其值是多少？

3.4.1　半径为 R、厚度为 h（$h\ll R$）的均匀电介质圆板被均匀极化，极化强度 $\boldsymbol{P}$ 平行于板面（如图所示），求极化电荷在圆板中心产生的电场强度 $\boldsymbol{E}'$.

3.4.2　附图中 A 为一块金属，其外部充满电介质，已知交界面上某点的极化电荷面密度为 σ'，该点附近电介质的相对介电常量为 ε_r，求该点的自由电荷面密度 σ_0.

3.4.3　附图中沿 x 轴放置的电介质圆柱底面积为 S，周围是真空，已知电介质内各点极化强度 $\boldsymbol{P}=Kx\boldsymbol{i}$（其中 K 为常量，$\boldsymbol{i}$ 为沿 x 轴正向的单位矢量），求：

（1）圆柱两底面上的极化电荷面密度 σ_a' 及 σ_b'；

（2）圆柱内的极化电荷体密度 ρ'.

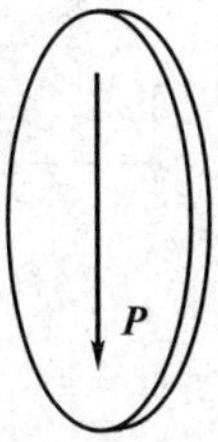

习题 3.4.1 图

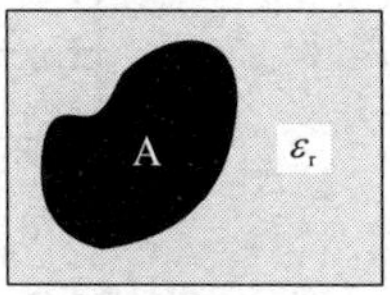

习题 3.4.2 图

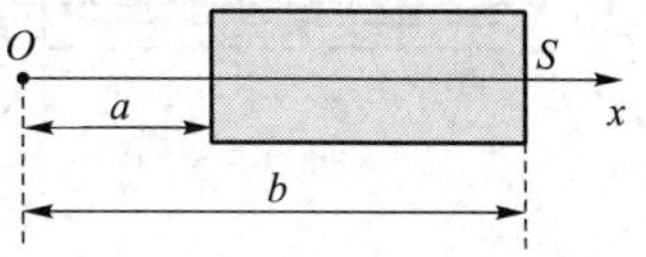

习题 3.4.3 图

3.4.4　平板电容器极板面积为 S,板间距离为 d,中间充满均匀电介质.已知当一板内壁的自由电荷为 Q 时整块电介质的总偶极矩为 $\boldsymbol{p}_{总}$,忽略边缘效应,求电介质中的电场强度.

3.4.5　空气平板电容器面积 $S=0.2\ \mathrm{m}^2$,板间距离 $l=1.0\ \mathrm{cm}$,充电后断开电源,其电势差 $U_0=3\times10^3\ \mathrm{V}$,在两板间充满均匀电介质后电压降至 $10^3\ \mathrm{V}$,求:

(1) 原电容 C_0;

(2) 任一金属板内壁的自由电荷(绝对值)q_0;

(3) 放入电介质后的电容 C;

(4) 两板间的原电场强度 $\boldsymbol{E}_0$;

(5) 放入电介质后的电场强度 $\boldsymbol{E}$;

(6) 电介质与金属板交界面上的极化电荷的绝对值 $|q'|$;

(7) 电介质的相对介电常量 ε_r.

3.4.6　相对介电常量为 ε_r 的均匀电介质内有一球形空腔(腔内为空气),电介质中有均匀电场 $\boldsymbol{E}$,求球面上的极化电荷面密度在球心处激发的电场强度 $\boldsymbol{E}'$.

3.5.1　相距 5.0 mm 的两平行导体板带有等量异号电荷,电荷面密度绝对值为 20 $\mu\mathrm{C/m^2}$,其间有两片电介质,一片厚为 2.0 mm,$\varepsilon_{r1}=3.0$,另一片厚为 3.0 mm,$\varepsilon_{r2}=4.0$.略去边缘效应,求各电介质内的 $\boldsymbol{E}$、$\boldsymbol{D}$ 和电介质表面的 σ'.

3.5.2　(真空中)厚度为 d、相对介电常量为 ε_r 的无限大均匀电介质平板内以体密度 ρ_0 均匀分布着自由电荷,求电介质板内、外的 $\boldsymbol{E}$、$\boldsymbol{D}$ 和 $\boldsymbol{P}$.

3.5.3　平板电容器两极板相距 d,面积为 S,其中放有一层厚为 t、相对介电常量为 ε_r 的均匀电介质,电介质两边都是空气(见附图).设两极板间电势差(绝对值)为 U,略去边缘效应,求:

(1) 电介质中的电场强度 $\boldsymbol{E}$、电位移 $\boldsymbol{D}$ 和极化强度 $\boldsymbol{P}$;

(2) 极板上自由电荷的绝对值 q_0;

(3) 极板和电介质间隙中(空气中)的电场强度 $\boldsymbol{E}_{空}$;

(4) 电容 C.

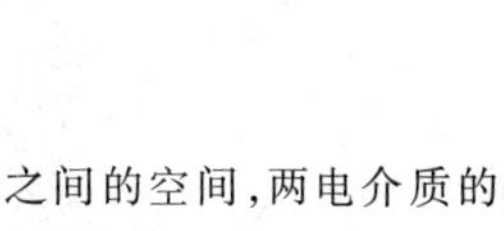

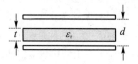

习题 3.5.3 图

3.5.4　对上题的平板电容器在未放电介质时用直流电源充电,当电压(绝对值)为 U_0 时切断电源,然后将电介质板插入(其厚度为 t,相对介电常量为 ε_r),在此情况下求:

(1) 极板上自由电荷的绝对值 q_0;

(2) 电介质中的 $\boldsymbol{E}$ 和 $\boldsymbol{D}$;

(3) 两极板间的电势差(绝对值)U.

3.5.5　平板电容器两极板相距 d,用两种均匀电介质按附图方式充满两板之间的空间,两电介质的介电常量分别为 ε_1 和 ε_2,两者所占面积各为 S_1 和 S_2,略去边缘效应,试证其电容为

$$C=\frac{\varepsilon_1 S_1+\varepsilon_2 S_2}{d}.$$

3.5.6　如图所示,边长为 10 cm 的三块正方形金属板 A、B、C 之间用 0.5 mm 厚、相对介电常量 $\varepsilon_r=5.0$ 的均匀电介质薄片隔开,外层的两板相互联接后接到 N 点,中间的板接到 M 点.

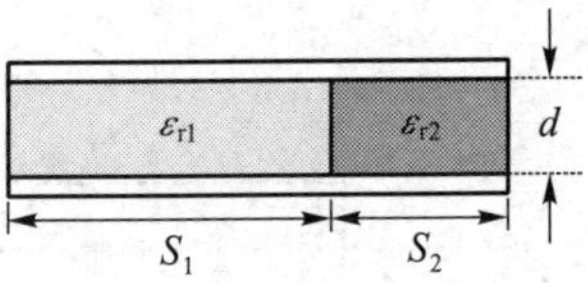

习题 3.5.5 图

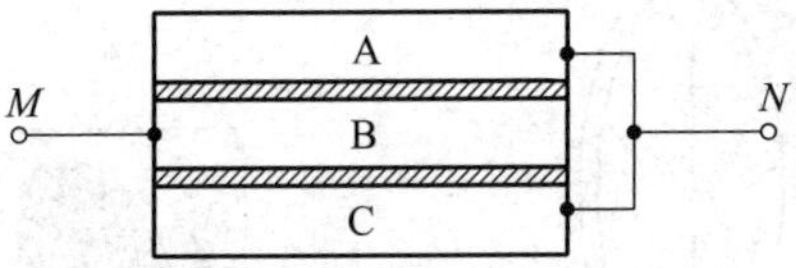

习题 3.5.6 图

(1) 当 M 点对 N 点维持一正电压时,试以"+""-"符号标出各板上自由电荷的分布;

(2) 求 M、N 间的电容.

3.5.7 一金属球带有电荷 q_0,球外有一内半径为 b 的同心接地金属球壳,球与壳间充满电介质,其相对介电常量与到球心的距离 r 的关系为 $\varepsilon_r=\dfrac{K+r}{r}$,式中 K 是常量.试证在电介质中离球心 r 处的电势

$$V=\frac{q_0}{4\pi\varepsilon_0 K}\ln\frac{b(r+K)}{r(K+b)}.$$

3.5.8 有一平板电容器,板间距离为 2.0 cm,其中有一块 1.0 cm 厚的玻璃($\varepsilon_r=7.0$,介电强度为 25×10^6 V/m),其余为空气(介电强度为 3×10^6 V/m).在两极板间加上 40 kV 电压,电容器是否会被击穿?将玻璃抽出,使极板间全部是空气,电容器在上述电压下是否会被击穿?

3.5.9 长直导线和与它同轴的金属圆筒构成圆柱电容器,其间充满相对介电常量为 ε_r 的均匀电介质(见附图).设导线半径为 R_1,圆筒内半径为 R_2,导线的自由电荷线密度为 λ_0,略去边缘效应,求:

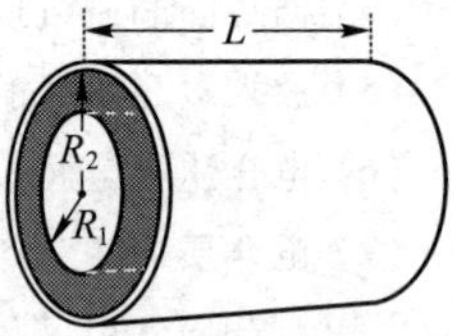

习题 3.5.9 图

(1) 电介质中的电场强度 $\boldsymbol{E}$、电位移 $\boldsymbol{D}$ 和极化强度 $\boldsymbol{P}$;

(2) 两极的电势差 U;

(3) 电介质表面的极化电荷面密度 σ'.

3.5.10 两共轴导体圆筒,内筒外半径为 R_1,外筒内半径为 $R_2(R_2<2R_1)$,其间有两层均匀电介质,分界面半径为 a,内层介电常量为 ε_1,外层介电常量为 $\varepsilon_2=\varepsilon_1/2$,两电介质的电场强度都是 E_m.当电压升高时,哪层电介质先击穿?试证两筒之间所允许的最大电势差为

$$U_m=\frac{1}{2}E_m a\ln\frac{R_2^2}{aR_1}.$$

3.5.11 厚度为 b 的无限大均匀电介质平板中有体密度为 ρ_0 的均匀分布自由电荷,平板的相对介电常量为 ε_r,两侧分别充满相对介电常量为 ε_{r1} 和 ε_{r2} 的均匀电介质(见附图),

(1) 求板内外的电场强度 $\boldsymbol{E}$.[提示:由均匀带电无限大平面的结论可知板外有均匀电场.只要 $\varepsilon_{r1}\neq\varepsilon_{r2}$,则板内 $\boldsymbol{E}$ 为零的面(不妨称为"零场面")不在板的中央.]

(2) 在上问中设 $\varepsilon_{r1}=1$, $\varepsilon_{r2}=2$, $\varepsilon_r=5$,(a)确定零场面的位置,(b)计算由全部自由电荷与极化电荷在零场面上激发的 $\boldsymbol{E}$,验证它的确为零.

3.6.1 附图表示由两层均匀电介质充满的圆柱电容器的截面,两电介质的介电常量分别为 ε_1 和 ε_2.

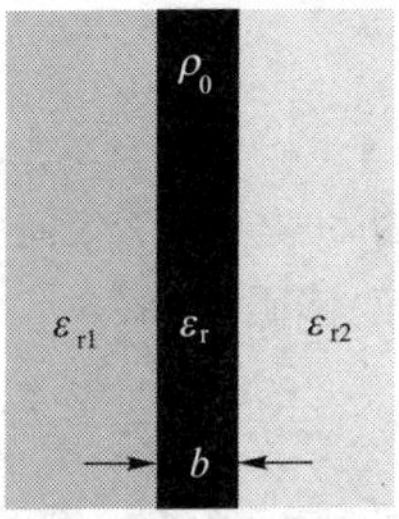

习题 3.5.11 图

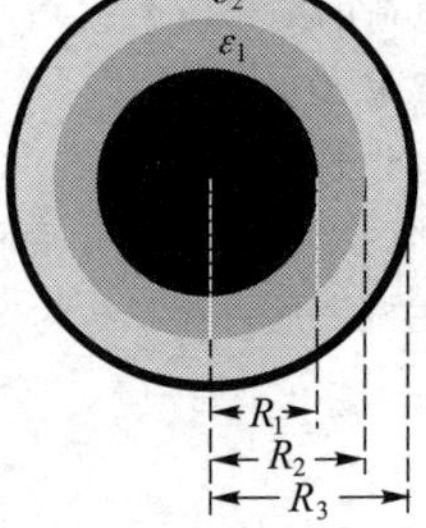

习题 3.6.1 图

(1) 求此电容器单位长度的电容；

*(2) **D** 及 **E** 在电介质的交界面处是否连续？

*3.6.2　分界面左右两侧电介质的相对介电常量分别为 $\varepsilon_{r1}=3$ 和 $\varepsilon_{r2}=6$，设分界面左侧电场强度大小为 E_1，与法线成 45°角且指向右侧，求分界面右侧的电场强度 $\boldsymbol{E}_2$.

*3.6.3　相对介电常量为 ε_r 的均匀电介质与真空的交界面为一平面(见附图)，已知真空中均匀电场强度 $\boldsymbol{E}_1$ 与界面法线夹角为 θ，计算

(1) 以界面上一点为球心、R 为半径的球面上电场强度 $\boldsymbol{E}$ 的通量；

(2) $\boldsymbol{D}$ 沿附图中的窄矩形的环流.

*3.6.4　附图中的曲线代表真空与电介质(相对介电常量为 ε_r)的交界面，A、B、C 是极近的三点，其中 B 点在交界面上，A、C 点分别位于电介质和真空内. 已知 C 点的电场强度为 $\boldsymbol{E}_C$，其方向与界面法线夹角为 α. 求：

(1) A 点的电场强度 $\boldsymbol{E}_A$；

(2) B 点的极化电荷面密度 $\sigma'(B)$.

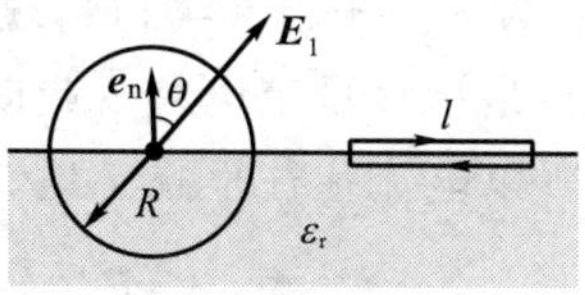

习题 3.6.3 图

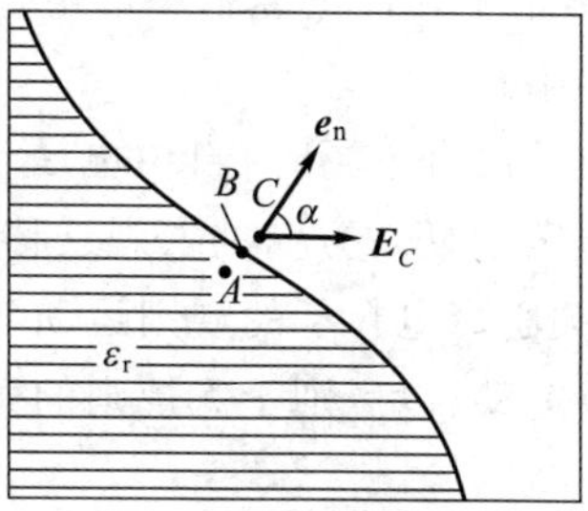

习题 3.6.4 图

3.7.1　用一块 $\varepsilon_r=5$ 的玻璃板充满平板电容器两极板间的空间，在下面两种情形下将玻璃板移开，求电容器的新能量 W' 与原能量 W 之比值：

(1) 电容器一直与直流电源相接；

(2) 用直流电源给电容器充电后，先断开电源再抽出玻璃板.

3.7.2　将半径为 R、电荷为 q_0 的导体球置于介电常量为 ε 的均匀无限大电介质中，求电介质内任一点的能量密度.

第四章　恒定电流和电路

电流的发现

§4.1　恒定电流

电荷的运动形成电流.虽然带电粒子在真空中的运动也形成电流,但本章主要讨论导体中的电流.导体中形成电流的带电粒子叫**载流子**.不同种类的导体有不同类型的载流子.金属中的载流子是自由电子,半导体中的载流子是带负电的自由电子和带正电的空穴(见小节 5.5.5 末小字),酸、碱、盐的水溶液中的载流子是正离子和负离子,气体中的载流子是正负离子及电子.本章主要讨论金属中的电流,只在章末单辟一节(§4.8)对液体和气体中的电流进行粗浅介绍.

当金属内部没有电场时,自由电子仅做无规则的热运动(类似于理想气体分子的热运动),不引起电荷沿任一方向的宏观迁移.液体和气体中的载流子也有类似情况.从宏观的角度看,我们只关心带电粒子的规则运动(亦称定向运动,是指大量带电粒子趋向某一方向的那一部分宏观运动,以区别于无规则的微观热运动),所以电流往往也狭义地专指带电粒子的定向运动.

实验表明,负电荷运动引起的电流与等量正电荷沿反方向运动引起的电流等效.(霍尔效应可看作例外,见小节 5.5.5.) 由于历史原因,人们习惯于把任何电荷的运动都等效地看作正电荷的运动,并把正电荷运动的方向规定为电流的方向.单位时间内通过导线截面的电荷称为该截面的**电流**,通常用 I 表示.设在 Δt 时间内通过截面的电荷为 Δq,则该截面的电流就是

$$I=\lim_{\Delta t\to 0}\frac{\Delta q}{\Delta t}. \tag{4-1}$$

电流概念还可推广到不涉及导线的任意曲面.单位时间内通过任意曲面的电荷称为该曲面的电流,其数学表达式仍为式(4-1).电流的国际单位制单位为**安培**(A),它是国际单位制的一个基本单位.在电子学及某些电磁测量中又嫌安培太大,常用**毫安**(mA)及**微安**(μA)为电流单位,$1\ \text{mA}=10^{-3}\ \text{A}$, $1\ \mu\text{A}=10^{-6}\ \text{A}$.

电流 I 只反映导线截面的整体电流特征(强弱),不描写每点的电流情况.假定单位时间内通过粗细不均的导线各截面的电荷相等(见图 4-1),则各截面的电流 I 相同.然而导线内部各点的电流情况却可以存在差异.例如,在粗部与细部的过渡区中取两点 A 和 B,正电荷经过这两点时虽然都有向右的倾向,但方向并不平行,这表明 A 点和 B 点的电流有不同的方向.另外,在导线的粗、细两部分各取横截面 S_1 及 S_2,则各自的单位面积上的电流分别为 I/S_1 及 I/S_2,两者不等,说明导线中不同点上与电流方向垂直的单位面积上流过的电流不同.为了描写每点的电流情况,有必要引入一个矢量场——**电流密度 $\boldsymbol{J}$**.每点的 $\boldsymbol{J}$ 的方向定义为该点的正电荷运动方向,$\boldsymbol{J}$ 的大小则定义为过该点并与 $\boldsymbol{J}$ 垂直的单位面积上的电流.为写成式子,在场点附近取与 $\boldsymbol{J}$ 垂直的小面元 $\mathrm{d}S_\perp$(见图 4-2),设该面元的电流为 $\mathrm{d}I$,则该点的电流密度(大小)可以写成(定义为)

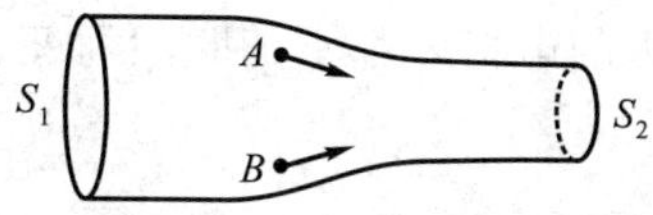

图 4-1 引入电流密度矢量的必要性

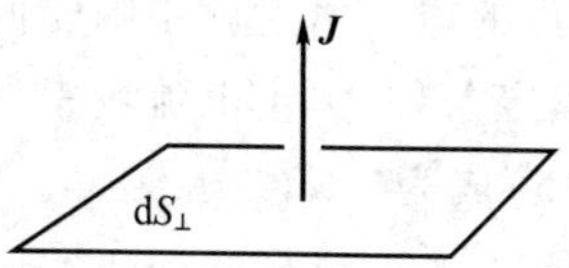

图 4-2 面元 $dS_\perp$ 与 $\boldsymbol{J}$ 垂直

$$J \equiv \frac{dI}{dS_\perp}. \tag{4-2}$$

I 和 $\boldsymbol{J}$ 都是描写电流的物理量.I 是标量,描写一个面的电流情况(因而不是标量场);$\boldsymbol{J}$ 是矢量场(简称**电流场**或 **$\boldsymbol{J}$ 场**),描写每点的电流情况.式(4-2)反映了两者之间的关系,但只反映在一种特殊情况(面元与 $\boldsymbol{J}$ 垂直)下的关系,下面来推导 $\boldsymbol{J}$ 与 I 的一般关系.过任一点作面元 dS(见图 4-3),其法向单位矢量 $\boldsymbol{e}_n$ 与该点 $\boldsymbol{J}$ 的夹角为 θ.以 $dS_\perp$ 代表 dS 在与 $\boldsymbol{J}$ 垂直的平面上的投影,以 dI 代表 $dS_\perp$(及 dS)的电流,由式(4-2)得

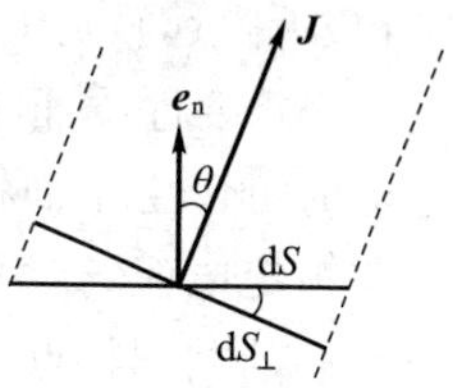

图 4-3 dS 的 dI 与 $\boldsymbol{J}$ 的关系

$$dI = JdS_\perp = JdS\cos\theta = \boldsymbol{J}\cdot\boldsymbol{e}_n dS,$$

即

$$dI = \boldsymbol{J}\cdot d\boldsymbol{S}. \tag{4-3}$$

任意曲面的电流 I 则可表示为如下积分:

$$I = \iint_S \boldsymbol{J}\cdot d\boldsymbol{S}. \tag{4-4}$$

可见曲面的电流 I 就是它的 $\boldsymbol{J}$ 通量,$\boldsymbol{J}$ 与 I 的关系如同 $\boldsymbol{E}$ 与 Φ 的关系一般.

$\boldsymbol{J}$ 场和 $\boldsymbol{E}$ 场都是矢量场,可以把第一章讨论 $\boldsymbol{E}$ 场的方法移植过来研究 $\boldsymbol{J}$ 场.首先讨论任一闭合曲面的 $\boldsymbol{J}$ 通量所服从的规律.因为闭合曲面的法向总是约定为向外,所以其 $\boldsymbol{J}$ 通量就是由面内向外流出的电流,亦即单位时间内流出的电荷.根据电荷守恒定律,单位时间内从面内流出的电荷应等于面内电荷的减小率.设面内电荷为 q,则其减小率为 $-dq/dt$,于是以上陈述就可表示为

$$\oiint_S \boldsymbol{J}\cdot d\boldsymbol{S} = -\frac{dq}{dt} \quad (\text{对任意闭合曲面 } S). \tag{4-5}$$

上式称为(电流场中的)**连续性方程**,是电荷守恒定律的一种数学表述.

一般说来,电流密度 $\boldsymbol{J}$ 是随时间而变的($\boldsymbol{J}$ 为时变矢量场),它既是空间坐标的函数又是时间的函数.各点的 $\boldsymbol{J}$ 都不随时间而变的电流称为**恒定电流**.本章主要讨论恒定电流,非恒定电流将在第六章后半部分及第八、第九章中讨论.

用导线将带电导体球和中性导体球接通.两球在接通前存在电势差,刚接通时导线中出现电场,自由电子将在电场力作用下形成电流.这导致两球电势逐渐接近,导线内部电场强度逐渐减弱,电流逐渐减小,通常在很短时间内就达到静电平衡.可见,要使导体出现电流,可以设法在导体内部制造电场.电流场通常总是伴随着一个电场,这个电场是由空间各处(特别是导线表面)分布着的电荷激发的.要维持恒定电流,空间各处的电荷密度必须不随时间而变.这个必要条件称为**恒定条件**.电荷密度不变并不意味着电荷没有运动,实际的物理图像是:导体内各处的载流子尽管都在向前移动,但它们原来的位置又被后续的载流子所占据.只要单位时间内从任一闭合曲面的一部分流出去的电荷等于从该面其他部分流进的电

荷,空间各点的电荷密度就不随时间变化.

根据恒定条件,恒定电流场中的任一闭合曲面 S 内的电荷 q 都不随时间而变,因此连续性方程(4-5)成为

$$\oint\!\!\!\oint_S \boldsymbol{J}\cdot \mathrm{d}\boldsymbol{S}=0\quad (\text{对任意闭合曲面 } S). \tag{4-6}$$

上式就是恒定条件的数学表达式.

引入电流线的概念还可把上述结论表达得更形象一些.电流线($\boldsymbol{J}$ 线)的定义(及附加规定)与电场线($\boldsymbol{E}$ 线)相仿.小节 1.5.2 根据静电场 $\boldsymbol{E}$ 的高斯定理推出了 $\boldsymbol{E}$ 线的一个重要性质:$\boldsymbol{E}$ 线起于正电荷(或无限远)、止于负电荷(或无限远),在无电荷处不中断.类似地可以根据式(4-6)推出 $\boldsymbol{J}$ 线的一个重要性质:恒定电流场中的 $\boldsymbol{J}$ 线是既无起点又无终点的闭合曲线①.这个性质称为恒定电流的闭合性.下面将看到,正是这一闭合性决定了恒定电流的电路必须是闭合电路.

与恒定电流场(恒定 $\boldsymbol{J}$ 场)相伴的电场 $\boldsymbol{E}$ 称为**恒定电场**.把恒定电场与静电场比较,可以看出它们的共同特点:两者的 $\boldsymbol{E}$ 及电荷分布都不随时间而变.两者的区别仅在于:激发静电场的电荷是静止的,而激发恒定电场的电荷(至少有一部分)是运动的.既然激发恒定电场的电荷分布不随时间而变,恒定电场本身就应与同样分布的静止电荷的静电场相同②.因此,恒定电场与静电场具有完全一样的性质,特别是,静电场的高斯定理和环路定理对恒定电场也完全适用(后面将要看到,恒定电流电路的一个重要定律——基尔霍夫第二定律正是由环路定理推导出来的).所以,与其他文献一样,今后我们也常把恒定电场称为静电场.

§4.2 直流电路

4.2.1 电路

根据一定的目的,用导线把电源、用电器(又称负载)以及可能存在的中间环节(如开关)连接起来的电流通路称为**电路**.电路的每一组成部件(包括电源和负载)叫**元件**.各元件的连接关系可用电路图表示.图 4-4 是最简单的电路(称为**无分支电路**,中学教材将其称为**全电路**)的电路图.通常的电路往往分成若干分支(例如图 4-5),每个分支称为一条**支路**.一条支路可以包含多个元件,但同一支路中各元件之间只能串联而不许再有分支(否则不算一条支路).三条(及以上)支路的连接点叫**节点**(或**结点**).图 4-5 中有两个节点(A 和 B),图 4-4 中没有节点.

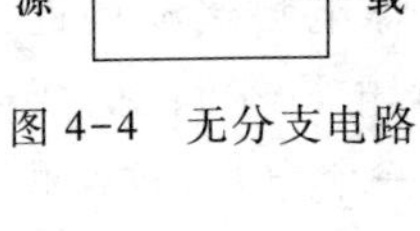

图 4-4 无分支电路

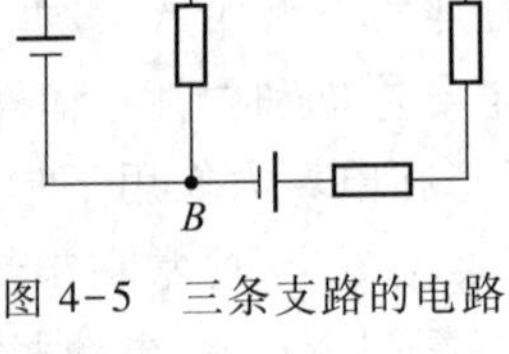

图 4-5 三条支路的电路

① 原则上还应讨论恒定电流的 $\boldsymbol{J}$ 线起于无限远、止于无限远(或在有限范围内做无限循环)的可能性,我们不拟涉及这些微妙问题.有兴趣的读者可参阅塔姆著,钱尚武、赵祖森译,《电学原理》(北京:人民教育出版社,1958)上册第 170 至 171 页,特别是 171 页的脚注①.

② 严格说来这是电磁学的一个假定,其正确性由于所有推论与实验事实一致而得到证实.

既然电流场通常总伴随着电场,电路问题自然与电场问题密切相关.但是两者在讨论方法上却存在很大差别.讨论电场时,我们关心场中各点的性质,为此就要强调各种矢量场和标量场(如电场强度和电势).然而,使用电路的一个主要目的是把电源的能量输送给负载,所以往往只需关心与能量输送直接有关的物理量(例如 I)而不必具体探究横截面上不同点的情况(例如 $\boldsymbol{J}$).I 是 $\boldsymbol{J}$ 的曲面积分,通常把 I 和 $\boldsymbol{J}$ 分别称为积分量和微分量.一般来说,讨论电路时主要应关心积分量而不是微分量.电路问题当然还涉及其他积分量,例如一个元件两端的电压(电场强度的线积分)以及电源的电动势(非静电场强度的线积分,详见小节 4.4.2)等,它们也都与能量输送直接有关."场"和"路"是电磁学的两个主要内容.

4.2.2 直流电路

载有恒定电流的电路叫**恒定电流电路**或**直流电路**.由恒定电流场 $\boldsymbol{J}$ 不含时间 t 可知直流电路涉及的各积分量(如任一截面的电流 I)都不随时间而变.此外,利用恒定条件还可证明直流电路有以下两个重要性质.

(1) 直流电路中同一支路的各个截面有相同的电流 I.

证明:设 S_1 和 S_2 是支路的任意两个截面(见图 4-6).作如图所示的闭合曲面 S 使它与支路(导线)相截的部分恰为 S_1 和 S_2.因为 S 面中除 S_1 和 S_2 外各点 有 $\boldsymbol{J}=\mathbf{0}$,把恒定条件(4-6)用于 S 面上便给出 $0=\oiint_S \boldsymbol{J}\cdot \mathrm{d}\boldsymbol{S}=\iint_{S_1}\boldsymbol{J}\cdot \mathrm{d}\boldsymbol{S}+\iint_{S_2}\boldsymbol{J}\cdot \mathrm{d}\boldsymbol{S}=I_1-I_2$($I_2$ 前加负号的理由:闭合曲面法向单位矢量一律向外,而 I_2 定义为自右向左流过 S_2 面的电流,所以是 S_2 面以 $-\boldsymbol{e}_{n2}$ 为法向单位矢量的 $\boldsymbol{J}$ 通量).于是 $I_1=I_2$.

上述结论也可从恒定电流的定义出发直接证明.讨论支路中介于 S_1 和 S_2 面之间的一段体积 V(图 4-6 的灰色部分).假定 $I_1\neq I_2$,即单位时间内从 S_2 面流进体积 V 的电荷不等于从 S_1 面流出的电荷,V 内的电荷便有变化,电场(因而电流密度)就会随时间而变,就不会存在恒定电流.可见,恒定电流的定义要求同一支路中任一截面的电流相等.

既然同一支路各截面电流相等,每一支路的电流情况就只需用一个电流表征.掌握了所有支路的电流就掌握了整个直流电路的电流情况.

(2) 流进直流电路任一节点的电流等于从该节点流出的电流.

证明:仅以图 4-7 的节点 A 为例,不难推广至一般情况.A 是四条支路的交点,其中前三条支路的电流向 A 流进,第四条支路的电流从 A 流出.对包围 A 的闭合曲面 S 使用恒定条件(4-6)得

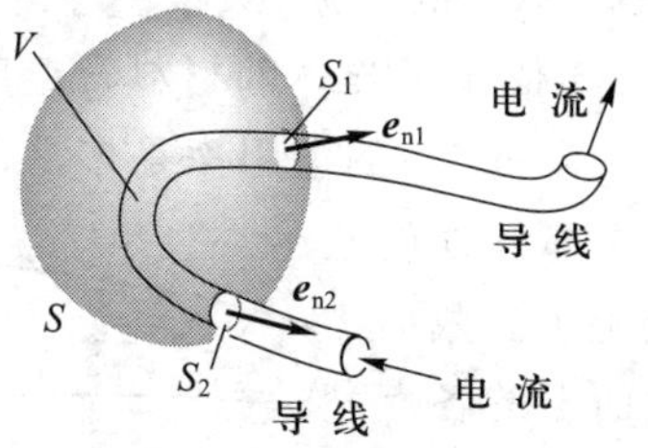

图 4-6 同一支路各截面电流相等

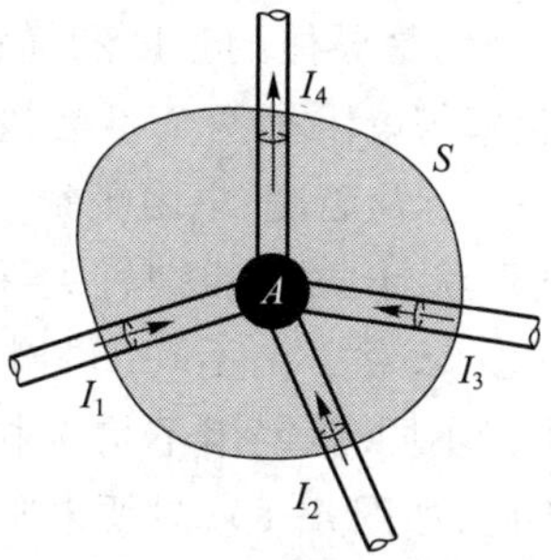

图 4-7 流进节点 A 的电流等于从 A 流出的电流

$$-I_1-I_2-I_3+I_4=0,$$

可见

$$I_1+I_2+I_3=I_4.$$

这个结论称为**基尔霍夫**(Kirchhoff)**第一定律**,其实它是恒定条件的必然推论.

欧姆定律的建立

§4.3 欧姆定律和焦耳定律

4.3.1 欧姆定律,电阻

实验表明,线状金属导体(看作一段支路)两端的电压 U 与其电流 I 成正比:

$$U=IR, \tag{4-7}$$

比例系数 R 称为导体的**电阻**.这就是著名的**欧姆**(Ohm)**定律**.电阻的数值取决于导体的材料、形状、长短、粗细及温度等.学习欧姆定律时还应注意如下两点:

(1) 实验表明,欧姆定律对金属导体及通常情况下的电解液很好地成立,但对半导体二极管、真空二极管以及许多气体导电管等元器件却不成立.为了描写元器件的电流与电压的关系,可以分别以电压、电流为坐标画出函数曲线,这种曲线称为元器件的**伏安特性曲线**,简称**伏安特性**.满足欧姆定律的元器件的伏安特性曲线显然是过原点的直线.伏安特性曲线是直线的元器件称为**线性元件**.以下如无特别声明,所讨论的都是线性元件以及由它们组成的线性电路.(气体导电除外,见小节 4.8.2.)

(2) 当导体内部含有电源时,由式(4-7)表达的欧姆定律不再成立,其电流与电压的关系服从另一规律,详见小节 4.4.2.因此,式(4-7)的欧姆定律又称为一段**不含源电路的欧姆定律**.

电阻的国际单位制单位称为**欧姆**(Ω),1 Ω=1 V/A.常用的电阻单位还有 kΩ(千欧)和 MΩ(兆欧),1 k$\Omega=10^3$ Ω,1 M$\Omega=10^6$ Ω.电阻的倒数称为**电导**,记为 G,其国际单位制单位称为**西门子**,定义为欧姆的倒数.欧姆定律式(4-7)也可用电导 G 表示为

$$I=GU. \tag{4-7'}$$

4.3.2 电阻率

导体的电阻 R 与一系列因素有关.实验表明,一段柱形的均匀导体的电阻由下式决定:

$$R=\rho\frac{l}{S}, \tag{4-8}$$

其中 l 和 S 分别是导体的长度和横截面积,ρ 是与导体的材料及温度有关的量,称为导体的**电阻率**.电阻率与电阻是两个不同概念.电阻率描写导体本身的性质,只取决于导体的材料(铜、铝、铁……)及温度;电阻则描写一段导体的性质,除依赖于导体的材料及温度外,还与该段导体的形状、长短及粗细有关.我们可以说铜(在某温度下)的电阻率是多少,却不能说铜的电阻是多少.对于由不均匀材料制成的导体,其内部各处的电阻率还可以不同.假定用不均匀材料制成长条形导体(横截面积可处处不同,如图 4-8),只要电阻率 ρ 对每个横截面上的各点相同(对不同横截面可以不同),这个导体的电阻 R 就可用下面的线积分计算:

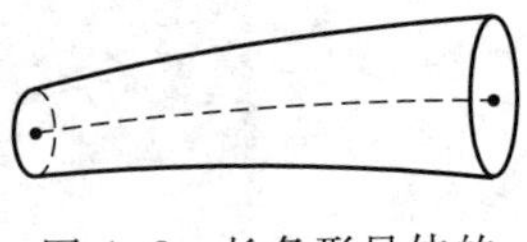

图 4-8 长条形导体的电阻可用积分计算

$$R=\int\rho\frac{\mathrm{d}l}{S}. \tag{4-9}$$

积分沿这个长条形导体中与长度方向大致平行的曲线（图 4-8 中虚线）进行，ρ 及 S 都应看作积分流动点的函数.可见电阻是积分量而电阻率是微分量.电阻率 ρ 的倒数 γ 称为**电导率**，即

$$\gamma\equiv\frac{1}{\rho}. \tag{4-10}$$

实验表明，所有纯金属的电阻率都随温度的升高而增大.当温度不太低时，电阻率与温度的关系可以很好地用以下的线性函数描写：

$$\rho_t=\rho_0(1+\alpha t), \tag{4-11}$$

其中 ρ_t 和 ρ_0 分别是摄氏温度为 t 和 0 时的电阻率，α 是常量（称为材料的**温度系数**），取决于材料的种类.表 4-1 给出几种金属、合金和碳的 ρ_0 及 α 值.由表可知，银、铜、铝的 ρ_0 很小，是典型的良导体.但银的价格昂贵，故一般用铜（甚至铝）制作导线.反之，用以限制电流的电阻器则应采用电阻率较大的材料制成.由表 4-1 还可看出康铜（镍铜合金）和锰铜合金等材料的温度系数很小，宜于制作标准电阻.

表 4-1 几种材料在 0 ℃时的电阻率 ρ_0 及温度系数 α

材料	$\rho_0/(\Omega\cdot\mathrm{m})$	α/K^{-1}	材料	$\rho_0/(\Omega\cdot\mathrm{m})$	α/K^{-1}
银	1.5×10^{-8}	4.0×10^{-3}	铂	9.8×10^{-8}	3.9×10^{-3}
铜	1.6×10^{-8}	4.3×10^{-3}	汞	9.4×10^{-7}	8.8×10^{-4}
铝	2.5×10^{-8}	4.7×10^{-3}	碳	3.5×10^{-5}	-5×10^{-4}
钨	5.5×10^{-8}	4.6×10^{-3}	镍铜合金	5.0×10^{-7}	4×10^{-5}
铁	8.7×10^{-8}	5×10^{-3}	锰铜合金	4.8×10^{-7}	1×10^{-5}

当温度降至绝对零度附近时，金属电阻率与温度不再具有线性关系，一些金属的电阻率当温度趋于绝对零度时趋向一个恒定的剩余值，例如铜，其剩余值约为常温时的 1%.但是也有相当数量的金属及化合物，当温度降至接近绝对零度的某一数值时，其电阻率突然降至零值（见图 4-9）.这种现象称为**超导**，这个温度称为超导**临界温度**，记为 T_c①.自 1911 年荷兰科学家昂内斯（Onnes）发现水银的超导现象以来，有关这一现象的原因、内部机制及应用的研究一直吸引了广泛的关注，其中一个重要课题就是如何提高 T_c.由于存在电阻，普通导线在电流通过时必然发热（焦耳热，详见下节），由此带来的能量损耗在许多情况下（如远距离输电线和大型电磁铁的励磁线圈）十分严重.超导材料由于电阻为零而得以摆脱能耗，由此带来新的曙光.然而进入超导状态的前提是异乎寻常的低温，为获取如此低温所需的庞大附加设备又常令人望而生畏.

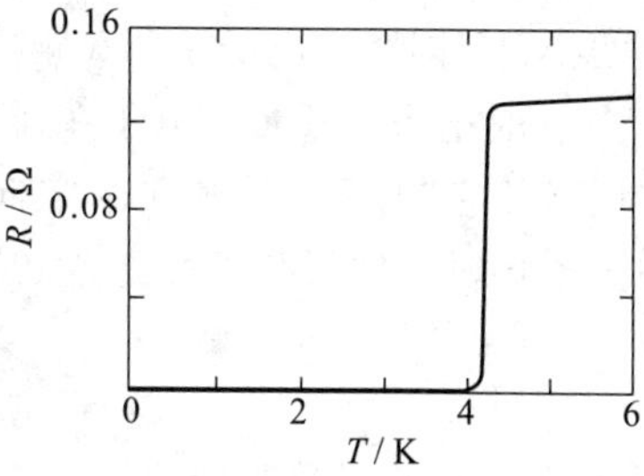

图 4-9 水银的超导现象（$T_c\approx4$ K）

① 从正常态到超导态的转变是在一个温度间隔内完成的.临界温度 T_c 通常定义为阻值降至正常态阻值之半的温度.超导态的另一重要特征是完全抗磁性（超导体内磁场总为零），详略.

因此,超导材料 T_c 值的提高就成为推广超导应用的关键.这一长期性的研究从 1986 年开始出现突破性进展.国际商用机器公司(IBM)苏黎世实验室的瑞士物理学家缪勒(Müller)和他从前的学生柏诺兹(Bednorz)于 1986 年宣布发现一种 T_c 高达 30 K 左右的氧化物超导材料,由此掀起寻找高 T_c 超导体的国际性热潮,不到两年就使 T_c 值突破 100 K 大关,而且还在不断提高.柏诺兹、缪勒为此获得 1987 年诺贝尔物理学奖.中国科学院物理所赵忠贤院士等学者在提高 T_c 值方面也做出了重要贡献.

4.3.3 欧姆定律的微分形式

金属导电的欧姆定律应该能从金属的微观结构和导电机制得到解释.根据近代物理,微观粒子的行为不服从经典力学而服从量子力学,因此,正确的金属导电理论只有在量子力学的基础上才能建立.限于课程性质,这里只能从经典物理学的角度对金属的导电机制及欧姆定律在**经典电子论**范畴内作一个大致的解释.

当金属内部没有电场时,自由电子的无规运动大体类似于理想气体分子的无规热运动,因此金属中自由电子的整体常又称为**电子气**.电子在热运动过程中与金属骨架频繁碰撞并改变运动方向,其轨迹是一条多折的折线.洛伦兹用经典统计力学算出电子气热运动的平均速率 $\bar{v}$ 的量级为 10^5 m/s.这虽然是很大的速率,但由于热运动的无规性,宏观看来单位时间内通过金属内部任一面元的电荷为零,所以宏观电流密度处处为零.当金属内部存在电场 $\boldsymbol{E}$ 时,每个自由电子都将在原有热运动的基础上附加一个逆电场强度方向的定向运动,正是它构成宏观电流.这时,每个电子的速度可以分为两部分——热运动速度和定向运动速度,虽然计算表明定向运动的平均速率 $\bar{u}$ 比热运动的平均速率 $\bar{v}$ 小得多(约小 9 个量级),然而在考虑大量电子运动的宏观效应时,只有电子的定向运动才会由于方向相同而造成宏观电流.可见,正是电子的定向平均速度 $\bar{\boldsymbol{u}}$ 决定着电流密度的数值和方向.可以说,电场强度 $\boldsymbol{E}$ 决定电子的定向平均速度 $\bar{\boldsymbol{u}}$,而 $\bar{\boldsymbol{u}}$ 则决定电流密度 $\boldsymbol{J}$.为了找出 $\boldsymbol{J}$ 与 $\boldsymbol{E}$ 的关系,可以按以下两步进行.

(1) 找出定向运动平均速度 $\bar{\boldsymbol{u}}$ 与电场强度 $\boldsymbol{E}$ 的关系.

无电场时,电子速度的大小和方向在每次碰撞时都随机地改变,在两次碰撞之间以某一(随机获得的)初速做匀速直线运动.由于没有任一特殊方向,这一初速对大量电子的平均值为零.当电场 $\boldsymbol{E}$ 存在时,由于电场力 $-e\boldsymbol{E}$ 的加速,电子除热运动速度 $\boldsymbol{v}$ 外还积累起一个定向运动速度 $\boldsymbol{u}$.具体地说,电子在两次碰撞之间的定向运动部分是匀加速运动,加速度为 $\boldsymbol{a}=-e\boldsymbol{E}/m$(其中 m 是电子的质量).电子在碰撞时所受的冲力比电场力大得多,它破坏电子运动的有向性(碰撞使它"忘记"了碰前的定向速度).所以在两次碰撞之间定向运动部分的初速为零(与无电场时一样).设两次碰撞之间的平均时间为 $\bar{\tau}$,则此段时间的末速为

$$\boldsymbol{u}_{\mathrm{f}}=\boldsymbol{a}\bar{\tau}=-\frac{e\boldsymbol{E}}{m}\bar{\tau},$$

故电子的定向运动平均速度为

$$\bar{\boldsymbol{u}}=\frac{\boldsymbol{0}+\boldsymbol{u}_{\mathrm{f}}}{2}=-\frac{e\boldsymbol{E}}{2m}\bar{\tau}.$$

由于热运动平均速率 $\bar{v}$ 远大于定向运动平均速率 $\bar{u}$,上式中的 $\bar{\tau}$ 可用 $\bar{v}$ 及平均自由程 $\bar{l}$ 表示为 $\bar{\tau}=\bar{l}/\bar{v}$,故最终有

$$\bar{\boldsymbol{u}}=-\frac{e\bar{l}}{2m\bar{v}}\boldsymbol{E}. \tag{4-12}$$

这就是电子定向运动平均速度 $\bar{\boldsymbol{u}}$ 与电场强度 $\boldsymbol{E}$ 的关系式.

(2) 找出电流密度 $\boldsymbol{J}$ 与定向运动平均速度 $\bar{\boldsymbol{u}}$ 的关系.

在金属内部取一个面积为 S、与 $\boldsymbol{J}$ 垂直的面元,以它为底、$\bar{u}$ 为高作一个正柱体(见图 4-10).因为 $\bar{u}$ 代表平均定向速率,所以在定向运动的意义上说,单位时间内只有位于柱体内部的电子才能穿过 S 面(从而构成通过 S 面的电流).柱体的体积等于 $\bar{u}S$,设单位体积内的自由电子数为 n,则柱体内的自由电子数等于 $n\bar{u}S$,它们在单位时间内全部穿过 S 面,故该面的电流为 $en\bar{u}S$,柱体内任一点的电流密度的大小则为 $J=en\bar{u}S/S=en\bar{u}$.考虑到电子带负电,$\boldsymbol{J}$ 与 $\bar{\boldsymbol{u}}$ 应反向,便有

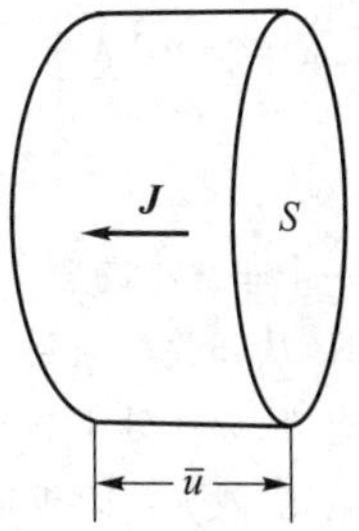

图 4-10 用柱体推导 $\boldsymbol{J}$ 与 $\bar{\boldsymbol{u}}$ 的关系

$$\boldsymbol{J}=-en\bar{\boldsymbol{u}}. \tag{4-13}$$

把式(4-12)代入式(4-13)便可得出电流密度 $\boldsymbol{J}$ 与电场强度 $\boldsymbol{E}$ 的关系:

$$\boldsymbol{J}=\frac{ne^2\bar{l}}{2m\bar{v}}\boldsymbol{E}. \tag{4-14}$$

比值 $ne^2\bar{l}/(2m\bar{v})$ 对金属中的同一点是一个正的常量(与 $\boldsymbol{E}$ 无关),故上式说明 $\boldsymbol{J}$ 与 $\boldsymbol{E}$ 方向相同,大小成正比.令

$$\gamma\equiv\frac{ne^2\bar{l}}{2m\bar{v}},$$

则式(4-14)成为

$$\boldsymbol{J}=\gamma\boldsymbol{E}. \tag{4-15}$$

上式反映电流密度 $\boldsymbol{J}$ 与引起 $\boldsymbol{J}$ 的外因($\boldsymbol{E}$)及内因(γ)的关系,与欧姆定律 $I=GU$ 类似,称为**欧姆定律的微分形式**.相应地,$I=GU$ 或 $U=IR$ 则称为**欧姆定律的积分形式**.欧姆定律的这两种形式彼此等价,可以互推.下面仅就最简单的情况证明由 $\boldsymbol{J}=\gamma\boldsymbol{E}$ 可以推出 $U=IR$.考虑一段圆柱形导体 AB(见图 4-11),其中各点的 $\boldsymbol{J}$ 都与轴线平行.用轴线上的线元 $\mathrm{d}\boldsymbol{l}$ 点乘式(4-15)得 $\boldsymbol{J}\cdot\mathrm{d}\boldsymbol{l}=\gamma\boldsymbol{E}\cdot\mathrm{d}\boldsymbol{l}$,即 $\gamma^{-1}\boldsymbol{J}\cdot\mathrm{d}\boldsymbol{l}=\boldsymbol{E}\cdot\mathrm{d}\boldsymbol{l}$,对此式两边从 A 沿轴线至 B 作线积分得

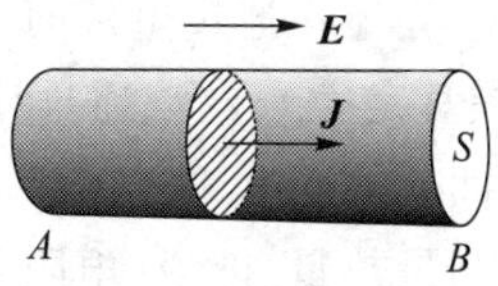

图 4-11 从欧姆定律的微分形式推导积分形式

$$\int_A^B\frac{\boldsymbol{J}\cdot\mathrm{d}\boldsymbol{l}}{\gamma}=\int_A^B\boldsymbol{E}\cdot\mathrm{d}\boldsymbol{l}.$$

上式右边正是 A、B 之间的电压 U.因 $\boldsymbol{J}$ 与 $\mathrm{d}\boldsymbol{l}$ 同向,上式左边积分号内可写为

$$\frac{\boldsymbol{J}\cdot\mathrm{d}\boldsymbol{l}}{\gamma}=\frac{J\mathrm{d}l}{\gamma}=\frac{I\mathrm{d}l}{\gamma S},$$

其中 I 和 S 分别是导体横截面的电流和面积.因各横截面的 I 相同,故

$$\int_A^B\frac{\boldsymbol{J}\cdot\mathrm{d}\boldsymbol{l}}{\gamma}=I\int_A^B\frac{\mathrm{d}l}{\gamma S}=I\int_A^B\rho\frac{\mathrm{d}l}{S},$$

其中 $\rho\equiv1/\gamma$.只要把 ρ 解释为导体的电阻率(从而应把 γ 解释为导体的电导率),则与式(4-9)对比可知上式右边的积分等于导体 AB 段的电阻 R,故 $U=IR$.这样就从欧姆定律的微分形式推

出了它的积分形式.

前面说过自由电子热运动速率 $\bar{v}$ 的数量级为 10^5 m/s,现在借用式(4-13)对铜导线中自由电子定向运动的平均速率 $\bar{u}$ 作一估算.铜的单位体积自由电子数为 $n=8.4\times10^{28}\ \mathrm{m}^{-3}$,假定导线中电流密度的大小为 $2\ \mathrm{A/mm^2}=2\times10^6\ \mathrm{A/m^2}$,则由式(4-13)得

$$\bar{u}=\frac{J}{en}=\frac{2\times10^6}{(1.6\times10^{-19})\times(8.4\times10^{28})}\ \mathrm{m/s}\approx1.5\times10^{-4}\ \mathrm{m/s}.$$

这是一个非常小的速率.于是出现一个问题:用两根 10 m 长的导线把电源与灯泡接通,按照 10^{-4} m/s 的速率估算,从开关接通到灯泡发亮约需 30 h,这显然不合事实.我们对此作一个简化的定性分析.开关接通前电路无电流,导线处于静电平衡状态,内部各点电场强度为零,开关的闸刀 S 与掷点 a 之间的电压等于电源两端的电压,故 a、S 附近的空间存在一个静电场,它主要由开关及附近导线表面的电荷所激发,这时开关类似于一个稍为开放的电容器(见图 4-12).接通开关时,闸刀从开到闭的动作导致附近电场的变化("电磁扰动"),这种扰动会以电磁波的形式向外传播.电磁波传到哪里就把电磁场带到哪里,导线及灯泡中原来就存在的(一直在"枕戈待命"的)自由电子在电磁波电场的作用下发生定向运动,灯泡于是发亮.在这里,起主导作用的是电磁波的速度(光速)而不是电子定向运动的速度.

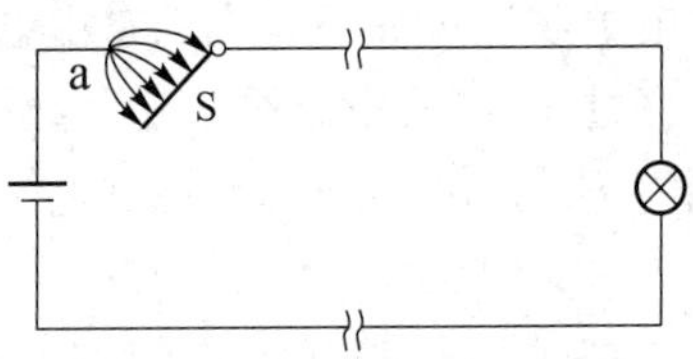

图 4-12 开关附近的静电场

读者也许会进一步问:开关断开时,若把闸刀改变一下位置但不接通(虚晃一"刀"),附近的场不是也改变吗?这种电磁扰动是否也要传播出去并对电路其他地方产生影响?答案是肯定的,电路各处的电荷分布在这个扰动的影响下的确要改变,但只要闸刀不接通,各处的电荷分布最终将调整得使导线内部无电场,因而无电流.闸刀的接通与改变位置的根本不同在于接通能使电路闭合,而接有直流电源的闭合电路一定有恒定电流.正是根据这一点,我们才敢于肯定接通开关的扰动对电路各处影响的最终结果是出现恒定电流.

4.3.4 焦耳定律

导体在通过电流时会有热量放出.英国物理学家焦耳(Joule)通过实验总结出如下规律(**焦耳定律**):电流通过导体时放出的热量 Q(**焦耳热**)与电流 I 的平方、导体的电阻 R 及通电时间 t 成正比,即 $Q=kI^2Rt$,其中 k 是比例常量.若分别以 J(焦耳)、A、Ω 及 s 等国际单位制单位测量热量、电流、电阻及时间,则实验测得 $k=1$,故焦耳定律的国际单位制形式为

$$Q=I^2Rt. \tag{4-16}$$

电流通过导体时放出焦耳热的现象可作如下粗略解释.在一段金属两端加上电压,金属内部就有电场,自由电子就在电场力作用下做定向运动,并在这个过程中不断与金属骨架相碰撞.在两次碰撞之间,电子在电场力作用下做加速运动,其动能的增加来自电场力的功.当电子与金属骨架碰撞时,就把定向运动的动能传给骨架,使骨架围绕平衡位置的振动加剧,其宏观效果便是金属的温度升高,亦即金属放出热量.可见,焦耳热实际是电场力的功转化而成的.由于电场力的功是在有电流的条件下完成的,所以也把这个功称为"电流的功".电荷 q 从电场中一点移到另一点的过程中电场力的功等于该两点的电势差与 q 的乘积.设导体中的电流为 I,则在时间 t 内共有 $q=It$ 的电荷从导体的一端移至另一端.设导体两端的电势差为 U,电场力在时间 t 内所做的功便为

$$W=qU=IUt. \tag{4-17}$$

利用欧姆定律 $U=IR$ 可把上式改写为

$$W=I^2Rt, \tag{4-18}$$

与式(4-16)对比可知 $W=Q$,即电场力在时间 t 内所做的功正好等于导体在时间 t 内所放出的焦耳热.从功能关系考虑,$W=Q$ 正是能量守恒定律所要求的结果.然而,如果导体在通电过程中还伴有其他能量形式的变化(例如电动机和电解槽的情况,前者伴有机械能的变化,后者伴有化学能的变化),从能量守恒定律就不能得出 $W=Q$,这时 $Q=I^2Rt$ 及 $W=IUt$ 是否还成立？我们说,$Q=I^2Rt$ 是大量实验事实的总结,$W=IUt$ 是理论计算的结果,即使有其他能量形式参与转化,这两个关系式仍然成立,只不过不再有 $W=Q$ 而已.这就出现一个问题:既然 $Q=I^2Rt$ 及 $W=IUt$ 各自成立而 $W\neq Q$,岂不是欧姆定律 $U=IR$ 不成立？事实正是如此.例如,在电动机的情况下还必须考虑感应电动势的问题(见第六章),考虑的结果是在电动机中必须以另一公式代替不含源电路的欧姆定律 $U=IR$.

电路的主要用处之一是借助电流把电源的能量传输给用电器(例如白炽灯).白炽灯发光表明它吸收了电能并转化为热能和光能.因此,用电器吸收电能的问题是电路中的重要课题.然而吸收的电能与时间长短有关,在比较两个用电器时,应该比较它们在相同时间内所吸收的电能.用电器在单位时间内吸收的电能称为它所吸收的**电功率**(俗称**电力**),以 P 表示.设用电器电流为 I,两端电压为 U,由式(4-17)可知电场力在时间 t 内的功为 IUt,所以电功率

$$P=IU. \tag{4-19}$$

由欧姆定律 $U=IR$ 又得

$$P=I^2R,\quad 或\quad P=\frac{U^2}{R}. \tag{4-20}$$

应该再次强调,以上三式只在欧姆定律 $U=IR$ 成立时才等价.对电动机等有其他能量形式参与变化的情况,因为 $U=IR$ 不成立,三者不能互推.那时 $P=IU$ 仍成立,但 $P=I^2R$ 不再成立,因为用电器吸收的电功率 P 并不全部转化为焦耳热功率 I^2R.而 $P=U^2/R$ 则不但不成立,而且其右边没有什么直接的物理意义.

电流的焦耳热有广泛的实用价值.白炽灯、电炉、电烙铁、电熨斗、电饭锅、电烤箱、电热褥、电热水器都是焦耳热的应用例子.但焦耳热也有害处.电机和变压器中电流的焦耳热会使其温度升高,绝缘老化,寿命降低.输配电线路的导线在电流过大时的高温会改变其机械性能(如导线张力),甚至会烧坏绝缘,熔断导线,造成停电和触电事故以及酿成火灾.为了用电安全,需要在一些用电器上标明通过电流的允许值,称之为该用电器的**额定电流**.各种导线的额定电流值可在电工手册中查到.不过,温度的升高需要一定的时间,所以短时间内通过大于额定值的电流是允许的.(但过于强大的电流通过时,瞬时也会将导线烧毁.)为了能在电流到达危险值前迅速自动切断电源,应在用电线路中串入保险丝(熔断器),它由低熔点材料制成,在电流过大时首先熔断,使电路迅速断开,从而保护电源和用电设备的安全.任何一个电阻,当通过的电流过大时也会因发热过度而烧坏,所以常用电阻上除标明阻值外还标有瓦数,后者就是该电阻允许的最大功率.例如一个标有“3 kΩ,5 W”字样的电阻,就表示当它实际吸收的功率大于 5 W 时会过热.对其他一些利用焦耳热效应的电阻器件(如白炽灯、电炉及电烙铁),我们关心的是其发热功率及它们应在多大的电压下工作,所以这类用电器不标出电阻值而标出其正常使用所要求的电压以及所吸收的电功率,分别称之为用电器的**额定电压**和**额定功率**.例如一个标有“220 V,40 W”的白炽灯,220 V 是指其额定电压(低于此值时白炽灯不够亮,高于此值时会过热甚至烧毁),40 W 则说明当它工作于 220 V 时吸收的电功率为 40 W.

§4.4 电源和电动势

4.4.1 非静电力

从欧姆定律可知,只要保持线状导体两端的电压不变,导体中就能维持恒定电流.导体两端的恒定电压对应于导体内部的恒定电场(静电场),恒定电流正是载流子在电场力作用下做定向运动的结果.这种恒定电场力是一种静电起源的力,简称静电力.然而,单靠静电力不可能维持恒定电流.恒定电流的电流线是闭合曲线,如果在闭合电路中各处的电流都只由静电力维持,电势沿着电流方向就必然越来越低.想象一个观察者从闭合电路的某点 P(见图4-13)出发沿着电流方向运动并测量各点的电势,如果载流子在电路中处处只受静电力,他一定发现电势不断降低.这样,当他运动一周回到出发点 P 时,必然发现电势比他出发时所测数值要小,这显然与一点只能有一个电势的事实矛盾.可见,单靠静电力不可能维持恒定电流.那么,实际电路的电势是如何变化的呢? 图 4-14 是我们熟悉的最简单的直流电路,其电流由电源产生,电源以外的电路是外电路.虽然金属内部的载流子是电子而不是正电荷,但为便于讨论,下面一律用正电荷的反向运动等效代替金属内电子的运动.由图看出,在外电路中,电流从 A 到 B,即从高电势点到低电势点.但是,根据恒定电流的闭合性,电流在电源内部就只能从 B 到 A,即从低电势点到高电势点.既然静电力不可能使电流从低电势点流向高电势点,电源内部就必然存在从低电势点指向高电势点的某种非静电力,正是它驱使正电荷逆着静电力从低电势点流向高电势点.这与用水泵把水从井底(低处)抽到地面(高处)类似,在水泵中必然存在一种作用于水上的非重力起源的力.非静电力的种类很多,例如化学电源中的化学力,发电机内由于电磁感应而出现的非静电力(见第六章)等.在现阶段的讨论中,可以暂且不问非静电力的具体起源,重要的是要认识电源与外电路的根本区别——电源内部存在非静电力.

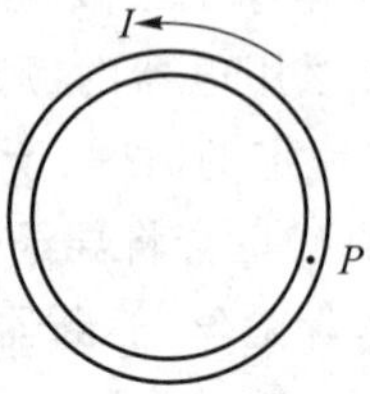

图 4-13 设想观察者沿闭合电路走一周并测量电势

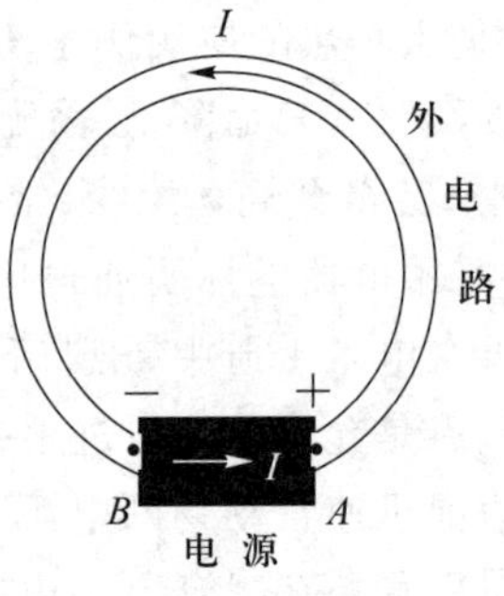

图 4-14 最简单的直流电路

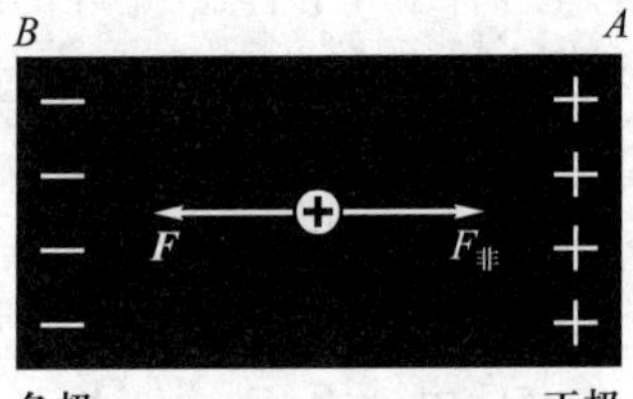

图 4-15 电源的开路状态

下面定性地分析电源的非静电力如何在闭合电路中维持恒定电流.先考虑电源不接外电路的状态(叫**开路**状态,见图 4-15).假定电源内的正电荷受到从 B 向 A 的非静电力,它就要从 B 向 A 运动,于是 A 端带正电而 B 端带负电.A、B 两端的正、负电荷激发一个从 A 向 B 的电场,所以电源内的正电荷除受非静电力 $\boldsymbol{F}_{非}$ 外还受到静电力 $\boldsymbol{F}$,两者方向相反.开

始时 F 很小,$F<F_{非}$,所以正电荷向 A 运动.随着 A、B 处电荷的逐渐增多,F 逐渐变大,直到 $F=F_{非}$ 时达到平衡,A、B 处电荷不再增加,A、B 之间的电压也达到一个确定值.这就说明,电源开路时两端存在一个固定的电势差,通常把开路时电势高(低)的一端称为电源的**正(负)极**.现在用导线(带一定电阻)把 A、B 接通形成外电路(见图4-14),A、B 的正负电荷便在导线中激发电场①,导线内的正电荷便在静电力的作用下做定向运动,形成从 A 经外电路至 B 的电流.随着正电荷这种运动的出现,A 与 B 处的正负电荷便有减少的趋势,电源内正电荷所受的 F 便有小于 $F_{非}$ 的倾向,于是正电荷又从 B 向 A 运动,整个电路便形成一个闭合的电流.应该注意,电源内外虽然都有电流,但其直接起因是不同的:在电源内部,非静电力起主导作用,所以电流从低势点 B 到高势点 A;在外电路,正电荷只受静电力,所以电流从高势点 A 到低势点 B.

电源内部的定量关系可仿照 $\boldsymbol{J}=\gamma\boldsymbol{E}$ 的推导方法求得,该式适用于导体中只有静电力的情况.仿照静电场强度的定义,在电源内部定义"非静电场强度"$\boldsymbol{E}_{非}\equiv\boldsymbol{F}_{非}/q$(其中 $\boldsymbol{F}_{非}$ 是电荷 q 所受的非静电力),并把 $\boldsymbol{J}=\gamma\boldsymbol{E}$ 中的 $\boldsymbol{E}$ 改为 $\boldsymbol{E}+\boldsymbol{E}_{非}$($\boldsymbol{E}$ 仍代表静电场强度),便可得到电源内部的如下关系:

$$\boldsymbol{J}=\gamma(\boldsymbol{E}+\boldsymbol{E}_{非}), \tag{4-21}$$

其中 γ 是电源内部的电导率.

在进一步讨论之前,我们借式(4-21)澄清一个问题.第二章讲过,导体静电平衡的必要条件是内部各点静电场强度为零.这一结论其实只当导体内没有非静电力时才成立.静电平衡时导体内部各点 $\boldsymbol{J}=\boldsymbol{0}$,由式(4-21)可知相当于 $\boldsymbol{E}+\boldsymbol{E}_{非}=\boldsymbol{0}$,所以更准确的提法是:静电平衡时导体内部各点的 $\boldsymbol{E}+\boldsymbol{E}_{非}$ 为零.对于内部没有非静电力的导体,这一提法回到原来的提法.当导体内部有非静电力时,为了使 $\boldsymbol{J}=\boldsymbol{0}$,恰恰必须有 $\boldsymbol{E}\neq\boldsymbol{0}$,正是 $\boldsymbol{E}$ 的存在抵消了 $\boldsymbol{E}_{非}$ 而保证静电平衡得以实现.图 4-15 就是一个有非静电力时静电平衡的例子.

4.4.2 电动势,一段含源电路的欧姆定律

在小节 4.3.3 中,我们从欧姆定律的微分形式 $\boldsymbol{J}=\gamma\boldsymbol{E}$ 推出了积分形式 $U=IR$.既然在电源内部必须以 $\boldsymbol{J}=\gamma(\boldsymbol{E}+\boldsymbol{E}_{非})$ 代替 $\boldsymbol{J}=\gamma\boldsymbol{E}$,可以预期,对含有电源的电路,$U=IR$ 也应被另一公式代替.现在推导这一公式.仿照从 $\boldsymbol{J}=\gamma\boldsymbol{E}$ 推导 $U=IR$ 的方法,把 $\boldsymbol{J}=\gamma(\boldsymbol{E}+\boldsymbol{E}_{非})$ 改写为 $\gamma^{-1}\boldsymbol{J}=\boldsymbol{E}+\boldsymbol{E}_{非}$,以 $\mathrm{d}\boldsymbol{l}$ 点乘上式并从电源负极 B 经电源内部到正极 A 作积分:

$$\int_{B\,(经电源)}^{A}\frac{\boldsymbol{J}\cdot\mathrm{d}\boldsymbol{l}}{\gamma}=\int_{B}^{A}\boldsymbol{E}\cdot\mathrm{d}\boldsymbol{l}+\int_{B\,(经电源)}^{A}\boldsymbol{E}_{非}\cdot\mathrm{d}\boldsymbol{l}.$$

仿照从 $\boldsymbol{J}=\gamma\boldsymbol{E}$ 推导 $U=IR$ 的讨论,可知上式左边等于流过电源的电流 I 与电源内部电阻 $R_{内}$(简称**内阻**)的乘积,右边第一项等于电源两端的电压 U_{BA},故

$$\int_{B\,(经电源)}^{A}\boldsymbol{E}_{非}\cdot\mathrm{d}\boldsymbol{l}=U_{AB}+IR_{内}.$$

上式左边的积分等于单位正电荷从负极经电源内部移到正极时非静电力所做的功,称为电源的**电动势**.电动势与电压有相同的单位.按照国际惯例,以大写花斜体拉丁字母 $\mathscr{E}$ 代表电动

---

① 在小节 4.4.4 中将看到,随着电流的出现,导线表面也会出现电荷,导线中的电场是由 A、B 处的电荷及导线表面的电荷(总之是空间的所有电荷)共同激发的.

势(以区别于代表电场强度的大写斜体 E),上式成为

$$\mathscr{E}=U_{AB}+IR_{内}. \tag{4-22}$$

此式说明,流过电源的电流 I 不但与电源两端的电压 U_{AB} 及内阻 $R_{内}$ 有关,而且取决于电源的电动势.这是与电源以外的电路(不含源电路)的重要区别.不含源电路的欧姆定律 $U=IR$ 绝不能用于电源内部:涉及电源的电流与电压的关系时必须使用式(4-22),即必须考虑电动势 $\mathscr{E}$.式(4-22)称为**一段含源电路的欧姆定律**,而式(4-21)则可相应地称为**含源欧姆定律的微分形式**.其实这一微分形式也适用于不含源电路内的各点,因为对这些点 $\boldsymbol{E}_{非}=\boldsymbol{0}$,$\boldsymbol{J}=\gamma(\boldsymbol{E}+\boldsymbol{E}_{非})$ 便回到 $\boldsymbol{J}=\gamma\boldsymbol{E}$.

对图 4-14 的电源和外电路分别使用含源和不含源电路的欧姆定律,便得 $\mathscr{E}=U_{AB}+IR_{内}$ 及 $U_{AB}=IR$(其中 R 代表外电路的电阻).从两式中消去 U_{AB} 得

$$\mathscr{E}=I(R_{内}+R),\quad 或\quad I=\frac{\mathscr{E}}{R_{内}+R}. \tag{4-23}$$

这称为**全电路的欧姆定律**,与含源电路欧姆定律(4-22)的主要区别在于:后者反映电路中含源区段的物理量(I、$\mathscr{E}$、$R_{内}$、U_{AB})的关系,其中包括区段两端的电压 U_{AB};前者则反映整个(全)电路的物理量(I、$\mathscr{E}$、$R_{内}$、R)的关系,因为电路闭合,所以式中不包含电压项.全电路欧姆定律其实也可通过把 $\boldsymbol{J}=\gamma(\boldsymbol{E}+\boldsymbol{E}_{非})$ 对整个闭合电路做线积分直接得出.

上面把 $\int_{B\,(经电源)}^{A}\boldsymbol{E}_{非}\cdot\mathrm{d}\boldsymbol{l}$ 定义为电源的电动势,还可以把整个环路积分 $\oint\boldsymbol{E}_{非}\cdot\mathrm{d}\boldsymbol{l}$ 定义为闭合电路的电动势.当闭合电路只含一个电源时,这个闭合电路的电动势就等于这个电源的电动势.当闭合电路包含多个电源(串联)时,其电动势等于所有电源电动势的代数和.虽然电动势与电压有相同单位,而且都是某个矢量的线积分,但这两个矢量($\boldsymbol{E}_{非}$ 和 $\boldsymbol{E}$)有很不相同的物理意义.从数学角度看,$\boldsymbol{E}$ 是势场而 $\boldsymbol{E}_{非}$ 不是($\boldsymbol{E}$ 的线积分与路径无关而 $\boldsymbol{E}_{非}$ 的线积分与路径有关),其结果是:指定两点就可谈及电压,但要谈电动势则必须指定一段电路(曲线).“B、A 两点之间的电动势”一类的提法一般没有意义.

下面再介绍电源的端压和内阻电势降的概念.**端压**亦称**路端电压**,是指电源正负两极之间的电压,即式(4-22)中的 U_{AB}.式(4-22)说明,一般情况下电源的端压不等于电动势,两者之差为 $IR_{内}$,即电源电流与内阻之积,称为**内阻电势降**.对于无内阻电源,$IR_{内}=0$,端压在数值上等于电动势.蓄电池和新的干电池内阻很小,一般场合下其端压与电动势近似相等.对于有内阻的电源,只要流过它的电流为零(处于开路状态的电源就如此),端压也与电动势数值相等.

例 1　已知图 4-16 中两电源电动势及内阻分别为 $\mathscr{E}_1=6\ \mathrm{V}$,$R_{内1}=1\ \Omega$,$\mathscr{E}_2=4\ \mathrm{V}$,$R_{内2}=2\ \Omega$,外电路电阻 $R=2\ \Omega$,求电路中的电流 I 及两电源的端压 U_{AB} 和 U_{CD}.

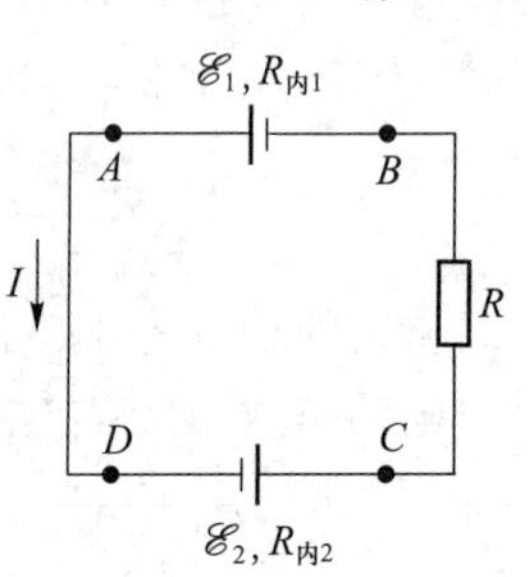

图 4-16　例 1 用图

解:由全电路欧姆定律得

$$I=\frac{\mathscr{E}_1+\mathscr{E}_2}{R_{内1}+R_{内2}+R}=\frac{4+6}{1+2+2}\ \mathrm{A}=2\ \mathrm{A}.$$

再由含源电路欧姆定律得

$$U_{AB}=\mathscr{E}_1-IR_{内1}=(6-2\times1)\ \mathrm{V}=4\ \mathrm{V},$$

$$U_{CD}=\mathscr{E}_2-IR_{内2}=(4-2\times2)\ \mathrm{V}=0\ \mathrm{V}.$$

上式说明,由于电源 2 的内阻电势降达到电动势的数值(4 V),其端压 U_{CD} 为零.如果流过电源 2 的电流再大,甚至出现端压为负(正极电势低于负极)的情况[见习题 4.4.1(1)].反之,若电流反向流过电源,电源的端压将比电动势大.把图中的 $\mathscr{E}_2$ 反过来接便是这种情况[见习题 4.4.1(2)].

例 2 用导线将八个全同电源顺接为一闭合电路(见图 4-17),求每个电源的端压(不考虑导线电阻).

解: 设每个电源的电动势及内阻分别为 $\mathscr{E}$ 及 $R_{内}$,由全电路欧姆定律得 $I=8\mathscr{E}/8R_{内}=\mathscr{E}/R_{内}$,故电源 BA 的端压 $U_{AB}=\mathscr{E}-IR_{内}=\mathscr{E}-\mathscr{E}=0$. 因各电源情况相同,故任一电源的端压皆为零.

注 可见图 4-17 中导线上任意两点(例如 A 与 C)皆等势.不含源电路各点电势相等必定没有电流,但图4-17是含源电路,尽管导线上任意两点等电势,电路仍可有电流.

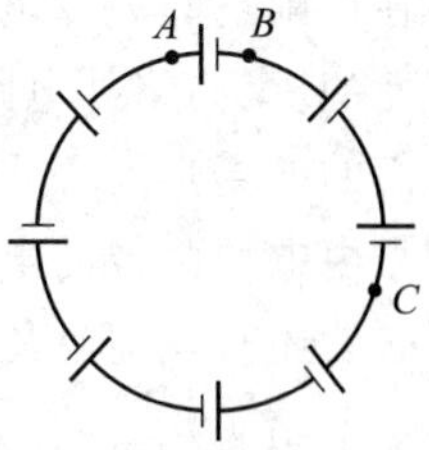

图 4-17 例 2 用图

4.4.3 电动势的测量,电势差计

无电流时电源端压等于电动势的结论使我们有可能通过测量端压来测量电动势.电压表(伏特表)虽然可以方便地测出端压,但它的接入不可避免地会使电流流过电源,而电源或多或少总有内阻,所以这样测得的端压略小于电动势.要精确地测定电动势,可以设法在没有电流流过电源的条件下测量它的端压.采用**补偿法**可以做到这一点.图 4-18 是用补偿法测量电动势的原理电路图,其中 $\mathscr{E}_x$ 是被测电源,$\mathscr{E}_s$ 是标准电池(其电动势非常稳定并且已知),$\mathscr{E}$ 是工作电源,AC 是一段均匀电阻丝(上有一滑动触头 B),G 是灵敏电流计.先将开关 S 掷于 1 方,调节触头 B 使电流计电流为零(这称为达到**平衡**).这时 D 与 B 等电势,故 $\mathscr{E}_x=U_{AB}$.设流过 AB 的电流为 I,则 $U_{AB}=IR_{AB}$,即

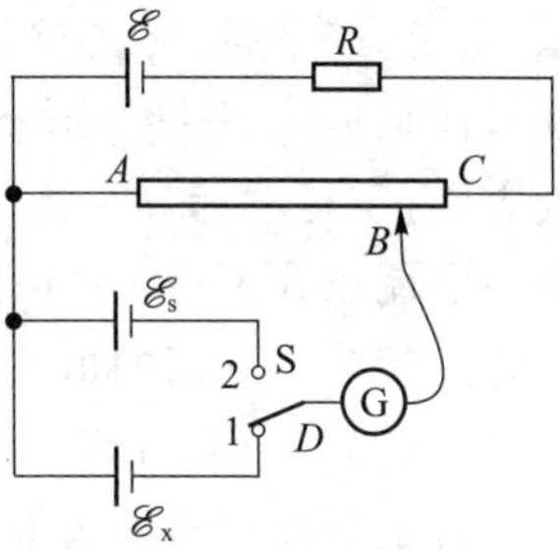

图 4-18 用补偿法测量电动势
(电势差计原理电路图)

$$\mathscr{E}_x=IR_{AB}, \tag{4-24}$$

其中 R_{AB}是 AB 段的电阻.再将开关掷于 2 方,因一般 $\mathscr{E}_s\neq\mathscr{E}_x$,平衡将被破坏.调节动触头至另一点 B'以重新达到平衡.仿照以上讨论得

$$\mathscr{E}_s=IR_{AB'}, \tag{4-25}$$

因 G 在两种情况下都无电流,故式(4-24)与式(4-25)中的 I 相同.合并两式得

$$\frac{\mathscr{E}_x}{\mathscr{E}_s}=\frac{R_{AB}}{R_{AB'}}=\frac{l}{l'}, \tag{4-26}$$

其中 l 及 l'分别为 AB 及 AB'段的长度.测出 l 及 l',利用 $\mathscr{E}_s$ 的已知值便可由上式求得 $\mathscr{E}_x$.

用以上方法测出的其实是待测电源无电流时两端的电势差,所以用这个原理制成的仪器称为**电势差计**.用电势差计测量电势差的最大优点是它不影响被测电路的工作情况,即不改变被测电压,所以在精确测量中经常用到电势差计.电势差计除可精确测量电势差及电动势外,还可精确测量电流和电阻.

4.4.4 导线表面的电荷分布

前面多次提到,外电路中载流子的定向运动是电场力作用的结果.现在问:激发这个电场的电荷分布在什么地方?你可能会这样回答:电流是电源引起的,电源两极存在着正、负电荷,所以电路内的电场是由电源两极的电荷激发的.这个回答非常片面.电源两极的电荷诚然要在周围空间激发电场,但电路内的电场绝不只由这些电荷激发.为了看出这点,只需讨论下面的反例:将外电路的导线折一个弯(图 4-19),在拐弯处取两个极近的点 P 和 P' 并讨论它们的电场强度 $\boldsymbol{E}$ 和 $\boldsymbol{E}'$.因为电流总沿导线流通,$\boldsymbol{E}$ 与 $\boldsymbol{E}'$ 的方向应该相反.然而,如果 $\boldsymbol{E}$ 及 $\boldsymbol{E}'$ 只由电源两极的电荷激发,如此互相靠近的两点的电场强度方向是不可能截然相反的.可见必然还有其他电荷对电场提供贡献.如果电路以外没有带电体,这些"其他电荷"就只能是导线上积聚的电荷.通常电路所用导线可看作均匀导线,由恒定条件 $\oint\!\!\!\oint \boldsymbol{J}\cdot \mathrm{d}\boldsymbol{S}=0$、欧姆定律微分形式 $\boldsymbol{J}=\gamma\boldsymbol{E}$ 和高斯定理 $\oint\!\!\!\oint \boldsymbol{E}\cdot \mathrm{d}\boldsymbol{S}=q_{内}/\varepsilon_0$ 可以证明均匀导线内各点的电荷体密度为零(留作思考题),然而,导线表面以及不同导线材料的接头处却可以存在电荷面密度(证明略),它们往往是导线内电场强度 $\boldsymbol{E}$ 的主要贡献者.电荷在导线表面的分布与导线的形状有密切关系,电荷分布的最终要求是使导线内部各点的电场强度沿着导线的方向,并从电源正极沿导线指向负极.如果导线形状发生变化,原来的电荷分布便不再能保证导线中各点的 $\boldsymbol{E}$ 仍沿导线方向,于是电荷分布将自动调整,直至导线内的 $\boldsymbol{E}$ 沿导线从电源正极指向负极.在调整过程中电流场并不恒定(事实上也只有非恒定电流才会出现电荷分布的改变),但一般只需极短时间就能达到新的恒定状态.导线表面的电荷不但在导线内部而且在导线外部激发电场,图4-20是一个载有恒定电流的圆形导线外部电场线(实线)及等势面(虚线)的示意图,由此可看出电荷在导线表面的大致分布.

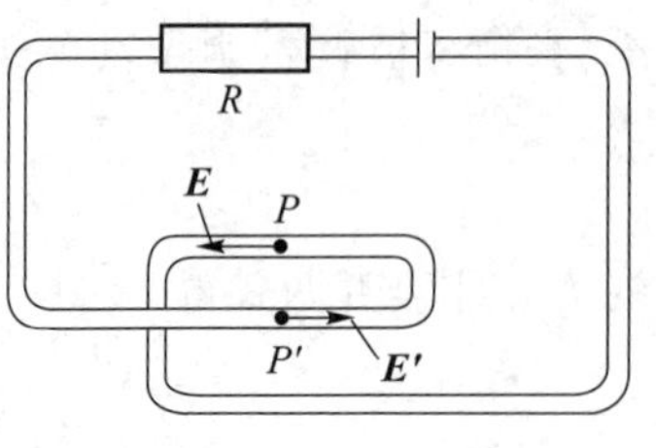

图 4-19 P、P'点的电场强度反向

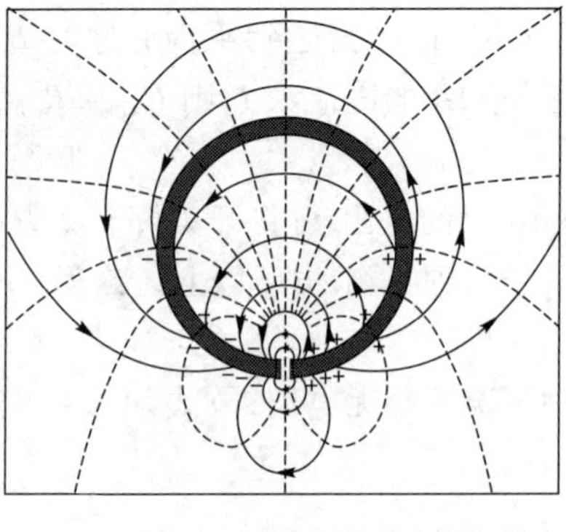

图 4-20 圆形载流导线(粗黑线)外部的电场线(实线)及等势面(虚线).电源没有画出

4.4.5 直流电路的能量转化

先讨论图 4-14 所示全电路工作时的能量转化问题.可能参与转化的能量有:(1) 电池的化学能;(2) 电阻消耗的焦耳热;(3) 电场能.恒定电流的电场不随时间而变,电场能量应该不变,所以参与转化的实际上只有(1)、(2)两项.以 I 乘全电路欧姆定律 $\mathscr{E}=I(R_{内}+R)$ 得

$$\mathscr{E}I=I^2R_{内}+I^2R.$$

上式左边 $\mathscr{E}I$ 的物理意义是很清楚的.单位正电荷从电源负极移到正极时非静电力的功等于 $\mathscr{E}$,而单位时间内从负极移到正极的电荷等于 I,故 $\mathscr{E}I$ 等于非静电力在单位时间内的功.至于上式右边,显然等于内、外电路在单位时间内所消耗的焦耳热.因此,上式表明电源非静电力的功全部转化为内、外电路的焦耳热,这显然是符合能量守恒定律的.应该指出,电场能量虽然并未参与能量转化,但电场的存在却是实现这种转化的必要前提.没有电场就没有电流,上述的能量转化过程也就不可能发生.

小节 4.3.4 讲过,电阻消耗的焦耳热是电场力的功转化来的.电场力既然做了功,电场的能量似乎就应减小,为什么本节又说电场的能量不变呢？这个问题要从电路的全局来考虑.仍以图 4-14 的全电路为例.在外电路中,电流从高电势到低电势,电场力做正功,其值等于 IU_{AB};在电源内部,电流从低电势到高电势,电场力做负功(非静电力做正功),其绝对值也等于 IU_{AB}.整体看来电场力的功为零,所以电场的能量不变.

当电路中有不止一个电源时,流过其中某一电源的电流可能与其非静电力方向相反,于是非静电力做负功,电源的非静电能不但不减小反而增加.蓄电池的充电就是一个常见例子.所谓充电,就是用另一直流电源 $\mathscr{E}_2$ 给蓄电池 $\mathscr{E}_1$ 提供一个与其化学力方向相反的电流,从而把 $\mathscr{E}_2$ 的非静电能转化为蓄电池的化学能,如图 4-21 所示(此时 $\mathscr{E}_1$ 的端压大于电动势).$\mathscr{E}_2$ 通常是由交流市电(220 V)经过降压和整流而得到的直流电源.为方便起见,有时对于不是蓄电池的电源也借用充电和放电这两个术语,即把 I 与 $\mathscr{E}$ 方向相反的状态称为充电状态,反之称为放电状态.

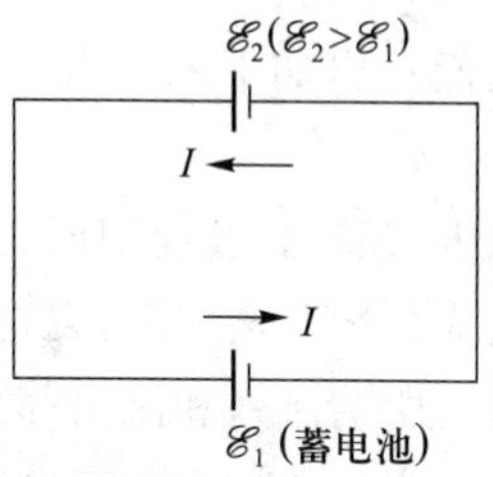

图 4-21　蓄电池的充电

§4.5　基尔霍夫方程组

本节介绍复杂电路的讨论方法.面对一个电路计算问题,一般是先用电阻串、并联公式把电路尽量化简.有些貌似复杂的电路在使用串、并联公式后变为无分支闭合电路,问题于是迎刃而解.考虑到读者在中学已学过有关内容,本书不再赘述(章末仍留有一部分只用串、并联公式便可求解的习题).但也往往会遇到难于化简为无分支闭合电路的情形.难于化简的原因不外乎两点:(1)多个电阻的联接并非总可看作串、并联的组合,图 4-26 的五个电阻就是一例;(2)当并联支路中有一条以上含源时,就无法用电阻的并联公式将其化简为一条支路.通常把不能用普通方法化简的电路称为复杂电路.求解复杂电路的基本公式是基尔霍夫方程组.下面将要看到,对于一个不论多么复杂的线性直流电路,如果所有电源的电动势、内阻及各个电阻皆已知,利用基尔霍夫方程组就一定可以求出各支路的电流.基尔霍夫方程组包含两个方程组,分别介绍如下.

4.5.1　基尔霍夫第一方程组

小节 4.2.2 已从恒定条件推出了基尔霍夫第一定律:流进直流电路任一节点的电流等于从该节点流出的电流.求解电路问题时,可以根据这一定律对有关节点列出方程(称之为**节点方程或基氏第一方程**),例如对图 4-7 的节点 A 可列出 $I_1+I_2+I_3=I_4$.虽然对每个节点都可列出一个方程,但是,可以证明,当电路共有 n 个节点时,只有 $n-1$ 个节点方程是独立的.这 $n-1$个独立方程构成**基氏第一方程组**,它们与基氏第二方程组(见下节)联立后,可以根据已知电动势及电阻求得每一支路的电流.

在列出节点方程时,凡流入节点的电流都写在等式的一侧,凡从节点流出的电流都写在另一侧.但是,求解复杂电路问题时,各支路电流往往是未知量,它们的方向事先并不知道.这时,可以先给每个支路电流假设一个方向,并按照这一方向列出方程.求解基氏联立方程后,如果求得某支路电流的数值为正,则该电流的实际方向与假设方向相同,否则相反.这个假设的电流方向称为电流的**正方向**.给每一支路电流假设(或称"选定")一个正方向之后,就可用代数量描写每条支路的电流,代数量的绝对值反映电流的大小,代数量的正负则反映电流的实际方向.正方向一经选定,节点方程的形式(等号左右两边应写哪些电流)就完全确定.例如,为列出图 4-22 中节点 A 的方程,可任意地选定与 A 有关的三个支路电流的正方向如图箭头所示,从而写出如下的节点方程:

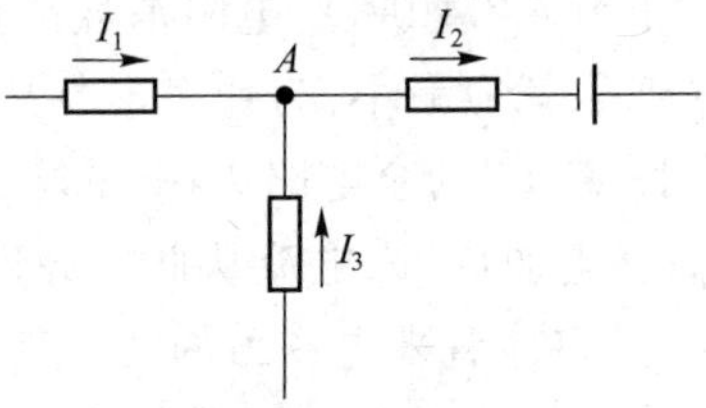

图 4-22 根据电流正方向列节点方程

$$I_1+I_3=I_2, \quad 即 \quad I_2-I_1-I_3=0.$$

从上式看出,若要把所有电流都写在等式左边(右边为零),则某些电流前应写+号,另一些电流前应写-号.+、-号可以这样决定:凡流入节点的电流前写-号,凡从节点流出的电流前写+号.这里的所谓流入和流出都是对电流的正方向而言的,不论其实际方向如何.应该强调指出,在用代数量表达的方程中存在双重正负号的问题:(1) $I_1, I_2, \cdots$本身都是代数量,都可能为正或为负("I为负"是指 $I<0$ 而不是指 I 前加-号),其为正或为负反映每个电流的实际方向与所选定的正方向之间的关系.正因为如此,才可以根据求解所得的 I 的正负来判断电流的实际方向.(2) 在方程中,$I_1, I_2, \cdots$中的每一个量的前面可能写+号也可能写-号,只取决于每一电流的正方向而与它的实际方向无关.就是说,方程的形式(指每项前的+、-号)只取决于正方向,这就使我们有可能在电流实际方向尚不知道的情况下列出电路方程,对于解题显然极为有利.明确这点之后,可知在一般情况下,当 k 条支路联接于某一节点时,其节点方程总可写为

$$\sum_{i=1}^{k}(\pm I_i)=0, \tag{4-27}$$

其中±号不可省略,当某支路电流的正方向指向节点时用-,背离节点时用+,而每一 I_i 本身则仍为可正可负的代数量.

4.5.2 基尔霍夫第二方程组

基氏第二方程是关于回路的方程.**回路**是电路中由若干支路组成的、满足如下两条件的部分:(1) 自身闭合;(2) 只要切断其中任一支路就不再闭合. 图 4-23 中的 $LNPL$ 就是回路的一例.基氏第二方程是把恒定电场的环路定理及直流电路的欧姆定律用于回路的结果.以图 4-23 的回路为例(图中电源的内阻都已合并到所在支路的电阻中),对它使用环路

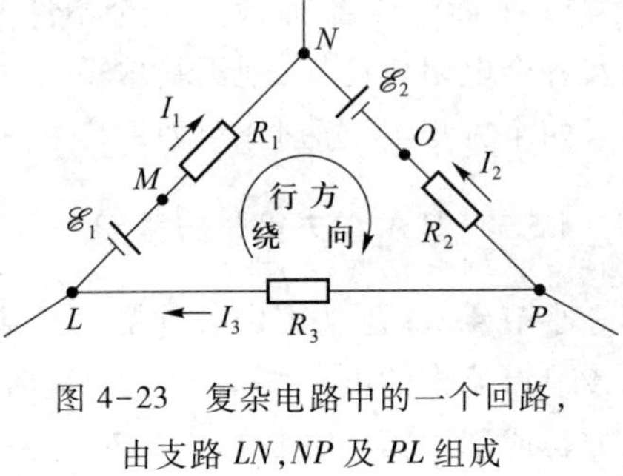

图 4-23 复杂电路中的一个回路,由支路 LN,NP 及 PL 组成

定理得 $\oint_{LNPL} \boldsymbol{E} \cdot \mathrm{d}\boldsymbol{l} = 0$,也可改写为

$$\int_L^M \boldsymbol{E} \cdot \mathrm{d}\boldsymbol{l} + \int_M^N \boldsymbol{E} \cdot \mathrm{d}\boldsymbol{l} + \int_N^O \boldsymbol{E} \cdot \mathrm{d}\boldsymbol{l} + \int_O^P \boldsymbol{E} \cdot \mathrm{d}\boldsymbol{l} + \int_P^L \boldsymbol{E} \cdot \mathrm{d}\boldsymbol{l} = 0,$$

即

$$U_{LM}+U_{MN}+U_{NO}+U_{OP}+U_{PL}=0. \tag{4-28}$$

设想有一个观察者从 L 点出发沿图中圆形箭头所示的方向绕行回路一周回到 L 点,他必然沿途看到电势有时升高有时降低,而且升、降的总量相等.由图看出,电势从 L 到 M 升高了数值 $\mathscr{E}_1$,从 M 到 N 降低了数值 I_1R_1……于是式(4-28)可以表示为 $-\mathscr{E}_1+I_1R_1+\mathscr{E}_2-I_2R_2+I_3R_3=0$,整理得

$$\mathscr{E}_1-\mathscr{E}_2=I_1R_1-I_2R_2+I_3R_3, \tag{4-29}$$

这称为关于回路 $LNPL$ 的**基尔霍夫第二方程**,亦称**回路方程**.

有必要说明一点.在写节点方程时我们已对各支路电流选定了正方向.因此,在对图4-23写回路方程时,图中的 I_1、I_2、I_3 旁的箭头都代表正方向.当观察者从 M 走到 N 时,他实际上可能发现电势降低(当 I_1 的实际方向与正方向相同,即 $I_1>0$ 时),也可能发现电势升高(当 $I_1<0$ 时).但"电势降低了数值 I_1R_1"的说法总是对的,因为它在 $I_1<0$ 时意味着电势实际上升高了 $|I_1|R_1$.

由以上讨论不难看出式(4-29)中每项前面的正、负号应由以下规则确定:任意选定一个绕行回路的方向(称之为**绕行方向**),当绕行方向从负极进入电源时(如 $\mathscr{E}_1$),其电动势前写+号,否则(如 $\mathscr{E}_2$)写-号;当绕行方向与电阻的电流正方向相同时(如 R_1 及 R_3),该电阻的 IR 项前写+号,否则写-号(如 R_2).任一回路的基氏第二方程可以写成如下的一般形式:

$$\sum(\pm\mathscr{E})=\sum(\pm IR). \tag{4-30}$$

请注意上式右边也存在"双重正负号"问题,即:(1) I 本身可正可负,取决于其正方向与实际方向的关系;(2) IR 项前可能写+也可能写-,取决于 I 的正方向与绕行方向的关系.

一个电路可以包含许多回路,但它们的方程并非都是独立的,例如图 4-24 包含三个回路:AR_2BR_1A、AR_3BR_2A 及 AR_3BR_1A.前两个回路的方程显然独立,因为每个回路都包含一条另一回路所不包含的支路.但第三个回路的方程就不独立,它可由前两个方程推出.电路中所有独立的回路方程构成**基氏第二方程组**.为了列出独立的回路方程,可以(但并非必须)选择这样的回路,其中每个至少包含一条其他回路所不包含的支路.一个完整电路的支路数 b、节点数 n 和独立回路数 m 之间有一个确定的关系,可借网络拓扑学(详见拓展篇专题 11)求得,为

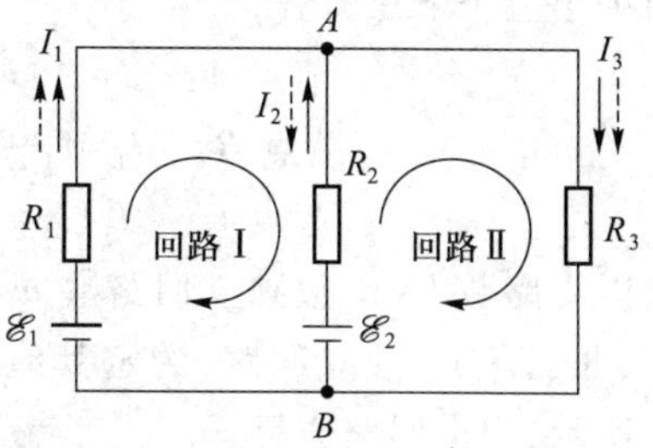

图 4-24 独立回路(各电源内阻已等效移出)

$$b=m+n-1. \tag{4-31}$$

如果全部电动势及电阻皆已知,则电路共有 b 个未知的支路电流.另一方面,由前述可知,这个电路必有 $n-1$ 个独立的节点方程及 m 个独立的回路方程,即共有 $m+n-1$ 个独立方程,恰与未知量个数 b 相等,所以可唯一解出各支路电流.当然,除支路电流外,电动势或电阻也可作为未知量,只要未知量个数为 b,同样可以求解.可见基氏方程组原则上可以解决一切线性直流电路的计算问题.当电动势是待求量而且连电源的极性也未知时,可以任意地给电动势选定一个正方向(即假设一对正、负极,电动势的正方向是指从假设的负极到正极的方向),

并把 $\mathscr{E}$ 作为代数量列出基氏第二方程，方程中 $\mathscr{E}$ 前的+、-号应根据绕行方向是否进入假设的负极来决定.求解后，如果 $\mathscr{E}>0$，则实际极性与假设极性相同，否则相反.

4.5.3　用基尔霍夫方程组解题举例

根据上节所述，可以总结出用基氏方程组解题的步骤如下：(1) 任意选定各支路电流的正方向；(2) 数出节点数 n，任取其中 $n-1$ 个写出 $n-1$ 个节点方程；(3) 数出支路数 b，选定 $m=b-n+1$ 个独立回路，任意指定每个回路的绕行方向，列出 m 个回路方程；(4) 对所列的 $(n-1)+(b-n+1)=b$ 个方程联立求解；(5) 根据所得电流值的正负判断各电流的实际方向.

例 1　图 4-24 中已知 $\mathscr{E}_1=32\ \text{V}$，$\mathscr{E}_2=24\ \text{V}$，$R_1=5\ \Omega$，$R_2=6\ \Omega$，$R_3=54\ \Omega$，求各支路的电流.

解：(任意地)选定 I_1、I_2、I_3 的正方向如图实箭头所示.(虚箭头则代表实际方向，待求解后方可确定.) 因节点数 $n=2$，故只有一个节点方程：

$$I_3-I_1-I_2=0.$$

又因支路数 $b=3$，故独立回路数 $m=b-n+1=2$.选图中Ⅰ、Ⅱ两个独立回路，约定其绕行方向如图圆形箭头所示，列出回路方程，

$$\text{回路Ⅰ}：\mathscr{E}_1-\mathscr{E}_2=I_1R_1-I_2R_2,$$

$$\text{回路Ⅱ}：\mathscr{E}_2=I_2R_2+I_3R_3.$$

三个方程联立解得 $I_1=1\ \text{A}$，$I_2=-0.5\ \text{A}$，$I_3=0.5\ \text{A}$，可见 I_1、I_3 的实际方向与假设的正方向相同，I_2 的实际方向与正方向相反.三个电流的实际方向已在图中用虚箭头标出.

例 2　求惠斯通(Wheatstone)电桥(见图 4-25)中电流计的电流 I_G 与电源电动势及各臂电阻的关系(电源内阻可忽略).

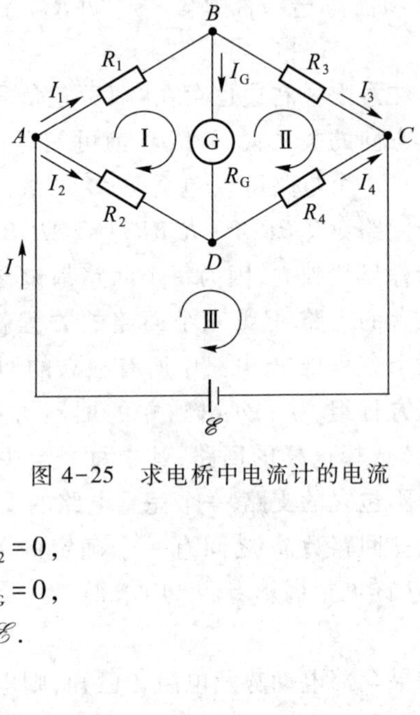

图 4-25　求电桥中电流计的电流

解：(任意地)选定各支路电流 I_1、I_2、I_3、I_4、I_G 及 I 的正方向如图 4-25 中实箭头所示.因节点数 $n=4$，故可列出三个节点方程，

$$\text{节点 }A：\quad I=I_1+I_2,$$

$$\text{节点 }B：\quad I_1=I_3+I_G,$$

$$\text{节点 }C：\quad I_3+I_4=I.$$

又因支路数 $b=6$，故独立回路数 $m=b-n+1=3$.选图中Ⅰ、Ⅱ、Ⅲ三个独立回路，约定其绕行方向如图圆形箭头所示，列出回路方程，

$$\text{回路Ⅰ}：\quad I_1R_1+I_GR_G-I_2R_2=0,$$

$$\text{回路Ⅱ}：\quad I_3R_3-I_4R_4-I_GR_G=0,$$

$$\text{回路Ⅲ}：\quad I_2R_2+I_4R_4=\mathscr{E}.$$

六个方程联立解得

$$I_G=\frac{(R_2R_3-R_1R_4)\mathscr{E}}{R_1R_3(R_2+R_4)+R_2R_4(R_1+R_3)+R_G(R_1+R_3)(R_2+R_4)}. \tag{4-32}$$

由上式可知电桥平衡(即 $I_G=0$)的充要条件为

$$R_1R_4=R_2R_3. \tag{4-33}$$

式(4-32)说明，当 $R_2R_3-R_1R_4>0$ 时 $I_G>0$，电流 I_G 的实际方向与正方向一致(向下)；反之，当

$R_2R_3-R_1R_4<0$ 时 $I_G<0$，I_G 的实际方向与正方向相反(向上).

例 3 已知图 4-26（桥式电路）中 $R_1=50\ \Omega$，$R_2=40\ \Omega$，$R_3=15\ \Omega$，$R_4=26\ \Omega$，$R_5=10\ \Omega$，求 A、B 之间的总电阻.

解：本题难以用串、并联公式简化，但可用基氏方程组求解.设想在 A、B 之间接入端压为 U 的无内阻电源使之成为完整的电路，用基氏方程组求出从 A 流进的电流 I，则比值U/I便是 A、B 之间的总电阻.把上例中的 I_G、R_G 分别改为 I_5、R_5 便可得出图 4-26 的全部(6 个)基氏方程，把电阻的已知数值代入后联立求解(这次是求 I 而不是求 I_5)得 $I=\dfrac{U}{32\ \Omega}$，故 A、B 之间的总电阻 $R=\dfrac{U}{I}=32\ \Omega$.

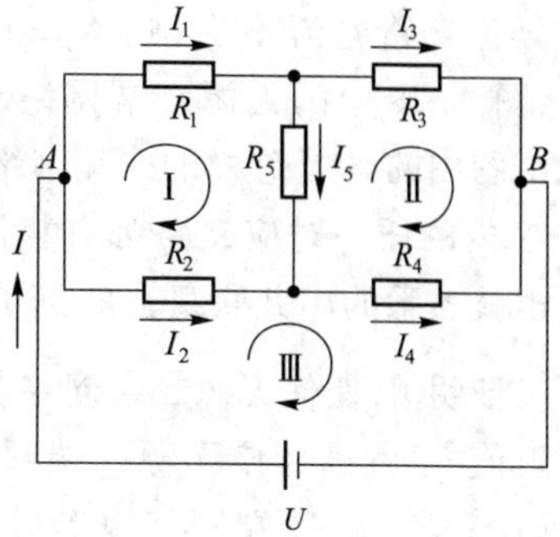

图 4-26 求桥式电路的总电阻

§4.6 二端网络理论与巧解线性电路问题

基氏方程组虽可解决线性直流电路的计算问题，但当电路复杂时求解工程浩大.本节介绍无须求解基氏方程的解题技巧及其理论基础，为此必须首先讲解若干概念和定理.

4.6.1 二端网络

在实际问题中，需要关心的往往只是某一支路的电流，为求这一电流而联立求解一大堆方程实属事倍功半.例如，假定图 4-27 中所有电动势及电阻皆已知而欲求电流 I.按图中的虚线方框把整个电路分成 N_1 和 N_2 两部分，两者之间由两根导线连接.把 N_1 和 N_2 看成两个整体并关心它们各自的外部特性，在保持外特性的前提下对它们尽量简化，便可方便地求得 I.电路中任意划出来的、有两个引出端的部分称为一个**二端网络**.(还可以有三端网络、四端网络及更多端的网络，不过其理论已超出本书范围.) 图 4-27 中的 N_1 和 N_2 都是二端网络.由线性元件组成的网络称为**线性网络**.我们只讨论**线性二端网络**.根据内部是否包含电源又可分为**无源二端网络**(如图 4-27 的 N_2)和**有源二端网络**(如图 4-27 的 N_1).二端网络与外界发生关系的量有两个：(1) 网络两端之间的电压，称为**二端网络的电压**；(2) 从一端流进(或流出)的电流，称为**二端网络的电流**.(由恒定条件可知二端网络两条引出线上的电流必然是一进一出，而且进出数值相等.) 掌握了一个二端网络的电压与电流之间的关系，便掌握了这个网络的外部特性.

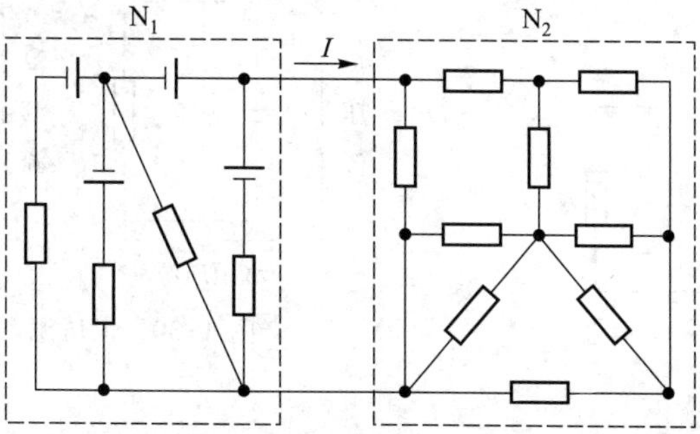

图 4-27 有源二端网络 N_1 和无源二端网络 N_2

对于二端网络(不论有源无源)N_1 和 N_2,若在任何含 N_1 的电路中把 N_1 换为 N_2 后未换部分各支路电流不变,则 N_1 和 N_2 称为**等效的**.例如,图 4-28 中的无源二端网络 n_1 与 n_2 等效,因为无论图中的 N 是怎样的二端网络,图4-28(a)和(b)中 N 内的任一对应支路都有相同电流.这是读者在中学就熟悉的串并联组合的例子.推广至一般情况,可以证明①,任何无源二端网络都等效于一个电阻,其阻值 R_e 就称为该无源二端网络的**总电阻**或**等效电阻**.任何有源二端网络也等效于一个最简单的有源二端网络,它由一个有适当电动势和内阻的电源串联而成(详见稍后的戴维南定理).无源二端网络的等效电阻概念也适用于如下两个极端特例:(1) 把理想导线(短路线)看作一个无源二端网络,则其等效电阻为零;(2) 把处于断开状态的开关看作一个无源二端网络,则其等效电阻为无限大.

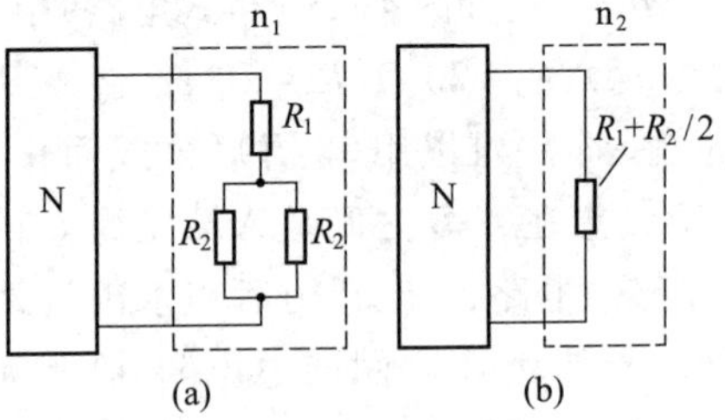

图 4-28 无源二端网络 n_1 与 n_2 等效

下面介绍对巧解线性电路问题十分有用的若干定理并以某些有趣的例子说明它们的应用.

*4.6.2 重要网络定理及其应用举例

首先介绍恒压源和恒流源的概念.在图 4-29 中,流过电源的电流 I 和电源的端压 U 分别为

$$I=\frac{\mathscr{E}}{R_{内}+R}, \quad U=\frac{R\mathscr{E}}{R_{内}+R}. \tag{4-34}$$

若 $R_{内} \ll R$,则 $U \approx \mathscr{E}$;若 $R_{内} \gg R$,则 $I \approx \mathscr{E}/R_{内}$.这是两种极端情况.在第一种情况下,无论负载电阻 R 为何值(只要满足 $R_{内} \ll R$),电源的端压 U 都近似一样(等于 $\mathscr{E}$);在第二种情况下,无论 R 为何值(只要满足 $R_{内} \gg R$),电源的输出电流 I 都近似一样(等于 $\mathscr{E}/R_{内}$).受此启发,人们引入两种理想模型——**恒压源**(端压恒定的电源)和**恒流源**(电流恒定的电源).前面常用的无内阻电源其实就是恒压源.真实的电源要用两个参量($\mathscr{E}$和 $R_{内}$)表征,恒压源和恒流源则只需一个参量,对前者是电压 U,对后者是电流 I.恒压源和恒流源的符号在各书中不很统一,本书用电池符号代表恒压源,旁边注 U 代表其电压[见图4-30(a)];用含箭头的圆圈代表恒流源,旁边注 I 代表其电流[见图 4-30(b)].[U 和 I 都是代数量,电池符号的正负极只代表假定的极性(只当 $U>0$ 时才与真实极性相同),圆圈内的箭头则代表 I 的正方向.]有关恒压(流)源的较详细讨论见拓展篇专题 12.

定理 1(叠加定理) 电路中每一支路的电流等于每个电源单独存在时该支路的电流之和.

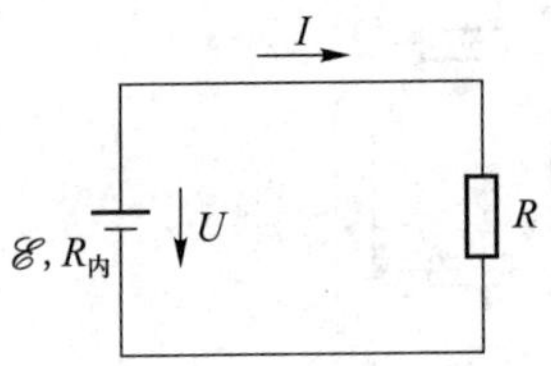

图 4-29 式(4-34)用图

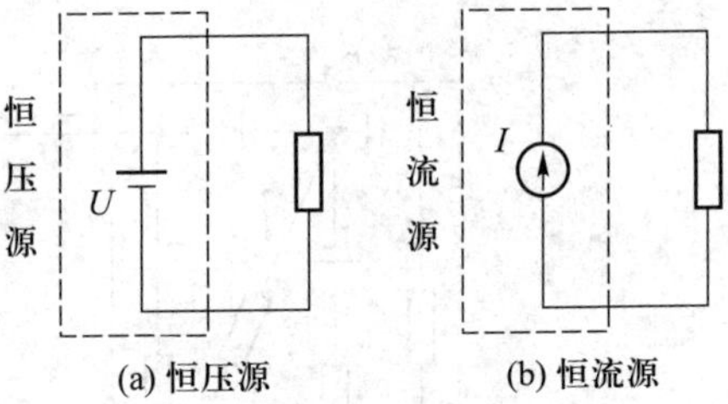

图 4-30 恒压源和恒流源

① 证明的基本依据是基氏方程组的线性特性,见《拓展篇》专题 12.

注　“每个电源单独存在”是指其他电源都不存在.对真实电源,“不存在”是指其电动势应看作零,但内阻仍留在支路中;对恒压源,“不存在”是指其电压为零(即短路);对恒流源,“不存在”是指其所在支路开路.

证明:见拓展篇专题12.

叠加定理和恒流源概念的结合可以巧妙地解决下面一道有趣的“难题”①.

例1　用多根长直电阻丝焊成由许多方格组成的平面网络[见图4-31(a)],相邻两焊点(节点,如A和B)间的短直线段(支路)的电阻为R.方格很多,以致可看作无限多.从A、B点引出两根导线使之成为一个无源二端网络,求其等效电阻.

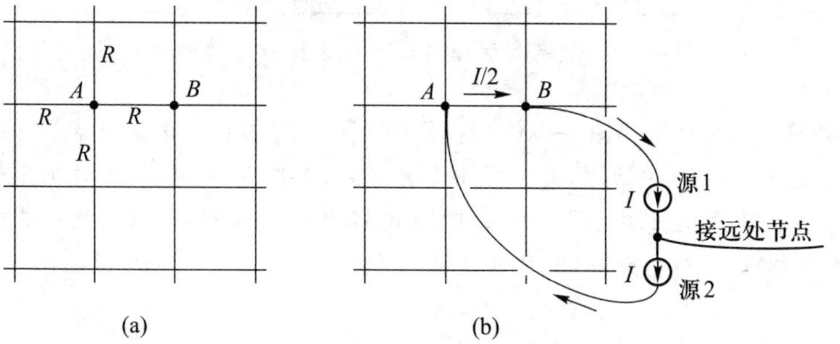

图4-31　例1用图

解:从B点引线串接两个电流为I的恒流源后接A点,再在两源相接处引出导线接网络中很远的一个节点[见图4-31(b)].先断开第一个恒流源,由对称性可知第二个恒流源的输出电流I在A点平分给4条支路,故支路AB的电流为$I/4$.接通第一个恒流源,断开第二个,同理可知AB的电流亦为$I/4$.由叠加定理可知两个恒流源都接通时AB的电流为$I/2$,故$U_{AB}=IR/2$.于是该无源二端网络的等效电阻按定义为$R_e\equiv U_{AB}/I=R/2$.(从两恒流源的接点引出至远处节点的导线无电流,故平面网络只通过A、B点与外界相接,因而仍是二端网络.)

定理2(替代定理)　设电路中某二端网络N的电压为U_{AB}[见图4-32(a)].以电压为$U=U_{AB}$的恒压源方向适当地代替N[见图4-32(b)],则未换部分(指N_1)各支路电流不变.

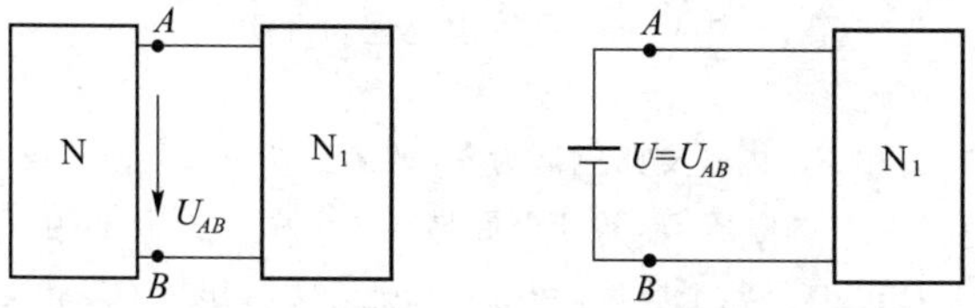

(a) 在任意电路中划出二端网络N,其余部分记为N_1　　(b) 以恒压源U代替N后未换部分N_1电流不变

图4-32　替代定理示意图

证明:见拓展篇专题12.

下面介绍非常有用的戴维南定理.为此先要讲解两个概念.(1)有源二端网络的**开路电压**是指其两个引出端不与外界相接时的电压,记为U_0.例如,把电池看作有源二端网络,其开路电压显然等于其电动势.(2)有源二端网络的**除源网络**是指把网络内部所有电源摘除后所得的无源二端网络.对有内

① 珀塞尔著,南开大学物理系译,《伯克利物理学教程》(第二卷)(北京:科学出版社,1979)525页称此题为电气工程师的“难题”.

阻的真实电源,“摘除”是令其电动势为零但保留其内阻;对恒压源,“摘除”是令其电压为零(相当于一条短路线);对恒流源,“摘除”是令其所在支路开断.除源网络的等效电阻称为原有源二端网络的**除源电阻**.

定理3(戴维南定理) 有源二端网络N等效于恒压源 U_e 与电阻 R_e 的串联支路(见图4-33),其中 U_e 等于N的开路电压 U_0,R_e 等于N的除源电阻 $R_{除}$.

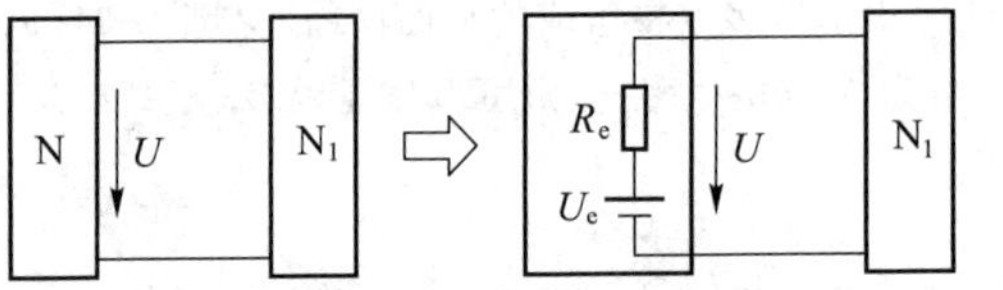

图4-33 戴维南定理(图中 N_1 为任意二端网络)

证明:见图4-34.关键在于证明图4-34(a)与(e)中 N_1 内对应支路的电流相等.设 B_i 是 N_1 内的第 i 支路,由替代定理知图4-34(b)中 B_i 的电流等于图4-34(a)中 B_i 的电流,由叠加定理可知它又等于图4-34(c)中 $N_{1除}$ 内的 B_i 的电流加上同图中 N_1 内的 B_i 的电流.但不难证明(见后面的注)图4-34(c)中 $N_{1除}$ 内各支路电流皆为零,故图4-34(a)中 B_i 的电流等于图4-34(d)中 B_i 的电流,因而等于图4-34(e)中 B_i 的电流.(**证毕**.)

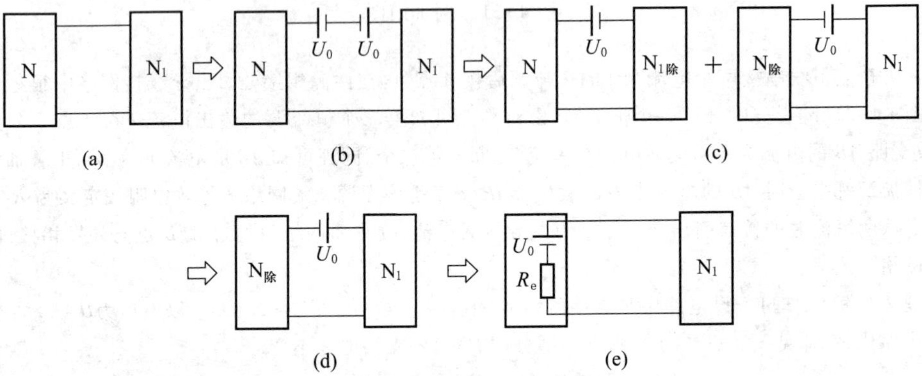

图4-34 戴维南定理的证明

注 现在补证图4-34(c)中 $N_{1除}$ 内各支路电流为零[改画成图4-35(a)].设用N通过开关S对 $N_{1除}$ 供电[见图4-35(b)].开关断开时N的电压 U_{AB} 等于开路电压 U_0.另一方面,因为 $N_{1除}$ 内无源,开关断开时 $N_{1除}$ 内各支路电流显然为零,所以 C 与 B 等势,于是 $U_{AC}=U_{AB}=U_0$.把开关看作一个二端网络,由替代定理便知它可被恒压源 U_0 替代,即图4-35(b)与图4-35(a)的 $N_{1除}$(以及N)内各支路电流对应相等.可见图4-35(a)[即图4-34(c)]中 $N_{1除}$ 内电流为零.

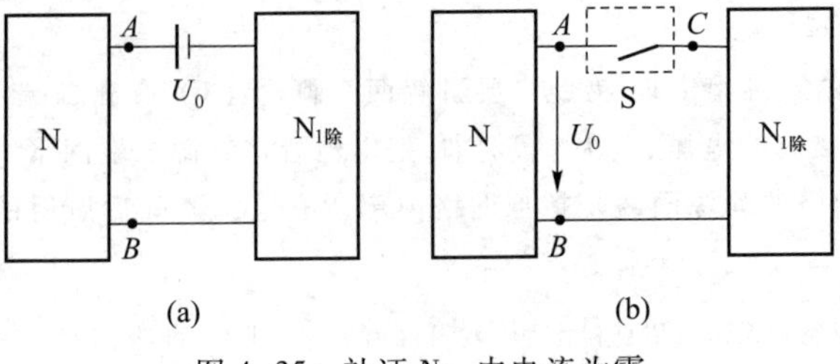

图4-35 补证 $N_{1除}$ 内电流为零

只要把无源二端网络看作有源二端网络的特例（开路电压 U_0 为零的"有源"二端网络），则戴维南定理也适用于无源二端网络.

下面举两例介绍戴维南定理在电路问题中的应用.

例 2　用两个电动势为 $\mathscr{E}$、内阻为 $R_内$ 的电池并联对负载 R 供电，求 R 上的电流［见图 4-36(a)］.

解：根据戴维南定理，图 4-36(a)中电路的等效电路如图 4-36(b)所示，其中 U_e 及 R_e 可分别求出如下.（1）U_e 等于原二端网络 N 的开路电压 U_0，由图 4-37 不难看出 $U_0=\mathscr{E}$，故 $U_e=\mathscr{E}$.（2）图 4-38 所示为 N 的除源网络，其等效电阻为 $R_内/2$，故 $R_e=R_内/2$. 于是由图 4-36(b)得

$$I=\frac{U_e}{R+R_e}=\frac{\mathscr{E}}{R+\frac{R_内}{2}}.$$

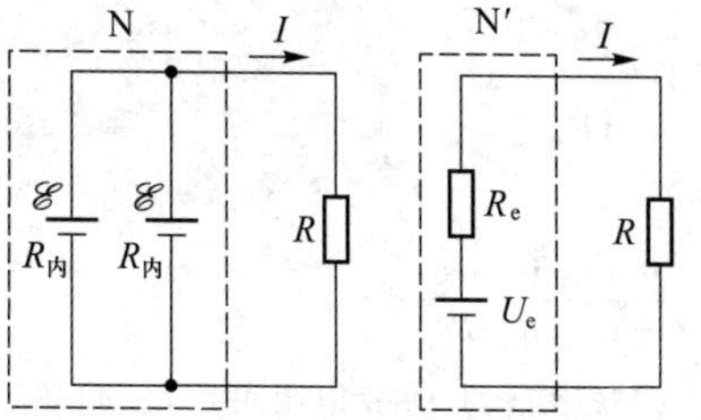

(a) 原电路　　(b) 等效电路

图 4-36　并联电源的化简（例 2）

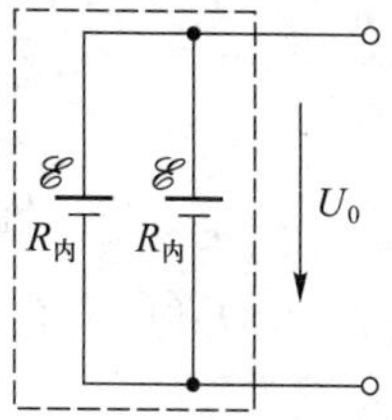

图 4-37　图 4-36(a)中 N 的开路电压 U_0

本例不难推广至 n 个相同电源并联的情况. 结论是：n 个相同电源的并联等效于一个电源，其电动势等于原电源（指每个）的电动势，其内阻等于原电源内阻的 $1/n$. 并联电源的好处不在于提高电动势而在于把负载电流平分给每个电源，从而减轻每个电源的负担. 在实际应用中，要提供大电流可用并联电源，要提供高电压可用串联电源.

例 3　用戴维南定理求不平衡电桥电流计的电流 I_G 与四臂电阻的关系，设电源电动势为 $\mathscr{E}$，内阻为零（见图 4-39）.

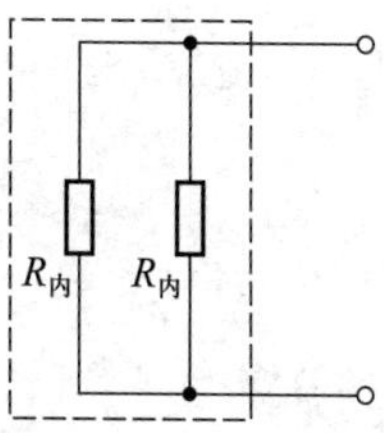

图 4-38　图 4-36(a)中 N 的除源网络

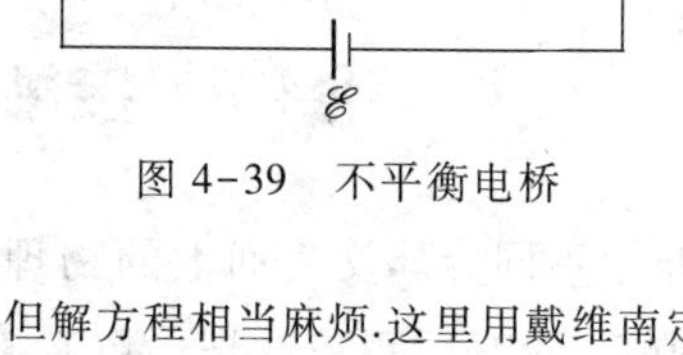

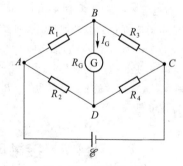

图 4-39　不平衡电桥

解：本题当然可用基氏方程组求解（见小节 4.5.3 例 2），但解方程相当麻烦. 这里用戴维南定理求解. 先将图 4-39 改画成图 4-40(a)，其等效电路如图 4-40(b)，故

$$I_G=\frac{U_e}{R_e+R_G},\tag{4-35}$$

其中 U_e 及 R_e 可分别求出如下.

（1）设想把图 4-40(a)中的 N 开路，其开路电压 $U_0=U_{BC}+U_{CD}$. 开路时，R_1 与 R_3 电流相等，R_2 与 R_4 电流相等，所以

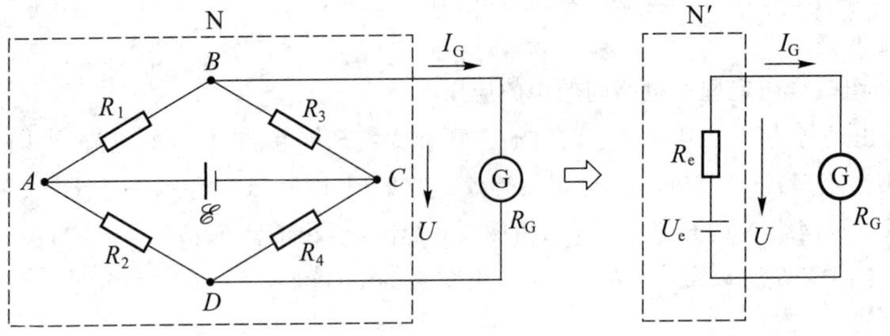

(a) 原电路 (b) 等效电路

图 4-40 用戴维南定理简化不平衡电桥电路

$$U_{BC}=\frac{R_3\mathscr{E}}{R_1+R_3},\quad U_{CD}=-\frac{R_4\mathscr{E}}{R_2+R_4},$$

因而

$$U_e=U_0=\left(\frac{R_3}{R_1+R_3}-\frac{R_4}{R_2+R_4}\right)\mathscr{E}=\frac{R_2R_3-R_1R_4}{(R_1+R_3)(R_2+R_4)}\mathscr{E}. \tag{4-36}$$

(2) N 的除源网络如图 4-41,它可看作四个电阻的串、并联组合,其等效电阻可用串、并联公式求得(其中"//"代表并联阻值):

$$R_e=(R_1/\!/R_3)+(R_2/\!/R_4)=\frac{R_1R_3}{R_1+R_3}+\frac{R_2R_4}{R_2+R_4}$$

$$=\frac{R_1R_3(R_2+R_4)+R_2R_4(R_1+R_3)}{(R_1+R_3)(R_2+R_4)}.$$

把求得的 U_e 及 R_e 代入式(4-35)化简得

$$I_G=\frac{(R_2R_3-R_1R_4)\mathscr{E}}{R_1R_3(R_2+R_4)+R_2R_4(R_1+R_3)+R_G(R_1+R_3)(R_2+R_4)}.$$

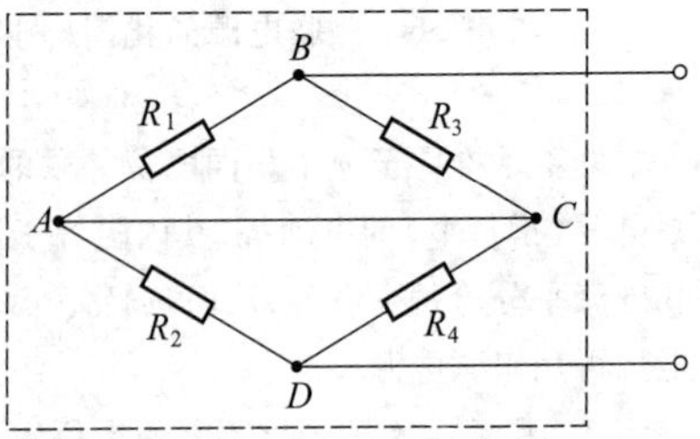

图 4-41 图 4-40(a)中 N 的除源网络

应该说明,当电桥不平衡时,G 的电流可能向下也可能向上,取决于四臂电阻的关系.可见,图 4-40(b)中 N′内的电源极性既可能上正下负也可能相反.图中画成上正下负仅代表电动势的正方向,若把给定的四臂阻值代入式(4-36)得 $U_e<0$,则说明图 4-40(b)中电源的真实极性是上负下正.同样,图 4-33 右边的电源极性也仅代表正方向.

定理 4 设 N_1 是由恒压源 U 与电阻 R_1 串联而成的二端网络,N_2 是由恒流源 I 与电阻 R_2 并联而成的二端网络,则 N_1 与 N_2 等效的充要条件为 $R_1=R_2$,$U=IR_2$.

证明:留作习题.

§4.7 接触电势差与温差电现象

本节介绍不同金属交界面上的物理现象以及与温度有关的若干电路问题.由于涉及微观及固体领域,对有关现象的理论解释早已超出本书范围.我们能做的只是:(1) 唯象地介绍一批重要的实验事实;(2) 从经典电子论的角度对有关现象给出一些"听来似乎合理"的解释;(3) 介绍有关现象的某些应用.

4.7.1 逸出功与热电子发射

考虑空气中的一块中性金属块.虽然价电子在金属内部是自由的,但要脱离金属却会受到阻力,这是因为金属与空气的界面两侧存在不对称性:金属侧的正离子(原子实)对价电子有吸引力.因此,价电子若要挣脱阻力飞离金属就要做一定的功,这个功称为**逸出功**(英语文献一般称之为**功函数**).不同金属的逸出功不同.逸出功通常以电子伏为单位.一个电子在电场中经过 1 V 的电势差时电场力的功称为一个**电子伏**,记为 1 eV.因电子电荷的大小为 1.6×10^{-19} C,故

$$1\ \mathrm{eV}=(1.6\times10^{-19}\ \mathrm{C})\times(1\ \mathrm{V})=1.6\times10^{-19}\ \mathrm{J}.$$

多数金属的逸出功在 1 eV 至 6 eV 之间.在常温下,电子热运动的平均动能不高,只有少数动能大的电子能够脱离金属,一般不易觉察.随着温度逐渐升高,动能大于逸出功因而能飞离金属的电子逐渐增多.当温度高达 1 000 ℃以上时,金属开始显著地发射电子,这种现象称为**热电子发射**.电子管及各种电子射线管(如示波管和显像管)就是利用热电子发射来产生电子流的.

4.7.2　接触电势差

实验表明,紧密接触的两种不同金属 A、B 的界面两侧(例如图4-42 的 A'、B'两点)有不同的电势,其电势差称为**接触电势差**.这一现象是由伏打(Volta)于 1797 年首先发现的.他还对一系列的金属作了排序,当序列中的一种金属与位于其后的金属接触时,前者电势较高.

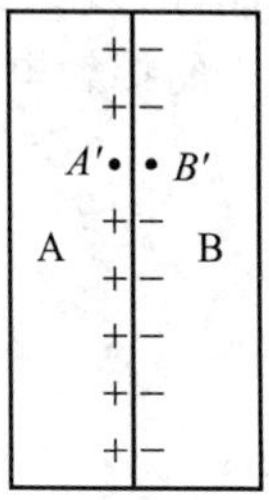

图 4-42　不同金属的界面(偶电层)

从现代的观点看来,接触电势差的起因是两种金属的逸出功不同.以 W_A 和 W_B 分别代表金属 A 和 B 的逸出功,设$W_A<W_B$,则自由电子将发现从 A 到 B 比从 B 到 A 容易,因此,界面 A 侧的部分电子移向 B 侧,造成 A 侧带正电而 B 侧带负电(见图 4-42),使界面形成一个**偶电层**(可仿照偶极子的概念理解),相当于一个极薄的(厚度仅为 $10^{-10}\sim10^{-9}$ m)、充了电的平板电容器①.两侧的正负电荷在层内激发一个电场,它作用于电子的电场力阻碍电子继续向 B 侧移动,最终达到平衡,并形成确定的接触电势差 U_{AB}($U_{AB}=U_{A'B'}$).为讨论方便,设 A 与 B 间有一很窄的空气隙.电子的能量在电子从 A 到空气时减小了 W_A,从空气到 B 时又增加了 W_B,可见电子从 A 到 B 后获得能量(W_B-W_A)(大于 0).U_{AB}出现后,电子从 A 到 B 时还要克服电场力做功 eU_{AB}(大于 0).只要 $eU_{AB}<W_B-W_A$,电子就"愿意"从 A 到 B(因为获得的能量比消耗的要多).直至 $eU_{AB}=W_B-W_A$ 时达到"收支平衡"为止.可见平衡时的接触电势差为

$$U_{AB}=\frac{1}{e}(W_B-W_A).$$

U_{AB}的数值为十分之几伏至几伏($10^{-1}\sim10^{0}$ V).

金属的逸出功(因而金属间的接触电势差)对于金属表面的状态(特别是清洁状况)非常敏感,所以逸出功的测量不易准确.静电计和其他静电器件以及电真空器件所用的金属必须有非常均匀和洁净的表面,否则其工作将受到接触电势差的不良影响.

两种非导电材料(绝缘体)在紧密接触时,界面两侧也会出现异号电荷,这就是众所周知的"摩擦起电"现象.为了获得可观的异号电荷,两者的摩擦是必要的.然而,至少在大多数情

---

① 《拓展篇》的选读 18-2 对偶电层有较为详细的介绍.

况下,摩擦的作用主要在于尽量增大接触面以及使接触尽可能紧密.因此,“摩擦起电”本质上仍是接触起电.虽然“摩擦起电”是一个非常古老的研究课题,而且起电的原因大致上也可归结为逸出功的差别,但是人们对绝缘体之间的“摩擦起电”的理解远不如对导体(及半导体)之间的接触电势差的理解清晰,其中一个主要原因就是人们对绝缘体表面的物理情况的了解仍然很不完善.

再回到金属之间的接触电势差问题.用电路的语言来讲,图 4-42 的偶电层可以看作一个处于开路状态的直流电源,其两侧的接触电势差相当于端压,由逸出功不同导致的使电子从 A 向 B 移动的作用相当于某种非静电力,所以接触处存在电动势,记为 $\varPi_{BA}$($\varPi$ 是希腊字母 π 的大写).又因偶电层极薄,可以认为这个电源的内阻为零,于是

$$\varPi_{BA}=U_{AB}=\frac{1}{e}(W_B-W_A).$$

如果把图 4-42 的 A、B 向左右延长并接成一个闭合电路(见图 4-43),电路中有电流吗？读者不难想到,两个接头(作为两个电源)现在处于串联状态,由于两个电动势等值反向,电流应该为零.不但如此,由三种甚至多种不同金属串接而成的闭合电路(例如图 4-44)同样没有电流,因为各接头处的接触电动势互相抵消.以图 4-44 为例,设 $\varPi_{BA}$、$\varPi_{AC}$和 $\varPi_{CB}$分别是三个接头的接触电动势,则

$$\varPi_{BA}+\varPi_{AC}+\varPi_{CB}=\frac{1}{e}[(W_B-W_A)+(W_A-W_C)+(W_C-W_B)]=0. \tag{4-37}$$

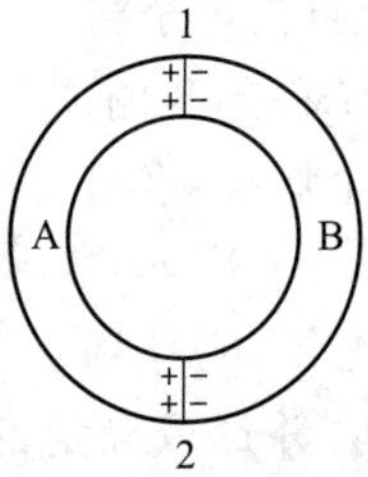

图 4-43　两种金属构成的闭合电路

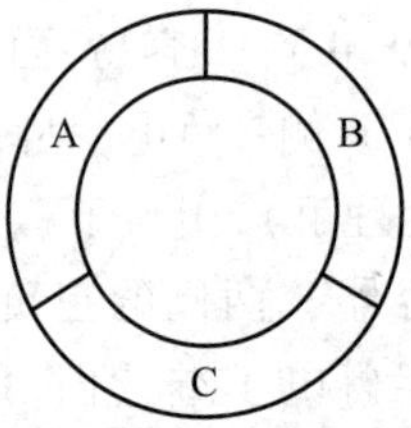

图 4-44　三种金属构成的闭合电路

然而以上讨论默认了一个前提,即各个接头处有相同的温度.如果这一前提不成立,问题就不这么简单.关键在于金属的逸出功与温度有关,在接头温度不同的情况下上式中的各个逸出功不能抵消干净.理论表明,若某种金属在温度 $T=0$ K 时的逸出功为 $W_0=5$ eV,则它在$T=300$ K(室温)时的逸出功 W_{300}与 W_0 之差仅为 10^{-4} eV 的量级,看来可以忽略温度的影响.然而,在两种(或多种)不同金属接成的闭合电路中,当两个接头处的温度 T_1 和 T_2 不等时,两个接触电动势 $\varPi_1$ 和 $\varPi_2$ 的微弱差别使两者不能完全抵消,虽然这一剩余部分比 $\varPi_1$ 或 $\varPi_2$ 低几个数量级,但是它在闭合电路中激起的电流往往不可忽略,这称为**温差电流**,详见下小节.

上面的讨论表明,在没有温差的前提下,无论把多少种不同金属串联成闭合电路,其总电动势必定为零.然而,如果参与串联的导体有一种是电解液,闭合电路就有非零的总电动势,从而有非零的电流.**电解液**是这样的液体,其中存在大量由分子离解而成的可做宏观移动(因而能导电)的正负离子.电解液以及插于其中的两块不同金属(电极)的组合称为一个**化学电池**.化学电池输出的电能是电解液的化学能转化而来的.虽然 220 V 市电是最为方便、

廉价的电源,但在许多情况下也必须使用化学电源,例如,各种便携式电器都离不开干电池,机动车靠蓄电池启动、点火和照明,医院要用蓄电池作为应急电源.

4.7.3 温差电现象(热电现象)

(1) 泽贝克效应.

泽贝克(Seebeck)于1822年发现,在两种不同金属构成的闭合电路(见图4-43)中,当两个接头的温度不等时,电路中出现电流,这称为**泽贝克效应**.他后来还把35种金属排成一个序列(即Bi-Ni-Co-Pd-Pt-U-Cu-Mn-Ti-Hg-Pb-Sn-Cr-Mo-Rh-Ir-Au-Ag-Zn-W-Cd-Fe-As-Sb-Te-…),并指出,当序列中的任意两种金属构成闭合电路时,电流将从排序较前的金属经热接头流向排序较后的金属.

从现在的观点看来,泽贝克效应可以用接触电动势进行定性解释.把图4-43重画为图4-45,以T_1、T_2代表接头1、2的温度,Π_1、Π_2代表1、2的接触电动势.如前所述,当$T_1=T_2$时,$|\Pi_1|=|\Pi_2|$,但两个电动势的实际方向相反,所以电路的总电动势为零,没有电流.当$T_1\neq T_2$时,由于逸出功与温度有关,$|\Pi_1|\neq|\Pi_2|$,所以总电动势$\Pi_1+\Pi_2\neq 0$.虽然$\Pi_1+\Pi_2$比Π_1和Π_2小几个量级,但这个非零的电动势终究要造成电流.

(2) 佩尔捷效应.

1834年佩尔捷(Peltier)发现了下述现象(**佩尔捷效应**):在由铋(Bi)与锑(Sb)组成的闭合电路中串入直流电源(见图4-46)使电路流过恒定电流,则接头1处放出热量,接头2处吸收热量.若把电源反接以使电流反向,则1处吸热而2处放热.虽然这种热量也与电流相伴随,但既然接头处是吸热或是放热还取决于电流方向,可见它不同于焦耳热(焦耳热与电流方向无关,且只放不吸),后来称为**佩尔捷热**.

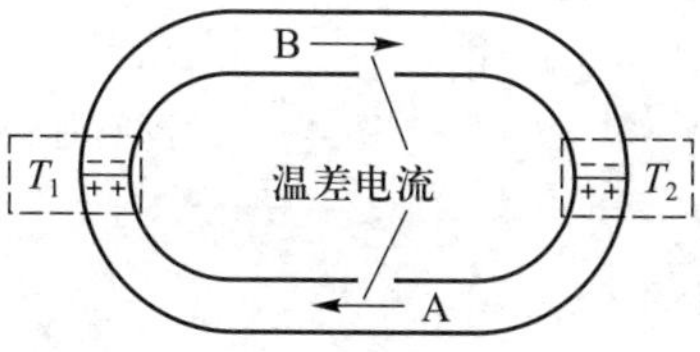

图4-45 泽贝克效应($T_2>T_1$)

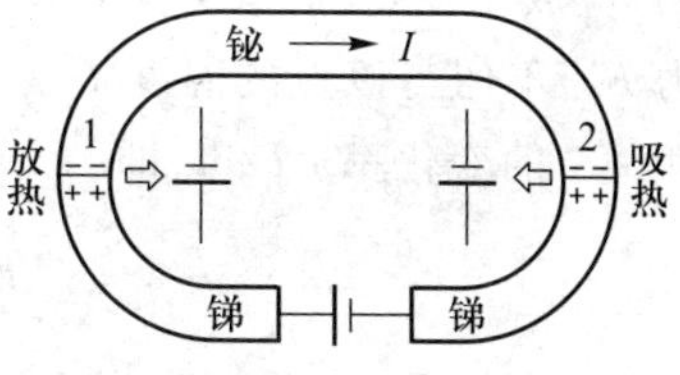

图4-46 佩尔捷效应

佩尔捷效应也可用接触电动势解释.由于存在接触电动势,两个接头可以等效地看作两个电池.当外加电源方向如图4-46所示时,接头2处的电池处于放电状态,其非静电力做正功,这份能量只能来自接头所在处(周围)的内能,因而接头2要从周围吸收热量;反之,接头1处的电池处于充电状态,非静电力做负功,并以佩尔捷热的形式在接头1处放出.

泽贝克效应和佩尔捷效应都属于热电效应,两者可看作互为逆效应.我们再来仔细审查泽贝克效应(见图4-45).在温差电流流过的同时,电路与外界存在热量交换.电流之所以能持续不断,是因为外界不断有热能转化为电能.如果愿意,原则上还可用此温差电流驱动电动机,从而把热能转化为机械能.这种考虑至少在理论上有重要意义——它说明图4-45的电路实际上是一台可逆热机,其中T_1和T_2分别相当于热机的冷、热源的温度.事实上,英国物理学家汤姆孙(W.Thomson)早在1855年的论文中就已指出这一点,他还进一步给出如下论辩：设 Q_2 是从热源吸收的热量，Q_1 是在冷源放出的热量，则经典热力学要求 $Q_2/Q_1=T_2/T_1$.设流过全电路的电荷为 q，则与两个接触电动势 Π_1、Π_2 相应的非静电力的功为 $q\Pi_1$ 和 $q\Pi_2$，故能量守恒定律给出 $Q_1=q\Pi_1$，$Q_2=q\Pi_2$，于是由 $Q_2/Q_1=T_2/T_1$ 得 $\Pi_2/\Pi_1=T_2/T_1$，因而

$$\frac{\Pi_2-\Pi_1}{\Pi_1}=\frac{T_2-T_1}{T_1},$$

全电路的总电动势

$$\mathscr{E}=\Pi_2-\Pi_1=\Pi_1\frac{T_2-T_1}{T_1}.$$

若保持 T_1（因而 Π_1）为常量，则上式表明总电动势 $\mathscr{E}$ 与温差 T_2-T_1 成正比.但是实验却发现电路的温差电动势与温差不成正比，甚至也不是正变关系.所以汤姆孙认为电路的温差电动势（总电动势）一定不单由接触电动势（当时称为佩尔捷电动势）提供.他预言，同一金属内由于各处温度不等也会提供一个电动势.电流通过金属时，也会产生吸热和放热现象.这就是下面要介绍的汤姆孙效应.

（3）汤姆孙效应.

在对金属棒中部 C 加热的同时保持两端 A 及 B 与中部温度不等，并且设法使电流由 A 流至 B（见图 4-47），就会发现 AC 段吸热，CB 段放热.若改变电流方向，则两段吸、放热的状态互换.显然，这种热也与焦耳热不同，称为**汤姆孙热**.用经典电子论可对汤姆孙效应作如下粗浅解释：电子在温度高处动能较大，它们将向温度低处扩散.这个过程可以看作载流子受到一个等效的非静电力的作用，图 4-47 中金属棒的两段可以等效为两个方向指向中央的电动势.在电流由 A 流向 B 的过程中，在 AC 段非静电力做正功，应吸收汤姆孙热；在 CB 段非静电力做负功，应放出汤姆孙热.实验表明，作用在单位正电荷上的非静电力 $E_{非}$ 不但与该点的温度 T 有关，而且在 T 一定时正比于 T 随距离 l 的变化率 dT/dl，即

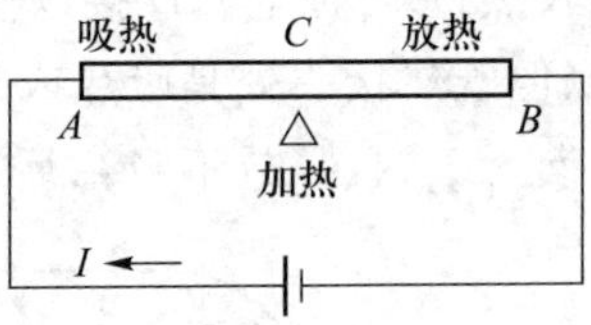

图 4-47　汤姆孙效应（$\mu>0$）

$$E_{非}=\mu(T)\frac{dT}{dl},\tag{4-38}$$

式中比例系数 μ 称为**汤姆孙系数**，其值与金属材料及温度有关①.铋在室温下的汤姆孙系数的量级为 10^{-5} V/K.这种由于金属棒温度连续变化导致的电动势称为**汤姆孙电动势**.两端温度各为 T_1 和 T_2 的金属棒内的汤姆孙电动势可由下式计算：

$$\mathscr{E}_{汤}=\int_0^L\mu(T)\frac{dT}{dl}dl=\int_{T_1}^{T_2}\mu(T)dT.\tag{4-39}$$

综上所述，可知图 4-45 的闭合电路的温差电动势实际上是由两个接头处的接触电动势及两种金属中的汤姆孙电动势共同提供的.由 A、B 两种金属组成的闭合电路的总温差电动势为

$$\mathscr{E}=(\Pi_{BA})_{T_2}+(\Pi_{AB})_{T_1}+\int_{T_2}^{T_1}\mu_A dT+\int_{T_1}^{T_2}\mu_B dT.\tag{4-40}$$

前面在用接触电动势解释泽贝克效应时并未提及汤姆孙电动势，因为那时尚未讲过这一概念.

---

① μ 对某些金属（如 Cd、Zn、Ag、Cu）为正，但对某些金属（如 Fe、Pt、Pd）为负.图 4-47 只适用于 $\mu>0$ 的情况.对 $\mu<0$ 的金属，图中吸热和放热的位置应互换.

4.7.4 温差电现象的应用

把两种不同金属焊接起来就得到一个**温差电偶(热电偶)**,它是测量温度的有效工具.测量时,令一个接头的温度为已知,把另一接头插入待测温度的物体中,测出电偶内的温差电流,便可推知待测温度.但是,要测量温差电流就必须将某一接头打开并串入测量仪表,这样就变成由三种金属组成的有三个接头的回路.不过,可以证明,在 A、B 组成的回路中打开接头 2 并插入第三种金属 C 后,只要维持接头 A、C 及 B、C 的温度与原 A、B 的接头 2 的温度相同,回路总电动势就不改变,也就是说,图 4-48(a)与(b)两个回路的总电动势相同.证明如下.

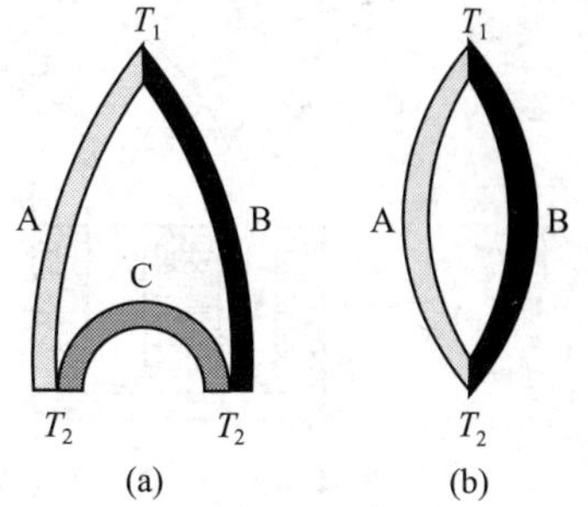

图 4-48 两个回路的总电动势相同

图 4-48(a)的回路总电动势

$$\mathscr{E}=(\Pi_{AB})_{T_1}+(\Pi_{BC})_{T_2}+(\Pi_{CA})_{T_2}+\int_{T_2}^{T_1}\mu_A\mathrm{d}T+\int_{T_1}^{T_2}\mu_B\mathrm{d}T. \tag{4-41}$$

另一方面,图 4-48(b)的回路总电动势

$$\mathscr{E}'=(\Pi_{AB})_{T_1}+(\Pi_{BA})_{T_2}+\int_{T_2}^{T_1}\mu_A\mathrm{d}T+\int_{T_1}^{T_2}\mu_B\mathrm{d}T. \tag{4-42}$$

由式(4-37)得

$$(\Pi_{AB})_{T_2}+(\Pi_{BC})_{T_2}+(\Pi_{CA})_{T_2}=0,$$

故

$$(\Pi_{BA})_{T_2}=(\Pi_{BC})_{T_2}+(\Pi_{CA})_{T_2}, \tag{4-43}$$

借用上式可从式(4-41)和式(4-42)看出 $\mathscr{E}=\mathscr{E}'$.这就是所要证明的.请读者注意,下面介绍的温差电偶测量方法的确用到了这一结论.

用温差电偶测量温度的方法如图 4-49 所示,图中 AB 为温差电偶,C 为导线.A、C 及 B、C 的接头放在已知温度为 T_0 的恒温物质(例如大气或冰水)中,导线 C 连接测量仪表,接头 A、B 放入待测温度的物质中.根据测得的温差电流值以及事先校准好的曲线与数据,就可以读出待测物质的温度.这样的装置称为**热电偶温度计**,其特点是量程大,尤其适用于测量高温.为测不同范围的温度,可以选用由不同金属制成的热电偶.常见的有铂铑-铂热电偶(1 200~1 600 ℃)、铁-康铜热电偶(800 ℃以下)和铜-康铜热电偶(300 ℃以下).为了提高灵敏度,可将多个温差电偶串联而成**温差电堆**(见图 4-50),其中奇数接头保持在恒温 T_0 中,偶数接头一起测量待测温度.温差电堆常用于测量辐射热,例如测量星体光谱的能量分布.温差电堆与灵敏电流计相结合可以探测到 1 km 以外的燃烧蜡烛或遥远恒星的发光强度.

利用泽贝克效应原则上可制成温差电源.从热力学的观点看来,电源的效率定义为

$$\eta\equiv\frac{T-T_0}{T}.$$

用金属导体做成的温差电源效率极低(大约为 3%),但利用半导体的泽贝克效应则可制成效率很高的温差电源.另外,金属导体的佩尔捷效应几乎没有什么实用价值,但是半导体器件的佩尔捷效应却为热能与电能之间的转化开辟了广阔的前景.例如利用半导体器件的逆佩尔捷效应制成的半导体制冷机(电冰箱),当电流通过时,可在低温触点吸热,高温触点放

热,从而利用电能实现热量的转移.这样的制冷机比机械制冷具有寿命长、工作可靠、小型化以及无污染等优点.

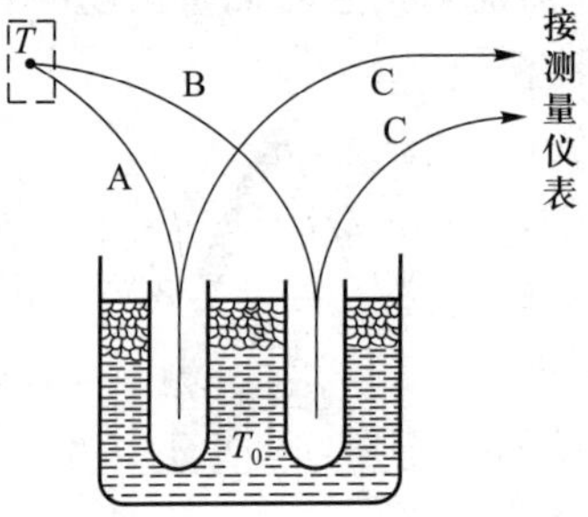

图 4-49　用温差电偶测温度

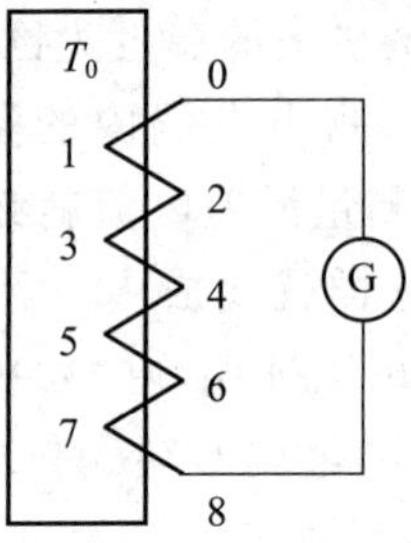

图 4-50　温差电堆

§4.8　液体导电和气体导电

4.8.1　液体导电

纯净的水几乎不导电,但是酸碱盐的水溶液却是良导体.与金属导电不同,液体导电的过程总是伴随着某种化学反应.导电液体又称为电解液,其中存在大量正负离子.液体中的电流是正负离子(载流子)在电场力作用下做定向运动的结果.它们在定向运动中不时发生碰撞,所以要受到类似于黏性液体的内摩擦力那样的阻力.正负离子定向运动的平均速度 $\boldsymbol{u}_+$和 $\boldsymbol{u}_-$称为它们的**迁移速度**.当电解液中存在电场 $\boldsymbol{E}$(且 E 不是很大)时,与金属中自由电子的情况类似,$\boldsymbol{u}_-$与 $\boldsymbol{E}$ 方向相反,$\boldsymbol{u}_+$与 $\boldsymbol{E}$ 方向相同,而且迁移速率 u_+和 u_-都与 E 成正比,但 u_+和 u_-一般不等.假若单位体积内有 n 对正负离子,每个离子所带电荷(绝对值)为 q,在液体内取一个垂直于迁移速度的单位面积,则单位时间内通过该面积的正负电荷的绝对值分别为 nqu_+和 nqu_-.由于负电荷的运动可以等效为等量正电荷沿反方向的运动,所以液体内(该点)的电流密度的大小为

$$J=nqu_++nqu_-. \tag{4-44}$$

液体中正负离子对的密度 n 与 E 无关,故上式表明 u_+和 u_-都正比于 E.可见,只要电场强度 E 不是很大,液体导电仍满足欧姆定律.令 $u_+^0\equiv u_+/E$,$u_-^0\equiv u_-/E$,$\gamma\equiv nq(u_+^0+u_-^0)$,则式(4-44)可改写为与金属导电公式类似的形式:

$$J=\gamma E, \tag{4-45}$$

所以 γ 应称为液体的**电导率**.

当正负离子在电场力作用下分别到达负极和正极时将交出电荷而成为电中性原子或原子团.这些原子(原子团)的化学性质不稳定,还要和溶液或电极发生化学反应,所以液体导电过程还伴随着某种化学反应过程,详细分析属于电化学的范畴,此处不再讨论.化学电池对外供电时同样也会伴随着化学反应,在电极附近的化学反应会使电极表面发生变化,这种变化称为**电极的极化**.极化会使电动势降低和内阻增加,所以干电池中要放入二氧化锰作为去极化剂.如果将金属电极浸到该种金属的盐类溶液中,电极就不会极化.例如,在容器中用多孔隔板将硫酸铜溶液与硫酸锌溶液隔开,将铜棒和锌棒分别放在硫酸铜和硫酸锌溶液中,这样制成的电池(称为**丹聂尔电池**)就可以防止电极极化.

4.8.2 气体导电

气体在常温常压下是绝缘体.如果由于某种外界因素使气体的电中性分子或原子分离成正、负离子和电子(发生**电离**),气体就变成导体.促使气体电离的外界因素称为**催离剂**.宇宙射线(来自宇宙各处的各种高能粒子流)以及放射性元素的射线是常见的催离剂,高温和强电场也可起到催离的作用.在电离的气体中加入电场,正离子和电子就在杂乱热运动之上叠加一个定向运动,形成电流,这称为**气体导电**或**气体放电**.气体放电的情况与气体的压强有关.图 4-51 是测定气体放电伏安特性的电路图,其中放电管内存在某种稀薄(低气压)气体,可变电阻 R 用以调节放电管的电流和电压.图 4-52 是所测得的伏安特性曲线(的前一部分).由图 4-52 可见,当电压从零开始增大时,电流随之线性增大,符合欧姆定律(图 4-52 中的 OA 段).但曲线从 A 点开始降低斜率,到 B 点起竟成一段水平直线,即电流不再随电压而增加(达到饱和).更有甚者,电流从 C 点开始居然再次随电压增加,而且曲线越来越陡,到 D 点时竟然出现电流激增而电压不变(甚至下降)的“怪事”.D 点之后的曲线更为离奇(略).我们先对从 O 到 D 的现象作一粗略解释.由于宇宙射线和地下放射性元素的辐射,大气及放电管中经常存在正负离子和电子(阴极在光的照射下也会发出电子).为陈述简便,下面把电子也称为负离子.与液体导电类似,气体导电的电流密度 J 也可表示为式(4-44),而且 u_+ 和 u_- 也与电场强度 E 成正比.如果单位体积的离子数 n 与 E 无关,则由该式可知欧姆定律成立.在什么条件下 n 才与 E 无关呢?先讨论 E 很小的情况.在催离剂的作用下,正负离子成对产生,它们相遇时又可**复合**为电中性分子.当产生与复合达到平衡时,离子对的密度稳定在数值 n,此值只取决于产生和复合的快慢而与 E 无关.这就解释了曲线的 OA 段.然而这一讨论忽略了一点:离子到达电极时要把电荷交给电极,这是离子消失的另一原因.这一因素的影响随电流(因而 E)的增大而增大,当电流达到一定程度时不再能被忽略.虽然 n 仍由离子对的产生和消失达到平衡决定,但现在的消失还包括离子在电极处的消失.既然这种消失的快慢与 E 有关,n 也因而与 E 有关,于是 J 不再与 E 成正比,曲线斜率渐减.当曲线到达 B 点时,电流大到这样的程度,以至于由复合而消失的离子数与在电极处消失的离子数相较可以忽略(由催离剂产生的离子对还来不及复合就已被电场驱动至两极并消失),这时即使再加大电压(电场强度),电流也无法增加.这就解释了饱和段 BC.然而,随着 E 的继续增大,从 C 点开始又出现新情况:电子在奔向阳极的过程中,动能大到足以把被它碰撞的分子分解为离子和电子,而且原来的电子与新生的电子又在电场的加速下继续碰撞出更多的离子和电子(**碰撞电离**).此外,正离子在奔向阴极的过程中也能产生碰撞电离,到达阴极时还能从阴极表面撞出电子(**二次电子发射**).电子的这种雪崩式增殖使刚才对电流饱和的解释不再成立,电流再次随电压而增,直至曲线的 D 点.虽然此前已出现电子的增殖过程,但如果在电压低于 U_D 时撤去催离剂,电流仍会很快停止,即放电至此仍离不开催离剂,因而称之为**被激导电**.当电压高于 U_D 时情况发生质变:电子的雪崩式增殖能力强到如此程度,以至于撤去催离剂后电流不但能够自我维持,还能在骤增几个量级的同时使电压维持不变(甚至下降).从 U_D 开始的这种放电状态称为**自持放电**,相应地,被激导电也可称为**非自持放电**.我们说管内气体在电压 U_D 下被**击穿**(或**点燃**),U_D 称为**击穿电压**或**点燃电压**.击穿后的放电情况(自持放电)更为复杂,我们只作简单的勾勒.随着电阻 R 的减小,击穿后的气体出现特有的彩色光辉,标志着它已进入**辉光放电**阶段.辉光放电的主要特征是:(1) 电压基本上不随电流增大而变[图 4-52 的曲线末端先向左上方走一段(很特别)再近似竖直向上(图中均未画出),这竖直向上段就是辉光放电的伏安特性];(2) 电压较大(量级为 10^2 V),电流较小;(3) 管内呈现明暗相间的多个区间(见图 4-53),其中靠近阴极的光区叫**负辉区**,靠近阳极的光区叫**正柱区**.如果再减小电阻 R 以加大放电管的电流,则气体从辉光放电过渡到**弧光放电**阶段,主要特征是:(1) 电流随电压的增大而显著减小,这称为**负伏安特性**(曲线先出现从辉光到弧光放电的过渡段,然后才进入负伏安特性);(2) 低电压(最后可降至 10~20 V),大电流;(3) 管内出现强烈耀眼的光辉(弧光),并伴有高温.

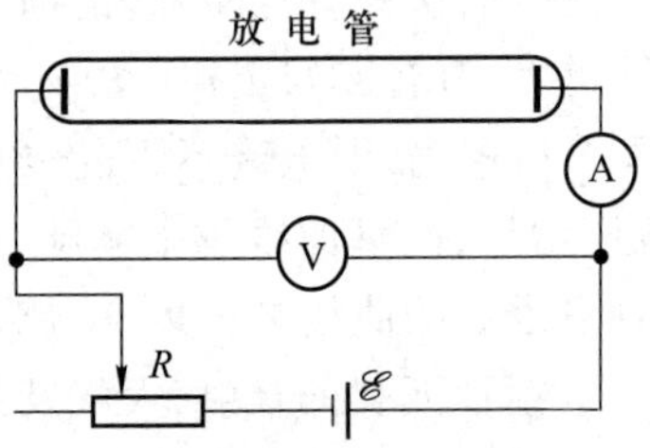

图 4-51　伏安特性的测定

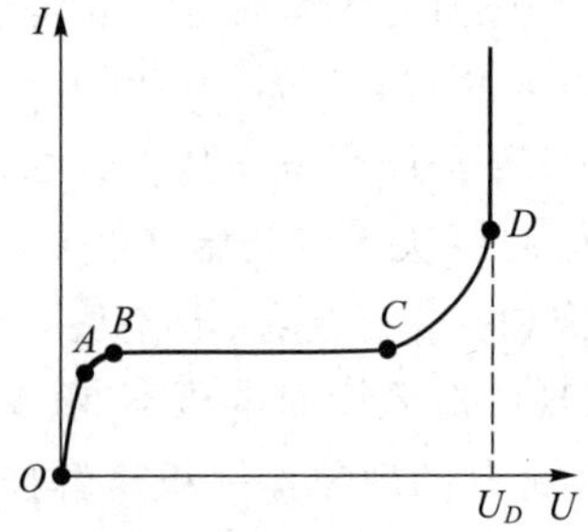

图 4-52　气体放电的伏安特性曲线(前一部分)

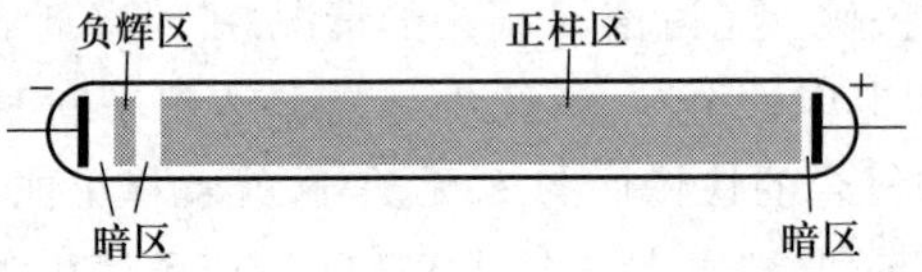

图 4-53　辉光放电管中的几个发光区和暗区

弧光放电也可不经辉光放电阶段出现.例如,把电压、电流足够大的电路中原本接触的电极分开,也能产生弧光放电.为了安全起见,大电流供电线路的开关应该装有灭弧结构.

辉光放电和弧光放电有非常广泛的用途,此处仅举数例.辉光数码管和霓虹灯管是辉光放电的常见应用例子,前者利用负辉区,后者利用正柱区,适当选择管内气体可以得到所需颜色的辉光.利用辉光放电的电压恒定性还可制造辉光放电稳压管.弧光放电的高温特性可用于对难熔金属的切割、焊接和喷涂,弧光放电的发光特性可用于制造高光效的气体电光源,例如汞灯、钠灯和金属卤化物灯.

若用恒压源直接对灯管供电,弧光放电的负伏安特性将使工作不能稳定.这个问题不但很有实用意义,而且其理论分析有助于展示非线性电路的一种讨论方法,值得花费少许篇幅.设恒压源的电压为 $\mathscr{E}$,则平衡时灯管的工作点为图 4-54 的 A 点.但这肯定是不稳定平衡.假定有某种微小扰动(这是难免的)使电流增大一点点(工作点变为 C),则由伏安特性可知灯管电压变为 U_C($U_C<\mathscr{E}$).多出的电压 $\mathscr{E}-U_C$ 只能加在连接导线上(承认导线电阻很小但非零),把欧姆定律用于导线可知电路将出现更大电流.如此恶性循环,电流必将不断增大直至灯管或电路的其他部分被毁为止.反之也不难理解,若微扰导致电流减小一点点,则电流将不断减小,直至为零.可见灯管没有稳定工作点.解决问题的办法是在电路中串联限流电阻 R(仍用图 4-51,R 取作常量,略去安培表和伏特表).电阻与灯管由于串联而有

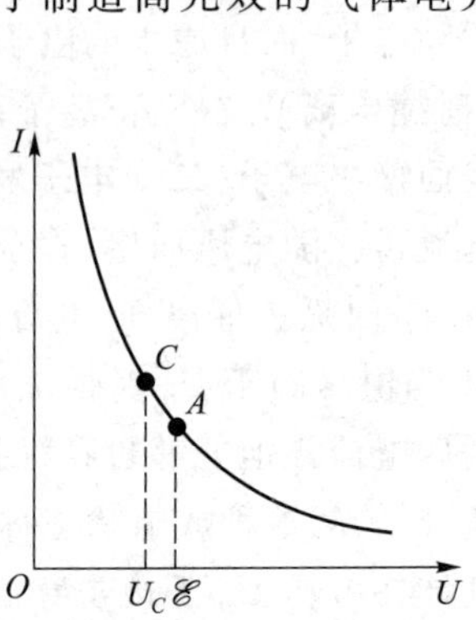

图 4-54　负伏安曲线的不稳定工作点

相同电流 I.设两者的电压分别为 U_R 和 U,则

$$\mathscr{E}=U+U_R. \tag{4-46}$$

灯管的伏安特性可表为一个常减函数(其函数曲线即图中的负伏安特性曲线):

$$I=f(U), \tag{4-47}$$

电阻的伏安特性则为 $I=U_R/R$(过原点的直线).为便于对比,可将式(4-46)改写为

$$I=\frac{1}{R}(\mathscr{E}-U). \tag{4-48}$$

在 $I-U$ 图中这是一条不过原点的直线,斜率为 $-1/R$,截距为 $\mathscr{E}$(见图 4-55).由此可知此直线上任一点与图中竖直线 Z 的距离代表 IR.因为电流 I 既要满足式(4-47)又要满足式(4-48),所以平衡时只能取两线交点(A 或 B)的 I 值.下面证明只有 A 是稳定平衡工作点.设 A 点的电流为 I_A,则 A 点至纵轴及直线 Z 的距离分别代表灯管电压 U_A 和电阻电压 I_AR,两者之和正好为 $\mathscr{E}$.设有一微扰使电流减小一点点(变为 I_C),则灯管和电阻的工作点分别移到 C 和 D.由图可见此时灯管电压 U_C 与电阻电压 I_CR 之和比 $\mathscr{E}$ 小出一个 ΔU:

$$\mathscr{E}=U_C+I_CR+\Delta U, \tag{4-49}$$

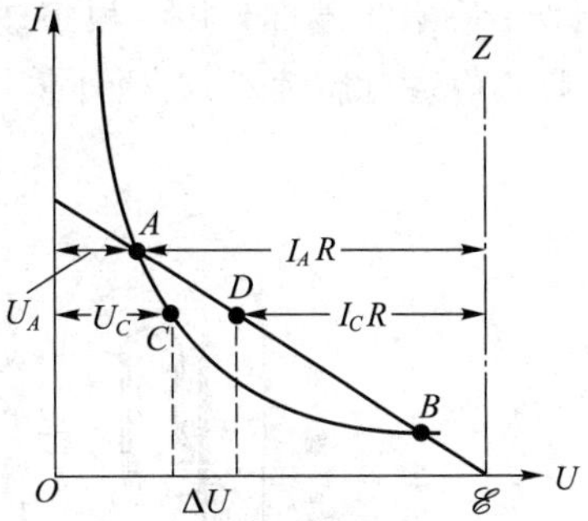

图 4-55 A 为稳定工作点

这 ΔU 就只能加到导线上,它使导线(因而整个电路)电流变大,从而又回到 A 点.其实,当电流刚要减小时上述因素就阻碍其减小,所以实际上不能减小.反之,假若在 A 点时电流增加一点点,分别以 C' 和 D' 代表灯管和电阻的新工作点(图中未标出),则仍有式(4-49),只是 ΔU 为负,故 $\mathscr{E}<U_C+I_CR$,然而这不可能成立(矛盾),可见电流也不能增大.所以 A 是稳定工作点.但 B 点却不同.仿照刚才的讨论不难相信,若工作在 B 时电流增大一点点,则它必将继续增大,直至到达 I_A 为止.反之,若在 B 时电流减小一点点,则它必将继续减小,直至为零.可见 B 不是稳定工作点.总之,串联适当的限流电阻后灯管就能稳定工作,限流电阻的阻值与灯管的伏安特性共同决定一个稳定工作点 A.

为使灯管稳定工作而串联入电路的限流电阻起到**镇流器**的作用.但电阻要消耗功率,所以交流汞灯多用电感线圈作为镇流器.

再继续介绍汞灯(水银灯).水银蒸气在弧光放电时发出辐射的波长密切依赖于其气压.低压(例如 1.3 Pa)时发出的主要是紫外线而不是可见光,但高压(10^5 Pa 及以上)时可见光所占比例随气压增高而加大,据此就有高压水银灯.但高压水银灯有若干缺点(例如光色不好),室内照明常用低压水银灯,读者熟悉的日光灯便是重要例子.虽然低压水银蒸气主要发射紫外线,但某些荧光物质在吸收紫外线后能够发出可见光.适当搭配荧光物质还可制成光色与日光近似的日光灯.日光灯管两端有两个灯丝充当电极,管内封进一粒水银珠(在工作温度下会蒸发为稀薄水银蒸气),管的内壁涂有荧光粉.图 4-56 是日光灯的工作电路.开关 S 刚接通时灯丝为室温,不能发射电子.按下启辉器的按钮使电流流过镇流器并加热灯丝,再断开启辉器,则镇流器在电流被切断的瞬间产生的自感电动势(详见 §6.1)使灯管两端出现高电压,并点亮灯管.灯管在点亮后电压回落,多余的电压将降在镇流器上.实际中的启辉器具有自动通断机制,上述动作是自动完成的.启辉器包含一个氖气放电管(见图4-57),其中一个电极是金属丝(叫静触片),另一电极是由两种膨胀系数不同的金属辗合而成的倒 U 字形电极(叫双金属片).平

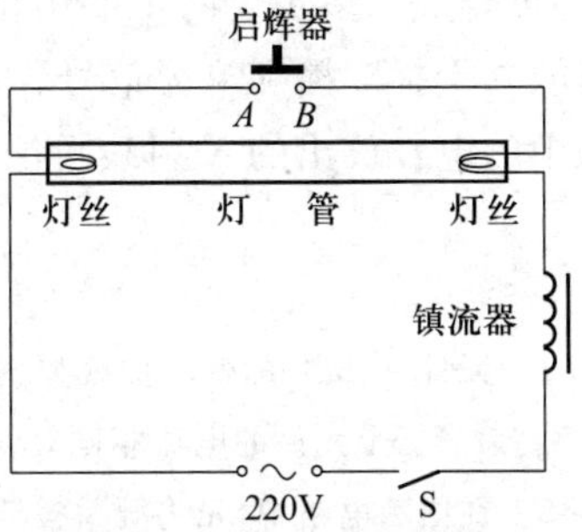

图 4-56 日光灯的工作电路

时两极互不接触.电路开关 S 接通后,启辉器中如此靠近的两极就在电源电压下立即点燃并出现辉光放电.离子的撞击使双金属片温度迅速升高,因膨胀系数不同而向外侧弯曲,并与静触片接通.这有两个结果:(1) 使灯管灯丝通过电流并发射电子;(2) 使启辉器电极间的电压消失,止住辉光放电,导致双金属片温度迅速降低并弹开.这相当于图 4-56 的按钮开关被切断,灯管便得以点亮.此后启辉器不起作用.现在常见的家用节能灯则是原日光灯的变种,关键改进在于采用了发光效率更高的荧光粉(因而节能).节能灯管含有两根水银蒸气放电管,两者在靠近端部处用一根短玻璃管连通,外形像字母 H(见图 4-58),故正名为 H 形荧光灯.灯头内备有启辉器,无须外装.

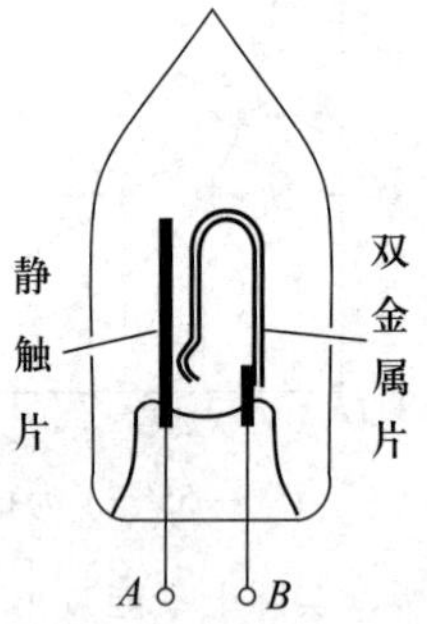

图 4-57　日光灯启辉器

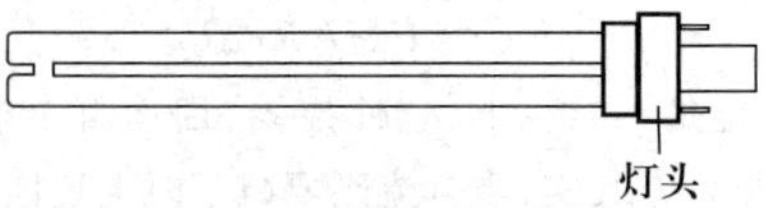

图 4-58　“节能灯”灯管

除辉光放电和弧光放电之外,自持放电还有其他方式.大气压强下的火花放电和电晕放电就是其中的两例.当电源功率不足以维持稳定的弧光放电时,只要电极间达到击穿电压,就会发生火花放电.火花放电表现为若干明亮、曲折而又带分枝的细丝,放电总是时断时续,旧火花不断熄灭,新火花不断产生,许多火花在到达对面电极之前就已中断.火花放电还常有声响相伴.自然界中的闪电和实验室中两个高压电极之间的放电均属火花放电.日常生活中最常见的火花放电是干燥的冬天里人手与金属门把之间的放电.由于摩擦,人体存留静电荷,当手指靠近门把时会在门把上感应出异号电荷并随之发生火花放电(电流约几毫安).这与雷电的机理类似,人手类似于雷云.与火花放电不同,电晕放电只发生在大曲率电极的表面(所以又称单极放电),并伴有局部发光现象(电极周围罩有一薄层光晕).仅举一例.高压输电线的两个同轴金属圆筒的电压通常低于筒内空气的击穿电压,空气整体不会自持放电,但是内筒外表面的电场强度可能已大到足以把该处的一薄层空气击穿(“局部击穿”),这就是电晕放电.电晕放电有许多工业应用,例如可用于除尘器、复印机、漂白装置和高速打印机,还可合成许多重要的工业用化合物.但电晕放电也有许多害处,例如,输电线的电晕会损耗电能并干扰广播和电视信号,电晕产生的有害化学物质会损害导体和周围的绝缘体,高压设备中的电晕放出的 X 射线可能对人体造成危害.

思　考　题

4.1　元件 A、B、C 的伏安曲线如图所示,哪个元件是线性元件?当三个元件的电压相同时,哪个元件发热更多些?当三个元件的电流相同时,哪个元件发热更多些?

4.2　在图示电路中,先将开关拨至 1,白炽灯发光后,再将开关迅速拨至 2,发现电流表的读数逐渐增大,最后达一稳定值,试解释此现象.

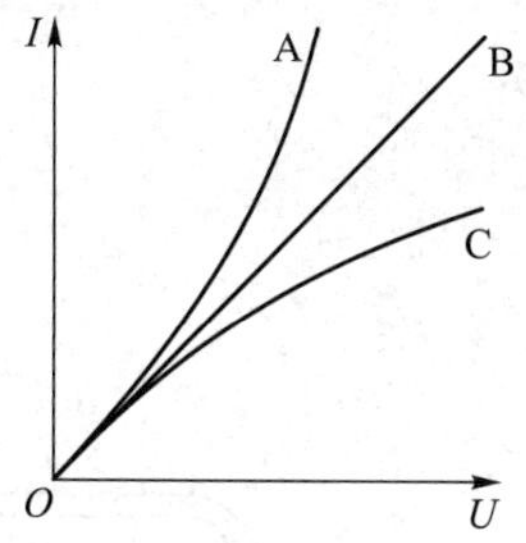

思考题 4.1 图

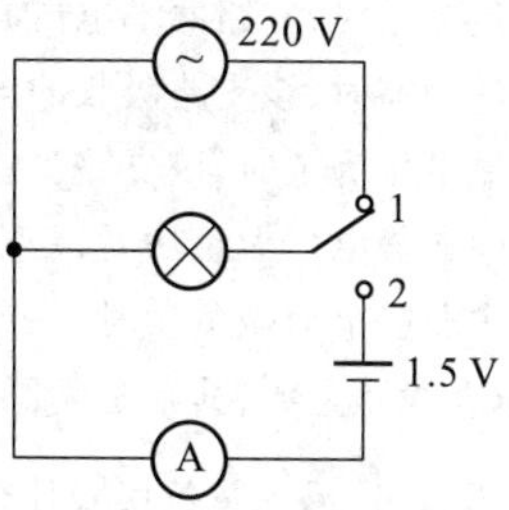

思考题 4.2 图

4.3 在不接电源的情况下通过摇动可将断丝白炽灯的灯丝搭上,接通电源后仍可发光.在通常情况下,白炽灯要比原来更亮些,而且寿命一般不长,试解释此现象.

4.4 把四个"110 V,40 W"的白炽灯按图中方式连接,并在电路两端加上 220 V 的电压.这四个白炽灯能否正常发光?若其中一个白炽灯的灯丝烧断,其他三个白炽灯会出现什么现象?

*4.5 在两种均匀导体(电导率分别为 γ_1 和 γ_2)的界面上,电流线($\boldsymbol{J}$ 线)发生"折射"(见附图).

(1) 参照第三章小节 3.6.2 的讨论回答以下问题:

(a) 电场强度 $\boldsymbol{E}$ 的切向分量在界面上是否连续?

(b) 电场强度 $\boldsymbol{E}$ 的法向分量在界面上是否连续?

(c) 电流密度 $\boldsymbol{J}$ 的切向分量在界面上是否连续?

(d) 电流密度 $\boldsymbol{J}$ 的法向分量在界面上是否连续?

(2) 试证 $\dfrac{\tan\alpha_1}{\tan\alpha_2}=\dfrac{\gamma_1}{\gamma_2}$.

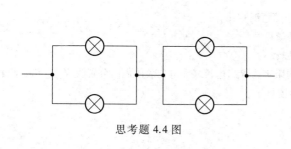

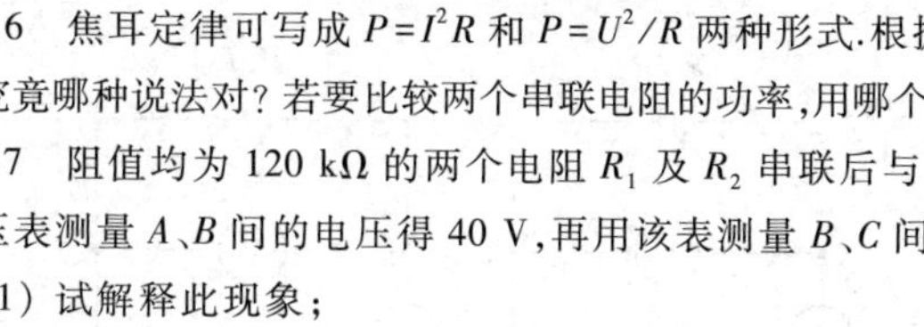
思考题 4.4 图

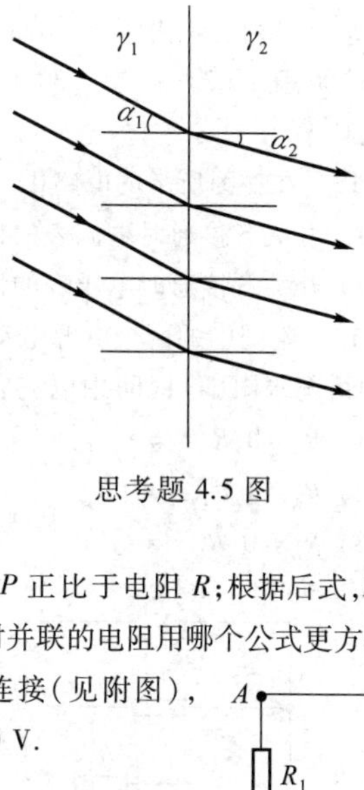

思考题 4.5 图

4.6 焦耳定律可写成 $P=I^2R$ 和 $P=U^2/R$ 两种形式.根据前式,热功率 P 正比于电阻 R;根据后式,P 反比于 R.究竟哪种说法对?若要比较两个串联电阻的功率,用哪个公式更方便?对并联的电阻用哪个公式更方便?

4.7 阻值均为 120 kΩ 的两个电阻 R_1 及 R_2 串联后与 100 V 的电源连接(见附图),用电压表测量 A、B 间的电压得 40 V,再用该表测量 B、C 间的电压仍得 40 V.

(1) 试解释此现象;

(2) 该电压表的内阻是多少?

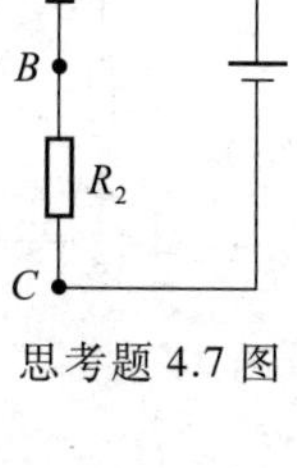

思考题 4.7 图

4.8 判断下列说法是否正确,并说明理由.

(1) 电势沿着电流线的方向必降低;

(2) 不含源支路中的电流必从高电势到低电势;

(3) 含源支路中的电流必从低电势到高电势;

（4）支路两端电压为零时，支路电流必为零；

（5）支路电流为零时，支路两端电压必为零；

（6）支路电流为零时，该支路吸收的电功率必为零；

（7）支路两端电压为零时，该支路吸收的功率必为零；

（8）当电源中非静电力做正功时，一定对外输出功率；

（9）当电源中非静电力做负功时，一定从外界吸收电功率.

4.9　图中 ACB 段是电源，其余是无源外电路.

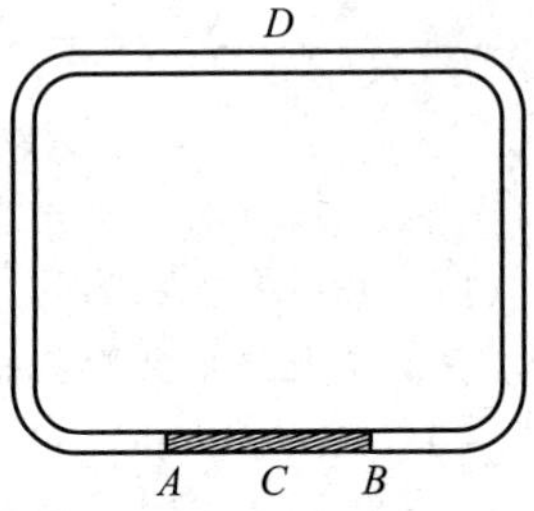

思考题 4.9 图

（1）$\int_{A(\text{经}C)}^{B}\boldsymbol{E}\cdot d\boldsymbol{l}$ 及 $\int_{A(\text{经}D)}^{B}\boldsymbol{E}\cdot d\boldsymbol{l}$ 各代表什么？两者是否相等？

（2）$\int_{A(\text{经}C)}^{B}\boldsymbol{E}_{\text{非}}\cdot d\boldsymbol{l}$ 及 $\int_{A(\text{经}D)}^{B}\boldsymbol{E}_{\text{非}}\cdot d\boldsymbol{l}$ 各代表什么？两者是否相等？

（3）$\int_{A(\text{经}C)}^{B}\boldsymbol{E}\cdot d\boldsymbol{l}$ 与 $-\int_{A(\text{经}C)}^{B}\boldsymbol{E}_{\text{非}}\cdot d\boldsymbol{l}$ 是否相等？

（4）$\int_{A(\text{经}D)}^{B}\boldsymbol{E}\cdot d\boldsymbol{l}$ 与 $-\int_{A(\text{经}D)}^{B}\boldsymbol{E}_{\text{非}}\cdot d\boldsymbol{l}$ 是否相等？

（5）将等式 $\frac{\boldsymbol{J}}{\gamma}=\boldsymbol{E}+\boldsymbol{E}_{\text{非}}$ 从 A 经 C 到 B 进行线积分给出什么定律？

（6）将等式 $\frac{\boldsymbol{J}}{\gamma}=\boldsymbol{E}+\boldsymbol{E}_{\text{非}}$ 从 A 经 D 到 B 进行线积分给出什么定律？

（7）将等式 $\frac{\boldsymbol{J}}{\gamma}=\boldsymbol{E}+\boldsymbol{E}_{\text{非}}$ 沿闭曲线 $ACBDA$ 进行线积分给出什么定律？

4.10　考虑图 4-17（小节 4.4.2 例 2）中的支路段 ABC.段内各电池的非静电力做了正功还是负功？数值是多大？这段支路吸收的电功率是多大？

4.11　下列各量中哪些是点函数（即标量场或矢量场）？

（1）电压；（2）电流；（3）电流密度；（4）电动势；（5）电阻；（6）电导；（7）电导率；（8）电阻率；（9）电功率.

4.12　在如图所示的电路中，与开关 S 断开的情况相比，

（1）开关 S 接通时电流表的读数较大还是较小？

（2）开关 S 接通时电压表的读数较大还是较小？

4.13　附图中的两个电源电动势都为 $\mathscr{E}$，内阻都为 $R_{\text{内}}$，电流表和电压表的内阻分别为 R_A 和 R_V，试就下列三种情况求图（a）、（b）中电流表和电压表的读数.

（1）$R_A=0, R_V=\infty$；

（2）$R_A=0, R_V\neq\infty$；

（3）$R_A\neq 0, R_V=\infty$.

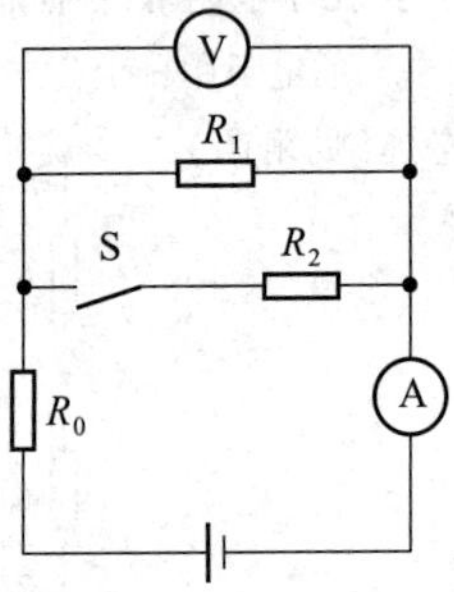

思考题 4.12 图

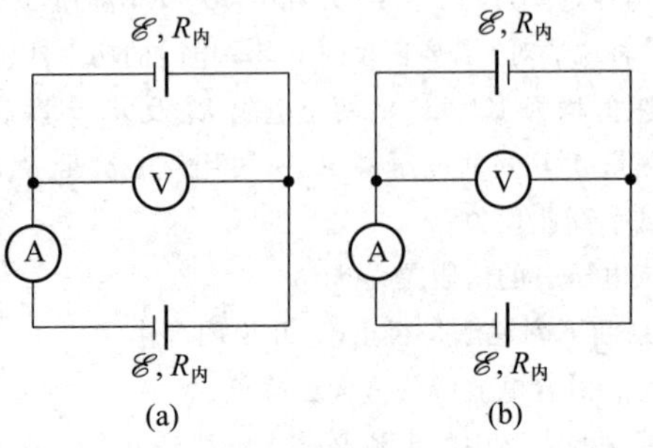

思考题 4.13 图

4.14　试证：在列基氏第二方程时，只要选定各支路电流的正方向，则不论绕行方向如何选择，方程形式都一样.

4.15　试证：将 $\dfrac{\boldsymbol{J}}{\gamma}=\boldsymbol{E}+\boldsymbol{E}_{非}$ 沿图 4-23 的绕行方向作环路积分，即得基氏第二方程.

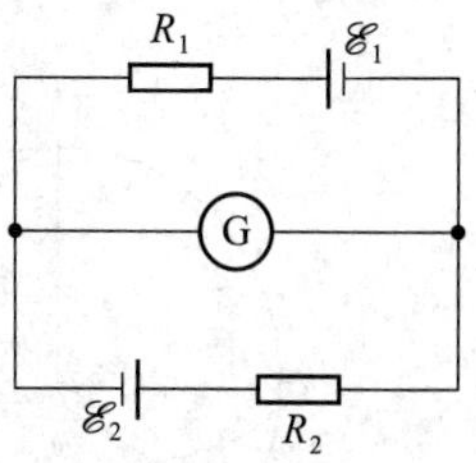

思考题 4.16 图

4.16　设附图中的电源均无内阻，试证检流计 G 电流为零的充要条件是

$$\frac{\mathscr{E}_1}{\mathscr{E}_2}=\frac{R_1}{R_2}.$$

4.17　根据附图所给的已知数据求 I_x.电源旁的伏数为电动势值，内阻均为零.节点旁的伏数为电势值.［提示：选一满足下列条件的闭合曲面 S 并使用恒定条件 $\oiint_S \boldsymbol{J}\cdot \mathrm{d}\boldsymbol{S}=0$：(1) I_x 所在支路与 S 相交；(2) 与 S 相交的其他支路的电流或者已知，或者可由已知数据求得.］

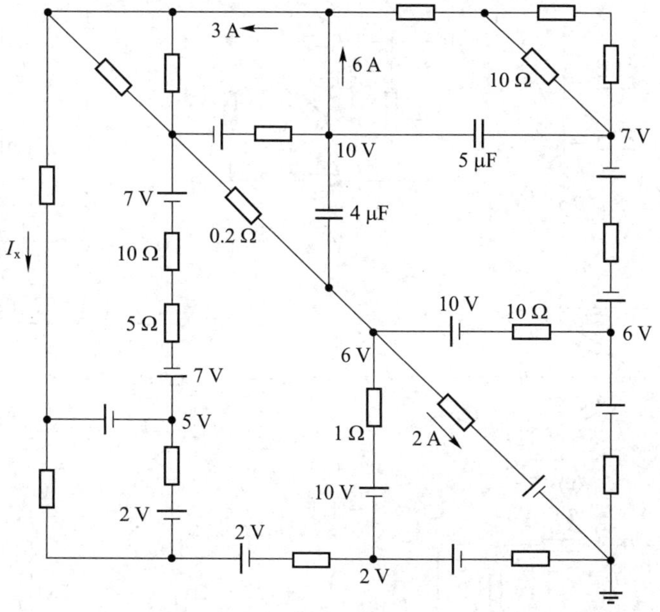

思考题 4.17 图

习　题

4.1.1　恒定电流场 $\boldsymbol{J}=J\boldsymbol{i}$（其中 J 为常量，$\boldsymbol{i}$ 为沿 x 轴正向的单位矢量）中有一半径为 R 的球面（见附图），

(1) 用球坐标表示出球面上任一面元的 $\boldsymbol{J}$ 通量 $\mathrm{d}I$；

(2) 用积分方法求出由 $x>0$ 确定的半球面上的 $\boldsymbol{J}$ 通量 I.

4.2.1　在如图所示的电路中，求：

(1) 开关 S 打开时 A、B 间的总电阻；

(2) 开关 S 闭合时 A、B 间的总电阻.

4.2.2　求附图所示各电路图中 A、B 间的总电阻.

4.2.3　当附图中的 R_1 为何值时 A、B 间的总电阻恰等于 R_0？

4.3.1　用电阻率为 ρ（常量）的金属制成一根长度为 l、内外半径分别为 R_1 和 R_2 的导体管，求下列三种情况下管子的电阻：

（1）电流沿长度方向流过；

（2）电流沿径向流过；

（3）把管子切去一半（如附图），电流沿图示方向流过.

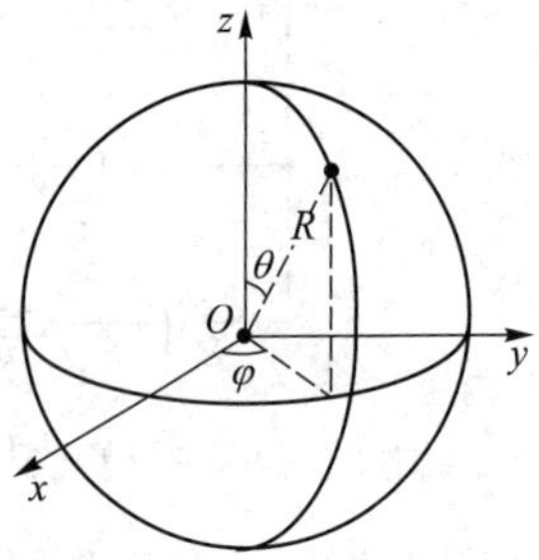

习题 4.1.1 图

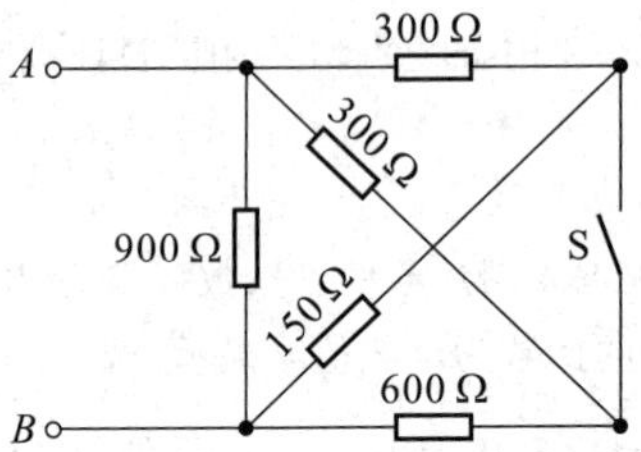

习题 4.2.1 图

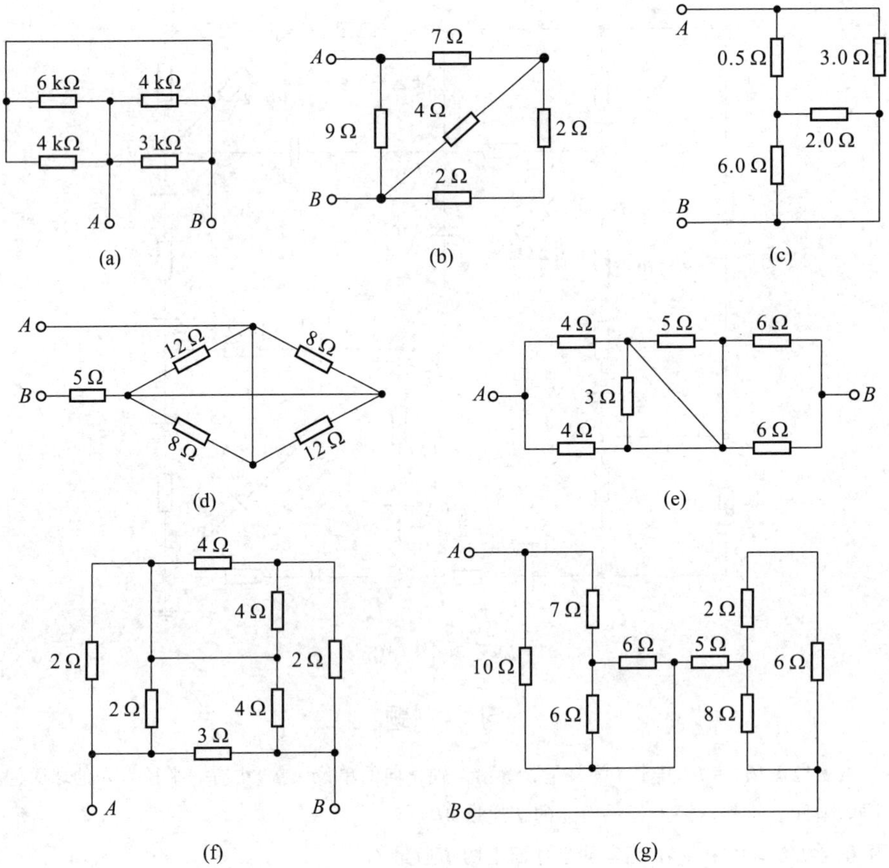

习题 4.2.2 图

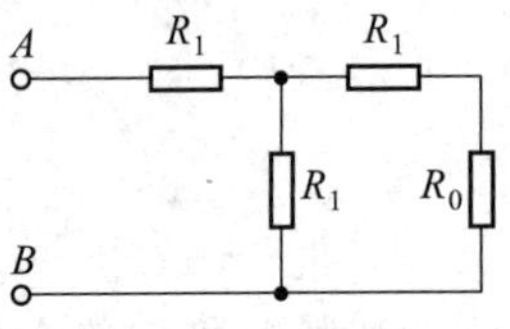

习题 4.2.3 图

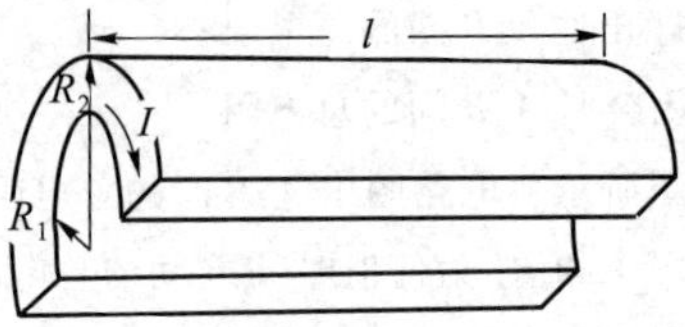

习题 4.3.1 图

4.3.2 用电阻率为 ρ(常量)的金属制成一根长度为 L、底面半径分别为 a 和 b 的锥台形导体(见附图),

(1) 求它的电阻;

(2) 试证当 $a=b$ 时,答案简化为 $\rho L/S$(其中 S 为柱体的横截面积).

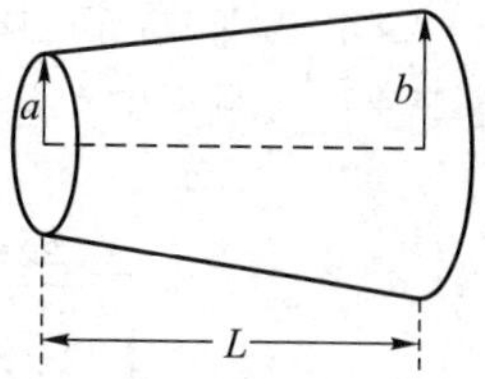

习题 4.3.2 图

4.3.3 球形电容器内外半径分别为 a 和 b,两极板间充满电阻率为 ρ 的均匀物质,试计算该电容器的漏电电阻.

4.3.4 直径为 2 mm 的导线由电阻率为 $3.14\times10^{-8}\ \Omega\cdot\text{m}$ 的材料制成.当 20 A 的电流均匀地流过该导线时,求导线内部的电场强度.

4.3.5 铜的电阻温度系数为 $4.3\times10^{-3}/℃$,在 0 ℃时的电阻率为 $1.6\times10^{-8}\ \Omega\cdot\text{m}$,求直径为 5 mm、长为 160 km 的铜制电话线在 25 ℃时的电阻.

4.3.6 将同样粗细的碳棒和铁棒串联起来,适当地选取两棒的长度能使两棒的总电阻不随温度而变,求这时两棒的长度比.

4.3.7 某仪器中要用一个"200 Ω,2 W"的电阻,手头有标明"50 Ω,1 W"的电阻及"150 Ω,1 W"的电阻各一个,是否可以代用?

4.3.8 有 100 Ω、1 kΩ、10 kΩ 三个电阻,它们的额定功率都是 0.25 W,现将这三个电阻串联起来,试问:

(1) 加在这三个电阻上的总电压最多不能超过多少?

(2) 如果 1 kΩ 电阻实际消耗的功率为 0.1 W,其余两个电阻消耗的功率各是多少瓦?这时每个电阻上的电压是否超过各自的额定电压?

4.4.1 (1) 把图 4-16(小节 4.4.2 例 1)的 R 改为 1 Ω,其他数据不变,求 U_{CD}.此时 $\mathscr{E}_2$ 的两极板中哪一极电势高?

(2) 把图 4-16 的 $\mathscr{E}_2$ 反过来接(即正极改接 D 点),其他条件不变,求 U_{DC}.此时 $\mathscr{E}_2$ 的端压及电动势中哪个大?

4.4.2 在如图所示的电路中,当滑动变阻器的滑动触头在某一位置时,电流表(内阻可忽略)的读数为 0.2 A,电压表(内阻为无限大)的读数为 1.8 V.当滑动触头在另一位置时,电流表和电压表的读数分别为 0.4 A 和 1.6 V,求电池的电动势和内阻.

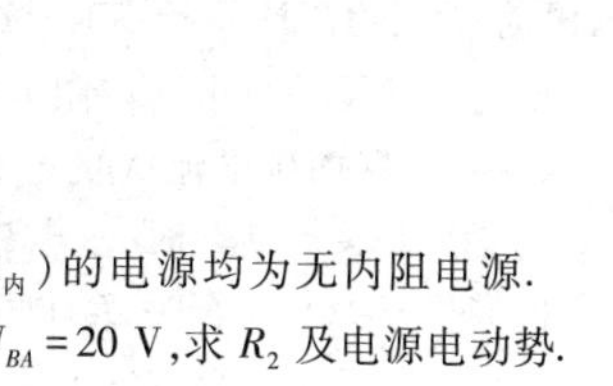

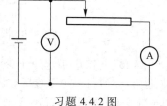

习题 4.4.2 图

4.4.3 用电动势为 $\mathscr{E}$、内阻为 $R_内$ 的电池给阻值为 R 的电阻供电.在保持 $\mathscr{E}$ 和 $R_内$ 不变的情况下改变 R,试证当 $R=R_内$ 时,

(1) 电阻 R 吸收的功率最大;

(2) R 所吸收的最大功率为

$$P_m=\frac{\mathscr{E}^2}{4R_内}=\frac{\mathscr{E}^2}{4R}.$$

注 以下各题中凡不提及内阻(或附图中只标电动势 $\mathscr{E}$ 而不标内阻 $R_内$)的电源均为无内阻电源.

4.4.4 附图中 $R_1=40\ \Omega$,$R_3=20\ \Omega$,$R_4=30\ \Omega$,通过电源的电流 $I=0.4$ A,$U_{BA}=20$ V,求 R_2 及电源电动势.

4.4.5 附图中 $\mathscr{E}_1=6$ V,$\mathscr{E}_2=10$ V,$R_1=3\ \Omega$,$R_2=1\ \Omega$,$R=4\ \Omega$,求 U_{AB}、U_{AC}及 U_{CB}.

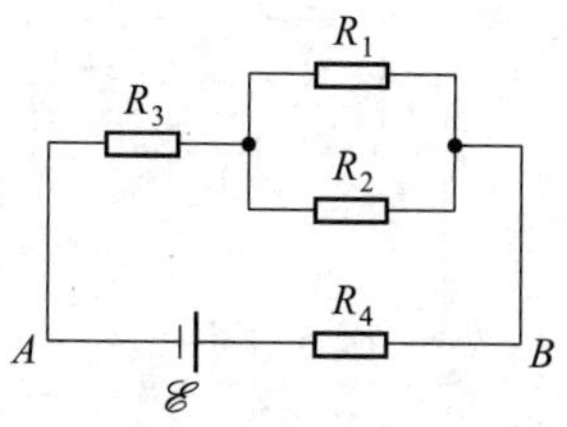

习题 4.4.4 图

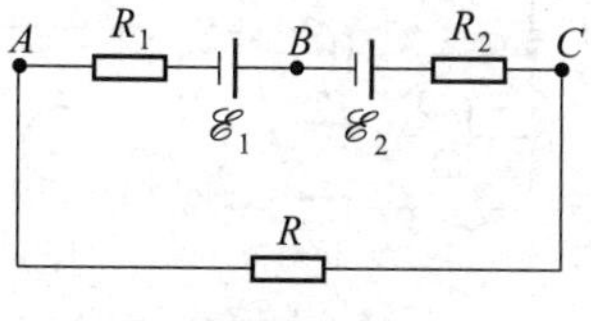

习题 4.4.5 图

4.4.6 如果流过附图中的 8 Ω 电阻的电流是 0.5 A，方向向右，求 U_{AC}.

4.4.7 求附图中 A、B、D、E 各点的电势.

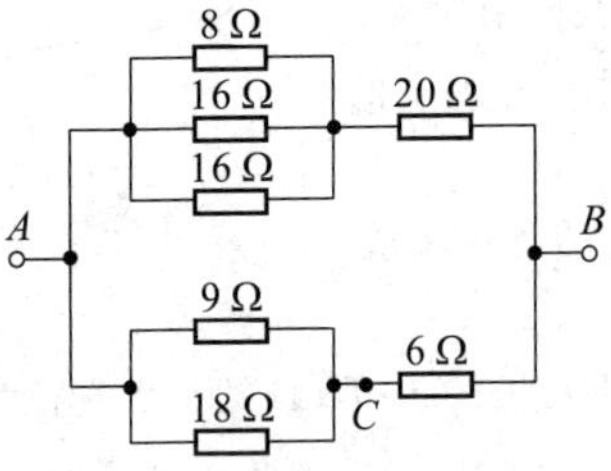

习题 4.4.6 图

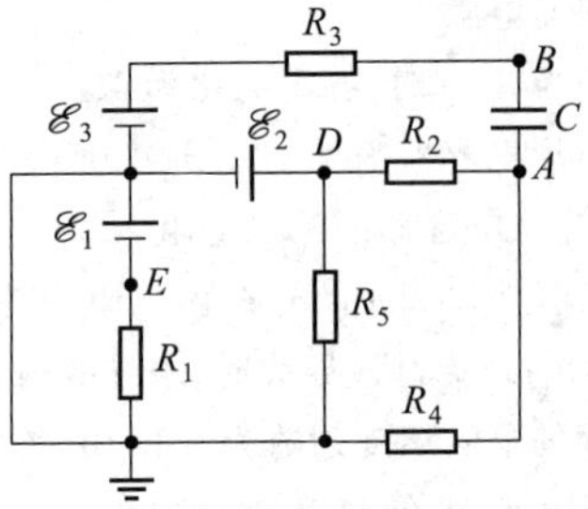

习题 4.4.7 图

4.4.8 附图中 $R_A=100\ \Omega$，$R_0=200\ \Omega$，$R=50\ \Omega$，若开关 S_1 和 S_2 同时断开与同时闭合时通过 R_A 的电流相等，求 R_B.

4.4.9 附图中 O 点接地.

(1) 求 A 点和 B 点的电势；

(2) 若三个电容器起始时不带电，求它们与 A、B、O 相接的各极板上的电荷.

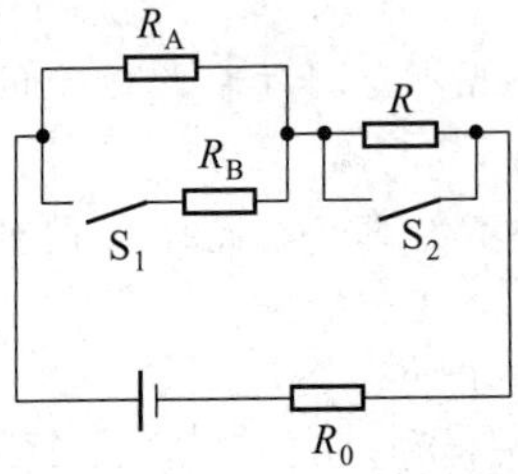

习题 4.4.8 图

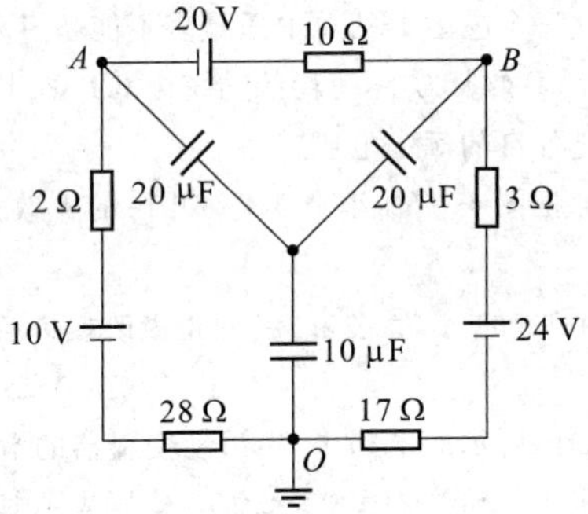

习题 4.4.9 图

4.4.10 附图是用电势差计测电池内阻的电路图.实际的电势差计在标准电阻 R_{AB} 上直接刻度的不是阻值，也不是长度，而是各长度所对应的电势差值.图中 $R_{内}$ 代表被测电池的内阻，$R_m=100\ \Omega$ 为被测电池的负载电阻.实验开始时，S_2 断开，S_1 拨在 1 处，调节 R_n 使流过 R_{AB} 的电流准确地达到标定值.然后将 S_1 拨在 2 处，滑动 C，当检流计 G 指零时，读得 $U_{AC}=1.502\ 5\ \text{V}$，再闭合开关 S_2，滑动 C，当 G 指零时读得 $U'_{AC}=1.445\ 5\ \text{V}$，试根据这些数据计算电池内阻 $R_{内}$.

4.4.11 附图中电池 A 的电动势为 12 V，内阻为 2 Ω，电池 B 的电动势为 6 V，内阻为 1 Ω.

(1) 当开关 S 断开时，求电势差 U_{CD}；

(2) 当开关 S 闭合时，R 中的电流是 3 A(自左向右)，求电池 A 和 B 所在支路的电流及电阻 R 的值.

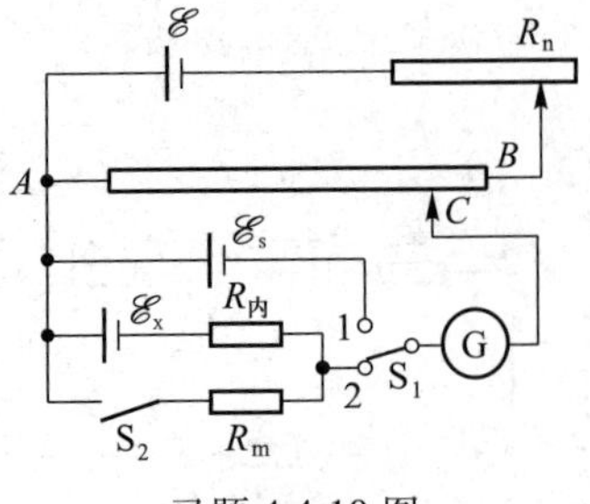

习题 4.4.10 图

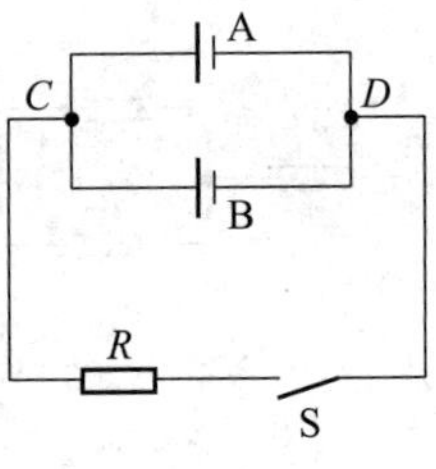

习题 4.4.11 图

4.5.1　附图中 $\mathscr{E}_1=12\ \mathrm{V}$，$\mathscr{E}_2=2\ \mathrm{V}$，$R_1=1.5\ \Omega$，$R_3=2\ \Omega$，$I_2=1\ \mathrm{A}$，求 R_2 的阻值及电流 I_1、I_3.

4.5.2　求附图中两个未知电动势 $\mathscr{E}_1$、$\mathscr{E}_2$ 的数值和实际方向.

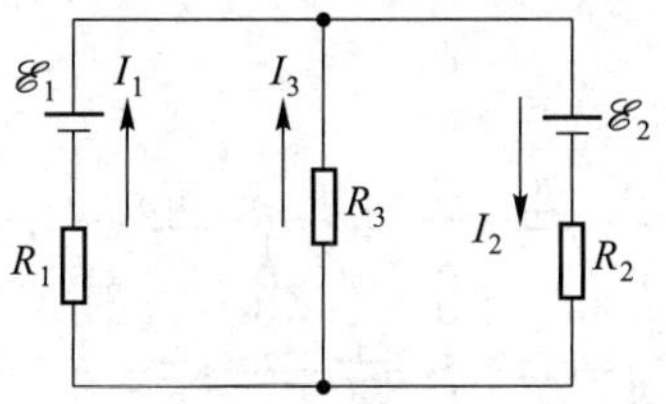

习题 4.5.1 图

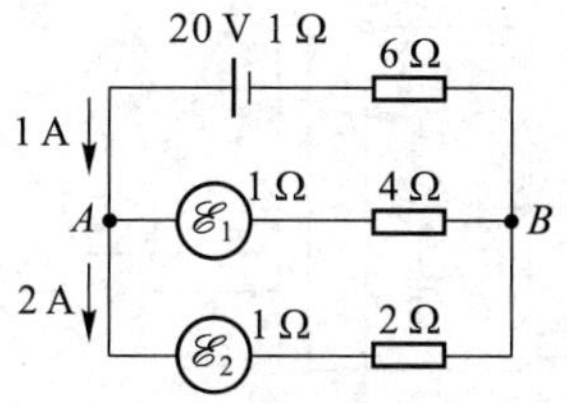

习题 4.5.2 图

4.5.3　(1) 求附图中 A、B 两点间的电势差；

(2) 把 A、B 两点接上，求流过 12 V 电池的电流.

4.5.4　附图中 $\mathscr{E}=24\ \mathrm{V}$，$R_1=80\ \Omega$，$R_2=240\ \Omega$，$R_3=R_5=120\ \Omega$，问 R_4 等于多大时才能使流过它的电流 I_4 为 0.125 A?

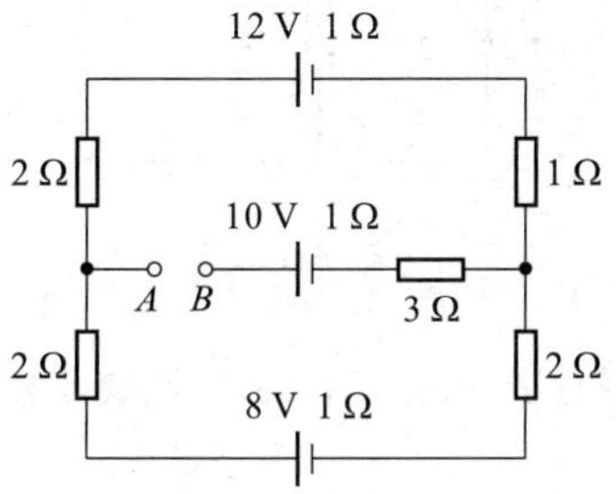

习题 4.5.3 图

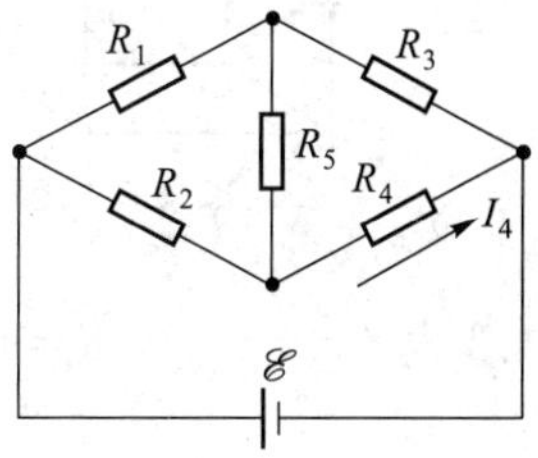

习题 4.5.4 图

4.5.5　已知附图中各电源内阻为零，A、B 两点电势相等，求电阻 R.

4.5.6　求附图所示二端网络的电阻 R_{AB}.

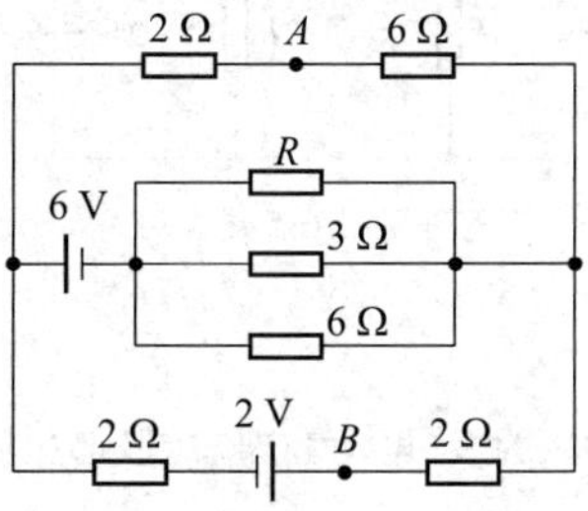

习题 4.5.5 图

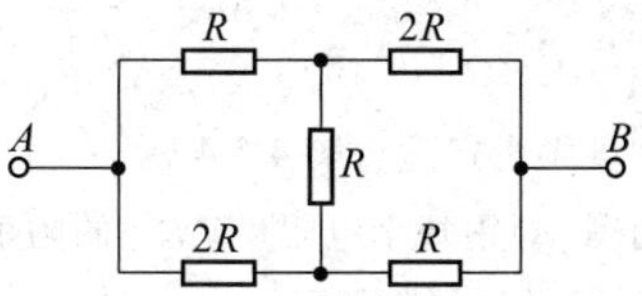

习题 4.5.6 图

4.5.7　地下电缆是埋在地下的两根长输电线（附图中带有虚线的两条水平直线段）.设其中一条由于绝缘损坏而通地.为了找出通地位置，可以使用附图中左方的装置，其中 AB 是一条均匀电阻线，$\mathscr{E}$ 为电源，G 为检流计.先把电缆两线的终端（M 和 N）接通（如图），再移动活动触点 K 至检流计电流为零，并记下长度 l_1.若已知 $l_1=0.41\ \mathrm{m}$，电阻线长 $l=1\ \mathrm{m}$，电缆长 $L=7.8\ \mathrm{km}$，求损坏处 C 与电缆始端的距离 x.

4.6.1　附图的 A、B 是一个无源二端网络的引出端，各电阻的阻值皆为 R，虚线表示网络内还有无限多个由 3 个 R 组成的单元，求该二端网络的等效电阻 R_e.（提示：从 C、D 向右看也是一个无源二端网络，且等效电阻也应为 R_e.）

4.6.2　用 12 根阻值为 R 的均匀电阻丝搭成一个立方体（见附图），从 A、B 两端引出导线成为一个无源二端网络.求此二端网络的等效电阻 R_e.(提示:用恒流源 I 供电,借对称性分析各边的电流情况后求出 A、B 之间的电压.)

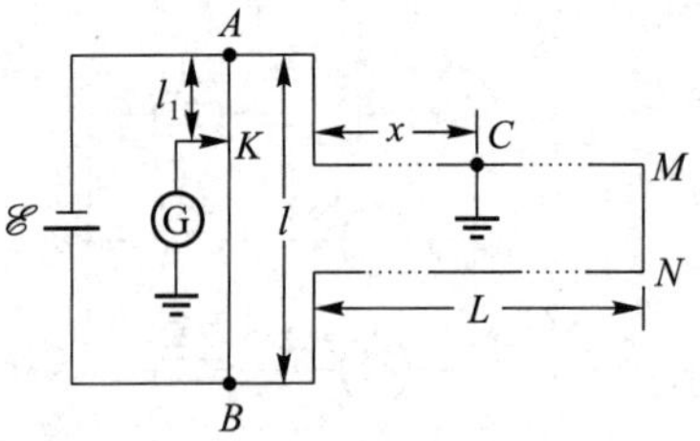

习题 4.5.7 图

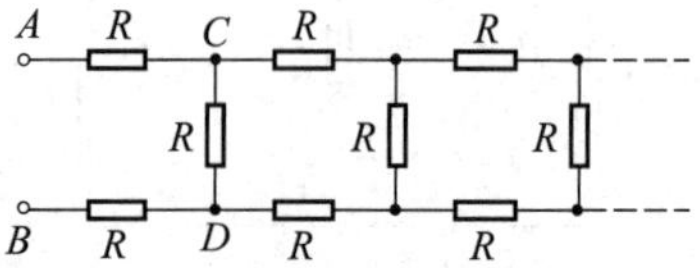

习题 4.6.1 图

*4.6.3 求附图所示有源二端网络 N 的开路电压和除源电阻.

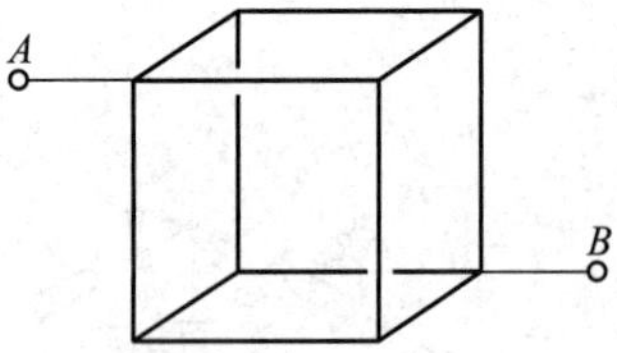

习题 4.6.2 图

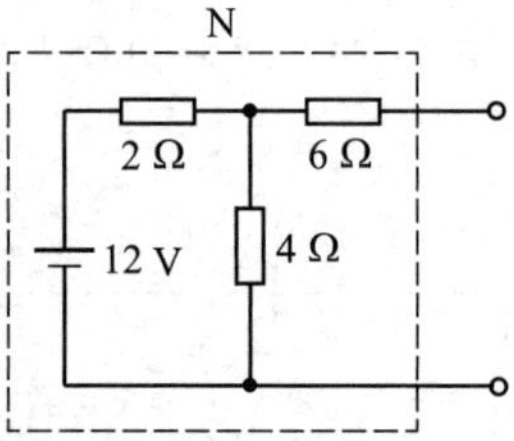

习题 4.6.3 图

*4.6.4 附图中 $\mathscr{E}_1=\mathscr{E}_2=40\ \mathrm{V}$,$R_1=4\ \Omega$,$R_2=R_6=2\ \Omega$,$R_3=5\ \Omega$,$R_4=10\ \Omega$,$R_5=8\ \Omega$,用戴维南定理求通过 R_3 的电流 I_3.

*4.6.5 附图中已知 $\mathscr{E}=100\ \mathrm{V}$,$\mathscr{E}'=40\ \mathrm{V}$,$R=10\ \Omega$,$R'=30\ \Omega$,用戴维南定理求 R' 支路上的电流.

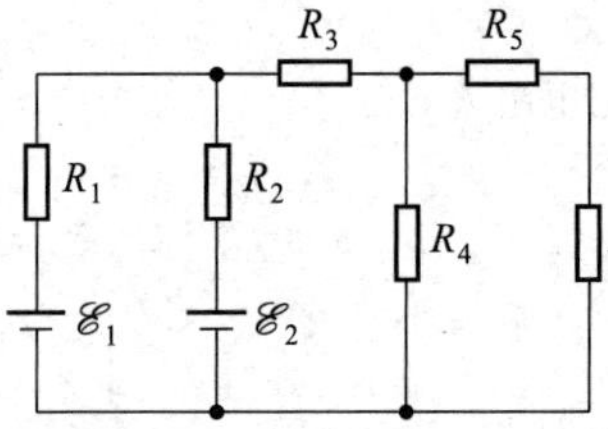

习题 4.6.4 图

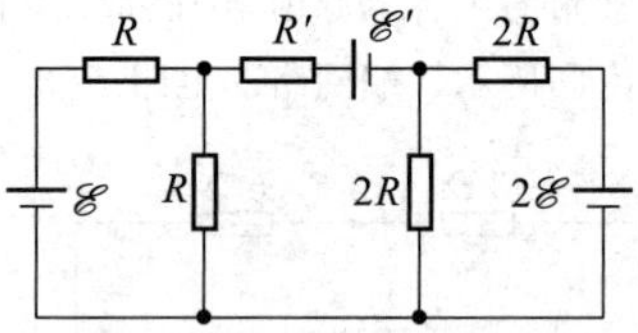

习题 4.6.5 图

*4.6.6 用戴维南定理重解 4.5.4 题.

*4.6.7 附图(a)中每个电阻(含 R_s)的阻值均为 3 Ω,电源内阻为零,电动势未知(但都相同).已知通过 R_s 的电流为 2 A,方向如附图示.

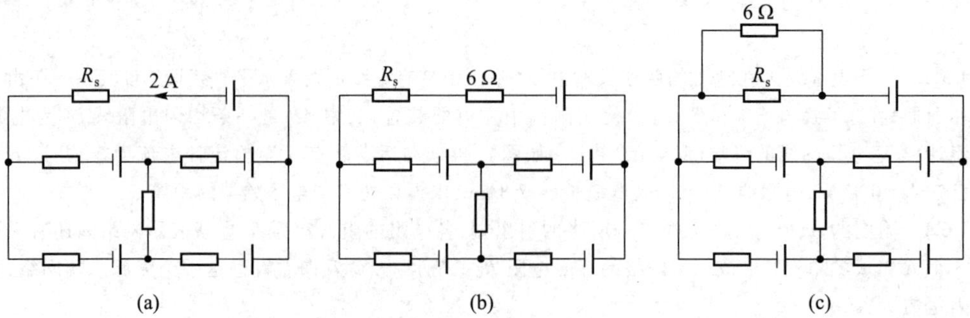

习题 4.6.7 图

（1）在 R_s 所在支路中再串联一个 6 Ω 的电阻［如图(b)所示］，求此支路的电流（大小和方向）；

（2）在 R_s 上并联一个 6 Ω 的电阻［如图(c)所示］，求该电阻的电流（大小和方向）.

*4.6.8　用戴维南定理重解 4.5.1 题.

*4.6.9　试证 § 4.6 定理 4.

*4.6.10　用戴维南定理证明：当惠斯通电桥电路中零内阻检流计与恒压源互换位置（见附图）时，检流计读数不变.

注　这是线性电路理论中的互易定理的特例，该定理的陈述如下：

互易定理　考虑只含一个电源（恒压源）的电路.设当恒压源位于支路 1 时支路 2 的电流为 I，则当恒压源位于支路 2 时支路 1 的电流必为 I.

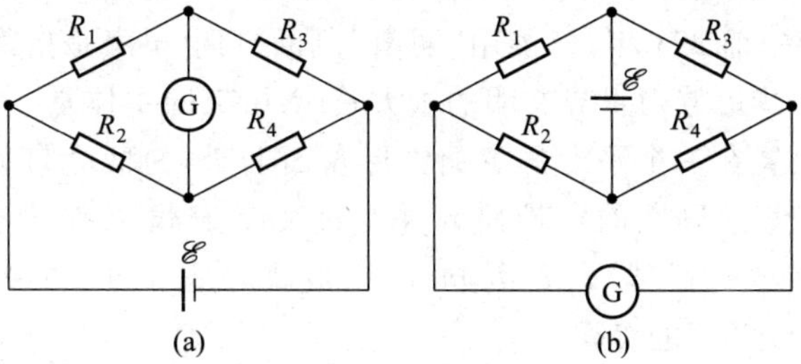

习题 4.6.10 图

第五章 恒定电流的磁场

电流的磁效应的发现

§5.1 磁现象及其与电现象的联系

中国是世界上最早发现并利用磁现象的国家.传说我国在上古时代就发现了天然磁铁,战国时期(公元前 475—前 221 年)已能用"司南"判断方向.司南是指南针的前身,是我国古代四大发明之一,是中华民族对世界文明的重大贡献.司南的主体是一个用天然磁体磨成的圆底勺状指针,当其放置在一个平滑的黄铜方形盘面上时,勺柄会自动指向南方.古希腊人对天然磁铁的磁性也做过早期的定性研究并有过文字记载.英国人吉尔伯特(Gilbert)在 1600 年发表的著名论文《论磁体》(*De Magnete*)则被认为是对磁学的第一篇全面论著,吉尔伯特还因此获得"磁学之父"的美誉.

人类对磁现象的认识始于对永磁体(永磁铁)的观察.永磁体分为天然磁体和人工磁体两种,前者是某种含有 Fe_3O_4 的矿石;后者由钢棒加工(充磁)而成.早年的观察给出如下结果:(1) 永磁体能吸引铁质物体.(2) 令条形磁铁水平放置并可自由转动,则平衡时总是大致沿南北取向(指南针的基础).(3) 条形磁铁两端的磁性最强,将它置于铁屑堆中再取出,铁屑将主要附着于两端.于是把条形磁铁的两端称为**磁极**,平衡时指南和指北的分别称为**南极**(S 极)和**北极**(N 极),并认为磁极处存在**磁荷**.(4) 磁铁与磁铁之间有相互作用力,同性磁荷相斥,异性磁荷相吸.库仑甚至发现点磁荷间的静磁力服从与电的库仑定律类似的磁库仑定律.(5) 将条形磁铁折为两段,则每段的两端都出现异性磁荷,再分仍然如此.人们据此认为,与电荷不同,磁荷总是成对出现而不能单独存在.

安培定律的提出

磁力与电力一样服从库仑定律的事实以及其他一些考虑促使人们猜想磁现象与电现象之间存在某种联系.1820 年,丹麦物理学家奥斯特(Oersted)在向学生做演示实验时发现载流导线附近的磁针因受力而偏转(这或许是科学史上唯一的一次在课堂上获得的重大发现).这是对"电流具有磁效应"的猜想的首次验证.这一结果立即引起若干物理学家的浓厚兴趣.在奥斯特的发现公布几周之后,法国物理学家安培(Ampère)就获得了一系列关于载流导线之间的磁相互作用力的实验结果.例如(在定性方面),安培的实验显示:两条平行导线当电流同向时互相吸引,电流异向时互相排斥.既然电流和永磁体都表现出磁性,人们自然希望找到一种把磁现象和电现象统一起来的理论.安培首先提出一个假说,他认为,一切磁现象都起因于电流,任何物质的分子中都存在闭合的电流(**分子电流**),每个分子电流都具有磁性.对于一般物质(非磁体),各分子电流方向杂乱无章,磁性互相抵消;对于永磁体,各分子电流作规则排列,磁性互相加强而使整体显示磁性.安培的这一假说虽然受历史条件所限而难免有些粗糙,但其本质与近代物理对磁本性的看法是一致的.

虽然当时认识到磁效应来自电流,却还不很清楚电流的本质是什么.随着电子等带电粒子被相继发现,人们才明确认识到电流是带电粒子的运动,从而有可能通过大量实验证实运动着的带电粒子在主动和被动两方面都表现出磁效应.用现代语言来说就是:带电粒子的运动既要激发**磁场**,又要接受磁场的作用.

要定量地研究磁场就要找到一个描写磁场的适当物理量.这可从静电场 $\boldsymbol{E}$ 的定义取得借鉴.第一章曾用 $\boldsymbol{F}=q\boldsymbol{E}$ 对静电场 $\boldsymbol{E}$ 下了定义.这样定义的 $\boldsymbol{E}$ 之所以能反映静电场的性质,是因为库仑定律保证:若位于场点 P 的静止试探电荷从 q 改为 kq,则它所受的电场力从 $\boldsymbol{F}$ 改为 $k\boldsymbol{F}$.也就是说,对静电场中的任意给定点 P,不论试探电荷有怎样的 q,必定存在唯一的矢量 $\boldsymbol{E}$ 使 $\boldsymbol{F}=q\boldsymbol{E}$ 成立.公式 $\boldsymbol{F}=q\boldsymbol{E}$ 清晰地表明试探电荷所受的静电场力如何依赖于其内因(电荷 q)和外因(静电场 $\boldsymbol{E}$).现在要对磁场定义一个与静电场的 $\boldsymbol{E}$ 对应的物理量,国际上统一记为 $\boldsymbol{B}$.因为磁场要对运动带电粒子施力,所以定义 $\boldsymbol{B}$ 时可用运动点电荷作为试探工具.实验表明,试探电荷所受的磁力 $\boldsymbol{F}$ 不但取决于其电荷 q,而且取决于其速度 $\boldsymbol{v}$ 的大小和方向.实验还表明,对磁场中的任意给定点 P,不论试探电荷有怎样的 q 和 $\boldsymbol{v}$,必定存在唯一的矢量 $\boldsymbol{B}$ 使下式成立:

$$\boldsymbol{F}=q\boldsymbol{v}\times\boldsymbol{B}\,. \tag{5-1}$$

可见,同 $\boldsymbol{E}$ 的作用类似,$\boldsymbol{B}$ 是描述磁场中各点性质的物理量.既然 $\boldsymbol{E}$ 称为电场强度,理应把 $\boldsymbol{B}$ 称为磁场强度,只是由于历史原因,人们长期以来把 $\boldsymbol{B}$ 称为**磁感应强度**,而把磁场强度一词授予另一个(本来不该称为磁场强度的)量,即第七章要讲的 $\boldsymbol{H}$.然而"摒弃历史误称,还 $\boldsymbol{B}$ 以应有称谓"的呼声从未间断而且日趋强烈.按照近数十年来国际上多数文献(如《费曼物理学讲义》和《伯克利物理学教程》[①]以及涉及磁场的较多科研论文)的习惯,本书在提到"磁场"(作为量,但不加"强度"两字)时通常就是指 $\boldsymbol{B}$(正如提到电场时是指 $\boldsymbol{E}$ 那样),只是不把 $\boldsymbol{B}$ 称为磁场强度,以免与 $\boldsymbol{H}$ 混淆.

运动带电粒子在磁场中所受的力称为**洛伦兹力**[②],式(5-1)既是 $\boldsymbol{B}$ 的定义式,又是洛伦兹力的表达式.该式清楚地反映洛伦兹力如何依赖于其外因(磁场 $\boldsymbol{B}$)和内因(试探电荷的电荷 q 和速度 $\boldsymbol{v}$ 的乘积 $q\boldsymbol{v}$).由于内因 $q\boldsymbol{v}$ 和外因 $\boldsymbol{B}$ 都涉及矢量,要由它们构造一个矢量 $\boldsymbol{F}$,出现叉乘积 $q\boldsymbol{v}\times\boldsymbol{B}$ 就不难理解.除去这一方向上的复杂性,式(5-1)其实与 $\boldsymbol{F}=q\boldsymbol{E}$ 非常类似:$\boldsymbol{F}$ 的大小 F 分别与描写内、外因的量的大小(即 qv、B)成正比.

由恒定电流激发的磁场称为**恒定磁场**(或**静磁场**).与静电场类似,恒定磁场也是与时间无关的矢量场.本章只讨论恒定磁场.

§5.2 毕奥-萨伐尔定律

5.2.1 毕奥-萨伐尔定律

点电荷的电场强度公式对讨论静电场的重要性是人所共知的.从这一公式出发,通过求

① 费曼著,王子辅译,《费曼物理学讲义》第二卷(上海:上海科学技术出版社,1981);珀塞尔著,南开大学物理系译,《伯克利物理学教程》第二卷(北京:科学出版社,1979).笔者欣赏珀塞尔书中译本 484 页的如下一段:如果你走进实验室问一个物理学工作者,是什么东西使他的气泡室里的 π 介子轨道弯曲,他大概会回答是"磁场"而不回答是"磁感应".你很少听到地球物理工作者提到地球的磁感应,或者天文工作者谈到银河系中的磁感应.我们建议继续称 $\boldsymbol{B}$ 为磁场,至于 $\boldsymbol{H}$,虽然曾经为它创造了其他的名称,我们仍将称它为"场 $\boldsymbol{H}$"或者甚至称之为"磁场 $\boldsymbol{H}$".

② 当空间中除磁场 $\boldsymbol{B}$ 外还有电场 $\boldsymbol{E}$ 时,带电粒子除受磁场力 $q\boldsymbol{v}\times\boldsymbol{B}$ 外还受电场力 $q\boldsymbol{E}$,总电磁力为 $\boldsymbol{F}=q(\boldsymbol{E}+\boldsymbol{v}\times\boldsymbol{B})$(详见 §6.4).现代文献中**洛伦兹力**一词通常是指这一总电磁力.为了不与总洛伦兹力相混淆,必要时可把 $q\boldsymbol{v}\times\boldsymbol{B}$ 称为**磁洛伦兹力**或**洛伦兹磁力**.

和或积分就可求得形形色色的电荷分布所激发的静电场 $\boldsymbol{E}$.静磁场中与点电荷对应的是载有电流的元段,简称**电流元**(但请注意本段后用小字所加的注).为了得到形形色色的载流导线所激发的静磁场 $\boldsymbol{B}$,需要知道电流元所激发的元磁场 $\mathrm{d}\boldsymbol{B}$ 的公式.设导线的电流为 I,以矢量 $\mathrm{d}\boldsymbol{l}$ 代表导线上任一有向元段($\mathrm{d}\boldsymbol{l}$ 的方向与电流相同),则该载流元段(电流元)可用矢量 $I\mathrm{d}\boldsymbol{l}$ 作定量描述($I\mathrm{d}\boldsymbol{l}$ 对应于点电荷的 q).与点电荷不同,由于恒定电流的闭合性,恒定电流元不会单独存在,因此不可能通过实验直接测出恒定电流元的磁场.但是,只要默认磁场与电场一样服从叠加原理,则任何形状的载有恒定电流的导线的磁场都是它的所有元段的磁场的矢量和.通过对不同形状的载流导线的实验研究(包括安培的平行长直载流导线的实验),人们相信电流元 $I\mathrm{d}\boldsymbol{l}$ 激发的元磁场 $\mathrm{d}\boldsymbol{B}$ 由下式表示(国际单位制):

$$\mathrm{d}\boldsymbol{B}=\frac{\mu_0}{4\pi}\frac{I\mathrm{d}\boldsymbol{l}\times\boldsymbol{e}_r}{r^2}, \tag{5-2}$$

其中 r 是电流元 $I\mathrm{d}\boldsymbol{l}$(看作位于一点)与场点 P 的距离,$\boldsymbol{e}_r$ 是从 $I\mathrm{d}\boldsymbol{l}$ 指向 P 的单位矢量,$\mu_0/4\pi$ 是与库仑定律的国际单位制表达式[见式(1-5)]中的 $k=1/4\pi\varepsilon_0$ 对应的常量,其中 $\mu_0=4\pi\times10^{-7}\,\mathrm{N/A^2}$(N 和 A 分别代表牛顿和安培),其引入动机见小节 10.3.1,物理意义见小节 7.1.3.式(5-2)通常称为**毕奥-萨伐尔**(Biot-Savart)**定律**,简称**毕-萨定律**.B 的 SI 单位称为**特斯拉**(Tesla).任意形状的、载有恒定电流的导线的磁场都可从式(5-2)出发借助积分求得.虽然式(5-2)不是直接实验的结果,但从它出发对各种形状导线求得的磁场都同实验相符,这就使人相信毕-萨定律(以及磁场的叠加原理)是成立的.

注 严格说来,电流元 $I\mathrm{d}\boldsymbol{l}$ 并非是静电场中点电荷 q 在静磁场中的对应物,理由是,与点电荷不同,恒定电流元不能单独存在.不过,只要心中明确这一点,从教学法角度看,为了便于引入、讲解和记忆式(5-2),把电流元 $I\mathrm{d}\boldsymbol{l}$ 看作点电荷 q 的对应物也无可厚非.

与点电荷的电场不同,电流元的磁场没有球对称性.这是很自然的,因为电流元 $I\mathrm{d}\boldsymbol{l}$ 本身是矢量,给定电流元意味着给定一个特殊的方向.由此不难想到电流元的磁场应具有轴对称性,且对称轴应是把 $I\mathrm{d}\boldsymbol{l}$ 延长所得的直线(从这一角度说,电流元 $I\mathrm{d}\boldsymbol{l}$ 与偶极子 $q\boldsymbol{l}$ 更为类似).事实上,式(5-2)确实包含这一信息,因为由它不难看出:设 N 是任一与 $I\mathrm{d}\boldsymbol{l}$ 延长线正交的平面(见图 5-1),O 为平面与延长线的交点,则平面上以 O 为圆心的任一圆周上各点的 $\mathrm{d}\boldsymbol{B}$ 大小相同,方向沿切向,而且与 $I\mathrm{d}\boldsymbol{l}$ 有右手螺旋关系:令右手拇指代表 $I\mathrm{d}\boldsymbol{l}$ 的指向,则弯曲的四指将代表 $\mathrm{d}\boldsymbol{B}$ 的方向(如图 5-1 所示).由此还可知道电流元的所有磁感应线($\boldsymbol{B}$ 线)都是同心圆周.

以下 3 小节将利用毕-萨定律计算三种典型的、载有恒定电流的导线的磁场.

5.2.2 长直载流导线的磁场

先计算有限长载流直导线的磁场 $\boldsymbol{B}$.由毕-萨定律可知直导线上任一电流元在任一场点 P 的元磁场都有相同方向,所以 $\boldsymbol{B}$ 线是躺在垂直于导线的平面内的、中心在导线(或其延长线)上的一系列同心圆.于是 P 点的 $\boldsymbol{B}$ 的大小可由标量积分求得(见图 5-2):

$$B=\int_{l_1}^{l_2}\frac{\mu_0}{4\pi}\frac{I\mathrm{d}l\sin\theta}{r^2},$$

其中 θ 的含义如图所示,l 是沿直导线的长度坐标(以 P 到导线的垂足为零点,向下为正),l_1 和 l_2 是导线段上下两端的 l 值.由图可知

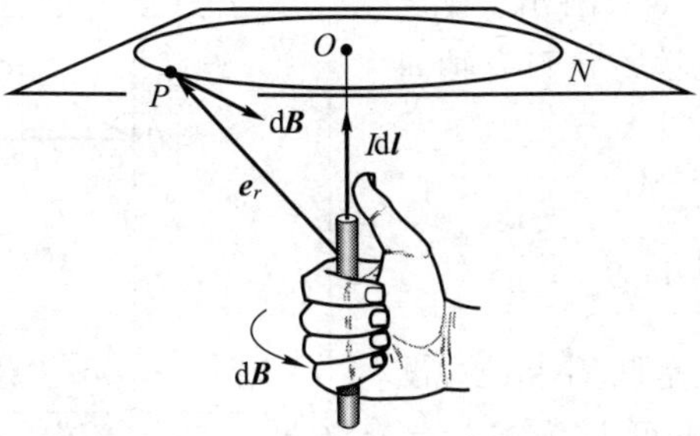

图 5-1 电流元的磁场具有轴对称性

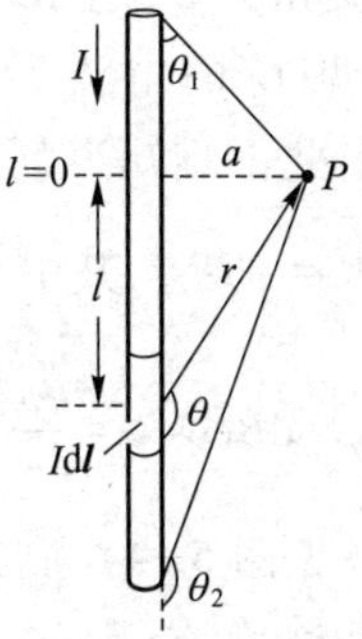

图 5-2 长直载流导线的磁场

$$l=-a\cot\theta,\quad r=\frac{a}{\sin\theta},$$

所以

$$B=\frac{\mu_0 I}{4\pi}\int_{\theta_1}^{\theta_2}\frac{\sin\theta\mathrm{d}\theta}{a}.$$

以 θ_1 和 θ_2 分别代表上下两端的 θ 值，则

$$B=\frac{\mu_0 I}{4\pi a}(\cos\theta_1-\cos\theta_2).\tag{5-3}$$

无限长直导线是上式的一个重要特例，这时 $\theta_1=0,\theta_2=\pi$，故

$$B=\frac{\mu_0 I}{2\pi a}.\tag{5-4}$$

上式说明无限长直导线的磁场与导线电流 I 成正比，与场点跟导线的距离 a 成反比.

将一个带孔圆盘水平地悬挂在一根竖直的长导线上，沿盘的某一直径对称地放置两个相同的永磁棒，如图 5-3. 当直导线有电流时，每一磁棒的两极都受到导线磁场的磁力，分别记为 $\boldsymbol{F}_1$、$\boldsymbol{F}_2$ 和 $\boldsymbol{F}_1'$、$\boldsymbol{F}_2'$. 设两极与中心的距离分别为 a_1 和 a_2，则圆盘受到两个方向相反的力偶矩，其大小各为 $2F_1a_1$ 和 $2F_2a_2$. 实验表明，圆盘不因导线通电而出现任何转动迹象，说明圆盘所受总力矩为零，即 $F_1a_1=F_2a_2$. 如果直长导线的 B 反比于距离，这一现象就能得到解释. 毕奥和萨伐尔最初就是用这种装置得到直长导线的 B 反比于距离的结论的. 在圆盘上放两个磁棒而不是一个磁棒的好处是：(1) 使重力得以平衡. (2) 按图 5-3 的方式放置的一对磁棒实际上是一个无定向磁棒组，可以消除地磁的影响. (3) 与用一根磁棒相比有较高的灵敏度.

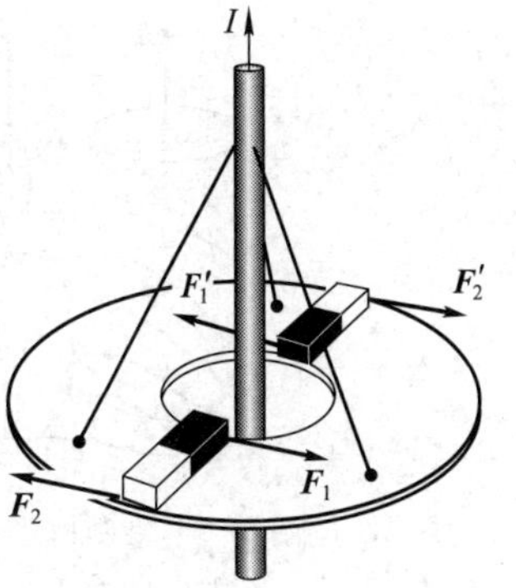

图 5-3 毕奥-萨伐尔实验

5.2.3 圆形载流导线的磁场

我们来计算圆形载流导线(简称圆形电流)轴线上的磁场. 在圆周上任取一点 C. 以 N 代表由半径 OC 与轴线决定的平面，则从 C 到轴线上任一场点 P 的矢量 $\boldsymbol{r}=r\boldsymbol{e}_r$ 必在 N 内(见图 5-4). C 点的电流元 $I\mathrm{d}\boldsymbol{l}$ 垂直于 N，所以也垂直于 $\boldsymbol{r}$. 于是由毕-萨定律可知 P 点的 $\mathrm{d}\boldsymbol{B}$ 垂直于 $\mathrm{d}\boldsymbol{l}$(故躺在 N 面内)，大小则为

$$\mathrm{d}B=\frac{\mu_0}{4\pi}\frac{I\mathrm{d}l}{r^2}.$$

设 d$\boldsymbol{B}$ 与轴的夹角为 α,把 d$\boldsymbol{B}$ 分解为轴向分量 d$\boldsymbol{B}_{/\!/}$ 和横向分量 d$\boldsymbol{B}_{\perp}$.将半径 OC 反向延长交圆周于 C',易见 C' 的电流元 Id$\boldsymbol{l}'$ 贡献的 d$\boldsymbol{B}'_{\perp}$(未画出)满足 d$\boldsymbol{B}'_{\perp}=-d\boldsymbol{B}_{\perp}$.由此不难知道整个圆周在 P 点的磁场 $\boldsymbol{B}$ 只有轴向分量,大小为 $B=\oint \mathrm{d}B_{/\!/}$,其中

$$\mathrm{d}B_{/\!/}=\mathrm{d}B\cos\alpha=\frac{\mu_0}{4\pi}\frac{I\mathrm{d}l}{r^2}\cos\alpha=\frac{\mu_0}{4\pi}\frac{I\mathrm{d}l}{r^2}\sin\beta,$$

β 是 α 的余角(见图 5-4),满足 $\sin\beta=R/r$(R 是圆周半径).设场点与圆心距离为 a,则 $r^2=a^2+R^2$,故上式可写为 $\mathrm{d}B_{/\!/}=\dfrac{\mu_0}{4\pi}\dfrac{IR\mathrm{d}l}{(a^2+R^2)^{3/2}}$,沿圆周积分,注意到 I、R、a 均为常量,便得 P 点磁场的大小

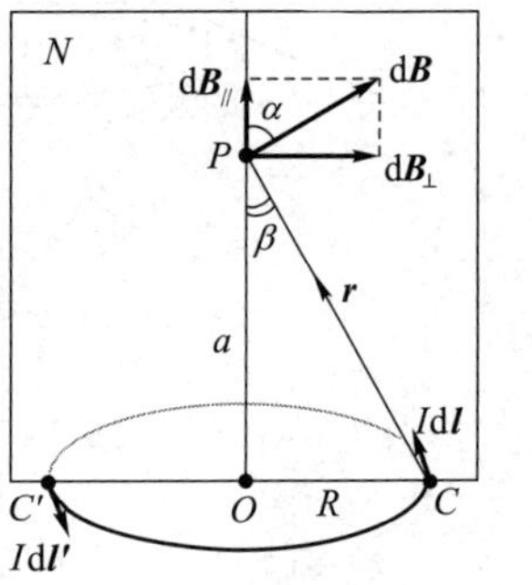

图 5-4 圆形载流导线轴线上的磁场

$$B=\frac{\mu_0 IR^2}{2(a^2+R^2)^{3/2}}. \tag{5-5}$$

这就是圆形电流轴线上 B 值的表达式.至于 $\boldsymbol{B}$ 的方向,可由右手螺旋定则判断(见图 5-5):用右手弯曲的四指代表圆电流方向,则拇指的指向就是轴线上的 $\boldsymbol{B}$ 方向.对圆心有 $a=0$,代入上式易得圆心处的磁场为

$$B=\frac{\mu_0 I}{2R}. \tag{5-6}$$

我们只计算了轴线上的磁场.轴线外磁场的计算比较复杂,从略.读者可借助图 5-6 对轴线外的磁场分布有一个大致的了解.

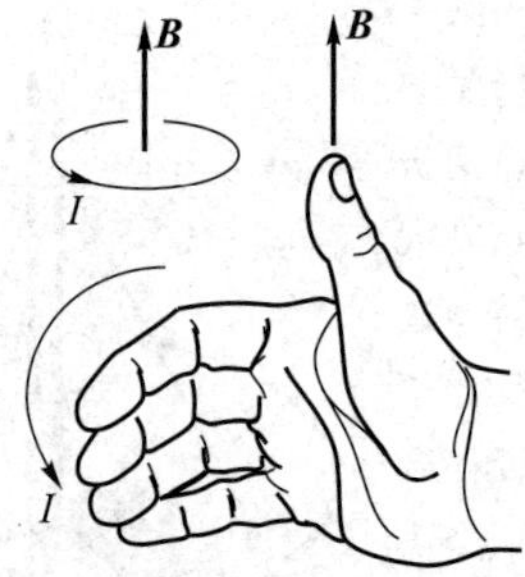

图 5-5 判断圆形电流轴线 $\boldsymbol{B}$ 方向的右手螺旋定则

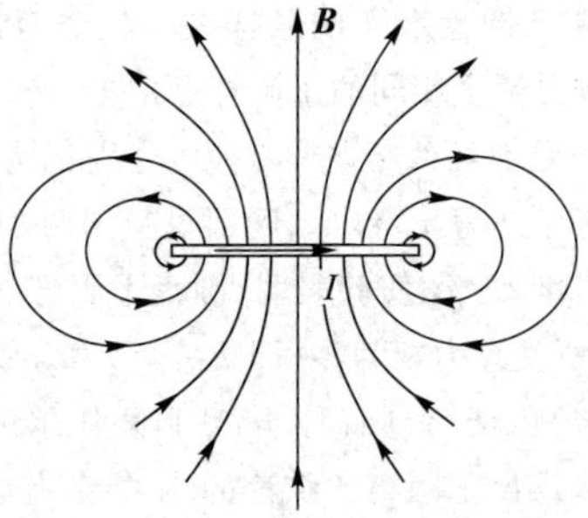

图 5-6 圆形载流导线的 $\boldsymbol{B}$ 线图
(图 5-4 中平面 N 内的情况)

5.2.4 载流螺线管轴线上的磁场

均匀紧密地绕在圆柱面上的螺旋形线圈[见图 5-7(a)]称为**螺线管**.设螺线管半径为 R,导线电流为 I,单位长度匝数为 n,我们来计算螺线管轴线上的磁场 $\boldsymbol{B}$.

通常的螺线管是用一根包裹绝缘层的细导线在圆柱形空筒上密绕而成的("一线绕"式).然而,只要导线足够细,就可近似采用"并排圆电流"模型来简化计算,即认为空筒上套着许多互不连接的圆形电流(都为 I),每个圆平面都与筒的轴线垂直,沿轴向单位长度的圆电流个数(单位长度匝数)为 n(其截面图可参见图5-20).设 P 为轴线上任一场点,以 P 为原

点在轴上定义一维坐标 x(向右为正),则轴上任一元段 $\mathrm{d}x$[图 5-7(b)中用粗线强调出]对应着 $n\mathrm{d}x$ 匝,相当于电流为 $In\mathrm{d}x$ 的一个圆电流,它在 P 点贡献的磁场(大小)按式(5-5)为

$$\mathrm{d}B=\frac{\mu_0 R^2 In\mathrm{d}x}{2(x^2+R^2)^{3/2}}, \tag{5-7}$$

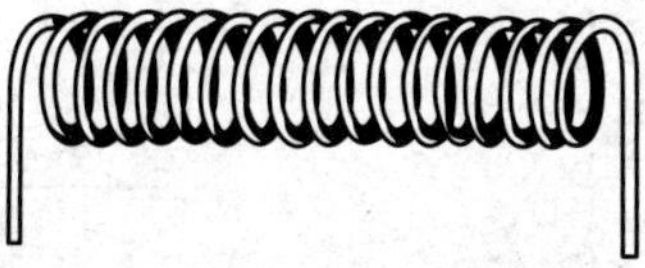

(a) 单根导线绕成的螺线管(为清晰而把密绕画成疏绕)

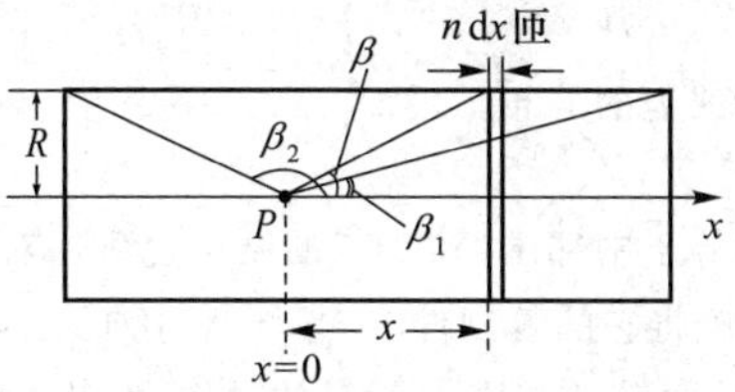

(b) 为简化计算而用的“并排圆电流模型”

图 5-7　螺线管及其轴线上的磁场

用下式引入角度变量 β[见图 5-7(b)]:

$$x\equiv R\cot\beta,$$

则　$$\mathrm{d}x=-\frac{R\mathrm{d}\beta}{\sin^2\beta}=-\frac{(x^2+R^2)}{R}\mathrm{d}\beta$$　(表明 $\mathrm{d}x/\mathrm{d}\beta<0$,与图一致).

代入式(5-7)得

$$\mathrm{d}B=-\frac{\mu_0 nI\sin\beta}{2}\mathrm{d}\beta,$$

故整个螺线管在 P 点贡献的总磁场 $B=-\frac{1}{2}\mu_0 nI\int_{\beta_2}^{\beta_1}\sin\beta\mathrm{d}\beta$,积分得

$$B=\frac{1}{2}\mu_0 nI(\cos\beta_1-\cos\beta_2). \tag{5-8}$$

此即螺线管轴线上任一点的 B 值的表达式,$\boldsymbol{B}$ 的方向则可根据电流方向依右手螺旋定则确定.

以 l 代表螺线管的长度,则 $R\ll l$ 的螺线管可称为细长螺线管.细长螺线管轴线上各点(靠近两端的点除外)有 $\beta_1\approx 0$ 和 $\beta_2\approx\pi$,故

$$B\approx\mu_0 nI. \tag{5-9}$$

因此,在模型语言中可以说无限长螺线管轴线上任一点有 $B=\mu_0 nI$. §5.4 还将进一步证明无限长螺线管内有均匀磁场 $\boldsymbol{B}$(因而管内各点有 $B=\mu_0 nI$),而管外的 $\boldsymbol{B}=\boldsymbol{0}$.

真实螺线管总是有限长的.即使满足条件 $R\ll l$,只要将注意力从轴线的中点 O 逐渐移向端部,就会发现 B 值逐渐减小.特别是,对轴线的端点,例如图5-8的 D 点,在 $R\ll l$ 时有 $\beta_1=\pi/2$,$\beta_2\approx\pi$,故

$$B\approx\frac{1}{2}\mu_0 nI. \tag{5-10}$$

（对另一端点 D'有 $\beta_1\approx 0,\beta_2=\pi/2$，仍得上式.）图 5-8 所示为 $l/R=5$ 的螺线管轴线上 B 值的分布.由图看出，轴线上各点（靠近两端的点除外）有近似相等的 B 值，且此值近似等于端点的 B 值的 2 倍.图 5-9 所示为一个较短螺线管内外的 $\boldsymbol{B}$ 线图.

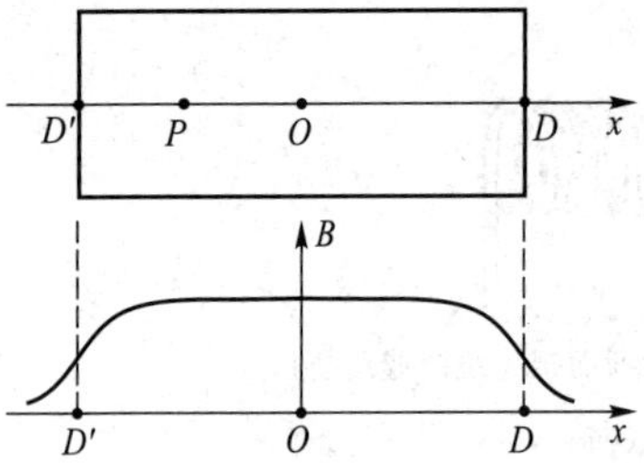

图 5-8 B 在螺线管轴线上的分布

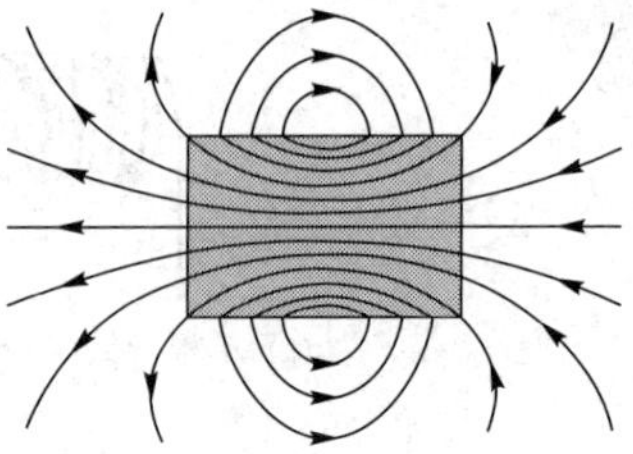
图 5-9 螺线管内外的 $\boldsymbol{B}$ 线图

“半无限长螺线管轴线端部磁场等于中部磁场之半”的结论也可用对称性（而不是直接用毕-萨定律）证明.以 G_1 代表半无限长螺线管，想象将它的复制件 G_2 按图 5-10 的方式与 G_1 相接而成一个无限长螺线管 G.分别以 $\boldsymbol{B}_1$ 和 $\boldsymbol{B}_2$ 代表 G_1 和 G_2 在轴线连接点 O 贡献的磁场，由对称性可知 $\boldsymbol{B}_1=\boldsymbol{B}_2$（证明见稍后）.然而现在的“端面”其实是无限长螺线管 G 的一个（远离端部的）普通截面，其磁场近似等于（有限长的）细长螺线管轴线中部的磁场，记作 $\boldsymbol{B}_{中}$.由叠加原理易见 $\boldsymbol{B}_{中}=\boldsymbol{B}_1+\boldsymbol{B}_2$，与 $\boldsymbol{B}_1=\boldsymbol{B}_2$ 结合便得 $\boldsymbol{B}_1=\boldsymbol{B}_2=\boldsymbol{B}_{中}/2$，这就证明了“轴线端部磁场等于中部磁场之半”的结论.最后再补证 $\boldsymbol{B}_1=\boldsymbol{B}_2$.图 5-11（a）画出由 G_1 在轴线端点 O 贡献的 $\boldsymbol{B}$，令 G_1 绕着过 O 点的竖直线转 180°，得图 5-11（b）.因为 $\boldsymbol{B}$ 是由 G_1 的电流激发的，G_1 转 180°导致 $\boldsymbol{B}$ 的方向也转 180°（大小不变）.再反转 G_1 绕线内的电流方向，则 O 点的 $\boldsymbol{B}$ 再次反向（大小仍不变），见图 5-11（c）.而图 5-11（c）中的 G_1 已经与图 5-10 的 G_2 一样，可见 $\boldsymbol{B}_1=\boldsymbol{B}_2$.

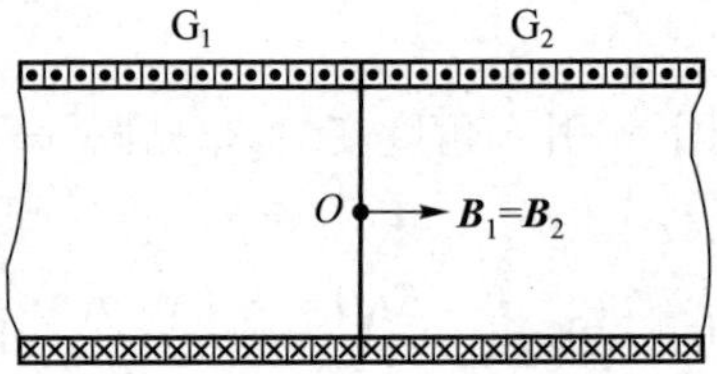

图 5-10 两个半无限长螺线管接成一个无限长螺线管

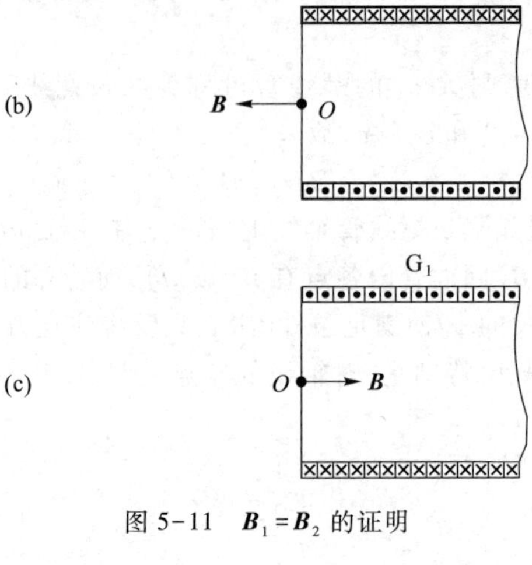

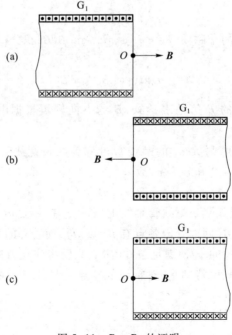

图 5-11 $\boldsymbol{B}_1=\boldsymbol{B}_2$ 的证明

§5.3 磁场的高斯定理

为了把握矢量场 $\boldsymbol{B}$ 的性质,应该关心它对任意闭合曲面的通量以及它沿任意闭合曲线的环流.本节讨论 $\boldsymbol{B}$ 的通量,下节讨论 $\boldsymbol{B}$ 的环流.

磁场 $\boldsymbol{B}$ 对任一曲面 S(无论闭合与否)的通量 $\Phi=\iint_S \boldsymbol{B}\cdot\mathrm{d}\boldsymbol{S}$ 称为曲面 S 的**磁通量**,简称**磁通**,其 SI 单位称为**韦伯**(weber),记为 Wb. 1 Wb = 1 T · m^2.(其中 T 代表 tesla,即特斯拉.)

与静电场不同,磁场的一大特点是 $\boldsymbol{B}$ 对任意闭合曲面的通量都为零:

$$\oiint_S \boldsymbol{B}\cdot\mathrm{d}\boldsymbol{S}=0 \quad (S\text{ 为任意闭合曲面}). \tag{5-11}$$

这称为**磁场的高斯定理**.下面证明这一定理.在承认叠加原理的基础上,只需证明电流元的 $\boldsymbol{B}$ 满足式(5-11).设 S 是任一闭合曲面.作以电流元 $I\mathrm{d}\boldsymbol{l}$ 的延线为轴线、横截面为小矩形的许多立体圆环[图 5-12(a)表示其中的一个].每一圆环与 S 相交两次,相交处是 S 面的一对面元 $\mathrm{d}S_1$ 和 $\mathrm{d}S_2$[图 5-12(b)是俯视图].于是闭合曲面 S 被这些圆环分割为许多这样的面元对.为了证明 S 的磁通为零,只需证明每对面元的磁通代数和为零.为书写方便,把毕-萨定律中的 $\mathrm{d}\boldsymbol{B}$ 简写为 $\boldsymbol{B}$.设面元 $\mathrm{d}S_1$ 和 $\mathrm{d}S_2$ 处的磁场各为 $\boldsymbol{B}_1$ 和 $\boldsymbol{B}_2$.以 $\mathrm{d}S_{1\perp}$ 代表面元 $\mathrm{d}S_1$ 在与 $\boldsymbol{B}_1$ 垂直的平面上的投影,则 $\mathrm{d}S_{1\perp}=\mathrm{d}S_1\cos\theta_1$,其中 θ_1 为 $\mathrm{d}S_1$ 与 $\mathrm{d}S_{1\perp}$ 所夹的锐角[见图 5-12(b)].类似地有 $\mathrm{d}S_{2\perp}=\mathrm{d}S_2\cos\theta_2$.$\mathrm{d}S_1$ 和 $\mathrm{d}S_2$ 作为闭合曲面 S 的两个面元,其外单位法向矢量 $\boldsymbol{e}_{\mathrm{n}1}$ 和 $\boldsymbol{e}_{\mathrm{n}2}$ 应如图 5-12(b)所示,故

$$\mathrm{d}\Phi_1=\boldsymbol{B}_1\cdot\mathrm{d}\boldsymbol{S}_1=B_1\mathrm{d}S_{1\perp},$$
$$\mathrm{d}\Phi_2=\boldsymbol{B}_2\cdot\mathrm{d}\boldsymbol{S}_2=B_2\cos(\pi-\theta_2)\mathrm{d}S_2=-B_2\mathrm{d}S_{2\perp}.$$

因为 $\mathrm{d}S_{1\perp}$ 和 $\mathrm{d}S_{2\perp}$ 是同一立体圆环的横截面,所以 $\mathrm{d}S_{1\perp}=\mathrm{d}S_{2\perp}$.由电流元磁场的轴对称性又知 $B_1=B_2$,所以 $\mathrm{d}\Phi_1=-\mathrm{d}\Phi_2$,即 $\mathrm{d}\Phi_1+\mathrm{d}\Phi_2=0$.证明完毕.

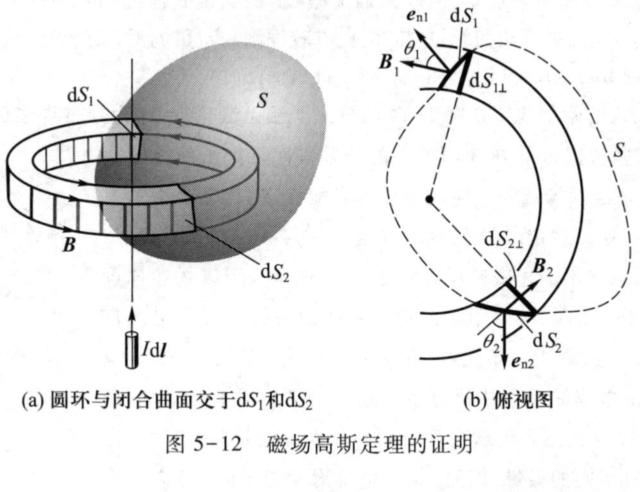

(a) 圆环与闭合曲面交于 $\mathrm{d}S_1$ 和 $\mathrm{d}S_2$　　(b) 俯视图

图 5-12　磁场高斯定理的证明

由 $\boldsymbol{B}$ 的高斯定理可得一个重要的推论:以任一闭合曲线 L 为边线的所有曲面都有相同的磁通.设 S_1 和 S_2 是以闭合曲线 L 为边线的两个曲面,则两者合起来构成一个闭合曲面 S.由 $\boldsymbol{B}$ 的高斯定理得 $0=\oiint_S \boldsymbol{B}\cdot\mathrm{d}\boldsymbol{S}=\iint_{S_1}\boldsymbol{B}\cdot\mathrm{d}\boldsymbol{S}+\iint_{S_2}\boldsymbol{B}\cdot\mathrm{d}\boldsymbol{S}$,故 $\iint_{S_1}\boldsymbol{B}\cdot\mathrm{d}\boldsymbol{S}=-\iint_{S_2}\boldsymbol{B}\cdot\mathrm{d}\boldsymbol{S}$. 上式的负号

是因为规定闭合曲面要选外法向得出的,如果按图 5-13 的方式重选 S_1 和 S_2 的法向,则有 $\iint_{S_1}\boldsymbol{B}\cdot\mathrm{d}\boldsymbol{S}=\iint_{S_2}\boldsymbol{B}\cdot\mathrm{d}\boldsymbol{S}$.可见,在默认这样选取法向之后,任意两个以同一闭合曲线 L 为边线的曲面便有相同的磁通.这一性质使"穿过某闭合曲线的磁通"一词有明确意义,它指的自然是以该曲线为边线的任一曲面的磁通.这一术语在电磁感应问题中经常使用.应该注意,$\boldsymbol{E}$ 通量是没有这一性质的,读者不难用举反例来证明.

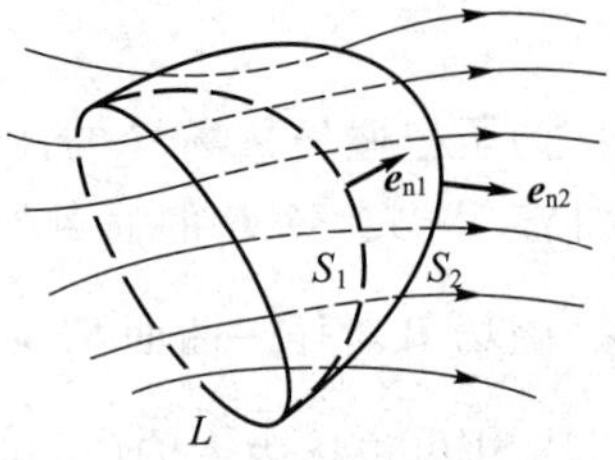

图 5-13 曲面 S_1 和 S_2 有相同的磁通

把磁场 $\boldsymbol{B}$ 和静电场 $\boldsymbol{E}$ 的高斯定理作一比较有助于深入理解问题.静电场线的一个重要性质是起于正电荷、止于负电荷,在无电荷处不中断,这是 $\boldsymbol{E}$ 的高斯定理的推论.正、负电荷可被分别解释为电场线的源(起点)和汇(止点).与此不同,$\boldsymbol{B}$ 的高斯定理 $\oiint\boldsymbol{B}\cdot\mathrm{d}\boldsymbol{S}=0$ 暗示与电荷 q 对应的磁荷不存在,$\boldsymbol{B}$ 线既无源也无汇.

有时会把"$\boldsymbol{B}$ 线既无起点也无止点"的结论与"$\boldsymbol{B}$ 线是闭合曲线"相提并论,认为前者可以推出后者.这是一种误解.上节的几个例子(载流直导线、圆形导线和螺线管)中的 $\boldsymbol{B}$ 线的确都是闭合曲线,但这些都只是具有某种对称性的特例.从理论上说,由 $\oiint\boldsymbol{B}\cdot\mathrm{d}\boldsymbol{S}=0$(配以场线的附加规定,见小节 1.5.1)可以肯定"$\boldsymbol{B}$ 线既无起点也无止点",却无从进一步推出"$\boldsymbol{B}$ 线是闭合曲线"的结论.事实上,"$\boldsymbol{B}$ 线既无起点也无止点"包括三种可能:(1) $\boldsymbol{B}$ 线是闭合曲线(常出现在有某种对称性的场合中);(2) $\boldsymbol{B}$ 线从无限远到无限远;(3) $\boldsymbol{B}$ 线既非闭合又非从无限远到无限远,例如,它可以在某一范围内没完没了地"打转"却永不回到出发点.为了帮助读者接受这一乍听起来十分抽象的可能性,我们举一个颇为实际的例子.在水平放置的圆形载流导线的中心插入一根竖直的载流直长导线.插入之前,圆导线附近的 $\boldsymbol{B}$ 线是许多把圆导线套在里面的闭合曲线(许多分立的圈,参见图 5-6).插入载流直导线后,其附加磁场使圆导线附近的 $\boldsymbol{B}$ 多出一个水平的、绕直导线"转圈"的环形分量,于是套在圆导线外的许多分立圈不再分立而连成一条螺旋线.除非两个电流 I_1 和 I_2 的比值满足一个特殊要求,否则这些螺旋线在环绕直导线一周后不会回到出发点,它将继续螺旋式前进(走第二圈),依此类推,结果形成一条永无止点(因而无限长)的螺旋式曲线(图 5-14).塔姆著,钱尚武等译,《电学原理》上册(北京:人民教育出版社,1958)对此有较详细和定量的讨论.此外还可参阅 Scott(1959),*The Physics of Electricity and Magnetism*(USA:John Wiley and Sons,Inc.).

顺便指出,绘制场线的附加规定在图 5-14 的情况下已无法执行,因为穿过许多面元的 $\boldsymbol{B}$ 线"条数"都将是无限大.(实际上,坚持把每条 $\boldsymbol{B}$ 线画下去的结果只能是把纸面涂成一片漆黑.)本书之所以把绘制场线的上述规定称为附加规定,就是因为考虑到某些情况下无法执行这一规定.在无法执行的情况下,我们不妨放弃附加规定,这样画出的场线虽然不能靠疏密反映场的强弱,但至少可以描述各点的场的方向.对图 5-14 的情况,放弃附加规定的具体做法就是人为引入每条螺旋 $\boldsymbol{B}$ 线的起点和止点(硬把一条无限长的 $\boldsymbol{B}$ 线改画成有限长).

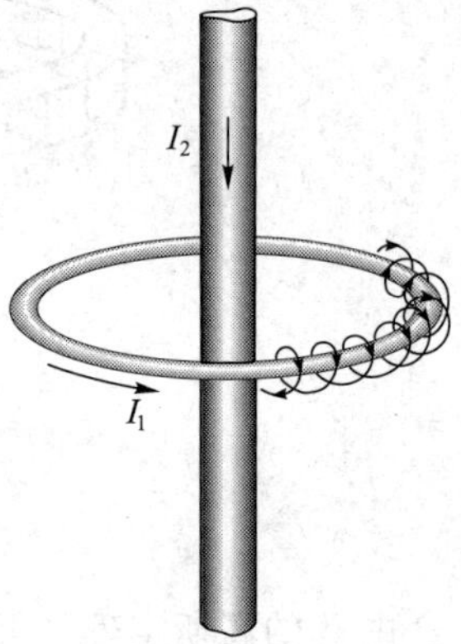

图 5-14 不闭合 $\boldsymbol{B}$ 线的实例(只画出一小段,全画则一片漆黑)

均匀带电球体内的电场线是无法执行附加规定的又一例子:球内电场强度 E 与 r(而不是 r^{-2})成正比导致球内任一同心球面的通量与 r 有关,任意靠近的两个球面竟有不同的通量,因而(如果坚持附加规定的话)应有不同的场线条数.试试看,这样的场线怎么可能画得出来?在非画不可时,我们的对策是:放弃附加规定并把场线画成从球心出发的许多(均匀分布的)直线(但必须说明"这是不考虑附加规定的场线图",以免别人误以为球内电场强度与半径平方成反比).

§5.4 安培环路定理

5.4.1 安培环路定理

大家记得静电场是势场，即$\oint_L \boldsymbol{E}\cdot \mathrm{d}\boldsymbol{l}=0$（对任意闭合曲线$L$）. 现在证明恒定磁场没有这一性质，即$\boldsymbol{B}$不是势场. 为此只需讨论如下的最简单情况：磁场$\boldsymbol{B}$由无限长直导线激发，而且闭合曲线$L$躺在与直导线垂直的平面内（图 5-15）. 我们来计算$\boldsymbol{B}$沿L的环流. 由式(5-4)（并补上方向）可知任一线元$\mathrm{d}\boldsymbol{l}$对环流的贡献为

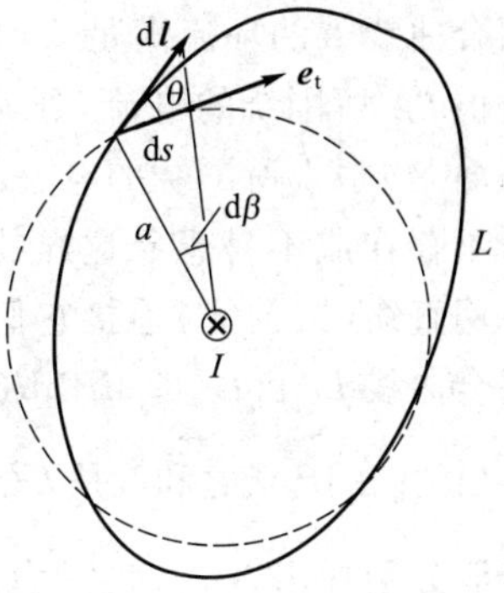

图 5-15　与长直导线垂直平面内的闭合曲线L（圆心的⊗代表电流方向）

$$\boldsymbol{B}\cdot \mathrm{d}\boldsymbol{l}=\frac{\mu_0 I}{2\pi a}\boldsymbol{e}_t\cdot \mathrm{d}\boldsymbol{l}=\frac{\mu_0 I}{2\pi a}\mathrm{d}l\cos\theta,$$

其中I是导线的电流，a是$\mathrm{d}\boldsymbol{l}$与导线的距离，$\boldsymbol{e}_t$是$\boldsymbol{B}$方向的单位矢量，θ是$\boldsymbol{e}_t$与$\mathrm{d}\boldsymbol{l}$的夹角（见图 5-15）. 以导线与平面的交点为圆心、a为半径作圆，则$\mathrm{d}\boldsymbol{l}$对应于一个圆心角$\mathrm{d}\beta$及一段弧长$\mathrm{d}s$，由图易见$\mathrm{d}l\cos\theta=\mathrm{d}s=a\mathrm{d}\beta$，故

$$\oint_L \boldsymbol{B}\cdot \mathrm{d}\boldsymbol{l}=\frac{\mu_0 I}{2\pi}\int_0^{2\pi}\mathrm{d}\beta,$$

即

$$\oint_L \boldsymbol{B}\cdot \mathrm{d}\boldsymbol{l}=\mu_0 I. \tag{5-12}$$

上式在电流正方向与积分方向成右手螺旋关系时成立，其中I是代数量，当电流实际方向与正方向一致时$I>0$，反之$I<0$.

再讨论闭合曲线不围绕长直导线的情况（图 5-16）. 从平面与导线交点出发作曲线的两条切线将曲线分为两部分L_1和L_2，这时

$$\oint_L \boldsymbol{B}\cdot \mathrm{d}\boldsymbol{l}=\int_{L_1}\boldsymbol{B}\cdot \mathrm{d}\boldsymbol{l}+\int_{L_2}\boldsymbol{B}\cdot \mathrm{d}\boldsymbol{l}=\frac{\mu_0 I}{2\pi}\left(\int_{L_1}\mathrm{d}\beta-\int_{L_2}\mathrm{d}\beta\right)=\frac{\mu_0 I}{2\pi}(\beta-\beta)=0.$$

可见$\boldsymbol{B}$沿不围绕长直导线的闭合曲线的环流为零. 不难看出，如果闭合曲线L围绕长直导线n周（图 5-17 中$n=2$），则

$$\oint_L \boldsymbol{B}\cdot \mathrm{d}\boldsymbol{l}=\mu_0 nI.$$

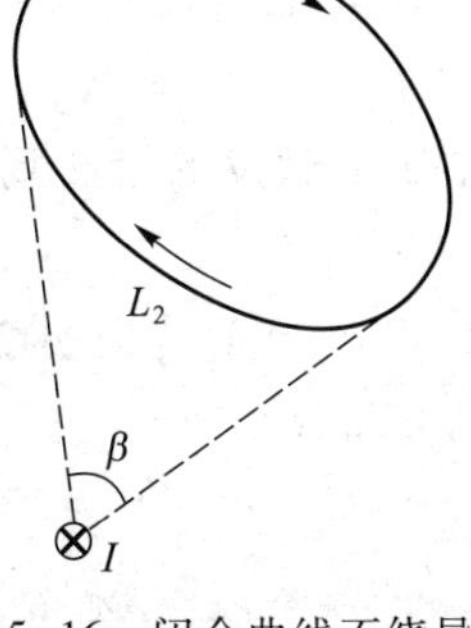

图 5-16　闭合曲线不绕导线

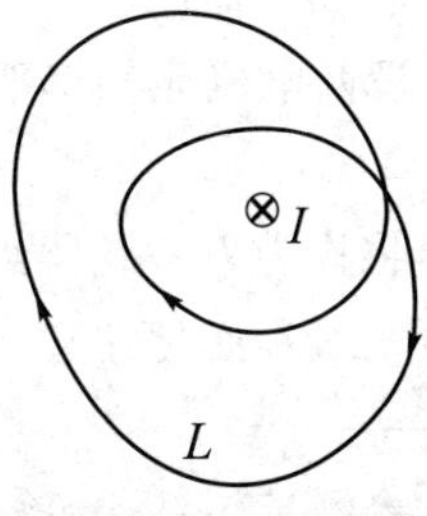

图 5-17　闭合曲线绕导线两周

以上讨论不但证明恒定磁场不是势场,而且给出了 $\oint_L \boldsymbol{B}\cdot \mathrm{d}\boldsymbol{l}$ 的表达式(5-12).然而这一表达式只是在特殊情况下导出的,其特殊性在于:(1) 激发磁场的是一根无限长直导线;(2) 闭合曲线位于垂直于载流直导线的平面内.然而,可以证明,式(5-12)对任意恒定磁场中的任意闭合曲线都成立.这一结论称为**安培环路定理**,其准确提法是:恒定磁场 $\boldsymbol{B}$ 对任意闭合曲线 L 的环流满足式(5-12),其中的 I 代表 L 所围绕的电流值."L 所围绕的电流"通常可这样判断:若存在以 L 为边线的曲面 S,则"L 所围绕的电流"等于流过 S 的电流(S 的 $\boldsymbol{J}$ 通量)①;若不存在或不易想象这样的曲面,可设法在 L 上找两点 M 和 N 并用直线(或曲线)连接它们(图 5-18).这条直线把 L 变为两条闭合曲线 L_1 和 L_2,即 $MPNM$(沿黑箭头)和 $MNQM$(沿白箭头),不难看出它们的环流之和就是 L 的环流,即 $\oint_{L_1} \boldsymbol{B}\cdot \mathrm{d}\boldsymbol{l}+\oint_{L_2} \boldsymbol{B}\cdot \mathrm{d}\boldsymbol{l}=\oint_{L} \boldsymbol{B}\cdot \mathrm{d}\boldsymbol{l}$.若能分别找出以 L_1 和 L_2 为边线的曲面 S_1 和 S_2,问题便解决.否则对 L_1 或(和)L_2 还可再作类似于对 L 的处理,直至求得 $\oint_L \boldsymbol{B}\cdot \mathrm{d}\boldsymbol{l}$ 为止.

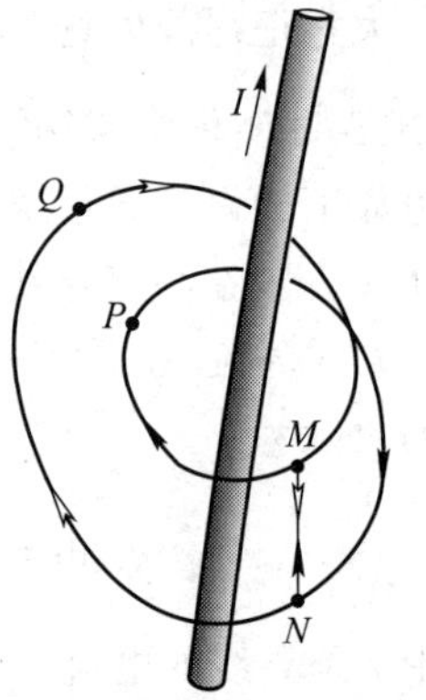

图 5-18 闭合曲线 $MPNQM$ 的环流等于闭合曲线 $MPNM$ 与 $MNQM$ 的环流之和

自然会提出这样的问题:若以闭合曲线 L 为边线的两个曲面有不同的 $\boldsymbol{J}$ 通量,那么 $\oint_L \boldsymbol{B}\cdot \mathrm{d}\boldsymbol{l}$ 等于哪个曲面的 $\boldsymbol{J}$ 通量? 事实上,由于恒定电流的闭合性($\oiint \boldsymbol{J}\cdot \mathrm{d}\boldsymbol{S}=0$),以同一闭合曲线为边线的所有曲面的 $\boldsymbol{J}$ 通量必定一样,因此不存在上述可能.然而由此自然会想到:对于不闭合的非恒定电流激发的磁场 $\boldsymbol{B}$,安培环路定理岂非要带来悖论?的确如此.事实上,安培环路定理对非恒定磁场不可能成立.麦克斯韦后来对该定理做了重大修改,使之适用于任意时变磁场,详见 § 9.1.

在判断某闭合曲线 L 是否围绕导线时,为了看得更清楚,可对 L 作连续变形,只要变形时不触及导线,则 L 的环流不变.

安培环路定理说明磁场不是势场.不是势场的矢量场称为**涡旋场**.所以磁场 $\boldsymbol{B}$ 是涡旋场.高斯定理和安培环路定理是恒定磁场理论的两个重要定理.在静电学中,当电荷分布有适当对称性时,单从高斯定理就可求得静电场.类似地,在静磁学中,当电流分布有适当对称性时,单从安培环路定理就可求得恒定磁场.下文中的 4 个小节将给出 4 个例子,它们所涉及的电流分布都有某种对称性.为了快捷地分析这些例子(以及许多其他问题)中的磁场情况,我们介绍一个非常有用的命题:

命题 5-1 设两电流元关于平面 Σ 镜像对称,则它们在 Σ 上激发的合磁场 $\boldsymbol{B}$ 必垂直于 Σ(除非 $\boldsymbol{B}=\boldsymbol{0}$).

命题的证明将作为思考题留给有兴趣的读者(思考题 5.17 的提示使证明变得容易).读者也可以不问证明过程而把注意力集中在命题的应用上(见下面数小节).

① 数学上把曲面分为可定向和不可定向两大类.在不可定向曲面(例如莫比乌斯带)上无法连续地定义法向,因而矢量场在这种面上的通量无意义.正文中"以 L 为边线的曲面 S"是指可定向曲面.

5.4.2 无限长圆柱形均匀载流导线的磁场

设圆柱形导线半径为 R,电流为 I.由电流分布沿柱轴的平移对称性可知 $\boldsymbol{B}$ 也有这种对称性,因此只需讨论任一与轴垂直的平面内的情况.在此平面内任取一个与轴距离为 r 的场点 P,以 Σ 代表由 P 和柱轴决定的平面[见图 5-19(a)],则易见 Σ 是电流分布的镜像对称面.(圆柱形导线可被分成无数对电流元,每对电流元关于 Σ 镜像对称.)于是由命题 5-1 可知 P 点的 $\boldsymbol{B}$ 与 Σ 垂直[见图 5-19(b)].过 P 作圆周 L,其圆心在柱轴上.由绕轴旋转的对称性可知 L 上各点的 $\boldsymbol{B}$ 有相同数值 B.以 r 代表 P 与轴的距离,先讨论 P 在导线外的情况($r>R$).对 L 使用安培环路定理得

$$\mu_0 I=\oint_L \boldsymbol{B}\cdot \mathrm{d}\boldsymbol{l}=B\cdot 2\pi r,$$

故

$$B=\frac{\mu_0 I}{2\pi r}\quad (\text{对 } r>R), \tag{5-13}$$

可见柱外磁场等同于全部电流集中于柱轴所得直线电流的磁场.

再讨论场点 P 在导线内的情况($r<R$).注意到现在的圆周 L 所围绕的电流不是 I 而是$(\pi r^2/\pi R^2)I=(r^2/R^2)I$,对 L 使用安培环路定理便得

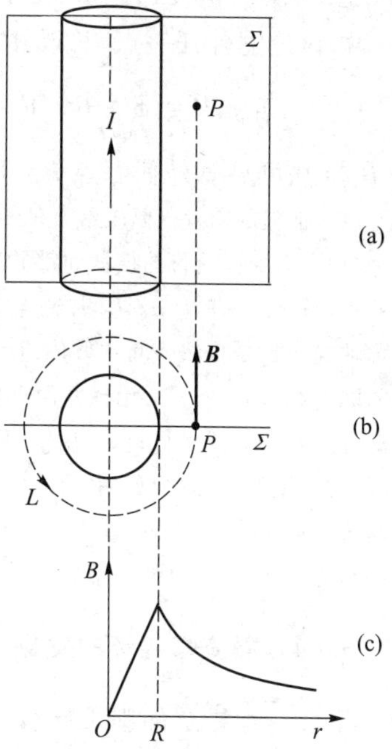

图 5-19 无限长圆柱导线的磁场(中图为俯视图)

$$B=\frac{\mu_0 r}{2\pi R^2}I\quad (\text{对 } r<R), \tag{5-14}$$

由式(5-13)、式(5-14)可作出 B 对 r 的函数曲线[见图 5-19(c)].

5.4.3 无限长载流螺线管的磁场

小节 5.2.4 已经证明无限长螺线管轴线上有 $B=\mu_0 nI$.以此为基础,利用安培环路定理还可证明更强的结论:管内有均匀磁场,其方向与轴线平行(并与电流方向成右手螺旋关系),大小为 $B=\mu_0 nI$;管外有 $B=0$.

设 P 是任一场点.只要默认螺线管的"并排圆电流"模型(见小节 5.2.4 开头),加上无限长的条件,便知过 P 并与管轴垂直的平面 Σ 是电流分布的镜像对称面,故由命题 5-1 可知 P 的磁场 $\boldsymbol{B}$ 与 Σ 垂直,亦即 $\boldsymbol{B}$ 沿轴向.另一方面,由无限长条件不难证明过 P 的任一平行于轴线的直线上各点的磁场有相同的大小.下面分别讨论 P 在管内和管外两种情形.

先讨论管内任一点 P.在管内作矩形 $ABCD$,其 AB 边与轴线重合,CD 边经过 P 点(图 5-20).对它使用环路定理,注意到在两个竖直边上 $\boldsymbol{B}$ 与 $\mathrm{d}\boldsymbol{l}$ 垂直,得

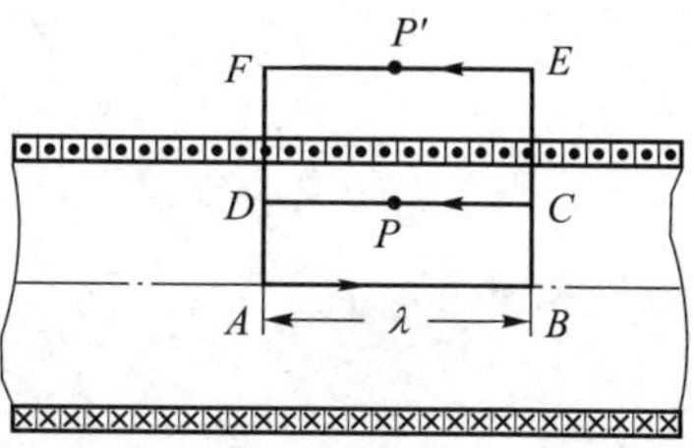

图 5-20 无限长螺线管内外的磁场

$$0=\oint \boldsymbol{B}\cdot \mathrm{d}\boldsymbol{l}=\oint_{AB} \boldsymbol{B}\cdot \mathrm{d}\boldsymbol{l}+\int_{CD} \boldsymbol{B}\cdot \mathrm{d}\boldsymbol{l}=B_{AB}\lambda-B_{CD}\lambda, \tag{5-15}$$

其中 λ 为 AB 的边长,B_{AB} 和 B_{CD} 分别是 AB 边和 CD 边的 B 值.又因 $B_{AB}=\mu_0 nI$,故式(5-15)给出 $B_{CD}=B_{AB}=\mu_0 nI$.因为 CD 边可在管内任何位置,所以对管内任一点有 $B=\mu_0 nI$.

再讨论管外任一点 P'.改用图 5-20 的矩形 $ABEF$,这时安培环路定理给出

$$\mu_0 n\lambda I=\oint_{ABEF} \boldsymbol{B}\cdot \mathrm{d}\boldsymbol{l}=\int_{AB} \boldsymbol{B}\cdot \mathrm{d}\boldsymbol{l}+\int_{EF} \boldsymbol{B}\cdot \mathrm{d}\boldsymbol{l}=B_{AB}\lambda-B_{EF}\lambda=(\mu_0 nI-B_{EF})\lambda,$$

故 $B_{EF}=0$.可见管外任一点 $B=0$.

以上推理的出发点是轴线上的 $B=\mu_0 nI$,这是小节 5.2.4 借用载流圆环轴线磁场公式(5-5)导出的.然而,实用中不少螺线管的横截面都并非圆形(例如椭圆形、方形或豆形),式(5-5)对这些情况不再适用,就不敢肯定轴线上有 $B=\mu_0 nI$.(甚至连"轴线"一词也可能意义不明:对于横截面形状无对称性的螺线管,何来对称轴线?)于是自然要问:"管内 $B=\mu_0 nI$、管外 $B=0$"的结论对非圆截面螺线管是否成立?答案是肯定的,证明的要点如下:(1) 无论横截面形状如何,电流分布都有镜像对称性,镜像面是与管的母线垂直的平面,由此可知 $\boldsymbol{B}$ 与母线平行;(2) 用毕-萨定律通过积分直接证明管外 $B=0$;(3) 从管外 $B=0$ 出发用安培环路定理(配以镜像对称性)证明管内各点有 $B=\mu_0 nI$.第(1)步无须多费笔墨,第(3)步已详述于本小节正文(对非圆截面同样成立).证明的难点是第(2)步,关键是如何计算积分并证明它的确为零.限于篇幅,此处从略.有兴趣的读者可参阅《拓展篇》专题 13,那里有精彩的讨论和计算.

5.4.4 载流螺绕环的磁场

用带有绝缘层的细长导线在圆柱形空筒上可以密绕成螺线管.把空筒从圆柱形改为救生圈形(torus)再绕线的结果则称为**螺绕环**[见图 5-21(a),为画图清晰,图中只示意性地画成疏绕.实际讨论时采用密绕的并排圆电流模型].设环水平放置,过环心的水平剖面如图 5-21(b)所示.以 R 代表内外实线圆周的半径平均值,把以环心为心、以 R 为半径的圆周称为中心圆.因为过环心的任意竖直平面 Σ 都是电流分布的镜像对称面,所以环内外任一点的 $\boldsymbol{B}$ 都与过该点并与中心圆同心的圆周相切.图 5-21(c)反映任一 Σ 面内的情况(竖直剖面图),设小圆半径为 a,我们只讨论 $a\ll R$ 的螺绕环.把安培环路定理用于中心圆得

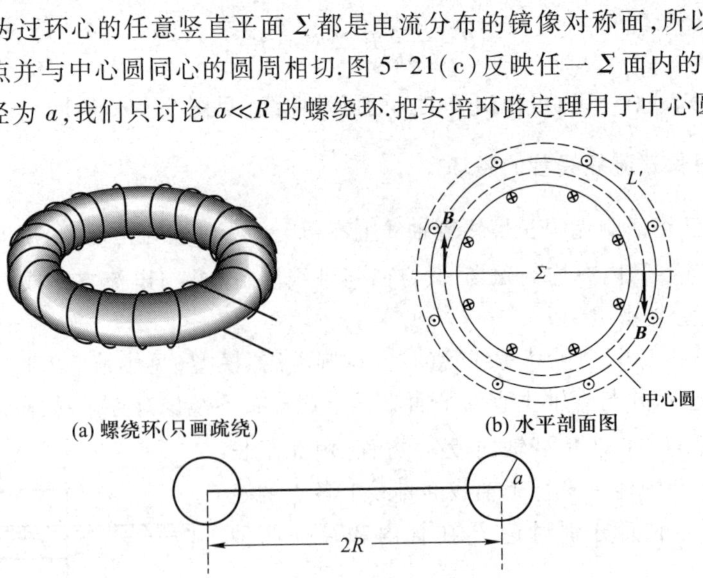

(a) 螺绕环(只画疏绕) (b) 水平剖面图

(Σ面内的情况)
(c) 竖直剖面图

图 5-21 螺绕环示意图

$$\mu_0 NI=\oint \boldsymbol{B}\cdot \mathrm{d}\boldsymbol{l}=2\pi RB\ ,\tag{5-16}$$

其中 N 为螺绕环的总匝数.令 $n\equiv N/2\pi R$,代入上式得

$$B=\mu_0 nI.\tag{5-17}$$

上式是中心圆上的 B.对环内任一场点,可过它作与中心圆同心的圆周 L(图中未另画出).L 上的 $\boldsymbol{B}$ 也沿切向,L 的半径可近似看作 R(因为 $a\ll R$),所以可认为上式对环内任一点都成立.

再将安培环路定理用于环外与中心圆同心的任意圆周[见图 5-21(b)的 L'],不难看出它围绕的电流为零,故 $0=\oint_{L'}\boldsymbol{B}\cdot \mathrm{d}\boldsymbol{l}=Bl'$(其中 l'为 L'的周长),可见螺绕环外磁场为零.

5.4.5 无限大均匀载流平面的磁场

先考虑一块载有恒定电流的金属平板,其电流密度 $\boldsymbol{J}$ 在板内为常矢量,且平行于板的一边[见图 5-22(a)].设板的厚度为 d,则其厚度侧上长度为 l 的一段相应的面积 ld 上的电流为 $I=Jld$.当场点与板的距离远大于 d 时,可忽略 d 而认为电流集中于一个无厚度的平面上,这就得到**面电流**的概念.定义**电流线密度** $\boldsymbol{\alpha}$ 为面上这样的矢量场,其方向与(原来的)$\boldsymbol{J}$ 相同,其大小等于与 $\boldsymbol{\alpha}$ 垂直的单位长度上的电流[见图 5-22(b)],即

$$\alpha\equiv\frac{I}{l}=\frac{Jld}{l}=Jd.\tag{5-18}$$

$\boldsymbol{\alpha}$ 为常矢量场的无限大平面称为**均匀载流无限大平面**.下面计算它的磁场 $\boldsymbol{B}$.按图 5-22 取直角坐标系.在载流面两侧对称地任取两点 P_1 和 P_2(见图 5-23).因为电流分布具有沿 x 和 z 方向的平移不变性,所以过 P_1(或 P_2)并与载流面平行的平面上各点的 $\boldsymbol{B}$ 相等.以 $\boldsymbol{B}_1$ 和 $\boldsymbol{B}_2$ 分别代表 P_1 和 P_2 的磁场.易见与 z 轴垂直的任一平面都是电流分布的镜像对称面,故由命题 5-1 可知 $\boldsymbol{B}_1$ 和 $\boldsymbol{B}_2$ 都同 z 轴平行,即 $\boldsymbol{B}_1=B_{1z}\boldsymbol{k}$,$\boldsymbol{B}_2=B_{2z}\boldsymbol{k}$($\boldsymbol{k}$ 为沿 z 向的单位矢量).从毕-萨定律不难看出 $\boldsymbol{B}_2$ 沿 z 向而 $\boldsymbol{B}_1$ 反 z 向,即 $B_{2z}>0$,$B_{1z}<0$.为求得 B_{1z}和 B_{2z},作如图 5-23 的矩形.设其与载流面平行的边长为 L,则由安培环路定理得

$$\mu_0\alpha L=\oint_{\text{矩形}}\boldsymbol{B}\cdot \mathrm{d}\boldsymbol{l}=B_{2z}L-B_{1z}L,$$

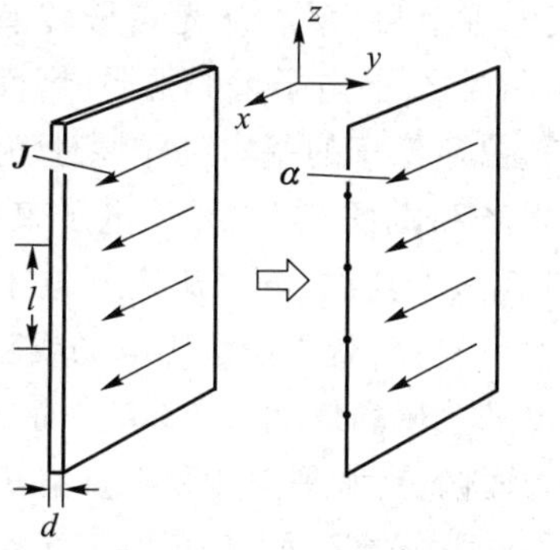

(a) 薄板中的电流　　(b) 面电流模型

图 5-22　面电流模型的形成

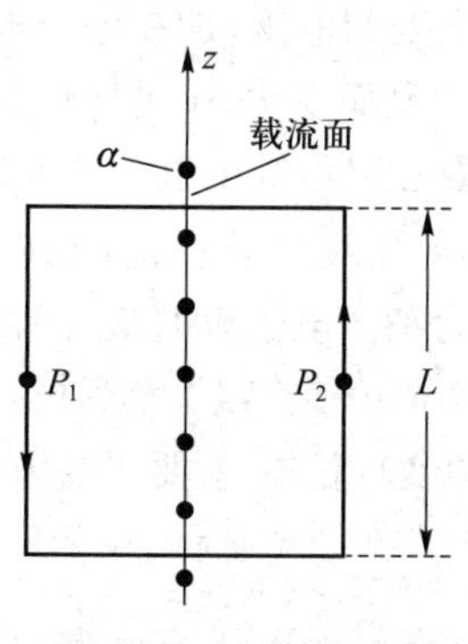

图 5-23　对矩形用安培环路定理

（箭头表示积分方向）

故
$$B_{2z}-B_{1z}=\mu_0\alpha. \tag{5-19}$$
由对称性和毕-萨定律又知 $|\boldsymbol{B}_1|=|\boldsymbol{B}_2|$，即 $B_{1z}=-B_{2z}$，代入上式得
$$-B_{1z}=B_{2z}=\frac{\mu_0\alpha}{2}. \tag{5-20}$$
不难看出式(5-19)和式(5-20)与均匀带电无限大平面的
$$E_{2n}-E_{1n}=\frac{\sigma}{\varepsilon_0}$$
及
$$-E_{1n}=E_{2n}=\frac{\sigma}{2\varepsilon_0}$$
的类似性.图 5-24 是两种情况下的场线图.请注意"$\boldsymbol{E}$ 的法向分量在带电面上有突变"在本例中的对应提法是"$\boldsymbol{B}$ 的 z 向分量在载流面上有突变".不要把后者中的"$\boldsymbol{B}$ 的 z 向分量"泛泛地改为"$\boldsymbol{B}$ 的切向分量"，理由是：与法向不同，一个平面(及曲面)可以有无数个切向.例如，对图 5-22(b)的平面，z 向和 x 向都是切向，但 $\boldsymbol{B}$ 的 x 向分量并无突变.

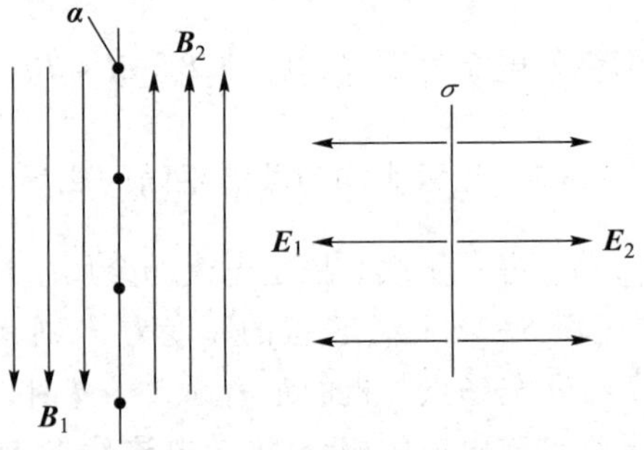

图 5-24 均匀载流无限大平面的磁场(左)与均匀带电无限大平面的电场(右)的对比

§5.5 带电粒子在电磁场中的运动

磁场对运动带电粒子的洛伦兹力 $\boldsymbol{F}=q\boldsymbol{v}\times\boldsymbol{B}$ 有许多实际应用.虽然 $\boldsymbol{F}$ 因为与 $\boldsymbol{v}$ 垂直而不做功，但它会改变粒子运动的方向.在某些情况下，巧妙地配以适当的电场 $\boldsymbol{E}$ 可以非常有效地控制带电粒子的运动，从而达到各种既定目的.以大家经常接触的电视显像管为例.这是一个抽成高真空的玻璃管，前端有荧光屏，后端有电子枪(由一组电极构成).枪中阴极射出的电子被会聚成一条细束，打在荧屏上就给出一个小亮点.设法让电子射束高速地进行水平和竖直方向的扫描运动，射束打在荧屏的位置就随时间而变，荧屏便出现一个由一行行亮线从上到下排成的发光面积，称之为**光栅**.(由于视觉暂留作用，虽然每一时刻只有一个点发光，但视觉效果是一个完整的光栅.) 这就是电视机不接收信号时的情况.把电视节目信号(从光信号转换成的电信号，即随时间而变的电压)加在电子枪中的控制电极与阴极之间，电子束的强弱(因而荧屏各点的明暗)就随信号而变化，于是出现黑白画面.这就是黑白显像管的基本工作原理.为使这一切得以实现，需要在显像管中电子的通道上设置适当的电场和磁场.首先，要使电子束打到荧屏，就要用适当的电场对电子加速(在电子枪内设置加速阳极).其次，电子流离开电子枪后会散开，为使它成为细窄电子束并最终打在荧屏上形成一个小亮点，就要设法用电场或磁场使电子束聚焦(就像用透镜使光线聚焦那样).借磁场实现的聚焦称为**磁聚焦**，小节 5.5.2 将简介其原理.最后，要使电子束实现扫描，就要用电场或磁场使电子受力而偏转(水平偏转和竖直偏转).总之，显像管(及其他许多电真空器件)中的电子是在精心造就的电磁场中运动并完成既定任务的.

5.5.1 带电粒子在均匀恒定磁场中的运动

虽然恒定磁场 $\boldsymbol{B}$ 与时间无关，但因粒子速度可随时间而变，其所受的洛伦兹力也可随时

间而变.以 $\boldsymbol{u}(t)$ 代表粒子的瞬时速度,q 代表粒子的电荷(不随时间而变),则粒子在某一时刻 t 所受的洛伦兹力 $\boldsymbol{F}(t)$ 为

$$\boldsymbol{F}(t)=q\boldsymbol{u}(t)\times\boldsymbol{B}. \tag{5-21}$$

只要给定磁场 $\boldsymbol{B}$ 以及粒子的有关量,即电荷 q、质量 m 和初速 $\boldsymbol{v}$,原则上便可确定粒子的运动.讨论时请注意分清随时间而变和不随时间而变的量.

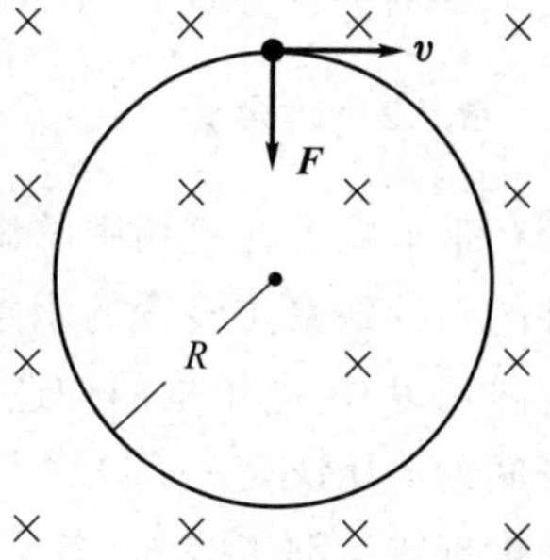

图 5-25 带电粒子在均匀恒定磁场中的圆周运动

式(5-21)表明 $\boldsymbol{F}(t)$ 恒与 $\boldsymbol{u}(t)$ 垂直,因此不做功,故粒子的速率 u 不随时间而变,即 $u(t)=v$(初速率).洛伦兹力 $\boldsymbol{F}(t)$ 的唯一效果是改变粒子的运动方向.

先讨论初速 $\boldsymbol{v}$ 与 $\boldsymbol{B}$ 垂直的情况.由式(5-21)可知 $\boldsymbol{F}(t)$ 恒在与 $\boldsymbol{B}$ 垂直的面内,既然初速 $\boldsymbol{v}$ 也在此面内,粒子的轨迹就必在此面内(简化为二维运动问题).这时 $\boldsymbol{F}(t)$ 的大小 $F=|q|\cdot u(t)B=|q|vB=$ 常量(注意我们讨论的是均匀磁场),可见 F 也不随时间而变.这些就决定了粒子只能以 $F=|q|vB$ 为向心力做匀速圆周运动(见图 5-25).设圆周半径为 R,粒子质量为 m,则向心力为 mv^2/R.于是

$$\frac{mv^2}{R}=|q|vB, \tag{5-22}$$

由上式易得粒子圆周运动的如下参量:

(1) 半径 $R=\dfrac{mv}{|q|B}$, (5-23)

(2) 角速率 $\omega=\dfrac{v}{R}=\dfrac{|q|B}{m}$, (5-24)

(3) 频率 $f=\dfrac{\omega}{2\pi}=\dfrac{|q|B}{2\pi m}$, (5-25)

(4) 周期 $T=\dfrac{1}{f}=\dfrac{2\pi m}{|q|B}$. (5-26)

再讨论 $\boldsymbol{v}$ 与 $\boldsymbol{B}$ 夹任意角的一般情况(见图 5-26).将 $\boldsymbol{v}$ 分解为 $\boldsymbol{v}=\boldsymbol{v}_\perp+\boldsymbol{v}_{/\!/}$,其中 $\boldsymbol{v}_\perp$ 和 $\boldsymbol{v}_{/\!/}$ 分别代表与 $\boldsymbol{B}$ 垂直和平行的分量,大小各为 $v_\perp=v\sin\theta$,$v_{/\!/}=v\cos\theta$.若 $\boldsymbol{v}_{/\!/}=\boldsymbol{0}$,则粒子将在与 $\boldsymbol{B}$ 垂直的面内做匀速圆周运动,如上所述.若 $\boldsymbol{v}_\perp=\boldsymbol{0}$,则粒子不受力,因而做与 $\boldsymbol{B}$ 平行或反平行的匀速直线运动.在 $\boldsymbol{v}_\perp$ 和 $\boldsymbol{v}_{/\!/}$ 皆不为零的情况下粒子的运动自然是上述两个运动的合成,其轨迹是一条螺旋线(见图 5-27).由式(5-23)可知螺旋线的半径为

$$R=\frac{mv_\perp}{|q|B}, \tag{5-27}$$

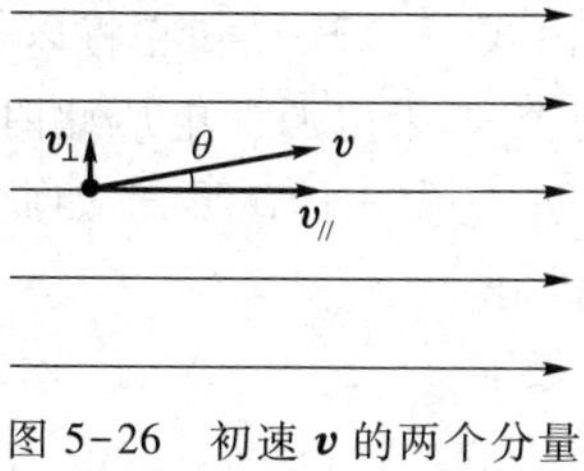

图 5-26 初速 $\boldsymbol{v}$ 的两个分量

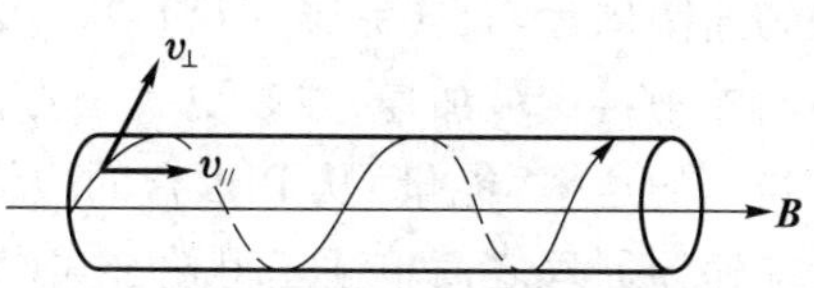

图 5-27 带电粒子的螺旋线运动

(半透明管仅为显示螺线而画)

螺距为 $h=v_{/\!/}T$,其中 T 满足式(5-26),故

$$h=\frac{2\pi m}{|q|B}v_{/\!/}. \tag{5-28}$$

上两式表明,仅就对初速 $\boldsymbol{v}$ 的依赖而言,半径 R 只依赖于 $\boldsymbol{v}$ 的垂直分量 $v_{\perp}$,而螺距 h 则只依赖于 $\boldsymbol{v}$ 的平行分量 $v_{/\!/}$.这对下面的磁聚焦讨论起关键性作用.

5.5.2 磁聚焦

带电粒子在磁场中的螺旋线运动被广泛应用于“磁聚焦”技术.图 5-28 是用于电真空器件的一种磁聚焦装置的示意图.从电子枪射出的电子以各种不同的初速进入近似均匀的恒定磁场 $\boldsymbol{B}$ 中.电子枪的构造保证:(1) 各电子初速 $\boldsymbol{v}$ 的大小近似相等(由枪内加速阳极与阴极间的电压决定);(2) $\boldsymbol{v}$ 与 $\boldsymbol{B}$ 的夹角足够小,以致 $v_{/\!/}=v\cos\theta\approx v, v_{\perp}=v\sin\theta\approx v\theta$.每个电子都做螺旋线运动.因为 $v_{\perp}$ 各不相同,由式(5-27)可知螺旋线的半径 R 也各不相同,但 $\boldsymbol{v}_{/\!/}\approx\boldsymbol{v}$ 表明各电子的 $v_{/\!/}$ 近似相等,故由式(5-28)可知它们的螺距近似相等,于是就有这样的好事:虽然开始时各电子分道扬镳,但各自转了一圈后竟又彼此相会(殊途同归!),从而达到使电子束聚焦的目的.图 5-28 所示为三个电子的螺旋线轨迹.

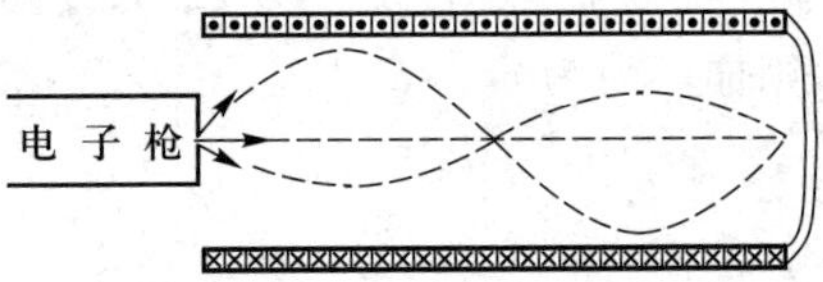

图 5-28 磁聚焦示意

磁聚焦在许多电真空系统(如电子显微镜)中得到应用.实际中用得更多的是短线圈内非均匀磁场的磁聚焦.

5.5.3 回旋加速器

加速器是高能物理实验研究的重要设备,是高能粒子的两个主要来源之一(另一个是宇宙射线).加速器输出的粒子的能量称为加速器的能量.第二章介绍的静电加速器是一种直线加速器,其直线长度随能量的提高而增加.设法让带电粒子改走近似圆形的轨道可以大大缩小加速器的占地范围.劳伦斯(Lawrence)于 1930 年率先提出回旋加速器的方案,并获 1939 年诺贝尔物理学奖.回旋加速器的基本思想是用磁场把带电粒子的运动限制在某一空间范围,再用电场使之加速(请注意欣赏磁场和电场的这种巧妙的分工合作).把两个空心的半圆形(D 形)铜盒留有间隙地放在电磁铁的两个磁极之间[见图 5-29(a)],盒内空间便充满与盒面垂直的均匀恒定磁场.将两盒分别连接电源两极,间隙处便有电场.由于屏蔽作用,两盒内部电场为零.为了使被加速粒子不与空气分子碰撞(扫清“跑道”),D 形盒被置于两磁极间的一个真空室内.带电粒子(如质子或氘核)从离子源[图(b)中的圆点]以某一初速进入第一个 D 形盒后,在磁场力作用下做匀速圆周运动,转半圈后回到间隙时,因受电场力而加速,穿过间隙后以较大速率(新的初速)进入第二个 D 形盒.由式(5-23)可知它将以较大的半径在盒内做匀速圆周运动,转完半圈后再次(反向)到达间隙.如果电源的电压此时恰好反向,则粒子在间隙中再次被加速,并以更大一点的速率再次进入第一个 D 形盒.如此周而复始,最后以相当高的速率(能量)从 D 形盒的边缘被引出并利用.

回旋加速器原理之简单性还得益于式(5-25),改写如下:

$$f=\frac{v}{2\pi R}=\frac{|q|B}{2\pi m}. \tag{5-25$'$}$$

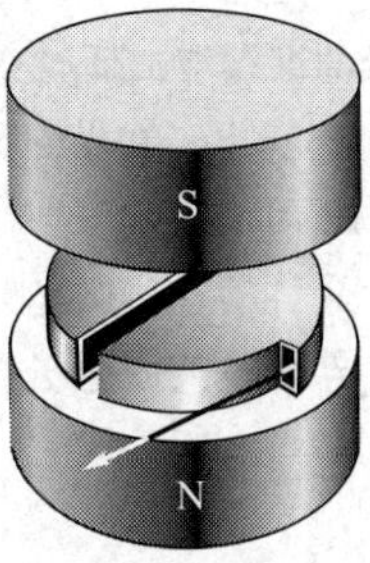

(a) 磁铁之间的两个D形铜盒

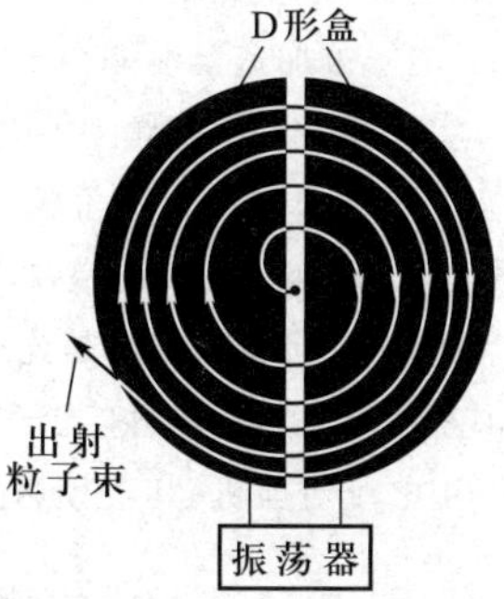

(b) 俯视图,中心的圆点代表离子源

图 5-29 回旋加速器示意图

上式保证粒子圆周运动的频率 f 在 q、m、B 一定时为常量.据此可用振荡器(交变电源)作为两个 D 形盒间的电压源,只要振荡器的频率 f_0 等于由 q、m、B 算得的 f,就可保证粒子每次到达间隙时都被最有效地加速.

然而原始的回旋加速器的问题也正在于此.刚才的讨论依赖于如下事实:当 q、m、B 一定时 f 为常量.但由相对论可知粒子的质量 m 与速率 v 有 $m=m_0/\sqrt{1-v^2/c^2}$ 的关系,其中 c 为光速,m_0 为粒子静止时($v=0$)的质量.这一关系当 $v\ll c$ 时近似回到"m 与 v 无关"的牛顿结论.然而,加速器中粒子的速率 v 不断增加,"m 随 v 增而增"这一相对论效应逐渐变得不可忽略,于是,由式(5-25′)可知,在 q、B 一定的条件下 f 将随粒子速率 v(因而 m)的增大而减小.如果振荡器频率 f_0 仍保持不变,便有 $f<f_0$,粒子不但不能获得有效的加速,甚至还可能减速.可见原始的(第一代的)回旋加速器所能给出的粒子能量受到限制,它只能充当低能加速器(约 20 MeV).针对这一问题,人们想出了不同的解决方案,至今已发展成若干代的回旋加速器.例如,只要让振荡器的频率 f_0 随粒子加速而适当降低,从而始终保持 $f=f_0$ 的同步关系,问题便可解决.然而由此又导致新的问题:由式(5-23)可知,在 q 和 B 一定的条件下,半径 R 越大相应于 mv 越大,意味着 D 形盒内不同半径处的粒子有不同速率 v,从而要求不同的振荡器频率("众口难调").为了保证 $f=f_0$ 对所有粒子成立,只能每次加速一小批粒子(它们总是位于近似相同的半径处),并设计振荡器频率 f_0 使之随粒子加速而适当减小,直到把它们送走后方可再加速第二批粒子.尽管能量可提高到数百 MeV(中能),但这种做法使输出粒子流的"流强"降低.而且,由于每批粒子总要经历半径由小到大的全过程,硕大笨重的磁铁必须整块存在(虽然其实每一时刻真正有用的只是其中的一个窄圆环),这是严重的浪费.例如,苏联某台能量为 0.68 GeV($1\ \mathrm{G}=10^3\ \mathrm{M}$)的此类质子加速器的磁铁的质量竟达 7 200 t.若要将能量提高 10 倍,则质量还要增至约1 000 倍,这实际上是不可行的.解决这一问题的重大举措是把磁铁柱改为磁铁环(因而质量陡降),并设法让粒子在反复转圈(并加速)时半径 R 保持不变(保持在磁铁环的覆盖范围内).由式(5-23)可知,在 v(因而 m)增大时,只要同时适当增大 B 值就可保持 R 不变.在采取这种增 B 措施确保 R 不随 v 增而变的前提下,由式(5-25′)便知粒子的转圈频率 f 必随 v 正比增大.为了保证同步加速($f=f_0$),振荡器频率 f_0 也应相应增大.(注意与刚才的情况相反.这是因为刚才的 B 不变而现在的 B 在变.)这种改进型的回旋加速器已进入高能加速器范畴.例如,美国伯克利的一台此类加速器能量达到6 GeV,磁铁质量为 97 000 t.利用这台加速器,人们于 1954 年首次观测到质子的反粒子,从而证实了反质子的存在.

要进一步提高上述类型加速器的能限,就要尽量加强磁场的聚焦能力.聚焦越强,质子对正常圆轨道的偏离就越小,环形区域就可越窄,磁铁就可越轻.完成这步改进后的回旋加速器称为**强聚焦同步加速器**.美国国立费米加速器实验室于 1971 年建成一台强聚焦质子同步加速器,其能量达到 500 GeV,磁铁的质量仅为9 000 t,直径为 2.5 km,质子在加速器内转 200 000 圈后被引出.后来,利用超导电磁铁,该实验室又建成当时世界上(单个粒子)能量最大(900 GeV)的强聚焦质子同步加速器.

以上只介绍了质子同步加速器,此外还有电子同步加速器.电子静质量远小于质子,因此在相同动能下速率要比质子高得多.例如,电子被加速至动能为 10 MeV 时,其速率竟达 0.998 5c,而具有这一动能的质子的速率则远小于此.这一事实使电子的回旋频率f几乎不再随能量的继续增加而改变,因而也无须再对振荡器频率f_0进行调整.这使得电子同步加速器造价较低.根据电磁场理论,电子在做这种接近光速的圆周运动时将向外发射一种称为**同步辐射**的电磁波,它导致巨大的能量损失(因而增加了向高能拓展的困难),但却又成为一种十分可贵的特种光源(同步辐射也是光的一种),对生命科学、表面物理和化学、半导体器件工艺等都有广泛应用.有的国家还专门建造这种“光子工厂”.目前世界上最大的电子同步加速器是欧洲核子研究中心(CERN)的电子-正电子对撞机,其直径达 8 km.

5.5.4 汤姆孙实验——电子荷质比的测定

1869 年发现元素周期表后,化学家们仍不知道这一美妙周期性的起因.这个问题的解决是由一系列与化学看似无关的电学实验促成的.法拉第(Faraday)和克鲁克斯(Krookes)等人那时正在研究稀薄气体中的放电现象,发现放电管内的高速正离子打在阴极上会发出射线,它照在玻璃管壁上会发出绿光,照在障碍物上会留下暗影.关于这种“阴极射线”的实质,当时存在两派意见.一派认为这是一种电磁辐射(请注意麦克斯韦已于 1865 年提出了完整的电磁理论),另一派则根据阴极射线可被磁铁偏转而猜测它是某种带电粒子流(只是由于当时还认为原子不可分而不知道这是什么粒子).汤姆孙(J.J.Thomson)从一开始就倾向于粒子说,他还在 1897 年通过用静电场使之偏转等若干实验强化了这一观点.同年稍后,借助于静电场与磁场的巧妙结合,他又用实验测出了阴极射线粒子的荷质比(结果约为氢离子荷质比的 2 000 倍).实验还表明这一荷质比与管内气体的种类以及电极的材料无关,由此他推测这是一种为一切物质所共有的、质量很小的带电粒子,并称之为“微粒”(corpuscle),后来它被命名为电子.汤姆孙的这一实验不但结束了 20 多年来关于阴极射线的“波粒之争”,更重要的是,它可被视为首次发现亚原子粒子的实验,这使他获得 1906 年的诺贝尔物理学奖.

图 5-30 是汤姆孙实验的示意图.从 K 发出的阴极射线在阳极 A 加速下穿过平板电容器到达荧光屏 S.除电场 $\boldsymbol{E}$ 外,电容器中还存在由电磁铁激发的磁场 $\boldsymbol{B}$(在图中虚线圆周内).当 $E=B=0$ 时,射线打在荧屏中点 P_0.当 $B\neq 0$ 而 $E=0$ 时,射线在 $\boldsymbol{B}$ 的作用下在磁场区内走了一段圆弧,然后沿直线打在 P 点.测出 P 点便可算出圆弧半径 R.另一方面,设粒子荷质比为 $k\equiv e/m$(其中 e 是元电荷),初速为 v,则由式(5-23)可知 $R=v/kB$.因 B 已知,为求 k 只需测出 v.令 $E\neq 0$ 并调节 E 值以抵消 $\boldsymbol{B}$ 的影响,则射线重新打在 P_0,此时便有 $E-vB=0$,代入 $R=v/kB$ 便得荷质比 $k=E/B^2R$.汤姆孙的结果为 $k=1.7\times 10^{11}$ C/kg,与近代测量值 1.758 820 024(11)$\times 10^{11}$ C/kg 差别很小.可惜汤姆孙实验只测出电子的荷质比而未测出电荷和质量中的任一量.12 年后密立根用油滴实验测得电子电荷的绝对值为 1.602×10^{-19} C,与汤姆孙实验结果相结合便确定了电子的质量.

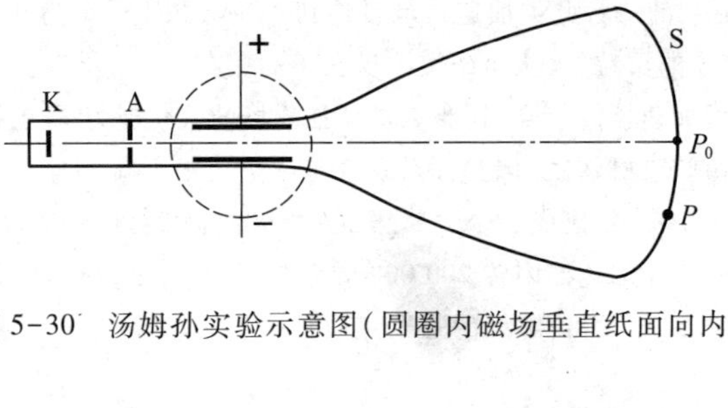

图 5-30 汤姆孙实验示意图(圆圈内磁场垂直纸面向内)

5.5.5　霍尔效应

将载流导体板(或半导体板,下同)置于与其垂直的磁场 $\boldsymbol{B}$ 中,板内会出现与电流方向垂直的电场,相应地,板的两侧之间出现一个横向电压(图 5-31) $U_{aa'}$.这个效应称为**霍尔效应**(Hall effect).下面从经典电子论的角度对此效应进行解释.设导体板中载流子的电荷量为 q(可正可负),定向运动的平均速度为 $\boldsymbol{u}$(与电流密度 $\boldsymbol{J}$ 平行),则它受到磁场 $\boldsymbol{B}$ 的磁洛伦兹力 $\boldsymbol{F}_{\mathrm{L}}=q\,\boldsymbol{u}\times\boldsymbol{B}$.不难看出,只要电流 I 的方向如图所示,则不论 q 为正还是为负,$\boldsymbol{F}_{\mathrm{L}}$ 总是向下(见图 5-31).先设 $q<0$,则 a 和 a' 侧将分别有正负电荷积聚,它们激发向下的横向电场 $\boldsymbol{E}_{\mathrm{H}}$(称为**霍尔电场**),其对载流子的电场力终将达到与 $\boldsymbol{F}_{\mathrm{L}}$ 抵消的程度.这时有 $qE_{\mathrm{H}}=quB$ 或 $E_{\mathrm{H}}=uB$(其中 $u\equiv|\boldsymbol{u}|$,$B\equiv|\boldsymbol{B}|$).与 $\boldsymbol{E}_{\mathrm{H}}$ 相应的横向电压(称为**霍尔电压**)为

$$U_{aa'}=uBl, \tag{5-29}$$

其中 l 是导体板的横向长度.作为载流子定向运动的平均速率,u 可被解释为载流子在单位时间内因定向运动而走过的路程.以 d 代表板厚,在单位时间内流过导体横截面积 ld 的电荷(即电流 I)应等于体积 uld 内的电荷.设单位体积的载流子数为 n,则这份电荷等于 $-qnuld(>0)$,故 $I=-qnuld$,与式(5-29)结合得

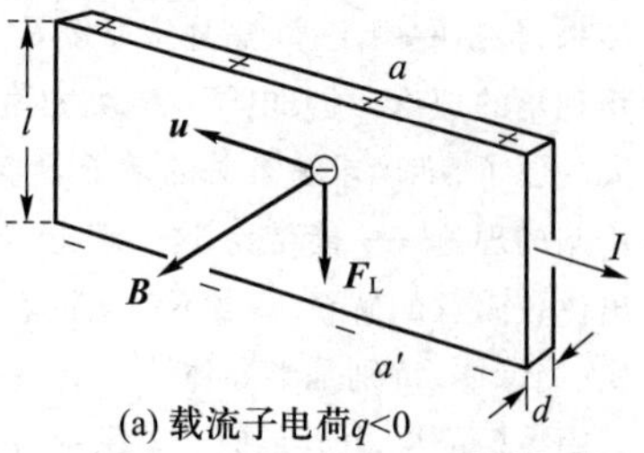

(a) 载流子电荷$q<0$

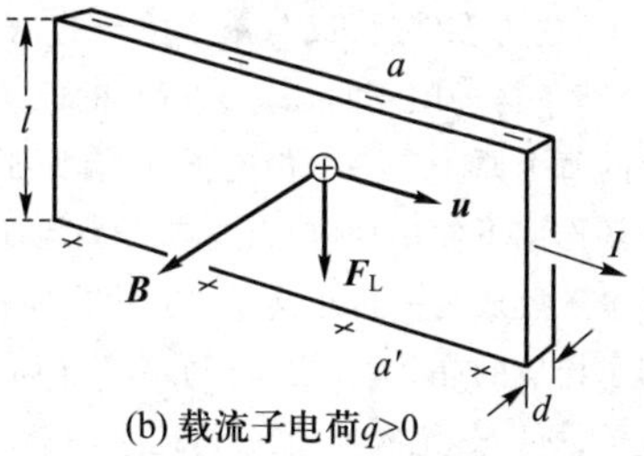

(b) 载流子电荷$q>0$

图 5-31　霍尔效应

$$U_{a'a}=\frac{1}{nq}\,\frac{IB}{d}(<0). \tag{5-30}$$

若 $q>0$,由图知 $U_{a'a}>0$,故式(5-29)及式(5-30)右边应补负号.

定义**霍尔系数**

$$K\equiv\frac{1}{nq}, \tag{5-31}$$

则

$$U_{a'a}=K\frac{IB}{d}. \tag{5-32}$$

利用霍尔效应制成的霍尔元件有多方面的用途,例如可以测量磁场,测量直、交流电路的电流和功率以及转换信号等.

式(5-31)表明霍尔系数 K(作为代数量)的符号与 q 相同,大小则与 n 成反比.因此,霍尔系数的测量很有意义:由其符号可了解载流子的类型(对半导体的研究尤其重要),由其数值可估算载流子的密度 n.然而,上述推算是以经典电子论为基础的,所得结论的正确程度如何?实验表明,K 与 n 的反比关系对单价金属很好或较好地成立,对非单价金属则常有符合得不太好甚至很不好的情况①.对半导体,大体上说也可用霍尔系数估算载流子密度,但情况更复杂些.

这里想介绍一点关于半导体的初步知识,并在此基础上回答一个关于半导体霍尔效应的常见问

① 大多数金属的霍尔系数为负(电子导电),但确有少数非单价金属的霍尔系数为正或零.

题(末段).

如果顾名思义地把半导体理解为“导电性介于导体和绝缘体之间的物体”,就远远没有抓住半导体的本质特征.事实上,半导体具有一系列极其独特的性质,正是这些性质才使半导体变得如此重要.半导体的导电性在不同条件下会有巨大的差异.例如,纯的半导体表现得很像绝缘体,但一旦掺入极其微量的其他物质(叫**杂质**),其导电性就会成千上万倍地增长.历史上首先出现的关于固体导电机制的理论是经典金属电子论.这种理论把金属中的价电子看作自由电子,借用经典力学和经典统计学推出了与实验大致一致的若干结果,包括欧姆定律、焦耳定律以及金属的电导率和热导率等.然而,由于微观粒子从根本上就不服从经典物理学的理论,经典电子论自然也存在许多困难,只有借助于量子物理学才有望解决.固体内部含有数量巨大的原子,准确求解有关的量子力学方程几乎不可能,于是人们改求近似解,并由此形成一个关于固体导电机制的理论——**能带论**.这一理论不但能说明金属的高导电性,而且对半导体的绝大多数独特性质也能给出比较满意的解释.本书不假定读者学过量子物理学,不准备讲述能带论本身,但打算以能带论为依据对金属、绝缘体、特别是半导体的导电问题作一粗浅通俗的简介.

固体(晶体)由大量原子紧密地、周期性地排列而成,每个原子的电子既保留原来(作为单个原子中的电子)的许多特性,又与单个原子的电子有别.由于相邻原子间的外层轨道有所重叠,最外层的电子(价电子)将不再局限于自己原来所在的原子,各个原子的价电子将出现某种程度的**共有化**.先看金属.以钠为例,它的每个原子有一个价电子,所有原子的价电子共有化后形成“电子气”,它们基本上是自由的,因而在外电场作用下便出现电流(这与经典电子论的直观图像类似).再看绝缘体,以 NaCl 为例.Na 原子在失去一个价电子后成为一价正离子,Cl 原子的最外层在获得一个电子后成为一价负离子.NaCl 就是由这样的正、负离子构成的晶体(见图 3-2).Na^+ 与 Cl^- 的这种“手拉手”式的结合使得 NaCl 晶体内部没有可供导电的自由电子,所以是绝缘体.最后讨论半导体.一块半导体晶体由许多小的晶粒组成,原子在每一晶粒内部作有规律的整齐排列.先以纯的(未掺杂的)半导体硅(或锗)为例.每个硅(或锗)原子有 4 个价电子(最外层电子).硅晶粒内的每个硅原子都受到邻近的 4 个硅原子的束缚,这个原子的每个价电子都与相邻原子的价电子“手拉手”地结合在一起组成一个**共价键**(见图 5-32).虽然是价电子,但因受到本原子及 4 个相邻原子的原子实(电荷为$+4e$)的作用,所以并不自由.像 NaCl 晶体那样,纯硅在很低的温度下也是很好的绝缘体.当温度较高时,价电子的平均动能较大,少数价电子可以挣脱共价键而成为自由电子,并使自己的原位被腾空,这种共价键内的空位称为**空穴**.空穴在外电场力作用下也能运动,因而也能导电.所谓空穴 a 运动,是指它所在原子的相邻原子的共价键中的某个电子在电场力作用下向 a 运动并占领 a 的位置,同时使自己的原来位置 b 成为空穴.这相当于“带正电的”空穴从 a 运动到 b.可见空穴与电子一样可被视为载流子(但空穴带正电),空穴导电其实是一系列共价键中的电子(非自由电子)一个接一个地填充空穴的运动.这种由热激发产生的电子-空穴对就是纯硅在非零温时的导电性的起因.不过它们的数量很小,所以纯硅的电导率很小.由此还可理解纯硅电导率对温度的敏感性.温度越高,电子-空穴对越多,电导率自然越大.要明显提高半导体的电导率,可对它进行掺杂.只要掺入千万分之一的杂质,电导率就能有十几倍的增长.设在硅中掺入少量的 5 价元素,例如磷.一个磷原子有 5 个价电子,其中 4 个与相邻的 4 个硅原子结成共价键,第 5 个价电子因为不受共价键束缚而很易变成自由电子[见图 5-33(a)].所以掺磷后的硅在常温下就有明显的导电性.这种导电性的载流子主要是电子,但由于硅内还存在因热激发而出现的电子-空穴对,所以也有空穴导电的成分.我们说掺磷后的硅以电子为**多数载流子**.反之,如果在纯硅中掺入少量 3 价元素,例如硼,情况就会相反.一个 3 价的硼原子与相邻的 4 个硅原子结成共价键,其中必有一个键

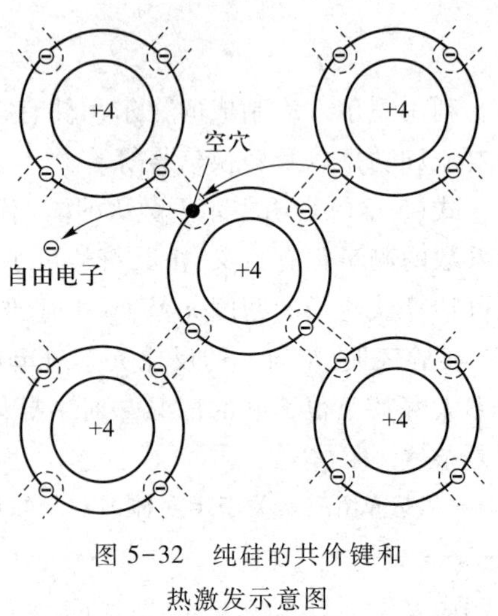

图 5-32 纯硅的共价键和热激发示意图

缺少一个电子，这就是一个空穴，在外电场作用下这些空穴就会导电［见图 5-33(b)］.此外，由热激发而生的电子-空穴对也会导电，但现在（掺硼后的硅）的空穴是多数载流子.于是掺杂后的半导体可自然分成两类：以电子为多数载流子的半导体叫 **n 型半导体**，以空穴为多数载流子的半导体叫 **p 型半导体**［n 和 p 分别是 negative（负）和 positive（正）的第一字母］.不掺杂的半导体则称为**本征半导体**，其载流子是各占一半的空穴和电子.一块 p 型半导体与一块 n 型半导体结合在一起形成一个 **pn 结**，它具有单向导电性（理由略），因此可制造**晶体二极管**.还可用两个 pn 结组成一个**晶体三极管**.它有许多功用，例如可制造放大器.

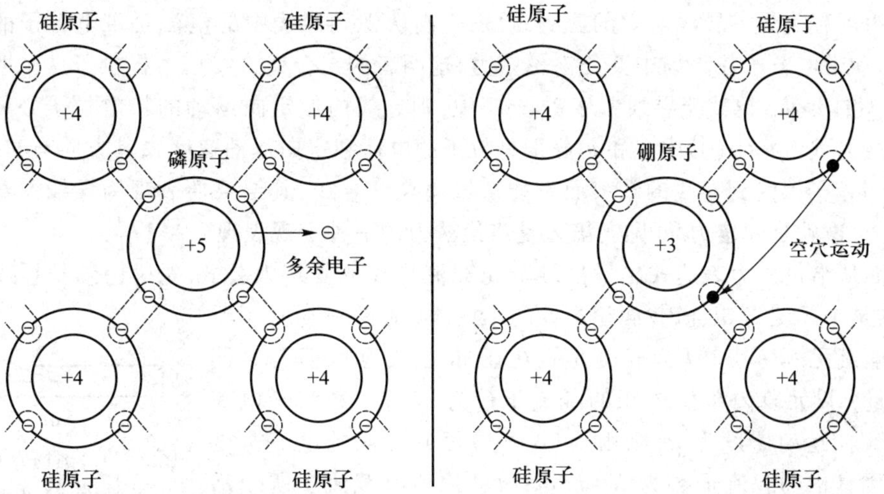

(a) 每个磷原子提供一个自由电子(n型)　　(b) 每个硼原子提供一个空穴(p型)

图 5-33　掺杂后的硅

以上简介无非是以能带论为依据的一种粗浅通俗讲法，其优点在于不涉及**能带**等一系列只有具备量子物理知识方可理解的术语，比较易懂.但是读完后往往产生这样的问题：既然空穴导电无非也是电子在运动，它与电子导电有何实质区别？当联系到霍尔效应时，问题更显突出.人们常问："如果把空穴导电如实地想象为电子沿反向运动［如图 5-31(a)所示］，则仍应有 $U_{aa'}>0$，与用空穴讨论［见图 5-31(b)］得出的 $U_{aa'}<0$ 如何协调？"这个问题只能用能带论回答.半导体能带论中直接涉及的运动粒子的确都是电子.晶体内的电子（哪怕是金属中的"自由电子"）与构成晶体骨架（晶格）的原子实之间或多或少存在相互作用（内部作用），因此就连最"自由"的电子（脱离了共价键的电子）也不完全自由，共价键中的电子与原子实的相互作用更是不容忽略.讨论电子在外力 $\boldsymbol{F}$ 作用下的加速度 $\boldsymbol{a}$ 时，还必须计及内部作用的影响：$\boldsymbol{a}$ 是外力 $\boldsymbol{F}$ 与内部作用的综合结果.但也可写出一个表面上不涉及内部作用的牛顿第二定律表达式，只是式中的质量不再是电子质量 m 而是某种"有效质量"m^*（它计及了晶格的影响），即 $\boldsymbol{a}=\boldsymbol{F}/m^*$.设外力是电场力，则牛顿第二定律表达式为 $\boldsymbol{a}=-e\boldsymbol{E}/m^*$（其中 $e>0$）.对于空穴导电的情况［见图 5-31(b)］，计算表明电子的有效质量 $m^*<0$.把 $\boldsymbol{a}=-e\boldsymbol{E}/m^*$ 改写为 $\boldsymbol{a}=e\boldsymbol{E}/(-m^*)$，便可看出电子的加速度 $\boldsymbol{a}$ 相当于一个质量为 $-m^*$（大于 0）、电荷为 e（大于 0）的粒子的加速度.这一看法对外力不是电场力的情况也成立.在能带论中就把这种粒子称为空穴（这才是空穴的准确定义）［见黄昆，谢希德，《半导体物理学》（北京：科学出版社，1994）］.可见空穴是一种质量为正、电荷也为正（与电子电荷绝对值相等）的粒子.通俗讲法中的空穴无非是这一定义的一种形象化描述.现在就不难理解空穴导电情况下的霍尔效应：既然空穴所受洛伦兹力向下［见图 5-31(b)］而且它的质量 $(-m^*)$ 为正，根据牛顿第二定律，它理应向下漂移，因而 $U_{aa'}<0$.（如果一定要从共价键电子的角度考虑，就必须注意其有效质量 m^* 为负的事实，结果一样.）反之，对自由电子导电的情况［见图5-31(a)］，由能带论可知这种电子的有效质量 $m^*>0$，既然它所受的洛伦兹力向下，它就应向下漂移，于是 $U_{aa'}>0$.

§5.6 磁场对载流导体的作用

5.6.1 安培力公式

前面讲过,安培最先发现两条静止载流导线之间存在相互作用力,并正确地把每一导线所受的力解释为另一导线对它的磁力.后来人们认识到导线中的电流是带电粒子的定向运动,而运动带电粒子在磁场中要受洛伦兹力,这两者的结合就给安培力提供了一个明确的微观解释.具体地说,把载流导线置于磁场 $\boldsymbol{B}$ 中,则导线内做定向运动的带电粒子必将受到 $\boldsymbol{B}$ 的洛伦兹力 $\boldsymbol{F}=q\boldsymbol{u}\times\boldsymbol{B}$(其中 q 和 $\boldsymbol{u}$ 分别是粒子的电荷和定向运动速度),其方向与 $\boldsymbol{u}$ 垂直(横向力),但粒子因受到导线的约束而不能从横向离开导线,其结果便表现为导线本身受到一个横向力,这就是**安培力**.可见安培力是洛伦兹力的一种宏观表现.

下面从洛伦兹力表达式出发推导静止载流导线的安培力公式.先讨论细长导线的一个元段,它是个长度为 $\mathrm{d}l$、横截面积为 S 的小柱体(见图 5-34),可看作一个电流元 $I\mathrm{d}\boldsymbol{l}$(其中 I 为截面 S 的电流,$\mathrm{d}\boldsymbol{l}$ 是长为 $\mathrm{d}l$ 且与 $\boldsymbol{J}$ 同向的矢量).设元段内单位体积的载流子数为 n,每个载流子电荷为 q,其定向运动速度为 $\boldsymbol{u}$,则由式(4-13)可知元段的电流密度 $\boldsymbol{J}=qn\boldsymbol{u}$.因柱内的载流子数为 $N=nS\mathrm{d}l$,故柱内所有载流子所受洛伦兹力的合力为

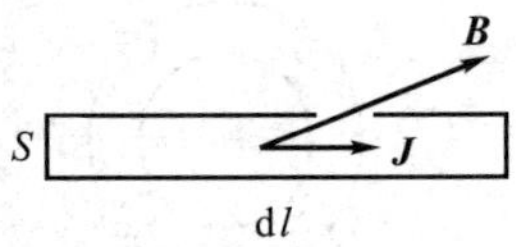

图 5-34 磁场 $\boldsymbol{B}$ 中载流导线的一个电流元

$$\mathrm{d}\boldsymbol{F}=Nq\boldsymbol{u}\times\boldsymbol{B}=(\boldsymbol{J}\times\boldsymbol{B})S\mathrm{d}l. \tag{5-33}$$

由 $\boldsymbol{J}\mathrm{d}l=J\mathrm{d}\boldsymbol{l}$ 可知 $S\boldsymbol{J}\mathrm{d}l=SJ\mathrm{d}\boldsymbol{l}=I\mathrm{d}\boldsymbol{l}$,故式(5-33)成为

$$\mathrm{d}\boldsymbol{F}=I\mathrm{d}\boldsymbol{l}\times\boldsymbol{B}. \tag{5-34}$$

这就是电流元 $I\mathrm{d}\boldsymbol{l}$ 所受安培力的表达式.任意载流导线所受的安培力可通过对上式积分求得.对载流金属导体(及半导体)所受安培力的各种实验测定都与由上式通过积分求得的结果相吻合.

安培力无非是载流导线(看作一个系统)所受到的来自外磁场的外力.虽然系统内的各个组分之间也存在相互作用力,但都属于内力,在计算系统所受合力时彼此抵消.系统所受的唯一外力是所有载流子所受的洛伦兹力的合力 $\mathrm{d}\boldsymbol{F}$,所以式(5-34)自然是导线所受安培力的表达式.问题本来就是这么简单.但是,如果还想深入一步了解主要内力的情况,则不妨把导线分为三个组分:(1) 金属(或半导体)晶格;(2) 载流子;(3) 导线两侧因霍尔效应出现的正、负电荷.不但载流子及晶格要受到霍尔电荷的力并提供反作用力,而且晶格与载流子之间也有相互作用力.根据能带论,虽然金属中的共有化价电子可被称为自由电子,但它们并不完全自由,因为它们虽然挣脱了原来所在原子实的束缚,却仍处于整块金属的周期性晶格这一大"海洋"中,因此会受到来自晶格的电场的微弱作用(并提供反作用).对半导体,晶格与载流子(空穴及电子)的相互作用则更是不能忽略.但是所有这些内力的合力必定为零.

5.6.2 载流线圈在均匀外磁场中所受的安培力矩

本小节只讨论平面线圈.线圈所在平面有两个可能法向,我们以 $\boldsymbol{e}_n$ 代表与电流成右手螺旋关系的那个法向的单位矢量.(右手四指握拳而拇指伸直,当四指方向与电流一致时拇指的指向为 $\boldsymbol{e}_n$ 的方向.)先讨论矩形线圈.如果磁场 $\boldsymbol{B}$ 与线圈平面垂直(即 $\boldsymbol{B}$ 与 $\boldsymbol{e}_n$ 平行),则不难看出 1、3 边所受的安培力等值反向(见图 5-35),合力及合力矩都为零.2、4

边也类似.故线圈(看作刚体)既不受力又不受力矩.再讨论 $\boldsymbol{B}$ 与线圈平面平行(即 $\boldsymbol{B}$ 与 $\boldsymbol{e}_n$ 垂直)的情形.先看 $\boldsymbol{B}$ 与 1、3 边平行的简单情况(见图 5-36).这时由 $d\boldsymbol{F}=Id\boldsymbol{l}\times\boldsymbol{B}$ 可知 1、3 边所受安培力为零,2、4边的安培力虽然合力为零,但构成一个力偶矩 $\boldsymbol{M}$,其方向竖直向下,大小为

$$M=l_1F_2=l_1l_2IB=ISB$$

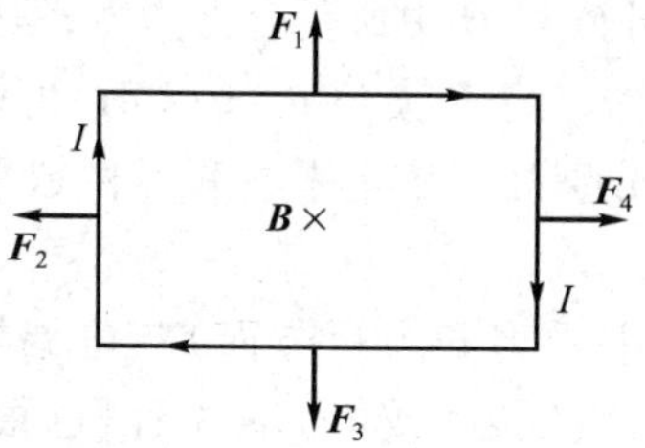

图 5-35　$\boldsymbol{B}$ 与线圈法向单位矢量平行

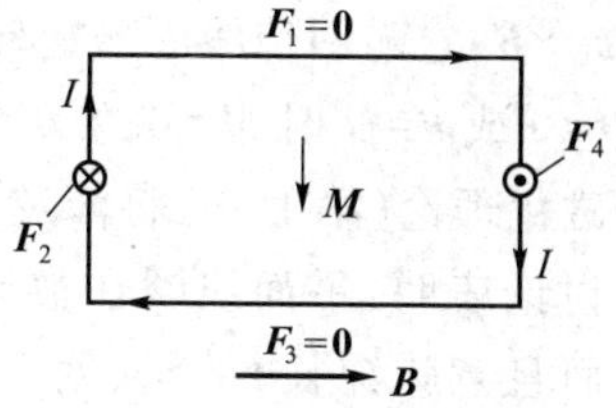

图 5-36　$\boldsymbol{B}$ 与线圈的 1、3 边平行

(其中 l_1 和 l_2 分别是 1、2 边的长度,$S\equiv l_1l_2$ 是矩形面积),注意到矢量 $\boldsymbol{e}_n\times\boldsymbol{B}$ 也竖直向下,便可写成矢量等式

$$\boldsymbol{M}=IS\boldsymbol{e}_n\times\boldsymbol{B}. \tag{5-35}$$

上式与电偶极子在均匀电场中所受力矩的公式 $\boldsymbol{M}=\boldsymbol{p}\times\boldsymbol{E}$ 很像.定义矢量

$$\boldsymbol{p}_m=IS\boldsymbol{e}_n, \tag{5-36}$$

便有

$$\boldsymbol{M}=\boldsymbol{p}_m\times\boldsymbol{B}. \tag{5-37}$$

式(5-36)表明 $\boldsymbol{p}_m$ 只取决于载流线圈自身的性质,正如电偶极子的电矩 $\boldsymbol{p}=q\boldsymbol{l}$ 只取决于偶极子自身的性质那样,所以称 $\boldsymbol{p}_m$ 为载流线圈的**磁矩**.

如果 $\boldsymbol{B}$ 与线圈的 2、4 边平行,显然仍得上述结论,即合力为零而合力矩为 $\boldsymbol{M}=\boldsymbol{p}_m\times\boldsymbol{B}$.如果 $\boldsymbol{B}$ 仍平行于线圈平面但与任一对边都不平行,则可作分解 $\boldsymbol{B}=\boldsymbol{B}_1+\boldsymbol{B}_2$,其中 $\boldsymbol{B}_1$ 和 $\boldsymbol{B}_2$ 分别与 1、3 边和 2、4 边平行.因为 $\boldsymbol{B}_1$、$\boldsymbol{B}_2$ 对线圈提供的合力都为零,所以 $\boldsymbol{B}$ 提供的合力也为零.设 $\boldsymbol{B}_1$ 和 $\boldsymbol{B}_2$ 对线圈提供的力矩分别为 $\boldsymbol{M}_1$ 和 $\boldsymbol{M}_2$,则线圈所受总力矩

$$\boldsymbol{M}=\boldsymbol{M}_1+\boldsymbol{M}_2=\boldsymbol{p}_m\times\boldsymbol{B}_1+\boldsymbol{p}_m\times\boldsymbol{B}_2=\boldsymbol{p}_m\times(\boldsymbol{B}_1+\boldsymbol{B}_2)=\boldsymbol{p}_m\times\boldsymbol{B},$$

即仍得 $\boldsymbol{M}=\boldsymbol{p}_m\times\boldsymbol{B}$.

如果磁场 $\boldsymbol{B}$ 与线圈平面既不垂直又不平行,则可把 $\boldsymbol{B}$ 分解为与线圈平面垂直和平行的两个分量,前者对力矩无贡献,后者的贡献为 $\boldsymbol{M}=\boldsymbol{p}_m\times\boldsymbol{B}$.于是可得结论:载流矩形线圈在任意方向的均匀外磁场中所受合力为零,合力矩由式(5-37)表示.

现在转而讨论任意形状的平面载流线圈.以 I 和 S 分别代表线圈的电流和面积,仍用 $\boldsymbol{p}_m\equiv IS\boldsymbol{e}_n$ 定义线圈的磁矩,则不难证明上述结论仍然成立.为此,用许多细长矩形把线圈所围的部分近似填满(见图 5-37),想象每一矩形是一个载流线圈,其电流等于所论线圈的电流 I.由于相邻矩形的公用长边流过两个等值反向的电流 I,它们所受的安培力抵消,所有矩形线圈所受的安培力和力矩的矢量和等于所论线圈所受的力和力矩.注意到所有矩形的法向单位矢量都与所论线圈的 $\boldsymbol{e}_n$ 一样,且所有矩形线圈面积之和等于所论线圈的面积,

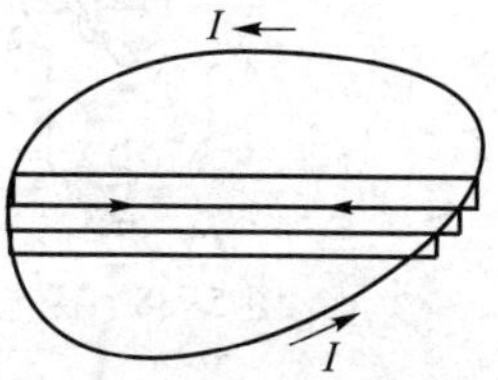

图 5-37　用细长矩形填满任意形状的平面线圈

便知所有矩形线圈的磁矩矢量和 $\sum_i \boldsymbol{p}_{mi}$ 等于所论线圈的磁矩 $\boldsymbol{p}_m$，于是所论线圈所受力矩近似为

$$\boldsymbol{M}=\sum_i \boldsymbol{M}_i=\sum_i \boldsymbol{p}_{mi}\times\boldsymbol{B}=\left(\sum_i \boldsymbol{p}_{mi}\right)\times\boldsymbol{B}=\boldsymbol{p}_m\times\boldsymbol{B}.$$

上式在每个矩形的短边趋于零的极限下便成为准确等式.

综上所述可知，任何形状的平面载流线圈在均匀外磁场 $\boldsymbol{B}$ 中所受合力为零，但受到一个力矩 $\boldsymbol{M}=\boldsymbol{p}_m\times\boldsymbol{B}$，它力图使线圈磁矩转到 $\boldsymbol{B}$ 的方向①. 当 $\boldsymbol{p}_m$ 与 $\boldsymbol{B}$ 夹角 $\theta=\pi/2$ 时，力矩数值 M 最大，当 $\theta=0$ 或 $\theta=\pi$ 时 $M=0$. 在 $\theta=0$ 和 $\theta=\pi$ 时线圈分别处于稳定平衡和不稳定平衡状态. 磁介质的磁化理论(第七章)将涉及上述结果.

以上讨论表明，平面线圈在被动方面(在外磁场中受力和力矩方面)与电偶极子很相似. 有趣(而且意味深长)的是，两者在主动方面[如何激发磁(或电)场方面]也很相似，见 §5.7. 再者，虽然本小节只讨论平面线圈，但是其实结论对非平面线圈也适用，见 §5.7 末小字.

5.6.3 磁电式电流计原理

磁电式电流计是电流计的一种，以它为基础可以制成安培表、伏特表、欧姆表以及能测量电流、电压(含交流电压)和电阻的多用表等，在电磁测量中有广泛的应用.

图 5-38 是磁电式电流计的结构图. 在马蹄形永磁铁的两个磁极 S 和 N 之间置一圆柱形软铁芯 X，目的是增强磁场并使 $\boldsymbol{B}$ 线在磁极与铁芯的狭小缝隙中沿径向(如图 5-39). ("软铁"的含义见小节 7.3.2，$\boldsymbol{B}$ 线沿径向的原因见小节 7.1.4 小字之末.) 在缝隙中放一轻铝框 L，其上有用细绝缘导线绕成的多匝矩形线圈. 铝框的转轴上固定一指针 Z，它在刻度盘 P 上的指示反映铝框因线圈电流而偏转的角度. 铝框转轴的两端分别通过两个相互反绕的金属游丝(螺旋弹簧) Y 和 Y′ 经导线与接线柱相连. 使用时把电流计串入待测支路中，待测电流从一个接线柱流入，经游丝、矩形线圈和另一游丝后从另一接线柱流出. 没有电流时，线圈处在

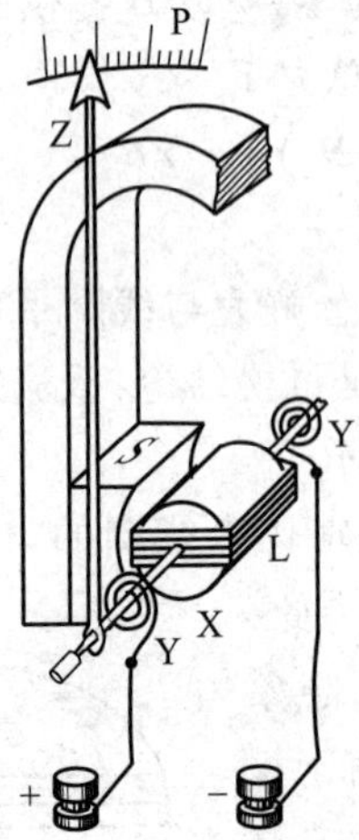

图 5-38 磁电式电流计示意图

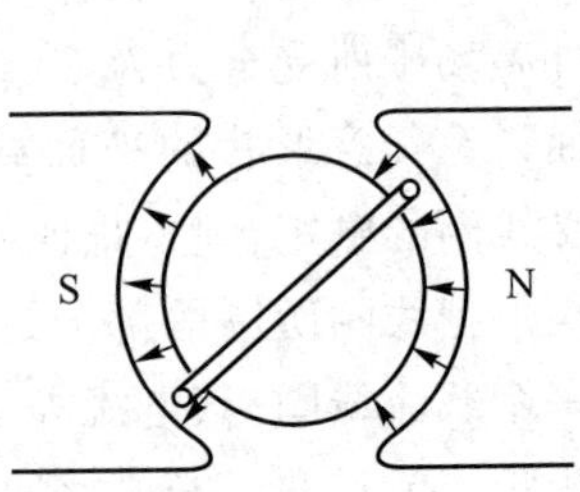

图 5-39 $\boldsymbol{B}$ 线沿径向分布

① 这一结论其实对任意闭合载流线圈(包括非平面线圈)都成立，证明见拓展篇专题 14.

平衡位置,指针指零.待测电流 I 流经线圈时,线圈将因受到磁场的力偶矩而转动.线圈所受力矩主要来自位于两磁极与软铁芯 X 之间的缝隙中的两条长边.缝隙中磁场 $\boldsymbol{B}$ 的大小处处相同,方向沿径向(所以并非处处同向),应该说不是均匀磁场.然而这一磁场恰恰保证如下两点:(1) 无论线圈偏转到什么位置,其两条长边所感受到的磁场都等效于一个平行于线圈平面的均匀磁场(且 $\boldsymbol{B}$ 与两条长边垂直),所以式(5-37)适用;(2) B 值(因而力矩大小)与转角无关.设线圈共有 N 匝,每匝的面积为 S,则铝框所受的偏转力矩(大小)为

$$M=NISB. \tag{5-38}$$

线圈在这一转矩作用下反抗游丝的弹性而转动,游丝出现与线圈的偏转角 α 成正比的弹性恢复力矩 $M'=K\alpha$(其中 K 为反映游丝弹性的常量).当 M' 大到足以抗衡 M 时线圈平衡于某个角度 α_1,满足 $K\alpha_1=NISB$,故

$$\alpha_1=\frac{NSB}{K}I. \tag{5-39}$$

可见指针平衡时指示的角度 α_1 与 I 成正比,按上式把 α_1 转换为 I 并标在刻度盘上,便可在测量时直接读出电流值.以上只是较为粗略的近似分析.如果设计完善,式(5-39)中 α_1 与 I 的正比关系会很好地成立,刻度盘便可均匀刻度,我们说这种电流计"线性良好".

§5.7 用磁矩表示载流线圈的磁场,磁偶极子

把圆形线圈磁场的 $\boldsymbol{B}$ 线图(见图 5-6)同电偶极子电场的 $\boldsymbol{E}$ 线图(见图3-7)进行对比,就会发现在远离线圈处的 $\boldsymbol{B}$ 线分布与远离电偶极子处的 $\boldsymbol{E}$ 线分布非常类似.场线图是根据矢量场的定量表达式画出的,上述类似性所反映的其实是如下事实:远离圆形线圈的 $\boldsymbol{B}$ 场与远离电偶极子的 $\boldsymbol{E}$ 场有类似的表达式.在第三章中已见到静电偶极子远区场 $\boldsymbol{E}$ 的表达式[式(3-8)],至于圆形线圈远区场 $\boldsymbol{B}$ 的表达式,原则上可由毕-萨定律通过积分求得.我们不预期读者具备这一计算所需的数学知识,所以略去计算而直接给出结果:

$$\boldsymbol{B}(r,\theta)=\frac{\mu_0 p_{\mathrm{m}}}{4\pi r^3}(\boldsymbol{e}_r\cdot 2\cos\theta+\boldsymbol{e}_\theta\sin\theta). \tag{5-40}$$

读者应能看到上式与电偶极子电场 $\boldsymbol{E}$ 的表达式的完全类似性.(电磁对应:$\boldsymbol{E}\leftrightarrow\boldsymbol{B}$,$\boldsymbol{p}\leftrightarrow\boldsymbol{p}_{\mathrm{m}}$,$\varepsilon_0\leftrightarrow 1/\mu_0$.)事实上,还可证明上式对任意形状(不限于圆形)的平面线圈甚至非平面线圈都成立(对后者见小字).于是我们看到,载流小线圈与电偶极子无论是被动还是主动方面都十分类似,因此把载流小线圈称为**磁偶极子**.[电偶极子(作为模型语言中的概念)本身已暗含其 l 远小于场点与中心的距离,而载流小线圈的"小"字意在表明只关心远区场.]然而这种类似性只对远区场成立.由于 $\boldsymbol{E}$ 和 $\boldsymbol{B}$ 服从不同的场方程(通量和环流表达式),如果关心整个 $\boldsymbol{E}$ 场和 $\boldsymbol{B}$ 场,两者必然有重要区别.例如,静电场的 $\boldsymbol{E}$ 线有始有终(起于正电荷止于负电荷),而 $\boldsymbol{B}$ 线则既无起点又无终点(磁荷不存在).这一差别在场源附近非常明显(见图 5-40).在正负点电荷附近 $\boldsymbol{E}$ 线向下(上图),而在载流线圈的范围内 $\boldsymbol{B}$ 线向上.

无论在主动还是被动方面,我们一直只涉及平面线圈.现在问:对非平面线圈是否也有相同结论?这里的关键是如何把磁矩定义 $\boldsymbol{p}_{\mathrm{m}}\equiv IS\boldsymbol{e}_{\mathrm{n}}$ 推广至非平面线圈.表面看来这有困难,因为 $\boldsymbol{p}_{\mathrm{m}}$ 定义中的 S 和 $\boldsymbol{e}_{\mathrm{n}}$ 都要用到如下事实:平面线圈躺在确定的平面上(从而可谈及 $\boldsymbol{e}_{\mathrm{n}}$),并且围出一块确定的面积(从而可谈及 S),

而对非平面线圈来说 $\boldsymbol{e}_{\mathrm{n}}$ 和 S 都没有意义.但是这一困难可被巧妙地克服,因为可以避开 S 和 $\boldsymbol{e}_{\mathrm{n}}$ 而直接把任意闭合线圈 L 的磁矩定义为

$$\boldsymbol{p}_{\mathrm{m}}=\frac{1}{2}I\oint_{L}\boldsymbol{r}\times\mathrm{d}\boldsymbol{l},\tag{5-41}$$

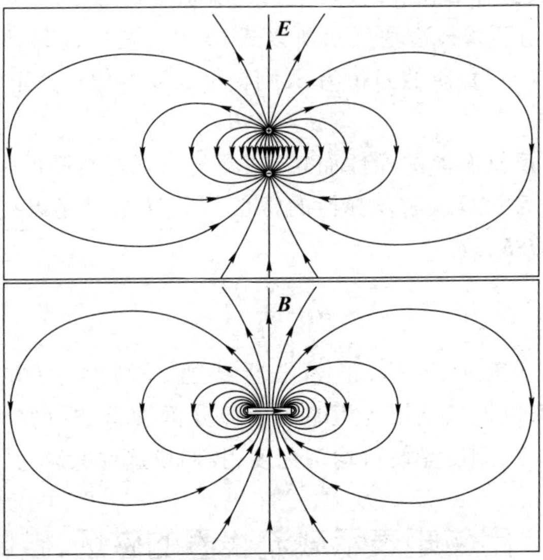

图 5-40 电偶极子的 $\boldsymbol{E}$ 线(上图)与磁偶极子的 $\boldsymbol{B}$ 线(下图).
下图中的长方形代表圆形电流的截面,长方形内的箭头代表电流方向

其中 I 是线圈电流,$\boldsymbol{r}$ 是从任一选定原点出发到积分元段 $\mathrm{d}\boldsymbol{l}$ 的径矢.有兴趣的读者不妨证明上式对平面线圈而言就是 $\boldsymbol{p}_{\mathrm{m}}=IS\boldsymbol{e}_{\mathrm{n}}$(《拓展篇》专题 14 也给出了这个结论的详细证明).可以证明,对任意闭合线圈,只要按式(5-41)定义磁矩,则其在主动、被动方面的行为都与有相同磁矩的平面线圈一样.[见,例如,Plonsey and Collin(1961),*Principles and Applications of Electromagnetic Fields*(New York:McGraw-Hill Book Company,Inc),§6.4; Reitz and Milford(1960),*Foundations of Electromagnetic Theory*(Massachusetts: Addison - Wesley Publishing Company),§8-2.]

思 考 题

5.1 正点电荷在磁场中以速度 $\boldsymbol{v}$ 沿 x 轴的正向运动,若它所受到的磁洛伦兹力 $\boldsymbol{F}$ 为下列三种情况,试指出每种情况下磁场 $\boldsymbol{B}$ 的方向.

(1) $\boldsymbol{F}=\mathbf{0}$;

(2) $\boldsymbol{F}$ 沿 z 轴正向,且 $\boldsymbol{F}$ 的数值为最大;

(3) $\boldsymbol{F}$ 沿 z 轴负向,且 $\boldsymbol{F}$ 的数值为最大值的一半.

5.2 点电荷 q 在均匀磁场 $\boldsymbol{B}$ 中以速度 $\boldsymbol{v}$ 运动,判断下列说法的真伪并说明理由.

(1) 只要速度 $\boldsymbol{v}$ 的大小相同,点电荷所受的洛伦兹力 $\boldsymbol{F}$ 就相同;

(2) 在速度 $\boldsymbol{v}$ 和磁场 $\boldsymbol{B}$ 给定的前提下把 q 改为 $-q$,则洛伦兹力 $\boldsymbol{F}$ 的方向反向,数值不变;

(3) 若 q 和 $\boldsymbol{v}$ 一同改为 $-q$ 和 $-\boldsymbol{v}$,则 $\boldsymbol{F}$ 不变;

(4) 在 $\boldsymbol{v}$、$\boldsymbol{B}$、$\boldsymbol{F}$ 三个矢量中,已知任意两个就能确定第三个;

(5) 在洛伦兹力作用下,该点电荷的动能和动量都不变.

5.3 洛伦兹力公式涉及 3 个矢量 $\boldsymbol{v}$、$\boldsymbol{B}$、$\boldsymbol{F}$.附图的每个图中都给定了其中两个的方向,哪些图的第三个矢量的方向可以确定?哪些图不能?

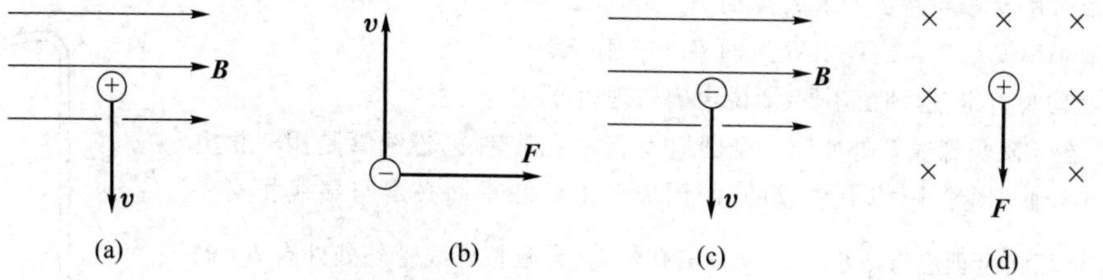

思考题 5.3 图

5.4 已知载流导线为一任意形状的平面曲线,求导线所围平面内任意一点 P 的磁场 $\boldsymbol{B}$ 的方向(见附图).

5.5 两个平行放置的全同导线圆环(两圆心连线与环面垂直)载有方向相同、数值相等的电流,试判断圆心连线的中垂面上任一点的磁感应强度 $\boldsymbol{B}$ 的方向.

5.6 把上题的两环从互相平行改为附图所示的对称配置(两圆心位于以某点 O 为圆心的圆弧上),求中分面(过图中竖直线且垂直于纸面的平面)上任一点的 $\boldsymbol{B}$ 的方向.

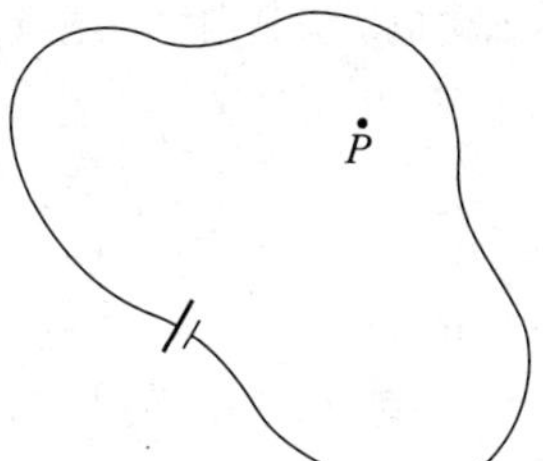

思考题 5.4 图

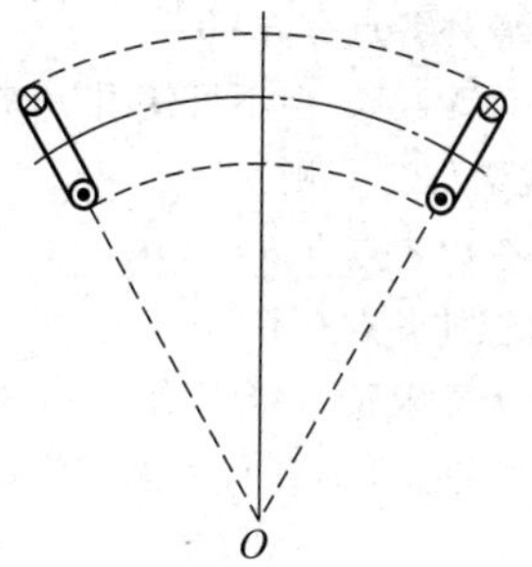

思考题 5.6 图

5.7 均匀磁场 $\boldsymbol{B}$ 垂直于半径为 R 的圆平面,S_1 和 S_2 是以该圆为边线的两个任意曲面,其法向如附图所示,求 S_1 和 S_2 的磁通量.

5.8 小节 5.2.4 曾证明细长螺线管轴线两端的 B 值是中点的 B 值的一半,这是否说明螺线管的 $\boldsymbol{B}$ 线在从中部到端部时有二分之一中断了?

5.9 均匀电阻丝圆环从附图所示的两点引出两根导线与直流电源相接,试填下空:

(1) $\oint_{L_1} \boldsymbol{B}\cdot \mathrm{d}\boldsymbol{l}=$ ________, (2) $\oint_{L_2} \boldsymbol{B}\cdot \mathrm{d}\boldsymbol{l}=$ ________,

(3) $\oint_{L_3} \boldsymbol{B}\cdot \mathrm{d}\boldsymbol{l}=$ ________, (4) $\oint_{L_4} \boldsymbol{B}\cdot \mathrm{d}\boldsymbol{l}=$ ________.

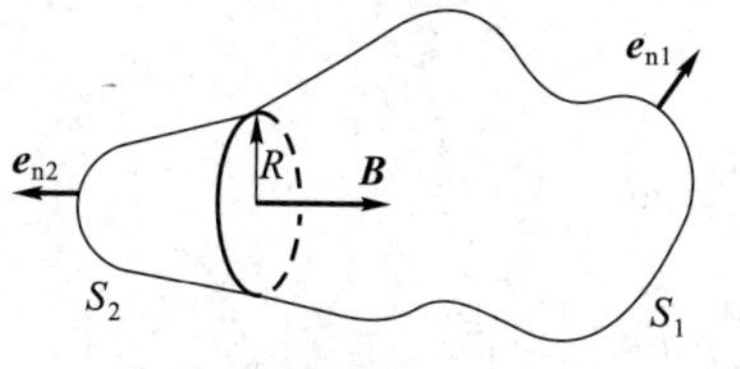

思考题 5.7 图

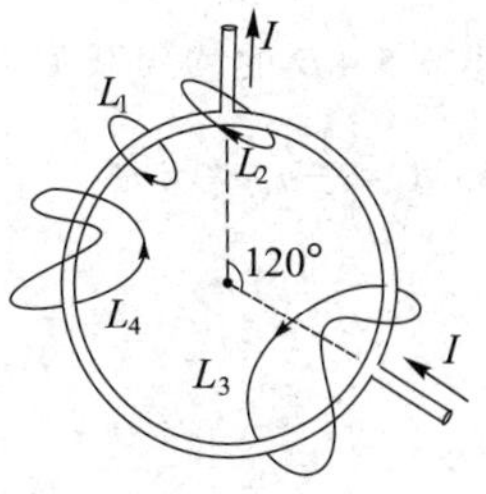

思考题 5.9 图

5.10 一闭合直流电路由直导线段 CD 及弯曲段 $C\mathscr{E}D$ 组成(见附图).以 $\boldsymbol{B}$ 代表整个电路激发的磁场,以 $\boldsymbol{B}_1$ 及 $\boldsymbol{B}_2$ 分别代表 CD 段及 $C\mathscr{E}D$ 段激发的磁场,则$\boldsymbol{B}=\boldsymbol{B}_1+\boldsymbol{B}_2$.设 P 为电路外的任一点,试问:

(1) 能否用安培环路定理求 P 点的 $\boldsymbol{B}$？为什么？

(2) 能否用安培环路定理求 P 点的 $\boldsymbol{B}_1$？为什么？

(提示：答案均为否定，但理由不同.请说出确切理由.)

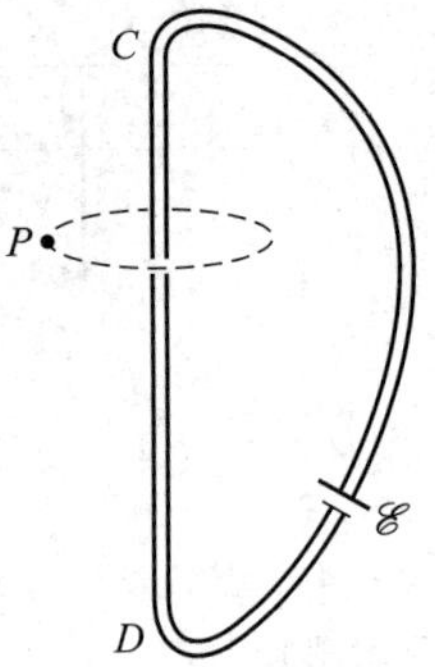

思考题 5.10 图

5.11 在无限长螺线管外面套一个圆周 L，圆心在管轴上.螺线管是用一根电流为 I 的绝缘细导线在圆筒上绕成的，圆周 L 所围的圆平面必定与导线相交一次，按照安培环路定理应有 $\oint_L \boldsymbol{B}\cdot \mathrm{d}\boldsymbol{l} = \mu_0 I \neq 0$.然而，无限长螺线管外处处有 $\boldsymbol{B}=\boldsymbol{0}$，故又应有 $\oint_L \boldsymbol{B}\cdot \mathrm{d}\boldsymbol{l} = 0$.如何解释这个佯谬？

5.12 对密绕螺线管内外的磁感应强度(的大小) B，试就下列三种条件判断是非：

(1) 若螺线管不可视为无限长，则

(a) 对管轴的中点有 $B=\mu_0 nI$，

(b) 对管轴的端点有 $B=\dfrac{1}{2}\mu_0 nI$，

(c) 对管外各点有 $B=0$.

(2) 螺线管为无限长，但不可使用“并排圆电流”模型[即要如实地认为是用一根绝缘细导线在圆筒上密绕而成(“一线绕”式)]，则

(a) 对管内各点有 $B=\mu_0 nI$，

(b) 对管外各点有 $B=0$.

(3) 螺线管为无限长，并允许使用“并排圆电流”模型，则管外 $B=0$.

5.13 附图中的水平直线代表无限长载流直导线，CD 是其中的一段，O 是 CD 的中点，L 是以 O 为心且垂直于导线的圆环，S_1、S_2 是以 L 为边线的两个曲面.以 $\boldsymbol{B}$ 和 $\boldsymbol{B}_{CD}$ 分别代表整条导线和 CD 段激发的磁场.试判断下列是非：

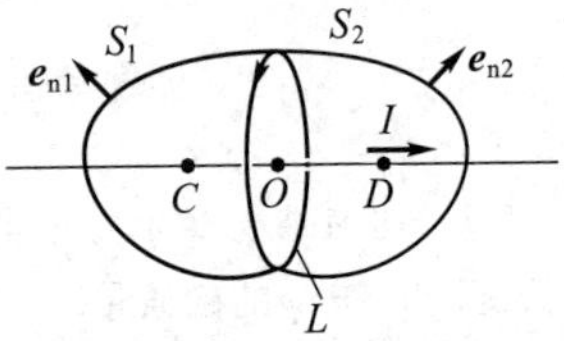

思考题 5.13 图

(1) $\iint_{S_1} \boldsymbol{B}_{CD}\cdot \mathrm{d}\boldsymbol{S} + \iint_{S_2} \boldsymbol{B}_{CD}\cdot \mathrm{d}\boldsymbol{S} = 0$；

(2) $\boldsymbol{B}_{CD}$ 在圆环 L 上各点的方向沿切向，大小相等；

(3) $\oint_L \boldsymbol{B}_{CD}\cdot \mathrm{d}\boldsymbol{l} = \mu_0 I$；

(4) $\oint_L \boldsymbol{B}_{CD}\cdot \mathrm{d}\boldsymbol{l} = -\mu_0 I$；

(5) $\oint_L \boldsymbol{B}\cdot \mathrm{d}\boldsymbol{l} = \mu_0 I$；

(6) $\iint_{S_1} \boldsymbol{B}\cdot \mathrm{d}\boldsymbol{S} = 0$.

5.14 将小节 5.4.5 的均匀载流无限大平面放入一个均匀外磁场 $\boldsymbol{B}_{外}$ 中，则平面两侧的磁场应从 $\boldsymbol{B}_1=-\dfrac{1}{2}\mu_0\alpha\boldsymbol{k}$ 和 $\boldsymbol{B}_2=\dfrac{1}{2}\mu_0\alpha\boldsymbol{k}$ 改为

$$\boldsymbol{B}_1=\boldsymbol{B}_{外}-\frac{1}{2}\mu_0\alpha\boldsymbol{k}$$

和

$$\boldsymbol{B}_2=\boldsymbol{B}_{外}+\frac{1}{2}\mu_0\alpha\boldsymbol{k},$$

其中 α 是载流平面的电流线密度(的大小)，$\boldsymbol{k}$ 是沿 z 轴正向的单位矢量(x、y、z 坐标轴的方向见图 5-22).试就以下两种情况画出平面两侧的 $\boldsymbol{B}$ 线图.

(1) $\boldsymbol{B}_{外}=c\boldsymbol{k}$，其中 c 为常量，又分三种情况：

（a）$c<\frac{1}{2}\mu_0\alpha$，（b）$c=\frac{1}{2}\mu_0\alpha$，（c）$c>\frac{1}{2}\mu_0\alpha$.

（2）$\boldsymbol{B}_{外}=c_1\boldsymbol{j}+c_2\boldsymbol{k}$，其中 $\boldsymbol{j}$ 是沿 y 轴正向的单位矢量，c_1 和 c_2 是正的常量，且 $c_2<\frac{1}{2}\mu_0\alpha$.

5.15　电流线密度分别为 $\boldsymbol{\alpha}_1$ 和 $\boldsymbol{\alpha}_2$ 的两张均匀载流无限大平面平行放置，试就以下三种情况写出各区磁场 $\boldsymbol{B}$ 的表达式并画出各区的 $\boldsymbol{B}$ 线图：

（1）$\boldsymbol{\alpha}_1=\boldsymbol{\alpha}_2$；

（2）$\boldsymbol{\alpha}_1=-\boldsymbol{\alpha}_2$；

（3）$\boldsymbol{\alpha}_1$ 与 $\boldsymbol{\alpha}_2$ 同向但 $\alpha_1>\alpha_2$.

5.16　附图示出两根交叉放置、彼此绝缘的直长载流导体，两者均可绕过 O 点并垂直于纸面的轴转动. 当电流方向如图箭头所示时，它们将如何运动？

5.17　试证命题 5-1（见小节 5.4.1 末），即：设两电流元关于平面 Σ 镜像对称，则它们在 Σ 上激发的合磁场 $\boldsymbol{B}$ 必垂直于 Σ（除非 $\boldsymbol{B}=\boldsymbol{0}$）.

注　把电流元 $I_1\mathrm{d}\boldsymbol{l}_1$ 和 $I_2\mathrm{d}\boldsymbol{l}_2$ 简记为 $\boldsymbol{l}_1$ 和 $\boldsymbol{l}_2$. 设两者分别位于 A_1、A_2 点，“两电流元关于平面 Σ 镜像对称”的准确含义是：（1）A_1、A_2 点关于 Σ 镜像对称；（2）$\boldsymbol{l}_1$ 和 $\boldsymbol{l}_2$ 沿 Σ 切向的分量相等，沿 Σ 法向的分量等值反向.

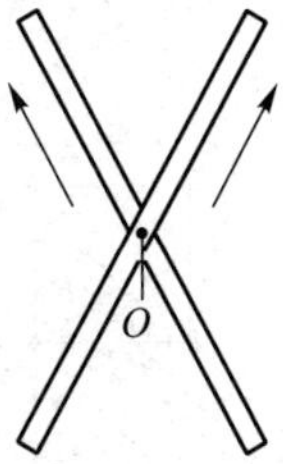

思考题 5.16 图

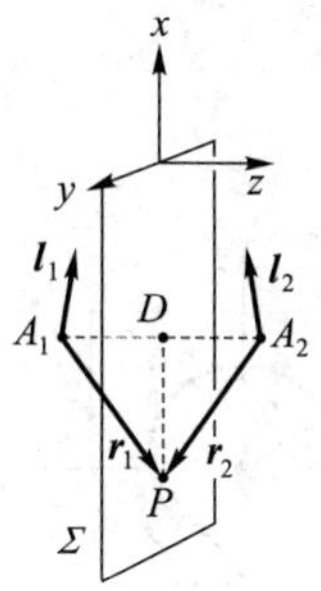

思考题 5.17 图

［提示：以 P 代表 Σ 上任一点（场点），D 代表 A_1A_2 连线与 Σ 的交点，$\boldsymbol{r}_1$、$\boldsymbol{r}_2$ 分别代表由 A_1、A_2 指向 P 点的径矢. 按以下要求建直角坐标系：z 轴与 Σ 垂直，x 轴与直线 DP 重合（见附图）. 镜像对称性在此坐标系下表现为

$$l_{2x}=l_{1x},\quad l_{2y}=l_{1y},\quad l_{2z}=-l_{1z},$$

$$r_{2x}=r_{1x},\quad r_{2y}=r_{1y}=0,\quad r_{2z}=-r_{1z}.$$

利用矢量叉乘的表达式

$$\boldsymbol{a}\times\boldsymbol{b}=\boldsymbol{i}(a_yb_z-a_zb_y)+\boldsymbol{j}(a_zb_x-a_xb_z)+\boldsymbol{k}(a_xb_y-a_yb_x)$$

就不难证明待证命题.］

习　题

5.1.1　地面上空某处地磁场的大小为 $B=4.0\times10^{-5}\,\mathrm{T}$，方向水平向北. 若宇宙射线中有一速率 $v=5.0\times10^7\,\mathrm{m/s}$ 的质子竖直向下通过此处，求：

（1）质子所受洛伦兹力的方向；

（2）质子所受洛伦兹力的大小，并与该质子受到的地球引力相比较.

5.2.1　附图中实线为载有电流 I 的导线，它由三部分组成：MN 部分为 1/4 圆周，圆心为 O，半径为 R，其余两部分为伸向无限远的两个直线段. 求 O 点的磁场 $\boldsymbol{B}$.

5.2.2　电流 I 沿附图（a）、（b）所示的导线流过（图中直线部分伸向无限远），求 O 点的磁场 $\boldsymbol{B}$.

5.2.3　将通有电流 I 的导线弯成如图所示的形状，求 O 点的磁场 $\boldsymbol{B}$.

5.2.4　载流导线形状如图所示（直线部分伸向无限远），求 O 点的 $\boldsymbol{B}$.

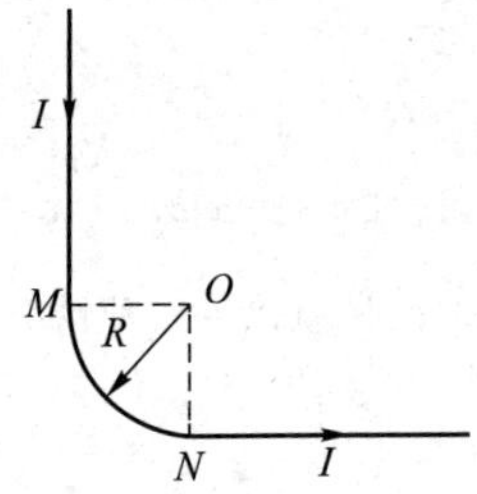

习题 5.2.1 图

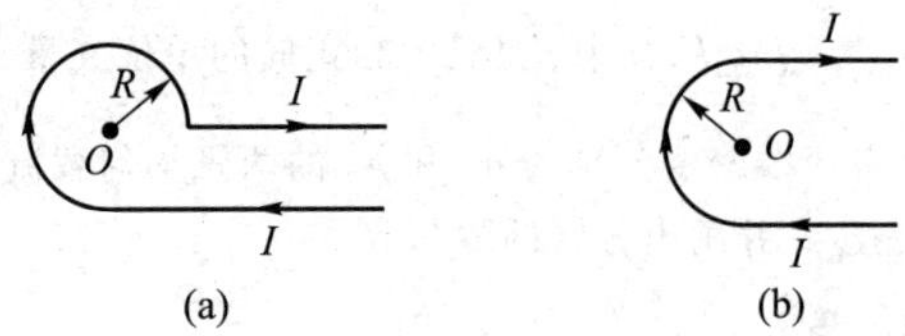

习题 5.2.2 图

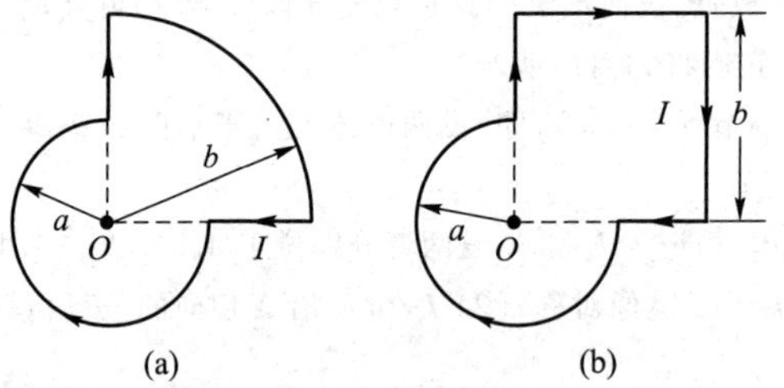

习题 5.2.3 图

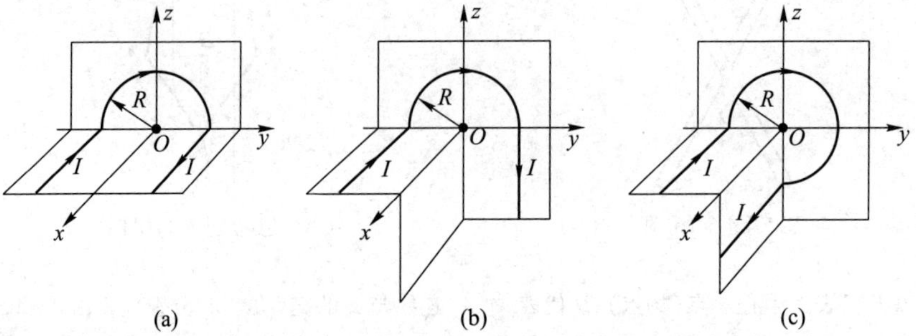

习题 5.2.4 图

5.2.5　三根平行直长导线在一平面内，1、2 和 2、3 之间距离都是 3 cm，其上电流 $I_1=I_2$ 及 $I_3=-(I_1+I_2)$，方向如附图.试求一直线的位置，在这线上 $\boldsymbol{B}=\boldsymbol{0}$.

5.2.6　将一无限长导线中部折成一个长为 a、宽为 b 的开口矩形（如附图），并使此导线通过电流 I.求矩形中心 O 点的磁场 $\boldsymbol{B}$.

5.2.7　$I=5$ A 的电流流过边长 $a=30$ cm 的正三角形导线，P 是以此三角形为底的正四面体的顶点（见附图），求 P 点的磁场 $\boldsymbol{B}$.

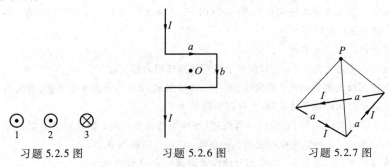

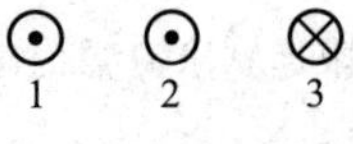

习题 5.2.5 图

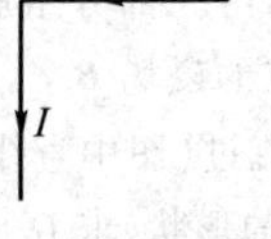

习题 5.2.6 图

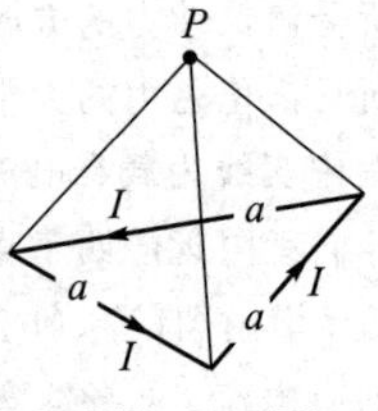

习题 5.2.7 图

5.2.8　长 20 cm、半径 2 cm 的螺线管密绕 200 匝导线，导线中的电流是 5 A.求螺线管轴线中点的磁场（大小）B.

5.2.9　有一螺线管，半径是 5 cm，长是 50 cm，导线电流为 10 A，要想在其中心处产生0.1 T的磁场，

（1）这螺线管每单位长度应有多少匝？

（2）求所需导线的总长.

5.2.10　附图中的 A、C 是由均匀材料制成的铁环的两点，两根直长载流导线从 A、C 沿半径方向伸出，电流方向如图所示.求环心 O 处的磁场 $\boldsymbol{B}$.

5.2.11　附图中的圆周代表一个均匀地分布着电动势和电阻的圆形线圈，半径为 r，总电动势为 $\mathscr{E}$，总电阻为 R.从圆周相对着的两点 A、C 各引出一根直长无电阻导线（延长线都过圆心 O），在足够远处拐弯后与无内阻电源 $\mathscr{E}'$ 相接（“足够远”是指可按无限远处理）.

（1）设 $\mathscr{E}'=0$，求 O 点的 B；

（2）设 $\mathscr{E}'\neq0$，求 O 点的 B.［答案与第（1）问同否？］

［提示：利用线性电路的叠加定理（见 §4.6）可使求解大为简化.］

（3）若 A 点移至圆周的任意位置，但保持从 A 引出的直长导线的延长线仍过圆心，（1）、（2）两问的结果是否改变？

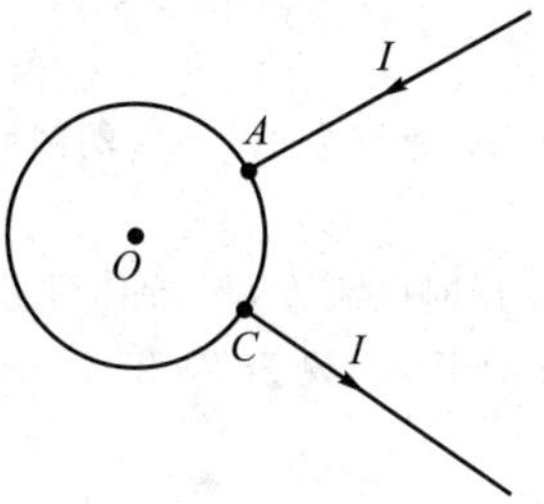

习题 5.2.10 图

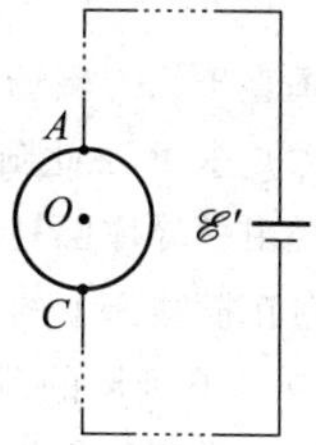

习题 5.2.11 图

5.2.12　将半径为 R 的无限长圆柱形薄导体管沿轴向割去一条宽度为 $h(h\ll R)$ 的无限长缝后，沿轴向均匀地通入电流线密度为 α 的电流，求轴线上的磁场（大小）B.

5.2.13　将上题的导体管沿轴向割去一半（横截面为半圆），令所余的半个沿轴向均匀地流过电流 I，求轴线上的磁场（大小）B.

5.2.14　电流 I 均匀地流过宽为 $2a$ 的无限长平面导体薄板，求板的中垂面上与板距离为 x 的点 P（见附图）的磁场 $\boldsymbol{B}$.

5.2.15　在半径为 R 的木球表面上用绝缘细导线均匀密绕，并以单层盖住半个球面，相邻线圈可视为相互平行（“并排圆电流”模型），如图所示.已知导线电流为 I，总匝数为 N，求球心 O 处的磁场 $\boldsymbol{B}$.（提示：单位长度的匝数应定义为 $n\equiv N/L$ 而不是 $n\equiv N/R$，否则 n 不是常量.）

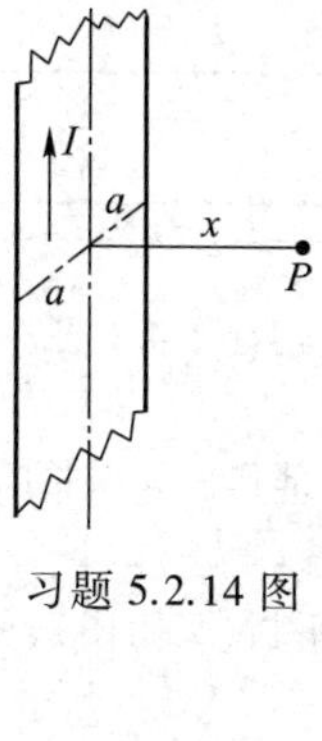

习题 5.2.14 图

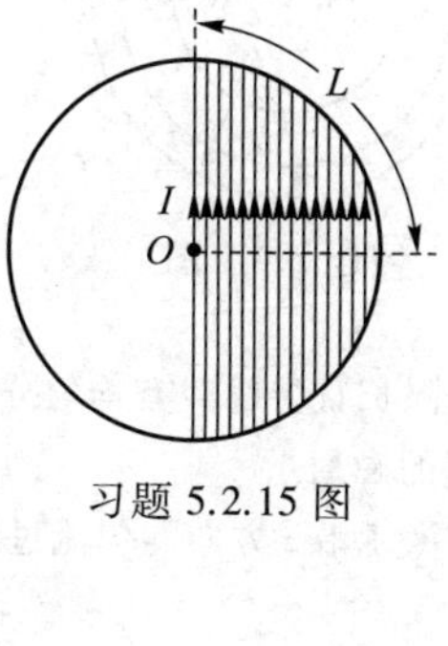

习题 5.2.15 图

5.2.16　有一电介质薄圆盘,其表面均匀带电,总电荷为 Q,盘半径为 a.圆盘绕垂直于盘面并通过圆心的轴转动,每秒 n 转,求盘心处的磁感应强度(大小)B.

5.2.17　半径为 R 的非导体球面均匀带电,电荷面密度为 σ.球面以过球心的直线为轴旋转,角速率为 ω,求球心的磁场(大小)B.

5.3.1　附图中的载流无限长直导线的电流为 I,求与该导线共面的矩形 $CDEF$ 的磁通量.

5.3.2　二无限长载流直导线与一长方形框架共面(见附图),已知 $a=b=c=10$ cm,$l=10$ m,$I=100$ A.求框架的磁通量.

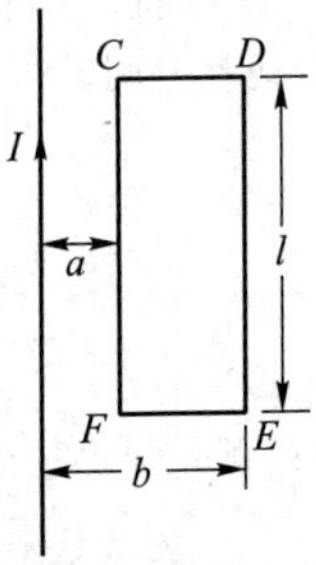

习题 5.3.1 图

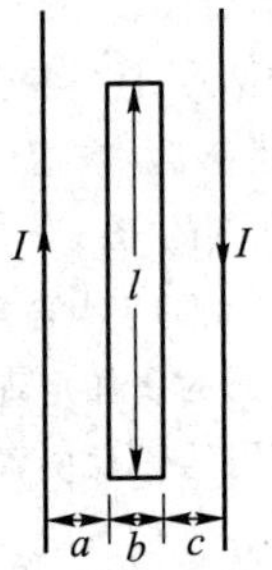

习题 5.3.2 图

5.3.3　电子在垂直于均匀磁场 $\boldsymbol{B}$ 的平面内做半径为 1.2 cm、速率为 10^6 m/s 的圆周运动(磁场对它的洛伦兹力充当向心力),求 $\boldsymbol{B}$ 对此圆轨道提供的磁通量.

5.4.1　同轴电缆由一导体圆柱和一同轴导体圆筒构成.使用时电流 I 从一导体流去,从另一导体流回,电流都是均匀地分布在横截面上的.设圆柱的半径为 R_1,圆筒的半径分别为 R_2 和 R_3(见附图),以 r 代表场点到轴线的距离,求 r 从 0 到 ∞ 的范围内的磁场(大小)B.

5.4.2　附图示出一个矩形截面的螺绕环,其总匝数为 N,每匝电流为 I.

(1) 以 r 代表环内一点与环心的距离,求磁场(大小)B 作为 r 的函数的表达式;

(2) 证明螺绕环横截面的磁通量满足

$$\Phi=\frac{\mu_0 NIh}{2\pi}\ln\frac{D_1}{D_2}.$$

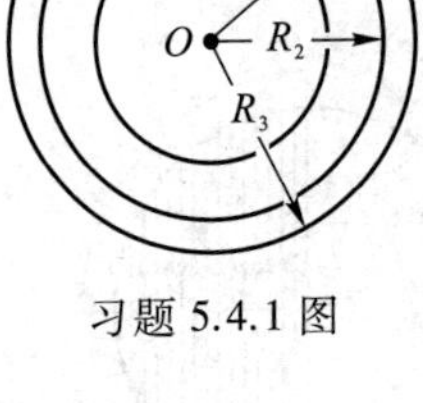

习题 5.4.1 图

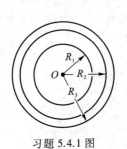

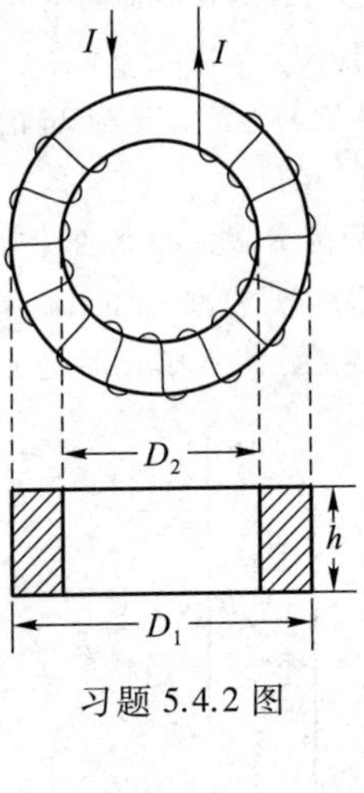

习题 5.4.2 图

5.4.3　圆截面无限长直导线载有均匀分布的 10 A 电流.在导线内部作一无限长的平面 N(如图所示),求 N 内每米长的面积的磁通量.

5.4.4　电流以密度 $\boldsymbol{J}$ 沿 z 方向均匀流过厚度为 $2d$ 的无限大导体平板(见附图),求空间各点的磁场 $\boldsymbol{B}$.

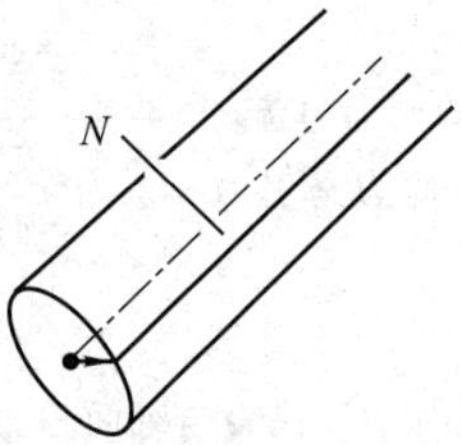

习题 5.4.3 图

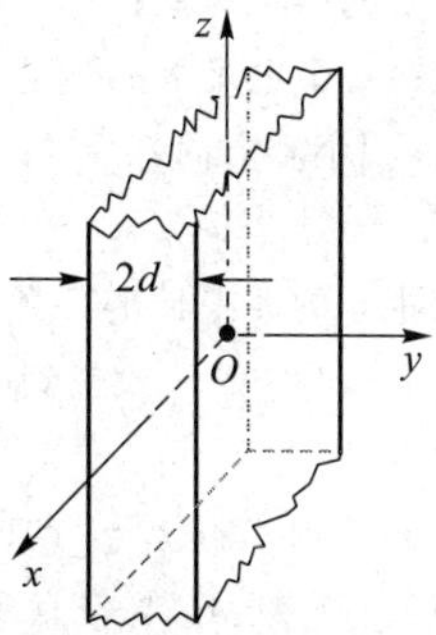

习题 5.4.4 图

5.4.5　在半径为 a 的无限长金属圆柱内挖去一个半径为 b 的无限长圆柱(见附图).两圆柱轴线平行,轴间距离为 c.在此空心导体上通以沿截面均匀分布的电流 I.试证空心部分有均匀磁场,并写出 B 的表达式.

5.5.1　附图中的水平直线段 MN 长为 0.1 m,位于 M 点的电子以初速度 $\boldsymbol{v}_0$ 进入均匀磁场 $\boldsymbol{B}$ 中,$\boldsymbol{v}_0$ 的方向竖直向上,大小为 $v_0=1.0\times10^7$ m/s.试问:

(1) $\boldsymbol{B}$ 的大小和方向应如何才能使电子沿图中半圆周从 M 运动到 N?

(2) 电子从 M 运动到 N 需要多长时间?

习题 5.4.5 图

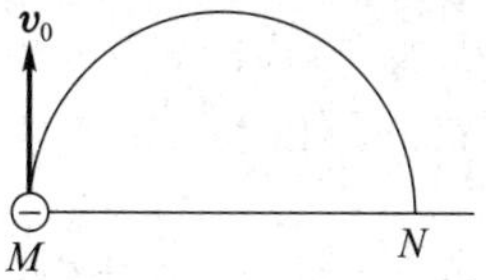

习题 5.5.1 图

5.5.2　带电粒子在过饱和蒸气中运动时,其路径上的蒸气会凝结成小液滴,由此便可观察粒子的运动轨迹,这就是云室的原理.今在云室中有 $B=1$ T 的均匀磁场,观测到一个质子的径迹是半径为 $R=20$ cm 的圆弧,求它的动能(质子的质量为 1.67×10^{-27} kg).

5.5.3　质量为 0.5 g、电荷为 2.5×10^{-8} C 的质点以 6×10^4 m/s 的水平初速入射地球表面的一个均匀磁场 $\boldsymbol{B}$ 中.要使它维持在水平方向运动,B 值最小应为多少? $\boldsymbol{B}$ 的方向又应如何?

5.5.4　动能为 2.0×10^3 eV 的正电子射入 $B=0.1$ T 的均匀磁场中,其初速与 $\boldsymbol{B}$ 成 89°角.求该正电子所做螺旋线运动的周期 T、螺距 h 和半径 R.

注　正电子是电子的反粒子,其质量等于电子质量,其电荷与电子电荷等值异号.

5.5.5　一回旋加速器的 D 形电极的半径 $R=60$ cm,要把一个质子从静止加速到 4.0×10^6 eV 的能量,

(1) 求所需的磁感应强度 B;

(2) 设两 D 形电极间距离为 1.0 cm(其间的电场可看作均匀),电压为 2.0×10^4 V,求加速到上述能量所需的时间.

5.5.6　霍尔效应实验(见图 5-31)中的载流导体的长、宽、厚分别为 4 cm、1 cm 和 10^{-3} cm,沿长度方向载有 3 A 的电流,磁场 $B=1.5$ T,产生的横向霍尔电压为 10^{-5} V.试由这些数据求:

(1) 载流子的漂移(定向运动)速率;

(2) 单位体积的载流子数.

5.5.7　附图是霍尔效应实验(见图 5-31)中的载流铜片的横截面图(×代表电流方向).已知 $l=0.02$ m,$d=0.1$ cm,$I=50$ A,$B=2$ T,单位体积内电子数 $n=1.1\times10^{29}\,\mathrm{m}^{-3}$,求:

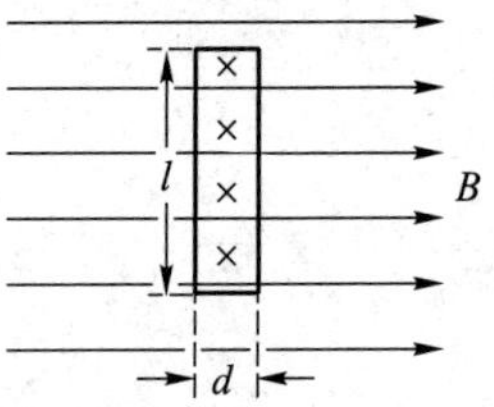

习题 5.5.7 图

(1) 铜片中电子的漂移速率；

(2) 磁场作用在一个电子上的洛伦兹力的大小和方向；

(3) 霍尔电场(大小和方向)；

(4) 霍尔电压.

5.6.1 两根相距 a 的无限长平行直导线载有大小为 I_1 和 I_2 的同向电流.

(1) 求导线 1 上长为 l 的一段受到的来自导线 2 的安培力 $\boldsymbol{F}$.此力是引力还是斥力?

(2) 设 $a=15$ cm, $l=1.5$ m, $I_1=I_2=200$ A,求 $\boldsymbol{F}$ 的大小.

5.6.2 附图中的直导线 AC 与任意弯曲导线 ADC 都躺在纸面内,×号代表与纸面垂直的均匀磁场.若导线 AC 与 ADC 载有相同的恒定电流,试证它们所受磁场力相等.

5.6.3 边长为 0.5 m 的正方体放在 0.6 T 的均匀磁场中,磁场方向平行于正方体的一边(附图的 x 轴).折线导线段 $MNRPQO$ 通有 $I=4$ A 的电流,方向如图.求 MN、NR、RP、PQ 及 QO 各段所受的安培力的大小和方向.

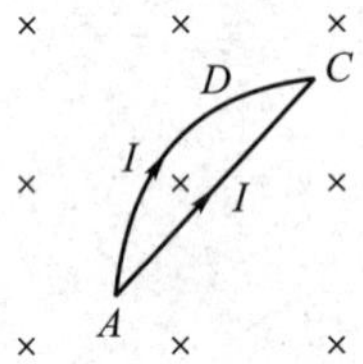

习题 5.6.2 图

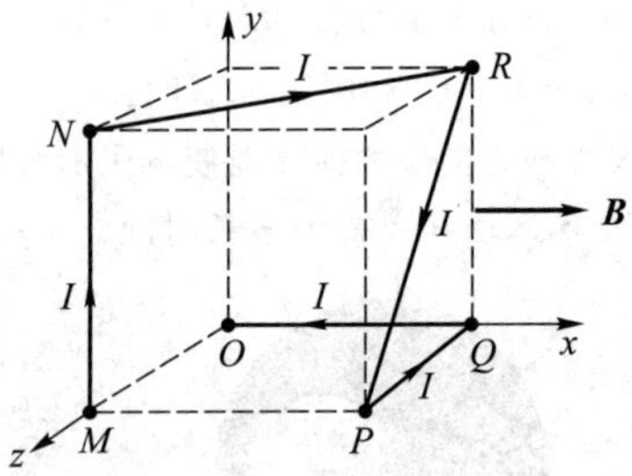

习题 5.6.3 图

5.6.4 横截面积 $S=2.0\ \mathrm{mm}^2$ 的铜线弯成如图所示形式,其中 OM 和 QO'段固定在水平方向,$MNPQ$ 段是边长为 a 的正方形的三边,可以绕 OO'轴转动.整个导线放在竖直向上的均匀磁场 $\boldsymbol{B}$ 中(见附图).已知铜的密度 $\rho=8.9\ \mathrm{g/cm^3}$,当这铜线中的电流为 10 A 时,在平衡情况下,MN 段和 PQ 段与竖直方向的夹角为 15°.求磁场 $\boldsymbol{B}$ 的大小.

5.6.5 半径 $R=0.2$ m、电流 $I=10$ A 的圆形线圈位于 $B=1$ T 的均匀磁场中,线圈平面与磁场方向垂直(见附图).线圈为刚性,且无其他力作用.

(1) 求线圈 M、N、P、Q 各处 1 cm 长电流元所受的力(把 1 cm 长电流元近似看成直线段)；

(2) 半圆 MNP 所受合力如何?

(3) 线圈如何运动?

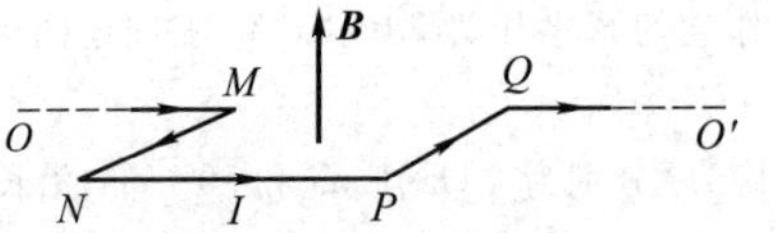

习题 5.6.4 图

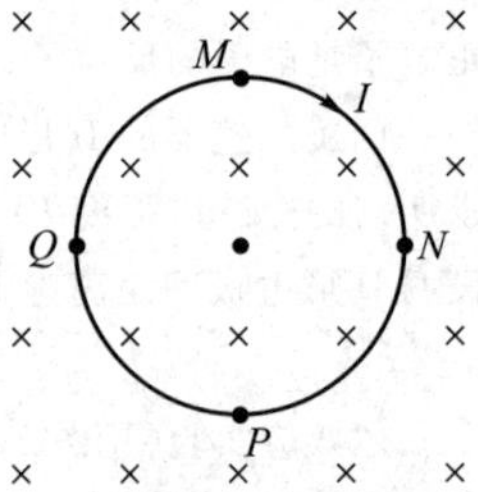

习题 5.6.5 图

5.6.6 半径为 R 的无限长半圆柱面导体上的电流与其轴线上的无限长直导线的电流等值反向(见附图),电流 I 在半圆柱面上均匀分布.

(1) 求轴线上导线单位长度所受的力；

（2）若将另一无限长直导线（通有大小方向与半圆柱面相同的电流）代替圆柱面以产生同样的作用力，求该导线与原直导线的距离.

5.6.7　将一均匀载流无限大平面放入均匀磁场中，已知平面两侧的磁场分别为 $\boldsymbol{B}_1$ 与 $\boldsymbol{B}_2$（如图所示），求该载流平面上单位面积所受的磁场力的大小及方向.

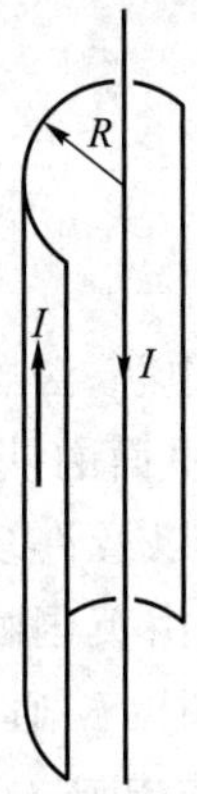

习题 5.6.6 图

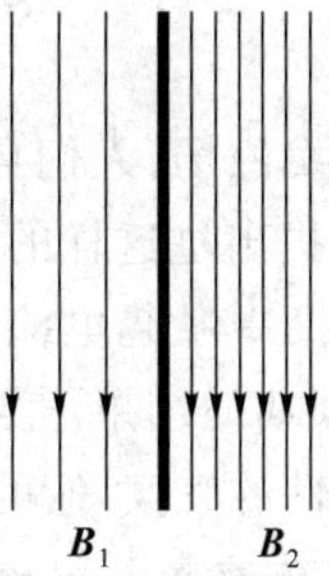

习题 5.6.7 图

5.6.8　一电流计的线圈有 50 匝，其所包围的面积为 6 cm^2，线圈摆动区域中的 B 值为 0.01 T，游丝的弹性常量 $K=10^{-6}\ \mathrm{N\cdot m/(°)}$. 若通以 1 mA 的电流，此线圈的偏转角是多大？

5.6.9　将直径为 8 cm、电流为 5 A 的 12 匝圆线圈置于 0.6 T 的磁场中，

（1）求作用在线圈上的最大转矩；

（2）线圈平面在什么位置时转矩是（1）中的一半？

5.6.10　将一无限长导线中部折成一个边长为 a 及 b 的开口矩形（见附图）并使之通过强度为 I 的电流，在中心放一试探线圈，要使线圈的法向平行于纸面，测得需加在线圈上的扭力矩 $M=7\times10^{-6}\ \mathrm{N\cdot m}$，已知 $I=1\times10^{-3}\ \mathrm{A}$，$a=0.4\ \mathrm{m}$，$b=0.3\ \mathrm{m}$，求试探线圈的磁矩.

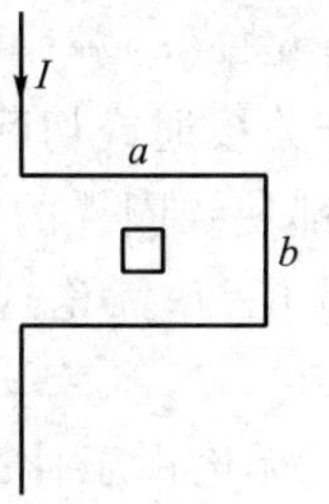

习题 5.6.10 图

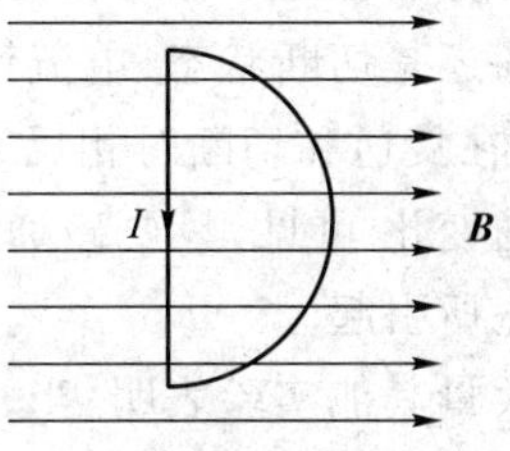

习题 5.6.11 图

5.6.11　半径 $R=0.10$ m、电流 $I=10$ A 的半圆形闭合线圈放在 $B=0.5$ T 的均匀外磁场中，磁场方向与线圈平面平行（见附图）.

（1）求线圈所受磁力矩的大小和方向；

（2）线圈在磁力矩作用下转了 90°（即转到线圈平面与 $\boldsymbol{B}$ 垂直），求磁力矩所做的功.

5.7.1　边长为 l 的正方形线圈（见附图）载有电流 I，轴线上一点 P 距线圈中心 O 点为 x，试证当 $x\gg l$ 时，P 点的磁感应强度 $\boldsymbol{B}$ 的大小为

$$B=\frac{\mu_0 I l^2}{2\pi x^3}=\frac{\mu_0 p_{\mathrm{m}}}{2\pi x^3}.$$

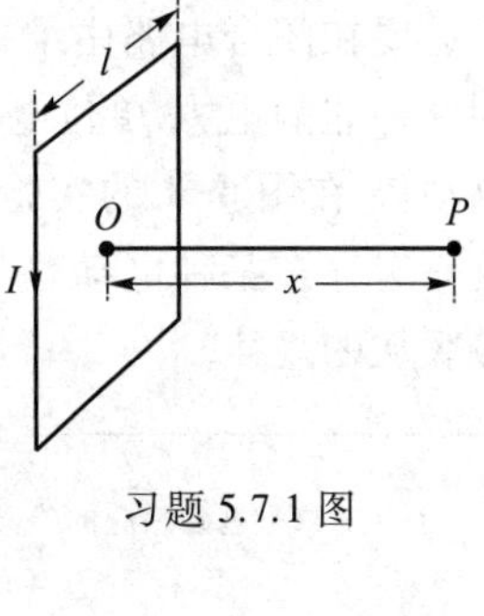

习题 5.7.1 图

第六章　电磁感应与暂态过程

§6.1　电磁感应

既然电流能够激发磁场,人们自然想到磁场是否也会产生电流.法国物理学家安培和菲涅耳(Fresnel)曾具体提出过这样的问题:既然载流线圈能使它里面的铁棒磁化,磁铁是否也能在其附近的闭合线圈中激起电流?为了回答这个问题,他们以及许多学者曾经做过许多实验,但都没有得到预期的结果.直到 1831 年 8 月,这个问题才由英国物理学家法拉第以其出色的实验给出决定性的答案.他的实验表明:当穿过闭合线圈的磁通改变时,线圈中出现电流.这个现象称为**电磁感应**[1].电磁感应中出现的电流称为**感应电流**.

6.1.1　电磁感应现象

电磁感应现象的发现

电磁感应现象可用图 6-1 的实验演示.图 6-1(a)中 1 是永磁铁,2 是线圈,3 是演示电流计.线圈通过电流计形成闭合电路.当磁铁插入线圈时,电流计指针偏转;磁铁在线圈内不动时,指针不动;拔出磁铁时,指针反向偏转.这个实验说明当闭合线圈的磁通随时间变化时的确会出现感应电流.以载有恒定电流的细长线圈代替磁铁重做上述实验[见图 6-1(b)],也能得到类似结果,可见关键不在于磁场由什么激发,而在于穿过线圈的磁通是否随时间有所变化.

以上两个实验的磁通变化都是由相对运动引起的.但是相对运动并非磁通变化的唯一原因.例如,激发磁场的电流随时间改变时,磁通也会变化.图 6-1(c)就是这种情况的演示.无论开关处于接通还是切断状态,电流计指针都不动,但在开关接通或切断的瞬间指针会突然偏转(偏转方向在接通和切断时相反).开关的接通和切断都使线圈 4 的电流变化,从而使穿过线圈 2 的磁通变化.可见,只要磁通有变化就会出现感应电流,无论这个变化是由相对运动还是电流变化所引起.

以上实验及大量其他实验表明:当一个闭合电路的磁通(无论由于什么原因)随时间变化时,都会出现感应电流.

6.1.2　法拉第电磁感应定律

要在闭合电路中维持电流必须接入电源.电源的根本特点在于其内部可移动的电荷受到某种非静电力.单位电荷从电源一端经电源内部移至另一端时非静电力的功就是电源的电动势.在图 6-1 的实验中,既然线圈 2 与电流计组成的闭合电路有感应电流,这个电路内就一定存在某种电动势.这种由电磁感应引起的电动势称为**感应电动势**.本节介绍感应电动势服从的规律.

---

① 这只是电磁感应的狭义定义.读者读完 § 6.1— § 6.4 后对电磁感应现象将有更全面的认识.

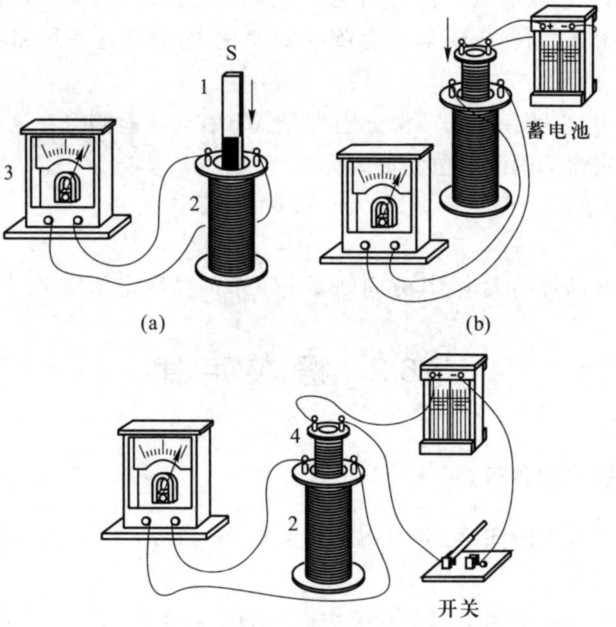

(a) (b)

(c)

图 6-1 电磁感应演示实验

在图 6-1(a)中,磁铁插入(或拔出)线圈的速率越大,电流计指针的偏角就越大,把图 6-1(c)的开关换成变阻器,则阻值改变越快时指针偏角越大.这些事实说明:磁通变化越快,感应电动势越大.法拉第最先在自己的实验中注意到了这个事实.[美国物理学家亨利(Henry)也在大致相同的时间段内有类似发现,但法拉第的文章发表得较早.]越来越精确的直接和间接实验都证明,闭合线圈的感应电动势 $\mathscr{E}$ 与穿过这个线圈的磁通的时间变化率 $\mathrm{d}\Phi/\mathrm{d}t$ 成正比:

$$\mathscr{E}=k\frac{\mathrm{d}\Phi}{\mathrm{d}t}, \tag{6-1}$$

式中 k 是比例常量,取决于 $\mathscr{E}$、Φ、t 等的单位.上式称为**法拉第电磁感应定律**(简称法拉第定律,虽然法拉第的原始论文中一个公式也没有).这个定律清楚地表明,决定感应电动势大小的不是磁通 Φ 本身而是磁通随时间的变化率 $\mathrm{d}\Phi/\mathrm{d}t$,这是与图 6-1 的实验一致的.以图 6-1(a)为例,当磁铁位于线圈内部不动时,线圈的磁通虽然很大,但并不随时间而变,故仍然没有感应电动势及感应电流.

法拉第电磁感应定律使我们能够根据磁通的变化率直接确定感应电动势.至于感应电流,则还取决于闭合电路的电阻.在更复杂的情况下,电路中还可能有其他电源,确定电流时还必须考虑它们的影响.此外,如果电路不闭合,则虽有感应电动势却没有感应电流.可见,在理解电磁感应现象时,感应电动势是比感应电流更为本质的东西.

法拉第是铁匠的儿子,虽然只受过初等教育,却成为 19 世纪电磁领域最伟大的实验家.与其他一些科学家一样,法拉第起先也想发现恒定电流在附近的闭合线圈中感应出电流,但所有实验都遭遇失败.1831 年 8 月,他把套在铁环上的两个线圈分别联接电池组和电流计,无意中发现电流计指针在线圈与电源接通和断开的瞬间都发生振动.稍后他又用磁铁取代通电线圈,发现线圈在磁铁靠近和离开时也出现瞬间电流.由此他意识到,感应电流的出现不在于线圈是否有磁通,而在于磁通是否随时间变化.他沿着这一思路反复实验,终于取得了伟大的成果.

在国际单位制中,$\mathscr{E}$、Φ 和 t 的单位分别为 V、Wb 和 s.实验测得在这种单位配合下 $k=1$,故法拉第电磁感应定律的国际单位制形式为

$$\mathscr{E}=\frac{\mathrm{d}\Phi}{\mathrm{d}t}, \tag{6-2}$$

上式可以确定感应电动势的大小,其方向则要由下节的楞次定律确定.

§6.2 楞次定律

6.2.1 楞次定律的两种表述

关于感应电动势的方向问题,俄国物理学家楞次(Lenz)在法拉第的资料的基础上通过实验总结出如下规律:

感应电流的磁通总是力图阻碍引起感应电流的磁通变化.

这是**楞次定律**的第一种表述形式.按照这个定律,感应电流必定采取这样一个方向,使得它所激发的磁通对引起感应的那个磁通变化起阻碍作用.就是说,当引起感应的磁通增加时,感应电流的磁通与该磁通方向相反(阻碍它的增加);当引起感应的磁通减小时,感应电流的磁通与该磁通方向相同(阻碍它的减小).例如在图 6-2 中,当磁铁插入线圈时,线圈的磁通增加,按照楞次定律,感应电流激发的磁通应与原磁通反向[见图 6-2(a)中虚线].再根据右手螺旋定则,可知感应电流的方向如图导线中的箭头所示.反之,当磁铁拔出时,穿过线圈的磁通在减小,感应电流方向如图6-2(b)所示.

楞次定律其实是能量守恒定律在电磁感应现象中的反映.为了理解这点,我们从功和能的角度重新分析图 6-2 的实验.当磁铁插入线圈时,线圈出现感应电流.按照楞次定律,感应电流所激发的 $\boldsymbol{B}$ 线的方向如图 6-2(a)中虚线所示.如果把这个线圈看作磁铁,其右端就相当于 N 极,它正好与向左插入的磁铁的 N 极相斥.为使磁铁匀速向左插入(强调匀速是使其动能不变,否则分析时还要考虑其动能变化),必须借用外力克服这个斥力做功.另一方面,感应电流流过线圈及电流计时必然发热,这个热量正是外力的功转化而成的.可见楞次定律符合能量守恒定律.设想感应电流的方向与楞次定律的结论相反,图 6-2(a)线圈右端就相当于 S 极,它与向左插入的磁铁左端的 N 极相吸,磁铁在这个吸力作用下将加速向左运动(无须其他向左的外力),线圈的感应电流越来越大,线圈与磁铁的吸力也就越来越强.如此循环,一方面是磁铁的动能不断增加,另一方面是感应电流放出越来越多的焦耳热,而在这一过程中竟没有任何外力做功.这显然是违反能量守恒定律的.可见,能量守恒定

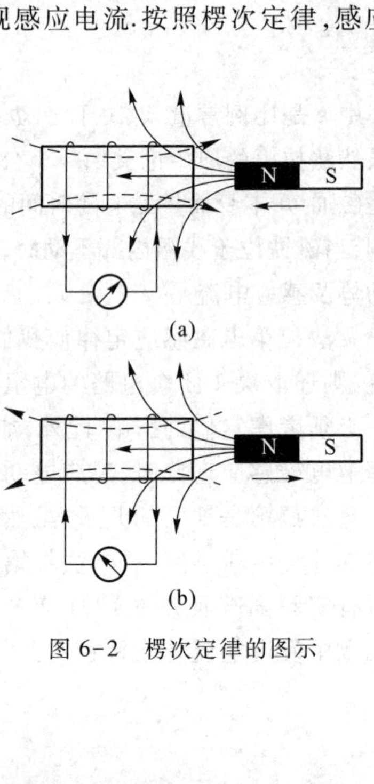

图 6-2 楞次定律的图示

律要求感应电动势的方向服从楞次定律.

再举一个例子说明楞次定律与能量守恒定律的一致性.图 6-3 中 $PQMNP$ 是一个闭合电路(简称线框),“×”表示外加恒定均匀磁场 $\boldsymbol{B}$ 的方向垂直纸面向里.线框的磁通 Φ 等于 B 与线框所围面积 S 的乘积.当可动边 PQ 在外力作用下向右平移时,线框面积增加,所以磁通增加.由楞次定律可知感应电流的方向为逆时针,如图中箭头所示.现在从功和能的角度来看这个问题.载有感应电流的导体段 PQ 既然处在磁场之中,自然受到磁场的安培力.由第五章可知这个力向左,因此是向右平移的阻力.为使 PQ 边向右匀速平移,就要用外力克服这个阻力做功,正是这个功转化为感应电流放出的焦耳热.如果感应电流的方向与楞次定律的结论相反,PQ 边所受安培力将不是阻力而是动力,这显然也要导致违反能量守恒定律的结论.

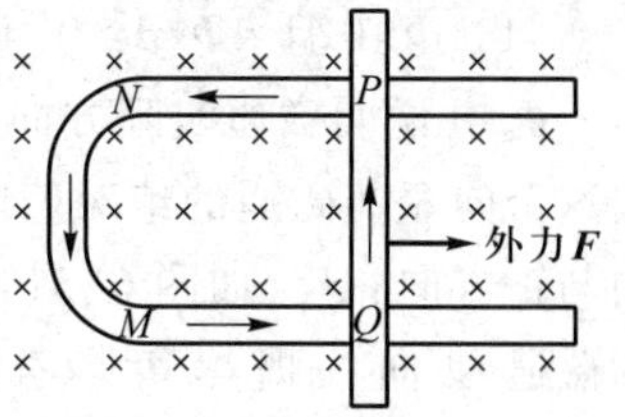

图 6-3 说明楞次定律与能量守恒定律一致性的另一例子

以上两例有一些共同的特点.首先,两例中都存在导体在磁场中的运动(对图 6-2 可认为磁铁不动而线圈向右运动).第二,两例中的运动导体由于感应电流而受到的安培力都阻碍导体运动.这是能量守恒定律的必然结果.一般地说,能量守恒定律导致如下结论:

当导体在磁场中运动时,导体由于感应电流而受到的安培力必然阻碍此导体的运动.

以上结论可以称为楞次定律的第二种表述①.当电磁感应是由于导体在磁场中运动所引起时,如果我们只关心感应电流的机械后果而不关心感应电流的方向本身,使用这种表述就更为方便.

楞次定律的两种表述有一个共同之点,就是感应电流的后果总与引起感应电流的原因相对抗.在第一种表述中,“原因”指引起感应电流的磁通变化,“后果”指感应电流激发的磁通.在第二种表述中,“原因”指导体的运动,“后果”则指导体由于出现感应电流而受到的安培力.

6.2.2 考虑了楞次定律的法拉第定律表达式

感应电动势的大小可由式(6-2)的法拉第定律表示,感应电动势的方向则可由楞次定律确定.但是,为了在运算中不但考虑到电动势的大小而且考虑到它的方向,最好把这两个定律统一表述为一个数学式子.为此,必须把磁通 Φ 和感应电动势 $\mathscr{E}$ 看成代数量,并对它们的正负赋予确切的含义.第四章讲过,要给代数量的正负赋予意义就要事先给它约定正方向.当实际方向与正方向相同时,该量数值为正,否则为负.各量正方向均可任意约定,但同一定律对不同正方向可有不同表达式(差别在于式中的正、负号).下面证明,当约定感应电动势 $\mathscr{E}$ 与磁通 Φ 的正方向互成右手螺旋关系时(见图 6-4),考虑了楞次定律的法拉第定律应写成下式:

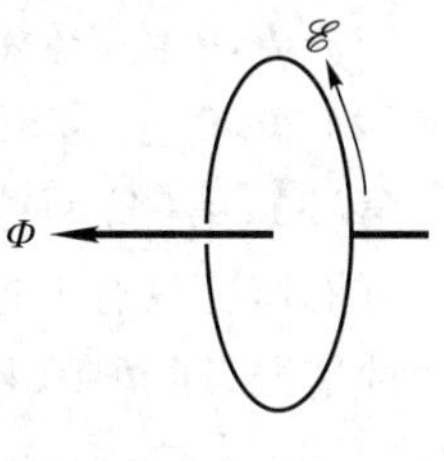

图 6-4 约定 $\mathscr{E}$ 与 Φ 的正方向互成右手螺旋关系

$$\mathscr{E}=-\frac{\mathrm{d}\Phi}{\mathrm{d}t}, \tag{6-3}$$

① 楞次在发表他的定律时所用的表述接近于这一表述.

式中负号正是楞次定律在这种正方向约定下的体现.证明的方法是把所有可能情况举出,并逐一验证由式(6-3)得出的 $\mathscr{E}$ 的实际方向与楞次定律一致.可能情况有以下四种:

(1) $\Phi>0$ 且 $\mathrm{d}\Phi/\mathrm{d}t>0$[见图 6-5(a)].

$\Phi>0$ 说明磁通实际方向与正方向相同,即向左,如图 6-5(a)的虚箭头所示.$\mathrm{d}\Phi/\mathrm{d}t>0$ 表明这个向左的磁通的绝对值随时间增大.根据式(6-3),由 $\mathrm{d}\Phi/\mathrm{d}t>0$ 得 $\mathscr{E}<0$,即 $\mathscr{E}$ 的实际方向与正方向相反,如图 6-5(a)的虚箭头 $\mathscr{E}$ 所示.感应电流 I 的实际方向与 $\mathscr{E}$ 相同,故 I 激发的磁通 Φ' 向右.既然 Φ 本身向左而且在增加,向右的 Φ' 自然就是阻碍 Φ 的变化.可见由式(6-3)得出的结论与楞次定律一致.

(2) $\Phi<0$ 且 $\mathrm{d}\Phi/\mathrm{d}t>0$[见图 6-5(b)].

$\Phi<0$ 说明磁通实际方向向右,$\mathrm{d}\Phi/\mathrm{d}t>0$ 表明后一时刻的 Φ 大于前一时刻的 Φ,但两 Φ 都小于零,故后一时刻的 $|\Phi|$ 小于前一时刻的 $|\Phi|$.可见 $\Phi<0$ 及 $\mathrm{d}\Phi/\mathrm{d}t>0$ 合起来表明 Φ 的绝对值在减小.根据式(6-3),由 $\mathrm{d}\Phi/\mathrm{d}t>0$ 得 $\mathscr{E}<0$,因而 I 激发的磁通 Φ' 向右.既然 Φ 向右且绝对值在减小,向右的 Φ' 就是阻碍原磁通的减小.可见由式(6-3)得出的结论仍与楞次定律一致.

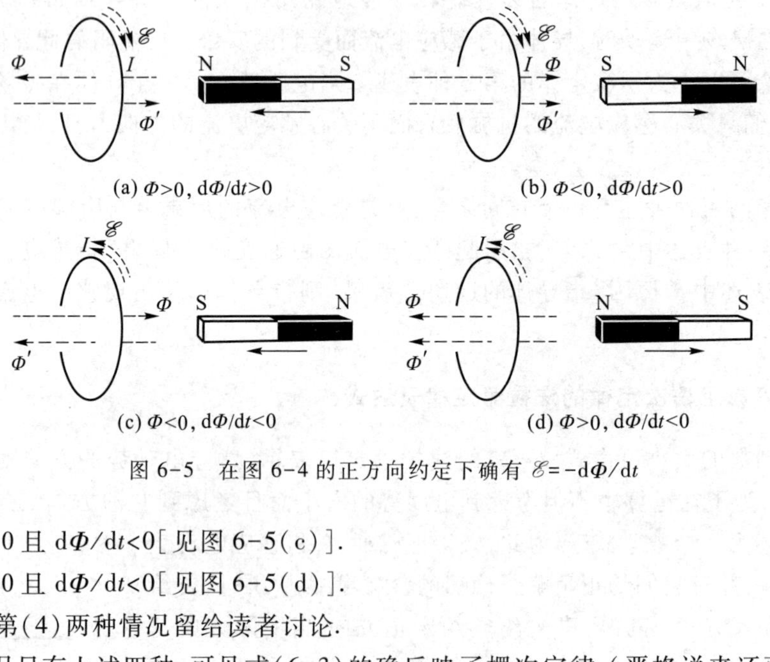

图 6-5 在图 6-4 的正方向约定下确有 $\mathscr{E}=-\mathrm{d}\Phi/\mathrm{d}t$

(3) $\Phi<0$ 且 $\mathrm{d}\Phi/\mathrm{d}t<0$[见图 6-5(c)].

(4) $\Phi>0$ 且 $\mathrm{d}\Phi/\mathrm{d}t<0$[见图 6-5(d)].

第(3)、第(4)两种情况留给读者讨论.

可能情况只有上述四种,可见式(6-3)的确反映了楞次定律.(严格说来还可列出第五、第六种情况,即 $\Phi=0$ 且 $\mathrm{d}\Phi/\mathrm{d}t>0$ 及 $\Phi=0$ 且 $\mathrm{d}\Phi/\mathrm{d}t<0$,结果仍符合楞次定律.)

§6.3 动生电动势[①]

法拉第定律说明,只要闭合电路的磁通有变化就有感应电动势,不管这种变化起于什么原因.事实上,磁通是磁场 $\boldsymbol{B}$ 对某一曲面的通量,磁通变化的原因无非下列三种:(1) $\boldsymbol{B}$ 不随

① 编者注:梁灿彬先生讲授的“动生电动势”的课堂实录可登录本书配套的数字课程网站观看.

时间变化(恒定磁场)而闭合电路的整体或局部在运动①,这样产生的感应电动势称为**动生电动势**;(2) $\boldsymbol{B}$ 随时间变化而闭合电路的任一部分都不动,这样产生的感应电动势称为**感生电动势**;(3) $\boldsymbol{B}$ 随时间变化且闭合电路也有运动,这时的感应电动势是动生电动势和感生电动势的叠加.

6.3.1 动生电动势与洛伦兹力

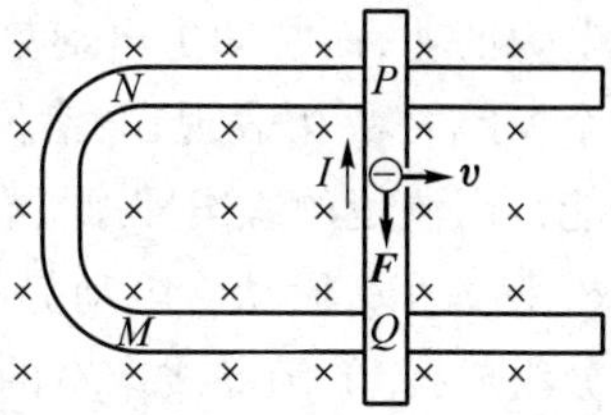

图 6-6 PQ 在磁场中运动引起动生电动势

法拉第定律作为一个整体是实验定律,但其中的一部分,即 $\boldsymbol{B}$ 不变而电路运动所引起的动生电动势所服从的规律,却完全可用已有的理论推出.先以图6-3为例作一分析(改画为图 6-6).设图 6-6 中导线 PQ 以速度$\boldsymbol{v}$向右平移,它里面的电子也就随之向右运动,由于线框处在外加磁场中,向右运动的电子要受到磁场的洛伦兹力 $\boldsymbol{F}=-e\,\boldsymbol{v}\times\boldsymbol{B}$,它促使自由电子向下运动,闭合线框便出现逆时针方向的电流,这就是感应电流.产生这个电流的电动势存在于 PQ 段中(动生电动势),即运动着的 PQ 段可看成一个电源,其非静电力就是磁洛伦兹力.下面从洛伦兹力公式出发推导这个动生电动势,并证明它与法拉第定律的结论一致.

因为$\boldsymbol{v}$与 $\boldsymbol{B}$ 垂直,所以每个电子所受的洛伦兹力(大小)为 $F=evB$,单位正电荷所受的洛伦兹力(大小)为 $F/e=vB$,故动生电动势(绝对值)为

$$|\mathscr{E}| = \text{单位正电荷从 } Q \text{ 到 } P \text{ 时洛伦兹力的功} = \int_Q^P vB\mathrm{d}l = vBL, \tag{6-4}$$

式中 L 是导线 PQ 的长度,v 可看作 PQ 在单位时间内移过的距离,故 vL 是它在单位时间内扫过的面积,即线框 $PQMNP$ 的面积的变化量,于是 vBL 便是线框的磁通在单位时间内的变化量(即磁通变化率)的绝对值 $|\mathrm{d}\Phi/\mathrm{d}t|$,所以式(6-4)可改为

$$|\mathscr{E}| = \left|\frac{\mathrm{d}\Phi}{\mathrm{d}t}\right|,$$

这与法拉第定律一致.此外也不难看出,根据洛伦兹力的方向判断出的动生电动势方向也与楞次定律一致.

以上对一个特例证明了由磁洛伦兹力可以推出关于动生电动势的法拉第定律(及楞次定律).可以证明(见小节末小字),这个结论对任意形状的闭合导线在任意恒定磁场中做任意运动造成的动生电动势都成立.这就表明,关于动生电动势的法拉第定律是洛伦兹力公式的必然结果,与动生电动势相应的非静电力就是磁场的洛伦兹力.因此,一般情况下的动生电动势可由下式计算:

$$\mathscr{E}_{\text{动}} = \int \frac{\boldsymbol{F}}{q}\cdot \mathrm{d}\boldsymbol{l} = \int(\boldsymbol{v}\times\boldsymbol{B})\cdot\mathrm{d}\boldsymbol{l} \qquad (\text{其中 } q \text{ 为载流子的电荷}), \tag{6-5}$$

积分遍及整条导线.若为闭合导线,则上式结果与法拉第定律结果相同;若为非闭合导线,则法拉第定律不能直接使用(因 Φ 对非闭合曲线无意义),但上式仍然成立.

应该说明,式(6-5)不但适用于导线在恒定磁场中运动的情况,而且适用于导线在变化

① 整体运动指刚性线框的运动(平动、转动或平动加转动).局部运动指电路的一部分在运动,例如图 6-3 中线框可动边 PQ 的运动以及线圈的变形运动等.

磁场中运动的情况,这时式中的 $\boldsymbol{B}$ 是时间 t 的函数.两种情况的区别在于,在后一情况中,导线除出现由式(6-5)决定的动生电动势之外,还会出现由于磁场变化而造成的感生电动势,详见 § 6.4.

由洛伦兹力表达式 $\boldsymbol{F}=q\boldsymbol{v}\times\boldsymbol{B}$ 可知运动电荷所受的洛伦兹力总与速度方向垂直,因此做的功恒为零;但作为洛伦兹力的宏观表现的安培力在受力导线运动时却可以做功,这似乎是一个矛盾.在分析图 6-6 的例子时,我们又发现另一个"矛盾":电动势是单位电荷运动时非静电力的功,而与动生电动势相应的非静电力是洛伦兹力,岂非洛伦兹力的功又不为零? 这两个"矛盾"集中表现在:洛伦兹力到底做功不做功? 如果把两个"矛盾"结合在一起考虑,就能得出清楚的答案.为此,有必要对图 6-6 导线 PQ 内的电子所受的洛伦兹力作更细致的分析.随着 PQ 段动生电动势的出现,闭合电路中将有电流.PQ 段内的自由电子的速度由两部分组成:(1) 随导线向右的速度$\boldsymbol{v}$;(2) 因受洛伦兹力 $\boldsymbol{F}$ 而向下运动(形成感应电流)的速度$\boldsymbol{v}'$.电子的合速度$\boldsymbol{v}_{合}=\boldsymbol{v}+\boldsymbol{v}'$(见图 6-7),其所受的洛伦兹力 $\boldsymbol{F}_{合}=-e\,\boldsymbol{v}_{合}\times\boldsymbol{B}$ 也可分为两部分:(1) 与$\boldsymbol{v}$相应的部分 $\boldsymbol{F}=-e\,\boldsymbol{v}\times\boldsymbol{B}$(向下);(2) 与$\boldsymbol{v}'$相应的部分 $\boldsymbol{F}'=-e\boldsymbol{v}'\times\boldsymbol{B}$(向左).因总洛伦兹力 $\boldsymbol{F}_{合}$ 与受力电荷的总速度$\boldsymbol{v}_{合}$垂直,故不做功.但是,从宏观角度讨论时,$\boldsymbol{F}_{合}$ 的两个部分却起着不同的作用:$\boldsymbol{F}$ 与导线平行,充当电源中的非静电力,$\boldsymbol{F}$ 沿导线的积分表现为动生电动势;$\boldsymbol{F}'$与导线垂直,在宏观上表现为导线 PQ 受到的安培力(向左).电子在 $\boldsymbol{F}$ 作用下有沿导线的速度 $\boldsymbol{v}'$,故 $\boldsymbol{F}$ 做正功(功率为 $\boldsymbol{F}\cdot\boldsymbol{v}'$);导线 PQ 的平移速度$\boldsymbol{v}$与 $\boldsymbol{F}'$反向,故 $\boldsymbol{F}'$(对应的安培力)做负功(功率为 $\boldsymbol{F}'\cdot\boldsymbol{v}$).不难证明 $\boldsymbol{F}\cdot\boldsymbol{v}'=-\boldsymbol{F}'\cdot\boldsymbol{v}$,故 $\boldsymbol{F}$ 与 $\boldsymbol{F}'$所做总功为零.就是说,洛伦兹力整体来说并不做功,但做宏观讨论时往往把它分为两部分 $\boldsymbol{F}$ 和 $\boldsymbol{F}'$,其中每一部分都做了功,两个功的代数和为零.

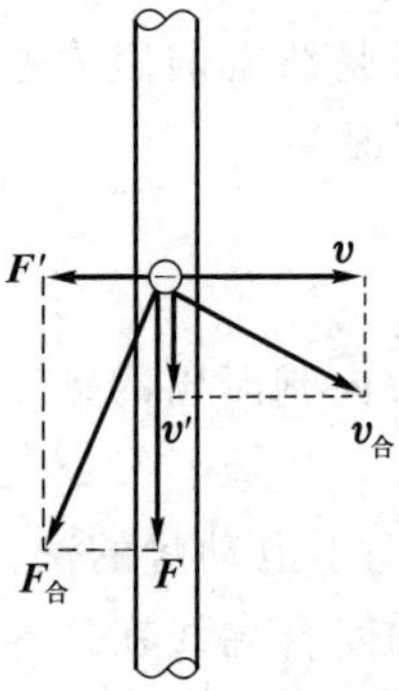

图 6-7 电子的速度和洛伦兹力都可分为两个部分($\boldsymbol{v}$、$\boldsymbol{v}'$及 $\boldsymbol{F}$、$\boldsymbol{F}'$)

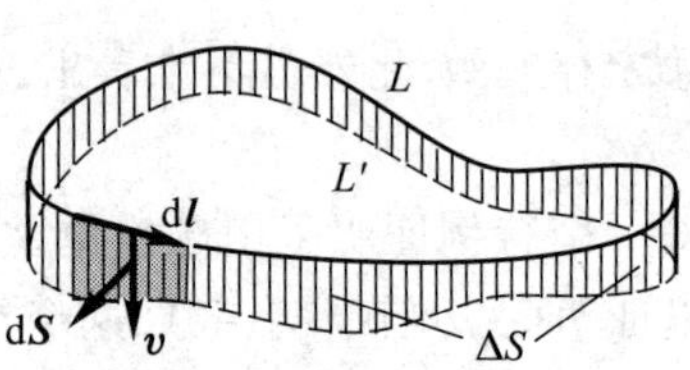

图 6-8 闭合线圈 L 在磁场中做任意运动

现在证明,在任意情况下关于动生电动势的法拉第定律都可由洛伦兹力公式导出.

图 6-8 中的 L 是任意恒定磁场中任意形状的闭合线圈,设它在磁场中做任意运动,包括线圈的整体运动及各元段之间的相对运动(变形).由于运动,线圈在 Δt 时间后取 L'的位置和形状.设线圈在 L 时的磁通为 Φ,在 L'时的磁通为 Φ'.我们来计算磁通的增量$\Delta\Phi=\Phi'-\Phi$.

磁通本来是对曲面定义的.但是 § 5.3 讲过,$\boldsymbol{B}$ 的高斯定理使我们可以谈及一条闭合曲线的磁通,它是指以这条闭合曲线为边线的任一曲面的磁通.假定在计算闭合曲线 L 的磁通 Φ 时选定了以它为边线的某曲面 S(图中未画出).设 L 在 Δt 时间内扫过的侧面为 ΔS(图中竖线阴影部分),则 S 与 ΔS 合起来正是一个以 L'为边线的曲面,所以两者的磁通之和正是 L'的磁通 Φ'.可见$\Phi'-\Phi$就是侧面 ΔS 的磁通 $\Delta\Phi$,即

$$\Delta\Phi = \Delta S \text{ 的磁通} = \iint_{\Delta S} \boldsymbol{B}\cdot \mathrm{d}\boldsymbol{S}.$$

考虑这个侧面中的某一矢量面元 d$\boldsymbol{S}$,其大小等于线圈中某一元段 d$\boldsymbol{l}$ 在 Δt 内扫过的面积.设这元段的速度为$\boldsymbol{v}$,扫过的有向面积便为 $\mathrm{d}\boldsymbol{S}=\boldsymbol{v}\Delta t\times \mathrm{d}\boldsymbol{l}$,故 $\Delta\Phi = \oint \boldsymbol{B}\cdot(\boldsymbol{v}\Delta t\times \mathrm{d}\boldsymbol{l}) = \Delta t\oint \boldsymbol{B}\cdot(\boldsymbol{v}\times \mathrm{d}\boldsymbol{l})$(积分遍及整条闭合曲线).于是

$$\frac{\Delta\Phi}{\Delta t} = \oint \boldsymbol{B}\cdot(\boldsymbol{v}\times \mathrm{d}\boldsymbol{l}).$$

利用矢量代数中的关系式 $\boldsymbol{a}\cdot(\boldsymbol{b}\times\boldsymbol{c})=\boldsymbol{c}\cdot(\boldsymbol{a}\times\boldsymbol{b})$ 可把上式的被积函数化为

$$\boldsymbol{B}\cdot(\boldsymbol{v}\times \mathrm{d}\boldsymbol{l})=\mathrm{d}\boldsymbol{l}\cdot(\boldsymbol{B}\times\boldsymbol{v})=-(\boldsymbol{v}\times\boldsymbol{B})\cdot \mathrm{d}\boldsymbol{l}.$$

所以

$$\frac{\Delta\Phi}{\Delta t} = -\oint(\boldsymbol{v}\times\boldsymbol{B})\cdot \mathrm{d}\boldsymbol{l}=-\mathscr{E}_{\text{动}},$$

在 $\Delta t\to 0$ 的极限下便有 $\mathscr{E}_{\text{动}}=-\mathrm{d}\Phi/\mathrm{d}t$,可见从洛伦兹力公式确实能够推出关于动生电动势的法拉第定律.

6.3.2 动生电动势的计算

动生电动势原则上有两种计算方法.

(1) 用洛伦兹力公式推出的

$$\mathscr{E}_{\text{动}} = \int(\boldsymbol{v}\times\boldsymbol{B})\cdot \mathrm{d}\boldsymbol{l}$$

计算.一般来说,积分路径上各点$\boldsymbol{v}$及 $\boldsymbol{B}$ 都可不同,不一定能提出积分号外.

(2) 用法拉第定律计算.这时有两种可能:

① 闭合电路整体或局部在恒定磁场中运动.根据运动情况求出闭合电路的磁通 Φ 与 t 的关系,求微商 $\mathrm{d}\Phi/\mathrm{d}t$ 便得动生电动势 $\mathscr{E}$.

② 一段不闭合导线 PQ 在恒定磁场中运动.不闭合导线不存在磁通概念,但可假想一条曲线(见图 6-9 中虚线 PMQ)与 PQ 组成闭合曲线,其动生电动势 $\mathscr{E}$ 可由法拉第定律求得.由于虚线 PMQ 不动及磁场不变,PMQ 段没有动生电动势,故 $\mathscr{E}$ 也就是导线 PQ 的动生电动势.

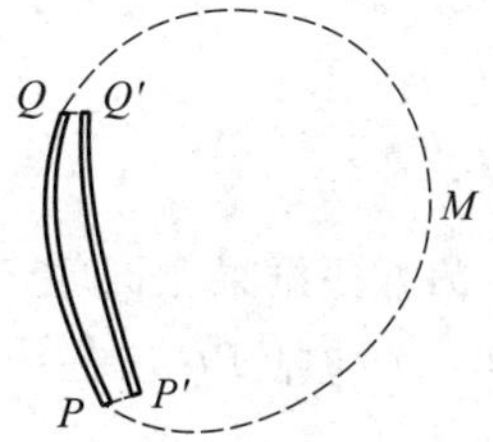

图 6-9 为了利用法拉第定律计算 PQ 的动生电动势,作辅助线(虚线)使其与 PQ 组成一闭合曲线

以上求法还可具体化.设导线 PQ 在 dt 时间内移至 $P'Q'$,则闭合曲线 $PMQP$ 在 dt 时间内变为闭合曲线 $PMQQ'P'P$,故其磁通在 dt 内的增量 dΦ 等于闭合曲线 $PP'Q'QP$ 的磁通(前提是 $\boldsymbol{B}$ 不随 t 变).或者说,闭合曲线 $PMQP$ 在 dt 内的磁通变化量等于导线 PQ 在 dt 内所扫过面积的磁通.求出这个磁通并除以 dt,便得导线 PQ 的动生电动势.可见,一段导线的动生电动势(大小)等于它在单位时间内扫过的面积的磁通.

例 1 在与均匀恒定磁场 $\boldsymbol{B}$ 垂直的平面内有一长为 L 的直导线 PQ,设导线绕 P 点以匀角速 ω 转动,转轴与 $\boldsymbol{B}$ 平行(见图 6-10),求 PQ 的动生电动势 $\mathscr{E}_{PQ}$ 及 Q、P 之间的电压 U_{QP}.

解: 本例题可以分别用上述两种方法求解.

(1) 用 $\mathscr{E}_{PQ} = \int_P^Q(\boldsymbol{v}\times\boldsymbol{B})\cdot \mathrm{d}\boldsymbol{l}$ 求解.

因 PQ 上任一元段 $\mathrm{d}\boldsymbol{l}$ 的$\boldsymbol{v}$与 $\boldsymbol{B}$ 垂直且$\boldsymbol{v}\times\boldsymbol{B}$ 与 $\mathrm{d}\boldsymbol{l}$ 同向,故

$$(\boldsymbol{v}\times\boldsymbol{B})\cdot\mathrm{d}\boldsymbol{l}=vB\mathrm{d}l=\omega lB\mathrm{d}l,$$

$$\mathscr{E}_{PQ}=\int_0^L\omega Bl\mathrm{d}l=\omega B\int_0^L l\mathrm{d}l=\frac{1}{2}\omega BL^2.$$

$\mathscr{E}_{PQ}>0$ 说明动生电动势由 P 向 Q,它使导线出现电荷积累(靠近 Q 的一侧为正),直至它们建立的电场对导线中电子的作用力与洛伦兹力抵消.这时,PQ 相当于一个处于开路状态的电源,Q 为正极,P 为负极.因电源开路时端压等于电动势,故

$$U_{QP}=\mathscr{E}_{PQ}=\frac{1}{2}\omega BL^2.$$

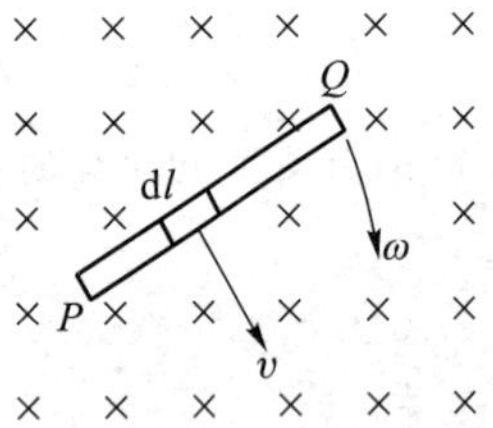

图 6-10 例 1 用图

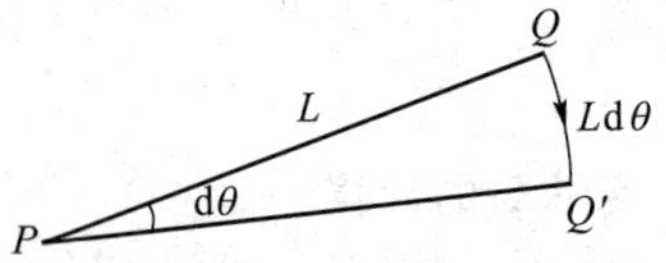

图 6-11 PQ 在 $\mathrm{d}t$ 时间内扫过的面积为 $L^2\mathrm{d}\theta/2$

(2) 用法拉第定律求解.

设 PQ 在 $\mathrm{d}t$ 时间内转了 $\mathrm{d}\theta$ 角,则它扫过的面积为$\frac{1}{2}L^2\mathrm{d}\theta$(见图 6-11),此面积的磁通为 $\mathrm{d}\Phi=\frac{1}{2}BL^2\mathrm{d}\theta$,由法拉第定律得

$$|\mathscr{E}_{PQ}|=\frac{\mathrm{d}\Phi}{\mathrm{d}t}=\frac{1}{2}BL^2\frac{\mathrm{d}\theta}{\mathrm{d}t}=\frac{1}{2}\omega BL^2,$$

与第一种方法结果相同.至于动生电动势的方向,可由洛伦兹力判断.若要用楞次定律,可先假想一个包括 PQ 段在内的闭合电路再讨论它的磁通是增加还是减少,这显然要麻烦一些.

当直导线在恒定磁场中运动时,如果导线本身、导线运动方向($\boldsymbol{v}$的方向)及 $\boldsymbol{B}$ 三者互相垂直,由洛伦兹力公式还可得出一个直观判断动生电动势方向的"右手定则":伸平右掌使拇指与四指垂直,调整右掌方向使 $\boldsymbol{B}$ 线穿入掌心且拇指指向导线运动方向,则四指所指方向即动生电动势方向.运用这一法则不需要像运用洛伦兹力公式那样熟悉矢量叉乘法则,所以在中学课程以及电工培训中经常用到这一法则.

例 2 由均匀电阻丝构成的菱形线圈在均匀恒定磁场 $\boldsymbol{B}$ 中以匀角速 ω 绕其对角线转动,转轴与 $\boldsymbol{B}$ 垂直,当线圈平面转至与 $\boldsymbol{B}$ 平行时(见图 6-12),问:

(1) P、M 两点中哪点电势高?

(2) 设 Q 为 PM 中点,Q、M 两点中哪点电势高?

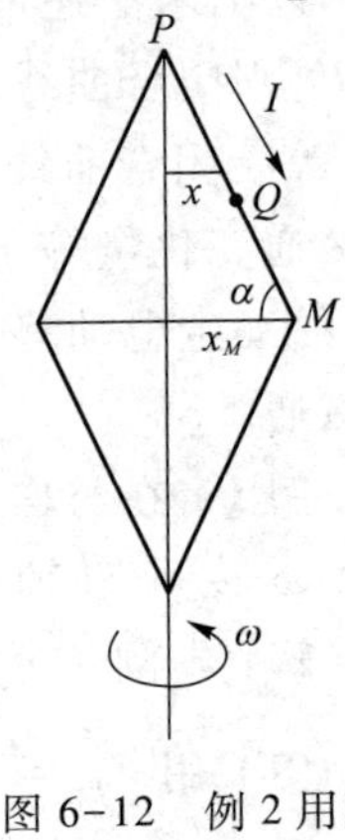

图 6-12 例 2 用图

解:(1) 欲知 P、M 中哪点电势高,只需确定 U_{PM}的正负.为此,把一段含源电路的欧姆定律用于 PM 段得

$$U_{MP}=\mathscr{E}_{PM}-IR_{PM},\tag{6-6}$$

式中 $\mathscr{E}_{PM}$ 是 PM 段的动生电动势，R_{PM} 是 PM 段的电阻，I 是线圈中的感应电流. $\mathscr{E}_{PM}$ 可由下式求得(推导由读者完成)：

$$\mathscr{E}_{PM}=\int_P^M(\boldsymbol{v}\times\boldsymbol{B})\cdot\mathrm{d}\boldsymbol{l}=kx_M^2,$$

其中

$$k\equiv\frac{1}{2}\omega B\tan\alpha.\tag{6-7}$$

不难看出，菱形线圈的总电动势 $\mathscr{E}=4\mathscr{E}_{PM}$，总电阻 $R=4R_{PM}$，故线圈的感应电流 $I=\mathscr{E}/R=\mathscr{E}_{PM}/R_{PM}$，代入式(6-6)得 $U_{MP}=0$，即 P、M 两点电势相等. 电流之所以能从 P 流向 M，关键在于 PM 段内有电动势(有非静电力——洛伦兹力).

(2) 如同上述，写出

$$U_{MQ}=\mathscr{E}_{QM}-IR_{QM},$$

求出 $\mathscr{E}_{QM}$ 及 I，代入上式得(推导留给读者)

$$U_{MQ}=\frac{1}{4}kx_M^2>0.$$

U_{MQ} 之所以不为零，关键在于 PQ 段与 QM 段电动势不等[由式(6-7)可知电动势与 x^2 而不是 x 成正比]，即 $\mathscr{E}_{QM}\neq\mathscr{E}/8$，而 $R_{QM}=R/8$，故 $\mathscr{E}_{QM}\neq IR_{QM}$.

$U_{MQ}>0$ 说明 Q 点电势低于 M 点，但电流却从 Q 点流向 M 点，这也只是由于 QM 段内有电动势. 对于一段不含电源的电路，电流是不能由低电势点流向高电势点的.

上例求解过程中忽略了由线圈电流 I 激发的磁场. 事实上，线圈转动时，其动生电动势及电流 I 是随时间变化的，因此 I 的磁场对线圈贡献的变化磁通也将提供感应电动势，这属于感生电动势一类. 考虑这一感生电动势将使问题变得复杂. 然而，只要线圈的电阻足够大以致其感应电流 I 足够小，这个感生电动势就远小于动生电动势，就可被忽略. 上例求解中实际上默认了这一情况. 上述问题在有关闭合线圈的电磁感应现象中实际上往往存在，因为闭合线圈的电磁感应必然伴随着感应电流，而只要这个电流变化，就要产生附加的感生电动势. 严格的讨论应该考虑到这一情况，不过我们前面的一些例子对此是未加考虑的.

6.3.3　交流发电机

发电机是动生电动势的应用实例，图 6-13 是交流发电机的模型. 在永磁铁的两极间有近似均匀的磁场 $\boldsymbol{B}$，线框 K 在磁场中以匀角速 ω 转动，其动生电动势不难由洛伦兹力公式或法拉第定律求得. 设 $t=0$ 时线框平面与 $\boldsymbol{B}$ 线垂直，则动生电动势为 $\mathscr{E}=BS\omega\sin\omega t$，其中 S 是线框的面积(推导留作练习). 这是一个随时间作正弦变化(或称简谐变化)的交变电动势. 通过两个金属滑环(分别焊于线框的两根引出线上)和两个炭质电刷接通演示电流表，指针便左右摆动，说明出现交变电流. 当然，这只是发电机的模型，真实的交流发电机无论在构造还是原理方面都远比这个模型复杂.

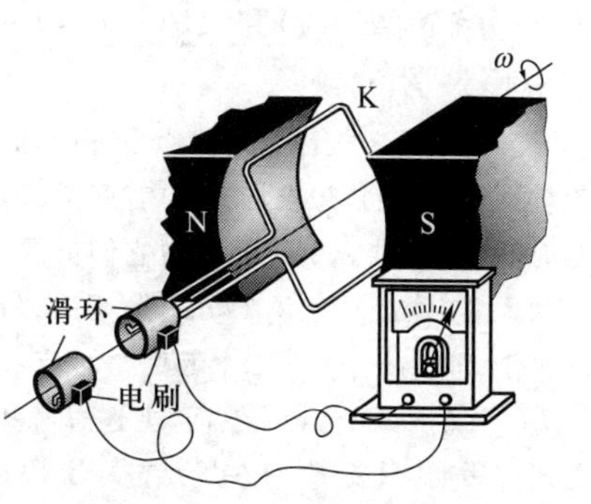

图 6-13　交流发电机模型

把演示电流计换成白炽灯(负载)，它就会因发热而发亮. 这个热功率是由摇动线框所耗费的机械功转化而来的. 在这个转化过程中，磁场对线框的安培力起着重要的作用.发电机不接负载时,线框中没有电流,不受磁场的安培力,为保持它匀角速转动所应加的外力矩只需等于摩擦阻力矩,外力矩的功全部转化为摩擦所生的热.当发电机带负载时,负载电流流过线框,线框将受到磁场的安培力矩.根据楞次定律的第二种表述,这个安培力矩一定是线框转动的阻力矩.因此,为保持匀角速转动,外力矩必须等于摩擦阻力矩与安培阻力矩之和,外力矩的功除变为摩擦所生的热之外将全部转化为负载发出的热.可见发电机是把机械能转化为电能的装置.用手摇动线框,在有无负载两种情况下手的吃力程度是不同的.

§6.4 感生电动势和感生电场

6.4.1 感生电动势和感生电场

当线圈不动而磁场随时间变化时,线圈的磁通也会变化,由此引起的感应电动势称为感生电动势.上节把动生电动势归因于洛伦兹力.在感生电动势的情况下线圈不动,线圈中的电子不受(磁)洛伦兹力,根据以上各章关于电、磁现象的全部知识,我们都无法找到这一电动势出现的理由.感生电动势的实验提供了一种新的知识,我们应该承认这一实验事实,并由它出发扩大和加深对电磁现象的认识.既然静止线圈在时变磁场 $\boldsymbol{B}$ 中会出现感生电动势,可见线圈中的电子必然由于 $\boldsymbol{B}$ 的变化($\partial\boldsymbol{B}/\partial t\neq\boldsymbol{0}$)而受到某种非静电力.既然任意形状、由任意金属制成的静止闭合线圈内的电子在时变磁场中都受到这种特殊的力,可以猜想(假设),取走线圈而在时变磁场中放一个静止的带电粒子,它也会受到这样一种特殊的力.[感应加速器对电子的加速(小节 6.4.6)就是对这一猜想的一个实验验证.]可见,时变磁场存在的空间具有一种特殊的物理性质,不妨把电场和电场力的概念加以推广,把静止电荷所受的电磁起源的力都称为电场力,并说能提供电场力的空间存在电场.这样推广后,就有两种起因不同的电场:(1) 由电荷分布按库仑定律激发的电场,称为**库仑电场**;(2) 由时变磁场激发的电场,称为**感生电场**(作用于单位电荷上的感生电场力的功就是感生电动势).在一般情况下,空间中既有电荷又有时变磁场,因而既存在库仑电场又存在感生电场.以 $\boldsymbol{E}_{库}$、$\boldsymbol{E}_{感}$ 及 $\boldsymbol{E}$ 分别代表库仑电场、感生电场及总电场,就有

$$\boldsymbol{E}=\boldsymbol{E}_{库}+\boldsymbol{E}_{感}\ . \tag{6-8}$$

通常 $\boldsymbol{E}$、$\boldsymbol{E}_{库}$ 及 $\boldsymbol{E}_{感}$ 都随时间而变,上式应理解为对每一时刻都成立,即

$$\boldsymbol{E}(t)=\boldsymbol{E}_{库}(t)+\boldsymbol{E}_{感}(t)\ ,$$

其中 $\boldsymbol{E}_{库}(t)$ 由 t 时刻的电荷分布 $\rho(t)$ 按库仑定律瞬时激发.我们只是为讨论方便而把电场 $\boldsymbol{E}(t)$ 分解为 $\boldsymbol{E}_{库}(t)$ 和 $\boldsymbol{E}_{感}(t)$(这种分解对讨论某些问题很有帮助,见 §9.5),实验中测得的是总电场 $\boldsymbol{E}(t)$.

静止电荷要按库仑定律激发静电场,这是众所周知的.现在发现时变磁场也要激发电场.于是,从物理直觉出发,我们猜想电场 $\boldsymbol{E}(t)$ 有两个起因.第一个起因是电荷,虽然电荷分布可以随时间而变(即电荷密度是时间 t 的函数),但不妨猜想它们仍像不随时间而变的电荷分布那样(即仍按库仑定律)激发电场,所以称之为库仑电场,记为 $\boldsymbol{E}_{库}(t)$,并猜想 $\boldsymbol{E}_{库}(t)$ 由 t 时刻的电荷分布 $\rho(t)$ 按库仑定律瞬时激发(t 时刻的 $\boldsymbol{E}_{库}$ 只取决于 t 时刻的 ρ).第二个起因是时变磁场,由它激发的电场称为感生电场,记为 $\boldsymbol{E}_{感}(t)$.于是总电场就可表示为 $\boldsymbol{E}(t)=\boldsymbol{E}_{库}(t)+\boldsymbol{E}_{感}(t)$.然而,上述思考和结论只是从物理直觉出发的猜测,还有待进一步的理论论证.后来的研究表明,只要 $\boldsymbol{E}(t)$ 在场点趋于无限远时足够快地趋于零("足够快"的准确含义见拓展篇专题 18),全空间的 $\boldsymbol{E}(t)$ 就可被唯一地分解为 $\boldsymbol{E}_{库}(t)$ 和 $\boldsymbol{E}_{感}(t)$ 两个矢量场,而且 $\boldsymbol{E}_{库}(t)$ 的确由 t 时刻的电荷分布 $\rho(t)$ 按

库仑定律瞬时激发(拓展篇专题 18 对此将有详细证明).人们对于这一提法往往难以接受,觉得这同电磁波的有限速率直接抵触.是的,假若一个物理场竟然可以由场源瞬时决定,它的传播速率就是无限大,就可以利用它来构造破坏因果关系的各种例子,这是同狭义相对论(以及人们的朴素看法)水火不容的.然而我们说能被瞬时决定的 $\boldsymbol{E}_{库}(t)$ 并不是真实的物理场[只是物理场 $\boldsymbol{E}(t)$ 的一个部分],有直接观测效应的是总电场 $\boldsymbol{E}(t)$ 而不是 $\boldsymbol{E}_{库}(t)$,"$\boldsymbol{E}_{库}(t)$ 由 t 时刻的电荷分布 $\rho(t)$ 瞬时激发"的提法同"$\boldsymbol{E}(t)$ 有推迟效应"并无矛盾.

6.4.2 既有磁场又有电场时的洛伦兹力公式

当空间中既有电场 $\boldsymbol{E}$ 又有磁场 $\boldsymbol{B}$ 时(包括最一般情况下的时变电场和时变磁场),场中的任一点电荷 q(设其速度为 $\boldsymbol{v}$)既受电场力 $q\boldsymbol{E}$ 又受磁场力 $q\,\boldsymbol{v}\times\boldsymbol{B}$,总电磁力为

$$\boldsymbol{F}=q(\boldsymbol{E}+\boldsymbol{v}\times\boldsymbol{B}). \tag{6-9}$$

在现代文献中此力称为**洛伦兹力**,上式称为**洛伦兹力公式**.本书前面所称的洛伦兹力 $q\,\boldsymbol{v}\times\boldsymbol{B}$ 只是现在这个洛伦兹力的磁力部分.其实我们在小节 5.5.3~5.5.5中就已遇到过电场和磁场并存的情况,并已默默地用过式(6-9).

上面对洛伦兹力公式(6-9)的引入虽然很易接受(无非是电力 $q\boldsymbol{E}$ 加磁力 $q\,\boldsymbol{v}\times\boldsymbol{B}$),但欠严格.关键在于尚未对一般情况下的电场 $\boldsymbol{E}$ 和磁场 $\boldsymbol{B}$(作为两个矢量场)下过定义.第五章虽曾讲过 $\boldsymbol{B}$ 的定义,即 $\boldsymbol{F}=q\,\boldsymbol{v}\times\boldsymbol{B}$ [式(5-1)],但只局限于没有电场的情形.对于既有电场又有磁场的一般情况,自然不能把试探电荷所受的力 $\boldsymbol{F}$ 代入 $\boldsymbol{F}=q\,\boldsymbol{v}\times\boldsymbol{B}$ 来确定 $\boldsymbol{B}$,因为这个 $\boldsymbol{F}$ 还包含电场力.再说,上面讲到一般情况下的电场时[式(6-8)前的一段]也并未明确给出 $\boldsymbol{E}$ 的定量定义(读完该段只知道静止电荷受力的空间一定有电场).所以,严格地说,我们尚欠读者两个定义,即:在既有电场又有磁场(包括时变电场和磁场)的普遍情况下,电场 $\boldsymbol{E}$ 和磁场 $\boldsymbol{B}$ 的定义是什么?答案是:洛伦兹力公式(6-9)就是最普遍情况下的 $\boldsymbol{E}$ 和 $\boldsymbol{B}$ 的定义式.说得具体些就是:先在任一场点 P 放置一静止试探电荷 q,设它在 t 时刻所受的力为 $\boldsymbol{F}_0$(下标 0 代表 q 的速度为零),则 P 点在 t 时刻的电场 $\boldsymbol{E}$ 就定义为

$$\boldsymbol{E}\equiv\frac{\boldsymbol{F}_0}{q}\quad(\text{最一般情况下电场 }\boldsymbol{E}\text{ 的定义}). \tag{6-10}$$

再让 q 运动,设它在 t 时刻以速度 $\boldsymbol{v}$ 经过 P 点时受力为 $\boldsymbol{F}_v$,则 P 点(在 t 时刻)的磁场定义为满足下式的矢量 $\boldsymbol{B}$:

$$q\,\boldsymbol{v}\times\boldsymbol{B}\equiv\boldsymbol{F}_v-q\boldsymbol{E}\qquad(\text{最一般情况下磁场 }\boldsymbol{B}\text{ 的定义}). \tag{6-11}$$

请读者自行想清楚,对于静电场和静磁场这两种特例,上述 $\boldsymbol{E}$ 和 $\boldsymbol{B}$ 的普遍定义归结为第一章对 $\boldsymbol{E}$(即静电场)和第五章对 $\boldsymbol{B}$ 所下的定义[后者指式(5-1)].

通常有一种印象:定律是实验证明的客观规律,而定义是人为规定的(带有主观随意性).于是又引出如下问题:既然洛伦兹力公式(6-9)是 $\boldsymbol{E}$ 和 $\boldsymbol{B}$ 的定义式,它还依赖于实验事实吗?或者问,洛伦兹力公式到底是定义还是实验定律?答案是:物理定律是通过定量测量确立的.然而,如果不首先把洛伦兹力公式(6-9)看作 $\boldsymbol{E}$ 和 $\boldsymbol{B}$ 的定义式,则它所涉及的 5 个量 $\boldsymbol{F}$、q、$\boldsymbol{v}$、$\boldsymbol{E}$、$\boldsymbol{B}$ 中的后两个($\boldsymbol{E}$ 和 $\boldsymbol{B}$)就还没有定义,又怎能对它们进行测量?所以,应该说洛伦兹力公式是 $\boldsymbol{E}$ 和 $\boldsymbol{B}$ 的定义式.不过这一说法不等于说该式不需要任何实验基础.为便于理解,先讨论一个类似却更简单的问题:静电场强度的定义式 $\boldsymbol{E}\equiv\boldsymbol{F}/q$ 是否依赖于实验事实?答案是:库仑的实验结果保证试探电荷 q 所受的力 $\boldsymbol{F}$ 满足(1) 大小与 q 成正比,(2) 方向与 q 无关,从而保证每点的 $\boldsymbol{F}/q$ 是一个与 q 无关的矢量,而只有这样才保证 $\boldsymbol{E}\equiv\boldsymbol{F}/q$ 能定义出一个矢量场(每个场点只有一个矢量 $\boldsymbol{E}$).可见,电场强度定义式 $\boldsymbol{E}\equiv\boldsymbol{F}/q$ 是要以实验事实为基础的.类似地,用洛伦兹力公式(6-9)定义 $\boldsymbol{E}$ 和 $\boldsymbol{B}$ 也要以实验为基础.首先,实验表明在一般情况下,静止试探电荷所受的力 $\boldsymbol{F}_0$ 也满足上述的(1)和(2)(但现在不能说是库仑的实验结果,因为作为场源的电荷现在可以运动,从而超出了库仑定律的适用范围);其次,实验还表明,对同一场点,无论试探电荷有怎样的 q 和 $\boldsymbol{v}$,必定存在唯一的矢量 $\boldsymbol{B}$ 使式(6-11)成

立.只有这样,用洛伦兹力公式(6-9)定义 $\boldsymbol{E}$ 和 $\boldsymbol{B}$ 才可行(才能把 $\boldsymbol{E}$ 和 $\boldsymbol{B}$ 定义为矢量场).以上两点就构成了把洛伦兹力公式用作 $\boldsymbol{E}$ 和 $\boldsymbol{B}$ 的定义式的实验基础.

再讨论如下的有趣问题:设空间只有两个点电荷 Q 和 q.以 $\boldsymbol{F}_0$ 代表 Q、q 都静止时 q 所受的力,它自然可由库仑定律求得.现在保持 Q 静止而让 q 以某速度 $\boldsymbol{v}$ 经过刚才它静止的点,q 所受的力 $\boldsymbol{F}_v$ 与 $\boldsymbol{F}_0$ 是否相等?(这不能由库仑定律回答,因为现在 q 不静止.)下面证明它们必定相等.设 $\boldsymbol{E}$ 和 $\boldsymbol{B}$ 是式(6-10)和式(6-11)定义的、由静止点电荷 Q 激发的电场和磁场(把 q 看作试探电荷),则洛伦兹力公式给出 $\boldsymbol{F}_v=q(\boldsymbol{E}+\boldsymbol{v}\times\boldsymbol{B})$.因为场源 Q 静止,空间处处电流密度 $\boldsymbol{J}=\boldsymbol{0}$,代入毕-萨定律表达式可知 $\boldsymbol{B}=\boldsymbol{0}$,再把 $\boldsymbol{E}$ 的定义式(6-10)代入上式便得 $\boldsymbol{F}_v=q(\boldsymbol{F}_0/q)+\boldsymbol{0}=\boldsymbol{F}_0$.证毕①.

6.4.3 感生电场的性质

以前多次讲过,要掌握一个矢量场 $\boldsymbol{a}$ 的性质必须抓住两点:(1) $\boldsymbol{a}$ 对任一闭合曲面的通量;(2) $\boldsymbol{a}$ 沿任一闭合曲线的环流.为了认识库仑电场 $\boldsymbol{E}_{库}$ 及感生电场 $\boldsymbol{E}_{感}$ 的性质以及两者的区别,也应该从这两个方面入手.

首先讨论 $\boldsymbol{E}_{库}$.第一章从库仑定律出发导出了静电场的高斯定理和环路定理.因为 $\boldsymbol{E}_{库}$ 也是由电荷分布按库仑定律激发的,所以它(在每一时刻)也服从这两个定理,即

高斯定理 $$\oint\!\!\!\oint \boldsymbol{E}_{库}\cdot \mathrm{d}\boldsymbol{S}=\frac{q_{内}}{\varepsilon_0}\quad（对任意闭合曲面）,\tag{6-12}$$

环路定理 $$\oint \boldsymbol{E}_{库}\cdot \mathrm{d}\boldsymbol{l}=0\quad（对任意闭合曲线）.\tag{6-13}$$

式(6-12)说明 $\boldsymbol{E}_{库}$ 线起自正电荷而止于负电荷,式(6-13)说明 $\boldsymbol{E}_{库}$ 是势场.

现在讨论 $\boldsymbol{E}_{感}$.首先可以肯定一点,就是 $\oint \boldsymbol{E}_{感}\cdot \mathrm{d}\boldsymbol{l}$ 不可能对任何闭合曲线为零,否则任一闭合线圈的感生电动势均为零,这是违背实验事实(法拉第定律)的.与动生电动势相应的非静电力是磁洛伦兹力,与感生电动势相应的非静电力是感生电场力.单位电荷在闭合电路中移动一周时非静电力的功等于电动势,故 $\boldsymbol{E}_{感}$ 沿某一闭合曲线 L 积分一周等于感生电动势.于是法拉第定律可以表示为

$$\oint_L \boldsymbol{E}_{感}\cdot \mathrm{d}\boldsymbol{l}=-\frac{\mathrm{d}\Phi}{\mathrm{d}t},\tag{6-14}$$

其中 Φ 是穿过这个闭合电路(更一般地说这条闭合曲线 L)的磁通,线积分的方向应与 Φ 的正方向成右手螺旋关系.按照第五章,所谓闭合曲线 L 的磁通,是指以它为边线的任一曲面 S 的磁通,故

$$\Phi=\iint_S \boldsymbol{B}\cdot \mathrm{d}\boldsymbol{S},$$

代入式(6-14)得

$$\oint_L \boldsymbol{E}_{感}\cdot \mathrm{d}\boldsymbol{l}=-\frac{\mathrm{d}}{\mathrm{d}t}\iint_S \boldsymbol{B}\cdot \mathrm{d}\boldsymbol{S}.$$

由于 L 及 S 静止,上式右边对曲面的积分和对时间的微分可交换次序,即

---

① 这一结论也可用相对论变换证明,见珀塞尔著,南开大学物理系译,《伯克利物理学教程》第二卷(北京:科学出版社,1979),208—213 页.

$$\oint_L \boldsymbol{E}_{感} \cdot \mathrm{d}\boldsymbol{l} = -\iint_S \frac{\partial \boldsymbol{B}}{\partial t} \cdot \mathrm{d}\boldsymbol{S}. \tag{6-15}$$

上式右边曲面 S 的法向应选得与左边的曲线 L 的积分方向成右手螺旋关系.$\boldsymbol{B}$ 对 t 的微商之所以不用 $\mathrm{d}\boldsymbol{B}/\mathrm{d}t$ 而用$\partial\boldsymbol{B}/\partial t$ 表示,是因为 $\boldsymbol{B}$ 既是空间坐标 x、y、z 的函数又是时间 t 的函数,$\partial\boldsymbol{B}/\partial t$ 表示同一点(x、y、z 为常数)的 $\boldsymbol{B}$ 随 t 的变化率.

式(6-15)就是 $\boldsymbol{E}_{感}$ 沿任一闭合曲线的环流的表达式.与式(6-13)相比,可以看出 $\boldsymbol{E}_{感}$ 与 $\boldsymbol{E}_{库}$ 的重大区别:$\boldsymbol{E}_{库}$ 是势场而 $\boldsymbol{E}_{感}$ 不是势场.不是势场的矢量场称为涡旋场,故感生电场 $\boldsymbol{E}_{感}$ 是涡旋场.

下面再看 $\boldsymbol{E}_{感}$ 对闭合曲面的通量 $\oiint \boldsymbol{E}_{感} \cdot \mathrm{d}\boldsymbol{S}$ 所服从的规律.$\boldsymbol{E}_{感}$ 是实验发现的,要解决 $\oiint \boldsymbol{E}_{感} \cdot \mathrm{d}\boldsymbol{S}$ 服从什么规律的问题本来也应求助于实验,但 $\boldsymbol{E}_{感}$ 及 $\oiint \boldsymbol{E}_{感} \cdot \mathrm{d}\boldsymbol{S}$ 不易测量,这一问题难以直接由实验回答.在这种情况下可以采用假设的方法.麦克斯韦假设 $\boldsymbol{E}_{感}$ 对任何闭合曲面的通量都为零①,即假设

$$\oiint \boldsymbol{E}_{感} \cdot \mathrm{d}\boldsymbol{S} = 0 \qquad (对任意闭合曲面). \tag{6-16}$$

这一假设在理论上与其他结论都很融洽,由它推出的各种结论凡能与实验对比的都同实验事实一致,所以被电磁理论所接受.这一方程与磁场 $\boldsymbol{B}$ 所满足的方程 $\oiint \boldsymbol{B} \cdot \mathrm{d}\boldsymbol{S} = 0$(对任意闭合曲面)在数学上完全一样,它表明 $\boldsymbol{E}_{感}$ 线与 $\boldsymbol{B}$ 线一样是没有起点和止点的曲线.从这个角度来看,$\boldsymbol{E}_{感}$ 与 $\boldsymbol{E}_{库}$ 的性质也有重大的不同.

式(6-16)和式(6-15)就是 $\boldsymbol{E}_{感}$ 所服从的两个规律.对比方程组式(6-12)、式(6-13)与方程组式(6-16)、式(6-15)有助于更好地理解 $\boldsymbol{E}_{库}$ 与 $\boldsymbol{E}_{感}$ 的两点重要区别.

因为总电场 $\boldsymbol{E}=\boldsymbol{E}_{库}+\boldsymbol{E}_{感}$,由上述四个方程易得 $\boldsymbol{E}$ 所服从的方程组为

$$\oiint_S \boldsymbol{E} \cdot \mathrm{d}\boldsymbol{S} = \frac{q_{内}}{\varepsilon_0}, \tag{6-17}$$

$$\oint_L \boldsymbol{E} \cdot \mathrm{d}\boldsymbol{l} = -\iint_S \frac{\partial \boldsymbol{B}}{\partial t} \cdot \mathrm{d}\boldsymbol{S}. \tag{6-18}$$

6.4.4 螺线管磁场变化引起的感生电场

根据一个矢量场 $\boldsymbol{a}$ 对任一闭合曲面的通量 $\oiint \boldsymbol{a} \cdot \mathrm{d}\boldsymbol{S}$ 及沿任一闭合曲线的环流 $\oint \boldsymbol{a} \cdot \mathrm{d}\boldsymbol{l}$,加上一定的边界条件,就能把 $\boldsymbol{a}(x,y,z)$ 唯一确定.现在,对于矢量场 $\boldsymbol{E}_{感}$,由式(6-16)已经知道它对任一闭合曲面的通量为零,再根据式(6-15),只要知道场中各点的$\partial\boldsymbol{B}/\partial t$,就可求得 $\boldsymbol{E}_{感}$ 沿任一闭合曲线的环流 $\oint \boldsymbol{E}_{感} \cdot \mathrm{d}\boldsymbol{l}$,与$\oiint \boldsymbol{E}_{感} \cdot \mathrm{d}\boldsymbol{S} = 0$ 合起来(加上边界条件)便可以从原则上求得 $\boldsymbol{E}_{感}$.但是,在许多情况下,从已知的$\partial\boldsymbol{B}/\partial t$ 求 $\boldsymbol{E}_{感}$的计算会遇到数学困难,只有少数具有对称性的简

① 麦克斯韦在研究时变电磁场时假设对静电场成立的 $\oiint \boldsymbol{E} \cdot \mathrm{d}\boldsymbol{S} = q_{内}/\varepsilon_0$ 对任意时变电场也成立,其中 $\boldsymbol{E}$ 是总电场强度,即 $\boldsymbol{E}_{库}$ 和 $\boldsymbol{E}_{感}$ 的矢量和.由于 $\oiint \boldsymbol{E}_{库} \cdot \mathrm{d}\boldsymbol{S}$ 也等于 $q_{内}/\varepsilon_0$,故这一假设相当于假设 $\oiint \boldsymbol{E}_{感} \cdot \mathrm{d}\boldsymbol{S} = 0$.

单情况例外.一个较常见的例子是计算载有时变电流的螺线管内的$\partial \boldsymbol{B}/\partial t$所激发的$\boldsymbol{E}_{感}$.

例 半径为R、通有时变电流的无限长螺线管内的磁场B随时间而变.已知$\mathrm{d}B/\mathrm{d}t$的数值,求它在管内外激发的感生电场$\boldsymbol{E}_{感}$①(默认$\boldsymbol{E}_{感}$在趋于无限远时趋于零).

解: 把$\boldsymbol{E}_{感}$简记为$\boldsymbol{E}$.图6-14是螺线管的横截面图,C代表管的边缘.设P是截面上任一点(管内外皆可),L是过P并与C同心的圆周.以圆心为原点建柱坐标系z、r、φ(z轴与$\boldsymbol{B}$同向),则P点的$\boldsymbol{E}$可分解为$\boldsymbol{E}=\boldsymbol{E}_z+\boldsymbol{E}_r+\boldsymbol{E}_\varphi$.以圆周$L$为底、$h$为高的一段圆柱面配以上下底面构成闭合面(图6-15),沿z向的平移对称性保证两底的$\boldsymbol{E}$通量之和为零.又因为只有$\boldsymbol{E}_r$才对侧面(圆柱面)的$\boldsymbol{E}$通量有贡献,加之轴对称性(绕z轴的旋转对称性)保证E_r在侧面上为常量,故该闭合面的$\boldsymbol{E}$通量为

$$\oiint \boldsymbol{E}\cdot \mathrm{d}\boldsymbol{S}=\iint_{侧}\boldsymbol{E}\cdot \mathrm{d}\boldsymbol{S}=E_r\cdot 2\pi rh\ ,$$

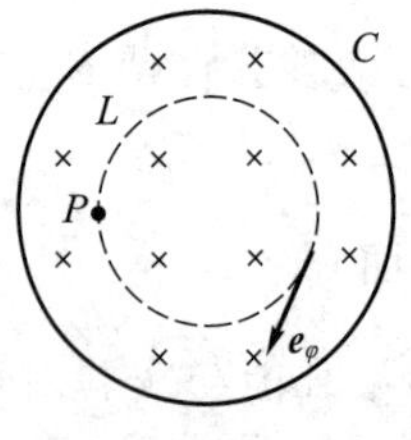

图6-14 螺线管横截面

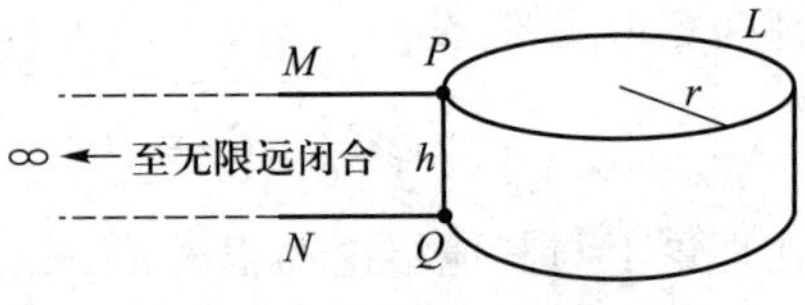

图6-15 圆柱形闭合面及无限长矩形闭合曲线

与式(6-16)对比得$\boldsymbol{E}_r=\boldsymbol{0}$.再取如图6-15的无限长矩形闭合曲线$PM\infty NQP$(记为$L'$)并计算$\oint_{L'}\boldsymbol{E}\cdot \mathrm{d}\boldsymbol{l}$.注意到(1) $\boldsymbol{E}_\varphi$对积分无贡献;(2) 对两段无限长水平直线上的任一$\mathrm{d}\boldsymbol{l}$都有$\boldsymbol{E}_z\cdot \mathrm{d}\boldsymbol{l}=0$(因$\boldsymbol{E}_z$与$\mathrm{d}\boldsymbol{l}$垂直);(3) $\boldsymbol{E}_z$在趋于无限远时趋于零($\lim\limits_{r\to\infty}\boldsymbol{E}_z=\boldsymbol{0}$),可知$\oint_{L'}\boldsymbol{E}\cdot \mathrm{d}\boldsymbol{l}=E_z h$.另一方面,式(6-15)给出$\oint_{L'}\boldsymbol{E}\cdot \mathrm{d}\boldsymbol{l}=0$,对比得$\boldsymbol{E}_z=\boldsymbol{0}$.可见任一点的$\boldsymbol{E}$都只有切向分量$\boldsymbol{E}_\varphi$,因而$\boldsymbol{E}$线是与$C$同心的圆周.以$\boldsymbol{e}_\varphi$代表沿$\varphi$向的单位矢量(见图6-14的箭头),则$\boldsymbol{E}$可表为$\boldsymbol{E}=E_\varphi \boldsymbol{e}_\varphi$,其中$E_\varphi$可正可负.在此基础上就不难求得螺线管内外的$\boldsymbol{E}$.

先把式(6-15)用于管内的任一$\boldsymbol{E}$线(见图6-14的L),约定积分方向与$\boldsymbol{B}$方向成右手螺旋关系.由对称性可知E_φ在线上点点相等,故

$$\oint_L \boldsymbol{E}\cdot \mathrm{d}\boldsymbol{l}=E_\varphi\oint_L \mathrm{d}l=2\pi rE_\varphi\ , \tag{6-19}$$

其中r是L的半径.另一方面,式(6-15)右边是矢量场$-\partial \boldsymbol{B}/\partial t$对曲面$S$的通量,而$S$是以$L$为边线的任一曲面.既然$L$是平面曲线,最简单的$S$就是$L$所围的那部分圆面.此面上各点的$\mathrm{d}B/\mathrm{d}t$相等且与面的法向相同,故

$$\iint_S \frac{\mathrm{d}\boldsymbol{B}}{\mathrm{d}t}\cdot \mathrm{d}\boldsymbol{S}=\frac{\mathrm{d}B}{\mathrm{d}t}\iint_S \mathrm{d}S=\frac{\mathrm{d}B}{\mathrm{d}t}\pi r^2. \tag{6-20}$$

---

① 不但时变磁场会激发电场,时变电场也会激发磁场(见第九章).对本例而言,后者意味着$\boldsymbol{B}$不但来自电流,而且可能来自$\boldsymbol{E}_{感}$的时变率,问题因而复杂得多.然而,只要场的时变率足够小,$\boldsymbol{E}_{感}$对$\boldsymbol{B}$的贡献就可忽略,就可近似用毕-萨定律计算$\boldsymbol{B}$(见§9.5),于是"$B=\mu_0 nI$(管内),$B=0$(管外)"的结论仍近似适用.我们只讨论这种情形.

把式(6-19)和式(6-20)代入式(6-15)得(为明确起见把 E_φ 改回 $E_{感\varphi}$)

$$E_{感\varphi}=-\frac{r}{2}\frac{\mathrm{d}B}{\mathrm{d}t}\qquad(r<R).\tag{6-21}$$

再把式(6-15)用于管外的任一 $\boldsymbol{E}$ 线(见图6-16的 L).无限长螺线管外的 $\boldsymbol{B}$ 为零,乍看起来,似乎 $\oint_L \boldsymbol{E}\cdot\mathrm{d}\boldsymbol{l}$ 也应为零.其实不然,因为 L 所围圆面积(仍记为 S)内的 $\boldsymbol{B}$ 并非处处为零(在管内非零).由图6-16可知 S 的 $\boldsymbol{B}$ 通量为

$$\iint_S \frac{\mathrm{d}\boldsymbol{B}}{\mathrm{d}t}\cdot\mathrm{d}\boldsymbol{S}=\frac{\mathrm{d}B}{\mathrm{d}t}\pi R^2.$$

于是由式(6-15)可知

$$2\pi rE_{感\varphi}=-\frac{\mathrm{d}B}{\mathrm{d}t}\pi R^2,$$

故

$$E_{感\varphi}=-\frac{R^2}{2r}\frac{\mathrm{d}B}{\mathrm{d}t}\qquad(r>R).\tag{6-22}$$

综合式(6-21)和式(6-22)可画出螺线管内外 $|E_{感\varphi}|$ 随 r 的变化曲线(见图 6-17).

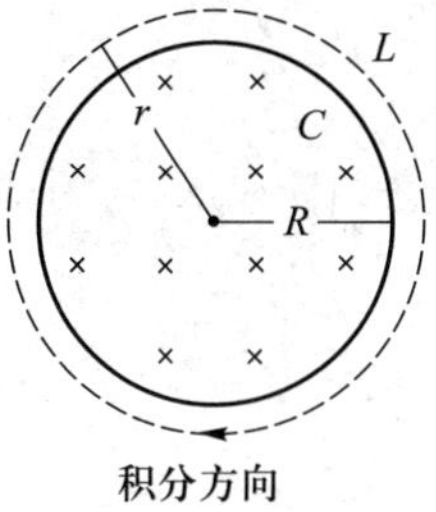

图 6-16 管外的一条 $\boldsymbol{E}$ 线 L

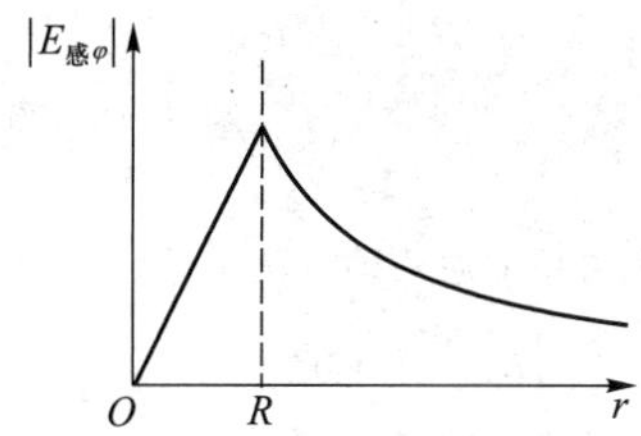

图 6-17 螺线管内外的 $E_{感\varphi}$

无限长螺线管外的 $\boldsymbol{E}_感$ 不为零的结论也可直接从法拉第定律看出.用一个圆形线圈套在螺线管外面,由于螺线管内的 B 在变,这线圈的 $\mathrm{d}\Phi/\mathrm{d}t$ 并不为零,故线圈有感生电动势,而这就表明线圈上的 $\boldsymbol{E}_感$ 非零.

请注意图 6-17 的曲线与无限长圆柱形均匀载流导线的 B-r 曲线(见图 5-19)的完全相似性.这是必然的,因为 $\boldsymbol{E}_感$ 与 $\boldsymbol{B}$ 服从相同的规律,即

对 $\boldsymbol{E}_感$ 有 $\quad\oiint \boldsymbol{E}_感\cdot\mathrm{d}\boldsymbol{S}=0\quad$ 和 $\quad\oint_L \boldsymbol{E}_感\cdot\mathrm{d}\boldsymbol{l}=-\iint_S\frac{\partial\boldsymbol{B}}{\partial t}\cdot\mathrm{d}\boldsymbol{S}$,

对 $\boldsymbol{B}$ 有 $\quad\oiint \boldsymbol{B}\cdot\mathrm{d}\boldsymbol{S}=0\quad$ 和 $\quad\oint_L \boldsymbol{B}\cdot\mathrm{d}\boldsymbol{l}=\iint_S\mu_0\boldsymbol{J}\cdot\mathrm{d}\boldsymbol{S}$.

在本例和小节 5.4.2 中,$\boldsymbol{E}_感$ 的源 $-\partial\boldsymbol{B}/\partial t$ 和 $\boldsymbol{B}$ 的源 $\mu_0\boldsymbol{J}$ 都均匀分布在无限长圆柱体内,所以图 6-17 与图 5-19(的曲线)的相似性是很自然的.不同的是,小节 5.4.2 可以先用毕-萨定律肯定 $\boldsymbol{B}=\boldsymbol{B}_\varphi$,而本例为证明 $\boldsymbol{E}_感=\boldsymbol{E}_{感\varphi}$ 却曾颇费唇舌,这是因为对 $\boldsymbol{E}_感$ 而言我们并不知道有与毕-萨定律类似的定律.

*6.4.5 感生电动势的计算

感生电动势可用以下两种方法计算.

(1) 用 $\mathscr{E}=\int\boldsymbol{E}_感\cdot\mathrm{d}\boldsymbol{l}$ 计算.

这种方法要求事先知道积分路径上各点的 $\boldsymbol{E}_感$.由于 $\boldsymbol{E}_感$ 只在少数情况下易于求得,所以这种方法用得不多.

(2) 用法拉第定律计算.

又分两种情况：

① 求闭合线圈的感生电动势.

只需知道线圈的 $\mathrm{d}\Phi/\mathrm{d}t$，便可由法拉第定律求得感生电动势.

② 求一段导线 PQ 的感生电动势.

仿照求动生电动势的方法，假想一条辅助曲线(见图 6-9 虚线)与 PQ 组成闭合曲线，只要知道这条闭合曲线的 $\mathrm{d}\Phi/\mathrm{d}t$，便可由法拉第定律求得其感生电动势.但这不一定等于 PQ 段的感生电动势，因为辅助曲线的感生电动势不一定为零(与动生电动势不同).因此，为求 PQ 段的感生电动势，应该选择这样一条辅助曲线(如果可能的话)，其感生电动势或者为零，或者为一易求的数值①.

例　求上例螺线管内横截面上直线段 MN 的感生电动势[见图 6-18(a)].

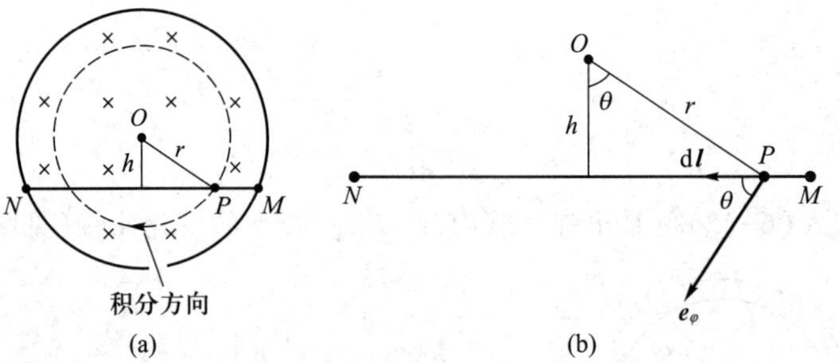

图 6-18　例题用图[(b)是(a)的放大图]

解：本例可用上述两种方法中的任一种求解.

(1) 用 $\mathscr{E}=\int \boldsymbol{E}_{感}\cdot \mathrm{d}\boldsymbol{l}$ 求解.

由上例可知

$$\boldsymbol{E}_{感}=-\frac{r}{2}\frac{\mathrm{d}B}{\mathrm{d}t}\boldsymbol{e}_\varphi.$$

以 MN 上任一点 P 为起点取元段 $\mathrm{d}\boldsymbol{l}$[见图 6-18(b)]，其感生电动势为

$$\mathrm{d}\mathscr{E}=\boldsymbol{E}_{感}\cdot \mathrm{d}\boldsymbol{l}=-\frac{r}{2}\frac{\mathrm{d}B}{\mathrm{d}t}\cos\theta \mathrm{d}l=-\frac{h}{2}\frac{\mathrm{d}B}{\mathrm{d}t}\mathrm{d}l,$$

θ 及 h 的意义见图.从 M 沿直线积分至 N 便得 MN 段的感生电动势

$$\mathscr{E}=-\frac{hL}{2}\frac{\mathrm{d}B}{\mathrm{d}t},$$

其中 L 是 MN 的长度.

(2) 用法拉第定律求解.

作辅助线 MON(见图 6-19).因 $\boldsymbol{E}_{感}$ 沿切向，故沿 OM 及 ON 的线积分为零，即 MON 段的感生电动势为零，可见闭合曲线 $MONM$ 的感生电动势即 MN 段的感生电动势.$MONM$ 所围面积为 $S=hL/2$，磁通为 $\Phi=hLB/2$.由法拉第定律知 $MONM$ 的感生电动势为

$$\mathscr{E}=-\frac{\mathrm{d}\Phi}{\mathrm{d}t}=-\frac{1}{2}hL\frac{\mathrm{d}B}{\mathrm{d}t}.$$

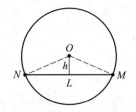

图 6-19　因 $\boldsymbol{E}_{感}$ 沿切向，故 MON 段的感生电动势为零

① 中学物理教学有一道习题，涉及时变磁场中一段不闭合导线的感生电动势的计算.由于出题人没有学好本段指明的方法，连题目带答案都有错，详见《拓展篇》专题 19 中的例 3.

而这也就是 MN 段的感生电动势 $\mathscr{E}$,与第(1)种方法结果相同.

在结束本节之前,还想说明两个问题.

(1) 关于动生电动势和感生电动势.

电动势是单位电荷运动时非静电力的功.按照非静电力的起因,电动势可分成不同的种类.非静电力起因于化学作用的电动势叫化学电动势.非静电力起因于温差的电动势叫温差电动势.非静电力起因于电磁感应的电动势叫感应电动势.所谓起因于电磁感应,具体又分两种:(1) 非静电力为磁洛伦兹力,相应的电动势为动生电动势;(2) 非静电力为感生电场力,相应的电动势为感生电动势.此外当然还可有两者的综合.

请读者考虑:图 6-2 中线圈出现的是动生电动势还是感生电动势? 运动是相对于选定的参考系而言的.若选磁铁为参考系,则磁铁不动(因而空间各点 $\boldsymbol{B}$ 不变)而线圈运动①,线圈内的电子受磁洛伦兹力,线圈出现动生电动势.但若选线圈为参考系,则线圈不动(因而其电子不受磁洛伦兹力)而磁铁运动,导致空间各点 $\boldsymbol{B}$ 随时间变化,因而线圈出现感生电动势.两种分析同样正确,可见动生和感生电动势的划分在这种情况下只有相对的意义.那么,从这两个参考系测量同一线圈的感应电动势是否相同? 由相对论可以证明:两个惯性参考系测得的电动势数值在相对速率远小于光速时近似相等,在相对速率与光速可以比拟时有颇大差别.

但是,并非在任何情况下都可通过参考系的变换把感应电动势从一类转化为另一类.例如,在图 6-1(c)中,无论选择什么样的参考系,都无法把线圈 2 的感应电动势归结为纯动生电动势.

(2) 关于感应电动势和磁通变化率.

开始学习电磁感应时,我们多次接触磁通变化率的概念,于是容易产生一种错觉,似乎感应电动势的存在离不开磁通变化率.其实,对于不闭合电路(不闭合曲线),磁通概念失去意义(更谈不上磁通变化率),但感应电动势仍可能存在,它既可以是动生的,也可以是感生的,还可以兼而有之.动生和感生电动势的定义分别是 $\int(\boldsymbol{F}_{\mathrm{L}}/q)\cdot \mathrm{d}\boldsymbol{l}$ 和 $\int \boldsymbol{E}_{感}\cdot \mathrm{d}\boldsymbol{l}$,它们的存在不以磁通有意义为前提.

6.4.6 电子感应加速器

利用感生电场加速电子的加速器称为**电子感应加速器**,图 6-20 是其结构示意图.圆形电磁铁两极间有一环形真空室.在交变电流激励下,两极间出现交变磁场(某一瞬间的 $\boldsymbol{B}$ 线如图 6-21 实线),这交变磁场又激发一感生电场(其场线如图 6-21 的虚线同心圆).从电子枪射

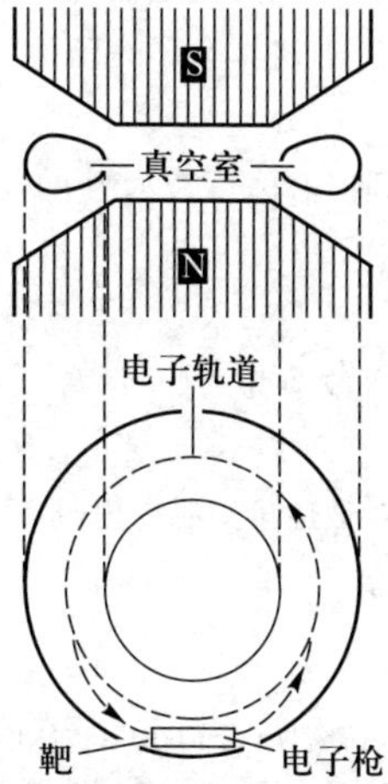

图 6-20 电子感应加速器示意图
(上为侧视图,下为真空室俯视图)

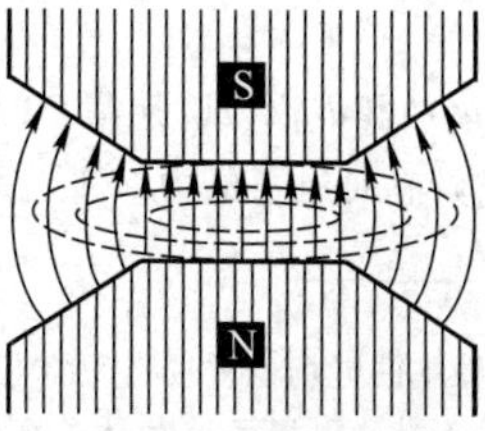

图 6-21 磁极之间的 $\boldsymbol{B}$ 线(实线)
和 $\boldsymbol{E}_{感}$ 线(虚线)

---

① 默认线圈和磁铁都代表惯性系.如果其中之一不是惯性系,问题将变得复杂,此处不拟讨论.

入真空室的电子受到两个作用:(1) 受感生电场沿切向的加速力;(2) 受磁场沿径向的磁洛伦兹力(充当维持圆周运动的向心力).交变磁场方向随时间的正弦变化导致感生电场方向随时间而变,图6-22示出一周期内感生电场方向的变化情况,B 为正(负)表示 $\boldsymbol{B}$ 向上(下).注意到电子带负电,显然只有在第一、第四个 1/4 周期内电子才能被加速.但在第四个 1/4 周期中,磁洛伦兹力由于 $\boldsymbol{B}$ 向下而向外,不能充当向心力,所以整个周期中只有前 1/4 周期能使电子做加速圆周运动.好在电子在这个 1/4 周期的时间内已经转了许多(例如几十万)圈,只要设法在每个周期的前 1/4 周期之末将电子束引离轨道进入靶室,就已能使其能量达到足够的数值.

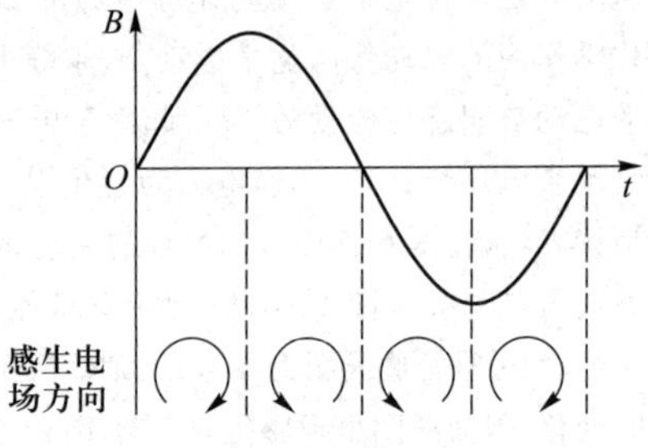

图 6-22 感生电场在每个 1/4 周期中的方向

回旋加速器和感应加速器都是巧妙地利用带电粒子在电磁场中所受洛伦兹力 $\boldsymbol{F}=q(\boldsymbol{E}+\boldsymbol{v}\times\boldsymbol{B})$ 的例子.此力既含电场力 $q\boldsymbol{E}$ 又含磁场力 $q\boldsymbol{v}\times\boldsymbol{B}$,后者使粒子做圆周运动,前者用于加速粒子.不同的是,提供电力 $q\boldsymbol{E}$ 的电场 $\boldsymbol{E}$ 在回旋加速器中是库仑电场①,在感应加速器中则是感生电场.感应加速器的成功运行验证了小节 6.4.1 的猜想(假设):在时变磁场中,即使没有闭合线圈,只要放入一个带电粒子,它就会受到一种由磁场变化产生的、与速度无关的力,即感生电场力.

小节 5.5.3(小字)讲过,原始的回旋加速器不适宜于加速电子,因为电子静质量很小,能量稍高时速率就接近光速,出现破坏同步的相对论效应.反之,感应加速器在小于磁场变化的 1/4 周期的时间内就已完成加速过程,不存在回旋加速器的同步问题,用以加速电子非常合适.这可看作这种加速器的英文名称 betatron 的由来(beta 即 β,而 β 射线就是电子流).

第五章讨论带电粒子运动时涉及的磁场都是恒定磁场,感应加速器是我们接触到的带电粒子在时变磁场(因而有感生电场)中运动的第一个实例.时变磁场 $\boldsymbol{B}$ 在感应加速器中身兼两职(双重任务):(1) $\boldsymbol{B}$ 对电子施加的磁洛伦兹力充当维持电子圆周运动的向心力;(2) $\boldsymbol{B}$ 的时变率所激发的感生电场 $\boldsymbol{E}$(下标"感"字略)使电子在做圆周运动时不断被加速.下面证明,为了同时完成这两个任务,两磁极之间的磁场 $\boldsymbol{B}$ 不能是个均匀磁场,它必须随 r(场点与轴线的距离)而变,即 $B=B(t,r)$,而且 B 作为 r 的函数必须满足一定的要求.

首先,以 m、v 和 R 分别代表电子的质量、速率和轨道半径,注意到向心力可表示为 mv^2/R②,则任务(1)要求

$$evB_{轨}=mv^2/R$$

(其中 $B_{轨}$ 是轨道上的 B 值),又因电子的动量(大小)$p\equiv mv$,故上式可改写为

$$p(t)=eRB_{轨}(t) \tag{6-23}$$

[把 p 和 $B_{轨}$ 写成 $p(t)$ 和 $B_{轨}(t)$ 以强调它们随 t 而变].其次,由装置的对称性可知感生电场 $\boldsymbol{E}$ 沿切向,以 $E_{轨}$ 代表轨道上的 E 值,则它对电子的力 $eE_{轨}$ 正是切向加速力,因此任务(2)要求

---

① 回旋加速器中的电场也常被称为静电场.其实,激发该电场的正、负电荷密度(分别在两个 D 形盒的表面)都随时间而变,准确地说这不是静电场而是库仑电场 $\boldsymbol{E}_{库}$.由于两盒之间的振荡电压频率不高,特别是因为真空室中又没有线圈及铁芯之类的东西,所以 $\boldsymbol{E}_{感}$ 与 $\boldsymbol{E}_{库}$ 相较可以忽略.

② 当电子速率足够大时牛顿第二定律 $\boldsymbol{F}=m\mathrm{d}\boldsymbol{v}/\mathrm{d}t$ 应被相对论的 $\boldsymbol{F}\equiv\mathrm{d}\boldsymbol{p}/\mathrm{d}t\equiv\mathrm{d}(m\boldsymbol{v})/\mathrm{d}t$(其中 m 随 v 变)代替.但圆周运动的向心力仍等于 mv^2/R,因为 $\boldsymbol{F}=\mathrm{d}(m\boldsymbol{v})/\mathrm{d}t=m\mathrm{d}\boldsymbol{v}/\mathrm{d}t+\boldsymbol{v}\mathrm{d}m/\mathrm{d}t$,注意到 $\boldsymbol{v}$ 沿切向,便得 $\boldsymbol{F}$ 的径向分量 $F_r=ma_r$(其中 $\boldsymbol{a}\equiv\mathrm{d}\boldsymbol{v}/\mathrm{d}t$),而 $a_r=v^2/R$,故 $F_r=mv^2/R$.

$$\frac{\mathrm{d}p(t)}{\mathrm{d}t}=eE_{轨}(t). \tag{6-24}$$

把 $\oint \boldsymbol{E}_{轨}\cdot \mathrm{d}\boldsymbol{l}=-\mathrm{d}\Phi/\mathrm{d}t$ 用于轨道圆周得

$$E_{轨}\cdot 2\pi R=\mathrm{d}\Phi/\mathrm{d}t, \tag{6-25}$$

其中 Φ 是穿过圆形轨道的磁通(以向上为正方向).设 S 是轨道所围的圆面积,便有

$$\Phi = \iint_S B(t,r)\,\mathrm{d}S. \tag{6-26}$$

以 $\bar{B}(t)$ 代表面积 S 内的在 t 时刻的平均磁场,即

$$\bar{B}(t) \equiv \frac{1}{\pi R^2}\iint_S B(t,r)\,\mathrm{d}S = \frac{\Phi}{\pi R^2}, \tag{6-27}$$

对 t 求导并利用式(6-25)和式(6-24)得

$$\frac{\mathrm{d}p(t)}{\mathrm{d}t}=\frac{eR}{2}\frac{\mathrm{d}\bar{B}(t)}{\mathrm{d}t}. \tag{6-28}$$

为了与任务(1)对 $p(t)$ 所提要求[式(6-23)]相比较,可先对式(6-23)求导:

$$\frac{\mathrm{d}p(t)}{\mathrm{d}t}=eR\frac{\mathrm{d}B_{轨}(t)}{\mathrm{d}t}, \tag{6-29}$$

再与式(6-28)比较得

$$\frac{\mathrm{d}B_{轨}(t)}{\mathrm{d}t}=\frac{1}{2}\frac{\mathrm{d}\bar{B}(t)}{\mathrm{d}t}. \tag{6-30}$$

积分上式得 $B_{轨}(t)=\frac{1}{2}\bar{B}(t)+c$($c$ 为积分常量).设 $t=0$ 时电磁铁的励磁电流为零,则对任一 r 有 $B(0,r)=0$,故 $B_{轨}(0)=\bar{B}(0)=0$,可见 $c=0$,于是

$$B_{轨}(t)=\frac{1}{2}\bar{B}(t). \tag{6-31}$$

这就是保证电子做加速圆周运动所必须满足的条件,它表明 $B(t,r)$ 在圆轨道内的分布应当自内而外按适当方式减弱.这可通过让磁极之间的间隙自内而外适当增大(或用其他方法)来实现.

§6.5 自　感

6.5.1 自感现象

电流流过线圈时,其磁场给线圈自身提供磁通.如果这电流随时间而变,磁通就随时间而变,线圈便出现感生电动势.这种由自身电流变化引起的电磁感应现象称为**自感现象**,自感现象中的感生电动势称为**自感电动势**.

自感现象可用图 6-23 的实验来演示.图中 B_1、B_2 是两个相同的白炽灯,L 是带铁芯的多匝线圈(置入铁芯可使在同样电流下获得强得多的磁场,从而使自感现象变得明显),R 是电阻,其阻值与线圈 L 的阻值相同.接通开关 S,白炽灯 B_1 立刻就亮,而 B_2 则逐渐变亮,最后与 B_1 亮度相同.这就说明,由于 L 中存在自感电动势,电流的增大是比较迟缓的(楞次定律).自感的作用有点像力学的惯性作用,也可称为“电磁惯性”.

图 6-24 是线圈电流减小时自感现象的演示装置.设开关原来是接通的,白炽灯 B 以某一亮度发光.当切断开关时,我们看到白炽灯 B 先是猛然一亮,然后逐渐熄灭.这个现象同样

可以用自感作用来解释.开关切断后,线圈 L 与电源脱离,它的电流从有到无,是一个减小的过程.按照楞次定律,自感电动势应阻碍电流的减小,所以线圈的电流不会立刻减小为零.然而这时开关已经切断,线圈的电流只能通过白炽灯 B 而闭合,因此白炽灯 B 不会立刻熄灭.如果线圈的电阻远小于白炽灯的电阻(实际的演示仪器都按这一要求制作),当开关处于接通状态时线圈的电流就远大于白炽灯的电流,在切断开关的瞬间,线圈的这一电流流过白炽灯,就使白炽灯比刚才还亮.但由于线圈及白炽灯回路已经脱离电源(能源),电流必将逐渐减小为零,因而白炽灯逐渐熄灭.

以上两个演示的定量讨论将在小节 6.8.2 末小字部分给出.

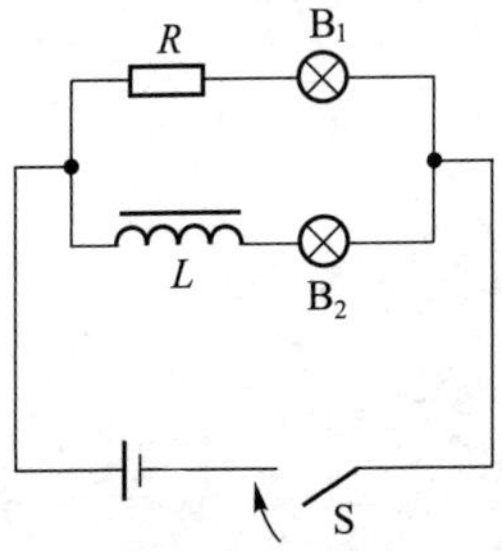

图 6-23 电流增大时自感现象的演示

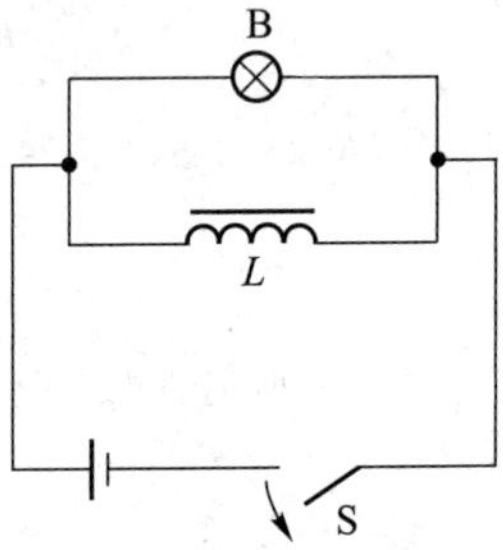

图 6-24 电流减小时自感现象的演示

6.5.2 自感系数

首先讨论一个形状任意的闭合线圈.设线圈电流 I 给自身提供磁通 $\Phi_{自}$,则由法拉第定律可知其自感电动势为

$$\mathscr{E}_{自}=-\frac{\mathrm{d}\Phi_{自}}{\mathrm{d}t}. \tag{6-32}$$

在实际计算中电流 I 比磁通 $\Phi_{自}$ 更常出现,有必要找出 $\mathscr{E}_{自}$ 与 I 的关系.根据毕-萨定律,I 在空间各点激发的 $\boldsymbol{B}$ 都与 I 成正比(有铁芯的情况除外,详见第七章),而 $\Phi_{自}$ 又与 $\boldsymbol{B}$ 成正比,因而正比于 I:

$$\Phi_{自}=LI, \tag{6-33}$$

比例系数 L 称为线圈的**自感系数**,简称**自感**,仅依赖于自身几何因素及周围磁介质的特性而与电流无关(有铁芯时除外,见下章).自感的 SI 单位称为**亨利**(H),是由式(6-33)定义的.

把式(6-33)代入式(6-32)便得 $\mathscr{E}_{自}$ 与 I 的常用关系式

$$\mathscr{E}_{自}=-L\frac{\mathrm{d}I}{\mathrm{d}t}. \tag{6-34}$$

当线圈为螺线管或螺绕环时,可近似把每匝看成闭合曲线,因而可谈及穿过每匝的磁通.各匝的磁通显然近似相等,称为**每匝磁通**,记为 Φ.设总匝数为 N,则整个螺线管(看作闭合曲线)的总磁通近似为 $N\Phi$,通常称为**磁链(磁通匝链数)**,记为 Ψ.为强调现在只讨论自感情况(以区别于后面还有互感的情况),写成 $\Psi_{自}=N\Phi_{自}$(其中 $\Phi_{自}$ 是线圈自身电流贡献的每匝磁通),这时式(6-32)应改为

$$\mathscr{E}_{自}=-\frac{\mathrm{d}\Psi_{自}}{\mathrm{d}t}, \tag{6-32$'$}$$

式(6-33)则改为(其中 L 代表螺线管或螺绕环的自感系数)

$$\Psi_{自}=LI, \tag{6-33'}$$

式(6-34)不变.

式(6-34)是由(6-32′)及(6-33′)导出的.式(6-32′)要求 $\mathscr{E}_{自}$ 与 $\Psi_{自}$ 的正方向满足右手螺旋关系,否则式中负号消失.式(6-33′)要求 $\Psi_{自}$ 与 I 的正方向满足右手螺旋关系(以保证 L 为正数).于是式(6-34)要求 $\mathscr{E}_{自}$ 与 I 的正方向一致,如图 6-25 所示.

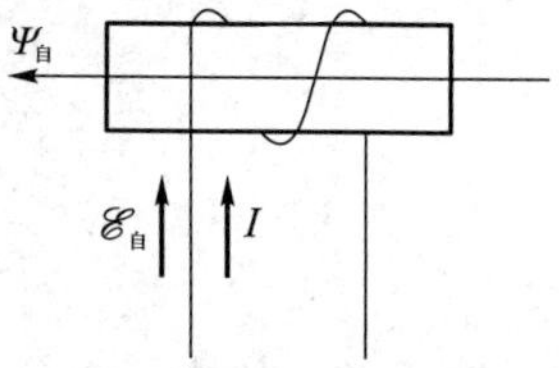

图 6-25 I、$\mathscr{E}_{自}$ 及 $\Psi_{自}$ 的正方向配合

例 已知细长螺线管体积为 V,单位长度的匝数为 n,求其自感.

解:细长螺线管内的 B 与电流 I 的关系为 $B\approx\mu_0 nI$.设 S 是管的横截面积,则每匝磁通 $\Phi=BS\approx\mu_0 nIS$,故螺线管的自感磁链为

$$\Psi_{自}=N\Phi=nl\Phi=nlBS\approx\mu_0 n^2 lSI,$$

其中 l 为螺线管的长度.注意到 lS 等于管的体积 V,便得 $\Psi_{自}\approx\mu_0 n^2 VI$.于是螺线管的自感按定义为

$$L=\frac{\Psi_{自}}{I}\approx\mu_0 n^2 V. \tag{6-35}$$

因为上式的近似号主要来自端部附近的误差(端部附近的每匝磁通小于 $\mu_0 nIS$),所以 l^2/S 越大时上式越准确.

不难相信,如果螺绕环的横截面半径远小于环的平均半径,上例结果对螺绕环的自感同样成立.

自感现象在电工、无线电、电子技术中有广泛的应用.日光灯镇流器是自感用于电工技术的简单例子.在电子电路中广泛使用自感线圈,特别是用它与电容器组成各种谐振电路来完成特定的任务(详见§8.6).自感现象有时也会带来害处.在供电系统中切断载有强大电流的电路时,由于电路中自感元件的作用,开关处会出现强烈的电弧(详见小节 6.8.3),足以烧毁开关、造成火灾并直接危及人身安全.为了避免事故,切断大电流电路时必须使用带有灭弧结构的特殊开关.

常见电路中的自感电动势通常主要存在于带有线圈的电路元件内部(特别是铁芯线圈,例如图 6-23 和图 6-24 的 L).然而,构成电路的导线其实也或多或少地存在自感电动势(因为导线电流激发的时变磁场也在导线中提供感生电场),因而相应地也有自感.自感、电阻和电容都称为**电路参量**,其中电路元件(线圈、电阻器和电容器)的参量称为**集总参量**,除集总参量之外的参量(例如导线的自感、电阻和电容)则统称**分布参量**.在许多情况下分布自感与集总自感相比可以忽略,但也有不少情况(特别是不存在集总自感时)必须考虑分布自感.例如,在用两根平行直导线远程输送交流电时(见图 6-26),导线的分布自感就往往不能忽略.图 6-26(a)的全电路的自感电动势 $\mathscr{E}_{自}=-L_{全}(\mathrm{d}I/\mathrm{d}t)$,其中 $L_{全}$ 代表全电路的自感,它等于把全电路看作一个很长的矩形线框所穿过的磁通 $\Phi_{全}$ 与电流 I 之比.对这种远距输电电路更常用的概念是**单位长度的自感**(记作 L),定义为 $L\equiv\Phi/I$,其中 Φ 是双输电线单位长度所对应的平面 S[见图 6-26(a)]的磁通.不难看出 $L_{全}$ 等于一根输电线的全长 l 乘以 L.设每根导线都是半径为 R 的细长圆柱体,线间距离为 d,则利用直长导线磁场的公式 $B=\mu_0 I/2\pi a$ 不难求得

$$L=\frac{\mu_0}{\pi}\ \ln\frac{d}{R}. \tag{6-36}$$

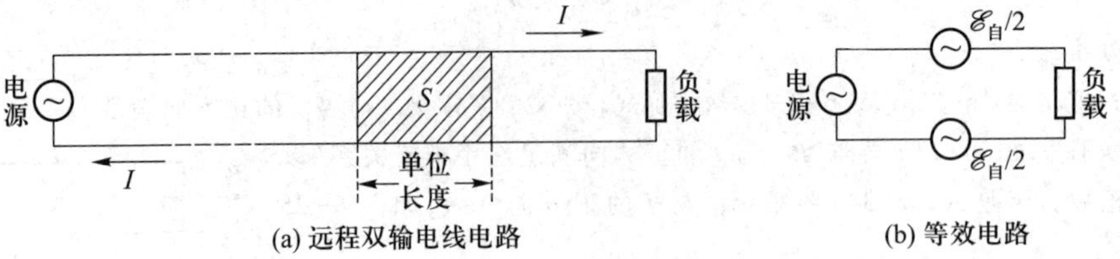

图 6-26 远程双输电线单位长度自感的定义

这就是直长双输电线单位长度自感的表达式.以此为基础就可进一步理解同轴电缆的单位长度自感 L 的概念.同轴电缆的内外导体起到双输电线的作用,讨论同轴电缆自感的主要困难在于它不能看作线状电路,因此"穿过电路的磁通"这一概念并不清晰.特别是,当电缆的芯线(内圆柱)内部处处有非零的电流密度时,自感效应无法归结为自感电动势(电动势是对曲线而不是实心导体定义的)①.不过,根据小节 6.7.3 将要介绍的趋肤效应,当频率足够高时芯线的电流只局限于其表面很薄的一层,问题就简单得多.我们只讨论这种情况.这时可认为电流只在两个同轴圆柱面上流过.在横截面上把这两个圆周分解为许多对很短的圆弧,则两个同轴圆柱面可看作许多对直长双输电线的并联.各对直长双输电线都有相同的自感电动势,而电动势相等的电源的并联总电动势等于其中一个电动势,因此同轴电缆单位长度的自感的概念与直长双输电线类似,也是 $L\equiv \Phi/I$,其中 I 是芯线的电流,Φ 是图 6-27中平面 S 的磁通.设内外圆柱的半径分别为 R_1 及 R_2,请读者导出同轴电缆的 L 的表达式.

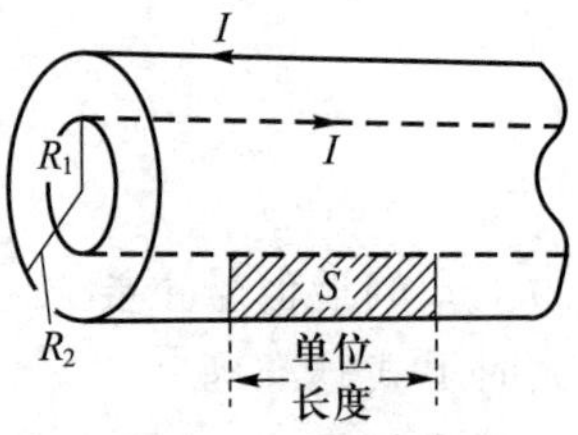

图 6-27 同轴电缆单位长度自感的定义

§6.6 互 感

6.6.1 互感现象和互感系数

图 6-28 表示两个任意线圈,每个线圈的时变电流除对自己外还对另一线圈提供时变磁通,因而每个线圈除有自感电动势外还有由另一线圈提供的互感电动势.为了加强互感耦合,通常用两个匝数很多的线圈绕在同一筒子上(见图 6-29).筒子既可空心也可插入铁芯.对空心筒,两线圈多为里外相套,只为画图方便才画成分开.多匝线圈的磁链(总磁通)等于各匝磁通之和,对线圈 1 有

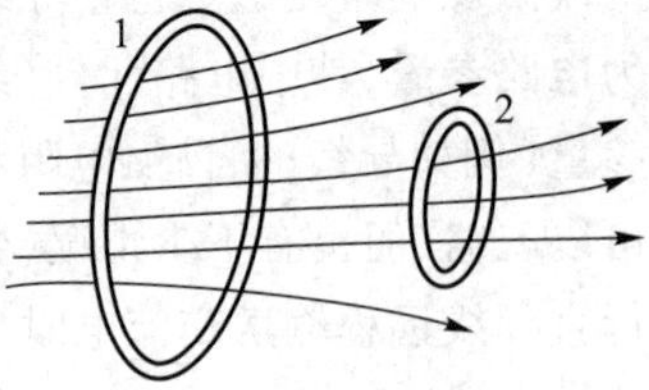

图 6-28 互感耦合

$$\Psi_1=\Psi_{11}\pm\Psi_{21}, \tag{6-37}$$

其中 Ψ_{11} 是线圈 1 的电流 I_1 对线圈 1 自己提供的磁链,也就是自感磁链 $\Psi_{自1}$,而 Ψ_{21} 则是线

① 当双输电线不能看作细直线时也有类似问题.这种与导线内部的电流相关的磁通导致的自感称为**内自感**.内自感的计算可参阅电工学理论基础一类的教材(工科院校教材).

圈 2 的电流 I_2 对线圈 1 提供的磁链，叫**互感磁链**.式中的正负号分别适用于图 6-29 的(a)和(b).于是线圈 1 的感生电动势为

$$\mathscr{E}_1 = -\frac{d\Psi_1}{dt} = -\left(\frac{d\Psi_{11}}{dt} \pm \frac{d\Psi_{21}}{dt}\right). \tag{6-38}$$

由式(6-33′)知 $\Psi_{11} = L_1 I_1$，其中 L_1 是线圈 1 的自感.同样，根据毕-萨定律，Ψ_{21} 与 I_2 也成正比，以 M_{21} 代表比例系数，有①

$$\Psi_{21} = M_{21} I_2. \tag{6-39}$$

代入式(6-38)得

$$\mathscr{E}_1 = -\left(L_1 \frac{dI_1}{dt} \pm M_{21} \frac{dI_2}{dt}\right). \tag{6-40}$$

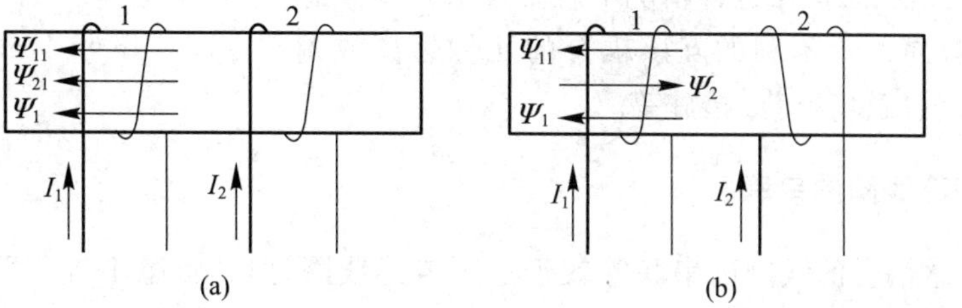

图 6-29　两个线圈套在一个筒子上，I_1、I_2、Ψ_{11}、Ψ_{21}、Ψ_1 的箭头代表各量的正方向

类似地，线圈 2 的感生电动势为

$$\mathscr{E}_2 = -\left(L_2 \frac{dI_2}{dt} \pm M_{12} \frac{dI_1}{dt}\right). \tag{6-41}$$

小节 6.11.2 将证明 $M_{12} = M_{21}$，简记为 M(恒为正)，故以上两式可改写为②

$$\mathscr{E}_1 = -\left(L_1 \frac{dI_1}{dt} \pm M \frac{dI_2}{dt}\right), \tag{6-40′}$$

$$\mathscr{E}_2 = -\left(L_2 \frac{dI_2}{dt} \pm M \frac{dI_1}{dt}\right). \tag{6-41′}$$

M 称为两线圈间的**互感系数**，简称**互感**，表征两线圈间互感耦合的强弱，与自感有相同的单位.互感也只取决于两线圈的几何因素(形状、大小、匝数、相互配置等)及磁介质的特性而与电流无关(有铁芯时除外).因为每个线圈对自己每匝提供近似相同的磁通(分别记为 Φ_{11} 和 Φ_{22})，故 $\Psi_{11} = N_1\Phi_{11}$，$\Psi_{22} = N_2\Phi_{22}$.进一步，若耦合是如此之强，以致每个线圈产生的、穿过自己每匝的 $\boldsymbol{B}$ 线全部穿过另一线圈的每匝(没有漏磁)，即如果 $\Phi_{12} = \Phi_{11}$ 及 $\Phi_{21} = \Phi_{22}$，就说两者之间存在**完全耦合**. 不难证明(习题)对完全耦合有

$$M = \sqrt{L_1 L_2}. \tag{6-42}$$

互感现象在电工和电子技术中应用很广，变压器就是一个重要例子.变压器中有两个匝数不同的线圈(绕组)，由于互感耦合，当一个线圈两端加上交流电压时，另一个线圈两端将感应出数值不同的电压(详见 §8.7).但变压器不能变换直流电压，因直流电流的磁场不随

① 为使 M_{21} 为正数，Ψ_{21} 与 I_2 的正方向应选得满足右手螺旋关系(见图 6-29).

② 有铁芯时 L 及 M 不是常量，严格说来式(6-40)及式(6-41)不成立.但有时也用作粗略估算.

时间而变,另一线圈不会出现感生电动势.在实验室中,为了方便地从低压直流电源获得很高的电压,可以使用**感应圈**.感应圈由套在同一铁芯上的两个匝数悬殊的线圈及一个断续器构成(见图 6-30),有无断续器是感应圈与变压器的主要差别所在.由于断续器的作用,原线圈(一次绕组)1 在接通直流电源时将出现变化电流,从而在副线圈(二次绕组)2 中感生出很高的电动势.断续器的作用请读者自己分析,其中电容 C 是为削弱触头处的火花而设的,分析时可不考虑.人类首次发射电磁波所用的装置(赫兹振子,见小节 9.4.2)中的一个关键设备就是感应圈.

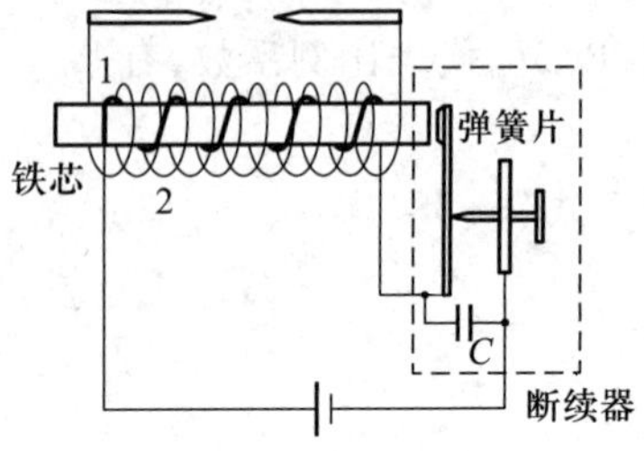

图 6-30 感应圈

互感现象在某些情况下也要带来不利的影响.在电子仪器中,元件之间不希望存在的互感耦合会使仪器工作质量下降甚至无法工作.在这种情况下就要设法减少互感耦合,例如把容易产生不利的互感耦合的元件远离或调整方向以及采用“磁场屏蔽”措施等.

6.6.2 互感线圈的串联

两个有互感耦合的线圈的串联等效于一个自感线圈,但其自感不等于两个线圈的自感之和.下面分两种情况讨论.

(1) 顺接情况.

图 6-31(a)的连接方式称为**顺接**.顺接时,两线圈电流的磁通互相加强,每个线圈的磁链都等于自感和互感磁链之和,即

$$\Psi_1=\Psi_{11}+\Psi_{21},\quad \Psi_2=\Psi_{22}+\Psi_{12}.$$

考虑到串联时电流相等(记为 I),式(6-40′)及式(6-41′)成为

$$\mathscr{E}_1=-\left(L_1\frac{\mathrm{d}I}{\mathrm{d}t}+M\frac{\mathrm{d}I}{\mathrm{d}t}\right)=-(L_1+M)\frac{\mathrm{d}I}{\mathrm{d}t},$$

$$\mathscr{E}_2=-\left(L_2\frac{\mathrm{d}I}{\mathrm{d}t}+M\frac{\mathrm{d}I}{\mathrm{d}t}\right)=-(L_2+M)\frac{\mathrm{d}I}{\mathrm{d}t}.$$

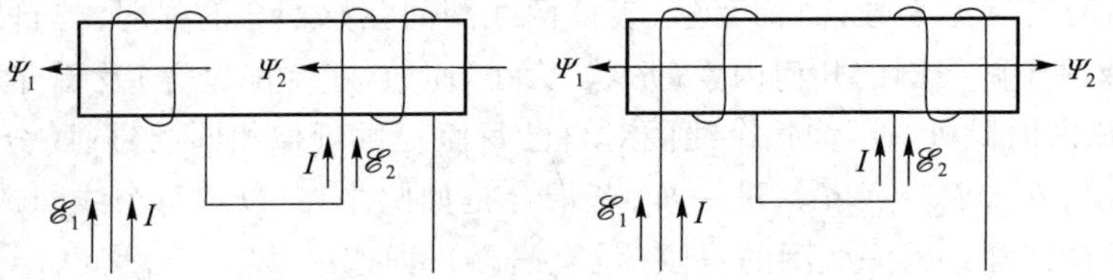

图 6-31 互感线圈的串联

因串联总电动势 $\mathscr{E}$ 等于每个线圈电动势之和,故

$$\mathscr{E}=\mathscr{E}_1+\mathscr{E}_2=-(L_1+L_2+2M)\frac{\mathrm{d}I}{\mathrm{d}t}.$$

上式说明两个线圈的串联等效于一个自感线圈,其自感为

$$L=L_1+L_2+2M. \tag{6-43a}$$

可见,顺接而成的等效线圈的自感大于两个线圈自感之和(注意 L_1、L_2 和 M 都是正值).

(2) 逆接情况.

图 6-31(b)的连接方式称为**逆接**.逆接时,两线圈电流的磁通互相削弱,故

$$\Psi_1=\Psi_{11}-\Psi_{21},\quad \Psi_2=\Psi_{22}-\Psi_{12}.$$

于是

$$\mathscr{E}_1=-\left(L_1\frac{\mathrm{d}I}{\mathrm{d}t}-M\frac{\mathrm{d}I}{\mathrm{d}t}\right)=-(L_1-M)\frac{\mathrm{d}I}{\mathrm{d}t},$$

$$\mathscr{E}_2=-\left(L_2\frac{\mathrm{d}I}{\mathrm{d}t}-M\frac{\mathrm{d}I}{\mathrm{d}t}\right)=-(L_2-M)\frac{\mathrm{d}I}{\mathrm{d}t}.$$

逆接而成的等效线圈的总电动势

$$\mathscr{E}=\mathscr{E}_1+\mathscr{E}_2=-(L_1+L_2-2M)\frac{\mathrm{d}I}{\mathrm{d}t}.$$

其等效自感为

$$L=L_1+L_2-2M. \qquad (6-43\text{b})$$

可见,逆接而成的等效自感小于两线圈自感之和.

如果两线圈间没有互感耦合,即 $M=0$,则没有必要区分顺接和逆接,这时无论由式(6-43a)还是式(6-43b)都得到 $L=L_1+L_2$,即两个无互感耦合的线圈串联而成的等效自感等于每个线圈的自感之和.反之,若两线圈间有完全耦合,则式(6-43)与式(6-42)结合给出

$$L=L_1+L_2\pm 2\sqrt{L_1L_2}. \qquad (6-44)$$

§6.7 涡 电 流

当整块金属内部的电子受到某种非静电力时,金属内部就会出现电流.电磁感应情况下的磁洛伦兹力或感生电场力就是这种非静电力的常见例子,由这两种力在整块金属内部引起的感应电流称为**涡电流**(简称**涡流**),其流动情况可用电流密度 $\boldsymbol{J}$ 描述.由于多数金属的电阻率很小,因此不大的非静电力往往可以激起强大的涡流.图 6-32 表示一个铁芯线圈通过交变电流时在铁芯内部激起的涡流,它是由变化磁场激发的感生电场引起的.

6.7.1 涡流热效应的应用和危害

涡流与普通电流一样要放出焦耳热.利用涡流的热效应进行加热的方法称为**感应加热**.冶炼金属用的高频感应炉就是感应加热的一个重要例子.图 6-33 是高频感应炉的示意图.当线圈通入高频交变电流时,坩埚中的被冶炼金属内出现强大的涡流,它所产生的热量可使金属很快熔化.这种冶炼方法的最大优点之一,就是冶炼所需的热量直接来自被炼金属本身,

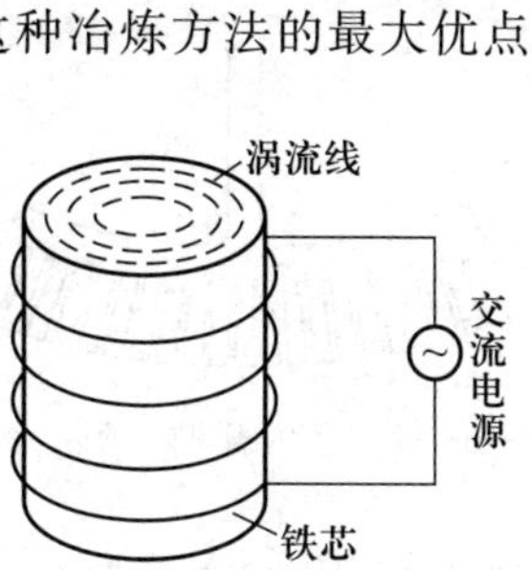

图 6-32 铁芯中的涡电流

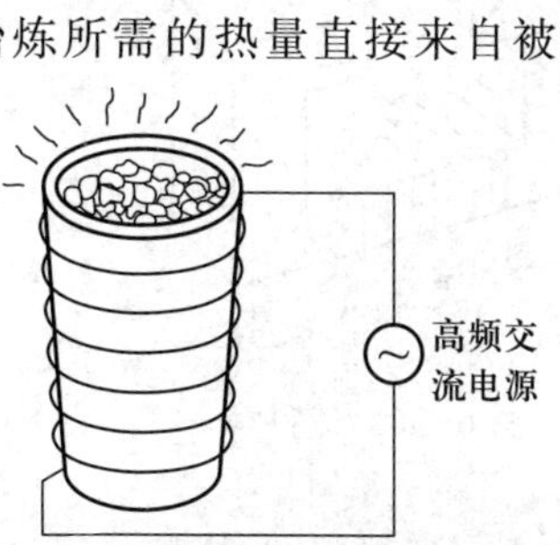

图 6-33 高频感应炉

因此可达极高的温度并有快速和高效的特点.此外,这种冶炼方法易于控制温度,并能避免有害杂质混入被炼金属,因此适于冶炼特种合金和特种钢等.近年来流行的电磁灶则是交变电流在金属锅底引起的涡电流的热效应的应用例子.

涡流的热效应对于变压器和电机的运行极为不利.首先,它会导致铁芯温度升高,从而危及线圈绝缘材料的寿命,严重时甚至可使绝缘材料当即烧毁.其次,涡流发热要损耗额外的能量(称为**涡流损耗**),使变压器和电机的效率降低.为了减小涡流,变压器和电机的铁芯都不用整块钢铁而用很薄的硅钢片叠压而成.硅钢是掺有少量硅的钢,其电阻率比普通钢大,因此涡流损耗得以减小.把硅钢制成片状则可借用片间的绝缘漆(或自然形成的绝缘氧化层)切断涡流通路以进一步减小涡流的发热.图 6-34 表示了用硅钢片把涡流限制在每块片内的情形.计算表明,涡流损耗与片的厚度的平方成正比,因此从这一角度来说硅钢片越薄越好.图 6-35 是用硅钢片叠成的小型变压器铁芯(线圈并未画出).

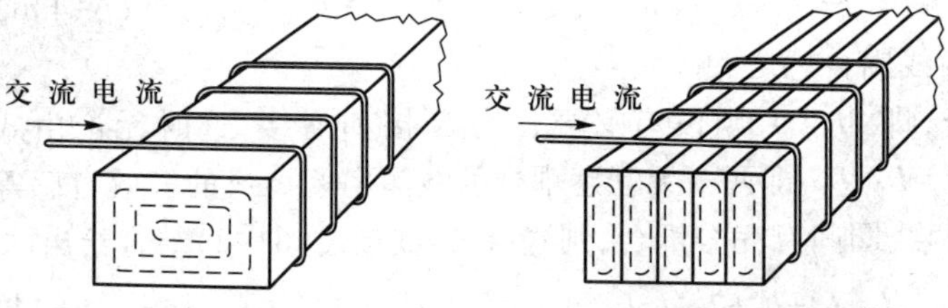

(a) 用整块硅钢做铁芯　(b) 用硅钢片叠成铁芯

图 6-34 用硅钢片限制涡流

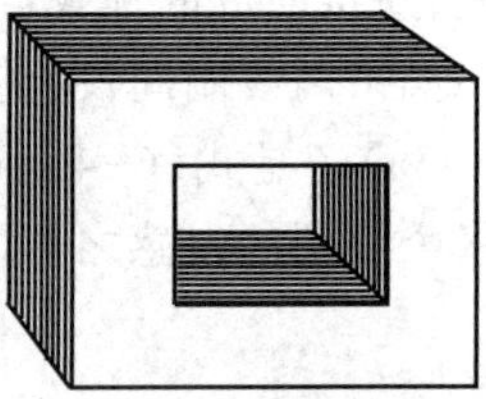

图 6-35 小型变压器铁芯

6.7.2 涡流磁效应的应用——电磁阻尼

先看图 6-36 的演示.A 是一块可在电磁铁两极间摆动的铜板(**傅科摆**).电磁铁未通电时,A 要摆动多次才停;电磁铁一旦通电,A 很快就停下.这种现象称为**电磁阻尼**,不难用楞次定律解释.按照楞次定律的第二种表述,导体在磁场中运动时由于出现感应电流(在我们的例子中就是涡流)而受到的安培力必然阻碍导体的运动.用一个与 A 形状相同但开有许多深槽的摆(见图 6-37)做同样的实验,就会看到阻力大为减小,这显然是深槽切断了涡流通路的缘故.

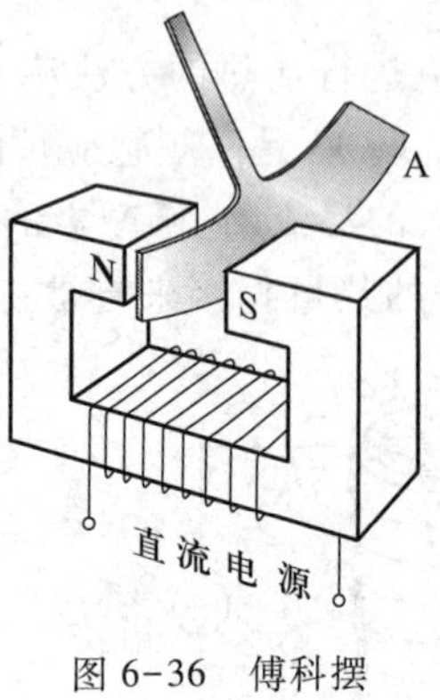

图 6-36 傅科摆

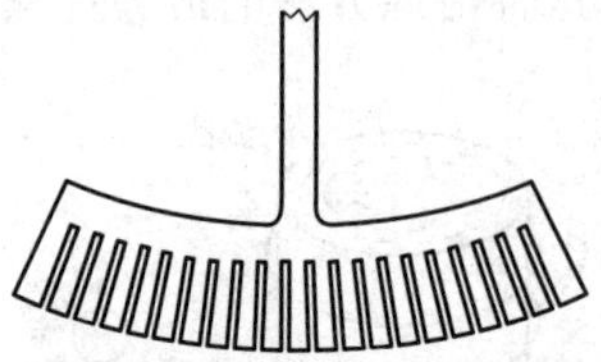

图 6-37 摆内开槽后阻力减小

傅科摆的演示当然也可用楞次定律的第一种表述来分析.近似认为两磁极间的磁场集中于一个矩形截面的区域(图 6-38 的虚线矩形,×表示磁场方向垂直纸面背离读者).

由于摆动，摆的前半部分磁通在减小，涡流的磁场应与磁铁磁场同向；摆的后半部分磁通在增大，涡流的磁场应与磁铁磁场反向.因此，涡流方向大致如图中箭头所示.我们以涡流线 $PQMNP$ 为例分析受力情况.PQ 边及 MN 边受力不是向上就是向下，对摆动没有影响.PN 边尚未进入磁场，故不受力.由 QM 边的电流方向及 $\boldsymbol{B}$ 的方向可知 QM 边所受的力向右，即阻力.

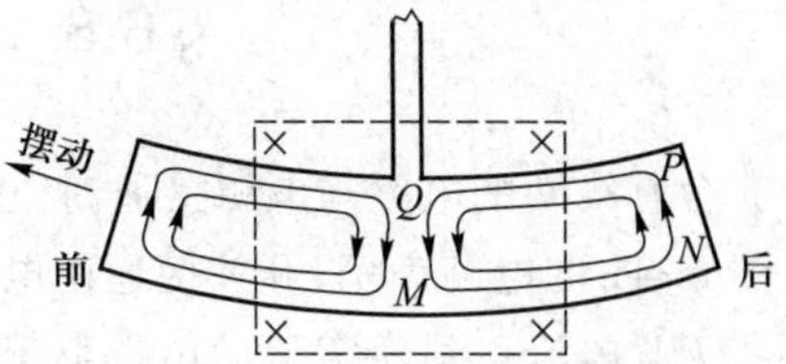

图 6-38　摆内涡流受力分析

电磁阻尼在实际中应用很广.使用电学测量仪表时，为了便于读数，希望指针能迅速稳定在应指的位置上而不左右摇摆.为此，一般电学测量仪表都装有阻尼器.图 6-39 是电磁阻尼器的一种，其中 1 是铝片，2 是永磁铁.铝片随指针摆动，它所受的电磁阻尼使指针很快地稳定在应指的位置.此外，磁电式电流计的线圈常绕在一个封闭铝框上，测量时，铝框随线圈在磁场中转动，铝框由于感应电流（见图 6-40 的箭头）而受到的安培力同样起到电磁阻尼的作用.

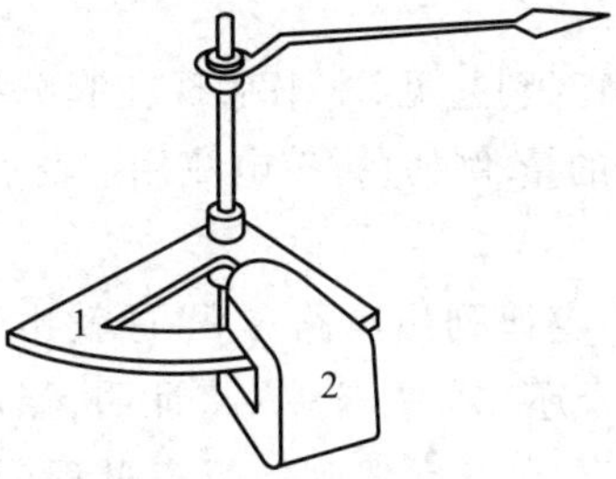

图 6-39　仪表中的电磁阻尼器

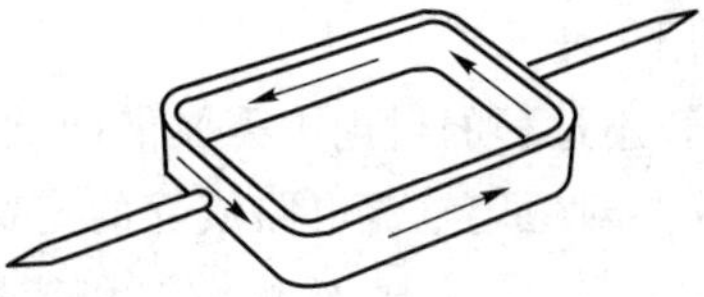

图 6-40　磁电式电流计中的铝框

除仪表之外，电磁阻尼还常用于电气机车的电磁制动器.

6.7.3　趋肤效应

一段均匀的柱状导体通过直流电流时，电流密度在导体横截面上是均匀分布的.然而，交变电流通过导体时就不这么简单了.由于交变电流激发的交变磁场会在导体内部引起涡流，电流密度在导体横截面上不再均匀分布，而是越靠近导体表面处电流密度越大.这种交变电流倾向于集中在导体表面的效应称为**趋肤效应**①（或**集肤效应**）.当导体中流过交变电流时，时变电磁场在导体中引起涡流，而变化着的涡流又反过来激发变化的电磁场，如此互相影响.可见趋肤效应是一个相当复杂的过程，其严格的理论分析必须依靠求解电磁场方程组，详见电动力学.

趋肤效应的程度与电流变化的快慢有关.电流的频率越高，趋肤效应越明显.当频率很高的电流通过导线时，可以认为电流只在导线表面上很薄的一层中流过，这等效于导线的截面积减小，电阻增大.既然导线的中心部分几乎没有电流通过，就可以把这中心部分除去以节约铜材.因此，在高频电路中可以采用空心导线代替实心导线.此外，为了削弱趋肤效应，在高频电路中也往往使用多股绝缘细导线编织成束来代替同样截面积的粗导线.在工业应用方面，利用趋肤效应可以对金属进行表面淬火.

---

① 交变电流密度的数值是随时间变化的，这里所谓越靠近表面电流密度越大，是指电流密度的最大值而言的.

§6.8 RL 电路的暂态过程

含有线圈的电路与电源接通时,由于线圈的"电磁惯性",电流是从零开始逐渐增大的.以图 6-41 的电路为例,开关接通前电流为零,开关接通后电流逐渐增大,最后才达到稳定值 $I=\mathscr{E}/R$①.电流达到稳定值的电路状态称为**稳态**.实际上,开关接通前的状态也是一种稳态,即电流为零的稳态.从一种稳态到另一种稳态所经历的过程称为**暂态过程**(或**过渡过程**).暂态过程一般很短,但在这过程中出现的某些现象有时却非常重要.例如,在发电、供电设备由于开关操作所引起的暂态过程中,某些部分可能出现比稳态大数倍乃至数十倍的电压或电流(称为**过电压**或**过电流**),从而严重威胁电气设备和人身的安全.在电子电路中,暂态过程往往又有各种巧妙的应用.

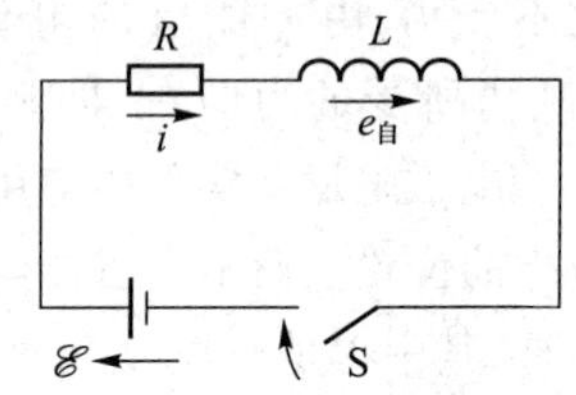

图 6-41 *RL* 电路与直流电源的接通

讨论暂态过程时要涉及许多随时间变化的量.为明确区别起见,本书从现在起分别用小写字母和大写字母表示随时间变化的量和不随时间变化的量.例如,暂态电流用 i 表示,稳态电流则用 I 表示.

在暂态过程的讨论中需要借助欧姆定律和基尔霍夫定律列出电路方程.这就出现一个问题:这些对恒定电流电路成立的定律对于时变电流是否还成立? §9.5 将证明,当电路满足"集中参量"条件时,欧姆定律和基尔霍夫定律近似成立.在通常遇到的暂态过程(以及通常遇到的交流电路)中,这一条件都能近似地满足.因此,在本章及第八章中讨论到时变电流时,我们都默认欧姆定律和基尔霍夫的两个定律可以使用.

6.8.1 *RL* 电路与直流电源的接通

以图 6-41 为例讨论.把开关接通的时刻选为 $t=0$,我们来找出这一时刻以后电流随时间的变化规律,即求出从 $t=0$ 开始的函数 $i(t)$.为此,先要列出 $t=0$ 以后 $i(t)$ 所服从的微分方程.线圈在电流变化时相当于一个电源,它提供自感电动势 $e_{自}$.选 $e_{自}$ 及 i 的正方向如图 6-41 箭头所示,则

$$e_{自}=-L\frac{\mathrm{d}i}{\mathrm{d}t}.$$

再把直流电源电动势 $\mathscr{E}$ 的正方向选得与其实际方向一致(如图箭头所示,这样可使 $\mathscr{E}>0$),则按基尔霍夫第二定律有

$$\mathscr{E}+e_{自}=iR,$$

故

$$\mathscr{E}-L\frac{\mathrm{d}i}{\mathrm{d}t}=iR. \tag{6-45}$$

这是关于未知函数 $i(t)$ 的一个微分方程②,可用分离变量法求解.把方程改写为

① 为简单起见,假定线圈和电源内部没有电阻(实际是把它们的电阻都归到 R 内),下同.

② 是一个一阶常系数非齐次线性微分方程.

$$\frac{\mathrm{d}i}{i-\dfrac{\mathscr{E}}{R}}=-\frac{R}{L}\mathrm{d}t,\quad 或\quad \frac{\mathrm{d}\left(\dfrac{\mathscr{E}}{R}-i\right)}{\dfrac{\mathscr{E}}{R}-i}=-\frac{R}{L}\mathrm{d}t,$$

积分得

$$\ln\left(\frac{\mathscr{E}}{R}-i\right)=-\frac{R}{L}t+K,$$

其中 K 是积分常数.对上式两边取指数并令 $A\equiv \mathrm{e}^{K}$,则得

$$i(t)=\frac{\mathscr{E}}{R}-A\mathrm{e}^{-\frac{Rt}{L}}. \tag{6-46}$$

这就是微分方程(6-45)的通解,不同的常数 A 给出不同的函数 $i(t)$,它们都满足方程(6-45).为了找出符合所给物理条件的那个特解,必须使用初始条件.初始条件是指函数 $i(t)$ 在 $t=0$ 时的值,可由所给物理条件得出.在我们的例子中,开关接通前 $i=0$,开关接通时,由于自感线圈的"电磁惯性",电流只能渐变而不能突变(即不能在无限小时间内完成有限的变化),由此可得初始条件:$i(0)=0$.以此条件代入式(6-46)便可唯一确定 A 值:

$$0=i(0)=\frac{\mathscr{E}}{R}-A\mathrm{e}^{-\frac{R\cdot 0}{L}}=\frac{\mathscr{E}}{R}-A,$$

故 $A=\mathscr{E}/R$,再代回式(6-46)便得符合所给物理条件的特解:

$$i(t)=\frac{\mathscr{E}}{R}(1-\mathrm{e}^{-\frac{Rt}{L}})\quad (对\ t\geqslant 0). \tag{6-47}$$

以 I 表示 $\mathscr{E}/R$,有

$$i(t)=I(1-\mathrm{e}^{-\frac{Rt}{L}})\quad (对\ t\geqslant 0). \tag{6-48}$$

这就是电流 i 在开关接通后($t\geqslant 0$)的变化规律.注意到 $t<0$ 时 $i=0$,可画出 i 随 t 的变化曲线,如图 6-42 所示.由式(6-48)可知:

(1) 在开关接通后的暂态过程中,i 以指数方式随 t 增大,最后达到稳态值 $I=\mathscr{E}/R$.从理论上说,要达到这一稳态需经无限长时间[由式(6-48)可知,只有$t\to\infty$ 时才有 $i=I$].但是,当电流足够接近 I 以致从实用角度可认为它等于 I 时,就可认为暂态过程结束.暂态过程持续的时间通常是很短的.

(2) 电流的稳态值只由电源电动势及电路电阻决定,与线圈的自感 L 无关.但 L 却影响着 $i(t)$ 趋近稳态值的快慢.式(6-48)表明这一快慢由比值 L/R 唯一决定.图 6-43 示出稳态

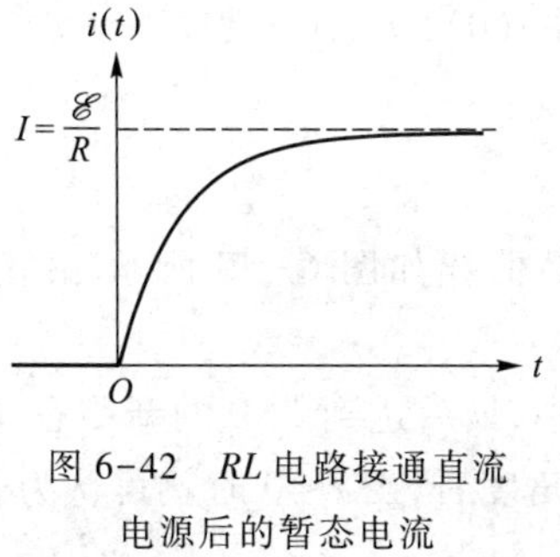

图 6-42　*RL* 电路接通直流电源后的暂态电流

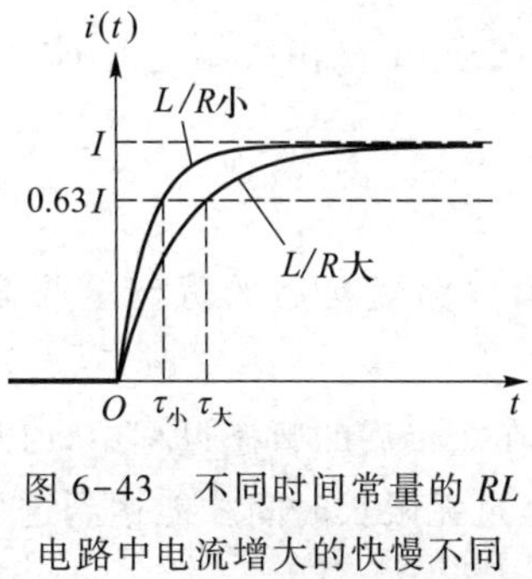

图 6-43　不同时间常量的 *RL* 电路中电流增大的快慢不同

值 I 相同而 L/R 不同的两个 RL 电路的 $i(t)$ 曲线.由图看出,L/R 较小者的 i 较快地趋近 I.由式(6-48)可知 L/R 与时间有相同量纲(因 e 的指数必须是量纲为一的量),通常把 L/R 称为 RL 电路的**时间常量**,记为 τ,即 $\tau \equiv L/R$.为了进一步理解时间常量 τ 的物理意义,我们来看 $t=\tau$ 时的电流 $i(\tau)$.由式(6-48)得

$$i(\tau)=I(1-\mathrm{e}^{-1})=0.63I,$$

可见当 $t=\tau$ 时,i 达到稳态值的 63%.就是说,时间常量是这样一段时间,暂态过程经过这段时间后,i 将增至稳态值的 63%.τ 越大则达到 $0.63I$ 所需的时间越长,因而暂态过程越慢.总之,τ 可看作暂态过程的“时间尺度”,前面说“暂态过程持续的时间通常很短”,也可以理解为通常电路的时间常量很小.

以上讨论了 RL 电路中 $i(t)$ 增大的暂态过程,以下两节要讨论 $i(t)$ 减小的暂态过程.讨论这种暂态过程必须保持足够的谨慎,因为对形式稍有不同的电路而言,其 $i(t)$ 的减小规律可能相差甚远.

6.8.2 已通电 RL 电路的短接

设图 6-44 中开关未接通时电路处于稳态,我们来讨论由于开关的接通在 RL 支路中所引起的暂态过程.开关接通后,整个电路被开关所在的短路线 DC 分为两个互不影响的回路:$ABCDA$ 和 $DCFGD$,我们只关心前者.选 i 及 $e_{自}$ 的正方向如图箭头所示,则

$$e_{自}=-L\frac{\mathrm{d}i}{\mathrm{d}t}.$$

把基尔霍夫第二定律用于回路 $ABCDA$,有

$$e_{自}=iR,$$

故得微分方程

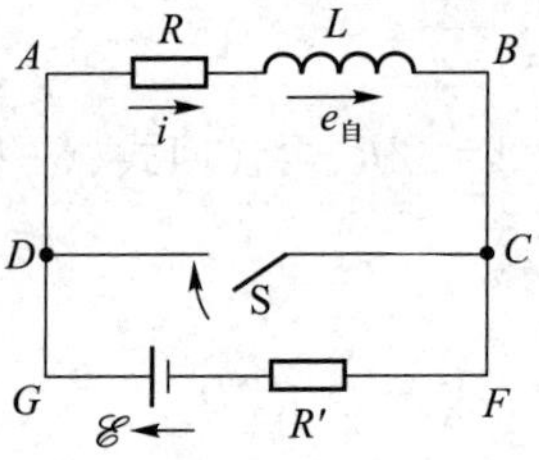

图 6-44 已通电 RL 电路的短接

$$-L\frac{\mathrm{d}i}{\mathrm{d}t}=iR, \tag{6-49}$$

其通解为

$$i(t)=A\mathrm{e}^{-\frac{Rt}{L}}. \tag{6-50}$$

要确定积分常数 A 必须利用初始条件.从上小节可知开关接通前 i 的稳态值为

$$I_0=\frac{\mathscr{E}}{R+R'}.$$

设 $t=0$ 时接通开关,由线圈电流不能突变可得初始条件 $i(0)=I_0$,代入通解(6-50)得 $A=I_0$,故得特解

$$i(t)=I_0\mathrm{e}^{-\frac{Rt}{L}}. \tag{6-51}$$

这便是 RL 电路短接后的暂态电流表达式.$i(t)$ 的函数曲线如图 6-45 所示.由式(6-51)可知:

(1) 在短接后的暂态过程中,i 以指数方式随 t 减小,最后达到 $i=0$ 的新稳态.从理论上说,只有经过无限长时间才能达到这一稳态,但从实用角度看,当 $i\approx 0$ 时就可认为暂态过程结束.

(2) *RL* 电路短接后暂态过程的快慢也取决于时间常量 $\tau\equiv L/R$.不难证明,暂态过程经过时间 τ 后,i 将降至初始值 I_0 的 37%.图 6-46 示出时间常量对暂态过程快慢的影响.

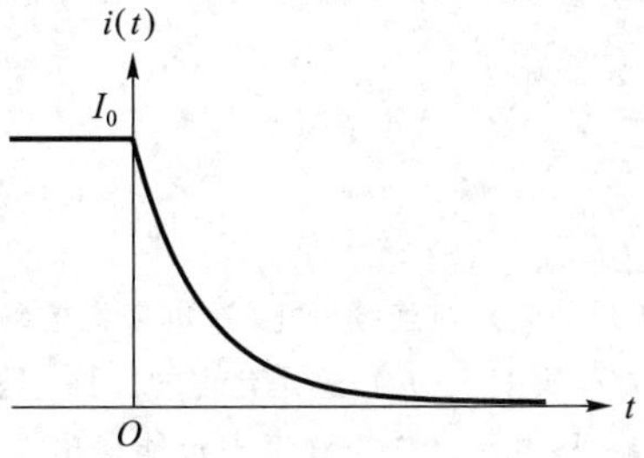

图 6-45 *RL* 电路短接后的暂态电流

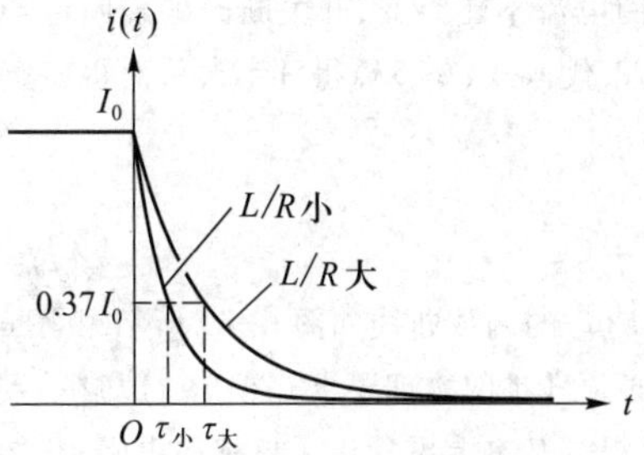

图 6-46 不同时间常量的 *RL* 电路中电流下降的快慢不同

RL 电路与直流电源接通及 *RL* 电路被短接的暂态电流曲线(见图 6-42 及图 6-45)都可用慢扫描示波器演示.这里有必要说明一点,在讲解 *RL* 电路被短接的问题时,有些作者采用图 6-47 的电路,列出与本节相同的微分方程并得出同样的特解(6-51).从原理上说,如果图 6-47 中的开关是一个理想开关(从接点 1 掷到 2 不需时间),此图与图6-44确实给出相同的结果.但是,如果按此图的电路进行演示,示波器屏幕上却不会出现图 6-45 的曲线.关键在于,演示中所用开关从接点 1 掷至 2 是需要时间的,尽管这段时间按一般意义来说很短,但与电路中暂态过程的时间尺度相比却足够长.因此,当开关离开接点 1 而又尚未到达 2 时,线圈的电流已通过别的途径减至近似为零(详见小节 6.8.3),于是到达 2 后不可能再出现图 6-45的曲线.或者说,若把开关到达 2 的时刻取为 $t=0$,则初始条件将不是 $i(0)=I_0$ 而是 $i(0)\approx 0$,所以得不出式(6-51)的特解.

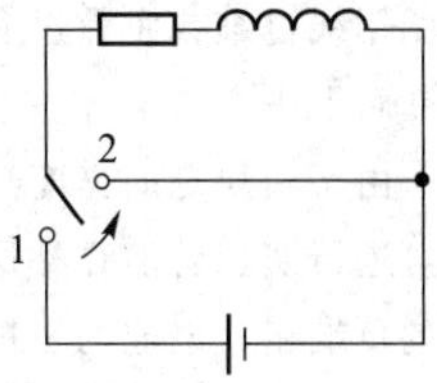

图 6-47 另一种 *RL* 暂态电路

在讲解自感现象时(小节 6.5.1),我们介绍了图 6-24 的演示,读者对于开关断开时白炽灯的"猛然一亮"已有深刻的印象,这个现象无疑是线圈存在自感的表现.但是如果自己按图 6-24 制作一套教具,实验却可能"不成功",即开关切断时看不到白炽灯猛然一亮.这时我们可能怀疑线圈匝数太少,以致自感现象不够明显,于是便增加匝数.可是,匝数越多越"不成功".这是什么原因呢?关键在于,白炽灯猛然一亮的现象虽然的确与线圈的自感有关,但却并非线圈具有自感的必然结果,它只在一定的条件下才会出现.下面定量地讨论这个条件以及与这一演示有关的一些问题.

把图 6-24 改画为图 6-48,其中 R 代表线圈的电阻.选白炽灯电流 i_2、线圈电流 i_1 及自感电动势 $e_{自}$ 的正方向如图6-48箭头所示.以 I_1 及 I_2 分别代表 i_1 及 i_2 在开关接通时的稳态值,则

$$I_1=\frac{\mathscr{E}}{R},\qquad I_2=\frac{\mathscr{E}}{R_2}. \tag{6-52}$$

开关切断后,整个电路只剩一个回路 $ABCDA$,故 $i_2=-i_1$.由基尔霍夫第二定律有

$$e_{自}=-i_2R_2+i_1R=i_1(R_2+R).$$

而
$$e_{自}=-L\frac{\mathrm{d}i_1}{\mathrm{d}t},$$

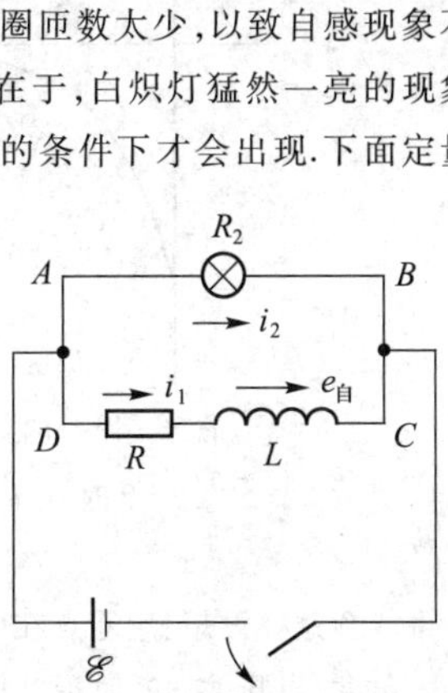

图 6-48 开关切断时白炽灯"猛然一亮"原因的定量讨论

故
$$-L\frac{\mathrm{d}i_1}{\mathrm{d}t}=i_1(R_2+R),$$

其通解为
$$i_1(t)=A\mathrm{e}^{-\frac{(R_2+R)t}{L}}.\tag{6-53}$$

由于线圈电流不能突变，开关断开的瞬间($t=0$)的 $i_1(t)$ 应与断开前一时刻的数值相同. 于是得初始条件 $i_1(0)=I_1$，代入式(6-53)得 $A=I_1$，从而得特解
$$i_1(t)=I_1\mathrm{e}^{-\frac{(R_2+R)t}{L}}$$

及
$$i_2(t)=-i_1(t)=-I_1\mathrm{e}^{-\frac{(R_2+R)t}{L}}.$$

$i_1(t)$ 及 $i_2(t)$ 的函数曲线如图 6-49 所示. 由图可以看出，$i_1(t)$ 在开关断开时连续变化(这本来就是确定初始条件时必须满足的物理要求)，但 $i_2(t)$ 却在 $t=0$ 时有一突变(从 I_2 突变至 $-I_1$)，这是允许的，因 i_2 是白炽灯电流，白炽灯基本上可看作无自感的电阻，其"电磁惯性"可忽略. 从电路上作直观考虑也能得出 i_2 必然突变的结论：开关接通时，线圈电流 i_1 可流经开关回到直流电源；开关切断后，这条电路不通，而 i_1 又不能突变，它只好流入白炽灯支路，迫使白炽灯电流发生突变. 这首先是方向上的突变，即从向右突变为向左；其次是数值上的突变，即 $|i_2|$ 从 I_2 突变为 I_1. 在产品教具中，线圈的电阻 R 一般都比白炽灯的电阻 R_2 小得多，由式(6-52)可知 $I_1 \gg I_2$，故白炽灯在电流从 I_2 突变为 $-I_1$ 时会猛然一亮，然后逐渐熄灭. 但自制教具时，如果线圈用线过细或匝数过多，其 R 就可能大于 R_2，于是 $I_1<I_2$，开关切断时白炽灯就只能比前述的更暗，而且将不断暗下去.

由于白炽灯的亮度只取决于电流的大小而与方向无关，它不能反映电流方向的突变. 用电流计代替白炽灯进行演示就能弥补这个不足(所用电流计的零点在刻度盘的左侧而不在中间). 接线时，要故意把电流计的负端钮与电池的正极相接，如图 6-50 所示(图中电阻是为限制电流计的电流而接入的). 在开关接通的情况下，电流计指针本应反方向(即向左)偏转，但由于刻度盘上止钉的限制，指针只能停在零点左边不远处. 现在切断开关，我们看到电流计指针会猛然向右一摆，然后回到零位. 应该注意，"指针猛然向右一摆"不同于"白炽灯猛然一亮"，后者只当 $I_1>I_2$ 时出现，前者则不要求这个条件. 原则上，只要线圈有自感，指针就能反方向偏转. 因此，用电流计演示比用白炽灯演示更能反映问题的本质.

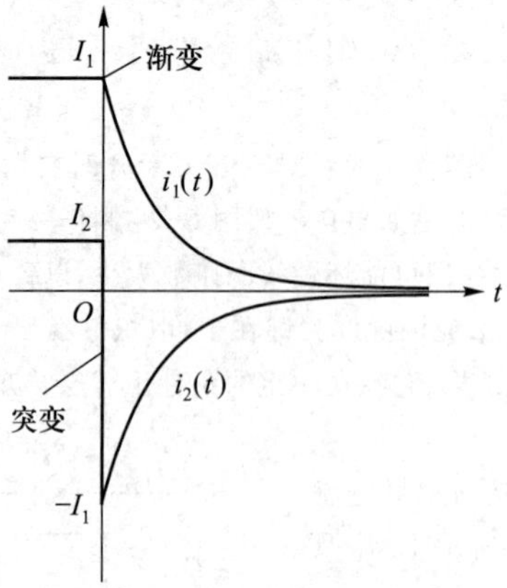

图 6-49　白炽灯电流 i_2 在 $t=0$ 时从 I_2 突变为 $-I_1$

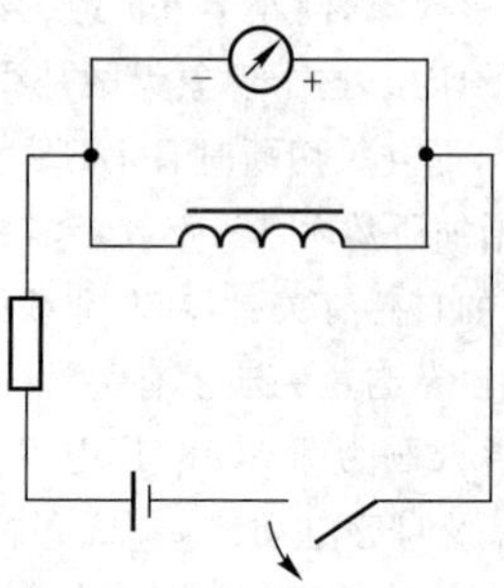

图 6-50　用电流计代替白炽灯演示

可能会这样设想：用零点在中间的演示电流计代替零点在左侧的普通电流计，令开关接通时指针向左偏转某一角度，当开关切断时指针便向右猛然一摆，然后回到零点. 这样似乎效果更好. 但这样的演示是不易成功的. 因为开关切断时，指针从原来的偏角回到零点需要一段时间，在这段时间内，线圈电流已渐减为零(电路暂态过程所需时间往往比机械暂态过程所需时间短得多)，指针回到零点后也就不会再向右偏转了.

*6.8.3 已通电 *RL* 电路的切断

图 6-48 的实验往往被称为“断路时自感现象的演示”,但是这个“断路”仅应理解为电源电路被切断,不能认为线圈电流没有通路,因为它可以通过白炽灯而闭合.线圈的真正断路是指开关切断后电流没有回路的情况,如图 6-51.分析这种情况时遇到一个似是而非的“矛盾”:一方面,由于没有闭合电路,线圈电流不得不突变为零,另一方面,由于线圈有自感,其电流又不允许突变.这个“矛盾”可以这样解决:首先必须考虑到切断后的开关两端存在着“潜布电容”.这个电容数值无疑很小,在一般场合完全可以忽略,但在图 6-51 的情况下却是一个关键性元件,不能不予理会.考虑这个电容后的电路可画成图 6-52.开关切断时,由于线圈电流不能突变,所以不能立刻减为零,这个尚未减为零的电流沿原来方向继续流动,起到给电容器充电的作用.因为电容很小,不大的电流在很短的时间内就可给它充至很高的电压.电压高达一定程度时,开关开口处的空气被击穿,通常会出现一个火花,严重时还会形成高温的强烈火光,称之为“电弧”(即小节 4.8.2 的弧光放电).这实质上就是线圈电流强行通过开关的表现.此后电流消失,电路才算彻底切断.对上述分析还应作以下几点说明:

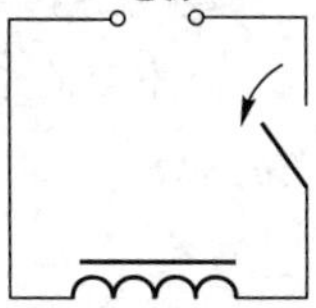

图 6-51 含线圈电路的切断

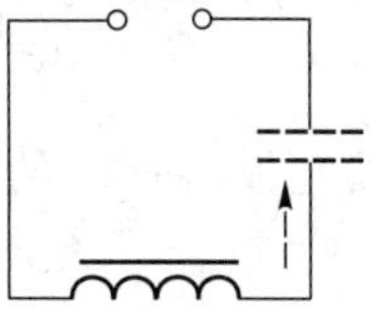

图 6-52 断开的开关相当于一个潜布电容

(1) 开关切断后的一小段时间内,先有对潜布电容的充电电流,继而还有通过气隙的气体放电电流,可见电流并不因开关的断开而立刻变为零,即线圈电流并无突变.这在物理上是可以接受的.

(2) 线圈电流虽无突变,但毕竟变化很快(比图 6-48 的变化快得多),因此 $|e_{自}|=L|\mathrm{d}i/\mathrm{d}t|$ 也比图 6-48的 $|e_{自}|$ 大得多.开关断开时两端出现的高压正是这个很大的 $|e_{自}|$ 的后果.正是这个 $e_{自}$ 使电流不致突变为零,而正是这个尚未突变为零的电流给潜布电容充电至很高的电压.

(3) 与图 6-48 的电路不同,本电路很难进行定量讨论.问题在于,从开关切断开始到电流完全消失为止,电路经历了两个不同的过程:① 空气未击穿时,开关相当于一个电容,线圈电流对它充电;② 空气击穿后,本身等效于一个电阻,它与潜布电容可看作并联.但气体放电的伏安特性与直线相差甚远(特别是在弧光放电段),故气体的电阻不是常量而是 i 的一个复杂的函数.即使形式上列出 $i(t)$ 所服从的微分方程,实际上也无从求解.

前面讲过用示波器演示 *RL* 电路短接的 $i(t)$ 曲线时不能采用图 6-47 的电路,其道理现在可以理解得更为清楚.若用这个电路,则当开关离开接点 1 而尚未掷至 2 时,电路情况与图 6-51 一样,随着开关与接点 1 之间极短暂的放电,线圈电流实际上已降为零.当开关掷到 2 时,线圈电流的初始条件已是 $i(0)=0$,所以示波器荧光屏上将什么也看不到.

在大功率的供电和用电线路中经常接有各种自感很大的铁芯线圈,如变压器和电动机等,它们在工作时又流过强大的电流.切断这种电路必须使用装有灭弧结构的特殊开关.

切断线圈电流时出现的高压有时也有用处,日光灯就是利用切断镇流器(一个铁芯线圈)的电流时在切断处出现的高压来点燃灯管的(见小节 4.8.2).

§6.9 *RC* 电路的暂态过程

RC 电路的暂态过程就是电容器通过电阻的充电或放电过程,在电子电路(特别是脉冲、数字电路)中经常遇到.讨论这种过程时,可着重求出电容电压随时间的变化规律 $u_C(t)$.知道 $u_C(t)$ 后,其他物理量不难一一求得.

6.9.1　RC 电路与直流电源的接通

设图 6-53 的开关位于接点 1 时电路处于稳态（并且已知电容电压为零），我们讨论开关改掷于接点 2 后电容电压随时间的变化规律.以 u_C 及 u_R 分别代表电容和电阻上的电压，其正方向如图所示①.开关掷于接点 2 后，有

$$u_R+u_C=\mathscr{E}.$$

以 i 代表 RC 电路的电流（正方向如图所示），则 $u_R=iR$，故

$$iR+u_C=\mathscr{E}. \tag{6-54}$$

为使上式成为只含 u_C 的方程，应设法找到 i 与 u_C 的关系.i 是单位时间内自左向右流进电容器左板的电荷，即

$$i=\frac{\mathrm{d}q}{\mathrm{d}t},$$

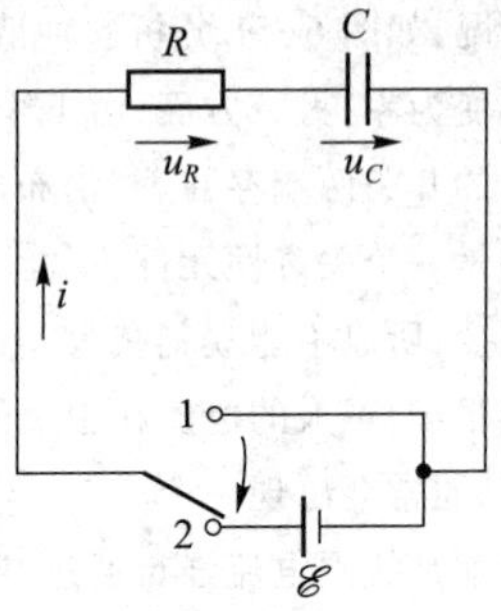

图 6-53　电容器通过电阻的充电和放电

其中 q 代表电容器左板（内壁）的电荷，它与 u_C 又有如下关系：$q=Cu_C$，故

$$i=C\frac{\mathrm{d}u_C}{\mathrm{d}t}. \tag{6-55}$$

代入式(6-54)得

$$RC\frac{\mathrm{d}u_C}{\mathrm{d}t}+u_C=\mathscr{E}. \tag{6-56}$$

这便是 $u_C(t)$ 所满足的微分方程，由分离变量法求得其通解为

$$u_C(t)=\mathscr{E}+A\mathrm{e}^{-\frac{t}{RC}}, \tag{6-57}$$

其中积分常数 A 要用初始条件确定.根据已知条件，当开关位于接点 1 时 u_C 为零.u_C 是电容的电压，与电容的电荷成正比，无论是充电还是放电过程，电容的电荷只能逐渐增加或减小，不会发生突变，故 u_C 也不能突变.取开关改掷于 2 的时刻为 $t=0$，则初始条件为 $u_C(0)=0$，代入通解(6-57)得 $A=-\mathscr{E}$，故得特解

$$u_C(t)=\mathscr{E}(1-\mathrm{e}^{-\frac{t}{RC}})\quad（对\ t\geqslant 0）. \tag{6-58}$$

$u_C(t)$ 的函数曲线如图 6-54 所示.由式(6-58)及图 6-54 可知 u_C 以指数方式随 t 增大，最后达到稳定值 $\mathscr{E}$.这个暂态过程也就是电源通过电阻对电容的充电过程，过程的快慢取决于乘积 RC，我们称它为 RC 电路的时间常量（也记为 τ），其意义与 RL 电路的时间常量类似.

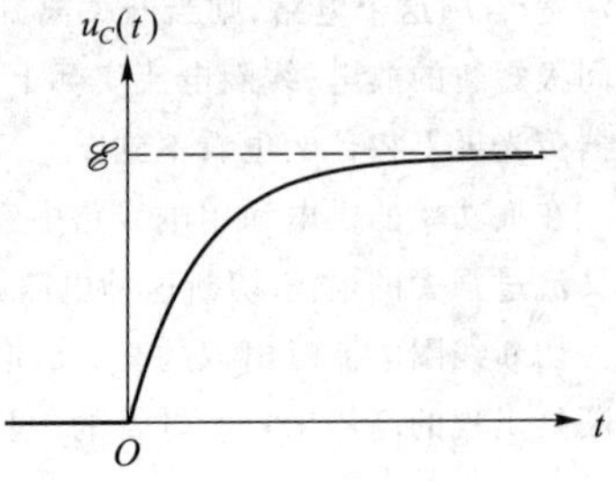

图 6-54　电容的充电曲线

---

①　电路中 A、B 两点的电压是 A、B 两点的电势之差.如果不加声明，它既可理解为 v_A-v_B，也可理解为 v_B-v_A.为明确表示到底指哪一种情况，可采用以下两种表示法中之任一：(1) 给电压字母 u 注以下标，例如，u_{AB} 代表 v_A-v_B.第四章一直使用这一表示法.(2) 在电路图中 A、B 两点之间画一箭头（从 A 向 B 或相反），旁边注以字母 u.若箭头从 A 向 B，则 u 代表 v_A-v_B.这一箭头方向称为电压 u 的正方向.标明正方向后，u 就不必再注下标.

6.9.2 已充电 RC 电路的短接

设图 6-53 的电路在开关位于接点 2 时处于稳态($u_C=\mathscr{E}$),我们来讨论开关改掷于接点 1 后的 $u_C(t)$.改掷后有 $u_R+u_C=0$,即 $iR+u_C=0$,以式(6-55)代入此式得微分方程

$$RC\frac{\mathrm{d}u_C}{\mathrm{d}t}+u_C=0, \tag{6-59}$$

其通解为

$$u_C(t)=A\mathrm{e}^{-\frac{t}{RC}}. \tag{6-60}$$

因开关改掷前 $u_C=\mathscr{E}$,根据 u_C 不能突变的原则,可得初始条件 $u_C(0)=\mathscr{E}$.代入式(6-60)得 $A=\mathscr{E}$,故得特解

$$u_C(t)=\mathscr{E}\mathrm{e}^{-\frac{t}{RC}} \qquad (对\ t\geqslant 0). \tag{6-61}$$

$u_C(t)$的曲线如图 6-55 所示.由式(6-61)及图 6-55 可知,在暂态过程中 u_C 以指数方式渐降至零,下降的快慢取决于时间常量 RC.

由以上数小节可知,讨论暂态过程应该抓住两个关键:(1) 微分方程;(2) 初始条件.微分方程反映待求函数在整个暂态过程中所服从的规律,可根据开关操作后的电路情况列出.初始条件反映待求函数在开关操作的瞬间所应满足的条件,一般来说,对含有线圈的电路可从"线圈电流不能突变"得出,对含有电容的电路可从"电容电压不能突变"得出.从能量的角度来看,这两种"不能突变"是可以理解的.电容器内储存的电场能量与其电压的平方成正比:

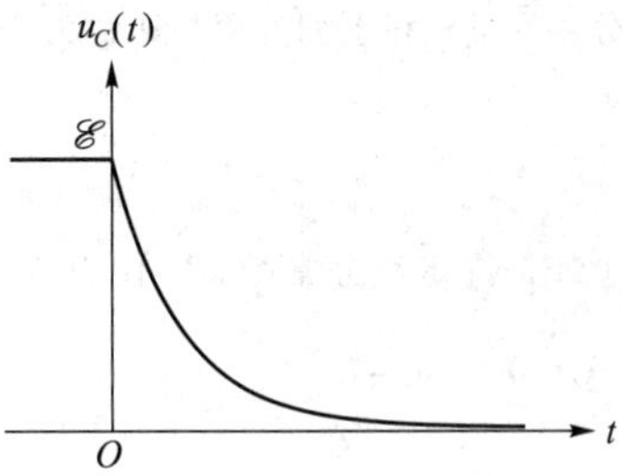

图 6-55 电容的放电曲线

$$W_\mathrm{e}=\frac{1}{2}Cu^2.$$

电容电压的突变意味着其储能的突变,而这在物理上是不允许的①.类似地,小节 6.11.2 将证明,线圈内储存的磁场能量与其电流的平方成正比:

$$W_\mathrm{m}=\frac{1}{2}Li^2.$$

因此,线圈电流也不允许突变.

线圈和电容合称储能元件.如果忽略电阻元件的分布电容和电感,电阻就不是储能元件.在暂态过程中,电阻的电压及电流都允许突变,例如图 6-48 中白炽灯的电流及电压在开关切断的瞬间就有突变.同样,线圈的电压及电容的电流也不与储能相联系,也允许突变.

*6.9.3 较复杂 RC 电路的暂态过程

以上讨论的是电容与一个电阻串联时的暂态过程.在实际应用中(特别是在电子电路中),还常遇到电容与多个电阻联接时的暂态过程.下面通过举例说明这种问题的求解方法.

---

① 根据相对论,能量只能以有限速度(小于或等于光速)传递,所以某一区域中储能的变化只有经过一定的时间(哪怕很短,但不为零)才能完成.就是说,储能不能突变.

例 1　求图 6-56 开关接通后电容电压 u_C 的变化规律，已知接通前 u_C 为零.

解：设 i_1、i_2 及 i_C 分别为 R_1、R_2 及 C 中的电流，u_1 及 u_C 分别为 R_1 及 C 上的电压，选各量正方向如图.开关接通后，有

$$i_1R_1+u_C=\mathscr{E}. \tag{6-62}$$

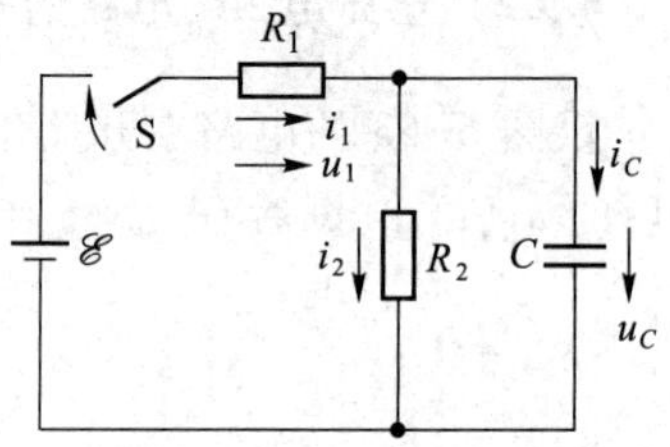

图 6-56　例 1 用图

设法用 u_C 或其微商代替 i_1 便可得 $u_C(t)$ 的微分方程.由基尔霍夫第一定律得 $i_1=i_2+i_C$，而 R_2 与 C 的电压相同，故

$$i_2=\frac{u_C}{R_2}.$$

又因 $i_C=C\frac{\mathrm{d}u_C}{\mathrm{d}t}$，所以

$$i_1=\frac{u_C}{R_2}+C\frac{\mathrm{d}u_C}{\mathrm{d}t},$$

代入式(6-62)得

$$R_1C\frac{\mathrm{d}u_C}{\mathrm{d}t}+\frac{R_1+R_2}{R_2}u_C=\mathscr{E}. \tag{6-63}$$

由分离变量法得上列方程的通解为

$$u_C(t)=\frac{R_2}{R_1+R_2}\mathscr{E}+A\mathrm{e}^{-\frac{t}{R_{/\!/}C}},$$

其中 A 是待定积分常数，$R_{/\!/}$ 代表 R_1 与 R_2 的并联值，即 $R_{/\!/}\equiv\frac{R_1R_2}{R_1+R_2}$，由电容电压不能突变得初始条件 $u_C(0)=0$，由此定出

$$A=-\frac{R_2}{R_1+R_2}\mathscr{E},$$

故得满足所给物理条件的特解为

$$u_C(t)=\frac{R_2}{R_1+R_2}\mathscr{E}(1-\mathrm{e}^{-\frac{t}{R_{/\!/}C}}), \tag{6-64}$$

其曲线如图 6-57 所示.

利用第四章的戴维南定理，上例求解过程还可大为简化.在图 6-56 的电路中分出一个有源二端网络 N [见图 6-58(a)]，根据戴维南定理，它可用一个由恒压源 U_0 与电阻 $R_{除}$ 串联成的网络代替[见图 6-58(b)]，其中 U_0 等于 N 的开路电压，即

$$U_0=\frac{R_2}{R_1+R_2}\mathscr{E},$$

$R_{除}$ 等于 N 的除源网络 N′的电阻.显然

$$R_{除}=\frac{R_1R_2}{R_1+R_2}=R_{/\!/},$$

图 6-58(b)与图 6-53(当开关掷于 2 时，下同)无异，利用式(6-58)立即可得图 6-58(b)的 u_C 为

$$u_C(t)=U_0(1-\mathrm{e}^{-\frac{t}{R_{/\!/}C}})=\frac{R_2}{R_1+R_2}\mathscr{E}(1-\mathrm{e}^{-\frac{t}{R_{/\!/}C}}). \tag{6-65}$$

与上法求解结果相同.

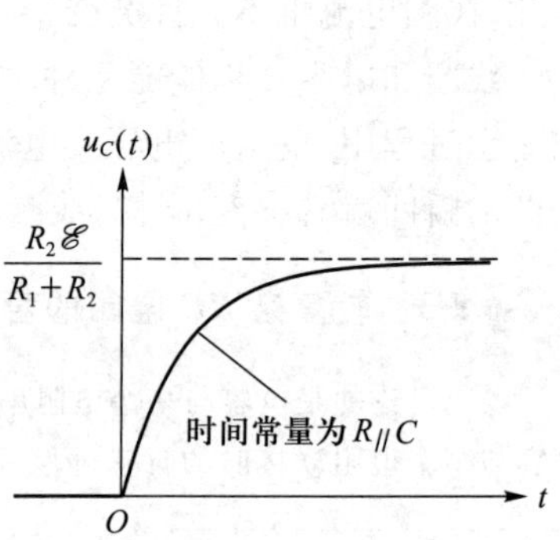

图 6-57　图 6-56 中电容电压的变化曲线

对比式(6-58)与式(6-65)可知，图 6-53 与图 6-56 中的 u_C 都按指数规律从初态值升至末态值(指最后达到稳态的值)，区别仅在于：(1) 末态值 $u_{C末}$ 不同，前者 $u_{C末}=\mathscr{E}$ 而后者 $u_{C末}=\mathscr{E}R_2/(R_1+$

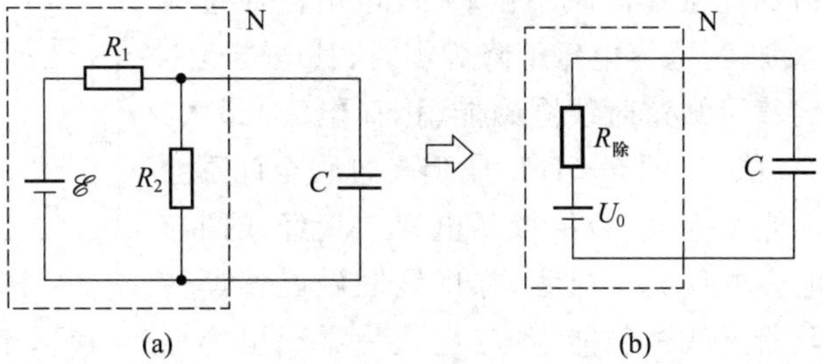

图 6-58 用戴维南定理简化例 1 的计算

R_2);(2) 时间常量不同,前者为 RC 而后者为 $R_{/\!/}C$.

无论多么复杂的 RC 电路,只要它只含一个电容,总可把电容以外的部分看作一个有源二端网络并用戴维南定理换为图 6-58(b),所以其解 $u_C(t)$ 都取指数形式,不同电路的区别仅体现为 u_C 的末态值及时间常量两方面①.所以,遇到这种电路时,往往单凭物理上的分析而不求解微分方程也可得出一些有用的结论.

例 2 设图 6-59 及图 6-56 在开关接通前 u_C 都为零,问开关接通后两图 u_C 的变化规律有何异同?

解:两电路的 $u_C(t)$ 都按指数规律达到末态,其区别只可能出现在末态值及时间常量上,分别讨论如下.

(1) u_C 的末态值.

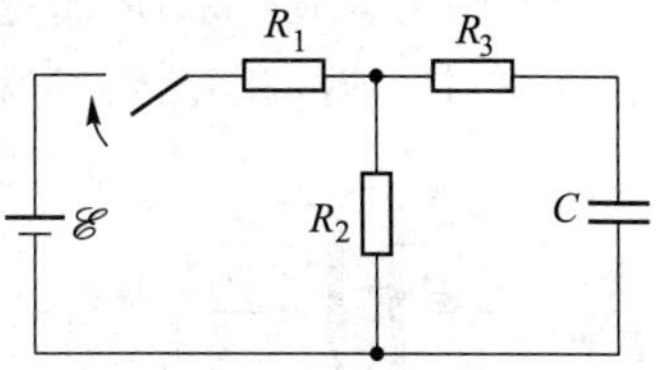

图 6-59 例 2 用图

先看图 6-56.从物理上考虑,由于电路与直流电源联接,末态只能是直流状态.直流电流不能通过电容,故电容的末态电流只能为零(这是电容处于直流稳态时的特征).但电容的末态电压并不等于 $\mathscr{E}$,因末态中 R_1 仍有电压(由流过 R_1 及 R_2 的相等的末态电流分压而成).由于分压,R_2 的末态电压(亦即电容的末态电压)为

$$u_{C末}=\frac{R_2}{R_1+R_2}\mathscr{E}.$$

再看图 6-59.它与图 6-56 的唯一区别在于多了一个 R_3,但末态时 R_3 无电流(因与 C 串联),故无电压,因而 $u_{C末}$ 与图 6-56 相同.

(2) 时间常量.

由例 1 知图 6-56 的时间常量为 $R_{/\!/}C$.至于图 6-59,由戴维南定理易知其时间常量为 $(R_3+R_{/\!/})C$.

§6.10 RLC 电路的暂态过程

6.10.1 已充电 RLC 电路的短接

设 RLC 电路(见图 6-60)的电容事先被充电至电压 U,我们来研究开关接通后的暂态过程.这一过程的数学关系比较复杂,我们先做一个定性讨论,再在后面小字部分给出定量推导.

先讨论 $R=0$ 的理想情况.开关接通前,电容内储有电场能量 $CU^2/2$,线圈内没有磁场能量(因无电流),如图 6-61(a)所示.开关接通后,电容通过线圈放电,这伴随着两个结果:

① 电容的初始电压也可不为零(例如放电未完又令其充电),这时应说不同电路的区别在于 u_C 的初态值、末态值及时间常量三个方面.

(1) 由于放电,电容所储能量逐渐减小;(2) 放电电流通过线圈,使线圈磁能逐渐增加.当电容电压下降为零时,其电能也下降为零,由能量守恒定律可知这时线圈磁能(因而电流)最大,并等于电容放电前的电能[见图 6-61(b)].但是过程至此不会完结.由于线圈电流不能突变,它将继续从电容左板经线圈流入电容右板.这是对电容的反充电过程,亦即线圈磁能逐渐转化为电容电能的过程,直至线圈磁能为零(电流为零),电容电能最大(反方向电压最大),如图 6-61(c)所示.之后,电容反方向放电,再次出现电能转化为磁能的过程,直至磁能最大,电能为零[见图 6-61(d)].由于线圈电流不能突变,它必然要对电容重新充电,直至电能最大,磁能为零,电路重新回到图 6-61(a)的状态.至此,电路状态完成了一个周期的变化.此后,电路将周而复始地重复上述变化过程.这种现象称为 *LC* 电路的**自由振荡**.电路的电磁振荡与力学的机械振动非常类似,在弹簧的一端系一小球(放在光滑的水平面上),用手把小球拉离平衡位置(使其具有某一弹性势能)再放开,如果没有阻力,小球将做周而复始的简谐运动(见图 6-62),与 *LC* 电路的自由振荡类似.电磁振荡是电能与磁能的相互转化过程,机械振动则是势能与动能的相互转化过程.

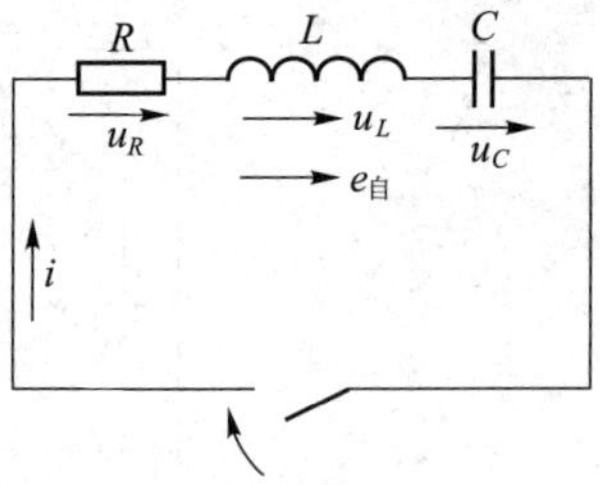

图 6-60 *RLC* 电路的短接

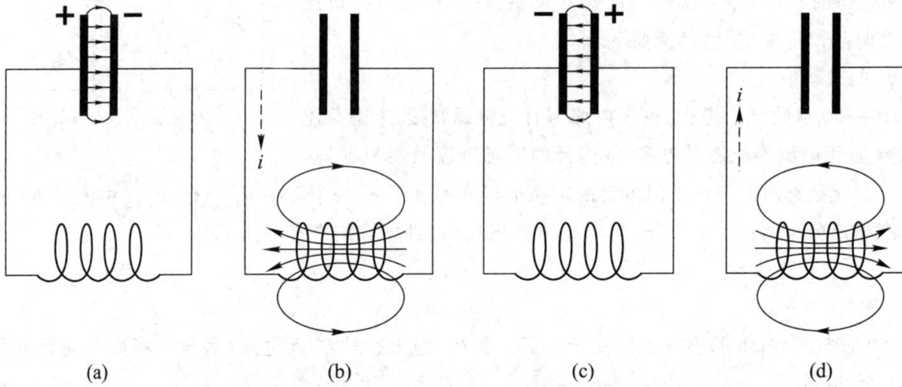

图 6-61 *RLC* 电路的自由振荡,虚箭头代表 *i* 的实际方向

以上只是理想情况.实际的机械振动系统总存在阻力,即存在能量的损耗,故振幅必然逐渐减小,最终为零.这就是阻尼振动.与此对应,实际电路总有电阻,而电阻在电流流过时总有能量损耗,所以一个周期结束时的电能必小于开始时的电能,如此逐渐减小,u_C 最终必降至零值,如图 6-63 曲线 2 所示.这称为 *RLC* 电路的**阻尼振荡**.电阻越大,每周期内损耗能量的百分比越大.设想把弹簧和小球置于阻力甚大的液体中,用手把小球拉离平衡位置某一距离再松开,则小球将慢慢回到平衡位置而不会再向反方向运动.这就是过阻尼振动.与此相似,如果 *RLC* 电路的电阻超过某一限度,电容放电后也不会再反方向充电,u_C

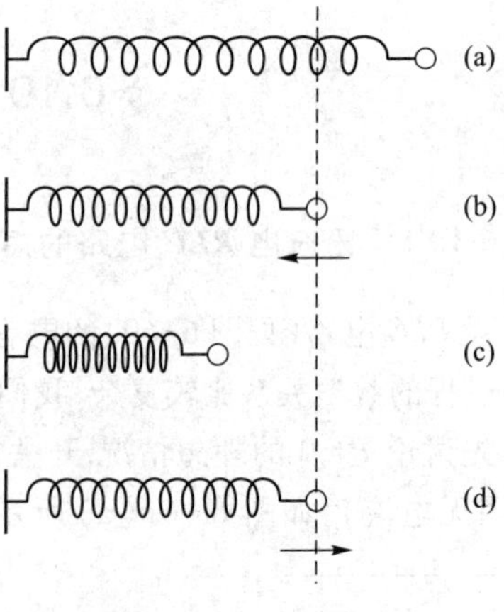

图 6-62 系有弹簧的小球的自由振动

将单调地下降为零，如图 6-63 曲线 1 所示.这称为 *RLC* 电路的**过阻尼振荡**.由于电阻在电磁振荡中不断消耗能量而且电路又没有能量补充（没有外电源），所以无论是阻尼振荡还是过阻尼振荡，电路最终的稳态都是 $u_C=0$ 及 $i_L=0$ 的状态.

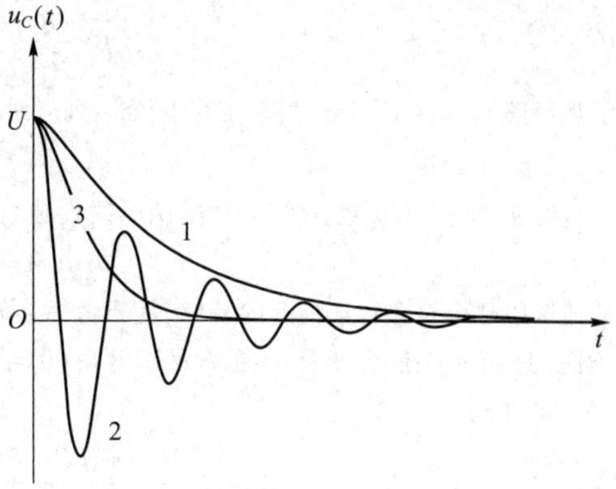

图 6-63 已充电 *RLC* 电路短接后的暂态过程：
1—过阻尼振荡；2—阻尼振荡；3—临界阻尼振荡

RLC 电路的电磁振荡现象在电子电路中得到范围广泛的应用.在分析电视接收机的行扫描输出级的工作原理时，就要用到 *LC* 电路自由振荡的知识.电子电路中广泛使用的 *LC* 正弦振荡器的工作也与 *RLC* 电路的电磁振荡密切相关.为使振荡器维持稳幅振荡，必须设法在每一周期的适当时候给振荡器补充适当的能量，这一任务通常由晶体管完成（能量来自维持晶体管工作的直流电源），正如为使机械手表中的机械振动机构维持稳幅振动需要由发条补充能量那样（能量来自上紧发条时存于发条内的弹性势能）.

下面给出已充电 *RLC* 电路短接后暂态过程的定量讨论.讨论时只需求出 u_C 的变化规律，因为其他物理量不难由 u_C 一一求得.首先列出短路后 $u_C(t)$ 所满足的微分方程.选各量正方向如图 6-60 所示，有

$$u_L+u_R+u_C=0.$$

把 L 看作无内阻电源，则 $u_L=-e_{自}=L(\mathrm{d}i/\mathrm{d}t)$.又因 $u_R=Ri$，故

$$L\frac{\mathrm{d}i}{\mathrm{d}t}+Ri+u_C=0.$$

以式(6-55)代入得

$$LC\frac{\mathrm{d}^2u_C}{\mathrm{d}t^2}+RC\frac{\mathrm{d}u_C}{\mathrm{d}t}+u_C=0^{①}. \tag{6-66}$$

这是一个二阶线性常系数齐次常微分方程.只要求得这个方程的两个线性独立的特解 $u_{C1}(t)$ 及 $u_{C2}(t)$，便可写出它的通解：

$$u_{C通}(t)=A_1u_{C1}(t)+A_2u_{C2}(t),$$

其中 A_1 及 A_2 是两个常数.根据求解一阶线性常系数齐次微分方程的经验，我们估计

$$u_C(t)=\mathrm{e}^{pt}\quad(p\text{ 为常数})$$

可能是方程(6-66)的一个特解.为了验证，可对上式取微商并代入方程(6-66)左边：

$$LC\frac{\mathrm{d}^2u_C}{\mathrm{d}t^2}+RC\frac{\mathrm{d}u_C}{\mathrm{d}t}+u_C=\mathrm{e}^{pt}(LCp^2+RCp+1).$$

上式说明，只要 p 满足方程

$$LCp^2+RCp+1=0, \tag{6-67}$$

$u_C(t)=\mathrm{e}^{pt}$ 就是方程(6-66)的特解.这就把求解微分方程(6-66)的问题主要归结为求解代数方程(6-67).这个代数方程称为微分方程(6-66)的**特征方程**，其根显然为

---

① 许多人在写出式(6-66)及其上行的未编号公式时，对三项之间应写“+”号还是“-”号心中无数，经常纠结.究其原因，就是他们从未过好“正方向关”，就是说从未认真搞懂“正方向”对正确写出电路方程的重要性.建议他们借助本书的第四、第六、第八章认真地、一劳永逸地过好“正方向关”.

$$p_1=-\beta+\sqrt{\beta^2-\omega_0^2},\quad p_2=-\beta-\sqrt{\beta^2-\omega_0^2},\tag{6-68}$$

其中

$$\beta\equiv\frac{R}{2L},\quad \omega_0\equiv\sqrt{\frac{1}{LC}}.\tag{6-69}$$

为了从特解 $u_C(t)=e^{pt}$求得通解,必须区分下列三种情形.

(1) $\beta^2-\omega_0^2>0$.

这时 p_1 及 p_2 为实数,e^{p_1t}及 e^{p_2t}是两个线性独立的实函数解,故得通解

$$u_{C通}(t)=A_1e^{p_1t}+A_2e^{p_2t}.\tag{6-70}$$

要从通解中选出符合物理情况的特解,就要考虑初始条件.电路有两个储能元件(L 和 C),故可确定两个初始条件:① 由 u_C不能突变及 u_C原来为 U 得 $u_C(0)=U$;② 由 i_L(即 i)不能突变及 i 原来为零得 $i(0)=0$.代入式(6-70)求得

$$A_1=\frac{p_2U}{p_2-p_1}=\frac{p_2U}{2\sqrt{\beta^2-\omega_0^2}},\quad A_2=\frac{p_1U}{p_1-p_2}=\frac{p_1U}{2\sqrt{\beta^2-\omega_0^2}},$$

故满足初始条件的特解为

$$u_C(t)=\frac{U}{2\sqrt{\beta^2-\omega_0^2}}(p_1e^{p_2t}-p_2e^{p_1t}),\tag{6-71}$$

其曲线如图 6-63 中的 1,这就是过阻尼振荡.

(2) $\beta^2-\omega_0^2<0$.

这时式(6-68)中的根号为虚数,可改写为

$$p_1=-\beta+j\sqrt{\omega_0^2-\beta^2}=-\beta+j\omega,\quad p_2=-\beta-j\sqrt{\omega_0^2-\beta^2}=-\beta-j\omega,$$

其中 $j\equiv\sqrt{-1}$为虚单位,

$$\omega\equiv\sqrt{\omega_0^2-\beta^2}\tag{6-72}$$

为实数.既然 p_1 及 p_2 是特征方程的根,复函数 $e^{p_1t}=e^{(-\beta+j\omega)t}$及 $e^{p_2t}=e^{(-\beta-j\omega)t}$就是微分方程(6-66)的特解.由它们按式(6-70)组合起来便可求得通解.但是,电容电压 $u_C(t)$是实函数,求出方程(6-66)在实数范围内的通解便已足够,而为此只需找到两个实的特解.不难证明,如果某复函数是线性方程(6-66)的解,其虚、实两部也是该方程的解.把复函数 e^{p_1t}按欧拉公式展开:

$$e^{p_1t}=e^{(-\beta+j\omega)t}=e^{-\beta t}\cos\omega t+je^{-\beta t}\sin\omega t,$$

其中 $e^{-\beta t}\cos\omega t$ 及 $e^{-\beta t}\sin\omega t$ 分别是 e^{p_1t}的实部及虚部(都是实函数),它们都是方程(6-66)的特解(而且显然互相线性独立),故方程(6-66)在实数范围内的通解为

$$u_{C通}(t)=B_1e^{-\beta t}\cos\omega t+B_2e^{-\beta t}\sin\omega t=e^{-\beta t}(B_1\cos\omega t+B_2\sin\omega t),$$

其中 B_1、B_2 为常数.不难证明上式右边括号可改写为 $B_1\cos\omega t+B_2\sin\omega t=B\cos(\omega t+\alpha)$,其中 B 及 α 是与 B_1、B_2 有关的另外两个常数.故

$$u_{C通}(t)=Be^{-\beta t}\cos(\omega t+\alpha).\tag{6-73}$$

由初始条件 $u_C(0)=U$ 及 $i(0)=0$ 可确定 B 及 α 为

$$B=\frac{U}{\cos\alpha},\quad \alpha=\arctan\left(-\frac{\beta}{\omega}\right),$$

故满足初始条件的特解为

$$u_C(t)=\frac{U}{\cos\alpha}e^{-\beta t}\cos(\omega t+\alpha).\tag{6-74}$$

其曲线如图 6-63 中的 2,这就是阻尼振荡.

(3) $\beta^2-\omega_0^2=0$.

这时 $p_1=p_2=-\beta$,于是只能得出一个特解 $e^{-\beta t}$.根据数学分析,可由这一特解找出与它线性独立的另一特解 $te^{-\beta t}$,于是通解为

$$u_{C通}(t)=A_1\mathrm{e}^{-\beta t}+A_2t\mathrm{e}^{-\beta t}=\mathrm{e}^{-\beta t}(A_1+A_2t).$$

由初始条件 $u_C(0)=U$ 及 $i(0)=0$ 可确定 $A_1=U$ 及 $A_2=\beta U$，故满足初始条件的特解为

$$u_C(t)=U(1+\beta t)\mathrm{e}^{-\beta t}. \tag{6-75}$$

其曲线如图 6-63 中的 3.这是过阻尼振荡与阻尼振荡的交界情形，称为**临界阻尼振荡**.

*6.10.2 *RLC* 电路与直流电源的接通

设图 6-64 的 *RLC* 电路的电容在开关接通前电压为零，欲求开关接通后的 $u_C(t)$.仿照上节，开关接通后的微分方程为

$$LC\frac{\mathrm{d}^2u_C}{\mathrm{d}t^2}+RC\frac{\mathrm{d}u_C}{\mathrm{d}t}+u_C=\mathscr{E}. \tag{6-76}$$

与方程(6-66)类似，这也是一个二阶线性常系数常微分方程，不同点在于它是非齐次的.根据数学分析，这种非齐次方程的通解等于其任一特解加上其对应的齐次方程的通解.与方程(6-76)对应的齐次方程就是(6-66)，其通解已于上小节分三种情况求得.把每种情况的通解加上方程(6-76)的任一特解，便得方程(6-76)在每种情况下的通解.既然只需找出(6-76)的任一特解，就可通过对开关接通并达到稳态后的电路分析找到.因所接通的是直流电源，故稳态电流必为直流，但直流不能通过串有电容的电路，可见稳态电流只能为零，而这意味着电容电压 u_C 等于电源的电动势 $\mathscr{E}$，即 $u_C(t)=\mathscr{E}$ 应是方程(6-76)的一个特解(直接代入亦可验证).因此，方程(6-76)的通解 $u_{C通}(t)$ 可分下列三种情况写出.

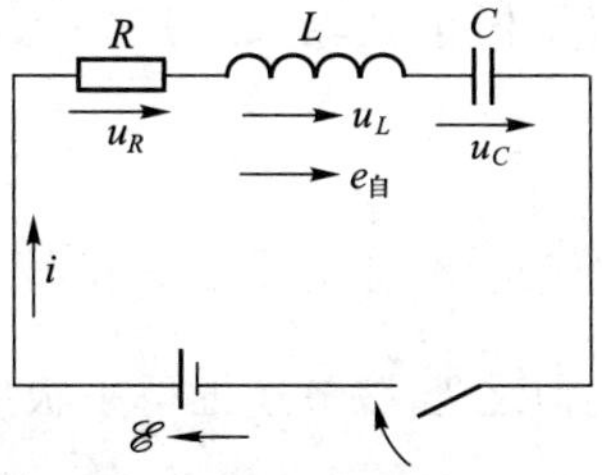

图 6-64 *RLC* 电路与直流电源的接通

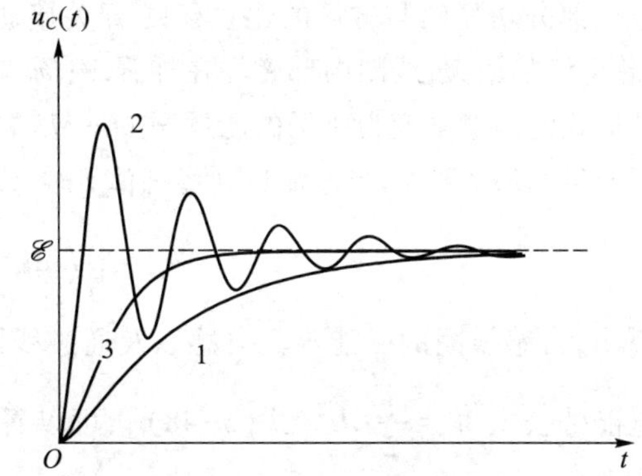

图 6-65 *RLC* 电路与直流电源接通后的暂态过程：1—过阻尼振荡；2—阻尼振荡；3—临界阻尼振荡

(1) 过阻尼情况($\beta^2-\omega_0^2>0$).

$$u_{C通}(t)=A_1\mathrm{e}^{p_1t}+A_2\mathrm{e}^{p_2t}+\mathscr{E}.$$

(2) 阻尼振荡情况($\beta^2-\omega_0^2<0$).

$$u_{C通}(t)=A\mathrm{e}^{-\beta t}\cos(\omega t+\alpha)+\mathscr{E}.$$

(3) 临界阻尼情况($\beta^2-\omega_0^2=0$).

$$u_{C通}(t)=\mathrm{e}^{-\beta t}(A_1+A_2t)+\mathscr{E}.$$

由初始条件 $u_C(0)=0$ 及 $i(0)=0$ 分别定出三种情况下的待定常量，可得三种情况下满足初始条件的特解，其曲线如图 6-65 中的 1、2、3.可以看出，不论哪种情况，$u_C(t)$ 都以 $\mathscr{E}$ 为稳态值.

§6.11 磁 能

6.11.1 自感线圈的磁能

以图 6-41 为例讨论.当开关接通并达到稳态后,电路的电流为

$$I=\frac{\mathscr{E}}{R},$$

这时电源在单位时间内所做的功为

$$\mathscr{E}I=I^2R.$$

上式反映一个简单的功能关系:在单位时间内,电源的功 $\mathscr{E}I$ 完全转化为电阻所消耗的焦耳热 I^2R.但若考虑开关接通后的暂态过程,问题就不这么简单,因为这时的电路方程为

$$\mathscr{E}-L\frac{\mathrm{d}i}{\mathrm{d}t}=iR,$$

或

$$\mathscr{E}i\mathrm{d}t=i^2R\mathrm{d}t+Li\mathrm{d}i. \tag{6-77}$$

上式说明,电源在 $\mathrm{d}t$ 时间内的功 $\mathscr{E}i\mathrm{d}t$ 除转化为电阻所消耗的焦耳热 $i^2R\mathrm{d}t$ 外还剩下一部分 $Li\mathrm{d}i$.这一部分功显然与磁场的建立有关.开关接通前,线圈电流为零,内部没有磁场.开关接通后,随着电流的增大,线圈内部磁场在加强.磁场与电场一样是有能量的.要使磁场增强就要消耗某种形式的能量来变为磁场的能量.式(6-77)右边第二项正是电源能量中在 $\mathrm{d}t$ 时间内转化为磁场能量的那一部分.当电流达到稳态值 I 时,线圈内的磁能 W_m(下标 m 代表“磁”)为

$$W_\mathrm{m}=\int_0^I Li\mathrm{d}i=\frac{1}{2}LI^2. \tag{6-78}$$

上式说明,自感线圈的磁能与其自感以及通过线圈的电流的平方成正比.对比关于电容器内所储电能的公式 $W_\mathrm{e}=\frac{1}{2}CU^2$[式(3-48)],可以看出两者有许多类似之处.该节还推得平板电容器内的电场能量密度 $w_\mathrm{e}=\frac{1}{2}\varepsilon_0E^2$,仿此,读者不难借用式(6-78)、式(6-35)及 $B=\mu_0nI$ 推得细长螺线管内磁场能量密度

$$w_\mathrm{m}=\frac{B^2}{2\mu_0}. \tag{6-79}$$

6.11.2 互感线圈的磁能

我们来计算图 6-66 中两个有互感耦合的线圈在稳态时的磁能.稳态时,两线圈的电流分别为 $I_1=\mathscr{E}_1/R_1$ 和 $I_2=\mathscr{E}_2/R_2$.为了计算磁能,可以计算在建立这两个电流的过程中所需要的附加功.由于磁能为磁场所具有,无论 I_1 和 I_2 的建立过程如何,磁能应该一样,所以可以选择一个最便于计算的过程.我们选择如下过程.

首先令开关 S_1 接通(S_2 仍断开)并计算 i_1 从零增至 I_1 时电源所做的附加功.由于这个过程中 $i_2=0$,线圈 1 没有来自线圈 2 的互感电动势,电源 $\mathscr{E}_1$ 的附加功就是克服自感电动势

的功，由上小节可知其值为

$$W_{m1}=\frac{1}{2}L_1I_1^2. \tag{6-80}$$

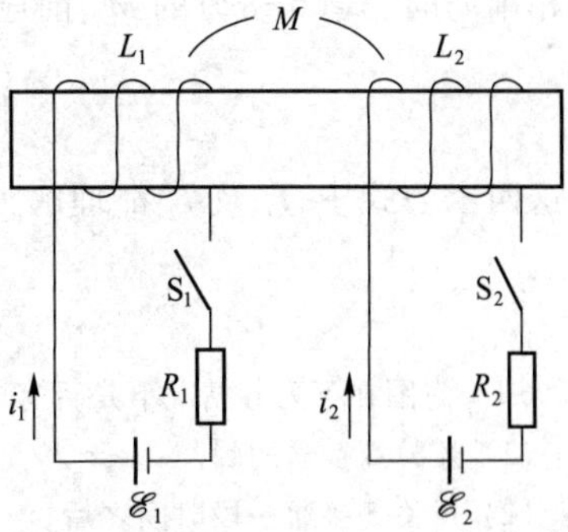

图 6-66　互感线圈磁能的计算

其次，在 i_1 达到稳态值 I_1 后接通开关 S_2. 由于在暂态过程中 i_2 是时变电流，它将对线圈 1 提供互感电动势，于是 i_1 再次变化，问题变得复杂. 为了简化计算，可以利用磁能不因 I_1 和 I_2 的建立过程而异的事实设计下面的想象过程：在线圈 1 所在电路中串入一个附加电源（图中并未画出），其电动势 e' 随时间而变，变化的规律是 e' 恰与由 i_2 提供的互感电动势 e_{21} 相抵消，使 i_1 在 I_2 的建立过程中保持为稳定值 I_1. 这时，消耗自身能量做功的电源共有三个，即 $\mathscr{E}_1$、$\mathscr{E}_2$ 及 e'. 现在分别考虑它们的功对磁能的贡献. i_2 对线圈 1 的互感电动势已被 e' 所抵消，故开关 S_2 接通后电路 1 的方程一直保持如下的简单形式：$\mathscr{E}_1=I_1R_1$ 或 $I_1\mathscr{E}_1\mathrm{d}t=I_1^2R_1\mathrm{d}t$，即任一 $\mathrm{d}t$ 时间内 $\mathscr{E}_1$ 的功全部转化为 R_1 所消耗的焦耳热，因而对磁能没有贡献. 又由于 i_1 不变，线圈 2 只存在自感电动势，故

$$\mathscr{E}_2=i_2R_2+L_2\frac{\mathrm{d}i_2}{\mathrm{d}t},\quad 或\quad i_2\mathscr{E}_2\mathrm{d}t=i_2^2R_2\mathrm{d}t+L_2i_2\mathrm{d}i_2,$$

即 $\mathscr{E}_2$ 在 $\mathrm{d}t$ 内的功除供给 R_2 发热外还对磁能提供了大小为 $L_2i_2\mathrm{d}i_2$ 的贡献. 在 i_2 从零到 I_2 的全部时间内 $\mathscr{E}_2$ 的功对磁能的贡献为

$$W_{m2}=L_2\int_0^{I_2}i_2\mathrm{d}i_2=\frac{1}{2}L_2I_2^2. \tag{6-81}$$

最后考虑 e' 的贡献. 由于 e' 与来自线圈 2 的互感电动势 $e_{21}=-M_{21}\mathrm{d}i_2/\mathrm{d}t$ 等值异号，即

$$e'=-e_{21}=M_{21}\frac{\mathrm{d}i_2}{\mathrm{d}t}, \tag{6-82}$$

故 $\mathrm{d}t$ 时间内 e' 的功为 $I_1e'\mathrm{d}t=M_{21}I_1\mathrm{d}i_2$. 这个功应全部转化为磁能. 在 i_2 由零到 I_2 的全部时间内 e' 对磁能的贡献为

$$W_{m3}=\int_0^{I_2}M_{21}I_1\mathrm{d}i_2=M_{21}I_1\int_0^{I_2}\mathrm{d}i_2=M_{21}I_1I_2. \tag{6-83}$$

合并式(6-80)、式(6-81)及式(6-83)可得两个线圈在稳态时的总磁能

$$W_m=W_{m1}+W_{m2}+W_{m3}=\frac{1}{2}L_1I_1^2+\frac{1}{2}L_2I_2^2+M_{21}I_1I_2. \tag{6-84}$$

如果先接通开关 S_2 后接通 S_1，重复以上讨论可得

$$W_m=\frac{1}{2}L_1I_1^2+\frac{1}{2}L_2I_2^2+M_{12}I_1I_2. \tag{6-85}$$

对比以上两式得

$$M_{12}=M_{21}.$$

这就证明了小节 6.6.1 留待证明的命题.

既然 $M_{12}=M_{21}$，就可令 $M\equiv M_{12}=M_{21}$，于是式(6-84)及式(6-85)都可简写为

$$W_m=\frac{1}{2}L_1I_1^2+\frac{1}{2}L_2I_2^2+MI_1I_2. \tag{6-86}$$

但上式只适用于当 I_1 及 I_2 激发的磁通互相加强的场合（即图 6-66）. 当 I_1 及 I_2 激发的磁通

互相削弱时,式(6-82)的 M_{21} 前应加负号,故上式应改为

$$W_m=\frac{1}{2}L_1I_1^2+\frac{1}{2}L_2I_2^2-MI_1I_2. \tag{6-87}$$

在这两个公式中,I_1 及 I_2 都理解为算术量(即只取正值).

思 考 题

6.1 附图在下列各情况下是否有电流通过电阻器 R? 如果有,方向如何?

(1) 开关 S 接通的瞬间;

(2) 开关 S 接通一段时间之后;

(3) 开关 S 断开的瞬间.

又问:当开关 S 保持接通时,线圈的哪一端相当于磁北极?

6.2 附图中的 L 是位于电磁铁两极间的一个线圈(截面图).若发现线圈受到一个逆时针旋转的力矩,此刻可变电阻的滑动触头向何方滑动?(提示:电阻改变导致磁场改变,线圈因而出现感生电流,于是受到磁场的安培力矩.)

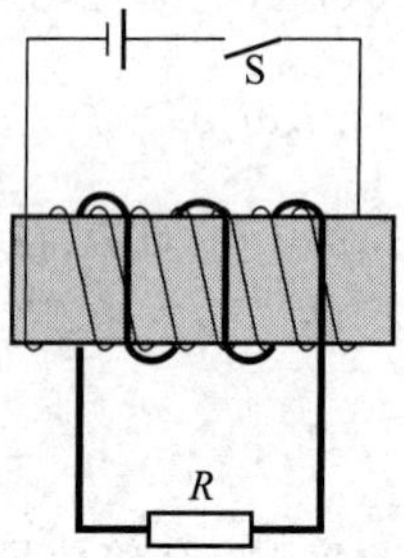

思考题 6.1 图

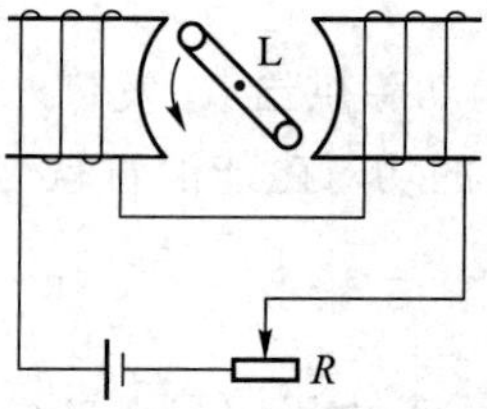

思考题 6.2 图

6.3 用均匀电阻丝制成各种形状的平面曲线(见附图)放入均匀磁场中.设磁场垂直纸面并背离读者,大小随时间减小,试判断各图中各支路电流的方向.[提示:默认"似稳条件"(见 § 6.8 开头)成立.对图(a)宜列出基尔霍夫方程组并求解.]

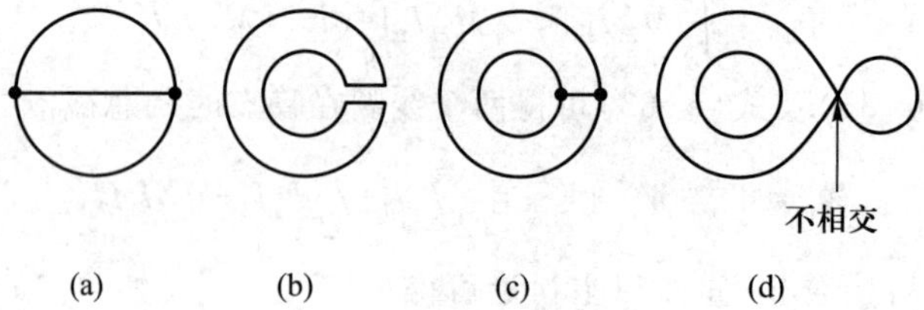

思考题 6.3 图

6.4 两个磁极之间的磁场 $\boldsymbol{B}$ 在中央部分可看作均匀磁场(见附图).矩形线圈竖直落入磁场中,线圈平面与中央部分的 $\boldsymbol{B}$ 垂直.试就下列三种情况讨论线圈各边的感应电动势的方向以及线圈的受力情况:

(1) 线圈进入磁场时;

(2) 线圈整体处于均匀磁场中时;

(3) 线圈穿出磁场时.

6.5 均匀磁场限制在半径为 R 的长圆柱内,磁场随时间缓慢变化(附图为横截面图).图中闭合曲线 L_1 和 L_2 上每点的 $\mathrm{d}B/\mathrm{d}t$ 是否为零? $\boldsymbol{E}_{感}$ 是否为零? $\oint_{L_1}\boldsymbol{E}_{感}\cdot \mathrm{d}\boldsymbol{l}$ 与 $\oint_{L_2}\boldsymbol{E}_{感}\cdot \mathrm{d}\boldsymbol{l}$ 是否为零? 若 L_1 和 L_2 为

均匀电阻丝环,环内是否有感应电流? L_1 环内任意两点的电势差是多少? L_2 环内 M、N、P、Q 的电势是否相等?(假定电阻丝环的存在对 $\boldsymbol{E}_{感}$ 无影响.)

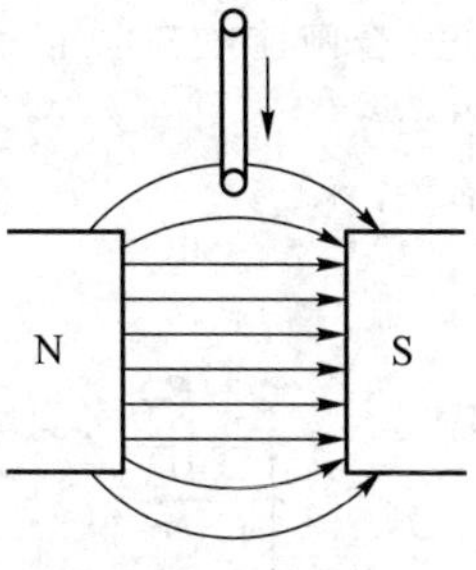

思考题 6.4 图

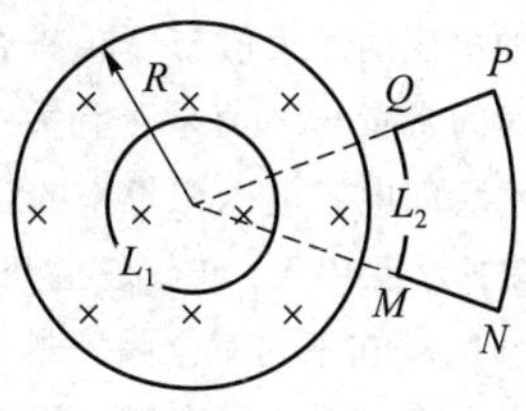

思考题 6.5 图

6.6　在下列情况下,单层密绕螺线管的自感变为原来的多少倍?

(1) 将螺线管的半径增大一倍;

(2) 换用直径比原来导线直径大一倍的导线密绕;

(3) 在原来密绕的基础上接着再顺序密绕一层;

(4) 在原来密绕的基础上接着再逆序(反方向)密绕一层.

注　默认两层中的每一匝有相同的磁通.

6.7　上题的注相当于假定无漏磁,所以 $M=\sqrt{L_1L_2}$[见式(6-42)].设上题的螺线管在单层密绕时的自感为 L_1,求(3)、(4)情况下的自感.[提示:利用式(6-43).]

6.8　把匝数为 N 的无限长密绕空心螺线管看作两个匝数为 $N/2$ 的螺线管的串联,以 L、L_1 和 L_2 分别代表原螺线管和两个分螺线管的自感,以 V、V_1 和 V_2 分别代表相应的体积,则 $V=2V_1$,故由式(6-35)得 $L=\mu_0n^2V=2\mu_0n^2V_1=2L_1$.然而由式(6-43a)和式(6-42)却得 $L=L_1+L_2+2\sqrt{L_1L_2}=4L_1$.为什么两式给出不同结果?(提示:$L=2L_1$ 说明两个分螺线管间完全没有耦合;$L=4L_1$ 说明它们是完全耦合的.都不对.彻底想清 $\boldsymbol{\Phi}_{12}$ 的含义,便知两个分螺线管并非完全耦合.)

6.9　螺线管的自感 L 与电阻 R 之比 L/R 可称为螺线管的时间常量.设 6.6 题中的螺线管(单层密绕时)的时间常量为 τ,求题中所列四种情况的时间常量.

6.10　根据式(6-47)和式(6-51)分别求出图 6-41 及图 6-44 中的电阻 R 和电感 L 上的电压随时间变化的规律,并定性地画出其函数曲线.

6.11　根据式(6-58)及式(6-61)分别求出图 6-53 中的电容在充放电过程中电流随时间变化的规律,并定性地画出其函数曲线.

6.12　附图中 C_1 和 C_2 的初始电压为零,试填空:

(1) 在 S 接通的瞬间,$u_{C_1}=$________,$u_{C_2}=$________,$i_1=$________,$i_2=$________;

(2) 达到稳态后 $u_{C_1}=$________,$u_{C_2}=$________,$i_1=$________,$i_2=$________.

6.13　附图中电感线圈 L 的电阻及初态电流为零,试填空:

(1) 在 S 接通的瞬间,$u_{AB}=$______,$u_{BC}=$______.

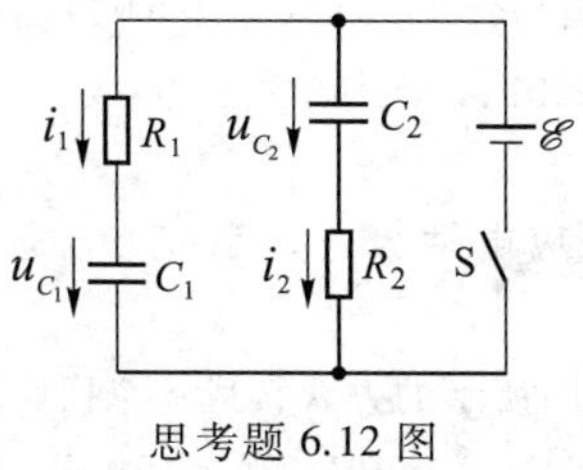

思考题 6.12 图

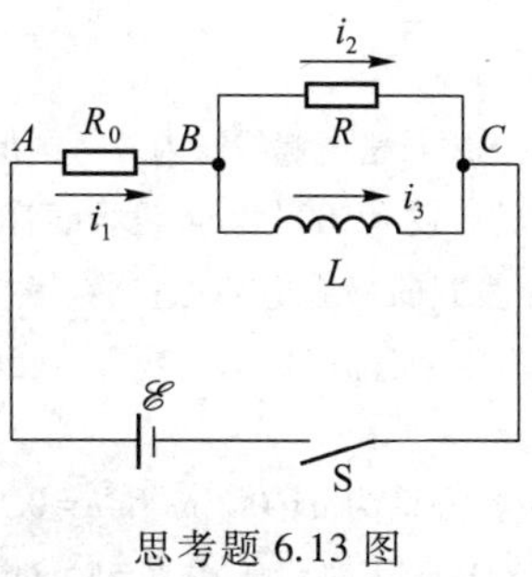

思考题 6.13 图

（2）达到稳态后，i_1 = ______，i_3 = ______；

（3）达到稳态后将开关断开的瞬间，u_{AB} = ______，i_2 = ______.

6.14　RC 串联电路由一内阻为 $R_{内}$、电动势为 $\mathscr{E}$ 的电源充电（合闸前电容电压为零）.

（1）电容上的电压的最大值与 $\mathscr{E}$ 值是否有关？与 $R_{内}$ 值是否有关？

（2）电阻上的电压的最大值与 $\mathscr{E}$ 值是否有关？与 $R_{内}$ 值是否有关？

（3）充电的时间常量与 $\mathscr{E}$ 值是否有关？与 $R_{内}$ 值是否有关？

（4）写出合闸瞬间电容电压增长率的表达式.

*6.15　设附图的 $\mathscr{E}$ = 10 V，初态是指开关 S 掷在 2 处且 u_C = 0 V、i = 0 A的稳态.求 u_C、u_L、u_R 在下列三个瞬间的数值：

（1）从初态出发将 S 由 2 改掷到 1 的瞬间；

（2）S 在 1 处达到稳态时；

（3）从 S 在 1 处的稳态出发再将 S 掷回 2 的瞬间.

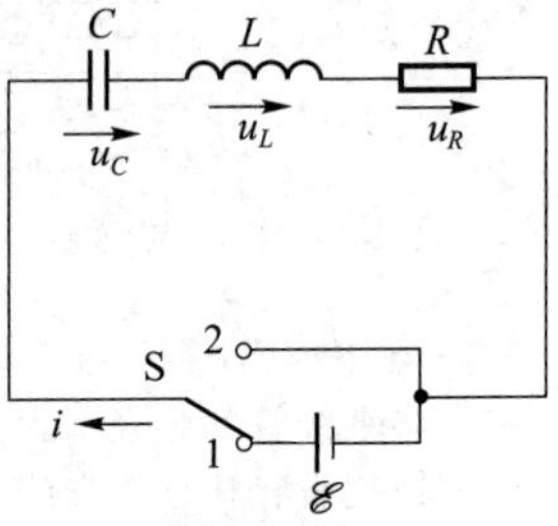

思考题 6.15 图

6.16　设思考题 6.6 中的螺线管（单层密绕时）的磁能为 W，求该题所列的 4 种情况下螺线管的磁能.

6.17　（选择题）附图甲是用方波发生器供电的 RL 电路，方波发生器（图中的圆圈）电压 $u(t)$ 的波形如附图乙的第一张图，周期为 T.设 $L/R \ll T$，问 $u_R(t)$ 及 $u_L(t)$ 的波形分别为附图乙中（a）、（b）、（c）、（d）的哪一张图？

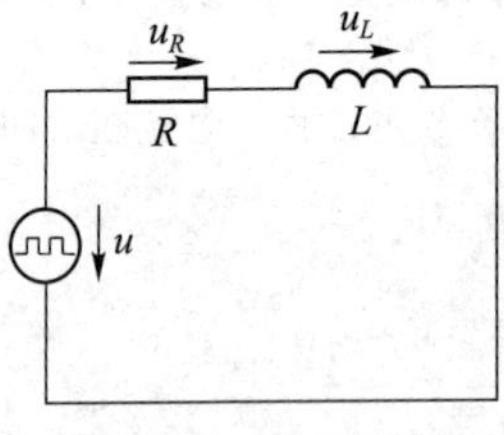

思考题 6.17 图甲

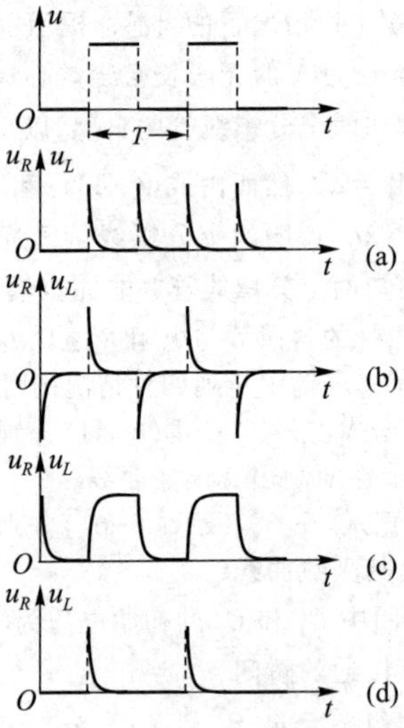

思考题 6.17 图乙

习　　题

6.2.1　在无限长密绕螺线管内放一圆形小线圈，圆平面与螺线管轴线垂直.小线圈有 100 匝，半径为 1 cm，螺线管单位长度的匝数为 200 匝/cm.设螺线管的电流在 0.05 s 内以匀变化率从 1.5 A 变为−1.5 A，

（1）求小线圈的感应电动势；

（2）在螺线管电流从正值经零值到负值时，小线圈的感应电动势的大小和方向是否改变？为什么？

6.2.2　边长分别为 a = 0.2 m 和 b = 0.1 m 的两个正方形按附图所示的方式接成一个回路，单位长度的电阻为 5×10^{-2} Ω/m.回路置于按 $B = B_m \sin \omega t$ 规律变化的均匀磁场中，$B_m = 10^{-2}$ T，ω = 100 s^{-1}.磁场 $\boldsymbol{B}$ 与回路

所在平面垂直.求回路中感应电流的最大值.

6.2.3　半径分别为 R 和 r 的两个圆形线圈同轴放置,相距 x,半径为 R 的线圈中通以电流 I(见附图).已知 $r \ll x$(因而大线圈在小线圈内产生的磁场可视为均匀)及 $R \ll x$.设 x 以匀速率 $v=\mathrm{d}x/\mathrm{d}t$ 随时间 t 而变.

(1) 把小线圈的磁通 Φ 表示为 x 的函数;

(2) 把小线圈的感应电动势(绝对值) $|\mathscr{E}|$ 表为 x 的函数;

(3) 若 $v>0$,确定小线圈内感应电流的方向.

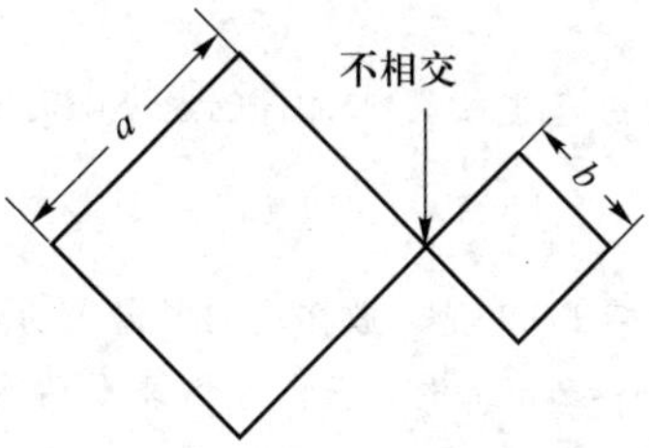

习题 6.2.2 图

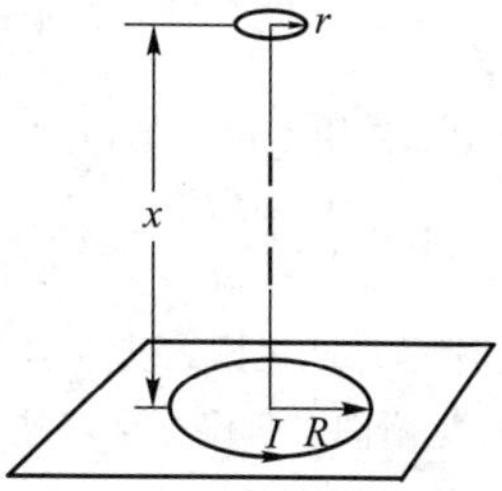

习题 6.2.3 图

6.2.4　在无限长密绕螺线管外套一个合金圆环,圆心在轴线上,圆平面与轴垂直(见附图).管内磁通随时间以常变化率 2λ 增大,电流表经开关接到环上的 P、Q 点(两点连线过环心).

(1) 求开关断开时下列情况下的 U_{PQ}:(a) 两个半环的电阻都为 R,(b) 左半环电阻为 R,右半环电阻为 $2R$;

(2) 设电流表所在支路电阻为零,求开关接通时电流表在上问的(a)、(b)情况下的电流 I_A(大小和方向);

(3) 若左半环电阻为 R,右半环电阻为 kR(其中 $k>0$),试证开关接通时 I_A 与 k 值无关.

6.3.1　直径为 D 的半圆形导线置于与它所在平面垂直的均匀磁场 $\boldsymbol{B}$ 中(见附图),当导线绕着过 P 点并与 $\boldsymbol{B}$ 平行的轴以匀角速率 ω 逆时针转动时,求其动生电动势 $\mathscr{E}_{PQ}$.

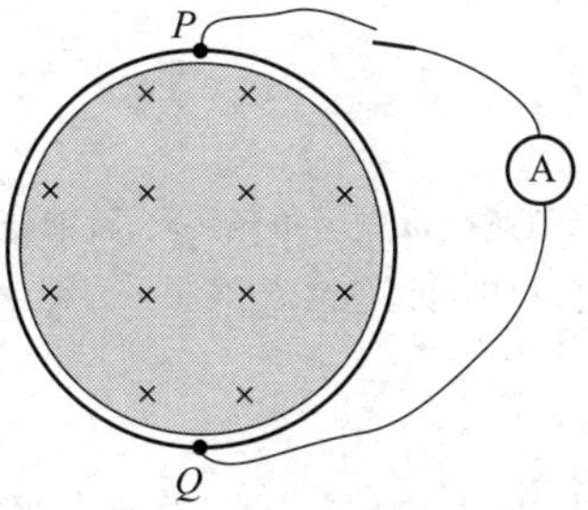

习题 6.2.4 图

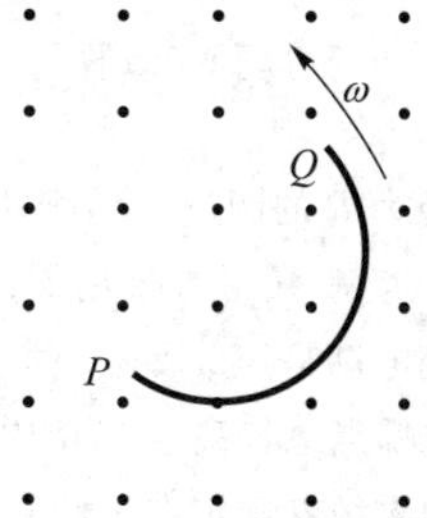

习题 6.3.1 图

6.3.2　平行金属导轨上放一金属杆,其 EF 段的长度为 l,电阻为 R.导轨两端分别连接电阻 R_1 和 R_2(见附图).整个装置放在均匀磁场 $\boldsymbol{B}$ 中,$\boldsymbol{B}$ 与导轨所在平面垂直.设金属杆以速度 $\boldsymbol{v}$ 匀速向右平动,忽略导轨的电阻和回路的自感,求杆中的电流.

6.3.3　半无限长的平行金属导轨上放一质量为 m 的金属杆,其 PQ 段的长度为 l.导轨的一端连接电阻 R(见附图).整个装置放在均匀磁场 $\boldsymbol{B}$ 中,$\boldsymbol{B}$ 与导轨所在平面垂直.设杆以初速率 $\boldsymbol{v}_0$ 向右运动,忽略导轨和杆的电阻及其间的摩擦力,忽略回路自感.

(1) 求金属杆所能移过的距离;

(2) 求这过程中电阻 R 所发的焦耳热;

(3) 试用能量守恒定律分析上述结果.

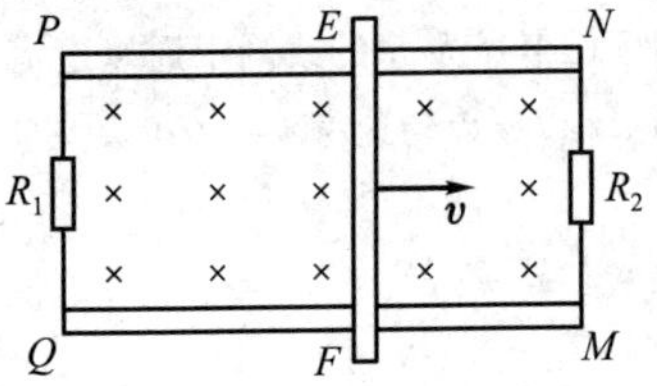

习题 6.3.2 图

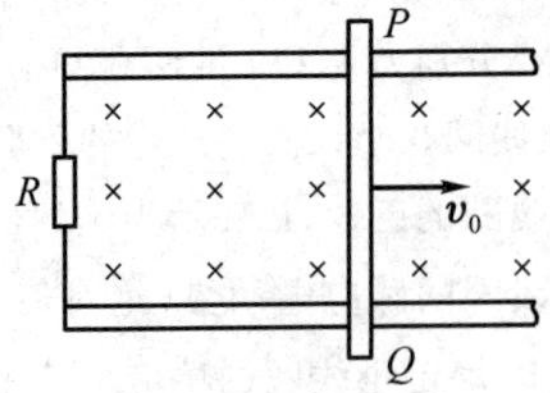

习题 6.3.3 图

6.3.4　上题中如果用一向右的恒力 F 拉金属杆，并把初速改为零，求证杆的速率随时间变化的规律为 $v(t)=\dfrac{F}{m\alpha}(1-e^{-\alpha t})$，其中 $\alpha\equiv\dfrac{B^2l^2}{mR}$.

6.3.5　长度各为 1 m、电阻各为 4 Ω 的两根均匀金属棒 PQ 和 MN 放在均匀恒定磁场 $\boldsymbol{B}$ 中，$B=2$ T，方向垂直纸面向外(见附图)．两棒分别以速率 $v_1=4$ m/s 和 $v_2=2$ m/s 沿导轨向左匀速平动．忽略导轨电阻及回路自感．

(1) 求两棒的动生电动势的大小，并在图中标出方向；

(2) 求 U_{PQ} 和 U_{MN}；

(3) 求两棒中点 O_1 和 O_2 的电势差．

6.3.6　半圆形刚性导线在摇柄驱动下在均匀磁场 $\boldsymbol{B}$ 中做匀角速转动(见附图)，$B=0.5$ T，半圆形的半径为 0.1 m，转速为 3 000 r/min．求动生电动势的频率和最大值．

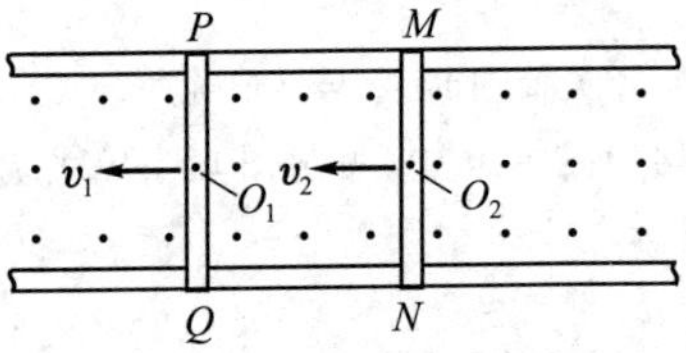

习题 6.3.5 图

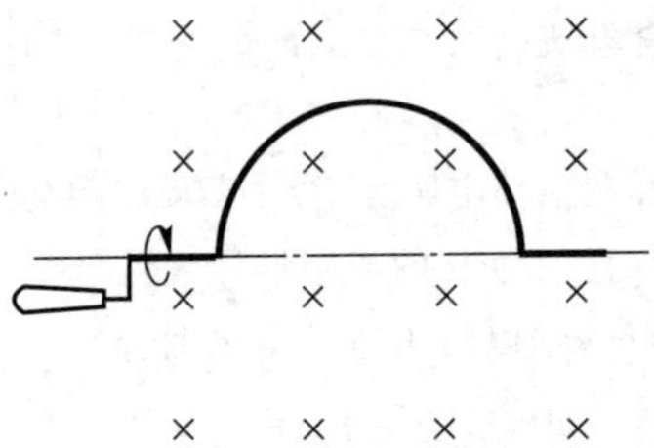

习题 6.3.6 图

6.3.7　半径为 R 的圆形均匀刚性线圈在均匀磁场 $\boldsymbol{B}$ 中以角速率 ω 做匀角速转动，转轴垂直于 $\boldsymbol{B}$(见附图)．轴与线圈交于 A 点，弧 AC 占 1/4 周长，M 为弧 AC 的中点．设线圈自感可以忽略．当线圈平面转至与 $\boldsymbol{B}$ 平行时，

(1) 求动生电动势 $\mathscr{E}_{AM}$ 及 $\mathscr{E}_{AC}$；

(2) A、C 中哪点电势高？A、M 中哪点电势高？

6.4.1　均匀磁场 $\boldsymbol{B}$ 限定在无限长圆柱体内(见附图)，B 以 10^{-2} T/s 的恒定变化率减小．求位于图中 P、Q、M 三点的电子从感生电场获得的瞬时加速度(大小和方向)，图中 $r=5.0$ cm．

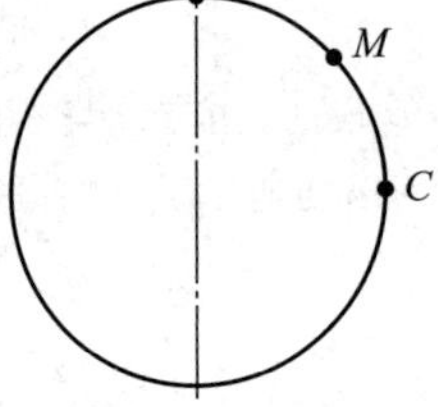

习题 6.3.7 图

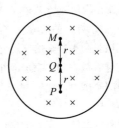

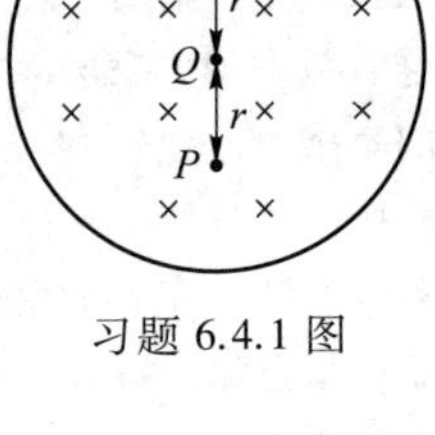

习题 6.4.1 图

6.4.2　在上题圆柱体的一个横截面上作如本题附图所示的梯形 $PQMNP$，已知 $PQ=R=1\ \mathrm{m}$，$MN=0.5\ \mathrm{m}$，求：

（1）梯形各边的感生电动势 $\mathscr{E}_{PQ}$、$\mathscr{E}_{QM}$、$\mathscr{E}_{MN}$ 和 $\mathscr{E}_{NP}$；

（2）整个梯形的总电动势 $\mathscr{E}_{PQMNP}$.

6.4.3　半径为 10 cm 的圆柱形空间内充满与轴平行的均匀磁场 $\boldsymbol{B}$（横截面见附图），B 以 3×10^{-3} T/s 的恒定变化率增加.有一长为 20 cm 的金属棒放在图示位置，一半在磁场内部，另一半在磁场外部.求棒的感生电动势 $\mathscr{E}_{PQ}$.

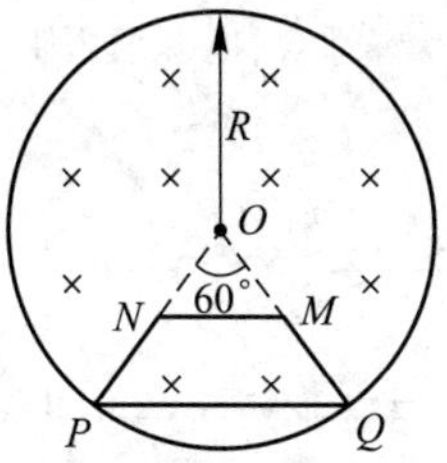

习题 6.4.2 图

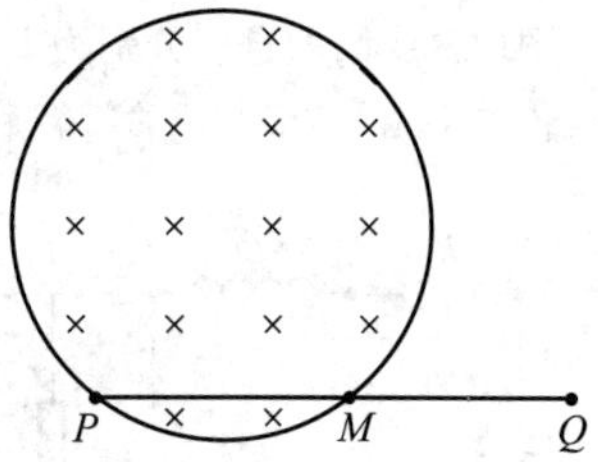

习题 6.4.3 图

6.4.4　电子感应加速器的轨道半径为 0.4 m，电子能量的增加率为 160 eV/周.

（1）求轨道内磁场的平均值 $\overline{B}$ 的时间变化率 $\mathrm{d}\overline{B}/\mathrm{d}t$；

（2）欲使电子获得 16 MeV 的能量需转多少周？共走多长路程？

6.5.1　在长为 0.6 m、直径为 5 cm 的空心纸筒上密绕多少匝导线才能得到自感为 6.0×10^{-3} H 的线圈？

6.5.2　空心密绕螺绕环的平均半径（即中心圆的半径）为 0.1 m，横截面积为 6 cm^2，总匝数为 250，求其自感.若螺绕环流过 3 A 的电流，求其自感磁链以及每匝的磁通.

6.5.3　设同轴电缆内外半径分别为 R_1 及 R_2（见图 6-27），试导出其单位长度的自感 L 的表达式.

6.6.1　两个共轴圆线圈，半径分别为 R 及 r，匝数分别为 N_1 和 N_2，相距 l（见附图）.设 $r\ll l$，以致大线圈在小线圈所在处的磁场可以视为均匀的.求两线圈之间的互感.

6.6.2　附图所示的两个同轴密绕细长螺线管长度为 l，半径分别为 R_1 及 R_2（“细长”蕴含 $R_1\ll l$，$R_2\ll l$），匝数分别为 N_1 和 N_2，求互感 M_{12} 和 M_{21}，并由此验证 $M_{12}=M_{21}$.

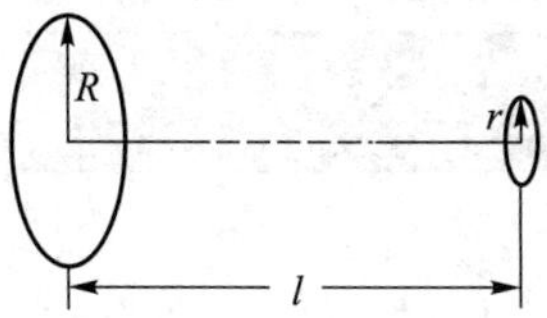

习题 6.6.1 图

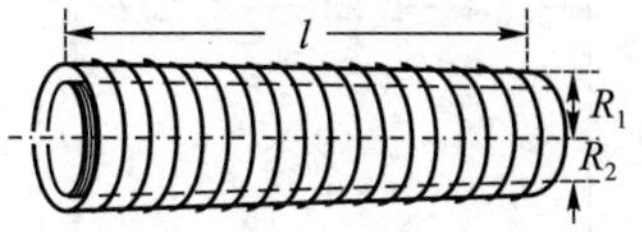

习题 6.6.2 图

6.6.3　以 M 代表两个线圈之间的互感，L_1 和 L_2 代表各自的自感，试证在无漏磁情况下有 $M=\sqrt{L_1L_2}$.（无漏磁是指满足 $\Phi_{12}=\Phi_{11}$ 及 $\Phi_{21}=\Phi_{22}$，即完全耦合.）

6.8.1　设图 6-41 的 RL 电路的电流在 5.0 s 内达到稳态值的 1/3，求这个电路的时间常量.

6.8.2　设图 6-41 的 $R=4\ \Omega$，$L=20$ H，合闸瞬间的电流增长率为 5 A/s.

（1）求电源的电动势 $\mathscr{E}$；

（2）求电流为 10 A 时的电流增长率及此时电感所储存的磁能.

注　自感为 L、电流为 i 的线圈所储存的磁能为 $W_{\mathrm{m}}=\dfrac{1}{2}Li^2$，推导见 § 6.11.

6.8.3 设图 6-41 的 $L=10\ \mathrm{H}$，$R=100\ \Omega$，$\mathscr{E}=100\ \mathrm{V}$，求下列各量在开关接通 0.1 s 后的值：

（1）线圈所储存的磁能的增长率；

（2）电阻 R 上消耗焦耳热的功率；

（3）电源输出的功率.

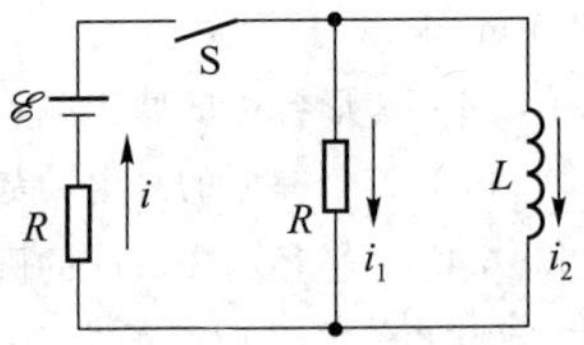

习题 6.8.4 图

6.8.4 求附图电路合闸后 i_1、i_2 和 i 随时间变化的规律.

6.8.5 在附图所示的电路中，

（1）求开关 S 闭合后 t 时刻的线圈电流 $i(t)$；

（2）若 $\mathscr{E}=10\ \mathrm{V}$，$R_1=5\ \Omega$，$R_2=10\ \Omega$，求 $t=\tau$（时间常量）时的 U_{AB}.

6.8.6 附图中两线圈的自感分别为 L_1 和 L_2，电阻为零，两者之间无互感耦合，电源的内阻已计入 R 中，设开关闭合前各支路无电流，求开关闭合后 i_1、i_2 和 i 随时间变化的规律.

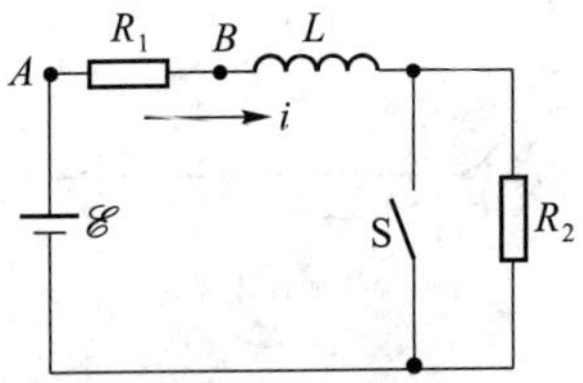

习题 6.8.5 图

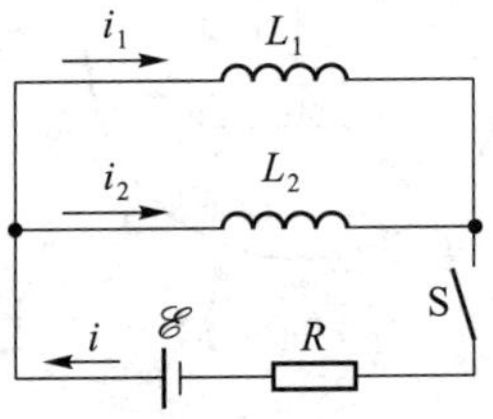

习题 6.8.6 图

6.8.7 在附图所示的电路中，在开关 S_2 断开的情况下合上开关 S_1（合闸时刻选为 0），在时刻 t_1 再合上开关 S_2（以后保持接通）.求从 0 开始至 $t\to\infty$ 的时段内电流 i 随时间的变化规律，并大致画出 $i(t)$ 的曲线.

6.8.8 在长为 l、半径为 b、匝数为 N 的细长密绕螺线管轴线的中部放置一个半径为 a 的导体圆环，圆环平面法线与轴线夹角固定为 45°（见附图）.已知圆环的电阻为 R_1，螺线管的电阻为 R_2，电源的电动势为 $\mathscr{E}$，内阻为零.忽略圆环的自感及它对螺线管提供的互感电动势.

（1）求开关合上后圆环的磁通随时间的变化规律；

（2）求开关合上后圆环内电流随时间的变化规律；

（3）试证圆环受到的最大力矩为

$$M=\frac{\pi a^4\mu_0\mathscr{E}^2}{8b^2R_1R_2l}.$$

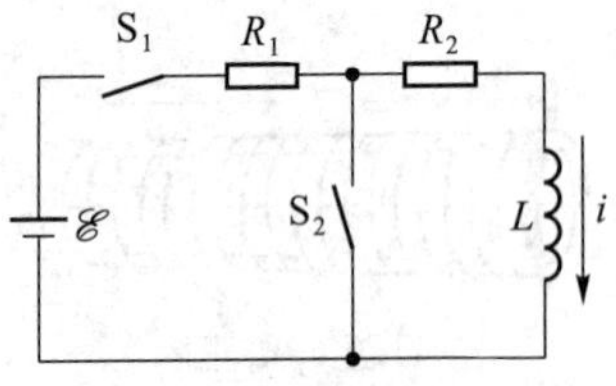

习题 6.8.7 图

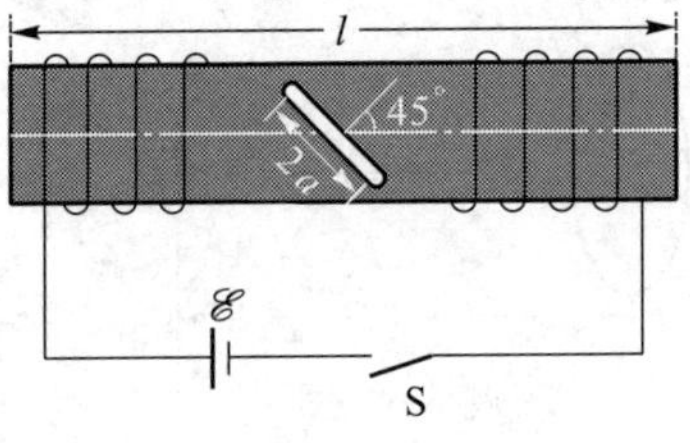

习题 6.8.8 图

6.9.1 在图 6-53 的 RC 充电电路中，为使电容器的电荷达到稳态值的 99%，所需的时间是时间常量的多少倍？

6.9.2 附图中的 $\mathscr{E}$、C、R_1 及 R_2 均已知.在电路达到稳态后切断开关 S，求电容电压 u_C 和电流 i_C 随时间的变化规律.

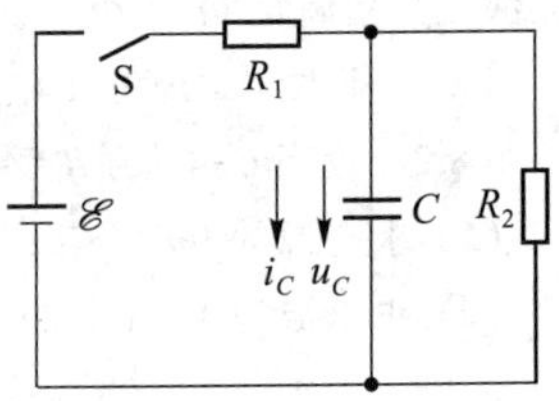

习题 6.9.2 图

6.9.3 通过电阻 R 把电荷为 Q_0 的电容器 C 接在内阻为零、电动势为 $\mathscr{E}$ 的电池上.设接通时刻为 0，试证接通后电容器的电荷随时间 t 的变化规律为

$$q(t)=\mathscr{E}C+(Q_0-\mathscr{E}C)\mathrm{e}^{-\frac{t}{RC}}.$$

6.9.4　充电至 100 V 的 10 μF 电容器通过一个 10 kΩ 的电阻放电.求:

(1) 刚开始瞬间的电流;

(2) 电荷减少一半所需的时间;

(3) 能量减少一半所需的时间.

6.9.5　附图中 $\mathscr{E}=10$ V,$R_1=20$ Ω,$R_2=30$ Ω,$C=10$ μF,在开关断开前电路已达稳态.求:

(1) 从开关断开起 2τ 时电容 C 的电压 u_C(τ 为时间常量);

(2) 开关断开并达到稳态后电容 C 上储存的电场能.

6.9.6　附图中 $R_1=R_2=R_4=5$ kΩ,$R_3=10$ kΩ,$C=10$ μF.当电容电压为 $U_{C0}=10$ V 时接通开关 S,电容的放电电流经多长时间后下降到 0.01 mA?

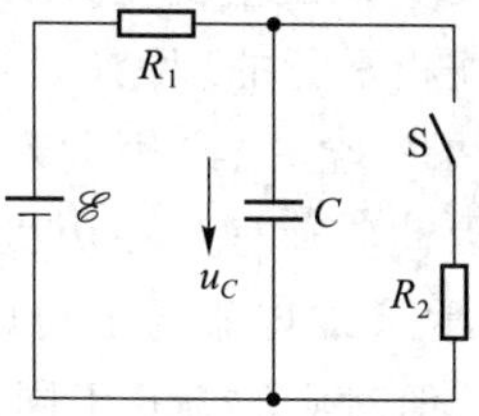

习题 6.9.5 图

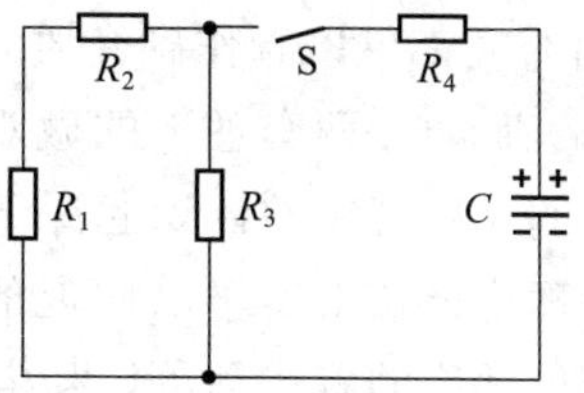

习题 6.9.6 图

6.9.7　附图中的电容在开关接通前电压为零,求开关接通后 i_1、i_2 和 i_3 的变化规律.

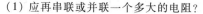

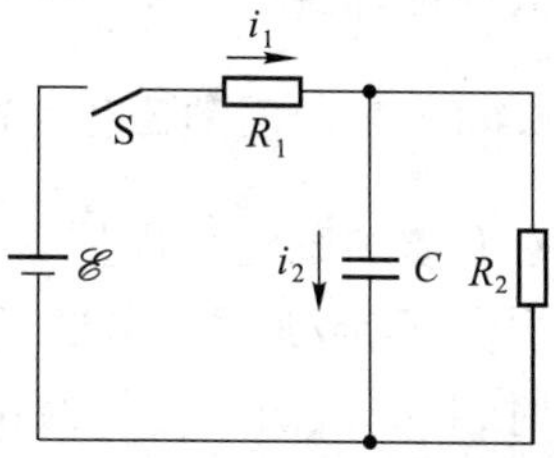

习题 6.9.7 图

*6.10.1　电容为 10 μF 的电容器充电至 100 V,再通过 100 Ω 的电阻和 0.4 H 的电感串联放电.这一 RLC 电路处于什么振荡状态?若要使其处于临界振荡状态,

(1) 应再串联或并联一个多大的电阻?

(2) 应再串联或并联一个多大的电容?

*6.10.2　LC 串联振荡电路的 $L=20$ mH,$C=2.0$ μF,开始时 C 上有电荷而 L 中无电流,求 L 中的磁能第一次等于 C 中的电能所需的时间 t_1.

6.11.1　求自感为 10 mH、电流为 4 A 的螺线管所储存的磁场能量.

6.11.2　单层密绕细长螺线管长为 0.25 m,截面积为 5×10^{-4} m^2,绕有线圈 2 500 匝,流过电流 0.2 A,求螺线管内的磁能.

6.11.3　两个共轴螺线管 A 和 B 之间存在完全耦合,而且磁通互相加强.若 A 的自感为 4×10^{-3} H,载有电流 3 A,B 的自感为 9×10^{-3} H,载有电流 5 A,计算这两个螺线管内储存的总磁能.

第七章　磁　介　质

§7.1　磁介质存在时静磁场的基本规律

在磁场作用下能发生变化并能反过来影响磁场的介质称为**磁介质**.磁介质在磁场作用下的变化称为**磁化**.事实上,任何介质在磁场作用下都或多或少地发生变化并反过来影响磁场,因此任何介质都可以看作磁介质.关于磁介质存在两套互相平行的理论(观点)——分子电流理论和磁荷理论.两套理论的微观模型不同,但宏观结果完全一样,因此宏观看来是等价的.由于人们对磁现象的认识起源于对天然磁体的观察,因此磁荷理论在历史上出现得较早.分子电流理论最初由安培以假说的形式提出,由于它揭示了磁现象与电流的联系,所以比较流行.两种理论的叙述都可以与电介质理论对比地进行,但对应的方式不同.这是造成磁介质理论学习中种种困难(和混淆)的原因之一,学习时应给予足够的注意.本章主要讨论分子电流理论,但在§7.4中对磁荷理论也给予适当的介绍.

7.1.1　磁介质的磁化,磁化强度

磁介质的磁化可以用安培的分子电流假说来解释.安培认为,由于电子的运动,每个磁介质分子(或原子)相当于一个环形电流,称为**分子电流**,其磁矩称为**分子磁矩**.没有外磁场时,各分子磁矩方向杂乱,大量分子的磁矩相互抵消,宏观上不显磁性.当外磁场存在时,各分子磁矩或多或少地转向磁场方向,这就是磁化的简单模型,较详细的磁化机理见下节.

在螺绕环内充满某种均匀磁介质.线圈电流在环内的磁场使磁介质的分子磁矩发生取向.为简单起见,假定每个分子磁矩都转到与外磁场相同的方向.考虑螺绕环的一个横截面,其分子电流的规则排列如图7-1(a)所示.由于磁化均匀,宏观看来,磁介质内部分子电流的效应互相抵消,而磁介质表面则相当于有一层面电流流过[见图7-1(b)].这是分子电流规则排列的宏观效果.这种因磁化而出现的宏观电流称为**磁化电流**(对应于电介质的极化电荷).

由上例可知,正如讨论电介质时必须区分极化电荷与非极化电荷(自由电荷)那样,讨论磁介质时必须区分磁化电流和非磁化电流.磁化电流是分子电流因磁化而呈现的宏观电流,它不相应于带电粒子的宏观位移.除磁化电流之外的电流称为非磁化电流或**传导电流**(也叫自由电流,对应于电介质理论中的自由电荷),例如金属中自由电子宏观移动造成的电流、电解液中正、负离子宏观迁移造成的电流以及各种真空管中的电子流等.传导电流必然相应于带电粒子的宏观移动.

正如有电介质时的电场 $\boldsymbol{E}$ 是自由电荷的电场 $\boldsymbol{E}_0$ 与极化电荷的电场 $\boldsymbol{E}'$ 的叠加那样,有磁介质时的磁场 $\boldsymbol{B}$ 也由两部分叠加而成:

$$\boldsymbol{B}=\boldsymbol{B}_0+\boldsymbol{B}', \tag{7-1}$$

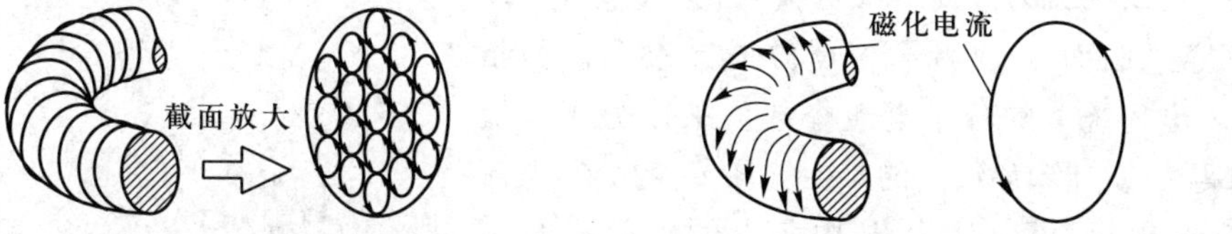

(a) 磁化后分子电流的规则排列　(b) 规则排列分子电流的宏观表现——磁化电流

图 7-1　螺绕环内均匀磁介质的磁化

其中 $\boldsymbol{B}_0$ 和 $\boldsymbol{B}'$分别是传导电流和磁化电流激发的磁场.为了描写磁介质磁化的程度,可以仿照极化强度 $\boldsymbol{P}$ 定义一个磁化强度.设磁介质中某物理无限小体元 ΔV 内的分子磁矩矢量和为 $\sum \boldsymbol{p}_{mi}$(下标 m 代表“磁”),则

$$\boldsymbol{M} \equiv \frac{\sum \boldsymbol{p}_{mi}}{\Delta V} \tag{7-2}$$

称为 ΔV 所在点的**磁化强度**.与极化强度 $\boldsymbol{P}$ 类似,磁化强度也是空间中的宏观矢量场,磁化强度的微观值没有意义.如果磁介质的总体或某区域内各点的 $\boldsymbol{M}$ 相同,就说它(总体或在某区域内)是**均匀磁化**的.真空可以看作磁介质的特例,其中各点的 $\boldsymbol{M}$ 为零.

实验和理论研究表明,磁介质可按其磁特性分为三类:(1) **顺磁质**;(2) **抗磁质**;(3) **铁磁质**.顺磁质、抗磁质的磁特性与铁磁质有很大不同,可合称为**非铁磁质**.非铁磁质又有各向同性与非各向同性之分.实验表明,一般地说,对各向同性非铁磁质中的每一点,其磁化强度 $\boldsymbol{M}$ 与磁场 $\boldsymbol{B}$ 的方向平行(对顺磁质,$\boldsymbol{M}$ 与 $\boldsymbol{B}$ 同向;对抗磁质,$\boldsymbol{M}$ 与 $\boldsymbol{B}$ 反向),大小成正比,可以写成

$$\boldsymbol{M} = g\boldsymbol{B}. \tag{7-3}$$

这一关系与电介质的 $\boldsymbol{P}=\varepsilon_0\chi\boldsymbol{E}$ 对应,其中 g 是一个反映磁介质每点磁化特性的量(与 $\boldsymbol{B}$ 无关),类似于电介质中的极化率χ(确切地说是 $\varepsilon_0\chi$)①.g 的数值可正可负,取决于磁介质的性质.当 $g>0$ 时,$\boldsymbol{M}$ 与 $\boldsymbol{B}$ 同向,这就是顺磁质;当 $g<0$ 时,$\boldsymbol{M}$ 与 $\boldsymbol{B}$ 反向,这就是抗磁质.今后提到非铁磁质时都指各向同性非铁磁质.

虽然传导电流激发的磁场 $\boldsymbol{B}_0$ 是引起磁化的最初原因(永磁体除外),但磁介质一旦磁化,其磁化电流激发的磁场 $\boldsymbol{B}'$同样要影响磁介质的磁化情况,因此式(7-3)的 $\boldsymbol{B}$ 应理解为 $\boldsymbol{B}_0$ 与 $\boldsymbol{B}'$的矢量和,这与电介质的情况类似.

7.1.2　磁化电流

正如电介质的极化电荷与极化强度密切相关那样,磁介质的磁化电流也与磁化强度密切相关.本节讨论它们的关系.

磁化电流包括磁化电流大小及磁化电流密度两个概念,下面先讨论磁化电流大小与磁化强度的关系.

电流是对曲面定义的,曲面的电流等于单位时间流过它的电荷.我们来计算磁介质内任一曲面 S 的磁化电流 I'.设 S 的边线为 L,由图 7-2 可知,只有那些环绕曲线 L 的分子电流

① 但是由于历史原因,g 并不被称为磁化率,因为在磁荷理论中与χ 对应的不是 g 而是另一个量χ_m(见 §7.4 之末),人们普遍把χ_m 称为**磁化率**.

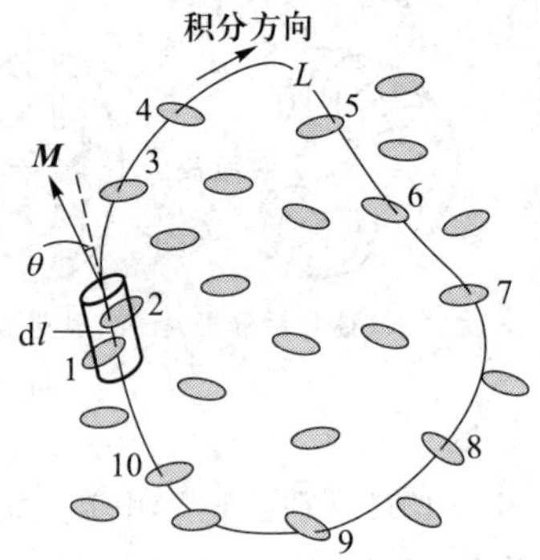

图 7-2 曲面 S 的磁化电流的计算. 闭合曲线 L 是曲面 S 的边线，S 未画出

（如图中的 1，2，…，10）才对 I' 有贡献，因为其他分子电流或者不穿过曲面 S，或者沿相反方向穿过两次而抵消. 因此，求出环绕 L 的分子电流个数再乘以分子电流值便可求得 I'. 先计算环绕 L 的某一元段 $\mathrm{d}l$ 的分子电流个数. 由于 $\mathrm{d}l$ 很短，可以认为 $\mathrm{d}l$ 内各点的磁化强度 $\boldsymbol{M}$ 相同（尽管 $\boldsymbol{M}$ 在整个曲线 L 上可以不同）. 为简单起见，假定 $\mathrm{d}l$ 附近各分子磁矩都取与 $\boldsymbol{M}$ 完全相同的方向. 以 $\mathrm{d}l$ 为轴作一斜圆柱体，其两底与分子电流所在平面平行（即与 $\boldsymbol{M}$ 垂直），底的半径等于分子电流的半径. 这样，只有中心在柱体内的分子电流（图中的 1 和 2）才环绕 $\mathrm{d}l$. 设单位体积的分子数为 N，则中心在柱内的分子数为 $NA\mathrm{d}l\cos\theta$（A 是柱底的面积，θ 是 $\boldsymbol{M}$ 与 $\mathrm{d}\boldsymbol{l}$ 的夹角）. 这些分子贡献的电流是

$$\mathrm{d}I' = I_{\mathrm{m}} NA\mathrm{d}l\cos\theta,$$

其中 I_{m} 是每个分子电流的大小，故 $I_{\mathrm{m}}A$ 是分子磁矩的大小，$NI_{\mathrm{m}}A$ 是磁化强度的大小，即 M，因此

$$\mathrm{d}I' = M\mathrm{d}l\cos\theta = \boldsymbol{M}\cdot\mathrm{d}\boldsymbol{l}. \tag{7-4}$$

整个曲面 S 的磁化电流于是为

$$I' = \oint_L \boldsymbol{M}\cdot\mathrm{d}\boldsymbol{l}. \tag{7-5}$$

上式说明，磁介质中任一曲面 S 的磁化电流 I' 等于磁化强度 $\boldsymbol{M}$ 沿这曲面的边线 L 的积分. 不难看出，这一关系对应于电介质中某体积 V 内极化电荷 q' 与 $\boldsymbol{P}$ 的关系 $q' = -\oiint_S \boldsymbol{P}\cdot\mathrm{d}\boldsymbol{S}$（其中 S 是体积 V 的边界面）.

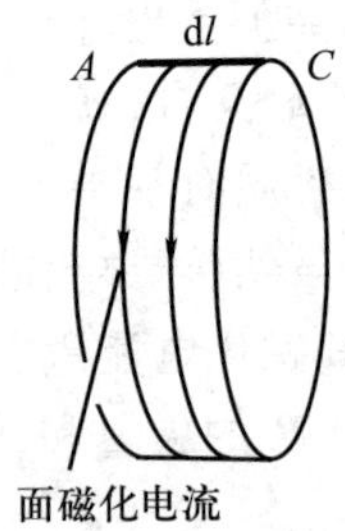

图 7-3 螺线管内磁介质的一小段

以上讨论的磁化电流也称为**体磁化电流**. 在研究磁介质时还常常需要**面磁化电流**的概念. 例如，图 7-1(b) 中的磁化电流从宏观看来可以充分精确地认为集中在磁介质表面上流动，因而可以看作一种面磁化电流. 如果场点与图7-1(a) 中螺绕环的距离远大于螺绕环导线的直径，连导线内的传导电流也可以近似地认为在几何面（螺绕环表面）上流动（即认为导线半径为零），因此这时的传导电流也可以看作面电流. 面电流的分布可用电流线密度描写，其定义见小节 5.4.5. 图 7-3 绘出螺绕环或螺线管中磁介质的一小段，在其表面取一段平行于轴线的直线 AC（长为 $\mathrm{d}l$），则流过 AC 的磁化电流 $\mathrm{d}I'$ 除以 $\mathrm{d}l$ 便是该点的磁化电流线密度（的大小）.

在电介质理论中，关于极化电荷密度有以下两个重要的结论（详见 § 3.4）.

(1) 电介质内的极化电荷体密度 ρ' 由极化强度 $\boldsymbol{P}$ 依下式决定：

$$\rho' = -\frac{\oiint_S \boldsymbol{P}\cdot\mathrm{d}\boldsymbol{S}}{V}.$$

特别是，在均匀极化电介质中 $\rho'=0$.

(2) 两介质界面上的极化电荷面密度由极化强度 $\boldsymbol{P}$ 依下式决定：

$$\sigma' = (\boldsymbol{P}_2 - \boldsymbol{P}_1) \cdot \boldsymbol{e}_n .$$

在磁介质理论中,关于磁化电流密度也可证明以下两个对应的结论.

(1) 磁介质内磁化电流密度 $\boldsymbol{J}'$ 由磁化强度决定,两者关系可由式(7-5)推得(较复杂,不拟写出). 特别是,由式(7-5)可以证明,在均匀磁化的磁介质中 $\boldsymbol{J}'=\boldsymbol{0}$①.图 7-1 的螺绕环内的磁介质是(近似)均匀磁化的,所以内部各点有 $\boldsymbol{J}'=\boldsymbol{0}$.

(2) 两磁介质界面上的磁化电流线密度由磁化强度 $\boldsymbol{M}$ 依下式决定:

$$\boldsymbol{\alpha}' = (\boldsymbol{M}_2 - \boldsymbol{M}_1) \times \boldsymbol{e}_n , \tag{7-6}$$

其中 $\boldsymbol{e}_n$ 是界面法向单位矢量,从磁介质 2 指向 1.为证明上式,只需在界面附近作一个极窄的小矩形(见图 7-4)并应用式(7-5).但证明过程涉及矢量叉乘等问题,从略.

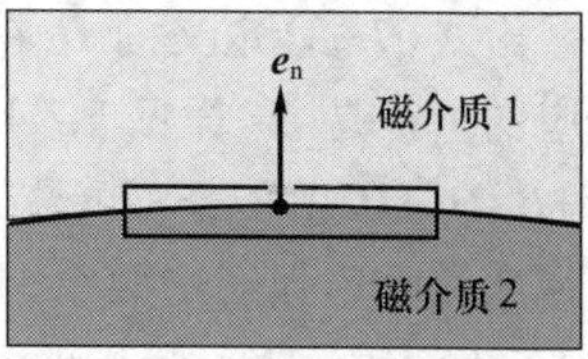

图 7-4　证明式(7-6)所用的窄矩形

7.1.3　磁场强度 H,有磁介质时的安培环路定理

当空间的传导电流分布及磁介质的性质(各点的 g 值)已知时,原则上应能求得空间各点的磁感应强度 $\boldsymbol{B}$.然而,如果从毕-萨定律出发求 $\boldsymbol{B}$,必须知道全部电流(包括传导电流和磁化电流)的分布,而磁化电流依赖于磁化情况(磁化强度 $\boldsymbol{M}$),磁化情况又依赖于总的磁感应强度 $\boldsymbol{B}$,这就形成计算上的循环.在电介质理论中我们遇到过非常类似的困难,克服的办法是列出足够数量的方程然后联立求解.为了求解方便,还曾设法从方程中消去极化电荷并引入辅助性矢量场 $\boldsymbol{D}$,最后得出关于 $\boldsymbol{D}$ 的高斯定理,其表达式中不再带有极化电荷.磁介质的问题也可以用完全类似的方法处理.

根据第五章的安培环路定理,$\boldsymbol{B}$ 沿任一闭合曲线 L 的积分满足

$$\oint_L \boldsymbol{B} \cdot d\boldsymbol{l} = \mu_0 I,$$

其中 I 是通过以 L 为边线的任一曲面的电流.当场中存在磁介质时,只要把 I 理解为既包括传导电流又包括磁化电流,上式仍然成立.以 I_0 及 I' 分别代表穿过闭合曲线 L 的传导电流和磁化电流,则上式可改写为

$$\oint_L \boldsymbol{B} \cdot d\boldsymbol{l} = \mu_0 (I_0 + I').$$

把式(7-5)代入上式便可消去 I':

$$\oint_L \boldsymbol{B} \cdot d\boldsymbol{l} = \mu_0 \left(I_0 + \oint_L \boldsymbol{M} \cdot d\boldsymbol{l}\right),$$

即

$$\oint_L \left(\frac{\boldsymbol{B}}{\mu_0} - \boldsymbol{M}\right) \cdot d\boldsymbol{l} = I_0 . \tag{7-7}$$

为方便起见,引入辅助性矢量场 $\boldsymbol{H}$,其定义为

$$\boldsymbol{H} \equiv \frac{\boldsymbol{B}}{\mu_0} - \boldsymbol{M}, \tag{7-8}$$

式(7-7)便成为

---

① 对均匀磁介质(无论它是否均匀磁化),传导电流密度 $\boldsymbol{J}_0=\boldsymbol{0}$ 的点必有 $\boldsymbol{J}'=\boldsymbol{0}$.这与均匀电介质的对应结论也类似[见式(3-33)后的小字].

$$\oint_L \boldsymbol{H} \cdot \mathrm{d}\boldsymbol{l} = I_0 . \tag{7-9}$$

上式称为**有磁介质时的安培环路定理**,它是以 $\boldsymbol{H}$ 场的环路积分表达的,故又称为 $\boldsymbol{H}$ 的环路定理.不难看出原来的安培环路定理 $\oint_L \boldsymbol{B} \cdot \mathrm{d}\boldsymbol{l} = \mu_0 I$ 只是式(7-9)用于真空(其 $\boldsymbol{M}=\boldsymbol{0}$)的特例.

由式(7-8)定义的 $\boldsymbol{H}$ 在历史上一直被称为**磁场强度**,因为在磁荷理论中与电场强度 $\boldsymbol{E}$ 对应的量正是 $\boldsymbol{H}$(详见§7.4).但是,在分子电流理论中,两对量 $\boldsymbol{E}$、$\boldsymbol{D}$ 和 $\boldsymbol{B}$、$\boldsymbol{H}$ 的对应关系是 $\boldsymbol{E}\leftrightarrow\boldsymbol{B}$,$\boldsymbol{D}\leftrightarrow\boldsymbol{H}$.由于分子电流理论反映磁现象的本质,许多作者早已放弃(或基本放弃)磁感应强度和磁场强度这两个词,他们把 $\boldsymbol{B}$ 称为磁场,对 $\boldsymbol{H}$ 则只称为"矢量场 $\boldsymbol{H}$"或"$\boldsymbol{H}$ 场"(参见§5.1 的脚注①).我们欣赏这一做法.

式(7-9)的好处在于它不包含磁化电流.在某些有对称性的场合,用式(7-9)可以方便地根据传导电流的分布求出 $\boldsymbol{H}$,进而求得 $\boldsymbol{B}$.$\boldsymbol{H}$ 与 $\boldsymbol{B}$ 的关系可用式(7-3)代入式(7-8)求得:

$$\boldsymbol{H} = \left(\frac{1}{\mu_0} - g\right)\boldsymbol{B} . \tag{7-10}$$

令

$$\mu \equiv \frac{1}{\dfrac{1}{\mu_0} - g} = \frac{\mu_0}{1 - g\mu_0}, \tag{7-11}$$

则

$$\boldsymbol{H} = \frac{\boldsymbol{B}}{\mu}, \quad 或 \quad \boldsymbol{B} = \mu\boldsymbol{H} . \tag{7-12}$$

这是描写各向同性非铁磁质中同一点的 $\boldsymbol{B}$ 与 $\boldsymbol{H}$ 之间关系的重要等式,称为磁介质的性能方程,对应于电介质中的 $\boldsymbol{D}=\varepsilon\boldsymbol{E}$.一般各向同性非铁磁质的 μ 都是正的常量,故由式(7-12)可知各向同性非铁磁质内每点的 $\boldsymbol{B}$ 与 $\boldsymbol{H}$ 方向相同,大小成正比.

由式(7-11)定义的 μ 称为磁介质的**磁导率**,是描写磁介质性质的宏观标量场.把真空看作磁介质的特例,其 $\boldsymbol{M}$ 在 $\boldsymbol{B}$ 为任何值时均为零,故其 $g=0$,$\mu=\mu_0$.可见,在 SI 公式中经常出现的常量 μ_0 其实就是真空磁导率.磁介质的磁导率 μ 与真空磁导率 μ_0 之比称为该磁介质的**相对磁导率**,记为 μ_r,即

$$\mu_r \equiv \frac{\mu}{\mu_0} = \frac{1}{1 - g\mu_0} . \tag{7-13}$$

相对磁导率 μ_r 是量纲为一的量.由上式可以看出,对顺磁质($g>0$)有 $\mu_r>1$,$\mu>\mu_0$;对抗磁质($g<0$)有 $\mu_r<1$,$\mu<\mu_0$.但是,无论是顺磁质还是抗磁质,其 μ_r 与 1 之差一般都很小(例如铜的 μ_r 与 1 之差的绝对值是 0.94×10^{-5}),可见一般磁介质的磁化效应很弱.然而,在§7.3 中就要看到,铁磁质的 μ_r 可以大至数千数万,即铁磁质的磁化效应比普通顺磁质和抗磁质要强得多,这也正是铁磁质获得非常广泛的应用的重要原因之一.

μ 与 μ_0 有相同的单位,它们的 SI 单位没有专门名称,可记为 $\mathrm{N/A^2}$(牛顿每二次方安培,见小节 10.3.1) 或 H/m(亨每米).

例 在密绕螺绕环中充满均匀非铁磁质,已知螺绕环的传导电流为 I_0,单位长度匝数为 n,环的横截面半径比环的平均半径小得多,非铁磁质的磁导率为 μ,求环内外的 $\boldsymbol{H}$、$\boldsymbol{B}$ 及螺绕环的自感.

解:在环内任取一点,过该点作一个与环同心的圆周.由对称性可知圆周上各点的 $\boldsymbol{H}$ 大小相等且方向沿切向.把 $\boldsymbol{H}$ 的安培环路定理用于此圆周,得

$$\oint \boldsymbol{H} \cdot \mathrm{d}\boldsymbol{l} = Hl = NI_0 ,$$

其中 l 是圆周长，N 是螺绕环的总匝数.因环的截面半径比环的平均半径小得多，故

$$H=\frac{NI_0}{l}\approx nI_0\ . \tag{7-14}$$

根据式(7-12)，$\boldsymbol{B}$ 的方向与 $\boldsymbol{H}$ 相同，大小为

$$B=\mu H\approx\mu nI_0\ . \tag{7-15}$$

对环外任一点，用类似方法易证其 $\boldsymbol{B}=\boldsymbol{H}=\boldsymbol{0}$.

最后计算螺绕环的自感，计算过程与小节 6.5.2 例题相仿.设螺绕环的传导电流为 I_0，则每匝的自感磁通

$$\Phi_{自}=BS=\mu nI_0S,$$

其中 S 是环的横截面积.整个螺绕环的自感磁链

$$\Psi_{自}=N\Phi_{自}=nl\Phi_{自}=\mu n^2lSI_0=\mu n^2VI_0,$$

其中 V 是螺绕环内的体积(即磁介质的体积).应该说明，对于有磁介质的线圈，自感仍定义为 $\Psi_{自}$ 与 I 之比，但 I 应理解为线圈的传导电流，故螺绕环的自感为

$$L\equiv\frac{\Psi_{自}}{I_0}=\mu n^2V. \tag{7-16}$$

上例结果对于充满均匀磁介质的密绕细长螺线管也近似成立.

设空芯螺绕环或螺线管的自感为 L_0，由小节 6.5.2 例题可知

$$L_0=\mu_0n^2V.$$

与式(7-16)对比，可知螺绕环及细长螺线管内充满均匀磁介质后自感增至原来的 $\mu/\mu_0=\mu_r$ 倍.这与电容器充满均匀电介质后电容增至 ε_r 倍对应.由于铁磁质的 μ_r 值很大，铁芯线圈的自感比空心线圈大得多.不过应该指出，铁磁质有一系列独特的性质(见§7.3)，其 μ_r 值并无确切的意义，把上例结果用于铁芯线圈只为便于粗略估算.

7.1.4　静磁场方程与静电场方程的对比

本小节用分子电流观点对静磁场方程与静电场方程及其边值关系作一对比.

静电场：

$\boldsymbol{E}$ 是描写静电场的基本量，$\boldsymbol{D}$ 是辅助量，分别服从如下方程：

$$\oint\boldsymbol{E}\cdot\mathrm{d}\boldsymbol{l}=0\quad(对任意闭合曲线),$$

$$\oiint\boldsymbol{D}\cdot\mathrm{d}\boldsymbol{S}=q_0\quad(对任意闭合曲面).$$

$\boldsymbol{E}$ 与 $\boldsymbol{D}$ 之间由电介质的性能方程联系：

$$\boldsymbol{D}=\varepsilon\boldsymbol{E}\ .$$

当空间的自由电荷分布(ρ_0 及 σ_0)、电介质特性(ε)以及边界条件已知时，利用上述方程原则上可以求出 $\boldsymbol{E}$ 和 $\boldsymbol{D}$.

静磁场：

$\boldsymbol{B}$ 是描写静磁场的基本量(与 $\boldsymbol{E}$ 对应)，$\boldsymbol{H}$ 是辅助量(与 $\boldsymbol{D}$ 对应)，分别服从如下方程：

$$\oiint\boldsymbol{B}\cdot\mathrm{d}\boldsymbol{S}=0\quad(对任意闭合曲面). \tag{7-17}$$

$$\oint \boldsymbol{H}\cdot \mathrm{d}\boldsymbol{l}=I_0 \quad （对任意闭合曲线）. \tag{7-9}$$

$\boldsymbol{B}$ 与 $\boldsymbol{H}$ 之间由磁介质的性能方程联系：

$$\boldsymbol{B}=\mu\boldsymbol{H}. \tag{7-12}$$

在分子电流理论中，既然 $\boldsymbol{B}$ 与 $\boldsymbol{E}$ 对应，$\boldsymbol{H}$ 与 $\boldsymbol{D}$ 对应，与 ε 对应的就不是 μ 而是 $1/\mu$.

第三章讲过，把静电场方程用于两种电介质的分界面，可以得出 $\boldsymbol{E}$ 和 $\boldsymbol{D}$ 应该满足的边值关系（见小节 3.6.2）. 同样，把静磁场方程用于两种磁介质的分界面，就可得出 $\boldsymbol{B}$ 和 $\boldsymbol{H}$ 应该满足的边值关系.

在界面上作扁柱体，仿照式（3-43）的推导过程，由式（7-17）可得

$$B_{1n}=B_{2n}. \tag{7-18}$$

其中 B_{1n} 及 B_{2n} 是界面两侧 $\boldsymbol{B}$ 的法向分量. 上式说明 $\boldsymbol{B}$ 的法向分量在界面上连续. 把性能方程（7-12）用于界面两侧的磁介质，得

$$\boldsymbol{B}_1=\mu_1\boldsymbol{H}_1, \quad \boldsymbol{B}_2=\mu_2\boldsymbol{H}_2. \tag{7-19}$$

其法向分量方程为 $B_{1n}=\mu_1H_{1n}$，$B_{2n}=\mu_2H_{2n}$，与式（7-18）结合得

$$\frac{H_{1n}}{H_{2n}}=\frac{\mu_2}{\mu_1}, \tag{7-20}$$

说明 $\boldsymbol{H}$ 的法向分量在界面上发生突变.

在界面上作窄矩形，仿照式（3-45）的推导过程，把式（7-9）用于界面上无传导电流的情况得

$$H_{1t}=H_{2t}, \tag{7-21}$$

其中 H_{1t} 及 H_{2t} 是界面两侧 $\boldsymbol{H}$ 的切向分量. 可见 H 的切向分量在界面上连续. 另一方面，式（7-19）的切向分量给出 $B_{1t}=\mu_1H_{1t}$，$B_{2t}=\mu_2H_{2t}$，与式（7-21）结合得

$$\frac{B_{1t}}{B_{2t}}=\frac{\mu_1}{\mu_2}. \tag{7-22}$$

可见 $\boldsymbol{B}$ 的切向分量在界面上发生突变.

由于在界面上 B_t 有突变而 B_n 无突变，$\boldsymbol{B}$ 的方向在界面上必然突变. 设 α_1、α_2 是 $\boldsymbol{B}_1$、$\boldsymbol{B}_2$ 与法线的夹角，由图 7-5 可知

$$\tan\alpha_1=\frac{B_{1t}}{B_{1n}}, \quad \tan\alpha_2=\frac{B_{2t}}{B_{2n}}.$$

把式（7-18）及式（7-22）代入得

$$\frac{\tan\alpha_1}{\tan\alpha_2}=\frac{\mu_1}{\mu_2}. \tag{7-23}$$

可见 α 在界面上的确发生突变，这种情况称为 $\boldsymbol{B}$ 线在界面上的折射.

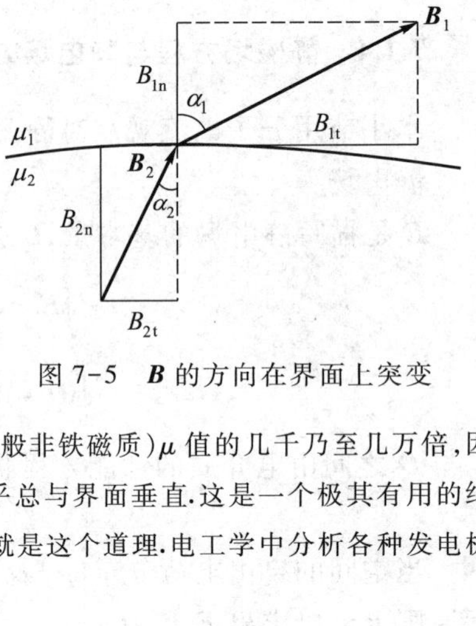

图 7-5 $\boldsymbol{B}$ 的方向在界面上突变

考虑一个特殊而重要的情况. 设 $\mu_1 \gg \mu_2$，由式（7-23）可知无论 α_1 为何值（等于或非常接近 $\pi/2$ 除外）都有 $\alpha_2\approx 0$. 这一结论在实用中有重要意义. §7.3 将要讲到铁磁质的 μ 值可高达空气（或一般非铁磁质）μ 值的几千乃至几万倍，因此在铁磁质与空气（或一般非铁磁质）的界面附近，空气侧的 $\boldsymbol{B}$ 几乎总与界面垂直. 这是一个极其有用的结论. 小节 5.6.3 涉及磁电式电流计时认为气隙中的 $\boldsymbol{B}$ 线与铁面垂直就是这个道理. 电工学中分析各种发电机和电动机中铁芯之间（气隙）的 $\boldsymbol{B}$ 线时也经常用到这一结论.

*7.1.5 对 H 的进一步讨论

在分子电流理论中，磁场强度 $\boldsymbol{H}$ 与电位移 $\boldsymbol{D}$ 是两个对应的辅助量. 与 $\boldsymbol{D}$ 类似，对 $\boldsymbol{H}$ 的理解也需要一个逐步深化的过程. 初学者容易从 $\boldsymbol{H}$ 的环路定理 $\oint \boldsymbol{H}\cdot\mathrm{d}\boldsymbol{l}=I_0$ 产生一种误解，以为 $\boldsymbol{H}$ 只与传导电流 I_0 有关（其

实环路定理说明的是 $\boldsymbol{H}$ 沿任一闭合曲线的积分只与 I_0 有关).再把小节 7.1.3 例题求得的 $H=nI_0$ 与螺绕环内无磁介质时的磁感应强度 $B_0=\mu_0 nI_0$ 对比,似乎更"验证"了"$\boldsymbol{H}$ 只与传导电流有关"的想法,而且还会进一步得出 $\boldsymbol{H}=\boldsymbol{B}_0/\mu_0$ 的结论.的确,就这一特例而言,"$\boldsymbol{H}$ 只与传导电流有关"及"$\boldsymbol{H}$ 等于 $\boldsymbol{B}_0/\mu_0$"都是对的,但不能推广到一般情况.可以证明,当磁介质均匀充满磁场不为零的空间时,上述结论正确,但在其他情况下却不一定成立.下面是一个反例.用两种不同的均匀磁介质充满细长螺线管的两半(见图 7-6),讨论两种磁介质中的 $\boldsymbol{H}$ 并与 $\boldsymbol{B}_0$ 对比.$\boldsymbol{B}_0$ 很简单,它由传导电流激发,只要是密绕的细长螺线管,除两端外各点的 $\boldsymbol{B}_0$ 都应相等且沿轴向.但 $\boldsymbol{H}$ 却不如此简单.我们用反证法证明在这种情况下 $\boldsymbol{H}\neq\boldsymbol{B}_0/\mu_0$.设竟有 $\boldsymbol{H}=\boldsymbol{B}_0/\mu_0$,则 $\boldsymbol{H}_1=\boldsymbol{B}_0/\mu_0=\boldsymbol{H}_2$,即 $\boldsymbol{H}_1$ 和 $\boldsymbol{H}_2$ 都沿轴向且相等.然而轴向也就是两种磁介质的界面的法向,故有 $H_{1n}=H_{2n}$.这与边值关系 $B_{1n}=B_{2n}$ 矛盾(注意 $\mu_1\neq\mu_2$).

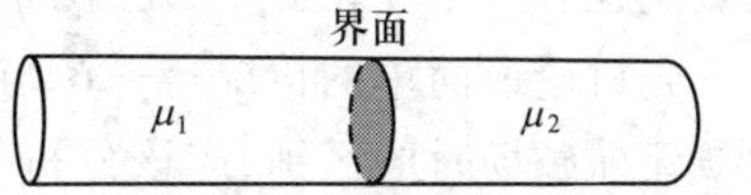

图 7-6 两种均匀磁介质充满螺线管的两半(螺线管的线圈未画出)

§7.2 顺磁性与抗磁性

顺磁性和抗磁性由磁介质的微观结构决定,其严格理论必须借助于量子力学.在本书的范围内,只能从经典物理的角度给出一个"貌似合理"的粗浅解释.

7.2.1 顺磁性

磁介质由分子和原子组成.原子中的电子由于绕核的运动(称为**轨道运动**)及本身的**自旋**而形成电流,因而具有磁矩.正如电介质分子可以分为有极分子和无极分子那样,磁介质分子也可以分为两种类型.在第一类分子中,各电子磁矩不完全抵消,整个分子存在固有磁矩.在第二类分子中,各电子磁矩互相抵消,分子的固有磁矩为零.

顺磁性来自分子的固有磁矩.无外磁场时,各分子的固有磁矩杂乱排列,物理无限小体积中的分子磁矩矢量和为零,即磁化强度 $\boldsymbol{M}=\boldsymbol{0}$.在外磁场作用下,各分子磁矩或多或少地转到磁场 $\boldsymbol{B}$ 的方向(类似于磁场对载流线圈的取向作用),磁化强度 $\boldsymbol{M}$ 不再为零而且与 $\boldsymbol{B}$ 同向.这就是顺磁性.分子的热运动对固有磁矩的规则排列有打乱作用,因此温度越高顺磁性越弱.这就解释了顺磁性对温度的敏感性(抗磁性则对温度不敏感).

由以上分析可知,顺磁质一定是分子固有磁矩不为零的介质.钠、铝、锰、铬、硫酸铜、氧、一氧化氮及空气等都是顺磁质.

7.2.2 抗磁性

与顺磁性不同,抗磁性存在于一切磁介质中.只是由于顺磁质中的顺磁性比抗磁性强,所以才成为顺磁质.

抗磁性起因于电子的轨道运动在外磁场作用下的变化.从经典物理看来,电子在原子核库仑力的作用下做圆周运动,相当于一个圆形电流.设电子转一圈的时间为 T_0($T_0=2\pi/\omega_0$,ω_0 是圆周运动的角速率),则圆形电流的大小(一周期内的平均值)为

$$I=\frac{e}{T_0}=\frac{e\omega_0}{2\pi}, \tag{7-24}$$

其中 e 是电子电荷的绝对值.设圆周运动的半径为 r,则这个电流的磁矩(大小)为

$$p_{m0}=I\pi r^2=\frac{er^2}{2}\omega_0 . \tag{7-25}$$

因电子带负电，故磁矩方向与 $\boldsymbol{\omega}_0$ 相反(见图 7-7)，即

$$\boldsymbol{p}_{m0}=-\frac{er^2}{2}\boldsymbol{\omega}_0. \tag{7-26}$$

下面证明，在外磁场 $\boldsymbol{B}$ 的作用下，电子轨道半径保持不变而角速度有一个变化 $\Delta\boldsymbol{\omega}_0$，于是磁矩也有一个变化 $\Delta\boldsymbol{p}_m$，而且 $\Delta\boldsymbol{p}_m$ 方向与 $\boldsymbol{B}$ 相反，这就是抗磁性的起因.

先讨论最简单的情况——$\boldsymbol{B}$ 与 $\boldsymbol{\omega}_0$ 方向相同的情况.要弄清外磁场为 $\boldsymbol{B}$ 时电子的轨道运动与无外磁场时的区别，应该分析外磁场从 $\mathbf{0}$ 到 $\boldsymbol{B}$ 的变化过程中电子轨道运动的变化情况.

首先，设外磁场从 $\mathbf{0}$ 开始在 $\mathrm{d}t$ 时间内有一个增量 $\mathrm{d}\boldsymbol{B}$ 而达到小值 $\boldsymbol{B}_1$.这一磁场变化将激发一个感生电场 $\boldsymbol{E}_{感}$，其方向沿圆周切向且与 $\boldsymbol{B}_1$ 成左手螺旋关系(见图 7-8).电子受到的感生电场力 $\boldsymbol{F}_{感}=-e\boldsymbol{E}_{感}$ 使其切向速率从 $v_0(v_0=\omega_0 r)$ 增为 $v_0+\mathrm{d}v$.$\mathrm{d}v$ 与 B_1 的关系可计算如下.仿照小节 6.4.4 的例题，认为感生电场的平均大小为①

$$E_{感}=\frac{r}{2}\frac{\mathrm{d}B}{\mathrm{d}t}=\frac{r}{2}\frac{B_1-0}{\mathrm{d}t}=\frac{rB_1}{2\mathrm{d}t},$$

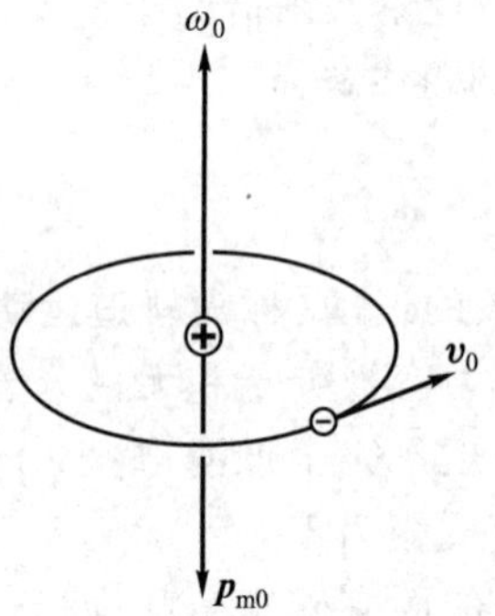

图 7-7 电子的轨道磁矩 $\boldsymbol{p}_{m0}$

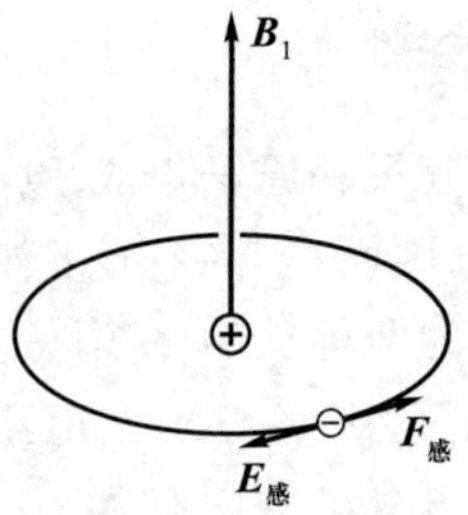

图 7-8 电子受到的感生电场力 $\boldsymbol{F}_{感}$(当 $\boldsymbol{B}$ 变化时)

于是感生电场力的大小为

$$F_{感}=eE_{感}=\frac{erB_1}{2\mathrm{d}t},$$

由 $F_{感}$ 造成的切向加速度为

$$a_t=\frac{F_{感}}{m}=\frac{erB_1}{2m\mathrm{d}t},$$

其中 m 为电子质量.电子切向速度的增量为

$$\mathrm{d}v=a_t\mathrm{d}t=\frac{erB_1}{2m}. \tag{7-27}$$

如果电子所受向心力不变，$\mathrm{d}v$ 的出现将使电子偏离圆形轨道，如图 7-9 虚线所示.但是如果

① 该例题的结论是以严格的平移和旋转对称性为前提得出的.现在无法保证这种对称性，只能假设性地认为对 $E_{感}$ 的平均值而言可以使用这一结论.《费曼物理学讲义》第二卷(上海:上海科学技术出版社)第 427 页及珀塞尔著，南开大学物理系译的《伯克利物理学教程》(第二卷)(北京:科学出版社，1979) 第 458 页也都如此处理.事实上，正如上引费曼书 § 34-6 所指出的，不用量子力学就根本不可能解释磁介质的磁效应，包括抗、顺磁性和铁磁性.因而对上述问题也不必过于认真.

同时给电子增添一个适当的向心力 F',使它与原有向心力(即库仑力 $F_{库}$)叠加后满足

$$F_{库}+F'=\frac{m(v_0+\mathrm{d}v)^2}{r}, \tag{7-28}$$

则电子仍保持原来的圆形轨道(r 不变),只是切向速率增加了 $\mathrm{d}v$.要判断实际情况如何,应注意电子在外磁场中不但受感生电场力 $\boldsymbol{F}_{感}$ 而且受磁洛伦兹力 $\boldsymbol{F}_{洛}$,当外磁场为 $\boldsymbol{B}_1$ 时 $\boldsymbol{F}_{洛}=-e(\boldsymbol{v}_0+\mathrm{d}\boldsymbol{v})\times\boldsymbol{B}_1$,其方向恰好向心(见图7-10),其大小为

$$F_{洛}=e(v_0+\mathrm{d}v)B_1. \tag{7-29}$$

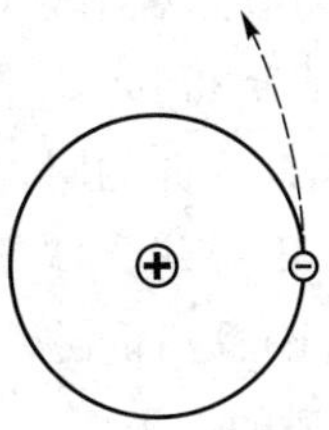

图 7-9 如果电子所受向心力不变,$\mathrm{d}v$ 的出现将使电子偏离圆形轨道

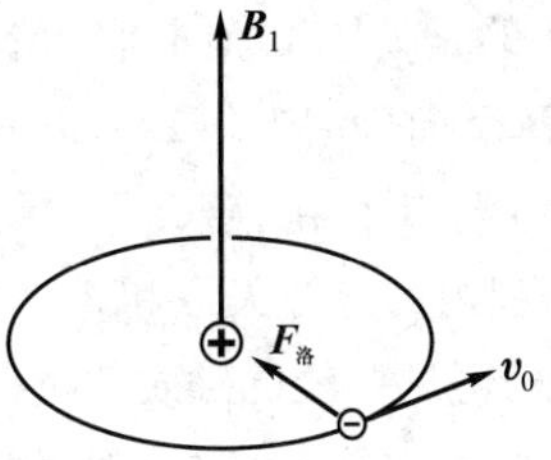

图 7-10 电子受的磁洛伦兹力

现在证明 $F_{洛}$ 正是所需要增加的 F'.由式(7-28)得

$$F_{库}+F'=\frac{mv_0^2}{r}+\frac{2mv_0\mathrm{d}v}{r}+\frac{m(\mathrm{d}v)^2}{r},$$

因为 $F_{库}$ 是无外磁场时电子做圆周运动的向心力,

即
$$F_{库}=\frac{mv_0^2}{r},$$

所以

$$F'=\frac{2mv_0\mathrm{d}v}{r}+\frac{m(\mathrm{d}v)^2}{r}. \tag{7-30}$$

因 $\mathrm{d}v\ll v_0$,故

$$\frac{2mv_0\mathrm{d}v}{r}\gg\frac{m(\mathrm{d}v)^2}{r}.$$

在式(7-30)右边加上一个二级小项 $m(\mathrm{d}v)^2/r$,有

$$F'\approx\frac{2mv_0\mathrm{d}v}{r}+\frac{m(\mathrm{d}v)^2}{r}+\frac{m(\mathrm{d}v)^2}{r}=\frac{2m}{r}\mathrm{d}v(v_0+\mathrm{d}v).$$

把式(7-27)代入得

$$F'\approx e(v_0+\mathrm{d}v)B_1=F_{洛}.$$

可见磁洛伦兹力 $F_{洛}$ 正好能够充当所需增加的那部分向心力 F',因此电子以原半径做圆周运动,但切向速率增为 $v_0+\mathrm{d}v$.这一讨论对于外磁场从 $\mathbf{0}$ 增至稳定值 $\boldsymbol{B}$ 的整个过程中的每一步(每步只增一个小量 $\boldsymbol{B}_1$)都适用.最后,外磁场达到稳定值 $\boldsymbol{B}$(不再变化),感生电场 $\boldsymbol{E}_{感}$ 消失,电子不再受到切向加速力(因而切向速率稳定在某值 v 上),但磁洛伦兹力依然存在,其值为 $F_{洛}=evB$,它与库仑力 $F_{库}$ 的合力恰好维持电子以半径 r、速率 v 所做的匀速圆周运动.

可见,外磁场的存在并不改变电子轨道运动的半径①,它的后果是使电子的切向速率从 v_0 增至 v,从而角速率从 ω_0 增至 ω,即角速率有一个增量 $\Delta\omega$.它依式(7-25)导致电子磁矩(的绝对值)出现一个相应增量

$$\Delta p_{\mathrm{m}}=\frac{er^2}{2}\Delta\omega. \tag{7-31}$$

因 $\boldsymbol{p}_{\mathrm{m0}}$与 $\boldsymbol{\omega}$ 方向相反(即向下,见图 7-7),$\boldsymbol{p}_{\mathrm{m}}$ 绝对值的增加表明电子磁矩的增量 $\Delta\boldsymbol{p}_{\mathrm{m}}$ 向下,与外磁场 $\boldsymbol{B}$ 方向相反(见图 7-11).

以上讨论的是 $\boldsymbol{B}$ 与 $\boldsymbol{\omega}_0$ 同向的情形.若 $\boldsymbol{B}$ 与 $\boldsymbol{\omega}_0$ 反向,用类似方法不难证明电子磁矩的增量 $\Delta\boldsymbol{p}_{\mathrm{m}}$ 仍与 $\boldsymbol{B}$ 反向(见图 7-12).进一步还可证明上述结论对 $\boldsymbol{B}$ 与 $\boldsymbol{\omega}_0$ 不平行的情况也成立.可见,只要外磁场 $\boldsymbol{B}$ 存在,磁介质中每个电子都将出现一个与 $\boldsymbol{B}$ 反向的附加磁矩 $\Delta\boldsymbol{p}_{\mathrm{m}}$,因此磁介质中单位体积内的磁矩矢量和 $\boldsymbol{M}$ 与 $\boldsymbol{B}$ 反向,这便是抗磁性.用一些具体数字代入式(7-31)可知 $\Delta\boldsymbol{p}_{\mathrm{m}}$ 很小,可见一般抗磁质的抗磁性很弱,而且从这一讨论看到抗磁性与温度关系不大,这些都是与实验事实符合的.铜、铅、铋、银、水及氮等都是抗磁质的例子.

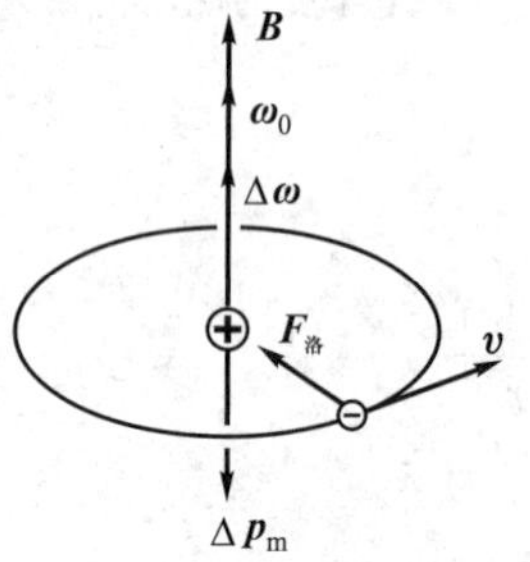

图 7-11 当 $\boldsymbol{B}$ 与 $\boldsymbol{\omega}_0$ 同向时,电子磁矩的增量 $\Delta\boldsymbol{p}_{\mathrm{m}}$ 与 $\boldsymbol{B}$ 反向,呈抗磁性

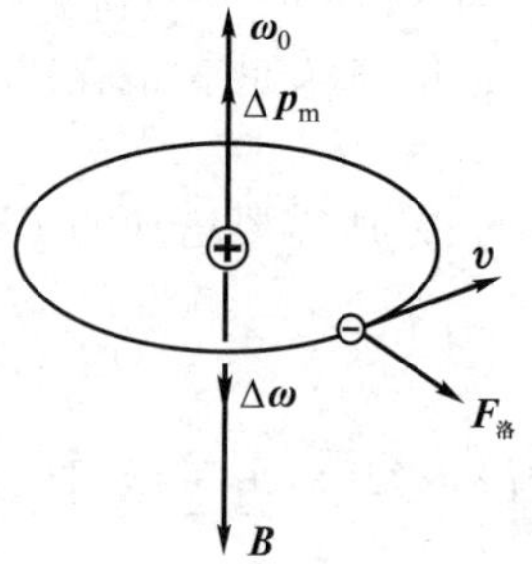

图 7-12 当 $\boldsymbol{B}$ 与 $\boldsymbol{\omega}_0$ 反向时,电子磁矩的增量 $\Delta\boldsymbol{p}_{\mathrm{m}}$ 仍与 $\boldsymbol{B}$ 反向,亦呈抗磁性

§7.3 铁磁性与铁磁质

铁磁质是一种性能特异、用途广泛的磁介质.铁、钴、镍及其许多合金以及含铁的氧化物(铁氧体)都属于铁磁质.对于铁磁质,必须特别注意它与非铁磁质的区别.

§7.1 介绍了有磁介质存在时磁场的基本规律,在阐述过程中也介绍了各向同性非铁磁质的磁化性能,它们对铁磁质并非全都成立.为了帮助读者明确 §7.1 的主要结论中哪些仍适用于铁磁质及哪些不适用于铁磁质,我们列出了表7-1.对铁磁质不成立的主要是反映非铁磁质本身的磁化性能的关系式(7-3)以及与之有关的结论.它们之所以不成立,是由于铁磁质内部的特殊结构决定了它有一系列独特的磁化性能.例如,$\boldsymbol{M}=g\boldsymbol{B}$[即式(7-3)]反映各向同性非铁磁质的磁化强度 $\boldsymbol{M}$ 与引起磁化的磁感应强度 $\boldsymbol{B}$ 方向平行(相同或相反),大小成正比.但是实验却发现铁磁质中 $\boldsymbol{M}$ 与 $\boldsymbol{B}$ 方向不总是平行,大小也不成正比,甚至没有单值关系(详见后).

① 末速 v 与初速 v_0 之差 Δv 等于所有(无限小)$\mathrm{d}v$ 的积分.只要稳定值 B 足够小(一般的确如此),则在每个 $\mathrm{d}v$ 段所补的二级小项 $m(\mathrm{d}v)^2/r$ 带来的积累误差仍可忽略,所以当电子速率稳定在末速 v 时的轨道半径仍与初始半径相等,即仍为 r.

表 7-1 §7.1 主要结论按是否适用于铁磁质的分类

对铁磁质适用的结论		对铁磁质不适用的结论	
磁感应强度(宏观值)$\boldsymbol{B}=\boldsymbol{B}_0+\boldsymbol{B}'$	(7-1)	磁化强度与 $\boldsymbol{B}$ 的关系 $\boldsymbol{M}=g\boldsymbol{B}$	(7-3)
磁化强度定义 $\boldsymbol{M}\equiv\dfrac{\sum \boldsymbol{p}_{\text{mi}}}{\Delta V}$	(7-2)	$\boldsymbol{B}$ 与 $\boldsymbol{H}$ 的关系 $\boldsymbol{B}=\mu\boldsymbol{H}$	(7-12)
磁化电流与磁化强度关系 $I'=\oint_L \boldsymbol{M}\cdot \mathrm{d}\boldsymbol{l}$	(7-5)	绝对磁导率定义 $\mu\equiv\dfrac{\mu_0}{1-g\mu_0}$	(7-11)
磁场强度定义 $\boldsymbol{H}=\dfrac{\boldsymbol{B}}{\mu_0}-\boldsymbol{M}$	(7-8)	边值关系 $\dfrac{H_{1n}}{H_{2n}}=\dfrac{\mu_2}{\mu_1}$	(7-20)
$\boldsymbol{B}$ 的高斯定理 $\oiint \boldsymbol{B}\cdot \mathrm{d}\boldsymbol{S}=0$	(7-17)	$\dfrac{B_{1t}}{B_{2t}}=\dfrac{\mu_1}{\mu_2}$	(7-22)
$\boldsymbol{H}$ 的环路定理 $\oint_L \boldsymbol{H}\cdot \mathrm{d}\boldsymbol{l}=I_0$	(7-9)	$\boldsymbol{B}$ 线折射关系 $\dfrac{\tan\alpha_1}{\tan\alpha_2}=\dfrac{\mu_1}{\mu_2}$	(7-23)
边值关系 $B_{1n}=B_{2n}$	(7-18)		
$H_{1t}=H_{2t}$	(7-21)		

注 严格说来,式(7-12)、式(7-20)、式(7-22)及式(7-23)不适用于铁磁质(如表所示),但在粗略讨论中有时也用到它们,其中 μ 的定义见小节 7.3.1.

下面先从实验出发介绍铁磁质的磁化性能及其应用,然后粗略介绍形成这些独特性能的内在原因.

7.3.1 铁磁质的磁化性能

磁化性能(磁化规律)是指 $\boldsymbol{M}$ 与 $\boldsymbol{B}$ 之间的依从关系.由于

$$\boldsymbol{H}\equiv\frac{\boldsymbol{B}}{\mu_0}-\boldsymbol{M},$$

也可以说磁化性能是指 $\boldsymbol{M}$ 与 $\boldsymbol{H}$ 的关系或 $\boldsymbol{B}$ 与 $\boldsymbol{H}$ 的关系.实验易于测量的是 B 和 H,所以我们用实验来研究 B 与 H 的关系.实验装置如图 7-13,图中 T 是充满均匀铁磁质的螺绕环,S 是换向开关(用以改变螺绕环电流的方向),R 是可变电阻.先简单说明测量 H 和 B 的方法.设当 S 掷于 1 方、电阻 R 调至某值时电流表 A 的读数为 I.利用 $\boldsymbol{H}$ 的环路定理(注意它对铁磁质仍成立),仿照小节7.1.3例题的方法可知对环内铁磁质中各点有

$$H=nI \quad (I\text{ 是传导电流 }I_0\text{ 的简写}), \tag{7-32}$$

由电流表读得 I 便可求得 H.至于铁磁质中的 B,可用电磁感应原理测量,图 7-13 中绕在 T 上的白色粗线圈就是为测量 B 而设的,详情从略.我们约定 I、H 和 B 都是代数量,其正方向如图 7-13 的箭头所示.

下面介绍实验过程和结果.我们的目的是从实验结果看铁磁质的磁化规律,所以略去实验过程中的细节问题.

(1) 令开关 S 断开,螺绕环电流为零,铁磁质处于未磁化状态($B=H=0$)①.这一状态由 B-H 图中的原点 O 表示.

① 铁磁质可以存在"剩磁"[螺绕环无电流时环内铁磁质未必处于未磁化状态(指 $B=H=0$),见后],实验中为使 B-H曲线从未磁化状态开始,需要采取"去磁"步骤,此处从略.

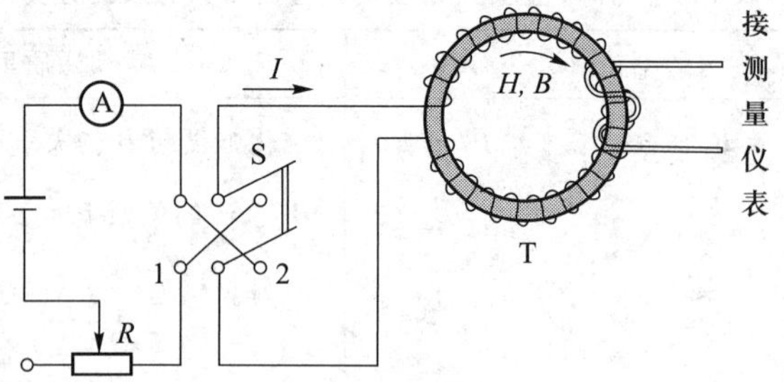

图 7-13　铁磁质磁化曲线的测定

(2) 令电阻 R 取最大值并将开关掷于 1 方，电流表指示一个小电流，由式(7-32)知铁磁质内有一个小的 H 值.测出对应的 B 值，在 $B-H$ 图上得一点 A(见图 7-14).

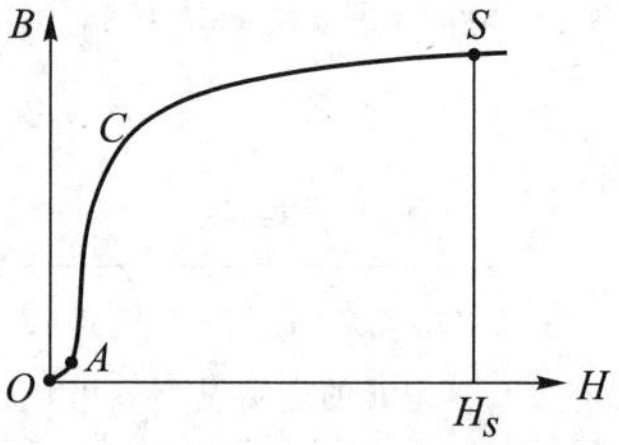

图 7-14　起始磁化曲线

(3) 调节 R 以逐渐增大 H，测出许多对 H、B 值，便可描出一条曲线，称之为**起始磁化曲线**(见图7-14).这条曲线的显著特点是它的非直线性(简称**非线性**)，这与非铁磁质显然不同.具体说来，起始磁化曲线又可分为几个阶段.开始时，B 随 H 增长较慢("慢"和"快"是指 $B-H$ 曲线的斜率，下同)，如 OA 段；继而 B 随 H 迅速增长，如 AC 段，其后 B 的增长又趋缓慢，并且从某点 S 开始 B 几乎不随 H 增大而增大，曲线几乎成为与 H 轴平行的直线.我们说磁化从 S 点开始达到**饱和**.S 点的 H 值称为**饱和磁场强度**，记为 H_S.

应该指出，铁磁质的起始磁化曲线与非铁磁质的磁化曲线($B-H$ 线)的区别不仅是非直线与直线的区别，而且体现于铁磁质起始磁化曲线的平均斜率比非铁磁质磁化曲线的斜率大得多(前者可达后者的几千、几万倍).这一特点是铁磁质用途广泛的主要原因之一.

(4) 令 H 从 H_S 渐减为零，再次测出 $B-H$ 曲线(图 7-15 的 SR 段)，可发现其与起始磁化曲线不重合.这一事实说明，铁磁质中 B 与 H 之间不存在单值关系，要知道某一 H 值对应的 B 值，必须知道它的磁化历史(原来的磁化情况).比较曲线 OS 段与 SR 段可知，虽然 H 减小时 B 也随之减小，但 B 的减小"跟不上"H 的减小①.这种现象称为**磁滞**(磁性滞后).磁滞的一个显著特点是当 H 降至零时 B 并不降至零(图 7-15 中的 R 点)，说明铁磁质在没有传导电流时也可以有磁性，这种磁性称为**剩磁**.剩磁的程度可由剩余磁感应强度值 B_R(图中的 OR)描写.永磁铁就是利用铁磁质有剩磁的特点制成的.没有剩磁现象就没有永磁铁.

(5) 将换向开关 S 改掷 2 方以改变电流(因而 H)的方向，并令 H 从零逐渐变至 $-H_S$，描出 $B-H$ 曲线如图 7-16 的 RS'段，它与 H 轴交于 D 点.D 点的 $B=0$ 而 $H<0$，说明为消除剩磁必须施加一个反向的 H_D(图中的 OD)，H_D 称为**矫顽力**.

(6) 再令 H 从 $-H_S$ 经零增至 H_S，描出 $B-H$ 曲线如图 7-16 的 $S'R'D'S$ 段.这又是一条新的曲线.

我们看到，在 H 从 H_S 到 $-H_S$ 再回到 H_S 的过程中，铁磁质的磁化状态沿闭合曲线 $SRS'R'S$ 变化.这条闭合曲线称为**磁滞回线**，它是关于原点 O 对称的.磁滞回线的形状对铁磁质的分类和选用有很大作用(见小节 7.3.2).

① 这里的"跟不上"是指：当 H 降至某值 H_1 时，按照原来上升的规律，B 本应降至 B_1，但实际上只降至 B_1'(见图 7-15).不要把"跟不上"理解为时间上的来不及，事实上，无论 H 停在 H_1 值多久，只要条件不变，B 总是停在 B_1' 而不会降至 B_1.

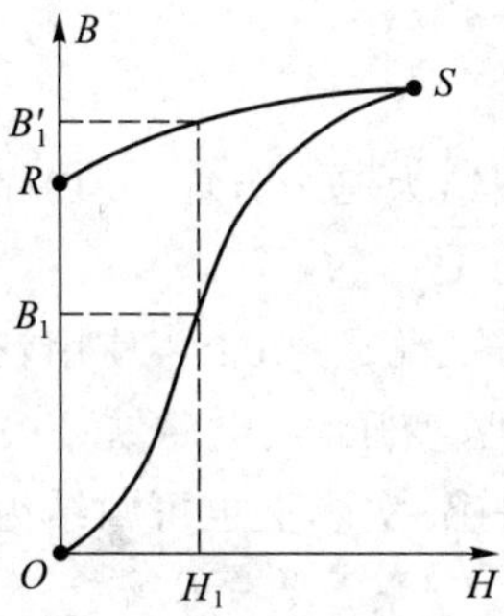

图 7-15 同一 H 值对应多个 B 值

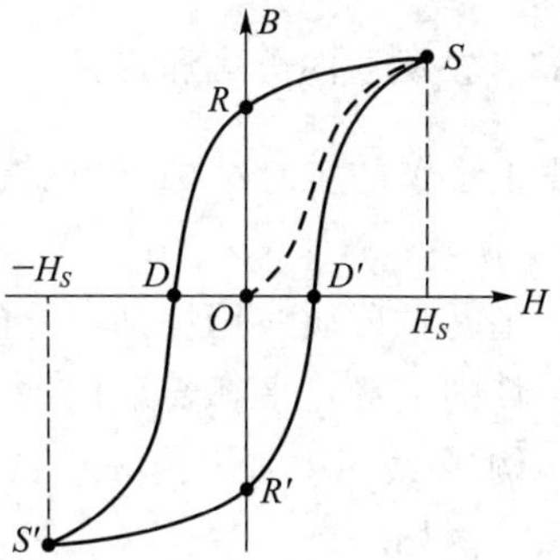

图 7-16 磁滞回线

上述 6 个步骤中的(1)~(3)步是测定起始磁化曲线,(4)~(6)步是测定磁滞回线.在第(4)步中,我们令 H 从饱和磁场强度 H_S 出发,这样作出的磁滞回线的两个顶点是 S 和 S',即磁性饱和点.但实际上从起始磁化曲线上的任一点出发重复(4)~(6)步都可得到一条磁滞回线,于是对同一铁磁质存在无数条(一条套一条的)磁滞回线,如图 7-17 所示.但是,如果从起始磁化曲线上 H 值大于 H_S 的一点(如图 7-17 的 L 点)出发重复(4)~(6)步,则磁化状态将先沿起始磁化曲线(虚线)退至 S,然后沿磁滞回线上半段 SRS' 到 S',再沿反向的起始磁化曲线(图中短虚线段)到 L',再沿同一虚线段退回 S',再沿磁滞回线下半段 $S'R'S$ 到 S,最后沿虚线回到 L.可见,$SRS'R'S$ 乃是最大的一条磁滞回线.

在上述实验事实的基础上,我们进一步讨论关系式 $B=\mu H$ 对铁磁质是否成立的问题.由于 B 与 H 有非线性关系,如果把 μ 理解为常量(如非铁磁质中那样),$B=\mu H$ 对铁磁质自然不成立.退一步说,是否可以按 $\mu=B/H$ 定义一个 μ 值(允许不是常量)?如果可以,则 $B=\mu H$ 对铁磁质自然成立(只需记住 μ 不是常量).但即使采用这种做法仍会遇到困难:由于磁滞,同一 H 值对应于无数 B 值(到底取哪一 B 值还取决于磁化历史),于是 μ 仍无确切意义.为了克服这一困难,通常约定用起始磁化曲线按 $\mu\equiv B/H$ 定义铁磁质的磁导率 μ①.这样,对于每一个 H 值就有一个确定的 μ 值,但对于不同 H 值的 μ 值可以不同.图 7-18 的实线是某铁磁质的 μ 随 H 变化的曲线,为便于对比,图中用虚线画出该铁磁质的起始磁化曲线.由图看出,在 H 增大时 μ 值先是增大,然后减小.铁磁质的显著特点之一就是其 μ 值很大,一般可达 μ_0 的几百、几千乃至几万倍,某些铁磁质的最大 μ 值竟达 μ_0 的十万倍.

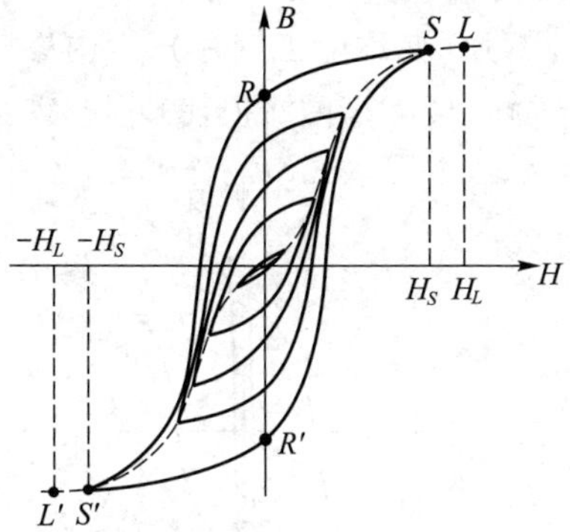

图 7-17 同一铁磁质的一系列磁滞回线

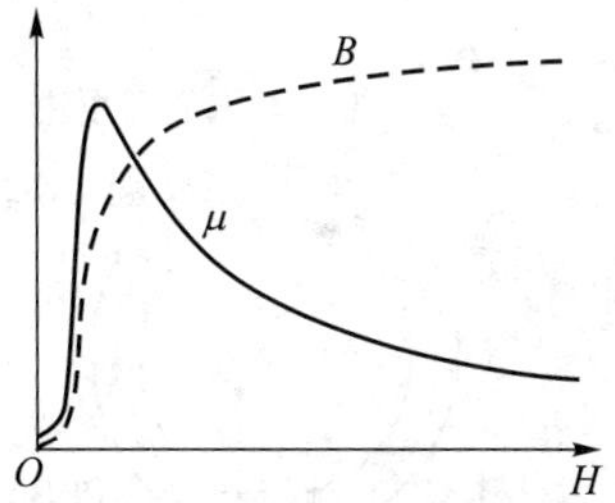

图 7-18 铁磁质的磁导率 μ 与 H 的关系

① 根据不同需要,铁磁质的 μ 值可有不同的定义.例如,有时把 μ 定义为起始磁化曲线上各点的斜率,即定义 $\mu\equiv dB/dH$.

7.3.2 铁磁质的分类和应用

根据上小节的实验结果,可把铁磁质的主要特点归结为三个方面:(1) 高 μ 值;(2) 非线性;(3) 磁滞.

高 μ 值是铁磁质应用特别广泛的一个主要原因.可以说,一切希望使用较小传导电流激发强大磁场的装置几乎都要采用铁磁材料.在各种电机、变压器、电磁铁……中放置铁芯就是常见实例.在线圈中置入高 μ 值铁芯可以大大提高自感,实际上也可归结为用较小传导电流获得强大磁场.

利用铁磁质的非线性可以制成各种非线性磁性元件,例如铁磁功率放大器、铁磁稳压器、铁磁倍频器及无触点继电器等.但是铁磁质的非线性也往往造成电机、变压器设计上的麻烦和运行上的问题.非线性还会导致铁芯线圈的自感不是常量(随线圈的电流或电压而变),设计和使用铁芯线圈时应该注意.

铁磁质的磁滞特性使永磁铁的制造成为可能.与电磁铁不同,永磁铁无需传导电流,因而使用方便并可免去因传导电流通过导线所带来的能量损耗.由于这些优点,永磁铁被广泛用于小型电机、扬声器、耳机及电学仪表中.利用铁磁质的剩磁特性还可以制造录音(像)机,图 7-19 是其原理示意图.流过磁头线圈的信号电流在磁头铁芯中激发磁场,铁芯缝隙的 $\boldsymbol{B}$ 线穿过磁带表面的铁磁材料层并将其磁化.随着磁带的运动,线圈中随时间变化的电信号便被转换为磁带上随距离而变化的磁信号.放音(像)则是录音(像)的逆过程.然而,磁滞特性在许多其他应用中却又带来不利影响.处于交变磁场中的铁磁质(例如变压器、电机及交流电磁铁中的铁磁质)会沿磁滞回线反复被磁化.可以证明,反复磁化要消耗额外能量,并以热的形式从铁磁质中放出,这种能量损耗称为**磁滞损耗**.磁滞损耗与铁磁质中由于涡流而出现的**涡流损耗**有不同的起因(后者就是普通的焦耳热),合起来称为**铁损**.在变压器和电机中,铁损不但造成能量浪费,而且使铁芯温度升高,导致绝缘材料老化,所以应该尽量减小.可以证明,磁滞损耗与磁滞回线所围面积成正比,因此要减小磁滞损耗就应选用磁滞回线细窄的铁磁质.工程上把铁磁质分为软磁材料(软铁)和硬磁材料(硬铁)两大类.软磁材料磁滞回线细窄,矫顽力很小;硬磁材料恰恰相反(见图 7-20).软磁材料适于制造变压器和电机,硬磁材料适于制造永磁铁.电工变压器和电机中所用的软磁材料一般是硅钢片(亦称电工钢片),钢内掺硅后可以提高磁导率、增大电阻率(减小涡流损耗)以及降低矫顽力(减小磁滞损耗).但掺硅会使钢的

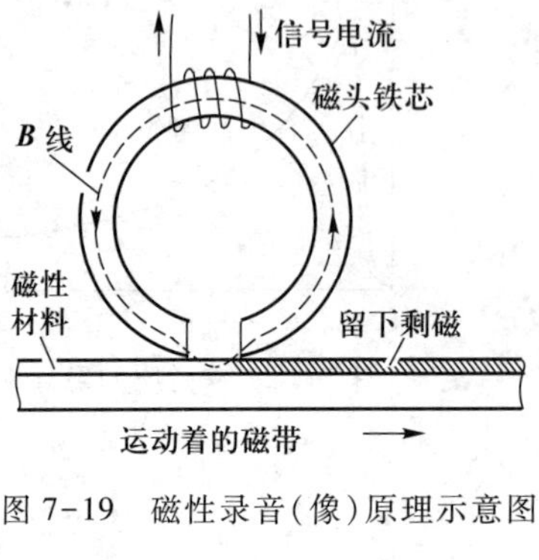

图 7-19 磁性录音(像)原理示意图

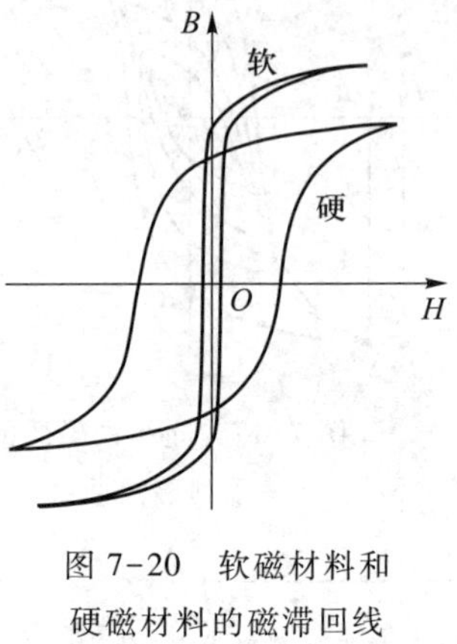

图 7-20 软磁材料和硬磁材料的磁滞回线

机械性能变脆,因此掺硅量一般很小.然而,涡流和磁滞的热量也可被利用,电磁灶和电涮锅所用的感应式加热器就是利用铁磁材料在交变磁场中的涡流和磁滞实现加热的.

磁滞表明 B 与 H 之间没有函数关系可言,这样就给计算带来困难.好在软磁材料磁滞回线细窄,计算时可以忽略磁滞而用起始磁化曲线作为 B 与 H 的关系曲线.应该指出,忽略磁滞不意味着忽略非线性,即一般不能用一条过原点的直线代替起始磁化曲线(只有极粗略的估算例外),特别是当铁磁质的状态接近饱和时更是如此(见图 7-21),换句话说,计算时一般不能把 μ 当作常量.在电工手册中,每种型号的硅钢都有由实验测得的起始磁化曲线或由此列成的表格供设计者查阅.

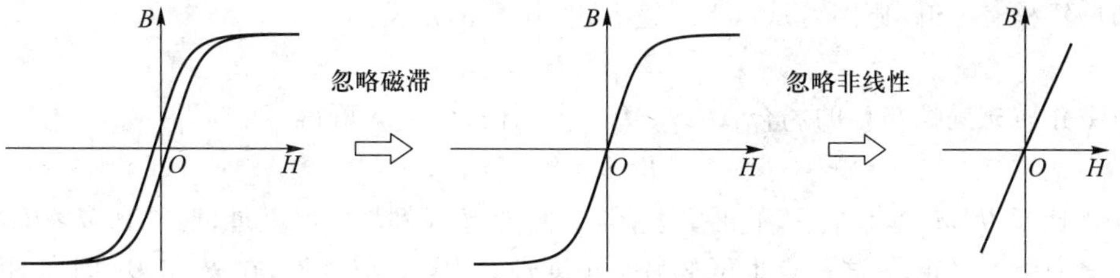

图 7-21　软磁材料 B-H 曲线的简化

7.3.3　铁磁性的起因

人类虽然对永磁铁比对其他磁现象的认识要早得多,但对铁磁性的起因却长期以来感到困惑.近代量子理论较好地解决了这个问题.限于课程性质,这里只简介几个主要结论.

(1) 铁磁质内存在许多自发磁化的小区域,称之为**磁畴**.磁畴的形状和大小不一,大致说来,每个磁畴约占 $10^{-15}\mathrm{m}^3$ 的体积,约含 10^{15} 个原子.每个磁畴都有一定的磁矩,由电子自旋磁矩自发取向一致产生,与电子的轨道运动无关.以纯铁为例,其晶体排列如图 7-22所示,称为"体心立方"晶格(点阵).这种内部结构使得平行于三个晶轴的方向最易磁化,而每一晶轴又有正反两个方向,故铁内有 6 个易于磁化的方向①(见图 7-22).没有外磁场时,铁内各磁畴的自发磁化必取这 6 个方向之一,而且取这六者中任一方向的机会均等,因而总体来说排列杂乱(见图 7-23),物理小体积(仍包含大量磁畴)内磁矩矢量和为零,宏观不显磁性.

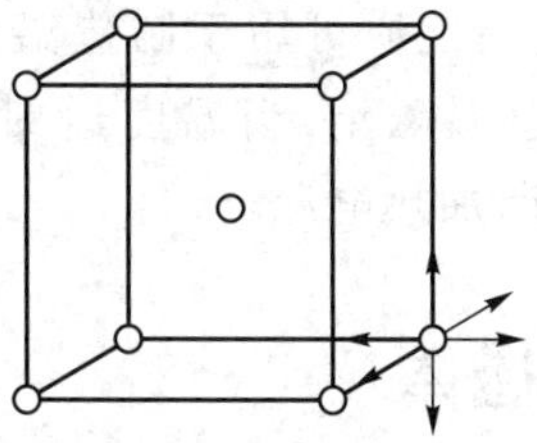

图 7-22　铁晶体的晶格.6 个箭头代表 6 个易于磁化的方向

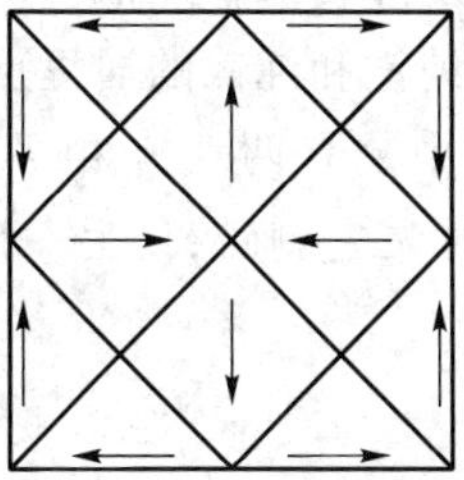

图 7-23　无外磁场时磁畴取向杂乱,宏观不显磁性

① 铁是多晶金属,内部可分为许多小区域(每一个仍包含许多磁畴),每个区域有自己的晶轴,因而有自己的 6 个易磁化方向.

(2) 在外磁场作用下，磁畴发生变化，这变化分为两步：① 外磁场较弱时，凡是磁矩方向与外磁场相同或相近的磁畴都要扩大自己的体积(即畴壁向外移动)；② 外磁场较强时，每个磁畴的磁矩方向都程度不同地向外磁场方向靠拢(即取向)，外磁场越强，取向作用也越强(见图 7-24).上述两种变化(畴壁移动和磁矩取向)都导致单位物理小体积内磁矩矢量和(即磁化强度 $\boldsymbol{M}$)从零逐渐增大，其方向与外磁场相同.外磁场越强，M 也越大，这就是起始磁化曲线的成因.在外磁场强到使所有磁畴的磁矩都转到与外磁场相同的方向之后，再增加外磁场也不可能使 M 增大，由此可知，饱和与不饱和应以 M 是否达到最大值为分界.如果画出磁介质的 $M-H$ 曲线，则从饱和点开始它将是一条与 H 轴平行的直线.然而 $B-H$ 曲线在饱和点后却仍然稍有上升，原因可从以下讨论看出.由 $\boldsymbol{H}$ 的定义知

$$\boldsymbol{B}=\mu_0(\boldsymbol{H}+\boldsymbol{M}),$$

在均匀磁介质充满螺绕环的场合，$\boldsymbol{B}$、$\boldsymbol{H}$、$\boldsymbol{M}$ 三者同向，由上式可得

$$B=\mu_0(H+M),$$

说明 B 正比于 $H+M$，饱和后 M 不再增大，但 B 则随 H 线性增大.(不过，通常有 $M \gg H$，使得 B 的这种增加微不足道.) 这一点也可从另一角度理解.因 $\boldsymbol{B}=\boldsymbol{B}_0+\boldsymbol{B}'$，在 $\boldsymbol{B}'$ 与 $\boldsymbol{B}_0$ 同向时有 $B=B_0+B'$，饱和后虽然 B' 不再随 B_0 增大，但 B 却随 B_0 线性增大.

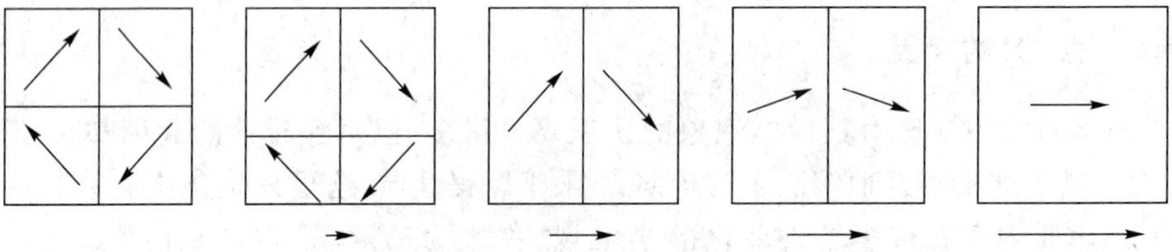

图 7-24 外磁场从零增大时的畴壁移动及磁矩取向

(3) 畴壁的外移及磁矩的取向是不可逆的，当外磁场减弱或消失时磁畴不按原来变化规律逆着退回原状①.这就解释了磁滞的成因.

(4) 既然磁畴起因于电子自旋磁矩的自发有序排列，而热运动又是有序排列的破坏者，因此，每种铁磁质都有一个临界温度，当温度高于此值时磁畴不复存在，铁磁质变为普通顺磁质；当温度降到低于此值时则又还原为铁磁质.这一临界温度称为**居里点**.不同铁磁质有不同居里点，纯铁和纯镍的居里点分别为 770 ℃及 358 ℃.这一性质可用于制造温控装置.例如，电饭锅中装有两块互相吸引的永磁钢，其中一块叫感温磁钢，当温度达到其居里点(103 ℃)时失去剩磁，使另一磁钢因自重而下落，从而切断加热电源.

* §7.4 磁荷观点，永磁体

前面介绍的都是从分子电流观点出发的磁介质理论.与此平行地存在一套从磁荷观点出发的磁介质理论.在讨论某些问题(特别是涉及永磁体)时，用磁荷观点往往比用分子电流观点更为方便.实际上，历史

---

① 在外磁场很弱的情况下(相应于图 7-14 曲线中 A 点以下的一小段)，畴壁的外移是可逆的.因此，随着外磁场的减弱和消失，B 将沿原来上升的曲线渐减为零.这说明起始磁化曲线中的 OA 段是可逆的.

上的磁荷理论正是从研究永磁体开始总结出来的，当时人们对于磁性与电流的联系还一无所知.人们注意到条形磁铁两端对铁质物体的吸力最强，便认为两端存在两个磁极.把磁铁悬挂起来，发现总是一端指南，一端指北，便认识到同一磁铁的两极有所不同，分别称之为南极和北极.假定两极分别带有异性磁荷而且同性磁荷相斥、异性磁荷相吸，就能解释磁铁之间有时相斥有时相吸的现象.因此，当时人们普遍接受"磁性起源于磁铁两极的磁荷"的看法.库仑还用实验测量了"点磁荷"（记为 q_m）之间的作用力并确立了如下的"磁库仑定律"：

$$F_m = K\frac{q_{m1}q_{m2}}{r^2} \quad (K\text{ 为比例常量}).$$

仿照静电场的研究方法，把单位磁荷所受的磁力定义为磁场强度 $\boldsymbol{H}$：

$$\boldsymbol{H} \equiv \frac{\boldsymbol{F}_m}{q_m},$$

这个 $\boldsymbol{H}$ 与分子电流观点的 $\boldsymbol{H}$[由式(7-8)定义]是同一个量.由此发展下去，便得出一套与 $\boldsymbol{E}$ 场类似的关于 $\boldsymbol{H}$ 场的理论.可见，从磁荷观点看来，磁场强度 $\boldsymbol{H}$ 是有直观物理意义的基本量，与电场强度 $\boldsymbol{E}$ 对应.磁场强度一词也正是由此得名.在研究磁介质时，人们又进一步把磁介质分子看成由正、负磁荷组成的磁偶极子，并仿照电介质理论建立了一整套从磁荷观点出发的磁介质理论.在这一理论中，$\boldsymbol{H}$ 是与 $\boldsymbol{E}$ 对应的基本量，$\boldsymbol{B}$ 则是与 $\boldsymbol{D}$ 对应的辅助量.（实际上，$\boldsymbol{B}$ 的引入方式与 $\boldsymbol{D}$ 的引入也很类似.）我们不准备系统介绍从磁荷观点出发的磁介质理论，只想指出，分子电流理论与磁荷理论具有不同的微观模型，但是它们的宏观结论完全一样.就宏观角度而言，磁荷观点中的许多重要结论都可由分子电流观点推出.磁荷观点中最基本的概念——"磁荷"本身也可用分子电流观点作出解释.下面仅以永磁体为例对此作一扼要说明.

设空间各处并无传导电流，磁场完全由永磁体激发.我们把这种情况下的磁场强度 $\boldsymbol{H}$ 与静电场的电场强度 $\boldsymbol{E}$ 作一个对比.对比两个矢量场时，关键在于对比它们沿任一闭合曲线的环流以及对任一闭合曲面的通量.先看 $\boldsymbol{H}$ 的环流.由 $\oint \boldsymbol{H}\cdot d\boldsymbol{l} = I_0$ 可知，当空间没有传导电流时，

$$\oint \boldsymbol{H}\cdot d\boldsymbol{l} = 0, \tag{7-33}$$

这与 $\boldsymbol{E}$ 的环路定理 $\oint \boldsymbol{E}\cdot d\boldsymbol{l} = 0$ 完全一样.再看 $\boldsymbol{H}$ 对任一闭合曲面 S 的通量.由普遍关系

$$\oiint_S \boldsymbol{B}\cdot d\boldsymbol{S} = 0$$

及 $\boldsymbol{H}$ 的定义 $\boldsymbol{H} \equiv \dfrac{\boldsymbol{B}}{\mu_0} - \boldsymbol{M}$ 得

$$\oiint_S \boldsymbol{H}\cdot d\boldsymbol{S} = \frac{1}{\mu_0}\left(-\oiint_S \mu_0\boldsymbol{M}\cdot d\boldsymbol{S}\right), \tag{7-34}$$

而 $\boldsymbol{E}$ 在任一闭合曲面 S 上的通量按高斯定理为

$$\oiint_S \boldsymbol{E}\cdot d\boldsymbol{S} = \frac{q}{\varepsilon_0},$$

其中 q 是包在 S 面内的电荷.对比上式与式(7-34)可知 $-\oiint_S \mu_0\boldsymbol{M}\cdot d\boldsymbol{S}$ 与电荷 q 对应，可以形式地称它为包在 S 面内的磁荷，并记为 q_m，即

$$q_m \equiv -\oiint_S \mu_0\boldsymbol{M}\cdot d\boldsymbol{S}. \tag{7-35}$$

按上式引入磁荷概念后，便可把式(7-34)改写为

$$\oiint_S \boldsymbol{H}\cdot d\boldsymbol{S} = \frac{q_m}{\mu_0}. \tag{7-36}$$

这可称为 $\boldsymbol{H}$ 的高斯定理，它与 $\boldsymbol{E}$ 的高斯定理对应.

可见，只要把由式(7-35)定义的量 q_m 看作与电荷 q 对应的磁荷，便可证明磁场强度 $\boldsymbol{H}$ 与电场强度 $\boldsymbol{E}$

服从相同的规律——高斯定理（$\oint\!\!\!\oint_S \boldsymbol{E}\cdot d\boldsymbol{S}=q/\varepsilon_0$与$\oint\!\!\!\oint_S \boldsymbol{H}\cdot d\boldsymbol{S}=q_m/\mu_0$）及环路定理（$\oint \boldsymbol{E}\cdot d\boldsymbol{l}=0$与$\oint \boldsymbol{H}\cdot d\boldsymbol{l}=0$），进而得出 $\boldsymbol{H}$ 与 $\boldsymbol{E}$ 对应、μ_0 与 ε_0 对应的结论.（应该注意，在分子电流观点中，与 $\boldsymbol{E}$ 对应的是 $\boldsymbol{B}$，与 ε_0 对应的是 $1/\mu_0$.）既然 $\boldsymbol{H}$ 与 $\boldsymbol{E}$ 服从相同的高斯定理及环路定理，由这两个定理推出的关于 $\boldsymbol{E}$ 的一切结论就都适用于 $\boldsymbol{H}$.例如：

（1）第一章根据$\oint \boldsymbol{E}\cdot d\boldsymbol{l}=0$得知 $\boldsymbol{E}$ 场是势场并引入了电势概念.对应地，由$\oint \boldsymbol{H}\cdot d\boldsymbol{l}=0$同样可知 $\boldsymbol{H}$ 场是势场，所以也可类似地引入磁势概念.当然，$\oint \boldsymbol{H}\cdot d\boldsymbol{l}=0$ 只在无传导电流时成立，因而 $\boldsymbol{H}$ 场是势场的结论以及与电势完全对应的磁势概念也只在空间没有传导电流时才正确.

（2）第一章根据$\oint\!\!\!\oint_S \boldsymbol{E}\cdot d\boldsymbol{S}=q/\varepsilon_0$ 推知 $\boldsymbol{E}$ 线起于正电荷止于负电荷、在无电荷处不中断的结论.类似地，根据$\oint\!\!\!\oint_S \boldsymbol{H}\cdot d\boldsymbol{S}=q_m/\mu_0$ 可以推知，$\boldsymbol{H}$ 线起于正磁荷止于负磁荷，在无磁荷处不中断.

$\boldsymbol{H}$ 与 $\boldsymbol{E}$ 的这种对应关系可以帮助我们借用熟悉的静电场图像考虑永磁体的磁场.在举例说明之前，先要介绍磁荷密度的计算方法.既然式（7-35）的 q_m 是 S 面内的磁荷，那么当 S 面取得很小时，它所在点的磁荷体密度就是

$$\rho_m=-\frac{\oint\!\!\!\oint_S \mu_0\boldsymbol{M}\cdot d\boldsymbol{S}}{\Delta V}. \tag{7-37}$$

其中 ΔV 是 S 面所围的体积.上式与第三章极化电荷体密度 ρ' 的表达式类似，对比两式可知，从磁荷观点看来，与极化强度 $\boldsymbol{P}$ 对应的是 $\mu_0\boldsymbol{M}$ 而不是 $\boldsymbol{M}$.

第三章曾经证明，极化电荷体密度 ρ' 在均匀极化电介质内各点为零，极化电荷面密度 σ' 在不同电介质的界面上为 $\sigma'=P_{2n}-P_{1n}$.用类似方法可以证明，磁荷体密度 ρ_m 在均匀磁化的永磁体内各点为零，磁荷面密度 σ_m 在永磁体与其他磁介质交界面上为

$$\sigma_m=\mu_0(M_{2n}-M_{1n}), \tag{7-38}$$

其中 M_{2n} 及 M_{1n} 分别是永磁体及其他磁介质的 $\boldsymbol{M}$ 在界面法向单位矢量 $\boldsymbol{e}_n$ 上的分量，而 $\boldsymbol{e}_n$ 由永磁体指向其他磁介质.在永磁体与真空的界面上，上式简化为

$$\sigma_m=\mu_0M_n=\mu_0\boldsymbol{M}\cdot\boldsymbol{e}_n,$$

其中 M_n 是永磁体的 $\boldsymbol{M}$ 在边界上的值在 $\boldsymbol{e}_n$ 上的投影，而 $\boldsymbol{e}_n$ 由永磁体指向真空.

下面以条形磁铁为例说明磁荷观点的应用.

例 已知条形磁铁内 $\boldsymbol{M}$ 近似为常矢量并与其长度方向平行，试大致画出磁铁内外的 $\boldsymbol{B}$ 线和 $\boldsymbol{H}$ 线.

解： 因 $\boldsymbol{M}$ 为常矢量，故磁荷体密度点点为零.又因 $\boldsymbol{M}$ 与磁铁长度方向平行，由式（7-38）知永磁铁侧面磁荷面密度为零，只有两个端面存在等值异号的磁荷面密度，如图 7-25 所示.假使它们是电荷而非磁荷，便可立刻画出它们激发的 $\boldsymbol{E}$ 线图［见图 7-26（a）］.由于磁荷激发 $\boldsymbol{H}$ 的规律与电荷激发 $\boldsymbol{E}$ 的规律相同，可以完全一样地画出条形永磁铁的 $\boldsymbol{H}$ 线图［见图 7-26（b）］.至于 $\boldsymbol{B}$ 线图，则尚需对磁铁内外分别讨论.在磁铁外部有 $\boldsymbol{B}=\mu_0\boldsymbol{H}$，即 $\boldsymbol{B}$ 线与 $\boldsymbol{H}$ 线分布相同，最多只有疏密不同之别（差一个常数因子 μ_0）.为便于对比，我们把疏密也画得相同（取适当单位制使 $\mu_0=1$），于是磁铁外部 $\boldsymbol{B}$ 线与 $\boldsymbol{H}$ 线完全重合［见图 7-26（c）并与图 7-26（b）做对比］.至于磁铁内部，可由

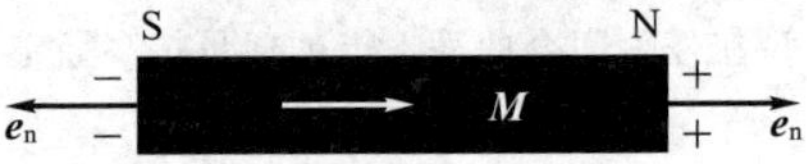

图 7-25 条形永磁铁两端的磁荷面密度

$$\boldsymbol{B}=\mu_0(\boldsymbol{H}+\boldsymbol{M}) \tag{7-39}$$

求 $\boldsymbol{B}$.因各点 $\boldsymbol{M}$ 相同而 $\boldsymbol{H}$ 不同，故 $\boldsymbol{B}$ 不同.以图 7-26（c）中的 A 点为例，由图 7-26（b）可知其 $\boldsymbol{H}$ 指向左上方，而 $\boldsymbol{M}$ 总是指向正右方，故式（7-39）要求 $\boldsymbol{B}$ 指向右上方（见图 7-27）.再考虑到 $\boldsymbol{B}$ 线不能中断（$\oint\!\!\!\oint \boldsymbol{B}\cdot d\boldsymbol{S}=0$），便可大致画得永磁铁内的 $\boldsymbol{B}$ 线［见图 7-26（c）］.对比图7-26（b）与（c）可知，永磁铁内 $\boldsymbol{B}$ 的方向并非与

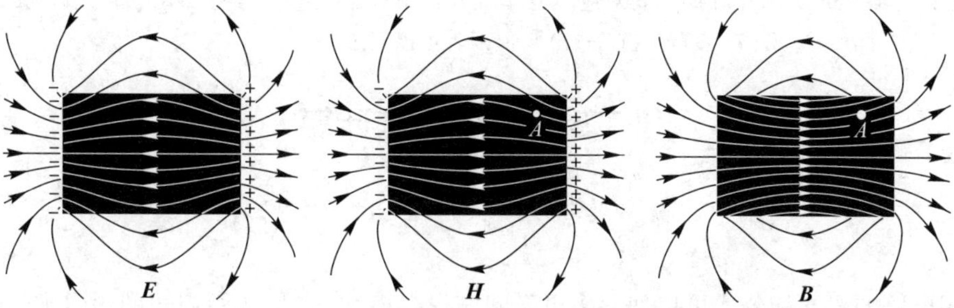

(a) $\boldsymbol{E}$线发自正电荷止于负电荷　(b) $\boldsymbol{H}$线发自正磁荷止于负磁荷　(c) $\boldsymbol{B}$线既无起点也无止点

图 7-26 条形磁铁的 $\boldsymbol{H}$ 线、$\boldsymbol{B}$ 线与等值异号均匀带电平行平面的 $\boldsymbol{E}$ 线的对比

（为便于画图，磁铁画成短粗形①）

$\boldsymbol{H}$ 相同或大致相同，而是与 $\boldsymbol{H}$ 相反或大致相反.这是各向同性非铁磁质所不可能出现的.

从以上例子可以看到，在讨论永磁体时，采用磁荷观点往往比较方便.

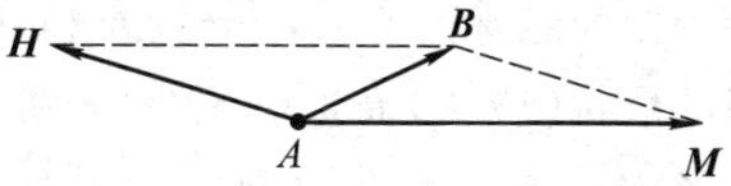

图 7-27 永磁铁内 A 点的 $\boldsymbol{H}$、$\boldsymbol{M}$、$\boldsymbol{B}$ 之间的关系

以上讨论的前提是没有传导电流 I_0.完整的磁荷理论当然也包含有传导电流的情况，但那时必须把 $\boldsymbol{H}$ 看作由 $\boldsymbol{H}_0$ 和 $\boldsymbol{H}'$两部分组成，$\boldsymbol{H}_0$ 及 $\boldsymbol{H}'$分别代表由传导电流及磁化电流所激发的磁场强度.这时理论比较复杂，本书不再讨论.

在结束本小节之前还想说明一个问题.在 § 7.1 中，我们是从分子电流观点出发导出磁介质的性能方程 $\boldsymbol{B}=\mu\boldsymbol{H}$ 的.简单说来就是：对比电介质的 $\boldsymbol{P}=\varepsilon_0\chi\boldsymbol{E}$，注意到在分子电流理论中 $\boldsymbol{M}$、$\boldsymbol{B}$ 分别对应于 $\boldsymbol{P}$、$\boldsymbol{E}$，由实验得到 $\boldsymbol{M}=g\boldsymbol{B}$，代入 $\boldsymbol{H}$ 的定义式 $\boldsymbol{H}=(\boldsymbol{B}/\mu_0)-\boldsymbol{M}$ 便得 $\boldsymbol{B}=\mu\boldsymbol{H}$.这一过程从分子电流观点看来是很自然的.然而，由于磁荷理论先于分子电流理论出现，按照历史习惯，一般都沿另一途径推出性能方程 $\boldsymbol{B}=\mu\boldsymbol{H}$.考虑到读者应该了解这一流行讲法，下面分三步做一个介绍.

（1）从磁荷观点看来，与 $\boldsymbol{E}$ 对应的不是 $\boldsymbol{B}$ 而是 $\boldsymbol{H}$，因此在研究各向同性非铁磁质的磁化性能时，与电介质理论中 $\boldsymbol{P}=\varepsilon_0\chi\boldsymbol{E}$ 对应的不是 $\boldsymbol{M}=g\boldsymbol{B}$ 而是一个 $\boldsymbol{M}$ 与 $\boldsymbol{H}$ 的关系式.就是说，由于从磁荷观点看来引起磁化的原因是 $\boldsymbol{H}$，所以应该找出磁化强度 $\boldsymbol{M}$ 与 $\boldsymbol{H}$（而不是 $\boldsymbol{B}$）的关系.从实验可以确定这一关系为

$$\boldsymbol{M}=\chi_m\boldsymbol{H}②. \tag{7-40}$$

（2）初看起来，$\boldsymbol{M}=\chi_m\boldsymbol{H}$ 与 $\boldsymbol{P}=\varepsilon_0\chi\boldsymbol{E}$ 还有不对应之处——后者有 ε_0 而前者没有 μ_0.然而，注意到磁荷观点认为与 $\boldsymbol{P}$ 对应的不是 $\boldsymbol{M}$ 而是 $\mu_0\boldsymbol{M}$[把式(7-35)与极化电荷表达式 $q'=-\oiint\boldsymbol{P}\cdot\mathrm{d}\boldsymbol{S}$ 对比可知]，把 $\boldsymbol{M}=\chi_m\boldsymbol{H}$ 改写为 $\mu_0\boldsymbol{M}=\mu_0\chi_m\boldsymbol{H}$，便与 $\boldsymbol{P}=\varepsilon_0\chi\boldsymbol{E}$ 完全对应.既然 χ 称为电介质的极化率，自然把 χ_m 称为磁介质的**磁化率**.但应注意，χ 永为正数，而 χ_m 却可正可负（相应于顺、抗磁质）.

（3）从磁荷观点看来，$\boldsymbol{H}$ 是基本量，$\boldsymbol{B}$ 是后来引入的辅助量，与 $\boldsymbol{D}\equiv\varepsilon_0\boldsymbol{E}+\boldsymbol{P}$ 对应，应定义为 $\boldsymbol{B}\equiv\mu_0\boldsymbol{H}+\mu_0\boldsymbol{M}$，即

$$\boldsymbol{B}\equiv\mu_0(\boldsymbol{H}+\boldsymbol{M}), \tag{7-41}$$

再把 $\boldsymbol{M}=\chi_m\boldsymbol{H}$ 代入得

$$\boldsymbol{B}=\mu_0(1+\chi_m)\boldsymbol{H}. \tag{7-42}$$

定义

$$\mu\equiv\mu_0(1+\chi_m), [\text{与 } \varepsilon\equiv\varepsilon_0(1+\chi) \text{ 对应}] \tag{7-43}$$

① 用通常的充磁手法难以得到 $\boldsymbol{M}$ 为常矢量的条形磁铁（特别是图 7-26 那种截面接近正方形的磁铁），但为了便于说明问题，我们把"$\boldsymbol{M}$ 为常矢量"作为已知条件（某种模型）对待.

② 从分子电流观点看来，由 $\boldsymbol{M}=g\boldsymbol{B}$ 及 $\boldsymbol{B}=\mu\boldsymbol{H}$ 可得 $\boldsymbol{M}=g\mu\boldsymbol{H}$，令 $\chi_m\equiv g\mu$，便得 $\boldsymbol{M}=\chi_m\boldsymbol{H}$.可见 $\boldsymbol{M}=\chi_m\boldsymbol{H}$ 与 $\boldsymbol{M}=g\boldsymbol{B}$ 一致.

便得 $\boldsymbol{B}=\mu\boldsymbol{H}$，与 $\boldsymbol{D}=\varepsilon\boldsymbol{E}$ 对比可知 $\boldsymbol{D}$ 与 $\boldsymbol{B}$ 对应.以上就是从磁荷观点出发推导 $\boldsymbol{B}=\mu\boldsymbol{H}$ 的过程.μ 的定义式在两种过程中虽有不同形式[式(7-43)与式(7-11)]，但两者可以互推.

§7.5 磁路及其计算

7.5.1 磁路

利用电路的概念和公式可以使很多电学问题得以简化，这是众所周知的.用电路方法处理问题时，我们关心的不是直接描写场中各点性质的物理量(如电场强度、电流密度、电阻率等)，而是描写电路性质的物理量(如电压、电流、电动势及电阻等).描写电路的物理量之间的关系往往比描写电场的物理量之间的关系简单，它们体现为一些电路定律(如基尔霍夫的两个定律).引入电路概念之所以可能，是因为客观上存在着一些电导率极为悬殊的介质——金属和绝缘体，可以把金属制成适当的形状(线状)而把电流线($\boldsymbol{J}$ 线)限于其内.把 $\boldsymbol{B}$ 线与 $\boldsymbol{J}$ 线作形式上的对比，发现磁学中也存在一系列与电路相似的概念，最基本的一个相似之处，就是客观上存在着磁导率悬殊的介质(铁磁质与非铁磁质)，可以把铁磁质制成适当的形状而把 $\boldsymbol{B}$ 线基本上限于其内.以图 7-28 为例，在通电线圈内插入一个闭合铁芯，我们来粗略地比较铁芯内外 $\boldsymbol{B}$ 线的数目.在铁芯内取一条闭合 $\boldsymbol{B}$ 线(图中白虚线 L)，有

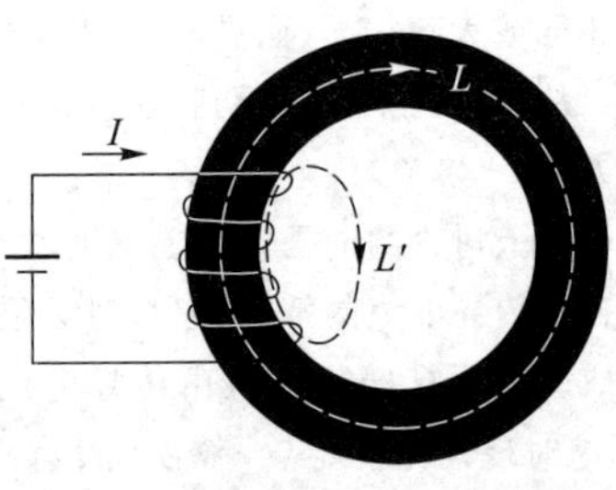

图 7-28 铁芯内外 H 的数量级相同，因而 B 差几个数量级

$$\oint_L \boldsymbol{H}\cdot \mathrm{d}\boldsymbol{l}=NI,$$

其中 I 及 N 分别是线圈的传导电流及匝数.为了作粗略估计，不妨认为曲线 L 上各点 H 相等，于是近似有

$$Hl=NI, \tag{7-44}$$

其中 l 是 L 的周长.再在铁芯外取一条穿过线圈各匝的闭合 $\boldsymbol{B}$ 线 L'(黑虚线)，有

$$\oint_{L'} \boldsymbol{H}\cdot \mathrm{d}\boldsymbol{l}=NI.$$

粗略地认为 L' 上各点 H 相等，上式便近似给出

$$H'l'=NI, \tag{7-45}$$

其中 l' 是 L' 的周长.l' 虽比 l 短，但属于同一数量级.对比式(7-44)与式(7-45)，可知铁芯内外的 H 大致有相同的数量级.但铁芯内外的 μ 值却有成千上万倍的差别，可见铁芯内的 B 远大于铁芯外的 B，即 $\boldsymbol{B}$ 线主要集中于铁芯内部，这与电路中的 $\boldsymbol{J}$ 线主要集中于导线内部类似.

$\boldsymbol{B}$ 线的主要通路称为**磁路**.磁路与电路有一系列对应的概念.磁路中的磁通 Φ 对应于电路中的电流 I，因为前者是 $\boldsymbol{B}$ 的通量而后者是 $\boldsymbol{J}$ 的通量，而 $\boldsymbol{B}$ 线和恒定电流的 $\boldsymbol{J}$ 线都是不中断的曲线(对任何闭合面都有 $\oiint \boldsymbol{B}\cdot \mathrm{d}\boldsymbol{S}=0$ 及 $\oiint \boldsymbol{J}\cdot \mathrm{d}\boldsymbol{S}=0$).只要用铁磁质把 $\boldsymbol{B}$ 线近似地限制于磁路之内，就可以认为无分支的闭合磁路各截面的磁通相等，正如无分支电路各截面的电流相等那样.磁路与电路的其他对应关系将在下一小节介绍.

7.5.2　磁路定律及磁路计算

图 7-29 是一个铁芯电感线圈的磁路，对应于最简单的电路——无分支闭合电路. 通有电流的线圈对应于电路的电源，正是它激发起磁路中的磁通. 把安培环路定理用于铁芯中的一条闭合 $\boldsymbol{B}$ 线，有

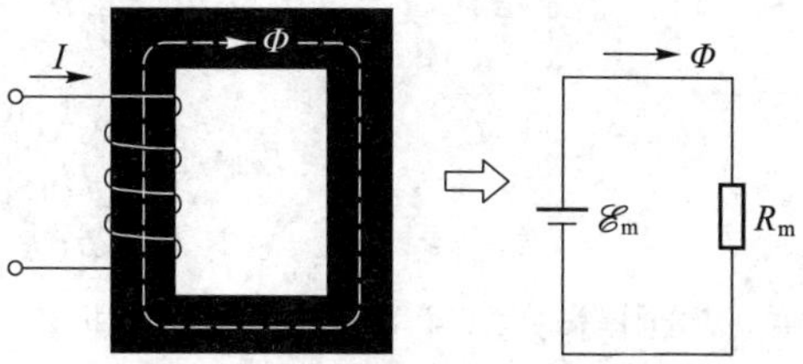

图 7-29　无分支闭合磁路

$$\oint \boldsymbol{H}\cdot \mathrm{d}\boldsymbol{l} = NI, \qquad (7-46)$$

其中 I 及 N 分别是线圈的电流及匝数. 因积分路径上各点的 $\boldsymbol{H}$（及 $\boldsymbol{B}$）与 $\mathrm{d}\boldsymbol{l}$ 平行①，故被积函数

$$\boldsymbol{H}\cdot \mathrm{d}\boldsymbol{l} = \frac{\boldsymbol{B}}{\mu}\cdot \mathrm{d}\boldsymbol{l} = \frac{B}{\mu}\mathrm{d}l = \Phi\,\frac{1}{\mu}\,\frac{\mathrm{d}l}{S},$$

其中 S 是铁芯的横截面积. 代入式（7-46），注意到 Φ 对铁芯各截面为常量，得

$$\Phi\oint \frac{1}{\mu}\,\frac{\mathrm{d}l}{S} = NI. \qquad (7-47)$$

对比一段导体的电阻公式

$$R = \int \frac{1}{\gamma}\,\frac{\mathrm{d}l}{S},$$

自然把 $\oint \frac{1}{\mu}\,\frac{\mathrm{d}l}{S}$ 称为这个无分支闭合磁路的**磁阻**，并记为

$$R_{\mathrm{m}} \equiv \oint \frac{1}{\mu}\,\frac{\mathrm{d}l}{S}, \qquad (7-48)$$

其中磁导率 μ 与电导率 γ 对应. 把上式代入式（7-47）得 $\Phi R_{\mathrm{m}} = NI$，与全电路欧姆定律 $IR = \mathscr{E}$ 对比，自然把 NI 称为磁路的**磁动势**，并记为

$$\mathscr{E}_{\mathrm{m}} \equiv NI, \qquad (7-49)$$

于是

$$\Phi R_{\mathrm{m}} = \mathscr{E}_{\mathrm{m}}. \qquad (7-50)$$

上式称为**无分支闭合磁路的欧姆定律**.

磁阻 R_{m} 的国际单位制单位由式（7-48）规定，没有专名. 因 μ 的 SI 单位为 H/m（亨每米），故 R_{m} 的国际单位制单位记为 H^{-1}（每亨）. 磁动势的 SI 单位由式（7-49）规定，其专名为**安匝**（实际上就是安培）.

下面以开有空气隙的铁芯为例讨论磁阻的串联问题（见图 7-30）. 由于气隙狭窄，$\boldsymbol{B}$ 线在气隙中虽略有散开，但不严重. 设铁芯的横截面积为 S_1，气隙中 $\boldsymbol{B}$ 线所占面积为 S_2（稍大于 S_1），则环路定理的积分可被

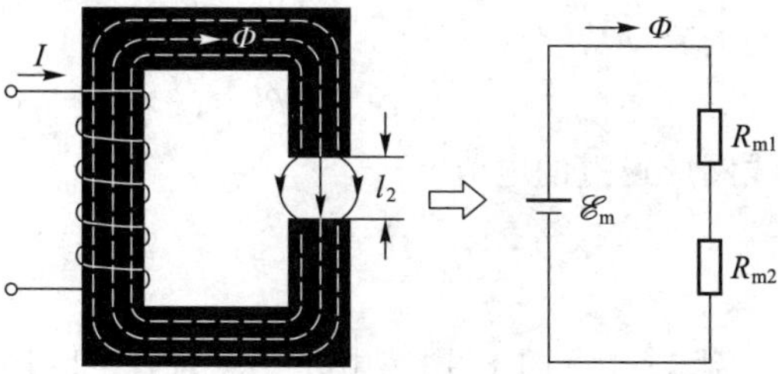

图 7-30　铁芯开一气隙——磁阻的串联

① 电感线圈的铁芯为软铁，可忽略磁滞而认为每点的 $\boldsymbol{H}$ 与 $\boldsymbol{B}$ 同向.

拆为沿铁芯 1 和沿气隙 2 的两个部分：

$$\oint \boldsymbol{H}\cdot d\boldsymbol{l}=\int_1 \boldsymbol{H}_1\cdot d\boldsymbol{l}+\int_2 \boldsymbol{H}_2\cdot d\boldsymbol{l}=\Phi\left(\int_1 \frac{1}{\mu_1}\frac{dl}{S_1}+\int_2 \frac{1}{\mu_2}\frac{dl}{S_2}\right)=NI. \tag{7-51}$$

令

$$R_{m1}\equiv\int_1 \frac{1}{\mu_1}\frac{dl}{S_1},\quad R_{m2}\equiv\int_2 \frac{1}{\mu_2}\frac{dl}{S_2},$$

得

$$\Phi(R_{m1}+R_{m2})=\mathscr{E}_m. \tag{7-52}$$

可见总磁阻等于参与串联的磁阻之和.不难看出，这个结论可以推广到一般的磁阻串联情况.

最后讨论有分支磁路的定律以及磁阻的并联问题.图 7-31是一个有分支的磁路，对应于一个两节点、三支路的电路.如果忽略从铁芯侧面漏到空气中的 **B** 线，由 **B** 线的不中断性不难知道联接同一节点的各支路的磁通代数和为零，这称为磁路的基尔霍夫第一定律.对图 7-31 就是

$$\Phi=\Phi_1+\Phi_2.$$

仿照前面的方法，还可以推出磁路的基尔霍夫第二定律及磁阻的并联公式(类似于电阻的并联公式)，而且可以证明，基尔霍夫第一、第二定律对更复杂的磁路也近似成立.在图 7-19 所示的录音机原理图中，磁头的气隙与磁带(限于气隙的一小段)就可看作互为并联，因磁带的磁阻远小于气隙的磁阻，绝大部分 **B** 线都穿磁带而过，于是留下信号的剩磁.

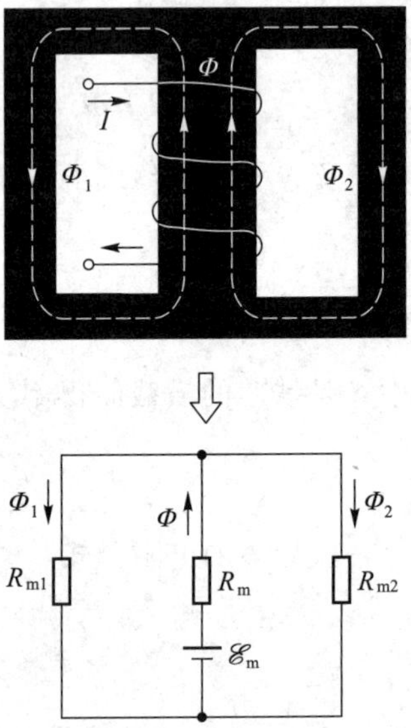

图 7-31 磁路的并联

以上讨论的是不含永磁体的磁路.当磁路中有永磁体时(例如磁电式电流计的磁路)，问题要复杂一些，因为永磁体本身也能激发磁场，也相当于一个磁动势，这个磁动势显然不能归结为 NI(因为永磁体没有传导电流)，讨论从略.

磁路的计算在电机、变压器、电磁铁和仪表设计中都有广泛的应用.

例 1 已知图 7-29 中线圈的匝数 $N=300$，铁芯的横截面积 $S=3\times10^{-3}\ \mathrm{m}^2$，平均长度 $l=1\ \mathrm{m}$，铁磁材料的相对磁导率 $\mu_r=2\ 600$，欲在铁芯中激发 $3\times10^{-3}\ \mathrm{Wb}$ 的磁通，线圈应通过多大的电流？

解：磁路的总磁阻

$$R_m=\frac{1}{\mu}\frac{l}{S}=\frac{1}{\mu_r\mu_0}\frac{l}{S}=\frac{1}{2\ 600\times(4\pi\times10^{-7}\ \mathrm{H\cdot m^{-1}})}\frac{1\ \mathrm{m}}{3\times10^{-3}\ \mathrm{m}^2}=10^5\ \mathrm{H}^{-1},$$

磁路的磁动势

$$\mathscr{E}_m=\Phi R_m=(3\times10^{-3}\ \mathrm{Wb})\times10^5\ \mathrm{H}^{-1}=300\ 安匝,$$

故线圈应通过的电流

$$I=\frac{\mathscr{E}_m}{N}=\frac{300\ 安匝}{300\ 匝}=1\ \mathrm{A}.$$

例 2 在例 1 的铁芯中开一长为 $l_2=2\times10^{-3}\ \mathrm{m}$ 的气隙(见图 7-30)，假定 **B** 线穿过气隙时所占面积扩展为 $S_2=4\times10^{-3}\ \mathrm{m}^2$，欲使铁芯内磁通仍为 $3\times10^{-3}\ \mathrm{Wb}$，线圈电流应增为多少？

解：以 R_{m1}、R_{m2} 分别代表铁芯及气隙的磁阻.开气隙后铁芯长度变化很小，可以认为 R_{m1} 等于例 1 的 R_m，即 $R_{m1}=10^5\ \mathrm{H}^{-1}$，而

$$R_{m2}=\frac{1}{\mu_0}\frac{l_2}{S_2}=\frac{1}{4\pi\times10^{-7}\ \mathrm{H\cdot m^{-1}}}\frac{2\times10^{-3}\ \mathrm{m}}{4\times10^{-3}\ \mathrm{m^2}}\approx4\times10^5\ \mathrm{H^{-1}},$$

故总磁阻

$$R_m=R_{m1}+R_{m2}=5\times10^5\ \mathrm{H^{-1}},$$

磁动势

$$\mathscr{E}_m=\Phi R_m=(3\times10^{-3}\ \mathrm{Wb})\times(5\times10^5\ \mathrm{H^{-1}})=1\ 500\ \text{安匝},$$

所以线圈电流应增为

$$I=\frac{\mathscr{E}_m}{N}=\frac{1\ 500\ \text{安匝}}{300\ \text{匝}}=5\ \mathrm{A}.$$

上例说明,虽然气隙很小(只占铁芯长度的0.2%),但对总磁阻却有很大影响(使磁阻提高到5倍),这显然是空气磁导率比铁芯磁导率小很多所致的.如果气隙再大[见图7-32(c)],磁阻必将更高,为激发同一磁通所需电流必将更大.因此,变压器及一般铁芯线圈都使用闭合铁芯,只在特殊需要时某些铁芯才开有一个小气隙(如日光灯的镇流器).电机中由于必须有转动部分(转子)和不动部分(定子),不可能使用完全闭合的铁芯,为了减小磁阻,一般都把转子铁芯和定子铁芯之间的气隙做得尽可能小.

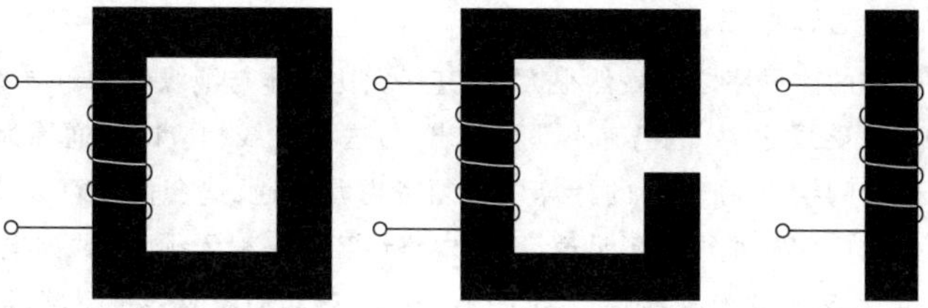

(a) 磁阻最小　(b) 磁阻较大　(c) 磁阻最大

图7-32　气隙对磁阻的影响

以上两例的已知条件中都包含了铁磁质的 μ_r 值,这是不够实际的,因为铁磁质的非线性特性使我们无从在确定其工作状态(指 H 或 B 值)之前肯定其 μ_r 值.比较实际的出题方式是给定铁磁质的磁化曲线而不是 μ_r,下面把例1的已知条件按这种方式修改并重做解答.

例1′　已知例1的铁芯由高硅电工钢片叠成,除 μ_r 未知外其他已知条件不变,求线圈的电流.

解:按题目要求,铁芯工作时的 B 值为

$$B=\frac{\Phi}{S}=\frac{3\times10^{-3}\ \mathrm{Wb}}{3\times10^{-3}\mathrm{m^2}}=1\ \mathrm{T}.$$

由电工手册的高硅电工钢片数据查得 $B=1$ T时 $H=300$ A/m,便可由 $\mu\equiv B/H$ 求得铁芯工作时的 $\mu=(1/300)$ H/m.不难由 $\mu_r=\mu/\mu_0$ 求得 $\mu_r=2\ 600$,与例1一致.其实,例1的 μ_r 值就是这样知道的.以下重复例1步骤,便得 $I=1$ A.

上例还有更简单的求解方法.既然已求得 $H=300$ A/m,便可直接对铁芯使用安培环路定理 $\oint_L \boldsymbol{H}\cdot\mathrm{d}\boldsymbol{l}=Hl=NI$ 而得到

$$I=\frac{Hl}{N}=\frac{300\ \mathrm{A/m}\times1\ \mathrm{m}}{300}=1\ \mathrm{A}.$$

这样就不必去求磁阻.

当磁路由 n 段种类不同或截面不同的磁介质串联时(见图7-33),由环路定理可知总磁动势

$$\mathscr{E}_m = NI = \oint \boldsymbol{H} \cdot \mathrm{d}\boldsymbol{l} = \sum_{i=1}^{n} \oint \boldsymbol{H}_i \cdot \mathrm{d}\boldsymbol{l}. \qquad (7-53)$$

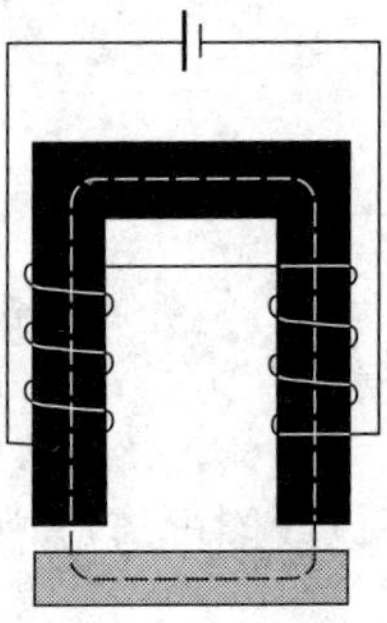

图 7-33 多段串联的磁路

若每段截面均匀,则可简化为

$$\mathscr{E}_m = NI = \oint \boldsymbol{H} \cdot \mathrm{d}\boldsymbol{l} = \sum_{i=1}^{n} H_i l_i, \qquad (7-54)$$

其中 l_i 是第 i 段的长度.如果问题仍是已知磁通 Φ 而欲求电流 I,则可先由 Φ 求得 B,再由各段材料的磁化曲线查得相应的 H_i,最后由上式求得 I.这样计算比用磁阻计算方便.实际上,式(7-53)或式(7-54)也与某种电路定律相对应:电路中 $\int_A^C \boldsymbol{E} \cdot \mathrm{d}\boldsymbol{l}$ 是 A、C 之间的电压,类似地可把 $\int \boldsymbol{H}_i \cdot \mathrm{d}\boldsymbol{l}$(或 $H_i l_i$)称为磁路第 i 段的**磁压**,于是式(7-53)或式(7-54)表明闭合磁路的总磁动势等于各段磁压之和,这与用电压表述的基尔霍夫第二定律对应.实际的磁路计算多数是用式(7-53)或式(7-54)进行的.但应指出,有传导电流时 $\boldsymbol{H}$ 并非势场,$\int_A^C \boldsymbol{H} \cdot \mathrm{d}\boldsymbol{l}$ 不但与 A、C 两点有关,而且依赖于积分路径,不能再像电势那样引入磁势的定义.至于式(7-53)中的磁压 $\int \boldsymbol{H}_i \cdot \mathrm{d}\boldsymbol{l}$,则只能理解为 $\boldsymbol{H}$ 沿磁路内部的积分.

最后应该指出,磁路与电路的相似只是形式上的,它们在本质上完全不同.电流是带电粒子的运动,运动过程中有焦耳热放出.磁通不代表任何粒子的运动,恒定磁通穿过磁路不放出任何热量.除了这些本质区别外,两者还有以下两点主要不同.

(1) 铁磁质与非铁磁质的磁导率之比虽然很大,但其毕竟比导体与绝缘体的电导率之比小得多.因此,虽然绝大部分 $\boldsymbol{B}$ 线集中于铁磁质之内,但仍有小部分漏出,与这种 $\boldsymbol{B}$ 线相应的磁通称为**漏磁通**.磁路的基尔霍夫第一定律是忽略漏磁通的结果.在严格的计算中必须考虑漏磁通,这会使计算变得很复杂.相比之下,导线中的 $\boldsymbol{J}$ 线漏到导线外的比例却小得微不足道,因此电路计算中一般无须考虑"漏电流"问题.

(2) 磁路必含铁磁质,铁磁质必有非线性,因此只有非线性磁路而没有线性磁路,而电路却存在线性电路与非线性电路两种,而且前者相当普遍.

7.5.3 铁磁屏蔽

在实验中有时需要实现对于磁场的屏蔽,就是要设法使某一部分空间不受外界磁场的干扰.一个高 μ 值铁磁材料制成的屏蔽罩(见图 7-34)就能起到这样的作用,其道理可用磁阻的并联来说明.罩与空腔可看作并联着的磁阻,由于空腔的磁导率 μ_0 远小于罩的磁导率 μ,其磁阻远大于罩的磁阻,于是来自外界的 $\boldsymbol{B}$ 线绝大部分穿过屏蔽罩而不进入腔内.

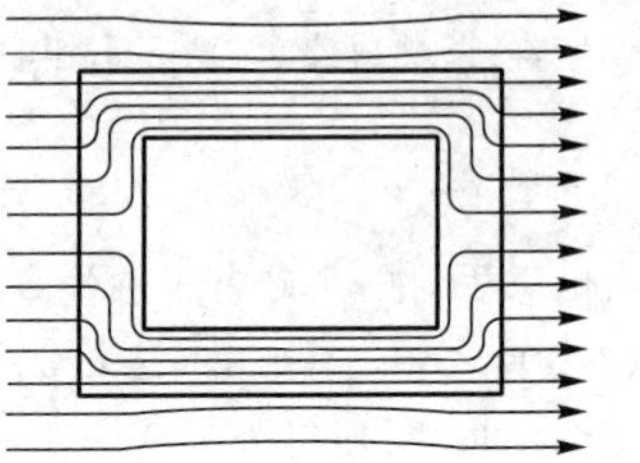

图 7-34 铁磁屏蔽

要使屏蔽效果良好,可以使用较厚的屏蔽罩或采用多重屏蔽罩(一个套一个).因此,效果良好的铁磁屏蔽罩一般都比较笨重.

上述铁磁屏蔽的方法不宜用于屏蔽高频交变的磁场,因为在罩中会引起很大的铁损.高频磁场可以采用涡流屏蔽的方法,从略.

§7.6 磁场的能量

§3.7 介绍了电能以体密度定域于电场的观点,建立了"电场的能量"的概念并从特例推出了电能体密度的表达式.与此对应,§6.11 所讲的自感线圈和互感线圈的磁能也是磁场的能量，也以某种体密度定域于磁场之中．下面以充有均匀各向同性线性磁介质的螺绕环为特例推导磁能体密度的表达式．根据小节 7.1.3 的例题，螺绕环的自感为 $L=\mu n^2 V$．根据式(6-78)，自感线圈(包括螺绕环)储存的磁能为 $W_m=\frac{1}{2}LI^2$．由以上两式得

$$W_m=\frac{1}{2}\mu n^2 VI^2.$$

因螺绕环内 $H=nI, B=\mu nI$，故 $W_m=\frac{1}{2}BHV$．由于环内磁场均匀，磁场能量应以均匀密度分布于其内，故磁能密度

$$w_m=\frac{W_m}{V}=\frac{1}{2}BH, \quad 或 \quad w_m=\frac{1}{2}\boldsymbol{B}\cdot\boldsymbol{H}. \tag{7-55}$$

这一结论虽由特例推出，但可以证明它适用于各向同性线性磁介质中的任意静磁场．对真空静磁场，上式简化为 $w_m=B^2/2\mu_0$，此即式(6-79)．静磁场中任一区域的磁场能量可用上式通过积分求得．第九章还要说明 $w_m=B^2/2\mu_0$ 也代表真空中时变电磁场的磁场能量密度．

思 考 题

7.1 判断下列说法是否正确，并说明理由．

(1) 若闭合曲线不围绕传导电流，则线上各点的 $\boldsymbol{H}$ 必为零；

(2) 若闭合曲线上各点的 $\boldsymbol{H}$ 为零，则该曲线围绕的传导电流(强度)为零；

(3) $\boldsymbol{H}$ 仅与传导电流有关；

(4) 无论是抗磁质还是顺磁质，只要是各向同性非铁磁质，$\boldsymbol{B}$ 总与 $\boldsymbol{H}$ 同向；

(5) 以同一闭合曲线为边线的所有曲面的 $\boldsymbol{B}$ 通量都相等；

(6) 以同一闭合曲线为边线的所有曲面的 $\boldsymbol{H}$ 通量都相等．

7.2 附图是一根沿轴向均匀磁化的细长永磁棒，磁化强度为 $\boldsymbol{M}$，求图中标有号码的各点的 $\boldsymbol{B}$ 和 $\boldsymbol{H}$．对 1、2、3 点，棒可看作无限长．

注 (a) 1、4、5、6、7 点在轴线上，(b) 除 1 外各点都极近它旁边的面．

7.3 在硬磁材料 Y 的开口处填充一块由软磁材料制成的**衔铁**使之成闭合磁路(见附图)，Y 在励磁电流激励下达到饱和磁化．切断电流并移去线圈和衔铁便制成一块永磁铁．问：在切断电流后和移去衔铁前，P 点的 $\boldsymbol{B}$、$\boldsymbol{H}$、$\boldsymbol{M}$ 是否为零？试指出非零者的方向．

注 衔铁移去后 P 点的 $\boldsymbol{B}$、$\boldsymbol{H}$、$\boldsymbol{M}$ 的方向是否改变？这是一个不容易回答的问题，若要定量计算这 3 个量则更为困难．关键在于衔铁的移去改变了 Y 内的磁化状态，$\boldsymbol{B}$、$\boldsymbol{H}$、$\boldsymbol{M}$ 中没有一个是已知量．下题将介绍对这一非线性问题的图解法(用图解法讨论非线性问题的另一应用例子可在小节 4.8.2 的小字部分找到)．

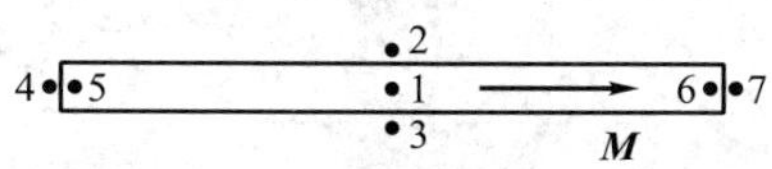

思考题 7.2 图

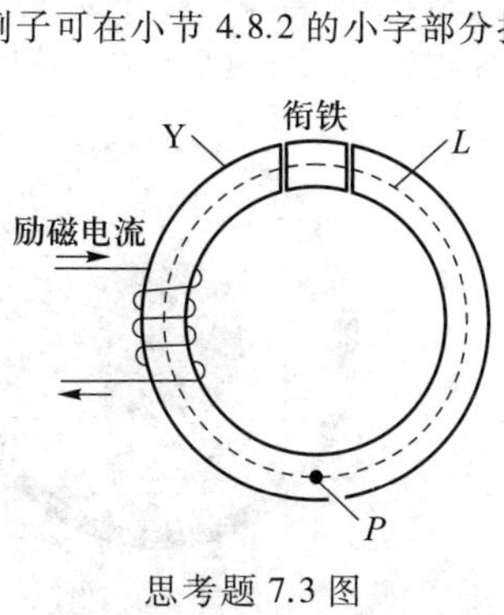

思考题 7.3 图

7.4 上题 P 点在衔铁移去后的 $\boldsymbol{B}$、$\boldsymbol{H}$、$\boldsymbol{M}$ 可通过以下几步定量求解.

(1) 作为铁内一点,P 点的 $\boldsymbol{B}$ 和 $\boldsymbol{H}$ 的关系由该铁磁材料的磁化曲线描述.切断电流前,代表磁化状态的点(称为**工作点**)是附图的 S 点(饱和磁化).断电后,工作点沿磁滞回线从 S 降至 R(剩磁).若在此"历史条件"下移去衔铁,则工作点应为磁滞回线的 RD 段的某点.此点可用下法确定.

(2) 移去衔铁后,过 P 点作与铁环 Y 同芯的圆周 L,它被分为铁内段与空气段,两段的 B、H 值依次记为 B、H 和 B'、H'(近似认为 B、H 值在每段上为常量).试利用 $\oint_L \boldsymbol{H}\cdot \mathrm{d}\boldsymbol{l}=0$ 证明

$$H=-KB \qquad \left(\text{其中 } K\equiv\frac{1}{\mu_0}\frac{l'S}{lS'}\right), \qquad (\text{思 } 7\text{-}1)$$

其中 l、l'及 S、S'分别代表两段的长度和横截面积.

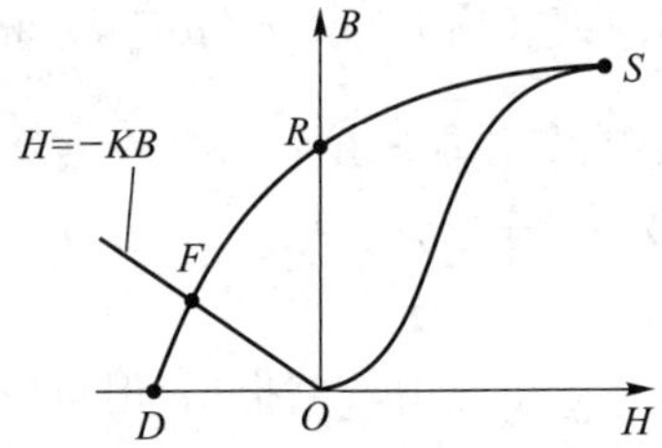

思考题 7.4 图

(3) 式(思 7-1)可表示为 B-H 图中的一条过原点的负斜率直线.既然式中的 B、H 代表铁内的 B、H 值,铁内磁化状态也必须满足这一方程.可见工作点只能是此直线与磁滞回线的 RD 段的交点 F.由此得 P 点的 $\boldsymbol{B}$ 和$\boldsymbol{H}$($B>0$ 和 $H<0$ 说明 P 点的 $\boldsymbol{B}$ 与 $\boldsymbol{H}$ 反向),再由 $\boldsymbol{M}=(\boldsymbol{B}/\mu_0)-\boldsymbol{H}$ 便可得 $\boldsymbol{M}$.

最后,请读者粗略画出磁铁内外的 $\boldsymbol{H}$ 线和 $\boldsymbol{B}$ 线.

习 题

7.1.1 半径为 R 的均匀磁化介质球的磁化强度 $\boldsymbol{M}$ 与过球心的 z 轴平行,用球坐标写出球面上磁化电流线密度 $\boldsymbol{\alpha}'$的表达式,并求出其总磁矩 $\boldsymbol{p}_{\mathrm{m}}$.[把球面上的磁化电流分解为许多圆电流(圆平面与 $\boldsymbol{M}$ 垂直),所谓 $\boldsymbol{\alpha}'$的总磁矩 $\boldsymbol{p}_{\mathrm{m}}$ 是指所有圆电流的磁矩矢量和.]

7.1.2 在磁化强度为 $\boldsymbol{M}$ 的均匀磁化介质中有一球形空腔,试证空腔表面的磁化电流在球心激发的磁感应强度 $\boldsymbol{B}'=-\frac{2}{3}\mu_0\boldsymbol{M}$.

7.1.3 螺绕环中心周长为 10 cm,环上均匀密绕线圈 200 匝,通有电流 0.1 A,

(1) 若环内充满相对磁导率 $\mu_{\mathrm{r}}=4\ 200$ 的磁介质,求环内的 B 和 H;

(2) 分别求线圈电流和磁化电流在磁介质中产生的磁场 B_0 和 B'.

7.1.4 半径为 R_1、磁导率为 μ_1 的无限长均匀磁介质圆柱体内均匀地通过传导电流 I,在它的外面包有一个半径为 R_2 的无限长同轴圆柱面,其上通有与前者方向相反的面传导电流 I.两者之间充满磁导率为 μ_2 的均匀磁介质.求空间各区的 H 和 B.

7.1.5 同轴电缆的内导体是半径为 R_1 的金属圆柱,外导体是半径分别为 R_2 和 R_3 的金属圆筒(见附图),两导体的相对磁导率都为 μ_{r1},两者之间充满相对磁导率为 μ_{r2}的不导电均匀磁介质.电缆工作时,两导体的电流均为 I(方向相反),电流在每个导体的横截面上均匀分布.求各区的 B.

7.1.6 厚度为 b 的无限大平板中有电流密度为 $\boldsymbol{J}_0$ 的均匀分布传导电流,方向如图,平板的磁导率为常量 μ,两侧分别充满磁导率为 μ_1 和 μ_2 的均匀磁介质.求板内外的 $\boldsymbol{B}$.(提示:由均匀载流无限大平面的结论可知板外有均匀磁场,而且两侧的 $\boldsymbol{B}$ 等值反向.可参考3.5.11题.)

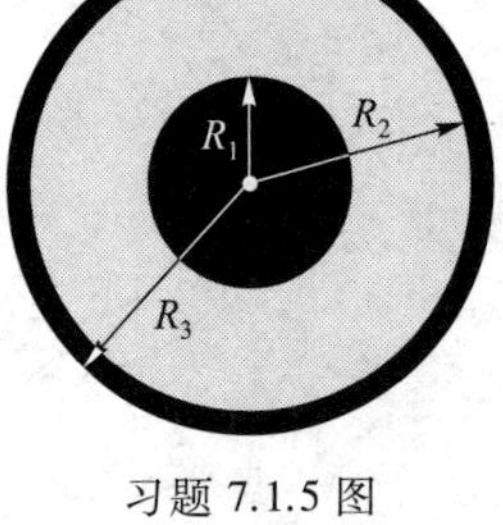

习题 7.1.5 图

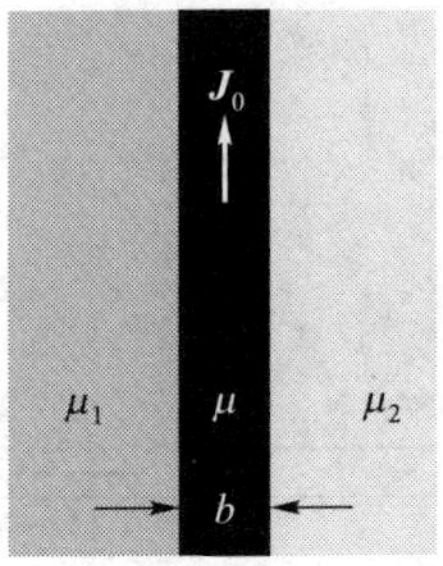

习题 7.1.6 图

7.1.7　恒定电流 I 均匀地流过半径为 R_1、磁导率为 μ_1 的无限长圆柱形导线，线外包有一层磁导率为 μ_2 的圆筒形不导电均匀磁介质，其外半径为 R_2(见附图)，以外为空气.

(1) 求各区的 H 和 B；

(2) 求半径为 R_1 和 R_2 的表面上的磁化电流线密度 $\boldsymbol{\alpha}'$.

7.1.8　设 P 是磁介质与真空交界面附近(真空侧)的一点，已知 P 点的磁感应强度为 $\boldsymbol{B}$，与界面法线夹角为 θ，磁介质的磁导率为 μ，求界面的介质侧与 P 相应的点 $P_{介}$ 的磁感应强度 $\boldsymbol{B}_{介}$.

7.1.9　相对磁导率为 μ_r 的磁介质与真空交界，真空一侧有均匀磁场 $\boldsymbol{B}$，其与界面法线夹角为 θ(见附图). 求：

(1) 以界面某点为心、以 R 为半径的球面 S 的 $\boldsymbol{H}$ 通量；

(2) $\boldsymbol{B}$ 沿附图所示矩形闭合曲线的环流.

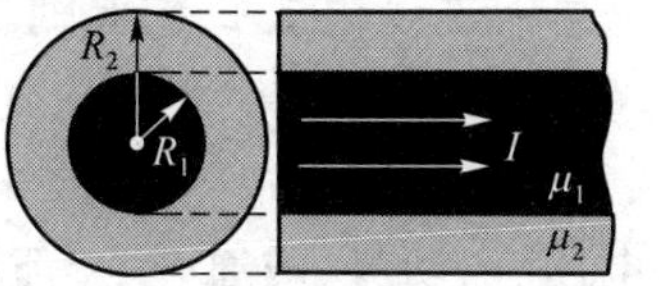

习题 7.1.7 图

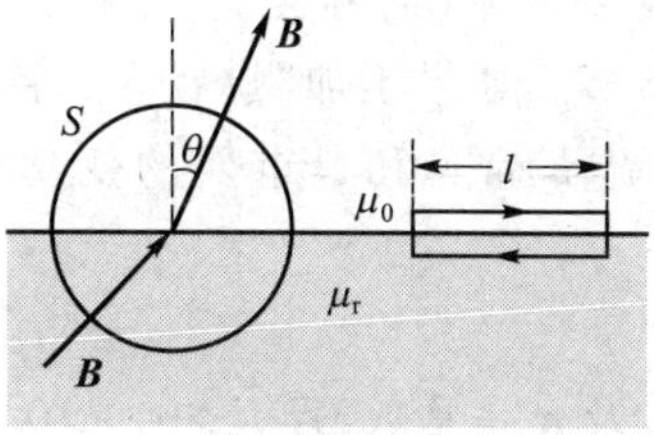

习题 7.1.9 图

7.3.1　铁环轴线直径(平均直径)为 15 cm，横截面积为 7 cm²，在环上均匀密绕线圈 500 匝.

(1) 当线圈的电流为 0.6 A、铁的相对磁导率 $\mu_r = 800$ 时，求铁环横截面的磁通；

(2) 当铁环的 $\mu_r = 1\ 200$、横截面磁通为 4.8×10^{-4} Wb 时，求线圈的电流.

7.3.2　半径为 0.1 m、横截面积为 $6\times10^{-4}\ \text{m}^2$ 的铸钢圆环上绕有 200 匝线圈. 当线圈电流为 0.63 A 时钢环截面的磁通为 3.24×10^{-4} Wb，当电流增至 4.7 A 时磁通增至 6.18×10^{-4} Wb，求该铸钢在两种情况下的磁导率和相对磁导率.

7.5.1　设图 7-29 的磁路的中心线长为 50 cm，横截面积为 $1.6\times10^{-3}\ \text{m}^2$，线圈共 500 匝，电流为 0.3 A，铁磁质工作时的 $\mu_r = 2\ 600$，求该磁路的磁动势和磁通.

7.5.2　把上题的磁路截去一小段使出现长为 1 mm 的空气隙，近似认为气隙中的 B 与铁内相同(即认为气隙的横截面积与铁芯横截面积相同)，求维持磁通不变所需的磁动势. 若匝数也不变，求电流.

7.5.3　附图是某种电磁铁，其线圈匝数 $N = 1\ 000$，气隙长度 $l =$ 2 mm，磁路的水平段 1、2、3(其中 3 含气隙)的磁阻可认为相等(记为 R_{m1})，气隙的磁阻 $R_{m0} = 30R_{m1}$，磁路的竖直短段的磁阻可以忽略. 近似认为气隙的 B 与第 3 段铁芯的 B 相同. 当线圈的电流为 1.8 A 时，求气隙中的 H.

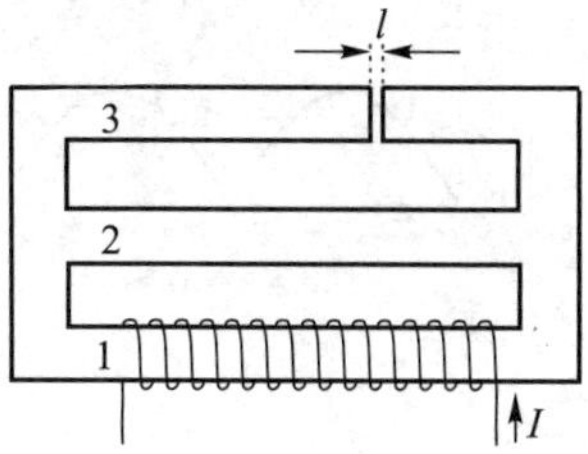

习题 7.5.3 图

7.6.1　将一导线弯成半径为 5 cm 的圆形，当它通有 100 A 的电流时，求圆心的磁场能量密度 w_m.

7.6.2　同轴线由很长的两个同轴金属圆筒组成，两筒厚度可忽略，内外筒半径各为1 mm和 7 mm，筒间介质的相对磁导率 $\mu_r = 1$. 设有 100 A 的电流由外筒流去，由内筒流回. 求：

(1) 两筒之间各点的磁能密度；

(2) 1 m 长同轴线所储存的磁能.

7.6.3　无限长圆柱形导线内均匀地流过轴向电流 I，导线的相对磁导率 $\mu_r = 1$，试证每单位长度的导线内储存的磁能为 $\mu_0 I^2/16\pi$.

第八章　交 流 电 路

§8.1　简谐交流电

随时间而变化的电流称为**时变电流**.时变电流可分为两大类:(1) 大小及方向都变的电流,称为**交变电流**(简称交流①,见图 8-1);(2) 方向不变而大小变化的电流,称为**脉动直流**(见图 8-2).如果不加“脉动”二字,“直流”往往狭义地代表大小及方向都不变的电流,即恒定电流.最常见和最重要的变化电流是**简谐电流**(又称**正弦电流**),它是时间的简谐函数:

$$i(t)=I_m\cos(\omega t+\alpha),\tag{8-1}$$

其中 I_m、ω 及 α 是常数,且 $I_m>0$,$\omega>0$.相应地还有简谐电压、电动势、磁通……,都可用与上式类似的形式表出.下面用式(8-1)介绍与简谐函数有关的基本概念,这时 i 不局限于电流,它可代表任一简谐函数.

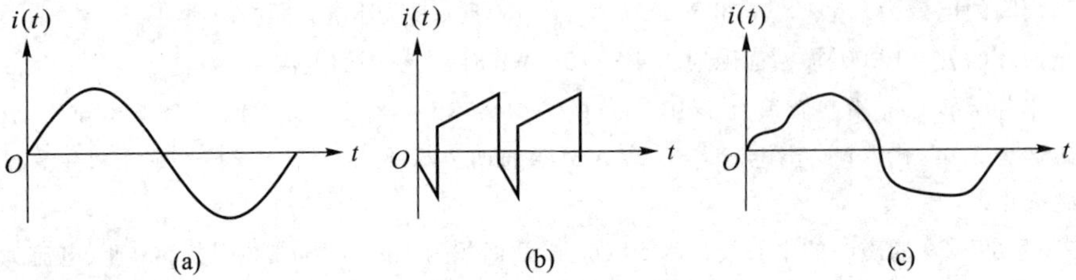

图 8-1　几种交变电流

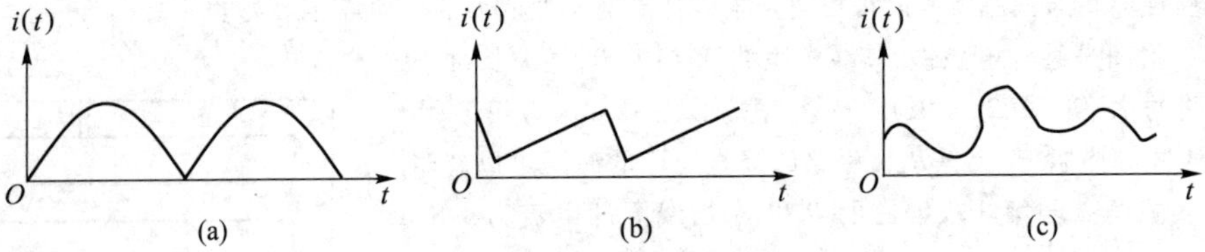

图 8-2　几种脉动直流

简谐函数(又称简谐量)$i(t)$是时间的周期函数,其曲线如图 8-1(a).不同简谐函数由不同的常数 I_m、ω 及 α 表征.I_m 称为**峰值**(或**振幅**),代表函数的最大值.ω 称为**角频率**,表征函数变化的快慢.$\omega t+\alpha$ 称为**相位**,表征函数在变化过程中某一时刻达到的状态(进程).例如,对式(8-1)表示的简谐函数,当 $\omega t+\alpha=0$ 时达到取正峰值的状态,当 $\omega t+\alpha=\pi/2$ 时达到取零值的状态,等等.α 是 $t=0$ 时的相位,叫**初相**.应该强调,峰值和相位是按式(8-1)中 I_m 为正值的要

---

① 也有些作者把交变电流定义为周期变化且一周期内平均值为零的电流.

求定义的.对函数 $i(t)=-5\cos(\omega t+\alpha)$ 而言,不应认为峰值为 -5,初相为 α,而应先改写成 $i(t)=5\cos(\omega t+\alpha+\pi)$,从而看出其峰值为 5,初相为 $\alpha+\pi$.

峰值、角频率及初相可称为简谐函数三要素,它们唯一地确定一个简谐函数.对简谐函数也可谈及周期 T 或频率 f,但它们与角频率 ω 有如下关系:

$$\omega=\frac{2\pi}{T}=2\pi f, \tag{8-2}$$

所以 ω、f 及 T 中只有一个是独立量.此外,在交流电路理论中,根据物理的需要又引入简谐函数**有效值**的概念(i 的有效值以 I 表示),其定义为

$$I\equiv\frac{I_{\mathrm{m}}}{\sqrt{2}}. \tag{8-3}$$

有效值的物理意义见小节 8.5.1.上式说明,有效值与峰值中只有一个是独立量.交流电压表及电流表测得的都是有效值.平常说到电流、电压及电动势的数值时,如无特别声明,都是指有效值而言的(众所周知的 220 V 市电电压就是指有效值).从现在起,应该熟悉用有效值表示的简谐函数表达式:

$$i(t)=\sqrt{2}I\cos(\omega t+\alpha). \tag{8-4}$$

今后最常见的是把有效值、角频率和初相位作为简谐函数的三要素.

简谐交流电在实践上和理论上的重要性来自以下三个原因.

(1) 非简谐交流电可能引起用电器(如电动机)额外的功率损耗,可能使电路的某些部分出现不希望的高电压以及容易对电信线路造成干扰.因此,电力网提供的工业及民用交流电毫无例外都是简谐交流电.

(2) 简谐函数的规律比较简单,例如,两个同频简谐函数之和仍为简谐函数,简谐函数的微分及积分仍为简谐函数,等等.

(3) 更重要的是,按照数学分析,任一周期函数都可写成许多不同频率的简谐函数之和①.只要熟悉简谐交流电的规律,就可把任何交流电分解为简谐交流电进行讨论.这称为**谐波分析法**,在电工学中,尤其在电子学中用处极广.

简谐交流电是由具有简谐电动势的电源(简谐电源)产生的.电路刚接通电源后,一般也有一个暂态过程.在这个过程中,电流是变化的但不是简谐的.经过一定时间,电路进入稳态.对线性电路而言,稳态时各元件的电流和电压都是简谐函数,而且与电动势有相同的角频率.本章只讨论线性交流电路的稳态.

最后对本章所用的符号作一说明.考虑到查阅有关参考书的方便,本章主要符号与一般电工学及电工基础教材基本一致,例如,瞬时值用小写字母($i,u,\cdots$)表示,有效值用大写字母($I,U,\cdots$)表示,峰值用大写字母加下标“m”($I_{\mathrm{m}},U_{\mathrm{m}},\cdots$)表示,复有效值(详见小节 8.3.2)用顶上加“.”的大写字母($\dot{I},\dot{U},\cdots$)表示,复阻抗及阻抗(详见 § 8.4)分别用大写 Z 与小写 z 表示,等等.按此规律,电动势有效值本应用 E 表示,但这样易与电场强度相混,故仍用 $\mathscr{E}$ 表示.

---

① 严格说来,只有满足狄义赫利条件的周期函数才能写成简谐函数之和(傅里叶级数),但物理上遇到的周期函数通常都满足这一条件.此外,即使不是周期函数,也可写成无数个频率连续变化的简谐函数之和(傅里叶积分).

§8.2 三种理想元件的电压与电流的关系

在直流电路中,负载对电流只表现出一种影响——电阻.如果在直流电路中接入线圈,除了暂态过程之外,电流只受线圈导线电阻的影响而与线圈的自感无关.如果在直流电路中接入电容器,由于电荷不能通过极板间的电介质,稳态时电容器所在支路就如同断路一般,计算中可以不予考虑.然而线圈及电容器对交变电流的影响却要复杂得多.由于电流变化,线圈将出现自感电动势,从而影响电流.由于交变电流对电容器的反复充放电,联接电容器的导线即使在稳态时也有交变电流通过.电阻器、自感线圈及电容器是交流电路中最常见的三种负载元件,而电阻效应、电感效应及电容效应则是这三种元件对交变电流提供的三种不同影响.一个实际元件往往不止提供一种影响.例如,用电阻丝在瓷棒上绕成的“线绕电阻器”就既有电阻的影响又有电感的影响.但是对于频率不高的交变电流,电感的影响远小于电阻的影响,所以其可近似看作“纯电阻”元件,简称**纯电阻**.白炽灯泡、电炉、电烙铁及各种电阻器一般可近似看作纯电阻.类似地,在一定的条件下,自感线圈可近似看作**纯电感**,电容器可近似看作**纯电容**.虽然实际上并不存在绝对的纯电阻、纯电感及纯电容,但把这三种理想元件讨论清楚却有重要意义.因为,即使实际条件不允许把某些元件看作理想元件,往往也可以将其看作两、三个理想元件的串并联组合.

电阻 R、自感 L 及电容 C 都称为元件的**参量**.参量为常量(不随电流而变)的元件称为**线性元件**,参量随电流而变的元件称为**非线性元件**.任一实际元件都或多或少地具有非线性.以电阻元件为例,其阻值随温度而变,温度又与电流有关,所以是非线性元件.铁芯线圈则是非线性电感的典型.但是,许多场合下元件的非线性并不显著,可近似当成线性元件处理.本章只讨论由线性元件组成的集总参量电路.

电路工作时,每个元件流过某一电流,其两端存在某一电压.弄清每个元件的电流与电压的关系是对电路进行计算的基础①.下面将要看到,在稳态的简谐交流电路中,各元件的电流和电压都是频率相同的简谐函数,可以一般地写成

$$i(t)=I_{\mathrm{m}}\cos(\omega t+\alpha_i)=\sqrt{2}I\cos(\omega t+\alpha_i), \tag{8-5}$$

$$u(t)=U_{\mathrm{m}}\cos(\omega t+\alpha_u)=\sqrt{2}U\cos(\omega t+\alpha_u), \tag{8-6}$$

其中 α_i 及 α_u 分别是 i 和 u 的初相.所谓电压与电流的关系是指:

(1) 电压、电流有效值(或峰值)之比,即 $U/I=U_{\mathrm{m}}/I_{\mathrm{m}}$;

(2) 电压、电流的初相之差,即 $\alpha_u-\alpha_i$,初相差亦可称为相位差,因电压、电流在任一时刻 t 的相位 $\omega t+\alpha_u$ 及 $\omega t+\alpha_i$ 之差都等于初相之差 $\alpha_u-\alpha_i$.

下面分别讨论三种理想元件的电压电流关系.

8.2.1 纯电阻

虽然纯电阻的电压和电流都随时间而变,但欧姆定律对每一时刻仍成立,即

$$u(t)=Ri(t). \tag{8-7}$$

---

① 元件是最简单的无源二端网络.正如小节 4.6.1 第一段之末所指出的,掌握住一个二端网络的电压与电流之间的关系,便掌握了这个网络的外部特性.

请注意上式只当 u 和 i 的正方向选得一致时(见图 8-3)成立.把稳态电流表达式(8-5)代入式(8-7)得

$$\begin{aligned} u(t) &= RI_{\mathrm{m}}\cos(\omega t+\alpha_i) \\ &= \sqrt{2}RI\cos(\omega t+\alpha_i), \end{aligned}$$

与式(8-6)对比可知：

(1) 电压与电流的峰值(及有效值)的关系为 $U_{\mathrm{m}}=RI_{\mathrm{m}}$(及 $U=RI$),即纯电阻的电压峰值(或有效值)与电流峰值(或有效值)之比等于 R：

$$\frac{U_{\mathrm{m}}}{I_{\mathrm{m}}}=\frac{U}{I}=R. \tag{8-8}$$

(2) 电压与电流有相同的初相,即 $\alpha_u-\alpha_i=0$.这一关系可由图 8-4 表示.

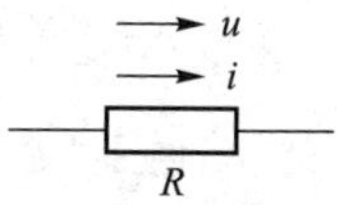

图 8-3　纯电阻

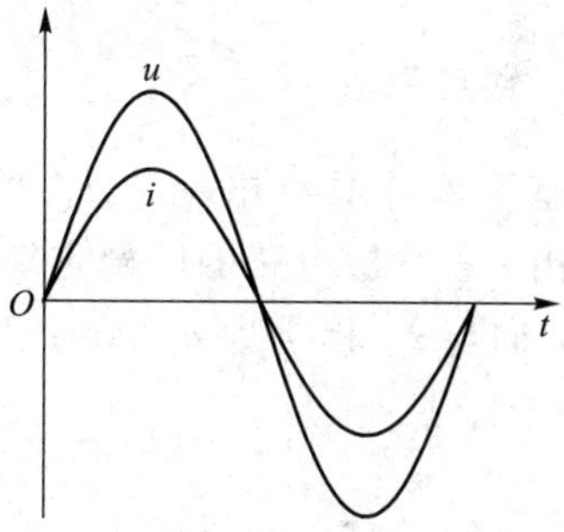

图 8-4　纯电阻电压电流同相位(图中 $\alpha_u=\alpha_i=0$)

8.2.2　纯电容

交流电路中电容支路之所以有电流,是由于电容在不断进行着周而复始的充放电.下面就从这一角度出发讨论纯电容元件的电压电流关系.所谓电容的电流,是指联接电容的导线中的电流.约定电流 i 的正方向为由左至右(见图 8-5),则 i 等于电容器左板电荷 q 的变化率,即

$$i=\frac{\mathrm{d}q}{\mathrm{d}t}. \tag{8-9}$$

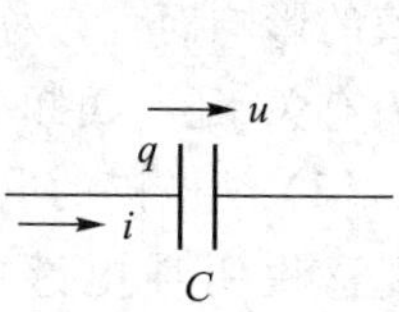

图 8-5　纯电容

再约定电压 u 的正方向为由左至右(与 i 正方向一致),则左板电荷 q 与 u 的关系为 $q=Cu$,故

$$i=C\frac{\mathrm{d}u}{\mathrm{d}t}. \tag{8-10}$$

把稳态电压表达式(8-6)代入上式得

$$i(t)=\omega CU_{\mathrm{m}}\cos\left(\omega t+\alpha_u+\frac{\pi}{2}\right)=\sqrt{2}\,\omega CU\cos\left(\omega t+\alpha_u+\frac{\pi}{2}\right),$$

与式(8-5)对比可知：

(1) 电流与电压的峰值(及有效值)的关系为 $I_{\mathrm{m}}=\omega CU_{\mathrm{m}}$,$I=\omega CU$.就是说,纯电容的电压峰值(或有效值)与电流峰值(或有效值)之比等于 $1/\omega C$：

$$\frac{U_m}{I_m}=\frac{U}{I}=\frac{1}{\omega C}. \tag{8-11}$$

与式(8-8)对比可知,就对峰值(或有效值)的影响而言,常量 $1/\omega C$ 在纯电容中的地位类似于 R 在纯电阻中的地位.在 U 一定时,$1/\omega C$ 越大,I 就越小.我们把 $1/\omega C$ 称为纯电容的**容抗**.容抗不但取决于电容 C,而且取决于角频率 ω.频率越高容抗越小.

(2) 纯电容的电流与电压的初相关系为 $\alpha_i-\alpha_u=\pi/2$,这种关系可由图 8-6 的曲线表示.由图看出,i 比 u 提前 1/4 周期取得最大值.我们说纯电容的电流在相位上比电压超前 $\pi/2$①.

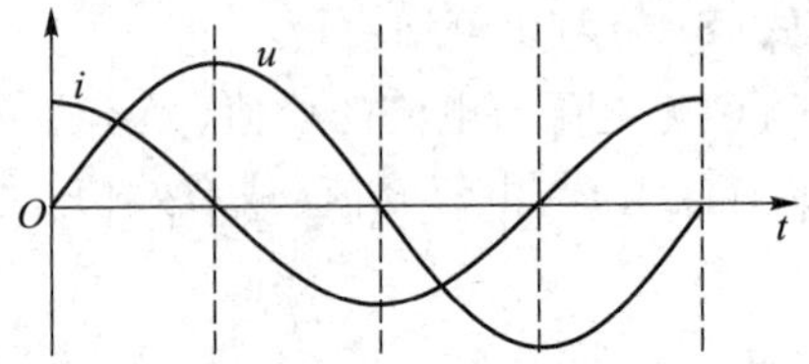

图 8-6 纯电容电流相位比电压超前 $\pi/2$(图中 $\alpha_u=0$)

8.2.3 纯电感

纯电感可看作具有电动势 $e_自$ 的无内阻电源.当约定 $e_自$ 及 u 的正方向相同时(见图 8-7),由一段含源电路的欧姆定律得 $u(t)=-e_自(t)$.再约定 i 的正方向与 $e_自$ 相同,则 $e_自(t)=-L\mathrm{d}i(t)/\mathrm{d}t$,故

$$u(t)=L\frac{\mathrm{d}i(t)}{\mathrm{d}t}. \tag{8-12}$$

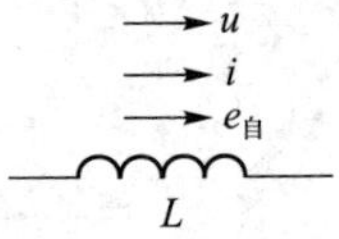

图 8-7 纯电感

把稳态电流表达式(8-5)代入上式得

$$u(t)=\omega LI_m\cos\left(\omega t+\alpha_i+\frac{\pi}{2}\right)=\sqrt{2}\,\omega LI\cos\left(\omega t+\alpha_i+\frac{\pi}{2}\right),$$

与式(8-6)对比可知:

(1) 纯电感电压与电流的峰值(及有效值)的关系为

$$\frac{U_m}{I_m}=\frac{U}{I}=\omega L. \tag{8-13}$$

常量 ωL 的地位类似于 R 在纯电阻中的地位(就对有效值的影响而言),称为纯电感的**感抗**.感抗不但与自感 L 有关,还与角频率 ω 有关.频率越高感抗越大.

(2) 纯电感的电压与电流的初相关系为 $\alpha_u-\alpha_i=\pi/2$.这说明纯电感电流相位比电压落后 $\pi/2$,如图 8-8 所示.

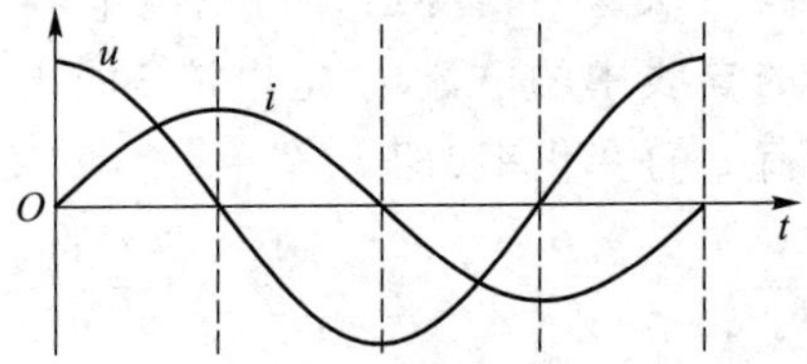

图 8-8 纯电感电流相位比电压落后 $\pi/2$(图中 $\alpha_i=0$)

§8.3 复数法和矢量法

在简谐电路的稳态问题中经常遇到同频简谐量的加减及微积分运算.直接进行这种运算往往很麻烦,所以广泛采用复数或矢量代替简谐量进行运算,这两种方法分别称为复数法

---

① 也可说电压比电流落后 $\pi/2$.超前和落后通常以小于 π 的角度衡量.例如对图 8-6,一般不说电压比电流超前 $3\pi/2$.

和矢量法.矢量法实质上是复数法的形象表述,它的全部理论在复数法理论的基础上不证自明.因此,我们将首先介绍复数法的理论基础,然后顺理成章地介绍矢量法,最后举例说明两种方法在交流电路中的应用.

8.3.1 复数基本知识

(1) 复数的表示法.

任一复数 Ω 都可表示为如下形式:

$$\Omega=a+\mathrm{j}b, \tag{8-14}$$

其中 $\mathrm{j}\equiv\sqrt{-1}$ 称为**虚数单位**,a 和 b 为实数,分别称为 Ω 的**实部**和**虚部**.为了表示 a 和 b 是 Ω 的实部和虚部,可以写成

$$a=\mathrm{Re}\ \Omega,\quad b=\mathrm{Im}\ \Omega,$$

其中 Re 及 Im 分别代表"取其实部"及"取其虚部".当且仅当两个复数的虚、实部分别相等时,这两个复数相等.于是一个复数由其实部和虚部唯一决定.

在平面上作直角坐标系,横轴记以"1",称为**实轴**,纵轴记以"j",称为**虚轴**.对任一复数,可分别以其实部 a 及虚部 b 当成横坐标及纵坐标而定出一点(a,b).由原点向该点可作一矢量(见图 8-9).反之,对平面上任一从原点出发的矢量,总可分别以其端点的纵、横坐标为实、虚部而得一复数.因此,复数与复平面上(由原点引出)的矢量一一对应.

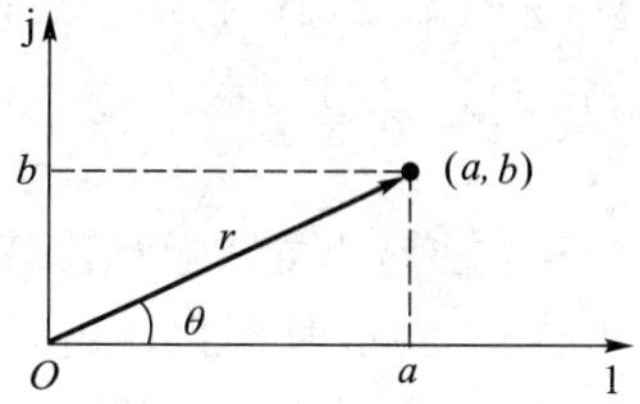

图 8-9 复数与复平面上从原点引出的矢量一一对应

复平面上从原点引出的矢量还可用其长度 r 及其与横轴的夹角 θ 描写.r 称为复数 Ω 的**模**,记为 $r=|\Omega|$,θ 称为复数 Ω 的**辐角**.显然,当且仅当两个复数有相等的模和辐角(辐角差 2π 的整数倍时认为相等)时,这两个复数相等.

由图 8-9 可知同一复数的 a、b 与 r、θ 之间有如下关系:

$$a=r\cos\theta,\quad b=r\sin\theta, \tag{8-15}$$

或

$$r=\sqrt{a^2+b^2},\quad \theta=\arctan\frac{b}{a}. \tag{8-16}$$

可见 4 个实数 a、b、r 及 θ 中只有两个独立.

将式(8-15)代入式(8-14)得

$$\Omega=r\cos\theta+\mathrm{j}r\sin\theta. \tag{8-17}$$

式(8-14)及式(8-17)分别称为复数的**代数式**和**三角式**.利用欧拉公式

$$\mathrm{e}^{\mathrm{j}\theta}=\cos\theta+\mathrm{j}\sin\theta \tag{8-18}$$

还可把式(8-17)表示为

$$\Omega=r\mathrm{e}^{\mathrm{j}\theta}. \tag{8-19}$$

这称为复数的**指数式**.

(2) 复数的运算.

设 $\Omega_1=a_1+\mathrm{j}b_1$,$\Omega_2=a_2+\mathrm{j}b_2$,它们的加、减、乘、除可分别按下列方法计算.

① 加减法.

$$\Omega_1\pm\Omega_2=(a_1\pm a_2)+\mathrm{j}(b_1\pm b_2).$$

不难证明,两复数的和(差)在复平面上对应的矢量等于这两复数的矢量按平行四边形相加(减)所得的结果(见图 8-10).因此,复数的加减也可借助其矢量进行.

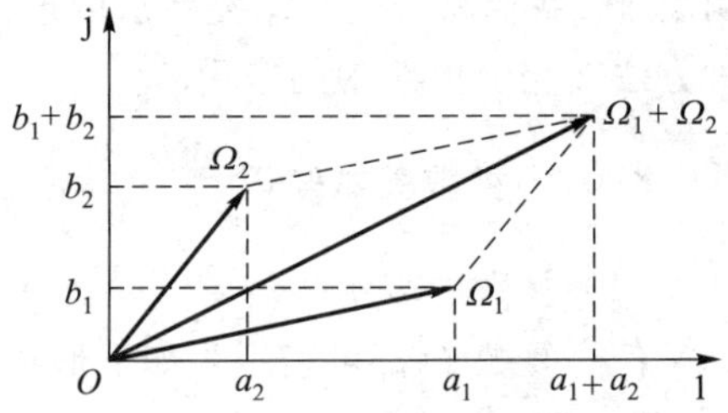

图 8-10 用矢量相加代替复数相加

② 乘法.

$$\Omega_1\Omega_2=(a_1+\mathrm{j}b_1)(a_2+\mathrm{j}b_2)=(a_1a_2-b_1b_2)+\mathrm{j}(a_2b_1+a_1b_2).$$

若用指数式,则乘法较为简单:

$$\Omega_1\Omega_2=(r_1\mathrm{e}^{\mathrm{j}\theta_1})(r_2\mathrm{e}^{\mathrm{j}\theta_2})=r_1r_2\mathrm{e}^{\mathrm{j}(\theta_1+\theta_2)}.$$

可见,两复数之积的模等于这两复数的模之积,积的辐角等于辐角之和.

③ 除法.

$$\frac{\Omega_1}{\Omega_2}=\frac{a_1+\mathrm{j}b_1}{a_2+\mathrm{j}b_2}=\frac{(a_1+\mathrm{j}b_1)(a_2-\mathrm{j}b_2)}{(a_2+\mathrm{j}b_2)(a_2-\mathrm{j}b_2)}=\frac{a_1a_2+b_1b_2}{a_2^2+b_2^2}+\mathrm{j}\,\frac{a_2b_1-a_1b_2}{a_2^2+b_2^2}.$$

若用指数式,则除法也较简单:

$$\frac{\Omega_1}{\Omega_2}=\frac{r_1\mathrm{e}^{\mathrm{j}\theta_1}}{r_2\mathrm{e}^{\mathrm{j}\theta_2}}=\frac{r_1}{r_2}\mathrm{e}^{\mathrm{j}(\theta_1-\theta_2)}.$$

可见,两复数之商的模等于这两复数的模之商,商的辐角等于辐角之差.

8.3.2 复数法

复数法是用复数运算代替同频简谐量运算的方法.先打一个比方.在初等数学中,为求两数 A 与 B 之积 AB,可以使用对数方法.这方法由如下三步组成:(1) 求出 A 及 B 的对数 $\lg A$ 及 $\lg B$;(2) 求出这两个对数之和$\lg A+\lg B$;(3) 求出这个和的反对数便得 AB,即 $AB=\lg^{-1}(\lg A+\lg B)$.这是根据一个定理——积的对数等于对数的和[$\lg(AB)=\lg A+\lg B$]得出的.

对数运算法的好处在于将复杂的求积运算变成简单的求和运算.这个方法启发了我们.为了对简谐量进行某种运算,是否也可先把它们变换成别的什么函数(类似于取对数),再对这些新函数进行较简单的运算,最后将运算结果作一个反变换(类似于取反对数)而得出答案?这里首先要解决将简谐函数变换为什么函数的问题.这时我们想到了复数.复数与简谐函数虽有种种不同,但也有某些共性:复数由模和辐角唯一决定,频率一定的简谐函数则由峰值和相位唯一确定.模和峰值都是正数,其值可从零取至无穷;辐角和相位都有角度的意义,变化 $2k\pi$ 时都可认为与没有变化一样.再考虑到复数的某些运算比简谐函数的对应运算简单,所以我们设法将简谐函数先变成复数再投入运算(指线性运算).对给定的简谐函数(不一定指电流)

$$i(t)=I_{\mathrm{m}}\cos(\omega t+\alpha),$$

可用其峰值 I_{m} 为模、相位 $\omega t+\alpha$ 为辐角构成一个复数 $I_{\mathrm{m}}\mathrm{e}^{\mathrm{j}(\omega t+\alpha)}$,称之为简谐量 i 的**复瞬时值**.正如数 A 与其对数 $\lg A$ 一一对应那样,简谐量 i 与其复瞬时值 $I_{\mathrm{m}}\mathrm{e}^{\mathrm{j}(\omega t+\alpha)}$ 一一对应.从简谐量确定其复瞬时值的变换称为**正变换**,从复瞬时值确定简谐量的变换称为**反变换**.把复瞬时值按欧拉公式展开:

$$I_{\mathrm{m}}\mathrm{e}^{\mathrm{j}(\omega t+\alpha)}=I_{\mathrm{m}}\cos(\omega t+\alpha)+\mathrm{j}I_{\mathrm{m}}\sin(\omega t+\alpha),$$

可见复瞬时值的实部正是它所对应的简谐量本身.因此,从复瞬时值求简谐量可用如下公式进行:

$$i=\mathrm{Re}\left[I_{\mathrm{m}}\mathrm{e}^{\mathrm{j}(\omega t+\alpha)}\right], \tag{8-20}$$

即

$$\text{简谐量}=\mathrm{Re}\ (\text{复瞬时值}).$$

式(8-20)称为**反变换公式**.

复瞬时值亦可表示为

$$I_{\mathrm{m}}\mathrm{e}^{\mathrm{j}(\omega t+\alpha)}=\sqrt{2}\,I\mathrm{e}^{\mathrm{j}\alpha}\mathrm{e}^{\mathrm{j}\omega t}. \tag{8-21}$$

考虑到因子$\sqrt{2}\,\mathrm{e}^{\mathrm{j}\omega t}$对任何同频简谐量都相同,索性略去这一因子,认为与 i 对应的复数是 $I\mathrm{e}^{\mathrm{j}\alpha}$,并称之为简谐量 i 的**复有效值**,以顶上加"."的有效值符号(即 $\dot{I}$)表示.就是说,复有效值是以简谐量的有效值为模、以其初相为辐角的复数.复数法就是用复有效值的运算代替简谐量运算的方法.由式(8-21)可知,复有效值与复瞬时值有如下关系:

$$\text{复瞬时值}=(\text{复有效值})\times\sqrt{2}\,\mathrm{e}^{\mathrm{j}\omega t}=\dot{I}\sqrt{2}\,\mathrm{e}^{\mathrm{j}\omega t}. \tag{8-22}$$

于是反变换公式(8-20)可以写为

$$i=\mathrm{Re}\ (\dot{I}\sqrt{2}\,\mathrm{e}^{\mathrm{j}\omega t}). \tag{8-23}$$

解决了简谐量与其复有效值的正、反变换问题之后,就要讨论如何把对简谐量的运算变换为对其复有效值的运算问题,即要找出类似于 $\lg(AB)=\lg A+\lg B$ 的定理.经过分析,发现可将对简谐量的四种线性运算变换为对其复有效值的运算,相应就有四个定理.下面介绍定理内容,其证明见小节末小字.

定理 1 简谐量 i 乘以实常数 K 后所得简谐量 Ki 的复有效值等于 i 的复有效值乘以 K,即

$$Ki\ \text{的复有效值}=K\times(i\ \text{的复有效值})=K\dot{I},$$

定理 2 同频简谐量之和(差)的复有效值等于简谐量的复有效值之和(差),即

$$(i_1\pm i_2)\ \text{的复有效值}=i_1\ \text{的复有效值}\pm i_2\ \text{的复有效值}=\dot{I}_1\pm\dot{I}_2.$$

定理 3 简谐函数导数的复有效值等于简谐函数的复有效值乘以 $\mathrm{j}\omega$,即

$$\frac{\mathrm{d}i}{\mathrm{d}t}\text{的复有效值}=\mathrm{j}\omega\times(i\ \text{的复有效值})=\mathrm{j}\omega\dot{I}.$$

定理 4 简谐函数积分的复有效值等于简谐函数的复有效值除以 $\mathrm{j}\omega$,即

$$\left(\int i\mathrm{d}t\right)\text{的复有效值}=\frac{1}{\mathrm{j}\omega}\times(i\ \text{的复有效值})=\frac{\dot{I}}{\mathrm{j}\omega}.$$

根据这四个定理,可以方便地把简谐量的几种主要运算变为对其复有效值的运算,其中定理 3、4 还把对简谐函数的微积分运算简化为用常数 $\mathrm{j}\omega$ 与其复有效值作乘、除的运算.这些定理的应用例子见小节 8.3.4 及 8.3.5.

上述四个定理的证明如下.

定理 1 证明:设 $i=\sqrt{2}I\cos(\omega t+\alpha)$,则 $Ki=\sqrt{2}KI\cos(\omega t+\alpha)$,按定义便有

$$Ki\ \text{的复有效值}=KI\mathrm{e}^{\mathrm{j}\alpha}=K\dot{I}.$$

定理 2 证明:根据反变换公式(8-23),$i_1=\mathrm{Re}\ (\dot{I}_1\sqrt{2}\,\mathrm{e}^{\mathrm{j}\omega t})$,$i_2=\mathrm{Re}\ (\dot{I}_2\sqrt{2}\,\mathrm{e}^{\mathrm{j}\omega t})$,两式相加得 $i_1+i_2=\mathrm{Re}[(\dot{I}_1+\dot{I}_2)\sqrt{2}\,\mathrm{e}^{\mathrm{j}\omega t}]$.设复数 $\dot{I}_1+\dot{I}_2$ 的模及辐角各为 r 及 θ,则

$$i_1+i_2=\mathrm{Re}\ (r\mathrm{e}^{\mathrm{j}\theta}\sqrt{2}\,\mathrm{e}^{\mathrm{j}\omega t})=\mathrm{Re}\ [\sqrt{2}\,r\mathrm{e}^{\mathrm{j}(\omega t+\theta)}]=\sqrt{2}\,r\cos(\omega t+\theta),$$

说明 r 及 θ 分别等于简谐量 i_1+i_2 的有效值及初相,可见以 r 及 θ 为模及辐角构成的复数 $\dot{I}_1+\dot{I}_2$就是简谐量

i_1+i_2 的复有效值.

定理 3 证明:设 $i=\sqrt{2}I\cos(\omega t+\alpha)$,则 $\frac{\mathrm{d}i}{\mathrm{d}t}=\sqrt{2}\omega I\cos(\omega t+\alpha+\pi/2)$,故

$$\frac{\mathrm{d}i}{\mathrm{d}t}\text{的复有效值}=\omega I\mathrm{e}^{\mathrm{j}(\alpha+\pi/2)}=\omega I\mathrm{e}^{\mathrm{j}\alpha}\mathrm{e}^{\mathrm{j}\pi/2}=\mathrm{j}\omega I\mathrm{e}^{\mathrm{j}\alpha}=\mathrm{j}\omega\dot{I}.$$

定理 4 证明:请读者仿照定理 3 的证法自行证明.

注 $\int i\mathrm{d}t$ 本代表 $i(t)$ 的所有原函数,其中只有一个是简谐函数(其他均为简谐函数加一常数).复数法只讨论简谐函数,故此处 $\int i\mathrm{d}t$ 是狭义地代表那个简谐函数的原函数.

8.3.3 矢量法

复数法虽然简便,但欠直观,最好辅之以矢量法.矢量法实质上是复数法的图解,是形象化了的复数法.数学上早已建立了复数与(复平面上发自原点的)矢量之间的一一对应关系,因此,在复数法理论的基础上,矢量法的结论不必重新证明.

复有效值 $\dot{I}$ 既然是复数,就可用复平面上(从原点引出)的矢量表示.因为复有效值的模 I 及辐角 α 分别等于简谐量的有效值及初相,所以它对应的矢量的长度等于简谐量的有效值 I,与实轴的夹角则等于简谐量的初相 α.这个矢量称为**有效值矢量**,也用 $\dot{I}$ 标记(见图 8-11).可见,简谐量(指频率确定的简谐量)、复有效值及有效值矢量三者间存在一一对应的关系.对简谐量的运算既可化为对其复有效值的运算,也可化为对其有效值矢量的运算.例如,由上小节定理 1 可知,两个同频简谐量之和的有效值矢量应等于各量的有效值矢量之和,而后者可用平行四边形法则方便地作出,从而简化了运算.又如定理 3 可用"矢量语言"陈述为:$\mathrm{d}i/\mathrm{d}t$ 的有效值矢量等于 i 的有效值矢量乘以 $\mathrm{j}\omega$.而 $\mathrm{j}=\mathrm{e}^{\mathrm{j}\pi/2}$,$\mathrm{j}\omega=\omega\mathrm{e}^{\mathrm{j}\pi/2}$,故矢量乘以 $\mathrm{j}\omega$ 后,其长度变为原来的 ω 倍,其与实轴的夹角比原来增大 $\pi/2$.就是说,$\mathrm{d}i/\mathrm{d}t$ 的有效值矢量可由 i 的有效值矢量伸长到 ω 倍后再逆时针转 $\pi/2$ 角而得到.同理,定理 4 可陈述为:$\int i\mathrm{d}t$ 的有效值矢量可由 i 的有效值矢量缩短至 $1/\omega$ 并顺时针转 $\pi/2$ 而得到.这就把微、积分运算简化为矢量的伸缩和转向操作.

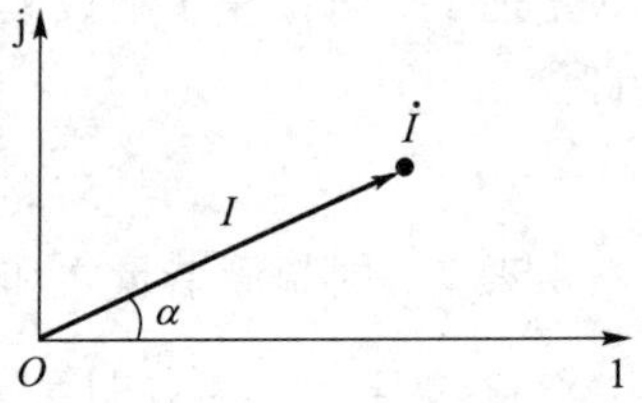

图 8-11 有效值矢量

下面再讨论如何从简谐量所对应的矢量求简谐量本身,即反变换问题.根据反变换公式(8-20),简谐量的瞬时值等于其复瞬时值 $I_{\mathrm{m}}\mathrm{e}^{\mathrm{j}(\omega t+\alpha)}$ 的实部.复瞬时值也是复数,也应与复平面上的矢量对应,这种矢量称为**瞬时值矢量**.瞬时值矢量与有效值矢量的区别在于后者是常矢量(不含 t)而前者是随 t 而变的矢量.具体来说,瞬时值矢量的长度等于 I_{m}(常量),其与实轴的夹角等于 $\omega t+\alpha$,是 t 的线性函数.可见,瞬时值矢量是一个长度不变但做匀角速旋转的矢量(角速率等于 ω),所以也称**旋转矢量**.欲用图解法求得简谐量 i 在 t 时刻的瞬时值 $i(t)$,只需画出 t 时刻的瞬时值矢量再取其在实轴上的投影(实部).图 8-12 左边画出瞬时值矢量一周期中 8 个间隔均等的时刻 t_1—t_8 的位置,它们在实轴上的投影便是 i 在这 8 个时刻的瞬时值.图的右边是根据这 8 个点描出的 $i(t)$ 曲线图.

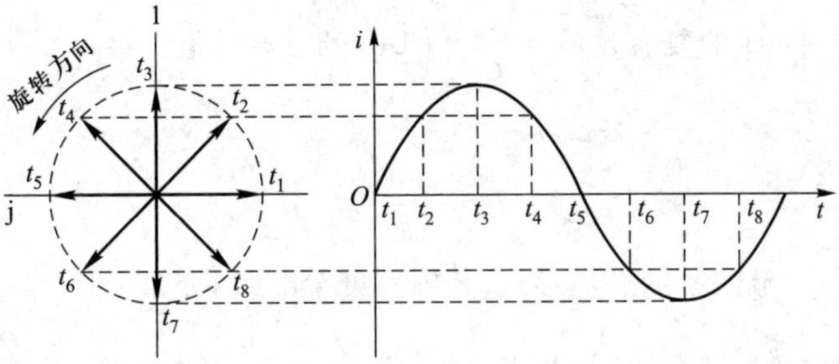

图 8-12 由瞬时值矢量(旋转矢量)确定简谐量的瞬时值

有效值矢量与瞬时值矢量之间只差一个因子 $\sqrt{2}\mathrm{e}^{\mathrm{j}\omega t}$,已知一个可求出另一个(见图 8-13).两者的用处由各自的特点决定:瞬时值矢量随时间旋转,用它可确定简谐量的瞬时值;有效值矢量在复平面上不动,用它可比较各简谐量之间的相位和有效值.在讨论交流电路的稳态问题时,通常都用有效值矢量,只有在必须求瞬时值的情况下才用到瞬时值矢量.

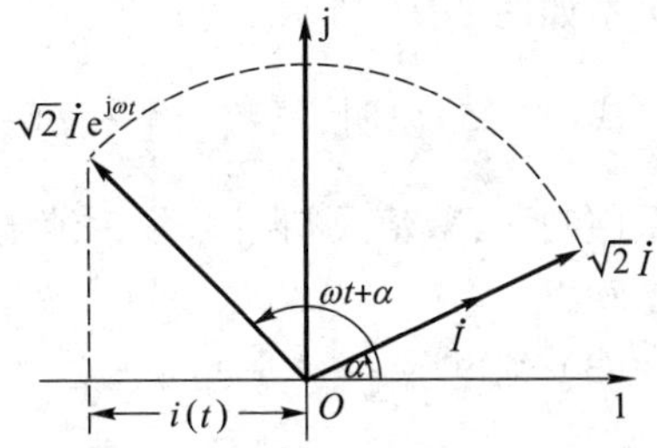

图 8-13 $\dot{I}$ 是有效值矢量,$\sqrt{2}\dot{I}$ 及 $\sqrt{2}\dot{I}\mathrm{e}^{\mathrm{j}\omega t}$ 分别是零时刻和 t 时刻的瞬时值矢量

前面已经一再指出,复数与复平面上的矢量具有一一对应的关系,所以在电工基础、电工学以及专门讨论交流电路的书籍中,往往把简谐量的复有效值及其有效值矢量统称为**相[矢]量**(phasor),用以表明这个量既能反映简谐量的大小(有效值),又能反映简谐量的初相.

8.3.4 三种理想元件电压与电流关系的复数形式

(1) 纯电阻.

瞬时值关系
$$u=iR,$$
等号两边都是简谐量,它们的复有效值应相等.由定理 1 可知 iR 的复有效值等于 $\dot{I}R$,故
$$\dot{U}=\dot{I}R, \tag{8-24}$$
这就是纯电阻的电压电流关系的复数形式.为看出上式表达的内容,设 u 及 i 的有效值及初相分别为 U、α_u 及 I、α_i.按复有效值的定义,$\dot{U}=U\mathrm{e}^{\mathrm{j}\alpha_u}$,$\dot{I}=I\mathrm{e}^{\mathrm{j}\alpha_i}$,代入式(8-24)得
$$U\mathrm{e}^{\mathrm{j}\alpha_u}=RI\mathrm{e}^{\mathrm{j}\alpha_i}.$$
两复数相等时其模及辐角分别相等,故 $U=RI$,$\alpha_u=\alpha_i$,与小节 8.2.1 的结论一致.可见复数等式(8-24)能综合表达有效值及相位关系.

i 与 u 的相位关系可用矢量图(见图 8-14)表示.

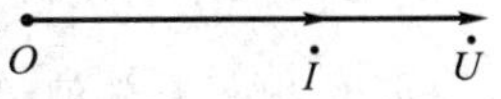

图 8-14 纯电阻的矢量图

(2) 纯电容.

瞬时值关系
$$i=C\frac{\mathrm{d}u}{\mathrm{d}t},$$
或
$$u=\frac{1}{C}\int i\mathrm{d}t.$$
等号两边的复有效值应相等.先后利用定理 1 及 4 得

$$\left(\frac{1}{C}\int i\mathrm{d}t\right)\text{ 的复有效值 }=\frac{1}{C}\times\left(\int i\mathrm{d}t\text{ 的复有效值}\right)=\frac{1}{C}\frac{1}{\mathrm{j}\omega}\dot{I},$$

故

$$\dot{U}=-\mathrm{j}\frac{1}{\omega C}\dot{I}. \tag{8-25}$$

这就是纯电容电压、电流关系的复数形式,其内容可看出如下:

$$U\mathrm{e}^{\mathrm{j}\alpha_u}=-\mathrm{j}\frac{1}{\omega C}I\mathrm{e}^{\mathrm{j}\alpha_i}=\mathrm{e}^{-\mathrm{j}\pi/2}\frac{1}{\omega C}I\mathrm{e}^{\mathrm{j}\alpha_i}=\frac{1}{\omega C}I\mathrm{e}^{\mathrm{j}(\alpha_i-\pi/2)}.$$

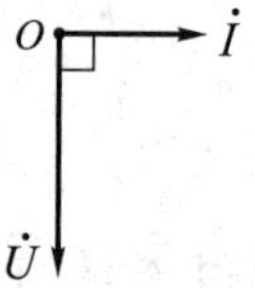

图 8-15 纯电容的矢量图

故 $U=I/\omega C$,$\alpha_u=\alpha_i-\pi/2$,与小节 8.2.2 的结论一致.i 与 u 的相位关系如图 8-15 所示.

式(8-25)说明,复数 $-\mathrm{j}\dfrac{1}{\omega C}$ 反映纯电容电压与电流的全面关系(包括有效值及初相),称为纯电容的**复容抗**.复容抗的虚部的绝对值称为**容抗**,其 SI 单位是欧姆.

(3) 纯电感.

瞬时值关系
$$u=L\frac{\mathrm{d}i}{\mathrm{d}t},$$

由定理 1、3 不难证明

$$\dot{U}=\mathrm{j}\omega L\dot{I}, \tag{8-26}$$

说明 $U=\omega LI$,$\alpha_u=\alpha_i+\pi/2$,与小节 8.2.3 的结论一致.i 与 u 的相位关系如图8-16所示.

式(8-26)说明复数 $\mathrm{j}\omega L$ 反映纯电感电压与电流的全面关系,称为纯电感的**复感抗**.复感抗的虚部的绝对值称为**感抗**,其 SI 单位也是欧姆.

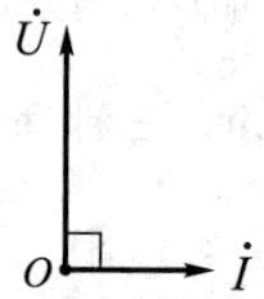

图 8-16 纯电感的矢量图

可以看出,复数等式[如式(8-24)、式(8-25)、式(8-26)]既能反映简谐量之间的有效值关系,又能反映它们的相位关系,比实数等式[如式(8-8)、式(8-11)、式(8-13)]有更丰富的表达力,因此是研究简谐交流电路的有力工具.

8.3.5 复数法及矢量法的应用举例

例 1 用纯电阻 R 及纯电感 L 串联组成一个二端网络,求网络的电压 u 与电流 i 的关系(见图 8-17).

解:先用复数法求解.设 R 及 L 的电压各为 u_1 及 u_2(约定其正方向如图),则瞬时值等式 $u=u_1+u_2$ 给出复有效值等式 $\dot{U}=\dot{U}_1+\dot{U}_2$(注意用了定理 2).与式(8-24)及式(8-26)结合得

$$\dot{U}=(R+\mathrm{j}\omega L)\dot{I}. \tag{8-27}$$

而 $\dot{U}=U\mathrm{e}^{\mathrm{j}\alpha_u}$,$\dot{I}=I\mathrm{e}^{\mathrm{j}\alpha_i}$,代入上式得

$$U\mathrm{e}^{\mathrm{j}\alpha_u}=(R+\mathrm{j}\omega L)I\mathrm{e}^{\mathrm{j}\alpha_i}. \tag{8-28}$$

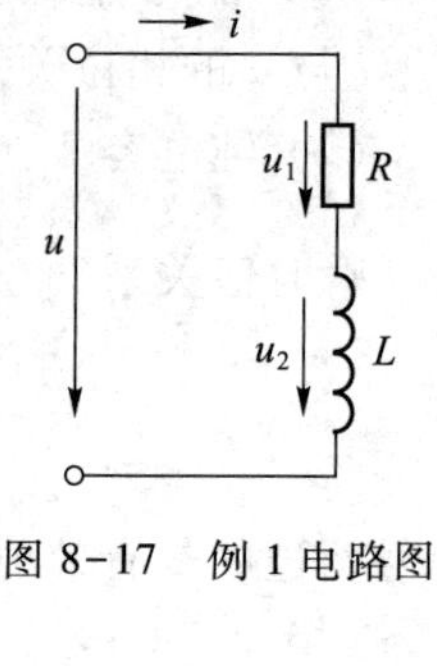

图 8-17 例 1 电路图

为便于相乘,把复数 $R+\mathrm{j}\omega L$ 写成指数式:

$$R+\mathrm{j}\omega L=z\mathrm{e}^{\mathrm{j}\varphi},\tag{8-29}$$

其中 z 及 φ 分别是复数 $R+\mathrm{j}\omega L$ 的模及辐角，与 R 及 ωL 有如下关系［见式(8-16)］：

$$z\equiv\sqrt{R^2+\omega^2L^2},\quad \varphi\equiv\arctan\frac{\omega L}{R}.\tag{8-30}$$

把式(8-29)代入式(8-28)得

$$U\mathrm{e}^{\mathrm{j}\alpha_u}=zI\mathrm{e}^{\mathrm{j}(\alpha_i+\varphi)},$$

故

$$\frac{U}{I}=z=\sqrt{R^2+\omega^2L^2},\tag{8-31}$$

$$\alpha_u=\alpha_i+\varphi,$$

这表明 u 与 i 的相位差等于

$$\alpha_u-\alpha_i=\varphi=\arctan\frac{\omega L}{R}.\tag{8-32}$$

式(8-31)及式(8-32)就是 u 与 i 的关系，其实它们已综合地体现在复数等式(8-27)中.

再用矢量法求解.作图时，先任选一矢量作为参考矢量，其方向及长度可任意画出，以后各矢量则应根据其与参考矢量的关系决定.本例是串联问题，各元件有相同的电流 i，故选 $\dot{I}$ 作参考矢量较方便.先画一个向右的矢量表示 $\dot{I}$①.因纯电阻电压与电流同相位，故矢量 $\dot{U}_1$ 亦向右.但 $\dot{U}_1$ 的长度仍可任意选择，因电压与电流有不同量纲.注意到纯电感的电压比电流超前 $\pi/2$，可知矢量 $\dot{U}_2$ 向上，再由 $\dot{U}_1=R\dot{I}$ 及 $\dot{U}_2=\mathrm{j}\omega L\dot{I}$ 又知 $\dot{U}_2$ 与 $\dot{U}_1$ 的长度之比应满足

$$\frac{U_2}{U_1}=\frac{\omega L}{R},$$

由此可画出矢量 $\dot{U}_2$.最后利用 $\dot{U}=\dot{U}_1+\dot{U}_2$ 便可由矢量 $\dot{U}_1$、$\dot{U}_2$ 画得 $\dot{U}$.图 8-18 便是这样画出的矢量图.由图可直观地看出 u 与 i 有如下关系：

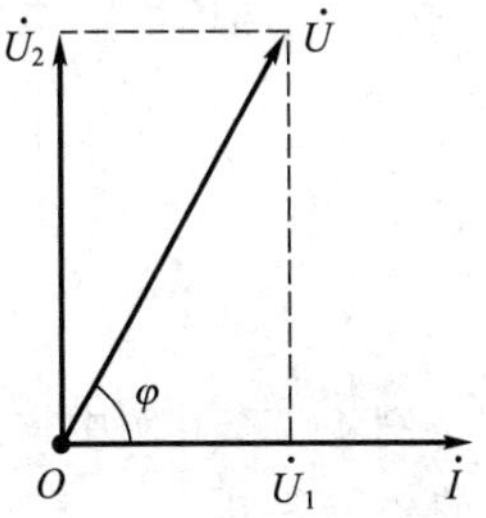

图 8-18 例 1 矢量图

(1) u 比 i 在相位上超前 φ，其值为

$$\varphi=\arctan\frac{U_2}{U_1}=\arctan\frac{\omega L}{R};$$

(2) u 的有效值

$$U=\sqrt{U_1^2+U_2^2}=\sqrt{R^2+\omega^2L^2}\,I.$$

以上结果与用复数法一致.

例 2 日光灯由灯管及镇流器串联而成.粗略地把灯管及镇流器分别看作纯电阻及纯电感(并忽略其非线性)，如图 8-19 所示.用电压表测得电源电压为 220 V，灯管电压为 110 V.若测量镇流器电压，测得值为多大？

解：若为直流电路，答案显然是 220 V−110 V=110 V，但交流电路却不这么简单.交流电压表测得的是电压的有效值.虽然 $u=u_1+u_2$，$\dot{U}=\dot{U}_1+\dot{U}_2$，但一般 $U\neq U_1+U_2$.已知两个电压有效值欲求第三个时，必须知道电压间的相位关系.借例 1 矢量图(见图 8-18)可知 $\dot{U}_1$ 与 $\dot{U}_2$ 垂

---

① 画参考矢量 $\dot{I}$ 向右相当于令 i 的初相为零.这不失讨论的一般性，因为只要适当选择时间零点，总可使一个简谐量的初相为零.但时间零点一经选定，其他简谐量的初相也就一一确定，不能再任意令其为零.

直，故 $U^2=U_1^2+U_2^2$，因而

$$U_2=\sqrt{U^2-U_1^2}=\sqrt{220^2-110^2}\ \mathrm{V}\approx 190\ \mathrm{V}.$$

当然，实际镇流器不是纯电感（还有电阻），灯管也不完全是纯电阻，而且两者都有明显的非线性，以上仅是很粗略的近似讨论.

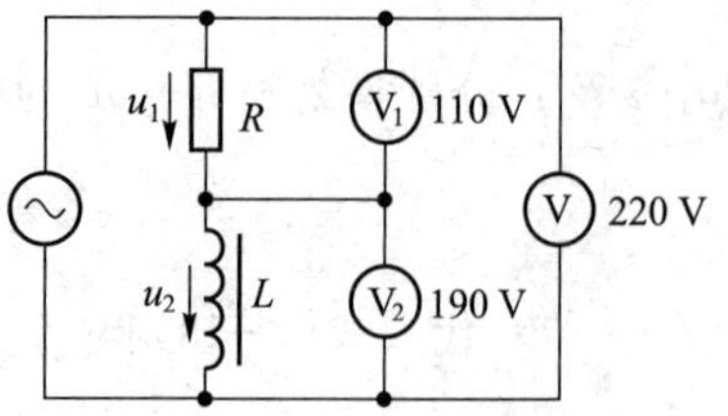

图 8-19 例 2 电路图

例 3 纯电阻 R 与纯电容 C 并联，求两者电流 i_1、i_2 的关系（见图 8-20）.

解：用矢量法较为简便.因并联时电压相等，故选 $\dot{U}$ 为参考矢量.由 $\dot{I}_1=\dot{U}/R$ 可画得矢量 $\dot{I}_1$（方向与 $\dot{U}$ 相同而长度任意），再由 $\dot{I}_2=\mathrm{j}\omega C\dot{U}$ 可知 $\dot{I}_2$ 比 $\dot{U}$ 超前 $\pi/2$，而且 $\dot{I}_2$、$\dot{I}_1$ 长度之比为

$$I_2/I_1=\frac{\omega C}{R^{-1}}=\omega CR,$$

从而画得矢量 $\dot{I}_2$（见图 8-21）.由图可知 i_1 与 i_2 有如下关系：

（1）i_2 比 i_1 相位超前 $\pi/2$；（2）i_2 与 i_1 有效值之比 $I_2/I_1=\omega CR$.

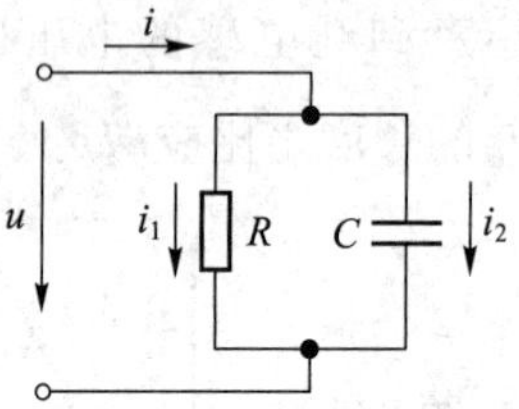

图 8-20 例 3 电路图

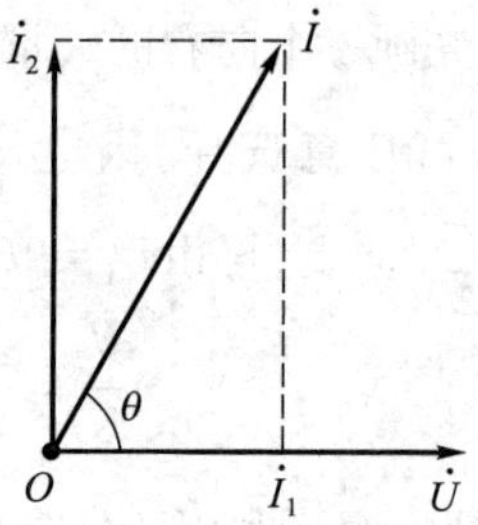

图 8-21 例 3 矢量图

例 4 若上例中 $R=138\ \mathrm{k\Omega}$，$C=1\ 000\ \mathrm{pF}$，工作频率 $f=2\ 000\ \mathrm{Hz}$，求总电流 i 与电阻电流 i_1 的相位差 θ.

解：由图 8-21 可知

$$\tan\theta=I_2/I_1=\omega CR=2\pi fCR.$$

把已知数据换成 SI 单位数值：

$$R=1.38\times10^5\ \Omega,\quad C=1\ 000\times10^{-12}\ \mathrm{F}=10^{-9}\ \mathrm{F},\quad f=2\times10^3\ \mathrm{Hz},$$

代入上式得

$$\tan\theta=2\pi\times(2\times10^3)\times10^{-9}\times(1.38\times10^5)\approx1.73,$$

故 $\theta\approx\pi/3$.

§8.4 复 阻 抗

虽然三个理想元件的电压、电流瞬时值有不同的关系：

纯电阻 $$u=Ri,$$

纯电容 $$u=\frac{1}{C}\int i\mathrm{d}t,$$

纯电感 $$u=L\frac{\mathrm{d}i}{\mathrm{d}t},$$

但由小节 8.3.4 可知，使用复数法后微分和积分关系不再出现，三个元件的电压和电流（均指复有效值）成正比：

纯电阻 $$\dot{U}=\dot{I}R,$$

纯电容 $$\dot{U}=-\mathrm{j}\frac{1}{\omega C}\dot{I},$$

纯电感 $$\dot{U}=\mathrm{j}\omega L\dot{I}.$$

这就有可能使用统一的“复阻抗”概念来描述每个元件的性质.元件的 $\dot{U}$ 与 $\dot{I}$ 的比值称为该元件的**复阻抗**，以大写字母 Z 表示.具体说，

纯电阻的复阻抗 $$Z=R \quad （等于阻值本身）, \tag{8-33}$$

纯电容的复阻抗 $$Z=-\mathrm{j}\frac{1}{\omega C} \quad （等于复容抗）, \tag{8-34}$$

纯电感的复阻抗 $$Z=\mathrm{j}\omega L \quad （等于复感抗）. \tag{8-35}$$

由以上三式可知，理想元件的复阻抗取决于元件的参量及工作频率，与电压、电流（有效值及初相）无关.只有采用复数法才能把元件的电压电流关系表达为如此简单明了并与直流欧姆定律外表类似的形式.应该说明，由于存在自感电动势 $e_{自}$，纯电感本是有源网络，只是在用复数法把 $e_{自}$ 处理为复感抗（把 $e_{自}$ 对电流的影响等效为复感抗对电流的影响）后才等效于无源网络.本章讨论的都是集总参量的交流电路，只要用复阻抗代替直流电路的电阻，则欧姆定律和基氏第一、第二定律仍成立（理由见 §9.5）.

复阻抗的概念还可以自然推广到无源二端网络上.无源二端网络的电压（复有效值）$\dot{U}$ 与电流（复有效值）$\dot{I}$ 之比，称为它的**复阻抗**（定义复阻抗时，要求 u 与 i 的正方向选得一致）.掌握了一个无源二端网络的复阻抗就掌握了它的外特性.

例 1 求纯电阻 R 及纯电感 L 串联而成的二端网络的复阻抗（见图 8-22）.

解：由小节 8.3.5 例 1 有

$$\dot{U}=(R+\mathrm{j}\omega L)\dot{I},$$

于是这个二端网络的复阻抗按定义为

$$Z\equiv\frac{\dot{U}}{\dot{I}}=R+\mathrm{j}\omega L.$$

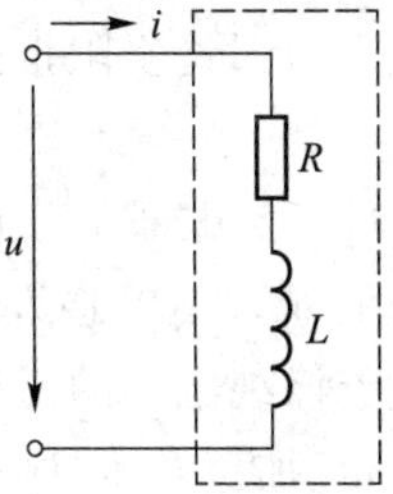

图 8-22 例 1 电路图

例 2 求纯电阻 R 及纯电容 C 并联而成的二端网络的复阻抗（见图 8-23）.

解：约定电流 i、i_1、i_2 的正方向如图，则

$$i=i_1+i_2,\quad \dot{I}=\dot{I}_1+\dot{I}_2.$$

把

$$\dot{I}_1=\frac{\dot{U}}{R},\quad \dot{I}_2=\frac{\dot{U}}{-\frac{\mathrm{j}}{\omega C}}=\mathrm{j}\omega C\dot{U}$$

代入得

$$\dot{I}=\dot{U}\left(\frac{1}{R}+\mathrm{j}\omega C\right),$$

故图 8-23 的二端网络的复阻抗为

$$Z\equiv\frac{\dot{U}}{\dot{I}}=\frac{1}{\dfrac{1}{R}+\mathrm{j}\omega C}=\frac{R}{1+\mathrm{j}\omega CR}. \qquad (8-36)$$

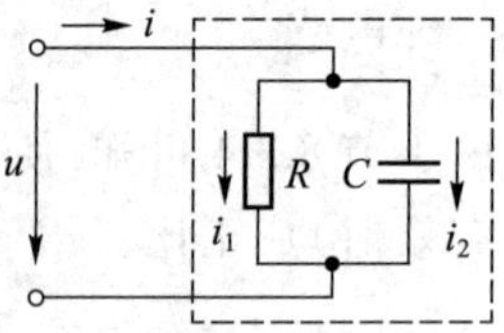

图 8-23 例 2 电路图

以 $1-\mathrm{j}\omega CR$ 同乘分子分母并作有理化，得

$$Z=\frac{R}{1+\omega^2C^2R^2}+\mathrm{j}\left(-\frac{\omega CR^2}{1+\omega^2C^2R^2}\right). \qquad (8-37)$$

在以上两例中，二端网络的复阻抗都只取决于网络内部参量及频率而与电压、电流（有效值和相位）无关.可以证明，这一结论对任何线性无源二端网络都成立.

复阻抗既然是复数，就可写成指数式及代数式.复阻抗的指数式是

$$Z=z\mathrm{e}^{\mathrm{j}\varphi},$$

其中小写字母 z 代表复阻抗 Z 的模，称为**阻抗**；φ 是复阻抗 Z 的辐角，称为**阻抗角**.

由复阻抗的定义有

$$Z=z\mathrm{e}^{\mathrm{j}\varphi}=\frac{\dot{U}}{\dot{I}}=\frac{U}{I}\mathrm{e}^{\mathrm{j}(\alpha_u-\alpha_i)},$$

故

$$z=\frac{U}{I}, \qquad \varphi=\alpha_u-\alpha_i,$$

由此可看出阻抗和阻抗角的物理意义：阻抗 z 等于二端网络电压与电流有效值之比，阻抗角 φ 等于电压与电流的相位之差（电压相位减电流相位）.可见，掌握了一个二端网络的阻抗和阻抗角也就掌握了它的电压与电流的关系.

再讨论复阻抗的代数式.以 r 及 x 分别代表复阻抗的实部及虚部，则

$$Z=r+\mathrm{j}x.$$

实部 r 及虚部 x 分别称为复阻抗的**等值电阻**（简称**电阻**）及**等值电抗**（简称**电抗**）.对于由纯电阻 R 及纯电感 L 串联而成的二端网络（例 1），等值电阻等于该纯电阻的阻值 R，等值电抗等于该纯电感的感抗 ωL.把纯电容看作二端网络，则其等值电阻为零，等值电抗等于其容抗 $1/\omega C$ 加负号.但对一般的无源二端网络，等值电阻不一定代表哪一个电阻元件的阻值，它只是复阻抗的实部.以例 2 为例，其等值电阻为 $r=\dfrac{R}{1+\omega^2C^2R^2}$，它不但不等于组成该网络的电阻的阻值 R，而且与角频率有关.

可以证明，无源二端网络的等值电阻 r 永为正值，而等值电抗 x 则可正可负.$x>0$ 的网络称为**电感性网络**，$x<0$ 的网络称为**电容性网络**，$x=0$ 的网络称为**电阻性网络**.

因为 Z、r 及 $\mathrm{j}x$ 都是复数，它们也可用复平面的矢量表示.r 为正实数，其矢量沿实轴正向.$\mathrm{j}x$ 为虚数，其矢量与虚轴平行，方向则取决于 x 的正负.而 $Z=r+\mathrm{j}x$，故 Z 的矢量等于 r 与 $\mathrm{j}x$ 的矢量和.图 8-24 示出电感性网络的 Z、r 及 $\mathrm{j}x$ 之间的矢量关系.应该指出，Z、r、$\mathrm{j}x$ 虽然都是复数，但它们不与任何简谐量相对应.为了简单，同时也为了区别于与简谐量对应的有效值矢量及

瞬时值矢量,一般把图 8-24 改画为图 8-25 的形式(不再标出箭头),这称为**阻抗三角形**,它有助于从几何上记住有关复阻抗的四个量(r、x、z、φ)之间的关系.例如,若已知 z 及 x 而欲求 r 及 φ,则由阻抗三角形一望而知 $r=\sqrt{z^2-x^2}$,$\varphi=\arcsin\dfrac{x}{z}$.

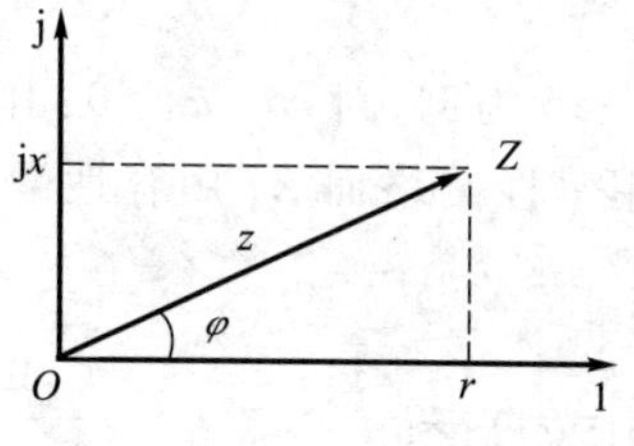

图 8-24 Z、r、jx 在复平面上的矢量关系

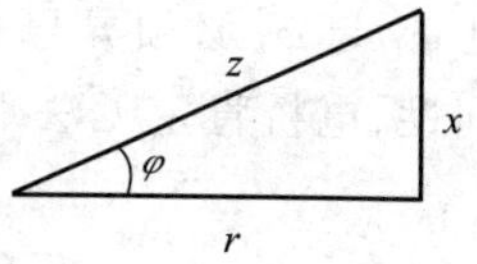

图 8-25 电感性网络的阻抗三角形

在本书中,顶上加点的大写字母(如 $\dot{I}$)只用来代表简谐量的复有效值,并不是任何复数都用顶上加点的字母表示.例如,复阻抗虽是复数,但不是某个简谐量的复有效值,所以它的代表字母 Z 上并不加点.为了区别阻抗与复阻抗,我们用小写字母 z 表示阻抗.以上这种代表符号与多数电工基础及电工学书籍一致.

电阻的串并联公式对直流电路的讨论是一个很重要的工具.不难证明,这一公式对于交流无源二端网络的串并联同样成立,只需把电阻 R 换为复阻抗 Z.例如,设两个无源二端网络的复阻抗各为 Z_1 及 Z_2,则它们串联而成的二端网络的复阻抗为

$$Z=Z_1+Z_2,$$

它们并联而成的二端网络的复阻抗为

$$Z=\frac{Z_1Z_2}{Z_1+Z_2}.$$

例 3 求图 8-26 所示交流电桥平衡的必要条件.

解:每个桥臂都是一个无源二端网络,其复阻抗依次记为 Z_1、Z_2、Z_3 及 Z_4.所谓电桥平衡,是指测零装置 G 的电流为零,故 B、E 两点电势瞬时值相等,因而 $u_{AB}=u_{AE}$,即 $\dot{U}_{AB}=\dot{U}_{AE}$.根据复阻抗的定义,$\dot{U}_{AB}=\dot{I}_1Z_1$,$\dot{U}_{AE}=\dot{I}_2Z_2$,故 $\dot{I}_1Z_1=\dot{I}_2Z_2$,同理有 $\dot{I}_3Z_3=\dot{I}_4Z_4$.因 G 的电流为零,故 $\dot{I}_1=\dot{I}_3$,$\dot{I}_2=\dot{I}_4$,于是可得电桥平衡的如下必要条件(其实也是充分条件):

$$\frac{Z_1}{Z_3}=\frac{Z_2}{Z_4}. \tag{8-38}$$

而 $Z_1=R_1+\mathrm{j}\omega L$(见本节例 1),$Z_2=R_2$,$Z_3=R_3$,$Z_4=R_4/(1+\mathrm{j}\omega CR_4)$(见本节例 2),代入式(8-38)并令实、虚两部分别相等,便得

$$\frac{R_1}{R_3}=\frac{R_2}{R_4},\quad L=CR_2R_3.$$

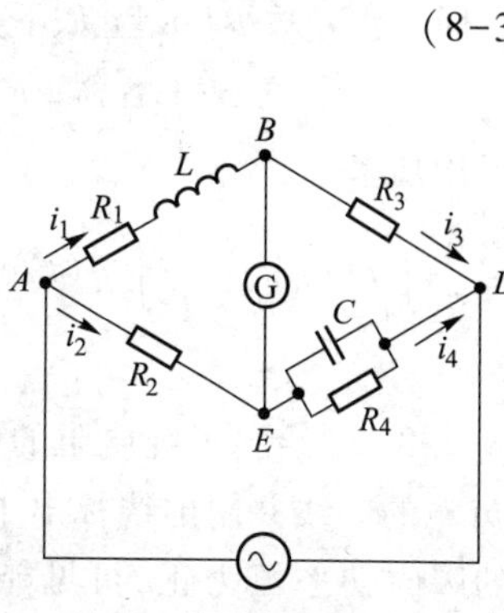

图 8-26 麦克斯韦 LC 电桥

上例的交流电桥称为麦克斯韦 LC 电桥,通常用于测量电感.为适应各种测量需要,还有许多其他形式的电桥.无论什么交流电桥,其平衡条件都是式(8-38).这是一个复数等式,可分为两个实数等式.一种分法是令等式两边实、虚部分

别相等（如上例），另一种分法是令两边的模和辐角分别相等.设 z_1、z_2、z_3、z_4 及 φ_1、φ_2、φ_3、φ_4 分别为四个桥臂的阻抗及阻抗角，则由式（8-38）可得

$$\frac{z_1}{z_3}=\frac{z_2}{z_4}, \tag{8-39}$$

$$\varphi_1-\varphi_3=\varphi_2-\varphi_4. \tag{8-40}$$

单由式（8-40）也可方便地作一些定性判断.以图 8-26 为例，因 $\varphi_2=\varphi_3=0$，由式（8-40）得 $\varphi_1=-\varphi_4$，可见 φ_1 与 φ_4 必须异号，这就是图中 Z_1 用感性网络而 Z_4 用容性网络的原因.如果 Z_1 与 Z_4 同性，电桥肯定无法平衡.

§8.5 功率和功率因数

8.5.1 瞬时功率、平均功率和功率因数

直流二端网络吸收的功率等于电压与电流的乘积：$P=IU$.交流二端网络的电压和电流都随时间而变，因而功率也随时间而变.二端网络在某一时刻吸收的功率称为它吸收的**瞬时功率**，记为 $p(t)$，与电压及电流瞬时值的关系是

$$p(t)=i(t)u(t). \tag{8-41}$$

其中 i 与 u 的正方向要求选得一致（只有这样 p 才代表网络吸收的功率）.

更有实际意义的往往不是瞬时功率本身而是它在一个周期内的平均值.这个平均值称为**平均功率**，以大写字母 P 代表.例如，以 50 Hz 的频率供电的灯泡，虽然其瞬时功率不断变化，我们却感觉不出其亮度的变化.灯泡的亮度取决于其平均功率.

设网络吸收的瞬时功率为 $p(t)$，则它在 dt 时间内吸收的电能为 $p(t)dt$，一个周期 T 内吸收的电能为 $\int_0^T p(t)\,dt$，故平均功率为

$$P=\frac{1}{T}\int_0^T p(t)\,dt. \tag{8-42}$$

理想元件可看作最简单的无源二端网络.下面先讨论三种理想元件的平均功率，再讨论任意无源二端网络的平均功率.

（1）纯电阻的平均功率.

因 $u=Ri$，故 $p=iu=i^2R$.不失一般性，设

$$i(t)=I_m\sin\omega t,$$

则平均功率

$$P=\frac{1}{T}\int_0^T p(t)\,dt=\frac{R}{T}\int_0^T i^2(t)\,dt=\frac{R}{T}\int_0^T I_m^2\sin^2\omega t\,dt=\frac{1}{2}I_m^2R. \tag{8-43}$$

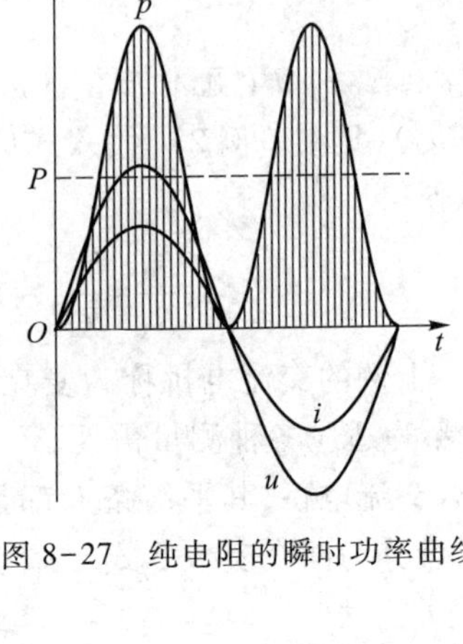

图 8-27 纯电阻的瞬时功率曲线

图 8-27 绘出了纯电阻的电压 $u(t)$、电流 $i(t)$ 及瞬时功率 $p(t)$ 的曲线并用虚线标出了平均功率 P.由图可知电阻吸收的瞬时功率恒为正，可见能量在任一时刻都从外界流进电阻，它转化为电阻所发的焦耳热.引用有效值的定义

$I=I_m/\sqrt{2}$可把式(8-43)改写为

$$P=I^2R=IU. \tag{8-44}$$

上式在形式上与直流电路的功率公式相同,这正是用$I=I_m/\sqrt{2}$定义有效值的好处(动机).由式(8-44)可看出电流有效值的物理意义:设两个阻值相同的电阻分别通以直流和交流,且交流电流的有效值等于直流电流的数值,则两电阻的功率相同.换句话说,从电阻发热的角度来看,如果一个交变电流的有效值与一个直流电流的值相等,这两个电流就等效.对电压及电动势的有效值也可作类似解释.正因为有效值与功率的关系如此密切,所以一般说到电流、电压或电动势的数值时,如无特殊声明,就是指其有效值.通常的交流电压表和电流表读出的都是有效值.

利用有效值的上述物理意义可以把有效值概念推广到非简谐的周期电流.设周期电流通过纯电阻,则平均功率仍为

$$P=\frac{R}{T}\int_0^T i^2(t)\,\mathrm{d}t.$$

另一方面,以I代表这个周期电流的有效值,则有效值的物理意义要求$P=I^2R$.对比两式有

$$I=\sqrt{\frac{1}{T}\int_0^T i^2(t)\,\mathrm{d}t}. \tag{8-45}$$

这就是一般周期电流有效值的计算公式.读者不难验证上式对简谐电流给出$I=I_m/\sqrt{2}$,与前述结果一致.但对非简谐周期电流一般不再有$I=I_m/\sqrt{2}$,有效值应按式(8-45)计算.

(2)纯电感的平均功率.

因为纯电感的电压比电流在相位上超前$\pi/2$,故若设$i(t)=I_m\sin\omega t$,则

$$u(t)=U_m\sin(\omega t+\pi/2)=U_m\cos\omega t,$$

所以瞬时功率

$$p(t)=i(t)u(t)=\frac{1}{2}I_mU_m\sin 2\omega t, \tag{8-46}$$

平均功率

$$P=\frac{1}{T}\int_0^T p(t)\,\mathrm{d}t=\frac{1}{2T}I_mU_m\int_0^T\sin 2\omega t\,\mathrm{d}t=0.$$

可见纯电感在一周期内平均来说不吸收能量.但由式(8-46)可知瞬时功率一般并不为零,因此平均功率为零只能这样理解:纯电感在一个周期的某些时段内从外界吸收能量而另一些时段内对外界放出能量,并且吸收和放出的数值相等.这种理解可用图8-28来验证.由图看出,若把一个周期T分为四个$T/4$,则瞬时功率p在第一、第三个$T/4$内为正($p>0$),在第二、第四个$T/4$内为负($p<0$).$p>0$表示网络从外界吸收能量,其值由画有竖线的面积决定;$p<0$表示网络对外界放出能量,其值由画有横线的面积决定.一周期内画有竖线和画有横线的面积相等,故平均吸收能量为零.由于这个原因,纯电感被称为无功元件.上述结论不难从物理上理解.纯电感并不发热,也没有其他形式的能量损失.(铁芯线圈有铁损,但铁芯线圈不属纯电感之列.)在$p>0$的两个$T/4$中,从外界流进纯电感的能量变为磁能储存于线圈内部[线圈的i^2(因而磁能)在增加],而在$p<0$的两个

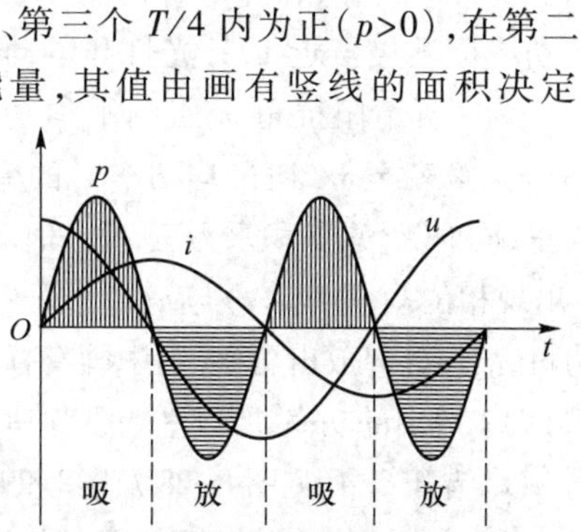

图 8-28 纯电感的瞬时功率曲线

$T/4$中,能量又从线圈内部流回外界(线圈的 i^2 在减小).

(3) 纯电容的平均功率.

因为纯电容的电流比电压在相位上超前 $\pi/2$,故若设 $u(t)=U_m\sin\omega t$,则

$$i(t)=I_m\sin(\omega t+\pi/2)=I_m\cos\omega t,$$

故瞬时功率

$$p(t)=i(t)u(t)=\frac{1}{2}I_mU_m\sin 2\omega t,$$

与式(8-46)相同,因而平均功率也为零,即纯电容在一周期内平均来说也没有吸收能量,因而也是无功元件.纯电容的$u(t)$、$i(t)$及 $p(t)$的曲线如图 8-29.由图可知 p 的正负也是一周期改变四次,其解释与纯电感相似(只需把磁能改为电能).

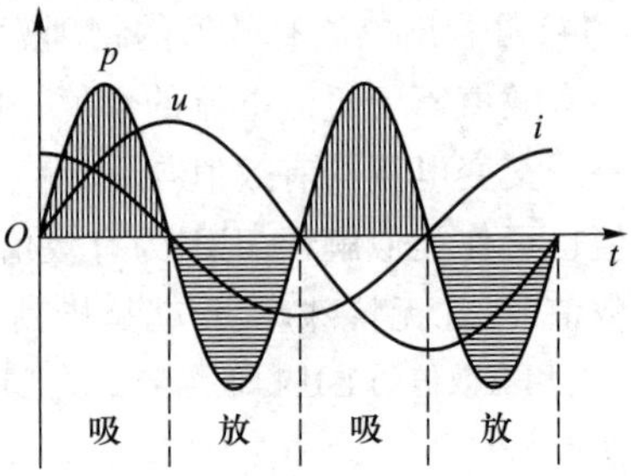

图 8-29　纯电容的瞬时功率曲线

(4) 任意无源二端网络的平均功率.

设 $u(t)=U_m\sin\omega t$.若网络的阻抗角为 φ,则

$$i(t)=I_m\sin(\omega t-\varphi),$$

故瞬时功率

$$p(t)=i(t)u(t)=\frac{1}{2}I_mU_m[\cos\varphi-\cos(2\omega t-\varphi)],\tag{8-47}$$

因而平均功率

$$P=\frac{1}{T}\int_0^T p(t)\,\mathrm{d}t=\frac{1}{2}I_mU_m\cos\varphi,$$

或

$$P=IU\cos\varphi.\tag{8-48}$$

可见,二端网络吸收的平均功率不但取决于电压及电流的有效值,而且与网络的阻抗角 φ 有关.不难验证式(8-48)用于三种理想元件的结果与前面的结论一致.

在直流电路中,我们有一种很深的印象:二端网络吸收的功率等于电压与电流之积.对交流电路,如果讨论瞬时功率与瞬时电压、电流的关系,这一结论仍成立;如果讨论平均功率(这正是实际中经常关心的),就必须强调平均功率等于电压、电流有效值之积乘以 $\cos\varphi$.鉴于 $\cos\varphi$ 对平均功率如此重要,我们称它为无源二端网络的**功率因数**.显然,电阻性网络功率因数为 1,纯电感和纯电容的功率因数为零.在几种常见的用电器中,白炽灯、电炉和电烙铁的功率因数极接近 1,日光灯和电动机的功率因数都小于 1.

为了弄清阻抗角 φ 影响平均功率 P 的原因,我们设电压、电流有效值 U、I 一定而讨论 $|\varphi|$ 从 0 变至$\pi/2$时平均功率 P 的变化情况.当 $\varphi=0$ 时,i 与 u 同相位(见图 8-27),它们同时为正,同时为负,其积永为正,任一时刻都从外界吸收功率.当 $|\varphi|$ 取 0 与 $\pi/2$ 之间的某值时,i 与 u 出现相位差,曲线 $i(t)$与 $u(t)$错开一段时间(见图 8-30),一周期中的某些时段内 i、u 异号,其积为负,故向外界放出功率(图中画有横线的面积).只是由于一周期内吸收的功率(画有竖线的面积)大于放出的功率,所以平均吸收功率仍为正,但已比 $\varphi=0$ 时要小.当 $|\varphi|$ 增至$\pi/2$时,曲线 $i(t)$与 $u(t)$错开 $T/4$(见图 8-28 及图8-29),每周期内吸收和放出的功率相等,故平均功率为零.

对功率问题还有必要说明以下三点.

(1) 不难证明,无源二端网络的平均功率公式 $P=IU\cos\varphi$ 也可以推广到有源二端网络,只是那时应把 φ 理

解为网络的 u 与 i 的相位差($\varphi\equiv\alpha_u-\alpha_i$)而不应理解为网络的阻抗角(因为有源二端网络的$\dot{U}/\dot{I}$不称为复阻抗).

(2) 无论对无源二端网络还是有源二端网络,理解 $P=IU\cos\varphi$ 的意义时都要注意 i 与 u 的正方向关系.当 i 与 u 正方向一致时(前面全部讨论都是这种情况),P 代表网络从外界吸收的平均功率.(若 $P>0$,是真吸收,如图 8-30 那样;若 $P<0$,是假吸收真放出,这只对有源网络才有可能.) 当 i 与 u 的正方向相反时,P 代表网络向外界放出的平均功率.(若 $P>0$,是真放出;若 $P<0$,是假放出真吸收.) 图 8-31 是一个简单的例子.设日光灯的电压 $U=220$ V,电流 $I=0.4$ A,阻抗角 $\varphi=\pi/6$,则

$$P=IU\cos\varphi=220\ \text{V}\times0.4\ \text{A}\times\cos(\pi/6)=44\ \text{W}.$$

对日光灯(网络 N_1)来说,其 i 与 u 正方向一致,故 P 代表 N_1 的吸收功率,即日光灯平均吸收功率为44 W.对发电机(网络 N_2)来说,其 i 与 u 正方向相反,故 P 代表放出功率,即发电机平均放出功率 44 W.从能量守恒角度来看这是很自然的.

(3) 一个完整的电路总可以任意地分成若干个部分.根据能量守恒定律,电路中某些部分放出的功率必等于其他部分吸收的功率,这称为功率的平衡关系,利用它有时可以方便地解决一些电路问题.图 8-31 是说明功率平衡关系的最简单例子.

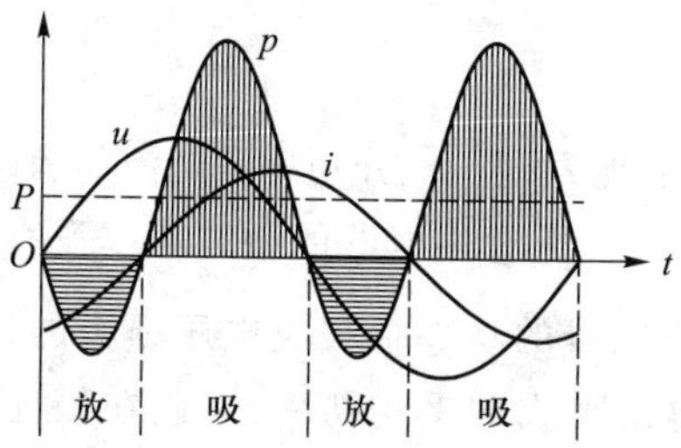

图 8-30　无源二端网络的瞬时功率曲线($0<\varphi<\pi/2$)

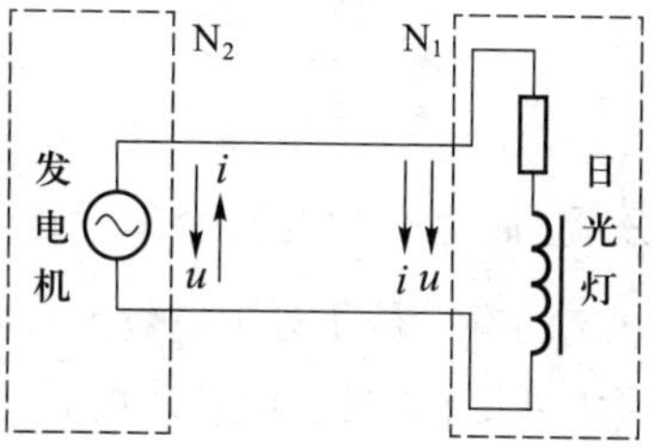

图 8-31　说明功率平衡关系的例子

8.5.2　提高功率因数的意义

提高用电器的功率因数对电能的生产和输送具有非常重要的意义.要理解这个问题,首先要对电能的输送过程有一个大致的了解.发电机、电力输配设备及用电器联接成的整体称为电力系统(电力网).在电力系统中,发电机把其他形式的能量转化为电能,输电线以电流的形式把电能输送到各地,用电器则把电能转化成所需要的能量形式.输电线不可避免地有电阻,所以电流流过输电线时不可避免地要造成两种损失:(1) 功率损失,即一部分能量转化为输电线上的焦耳热而损耗掉;(2) 电压损失,使受电侧的电压低于发电侧的电压.在严重的情况下,输电线上的功率损失甚至可能超过用电器所获得的功率(即发电机发出的功率大部分变成输电线的焦耳热而浪费掉),电压损失则可能导致用电器无法正常工作.为了减小这两种损失,应该设法减小输电线的电阻和电流.然而,减小电阻意味着增大输电线的横截面积,这要耗费大量有色金属并增加架线困难,只能做到适可而止.减小电流则应以不减小用电器得到的功率为前提,否则便是"因噎废食".设用电器的电流、电压及功率因数分别为 I、U 及 $\cos\varphi$,则它吸收的平均功率为 $P=IU\cos\varphi$.要在 P 不减小的情况下减小输电线的电流 I,应该尽量提高用电器的功率因数 $\cos\varphi$.

对这个问题也可以从另外一个角度理解.假定发电机对一个电感性用电器供电[见图 8-32(a)],则用电器的电流 i 将比电压 u 在相位上落后一个角度 φ(其余弦 $\cos\varphi$ 就是用电器的功率因数),如图 8-32(b)所示.把矢量 $\dot{I}$ 分解为与$\dot{U}$平行和垂直的两个分量 $\dot{I}_{有}$ 和 $\dot{I}_{无}$:

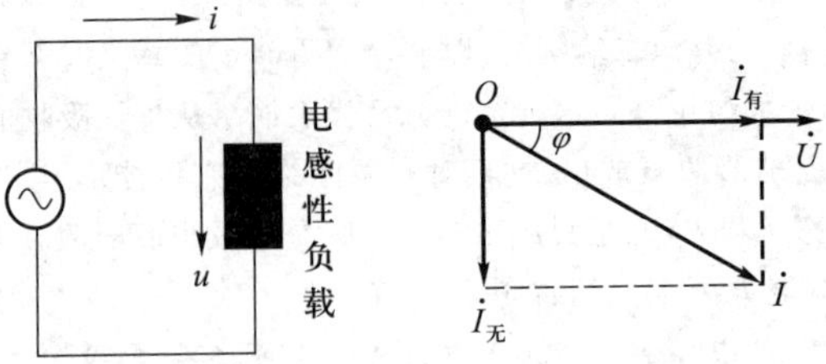

(a) 电路图 (b) 矢量图

图 8-32 把 $\dot{I}$ 分解为有功分量 $\dot{I}_{有}$ 和无功分量 $\dot{I}_{无}$

$$\dot{I}=\dot{I}_{有}+\dot{I}_{无},$$

其中

$$I_{有}\equiv I\cos\varphi,\quad I_{无}\equiv I\sin\varphi,$$

则式(8-48)可改写为

$$P=I_{有}U,$$

可见用电器吸收的平均功率 P 只与 U 及 $I_{有}$ 有关,所以把 $I_{有}$ 及 $I_{无}$ 分别称为电流的**有功分量**及**无功分量**(简称**有功电流**及**无功电流**).无功电流 $I_{无}$ 虽然对用电器的平均功率没有贡献,但对总电流的有效值 I 有影响:$I=\sqrt{I_{有}^2+I_{无}^2}$,而决定输电线的功率损失及电压损失的正是这个有效值 I.可见,要减小输电线的损失而不减小用电器吸收的平均功率,应该在保证 $I_{有}$ 不变的前提下尽量减小 $I_{无}$,而由图 8-32(b)可知也就是要尽量减小 φ 角,即尽量提高用电器的功率因数.对这个问题也可以这样形象地理解:如果用电器的功率因数较低,它就要流过较多的无功电流.无功电流对用电器的有功功率没有任何贡献,但它流过输电线时同样要造成功率损失和电压损失,这就是用电器功率因数低的坏处之一.

总之,提高用电器的功率因数可以减小输电线的损失,这是提高功率因数的第一个意义.

提高用电器功率因数的第二个意义是可以充分发挥电力设备(发电机及变压器等)的潜力.发电机工作时,其电压和电流都有一个不允许超过的"额定值".电压超过额定值会带来各种不利影响(包括威胁发电机的绝缘),电流超过额定值会造成机内温度过高,从而降低发电机的寿命.电流、电压额定值的乘积 $I_{额}U_{额}$ 称为发电机的容量,也就是发电机可能输出的最大功率,它标志着发电机的发电潜力.至于发电机实际上输出多少功率,则还与用电器的功率因数密切相关.设某发电机的电压、电流额定值各为 10 kV 及 5 kA,如果用电器的功率因数为 0.6,它最多可以输出的平均功率

$$P=I_{额}U_{额}\cos\varphi=(5\times10^3\ \text{A})\times(10\times10^3\ \text{V})\times0.6=3\times10^7\ \text{W}.$$

若用电器的功率因数提高至 0.8,则同一发电机最多可以输出的平均功率增大至

$$P'=\frac{0.8}{0.6}P=4\times10^7\ \text{W}.$$

以上讨论对变压器同样适用(把变压器的副线圈看作给用电器供电的电源).可见,用电器的功率因数越高,电力设备的潜力越可以得到充分的发挥.

以上的计算认为流过发电机的电流等于它的额定电流 $I_{额}$($I_{额}=5$ kA).如果工作时流过发电机的电流 I 比 $I_{额}$ 小,那么输出的平均功率还会更小,它应由 $P=IU\cos\varphi$ 计算,这里 U 是发电机工作时的实际电压(一般等于其额定电压).通常把发电机工作时电流与电压的乘积 IU 称为发电机输出的**表观功率**,记为 S,即

$S \equiv IU$.与 $P=IU\cos\varphi$ 对比可知发电机输出的平均功率 P 一般小于其表观功率 S,只有当负载的功率因数 $\cos\varphi$ 为 1 时两者才相等.可见,表观功率是在给定的电压和电流下所能出现的平均功率的最大值.表观功率本应与平均功率有相同的单位(其 SI 单位应为 W),但是为了区分这两个量,习惯上把表观功率的 SI 单位记为 VA(读作**伏安**).从单位的角度看,伏安等于瓦特.

由 $P=IU\cos\varphi$ 及 $S=IU$ 还可看出,功率因数可以表示为如下形式:

$$\cos\varphi=\frac{P}{S}.$$

即功率因数等于平均功率与表观功率的比值.

8.5.3 提高功率因数的方法

当用电器是电感性网络时(通常都是如此),用一个适当的电容与之并联就可提高功率因数.必须注意,二端网络本身的功率因数在频率确定时是一定的,所谓提高,是指并联电容后所得的新的二端网络 N′比原网络 N 有较大的功率因数[见图 8-33(a)].这个结论可以用矢量法证明.设 N、N′及 C 的电流分别为 i、i'及 i_C,约定各量正方向如图.选电压矢量 $\dot{U}$ 为参考矢量.因 N 为电感性,故 $\dot{I}$ 比 $\dot{U}$ 落后一个角度 φ(其余弦 $\cos\varphi$ 就是 N 的功率因数).设 C 为纯电容,则 $\dot{I}_C$ 比 $\dot{U}$ 超前 $\pi/2$,由此可作矢量 $\dot{I}_C$[见图 8-33(b)].又因 $i'=i+i_C$,故 $\dot{I}'=\dot{I}+\dot{I}_C$,于是可作矢量 $\dot{I}'$.由图可知 $\dot{I}'$ 与 $\dot{U}$ 的夹角 φ' 比 φ 小,故功率因数 $\cos\varphi'>\cos\varphi$,即 N′的功率因数高于 N.

下面再全面分析并联电容对电路工作的影响.(1) 一般来说,由电力网提供的电源电压(以 220 V 为例)受负载的影响很小(因电源内阻抗很小),所以可认为并联电容后电源电压不变,网络 N 本身的工作不因电容的并入而受影响.(2) 设所并的是纯电容,则不吸收功率,故电源输出的功率不变.实际电容器虽然有些能量损失,但一般不大,并入电容后电源输出的功率不会显著增加.总体来说,提高功率因数所得的好处可以超过由电容损耗带来的坏处.(3) 在直流电路中,两个无源二端网络并联总电流比两者电流都大,但交流电路就不一定(指有效值),因为电流的合成结果与其相位差有关.上例中 N 为感性,C 为容性,$\dot{I}$ 与 $\dot{I}_C$ 夹钝角,故合成的有效值 I' 可比 I 小.这一结论与功率因数的提高是统一的:既然 N′及 N 的电压、功率相同而 $\cos\varphi'>\cos\varphi$,根据 $P=IU\cos\varphi=I'U\cos\varphi'$,可知 I' 必小于 I.其实,前面分析功率因数低的两个坏处都是由于电流大而引起的.功率因数提高后,就可在相同的电压下以较小的电流输送同样的功率,所以可以减小输电线损失及发挥电力设备的潜力.

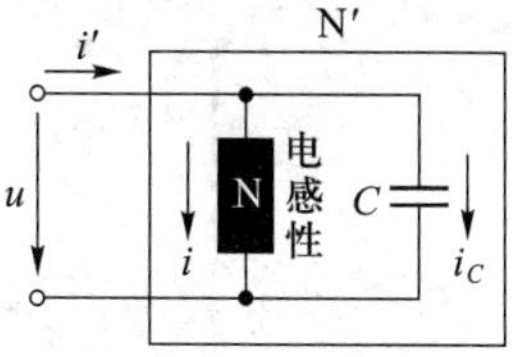

(a) 电路图

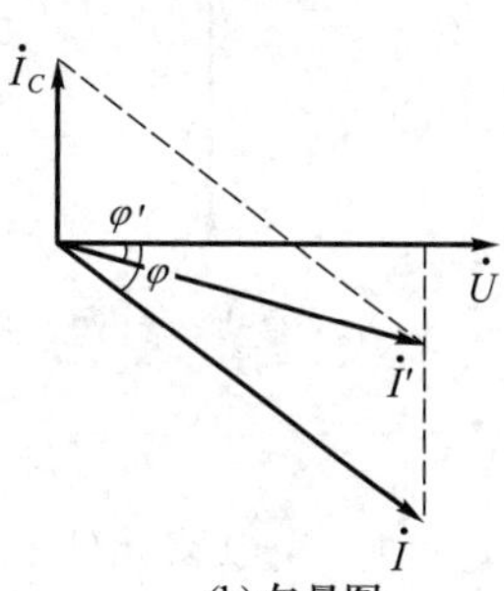

(b) 矢量图

图 8-33 给电感性网络 N 并联电容以提高功率因数

§8.6 谐振现象

谐振现象在电子线路中有广泛应用.本节介绍两种重要谐振电路及其主要特点.

8.6.1 串联谐振

我们用矢量法讨论图 8-34 的 RLC 串联电路中电压与电流的关系.设 R、L 及 C 上的

电压各为 u_R、u_L 及 u_C，约定各量正方向如图.选 $\dot{I}$ 为参考矢量，则由 $\dot{U}_R$ 与 $\dot{I}$ 同相位可知 $\dot{U}_R$ 水平向右，由 $\dot{U}_L$ 比 $\dot{I}$ 超前 $\pi/2$ 可知 $\dot{U}_L$ 竖直向上，由 $\dot{U}_C$ 比 $\dot{I}$ 落后 $\pi/2$ 可知 $\dot{U}_C$ 竖直向下，如图 8-35.至于 U_R、U_L 及 U_C 的比例关系则取决于 R、ωL 及 $1/\omega C$ 的比例关系.（串联元件的电流有效值相等，因而各元件的电压有效值与阻抗成正比.）下面分三种情况讨论.

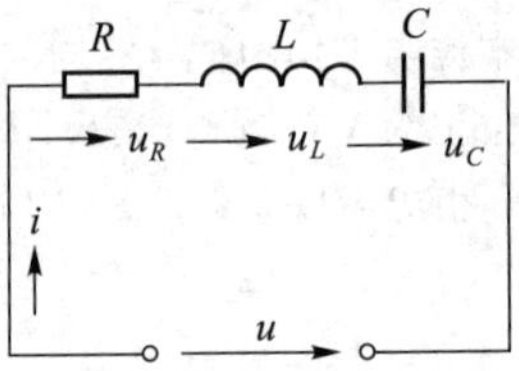

图 8-34 RLC 串联电路

（1）$\omega L>1/\omega C$.

这时 $U_L>U_C$，故 $\dot{U}_L+\dot{U}_C$ 竖直向上.由 $\dot{U}=\dot{U}_R+\dot{U}_L+\dot{U}_C$ 可求得总电压 $\dot{U}$ 如图8-35(a)所示.由图可知 $\dot{U}$ 比 $\dot{I}$ 超前一个锐角，即电路呈电感性.

（2）$\omega L<1/\omega C$.

这时 $U_L<U_C$，故 $\dot{U}_L+\dot{U}_C$ 竖直向下，于是 $\dot{U}$ 比 $\dot{I}$ 落后一个锐角，故电路呈电容性，如图 8-35(b)所示.

（3）$\omega L=1/\omega C$.

这时 $U_L=U_C$，故 $\dot{U}_L+\dot{U}_C=0$，$\dot{U}$ 等于电阻上的电压 $\dot{U}_R$，即 $\dot{U}$ 与 $\dot{I}$ 同相位，电路呈电阻性，如图 8-35(c)所示.

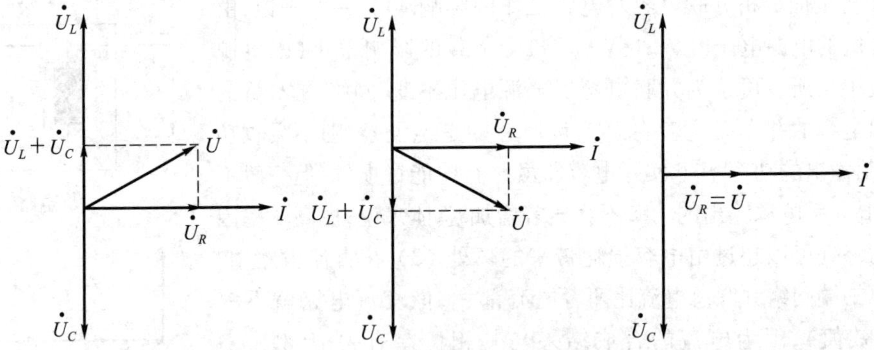

(a) $\omega L>1/\omega C$(电感性)　(b) $\omega L<1/\omega C$(电容性)　(c) $\omega L=1/\omega C$(谐振)

图 8-35 RLC 串联电路的三种情况

可见，当电路元件 L、C 与角频率 ω 适当配合使 $\omega L=1/\omega C$ 时，RLC 串联电路是一条电阻性电路.这种情况称为**串联谐振**，在实际中有重要意义.下面分析串联谐振的几个特点.

（1）谐振电流.

RLC 串联电路的复阻抗 Z 和阻抗 z 分别为

$$Z=R+\mathrm{j}\omega L-\mathrm{j}\frac{1}{\omega C}=R+\mathrm{j}\left(\omega L-\frac{1}{\omega C}\right),\quad z=\sqrt{R^2+\left(\omega L-\frac{1}{\omega C}\right)^2}.$$

电路中的电流与电压（有效值）的关系为

$$I=\frac{U}{z}=\frac{U}{\sqrt{R^2+\left(\omega L-\frac{1}{\omega C}\right)^2}}. \tag{8-49}$$

由于谐振时 $\omega L=1/\omega C$，故谐振时的电流 I_0 为

$$I_0=\frac{U}{R},\tag{8-50}$$

这是在 U 一定时可能达到的最大电流.可见串联谐振时电流(有效值)取最大值(阻抗取最小值).在力学中讲过，一个机械系统在简谐力作用下发生简谐振动，振动频率与简谐力的频率相同.这称为强迫振动.当力的频率等于系统的固有频率时，强迫振动有最大振幅，这种强迫振动称为共振.RLC 串联电路与此类似.无论电压的频率如何，电流的频率总与电压频率相同，这可称为**强迫振荡**.(实际上任何线性电路在简谐电动势作用下的电流都与电动势同频率，因此都可称为强迫振荡.)当电压的角频率满足

$$\omega_0 L-\frac{1}{\omega_0 C}=0\quad(\omega_0\text{ 代表谐振时的角频率})$$

即

$$\omega_0=\frac{1}{\sqrt{LC}}\tag{8-51}$$

时，RLC 串联电路的电流振幅(有效值)取最大值，这相当于机械系统的共振，在电路中称为**谐振**.

(2) 谐振频率.

由式(8-51)确定的 ω_0 称为 RLC 串联电路的**谐振角频率**，它可以理解为 RLC 串联电路的固有角频率.就是说，当电压角频率等于电路的固有角频率时，串联谐振才会发生.这与机械共振的条件类似.

(3) L 及 C 上的电压，品质因数.

电感 L 上的电压

$$U_L=I\omega L,$$

谐振时，

$$U_{L0}=I_0\omega_0 L=\frac{U}{R}\omega_0 L.$$

令

$$Q\equiv\frac{\omega_0 L}{R},\tag{8-52}$$

则

$$U_{L0}=QU,\tag{8-53}$$

即电感上的电压在谐振时等于总电压的 Q 倍.当 $R\ll\omega_0 L$ 时，Q 值很大(在电子电路中 Q 值可达数百)，于是 U_{L0} 将比 U 大得多.

电容上的电压

$$U_C=I\frac{1}{\omega C},$$

谐振时，

$$U_{C0}=I_0\frac{1}{\omega_0 C}=\frac{U}{R}\frac{1}{\omega_0 C},$$

而

$$\frac{1}{\omega_0 C}=\omega_0 L,$$

故

$$U_{C0}=\frac{U}{R}\omega_0 L=QU.\tag{8-54}$$

即电容上的电压在谐振时也等于总电压的 Q 倍. 可见 $U_{L0}=U_{C0}$. 这一结论其实早已反映在图 8-35(c)中.

由式(8-52)定义的物理量 Q 称为 RLC 串联电路的**品质因数**,是一个无量纲的量. 以式(8-51)代入式(8-52)得

$$Q=\frac{1}{R}\sqrt{\frac{L}{C}}, \tag{8-55}$$

可见品质因数只取决于电路参量.

在电子线路的串联谐振电路中,Q 值可达数十乃至数百,所以电感及电容上的电压可高达外加电压的数十至数百倍. 在电信工程中正是利用这一特点来选择频率合适的信号的. 为了提高 Q 值,通常只用线圈与电容器串联,这时决定 Q 值的是电容器的电容 C、线圈的自感 L 及线圈的电阻 R. 在电力工程中由于谐振或接近谐振而出现的高电压可能威胁线圈和电容器的绝缘(还有其他不利影响),设计时应予注意.

(4) 串联谐振曲线,选择性.

当 U、R、L、C 值一定时,可根据式(8-49)绘出 I 与 ω 的关系曲线(见图8-36),称之为**串联谐振曲线**. 谐振曲线表明当外加电压(有效值) U 及电路参量给定时,电流(有效值) I 并非一定,它取决于电压的角频率 ω. 这说明 RLC 串联电路对频率具有选择性. 将 n 个有效值相同而频率不同的简谐电动势串联加于 RLC 串联电路上(见图 8-37),则每一电源都将激起一个与它同频率的电流. 这些电流的有效值各不相同. 若有一个电动势的角频率等于电路的谐振角频率 ω_0,它所激起的电流必定最大,所以可以设法把这个电动势所代表的信号取出. 这种选择性被广泛应用于电子电路中. 收音机中用于选择电台的天线的电路就可画成如图 8-37 所示的等效电路.

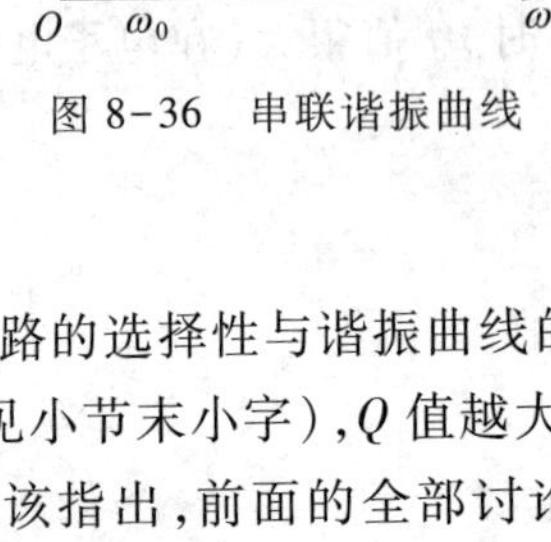

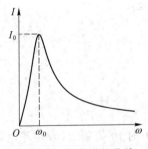

图 8-36 串联谐振曲线

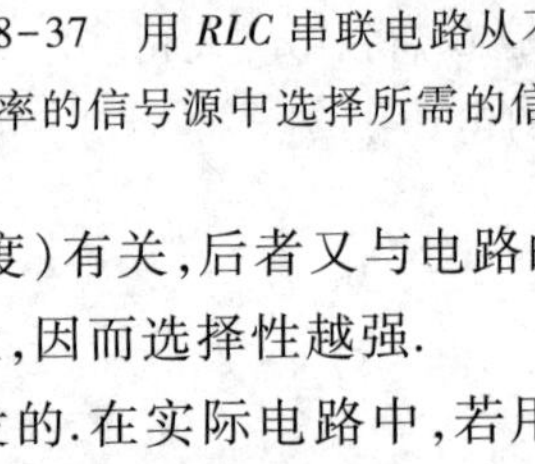

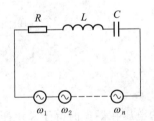

图 8-37 用 RLC 串联电路从不同频率的信号源中选择所需的信号

谐振电路的选择性与谐振曲线的尖锐程度(简称锐度)有关,后者又与电路的 Q 值有关. 可以证明(见小节末小字),Q 值越大,谐振曲线锐度越大,因而选择性越强.

最后应该指出,前面的全部讨论都是从 U 不变出发的. 在实际电路中,若用电动势(有效值) $\mathscr{E}$ 不变的电源与 RLC 串联电路相接,则不变的将是 $\mathscr{E}$ 而不是 U. 不难看出,若以 $\mathscr{E}$ 代替以上公式的 U,以电源内阻与电路电阻之和代替公式中的 R,则公式仍然成立. 这样,整个电路的 Q 值将由于 R 的增大而降低. 因此,为了保证足够的选择性,内阻大的电源不宜用于串联谐振电路. 下一小节将要证明,与此恰恰相反,电源内阻越大,并联谐振的选择性越强.

要用谐振曲线的锐度描写电路的选择性，首先需要找出一种比较锐度的方法.设有两个谐振电路，其谐振曲线如图 8-38.由于曲线 1 的锐度比 2 大，电路 1 的选择性比 2 强.但若两电路的谐振曲线如图 8-39(a)，就很难直观地比较它们的锐度及选择性.为了比较，可改用 I/I_0 为纵轴重画曲线，结果如图 8-39(b)，由此可立即看出 1 比 2 锐度大，故 1 比 2 选择性强.又若两电路的谐振曲线如图 8-40(a)，则只把纵轴改为 I/I_0 仍不便比较，还需将横轴改为 ω/ω_0，得图 8-40(b).由图看出 1 比 2 锐度大.可见，要比较两电路的选择性，最好画出 I/I_0 随 ω/ω_0 变化的曲线，这种曲线称为**通用谐振曲线**.

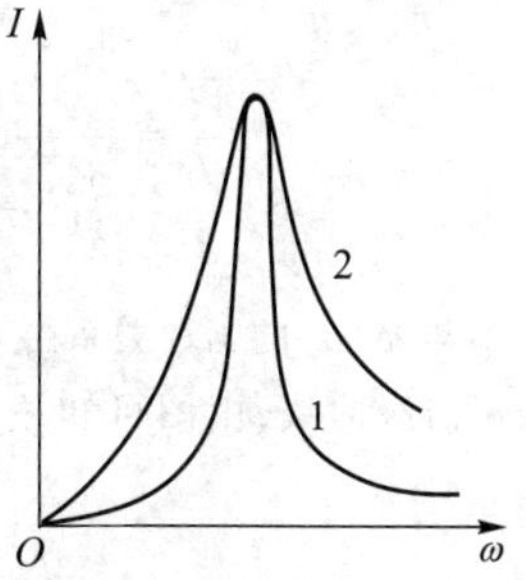

图 8-38 谐振曲线 1 的锐度比 2 大，故电路 1 的选择性比 2 强

现在证明通用谐振曲线的锐度唯一地由电路的 Q 值决定.由式(8-49)及式(8-50)得

$$\frac{I}{I_0}=\frac{R}{\sqrt{R^2+\left(\omega L-\frac{1}{\omega C}\right)^2}}=\frac{1}{\sqrt{1+\left(\frac{\omega L}{R}-\frac{1}{\omega CR}\right)^2}}.$$

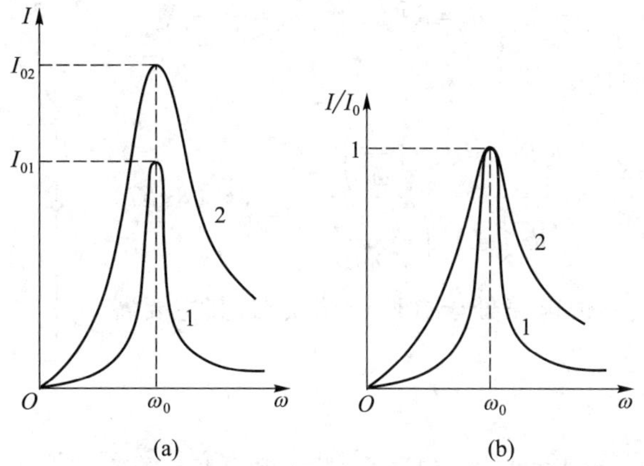

图 8-39 (a)中两曲线的 I_0 不等，为比较锐度，可改用 I/I_0 为纵轴而得(b).由(b)可清楚看到曲线 1 的锐度比 2 大

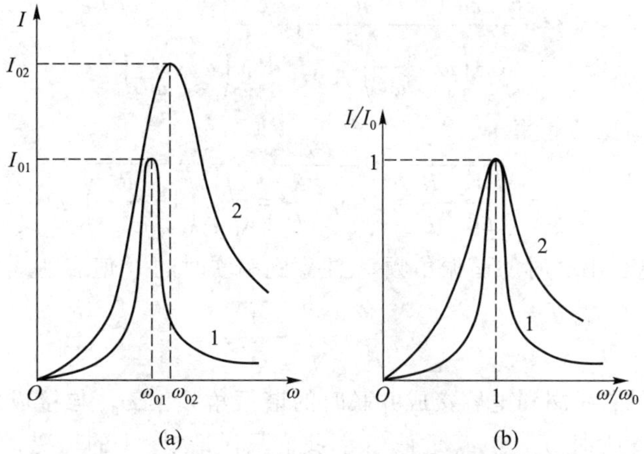

图 8-40 (a)中两曲线的 I_0 及 ω_0 都不相等.为比较锐度，可改用 I/I_0 及 ω/ω_0 为纵轴和横轴而得(b).由(b)可以清楚看到曲线 1 的锐度比 2 大

而 $\frac{\omega L}{R}=\frac{\omega_0 L}{R}\frac{\omega}{\omega_0}=Q\frac{\omega}{\omega_0},\quad \frac{1}{\omega CR}=\frac{1}{\omega_0 CR}\frac{\omega_0}{\omega}=Q\frac{\omega_0}{\omega},$

故
$$\frac{I}{I_0}=\frac{1}{\sqrt{1+Q^2\left(\frac{\omega}{\omega_0}-\frac{\omega_0}{\omega}\right)^2}}. \tag{8-56}$$

可见 I/I_0 与 ω/ω_0 的函数关系由 Q 值唯一决定.图 8-41 示出三种不同的通用谐振曲线,由图可知 Q 越大锐度越大,故 Q 越大选择性越强.

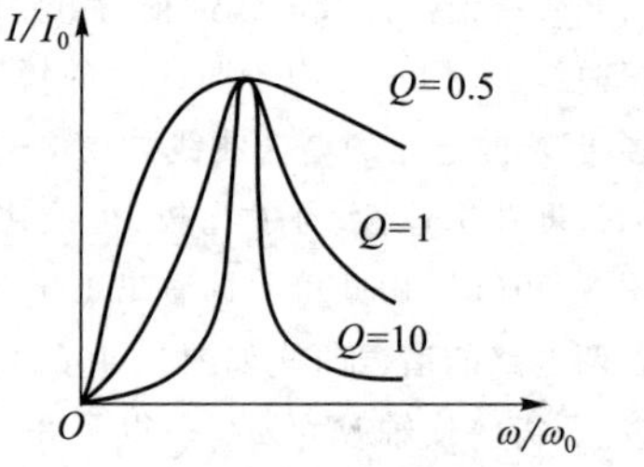

图 8-41 几种 Q 值的通用谐振曲线

8.6.2 并联谐振

线圈与电容器并联的电路称为并联谐振电路.因线圈可看作 L 与 R 的串联,故并联谐振电路可画成图 8-42 的形式.我们用复数法分析电压 u 与电流 i 的关系.以 Z_L 及 Z_C 分别代表线圈及电容所在支路的复阻抗,则

$$Z_L=R+\mathrm{j}\omega L,\quad Z_C=-\mathrm{j}\frac{1}{\omega C},$$

故整个并联网络的复阻抗为

$$Z=\frac{Z_L Z_C}{Z_L+Z_C}=\frac{(R+\mathrm{j}\omega L)\left(-\mathrm{j}\frac{1}{\omega C}\right)}{(R+\mathrm{j}\omega L)+\left(-\mathrm{j}\frac{1}{\omega C}\right)}. \tag{8-57}$$

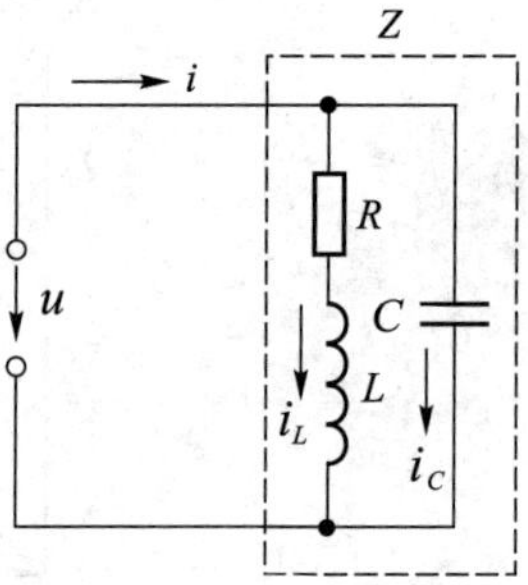

图 8-42 并联谐振电路

当 Z 的虚部为零时,我们说电路处于**并联谐振状态**,其主要特点如下.

(1) 谐振频率.

以复数 $R-\mathrm{j}\left(\omega L-\frac{1}{\omega C}\right)$ 同乘式(8-57)右边分子和分母,整理后得

$$Z=\frac{\frac{RL}{C}-\frac{R}{\omega C}\left(\omega L-\frac{1}{\omega C}\right)}{R^2+\left(\omega L-\frac{1}{\omega C}\right)^2}-\mathrm{j}\frac{\frac{R^2}{\omega C}+\frac{L}{C}\left(\omega L-\frac{1}{\omega C}\right)}{R^2+\left(\omega L-\frac{1}{\omega C}\right)^2}.$$

由虚部为零得并联谐振角频率

$$\omega_{0/\!/}=\sqrt{\frac{1}{LC}-\frac{R^2}{L^2}}=\sqrt{\omega_0^2-\frac{R^2}{L^2}}=\sqrt{\omega_0^2\left(1-\frac{R^2}{\omega_0^2 L^2}\right)},$$

其中 ω_0 是线圈和电容串联时的谐振角频率.注意到串联时的 Q 值表达式(8-52),得

$$\omega_{0/\!/}=\omega_0\sqrt{1-\frac{1}{Q^2}}. \tag{8-58}$$

上式说明:① 用相同的线圈和电容接成并联时的谐振角频率 $\omega_{0/\!/}$ 与接成串联时的谐振角频率 ω_0 不同;② 当 $Q\gg1$ 时 $\omega_{0/\!/}$ 与 ω_0 近似相等.我们只讨论 $Q\gg1$ 的情况,为方便起见,今后将把 $\omega_{0/\!/}$ 写成 ω_0.

(2) 阻抗和电流.

由 $1\ll Q=\omega_0 L/R$ 可知 $\omega_0 L\gg R$，即谐振时的感抗远大于电阻.当 $\omega>\omega_0$ 时 ωL 更大于 R.若 $\omega<\omega_0$，只要小得不多(我们主要关心谐振频率附近的情况)，则仍有 $\omega L\gg R$.于是式(8-57)成为

$$Z\approx\frac{\frac{L}{C}}{R+\mathrm{j}\left(\omega L-\frac{1}{\omega C}\right)},\tag{8-59}$$

因而阻抗

$$z=|Z|\approx\frac{\frac{L}{C}}{\sqrt{R^2+\left(\omega L-\frac{1}{\omega C}\right)^2}}.\tag{8-60}$$

把上式与式(8-49)比较可知，并联时的 $z-\omega$ 曲线与串联时的 $I-\omega$ 曲线在谐振点附近有相同的形状(见图 8-43).z 在谐振时达到最大值：

$$z_0=\frac{L}{RC}=Q\omega_0 L=\frac{Q}{\omega_0 C}.\tag{8-61}$$

如果并联网络的电压(有效值)U 一定，则网络电流(有效值)I 在谐振时取最小值：

$$I_0=\frac{U}{z_0}=\frac{RC}{L}U,\tag{8-62}$$

这与串联谐振恰巧相反.

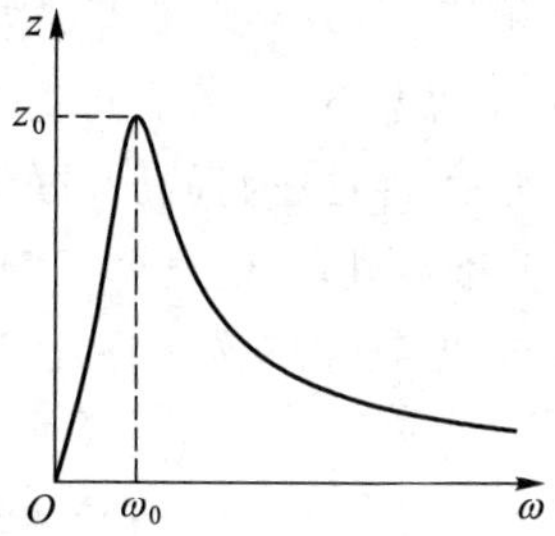

图 8-43 并联谐振电路的阻抗 z 与角频率 ω 的关系.谐振($\omega=\omega_0$)时阻抗最大

再讨论两条支路的电流 $\dot{I}_L$ 及 $\dot{I}_C$.

$$\dot{I}_L=\frac{\dot{U}}{R+\mathrm{j}\omega L}\approx-\mathrm{j}\frac{\dot{U}}{\omega L},\quad \dot{I}_C=\frac{\dot{U}}{-\frac{\mathrm{j}}{\omega C}}=\mathrm{j}\omega C\dot{U}.\tag{8-63}$$

可见 $\dot{I}_L$ 与 $\dot{I}_C$ 相位近似差 π，读者可自行画出准确的矢量图(不忽略 R)和近似的矢量图(忽略 R)并得出这一结论.谐振时，$\omega_0 L\approx 1/\omega_0 C$，由式(8-63)有

$$I_{L0}\approx I_{C0}\approx QI_0,\tag{8-64}$$

即谐振时两条支路电流近似相等并等于总电流的 Q 倍.

(3) 选择性.

给并联谐振电路接一电源(见图 8-44)，我们来讨论当电动势频率变化而有效值不变时谐振电路电压 U 的变化.设电路的阻抗为 z，则 $U=Iz$.而

$$\dot{I}\approx\frac{\dot{\mathscr{E}}}{R_\mathrm{i}+Z},\tag{8-65}$$

其中$\dot{\mathscr{E}}$及 R_i 分别是电源的电动势(复有效值)及内阻,Z 为谐振电路的复阻抗.

先讨论 $R_i \gg z$ 的特殊情况.这时由式(8-65)得 $I\approx\mathscr{E}/R_i$,代入 $U=Iz$ 得

$$U\approx\frac{\mathscr{E}}{R_i}z. \tag{8-66}$$

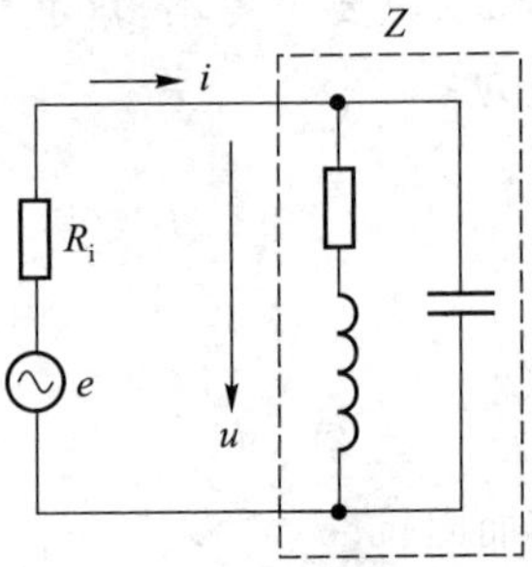

图 8-44 并联谐振电路对电源频率的选择性

当 $\mathscr{E}$ 和 R_i 不变而改变 ω 时,z 随 ω 按式(8-60)或图 8-43 的规律变化,故 U 也随 ω 按相同规律变化(见图 8-45 曲线 1).这就说明,从电压角度看,并联谐振电路对频率具有选择性.如果用 n 个频率不同而 $\mathscr{E}$ 相同的电源串联起来给并联谐振电路供电,则电路两端的电压将出现 n 个频率不同的成分,其中与电路频率相同的成分最大.在电子电路中经常利用这种方法从多频率的信号中选择所需的频率成分.

再讨论另一种特殊情况——R_i 为零的情况.这时电源的端压(即谐振电路的电压)U 总与 $\mathscr{E}$ 相等,即 $U=\mathscr{E}$=常量,故 U-ω 曲线为一直线,如图 8-45 的曲线 2.这时电路将毫无选择性.一般情况下 R_i 介于上述两种特殊情况之间,其曲线也介于图 8-45 的曲线 1、2 之间,如曲线 3 所示.可见,为提高并联谐振电路的选择性应使用高内阻电源.

要准确比较图 8-45 三条曲线的选择性,可改用 U/U_0 为纵轴画得图8-46,由图可清楚地看出:曲线 1 的选择性比 3 高,而曲线 2 则毫无选择性.

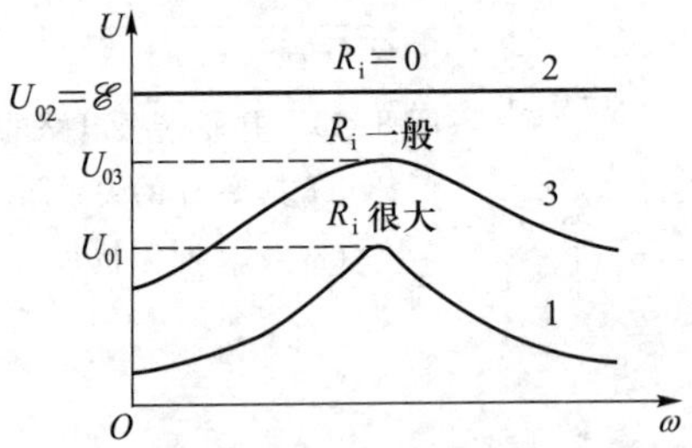

图 8-45 并联谐振电路电压选择性与电源内阻 R_i 的关系(U 轴与 ω 轴的交点并非 $\omega=0$ 的点)

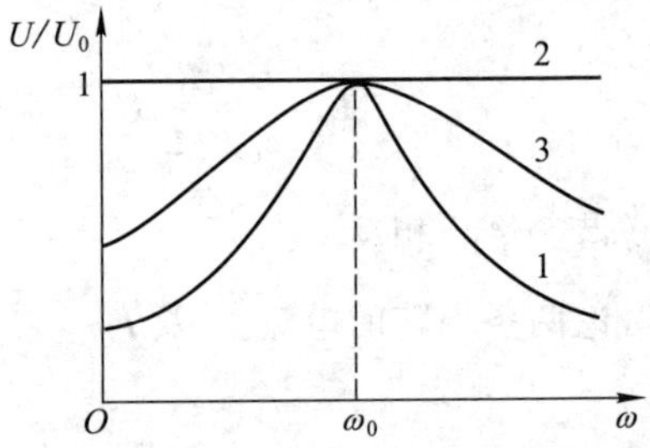

图 8-46 以 U/U_0 为纵轴把图 8-45 改画为本图可更清楚地比较三条曲线的选择性

§8.7 变 压 器

变压器是利用电磁感应作用改变交流电压、电流和复阻抗的一种电气设备,通常包含两个静止线圈(绕组),也有含多个线圈的变压器.使用时,两个线圈分别接交变电源和负载,通过交变磁场把电源输出的能量传送到负载中.接电源的线圈称为**一次绕组**,接负载的线圈称为**二次绕组**.一次、二次绕组所在电路分别称为**原电路(原边)**及**副电路(副边)**.一次、二次绕组的电压(有效值)一般不等,变压器即由此得名.

变压器可分为**铁芯变压器**及**空心变压器**两大类.铁芯变压器是将一次、二次绕组绕在一个铁芯(软磁材料)上,利用铁芯的高 μ 值加强互感耦合,广泛用于电力输配、电工测量、电焊

及电子电路中.空心变压器没有铁芯,线圈之间通过空气耦合,可以避免铁芯的非线性、磁滞及涡流的不利影响,广泛用于高频电子电路中.限于篇幅,本书只介绍铁芯变压器.

8.7.1 铁芯变压器

铁芯有很高的磁导率,绝大部分 $\boldsymbol{B}$ 线都在铁芯内部闭合,它们对一次、二次绕组的每匝提供相同的磁通,称之为**主磁通**.此外,也有少数 $\boldsymbol{B}$ 线只穿过一次绕组的若干匝而不穿过二次绕组(或相反),它们提供的磁通称为**漏磁通**.在近似讨论中可只考虑主磁通而忽略漏磁通,从而使问题大为简化.漏磁通的影响留在电工学中讨论.

铁芯在提供高磁导率的同时,其非线性、磁滞及涡流都使变压器的运行情况变得非常复杂.在目前的电磁学阶段,我们暂且忽略这些影响,即认为铁芯的 $B-H$ 曲线是一条过原点的直线,并假定没有涡流.于是铁芯与空气芯的区别就只在于前者的 $B-H$ 曲线比后者有大得多的斜率.这样,当一次绕组接通简谐电源且电路达到稳态时,一次、二次绕组的电压、电流、铁芯中的主磁通及其在两个线圈中感生的电动势都是简谐函数,所以可以用复数法或矢量法讨论.考虑了铁芯的非线性、磁滞及涡流的变压器理论将要更复杂一些,有兴趣的读者可以在电工基础、电工学或电机学教材中找到.

(1) 一次、二次绕组的电压关系.

约定各量正方向如图 8-47.把一段含源电路的欧姆定律分别用于一次、二次绕组,得 $e_1=-u_1+i_1R_1$ 及 $e_2=u_2+i_2R_2$,其中 e_1、e_2 是由主磁通 ϕ 在一次、二次绕组感生的电动势,R_1、R_2 是一次、二次绕组的电阻.由上面二式得

$$\dot{\mathscr{E}}_1=-\dot{U}_1+\dot{I}_1R_1, \tag{8-67}$$

$$\dot{\mathscr{E}}_2=\dot{U}_2+\dot{I}_2R_2. \tag{8-68}$$

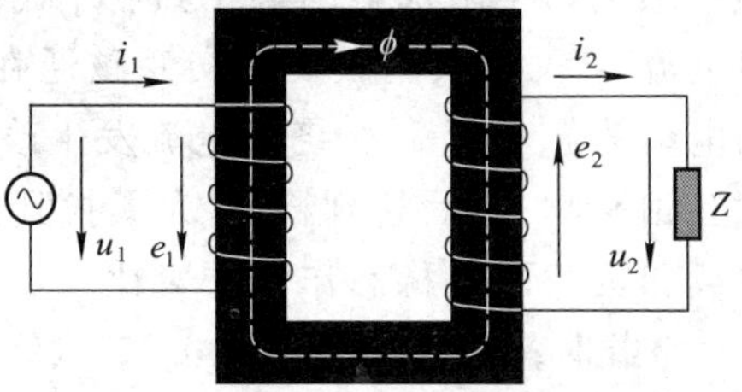

图 8-47 铁芯变压器

R_1、R_2 通常小到这样的程度,以致 $I_1R_1\ll U_1$,$I_2R_2\ll U_2$,故

$$\dot{U}_1\approx-\dot{\mathscr{E}}_1, \tag{8-69}$$

$$\dot{U}_2\approx\dot{\mathscr{E}}_2. \tag{8-70}$$

设一次、二次绕组匝数各为 N_1 和 N_2,则主磁通 ϕ 在两绕组感生的电动势分别为

$$e_1=-N_1\frac{\mathrm{d}\phi}{\mathrm{d}t}, \tag{8-71}$$

$$e_2=-N_2\frac{\mathrm{d}\phi}{\mathrm{d}t}. \tag{8-72}$$

两边取复有效值并利用复数法的定理 1 及 3 得①

$$\dot{\mathscr{E}}_1=-\mathrm{j}\omega N_1\dot{\Phi}, \tag{8-73}$$

$$\dot{\mathscr{E}}_2=-\mathrm{j}\omega N_2\dot{\Phi}, \tag{8-74}$$

① 式(8-73)及式(8-74)中的 $\dot{\Phi}$ 是主磁通 ϕ 的复有效值,就是说,$\dot{\Phi}$ 的模等于 ϕ 这个简谐量的有效值.应该说明,简谐磁通 ϕ 的有效值并不具有像简谐电流、电压有效值那样的物理意义(功率意义),它只是为简便而引入的一个量,其定义就是简谐磁通 ϕ 的峰值 Φ_m 的 $1/\sqrt{2}$.

于是

$$\frac{\dot{\mathscr{E}}_1}{\dot{\mathscr{E}}_2}=\frac{N_1}{N_2}. \tag{8-75}$$

由上式及式(8-69)、式(8-70)得

$$\frac{\dot{U}_1}{\dot{U}_2}=-\frac{N_1}{N_2}. \tag{8-76}$$

上式说明,一次、二次绕组电压的有效值与匝数成正比,相位差为 π.当 $N_2>N_1$ 时 $U_2>U_1$,这种变压器称为**升压变压器**;当 $N_2<N_1$ 时 $U_2<U_1$,这种变压器称为**降压变压器**.

(2) 一次、二次绕组的电流关系.

先看图 8-48 的实验.设开关 S_1、S_2 断开而 S 接通,这种状态称为**空载**.我们看到电流表 A 有一个读数,说明变压器空载时一次绕组也有电流,称之为**空载电流**,记为 I_0.接通 S_1,电流表读数变大.再接通 S_2,读数更大.我们来分析这个实验.空载时二次绕组没有电流,其存在对一次绕组没有影响,故空载时的一次绕组可以看作普通的铁芯线圈,接通电源当然会有电流,它等于一次绕组的阻抗(主要是感抗)除电压.变压器带负载时,二次绕组出现交变电流,这个电流激发的交变磁通在一次绕组中感生一个附加电动势(这时 e_1 代表一次、二次绕组电流 i_1 和 i_2 共同激发的交变磁通在一次绕组感生的电动势),于是一次绕组电流发生改变.这一改变显然又将导致二次绕组电流改变,如此互相影响,最后达到稳态.为了找到稳态时一次、二次绕组电流 i_1 和 i_2 的关系,我们对空载和负载两种稳态作如下对比.

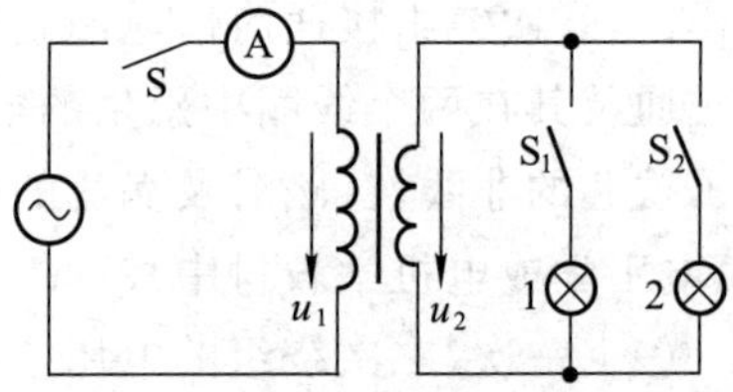

图 8-48　副边空载和带不同负载时的原边电流的实验电路图

空载时,一次绕组电流为 i_0,二次绕组电流为零.由磁路定律可知空载时的主磁通

$$\phi=\frac{\text{磁动势}}{\text{磁阻}}=\frac{N_1 i_0}{R_m},$$

或

$$\dot{\Phi}=\frac{N_1\dot{I}_0}{R_m}. \tag{8-77}$$

负载时,磁动势是一次、二次绕组电流的贡献的代数和.考虑到图 8-47 所示的 i_1、i_2 及 ϕ 的正方向,磁动势应写为 $N_1 i_1+N_2 i_2$,故负载时的主磁通

$$\phi=\frac{N_1 i_1+N_2 i_2}{R_m},$$

其复有效值为

$$\dot{\Phi}=\frac{N_1\dot{I}_1+N_2\dot{I}_2}{R_m}. \tag{8-78}$$

我们来对比式(8-77)及式(8-78)中的 $\dot{\Phi}$.无论是空载还是负载,由式(8-73)可知,$\dot{\Phi}$ 与它在一次绕组感生的电动势 $\dot{\mathscr{E}}_1$ 成正比,由式(8-69)又知 $\dot{\mathscr{E}}_1$ 等于 $-\dot{U}_1$,而 $\dot{U}_1$ 等于原边所接电源的电压(见图 8-48).虽然变压器在负载和空载时流过电源的电流不同,但当电源内阻很小时(通常都如此)$\dot{U}_1$ 基本相同,于是 $\dot{\mathscr{E}}_1$ 基本相同,从而 $\dot{\Phi}$ 在空载和负载时基本相同.这是

非常有用的关键点，讨论铁芯变压器时务必牢牢抓住这一点.对比式(8-77)及式(8-78)得 $N_1\dot{I}_1+N_2\dot{I}_2\approx N_1\dot{I}_0$，即

$$\dot{I}_1\approx\dot{I}_0-\frac{N_2}{N_1}\dot{I}_2. \tag{8-79}$$

上式有鲜明的物理意义：负载时，$\dot{I}_2$ 的出现使一次绕组电流在 $\dot{I}_0$ 的基础上多出一个分量 $-\frac{N_2}{N_1}\dot{I}_2$，正是它的磁通与 $\dot{I}_2$ 的磁通抵消而保持主磁通与空载时相同.或者说，电源电压 $\dot{U}_1$ 不变的本身要求变压器负载时的 $\dot{\Phi}$ 与空载时基本相同.而正是这一要求迫使负载时一次、二次绕组的电流自动调节得满足式(8-79).

实测表明，在许多情况下(特别是电力变压器接近满载时)有 $I_0\ll\frac{N_2}{N_1}I_2$，于是式(8-79)简化为 $\dot{I}_1\approx-\frac{N_2}{N_1}\dot{I}_2$，或

$$\frac{\dot{I}_1}{\dot{I}_2}\approx-\frac{N_2}{N_1}, \tag{8-80}$$

即一次、二次绕组电流有效值与匝数成反比，相位差为 π.

(3) 理想变压器.

运行时满足下列条件的变压器称为**理想变压器**：

① 漏磁通可以忽略；

② 线圈电阻 R_1、R_2 很小，以致 I_1R_1 与 U_1 相比较可以忽略，I_2R_2 与 U_2 相比较可以忽略；

③ 铁芯的非线性、磁滞及涡流可以忽略；

④ 空载电流 I_0 与负载时的 I_1[或 $(N_2/N_1)I_2$]相比较可以忽略.

对于理想变压器，电压关系式(8-76)及电流关系式(8-80)都成立，讨论时非常方便.

一台变压器能否看作理想变压器取决于其工作状态.工作于满载状态附近的电力变压器可以很好地看作理想变压器.空载和短路(指二次绕组短路，即负载阻抗为零)时的变压器都不能看作理想变压器.空载时，条件④不满足，这是因为空载时 $I_1=I_0$，故 I_0 不能被忽略，式(8-80)根本不成立.事实也很清楚，空载时 $I_2=0$，认为 $\dot{I}_1/\dot{I}_2\approx-N_2/N_1$ 显然不合理.相反，电压关系式(8-76)在空载时却很好地成立.在另一种极端情况下(指短路情况)，I_2 很大，$(N_2/N_1)I_2$ 也很大，条件④很好地满足，故式(8-80)很好地成立.然而条件②不能满足，故式(8-76)不成立.事实也很清楚，短路时 $U_2=0$，认为 $\dot{U}_1/\dot{U}_2\approx-N_1/N_2$ 显然是不合理的.

(4) 理想变压器的阻抗变换.

在电子电路中往往要求负载与信号源之间有一定的阻抗配合.当负载阻抗不合要求时，可用变压器作变换.设某无源二端网络的复阻抗为 Z.把它作为变压器的负载，从原边看来可得一个无源二端网络(图 8-49 中的虚方框)，其复阻抗按定义为

$$Z'\equiv\frac{\dot{U}_1}{\dot{I}_1},$$

称之为从原边看到的等效复阻抗.对于理想变压器，

$$\dot{U}_1=-\frac{N_1}{N_2}\dot{U}_2,\quad \dot{I}_1=-\frac{N_2}{N_1}\dot{I}_2,$$

代入上式得

$$Z'=\left(\frac{N_1}{N_2}\right)^2\frac{\dot{U}_2}{\dot{I}_2}.$$

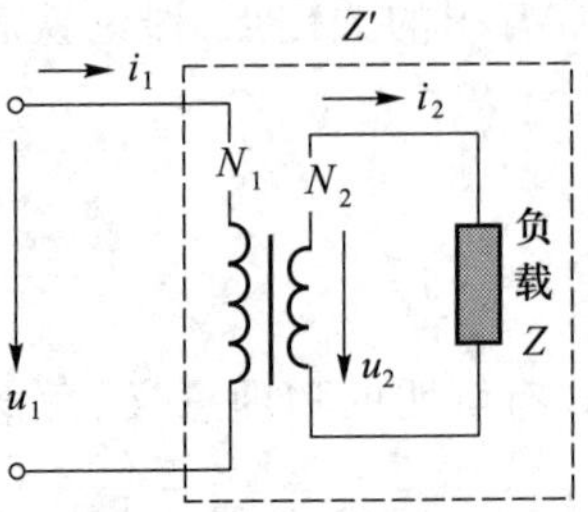

图 8-49　用变压器变换阻抗

由图 8-49 可知$\dot{U}_2/\dot{I}_2$正是负载的复阻抗 Z,故

$$Z'=\left(\frac{N_1}{N_2}\right)^2 Z. \tag{8-81}$$

可见理想变压器把复阻抗 Z 变换为复阻抗 $Z'=(N_1/N_2)^2Z$.

应该指出,式(8-81)不但说明原边看到的等效阻抗 z'等于负载阻抗 z 的$(N_1/N_2)^2$ 倍，而且说明 Z'与 Z 有相同的阻抗角,即理想变压器在变换阻抗的同时保持阻抗角不变.例如，设负载为纯电阻($Z=R$),则原边看到的等效复阻抗也是纯电阻性的,其值

$$R'=\left(\frac{N_1}{N_2}\right)^2 R. \tag{8-82}$$

8.7.2　高压输电

按照“就地取材”的原则,发电站应该尽可能建立在能源丰富的地方,然而发电站的产品——电能却到处需要,这就出现一个远程输电的问题.为了减小输电线上的功率损失和电压损失,应该在保证输送功率不变的前提下尽量减小输电线上的电流.根据

$$P=IU\cos\varphi,$$

要保证 P 不变而减小 I,除了提高负载的功率因数 $\cos\varphi$ 之外,还应尽量提高输电电压 U,即实行高压输电.目前国内远程输电的最高电压为 500 kV(已很普遍)①.由于绝缘上的困难,一般发电机发出的电压最多不过数万伏,所以在输电距离较长时就要用变压器升压.但是,出于安全上的考虑以及制造上的困难,一般用电设备又只能在低压下工作(例如 220 V,即使“高压电动机”也不过数千伏).所以在远程输电线的末端又要用变压器降压.这可称为“高压输电,低压用电”的运行方式.目前电力系统都采用这种方式②,因此电力变压器是电力系统中不可缺少的设备之一.

图 8-50(a)和(b)分别是高压输电和低压输电的原理电路图.为了突出问题的实质,设发电机发出的电压等于负载所需的电压(如 220 V),因此升压变压器与降压变压器的匝数比互为倒数.有人提出这样的问题:从 $P=IU\cos\varphi$ 出发,当 $\cos\varphi$ 一定时,要保证 P 不变而减小 I 当然应该提高 U,但是如果把欧姆定律 $U=Iz$ 用于负载,则电压越高电流势必越大.这不是矛盾吗?要回答这个问题,首先应该明确欧姆定律的使用对象.如果对图 8-50(a)中的负

① 若干国家曾建成高于 1 000 kV 的高压输电系统,后因各种原因而暂停或降压运行(降至 500 kV).近 20 年来输电电压的提高出现饱和趋势.

② 此外,直流高压输电也是重要的远程输电方式,大意是先将交流高压**整流**为直流高压并远程输送,再**逆变**为交流并送至另一电网.我国三峡电站的电能已可通过直流高压输送至上海等地区.

载 z 使用欧姆定律，由于降压变压器已把电压降低至负载要求的数值（如 220 V），负载的电流 I 与低压输电时完全相同[对比图 8-50(b)].事实上，从降压变压器到负载的距离不远，低压输电不会导致很大的输电线损失.所谓要减小电流，是指减小从发电机附近的升压变压器到负载附近的降压变压器之间的远程输电线上的电流 I'.要用欧姆定律计算 I'，就应把这一定律用到由降压变压器与用电器组成的二端网络[图 8-50(a)中的 N′]上，即

$$I'=\frac{U'}{z'},$$

其中 U' 是降压变压器一次绕组的电压，z' 是二端网络 N′的阻抗.设降压变压器一次、二次绕组的匝数为 N_1 及 N_2，由上小节可知

$$z'=\left(\frac{N_1}{N_2}\right)^2 z,$$

故

$$I'=\left(\frac{N_2}{N_1}\right)^2 \frac{U'}{z}. \tag{8-83}$$

若采用低压输电[见图 8-50(b)]，则输电线上的电流

$$I=\frac{U}{z}, \tag{8-84}$$

而

$$U=\frac{N_2}{N_1}U', \tag{8-85}$$

由式(8-83)、式(8-84)及式(8-85)得

$$I'=\left(\frac{N_2}{N_1}\right)^2 \frac{N_1}{N_2}\frac{U}{z}=\frac{N_2}{N_1}I<I \quad (\text{因 } N_2<N_1).$$

可见，高压输电时，升、降压变压器之间的远程输电线上的电流 I' 比用低压输电方式输送相同功率时的电流 I 要小.

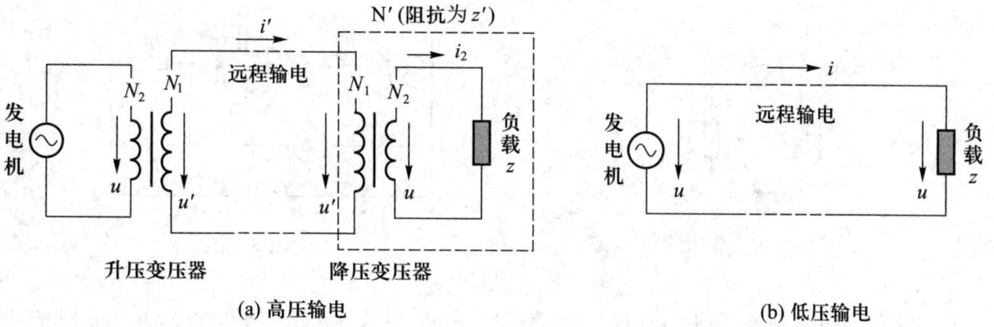

图 8-50　高压输电与低压输电的对比（输送相同功率时 $I'<I$ 可减少远程输电线上的损失）

思　考　题

注　题中各电流表内阻为零，各电压表内阻为无限大，各电源内阻抗为零.

8.1　纯电容的电压电流关系由图 8-6 描述.在一个周期的时间内，

(1) 电容在哪些时段处于充电状态，哪些时段处于放电状态？

(2) 什么时刻电容储存的电场能量最大？

8.2 纯电感的电压电流关系由图 8-8 描述.在一个周期的时间内，

(1) 感生电场力在哪些时段做正功，哪些时段做负功？

(2) 库仑力在哪些时段做正功，哪些时段做负功？

(3) 什么时刻线圈储存的能量最大？

8.3 已知附图所示电路中表 V_1 和 V_2 的读数各为 90 V 和 120 V.求表 V 的读数.

8.4 用纯元件 R、L、C 串联成电容性负载，见附图.已知表 V 的读数为 50 V，表 V_1 和 V_2 的读数各为 40 V和 60 V，求表 V_3 的读数.

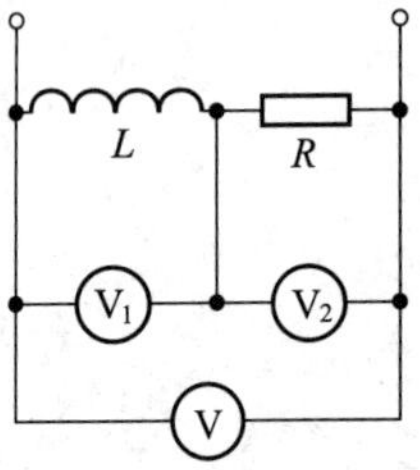

思考题 8.3 图

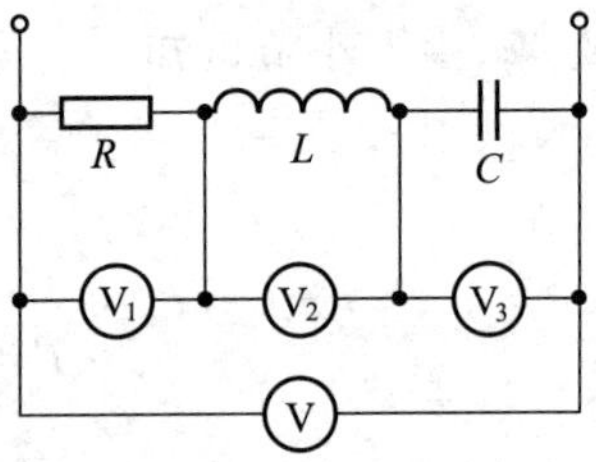

思考题 8.4 图

8.5 设图 8-17 中电压 u 的有效值不变.若增大 R 的数值，u_1 与 u_2 的相位差是否改变？u 与 u_1 的相位差如何改变？当增大角频率 ω 时有效值 U_1 与 U_2 如何改变？

8.6 设图 8-20 中电压 u 的有效值不变.若增大电容 C，i_1 与 i_2 的相位差是否改变？i 与 i_2 的相位差如何改变？当增大角频率 ω 时有效值 I_1、I_2 和 I 如何改变？

8.7 考虑图 8-23 虚线方框标出的无源二端网络.若增大电容 C，网络的等值电阻 r 是增大还是减小？阻抗角是增大还是减小？

8.8 附图中 $i_1=2\sqrt{2}\sin\omega t$，$i_2=2\sqrt{2}\sin(\omega t+\pi/3)$，本题中 i 的单位为 A.求交流电流表 A 的读数.

8.9 附图电路中电压表 V_1 和 V_2 的读数都是 1 V，求表 V 的读数(图中字母 M 代表两个线圈有互感耦合).

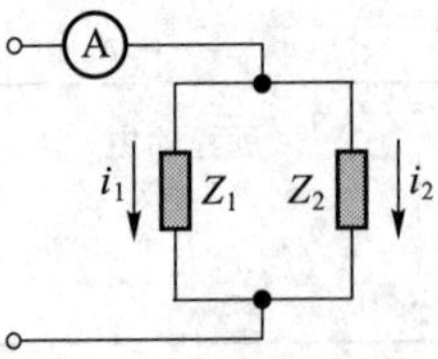

思考题 8.8 图

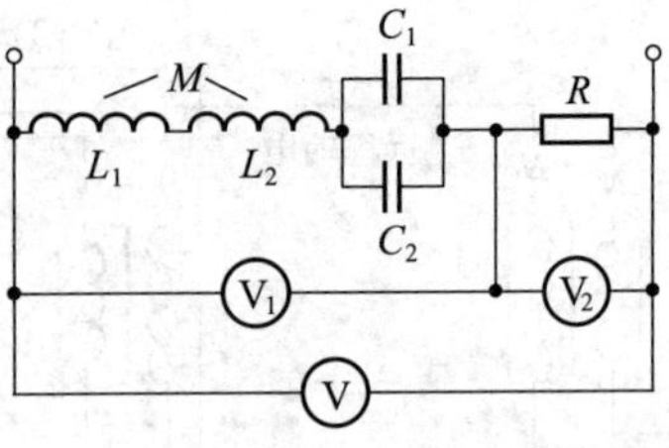

思考题 8.9 图

8.10 设 N_1 是由阻抗相等的纯电阻和纯电感(即 $R=\omega L$)串联而成的二端网络，N_2 是由它们并联而成的二端网络.

(1) N_1 与 N_2 的阻抗角是否相等？

(2) 求 N_1 与 N_2 的阻抗 z_1 和 z_2 之间的关系.

8.11 当附图的 R_1 增大时，N 的功率因数是增大还是减小？N 所吸收的功率是增大还是减小？(设电源电压有效值不变.)

8.12 在图 8-34 的电路达到串联谐振的情况下，若保持电压 u 的有效值不变而减小 R 的数值，U_R、U_L 及 U_C 如何改变？

8.13 在分别增大 R、L、C 的数值时，图 8-34 的串联谐振电路的品质因数 Q 是增大还是减小？

8.14　附图中参量 R、L、C 及电源的电动势(有效值) $\mathscr{E}$ 和内阻 $R_{内}$ 均为已知,当网络 N 处于谐振状态时,求:

(1) 网络 N 的电流的振幅;

(2) 网络 N 吸收的平均功率;

(3) 电源放出的平均功率.

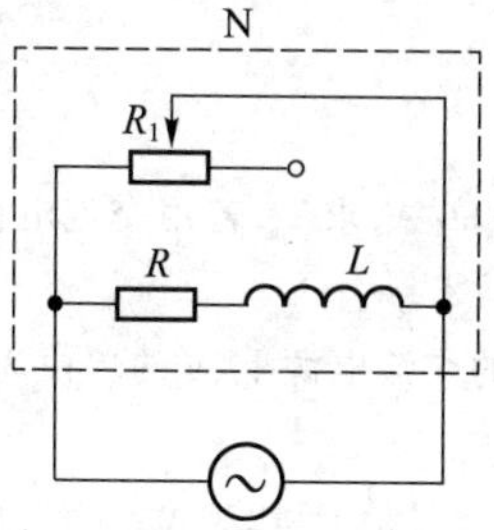

思考题 8.11 图

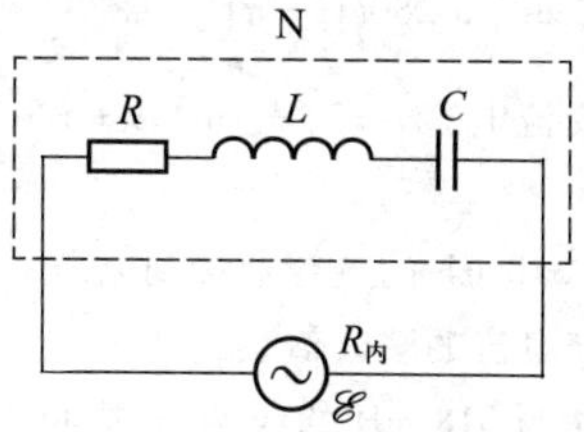

思考题 8.14 图

8.15　试证在 RLC 串联谐振电路中:

(1) 电场能量最大值与磁场能量最大值相等;

(2) 电场能量达到最大值时,磁场能量为零;

(3) 电场能量与磁场能量的瞬时值之和是与时间无关的常量.

8.16　用有效值不变的交流电源给一个既无磁滞又无涡流而且 H 与 B 有线性关系的铁芯变压器供电.若将原、副边的匝数都减小至原来匝数的 10%,铁芯的 ϕ(磁通)、B、H 的大小(有效值)如何变化?空载电流 I_0 如何变化?如果考虑铁芯的磁饱和(参看图 7-14),当减小匝数时,B、H、I_0 的变化情况还与上面的结论相同吗?会带来哪些不良后果?(由此可见对铁芯变压器不能任意减少匝数.例如,若把一个 200 匝/100 匝的变压器在其他条件不变的情况下改为 20 匝/10 匝,将会因饱和而带来一系列严重问题.)

8.17　附图表示一个既适用于 220 V 又适用于 110 V 电源的铁芯变压器,其中左边两个线圈完全相同.用于 220 V 时,应把两个线圈串联起来再接电源(且要顺接,即把 B 与 C 端相接并从 A、D 端引线接电源).用于 110 V 时,应把两个线圈并联起来再接电源(A、C 端相接,B、D 端相接,再从 A 端和 B 端引线接电源).设变压器本身的损耗可以忽略.

(1) 用于 220 V 电源时,若副边输出功率为 50 W,求原边电流 I_1.设导线的安全电流密度为 3 A/mm^2,问一次绕组导线的截面至少要多大?若原边两个线圈接法搞错(变成逆接,即把 B 与 D 端相接并从 A、C 端引线接电源),有何严重后果?

(2) 用于 110 V 电源时,若副边所带负载不变,求流过原边每个线圈的电流.若只把原边的一个线圈接电源(另一线圈闲置),后果又如何?

8.18　附图所示的理想变压器的负载满足 $R=1/\omega C$,求原边电流 i 与电压 u 之间的相位差.

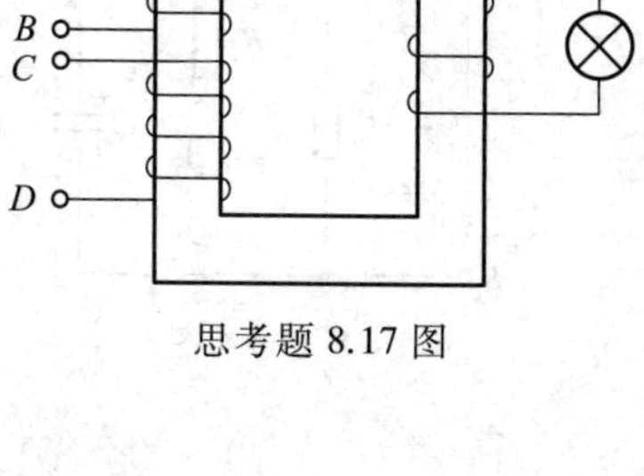

思考题 8.17 图

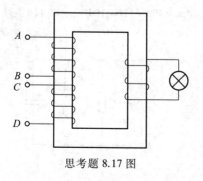

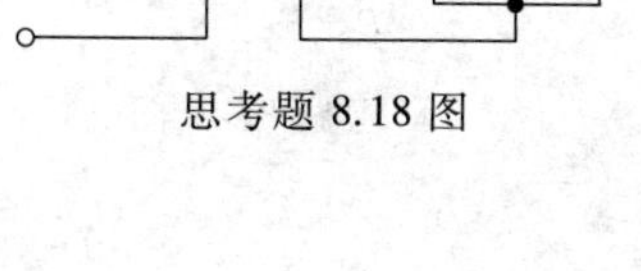

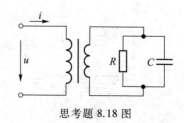

思考题 8.18 图

习 题

8.1.1 写出下列简谐交流电流的初相、频率、有效值和最大值，本题中 i 的单位为 A，t 的单位为 s.

(1) $i(t)=5\sqrt{2}\cos\left(314t-\frac{2}{3}\pi\right)$；

(2) $i(t)=I_m\sin(\omega t+\alpha)$，$I_m>0$；

(3) $i(t)=-2\cos\left(6\,280t+\frac{1}{3}\pi\right)$.

8.1.2 简谐交流电流 $i(t)=I_m\cos(\omega t+\pi/6)$，在 $t=0$ 时 $i=0.866$ A，求 I_m.若用交流电流表测此电流，读数是多少？

8.2.1 将 $C=318\ \mu$F 的电容器接到电压 $u(t)=311\cos 314t$ 的交流电源上，u 的单位为 V，t 的单位为 s，求电容器的容抗及电流的瞬时值表达式.

8.2.2 把电感为 318 mH 的线圈（电阻可以忽略）接到电压（有效值）为 220 V、频率为 50 Hz 的电源上，求线圈电流的最大值.

8.2.3 附图中 $L=70$ mH，$u(t)=311\cos 314t$，u 的单位为 V，t 的单位为 s，求电流表、电压表的读数及电流 i 的瞬时值表达式.

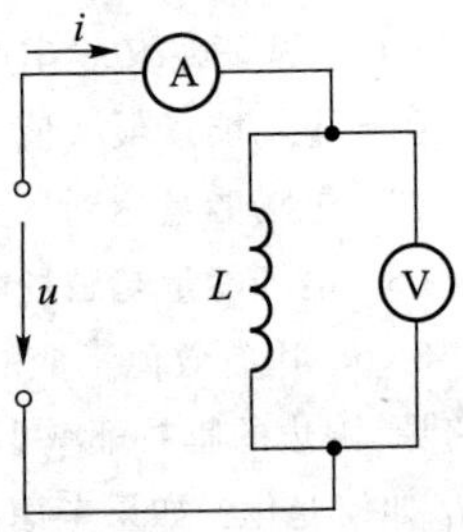

习题 8.2.3 图

8.3.1 求下列复数的模和辐角：

(1) $\Omega=2\sqrt{3}+2\mathrm{j}$；

(2) $\Omega=-\sqrt{3}-3\mathrm{j}$；

(3) $\Omega=-\mathrm{j}$；

(4) $\Omega=-a$（a 为实数）.

8.3.2 已知复数 $\Omega=a+\mathrm{j}b$（a、b 为实数）.求 $1/\Omega$ 的实部、虚部、模和辐角.

8.3.3 求下列简谐量的复有效值（本题中 i 的单位为 A）：

(1) $i(t)=2\cos(\omega t+\pi/4)$；

(2) $i(t)=2\sqrt{2}\sin(\omega t+5\pi/6)$；

(3) $i(t)=-2\sqrt{2}\cos(\omega t-\pi/6)$.

8.3.4 已知 $i_1(t)=30\sqrt{2}\cos(314t+\pi/3)$，$i_2(t)=40\sqrt{2}\cos(314t-\pi/6)$，本题中 i 的单位为 A，t 的单位为 s，用矢量图解法求 $i(t)=i_1(t)+i_2(t)$.

8.4.1 一网络在某频率下的阻抗及电抗分别为 2 Ω 及 $-\sqrt{3}$ Ω，求其等值电阻及阻抗角.

8.4.2 附图中的 i_1 和 i_2 的相位差为 $\pi/2$，求证 $\frac{L}{C}=R_1R_2$.

8.4.3 二端网络的电压 $\dot{U}=(120+\mathrm{j}50)$ V，电流 $\dot{I}=(8+\mathrm{j}6)$ A，求电压、电流的有效值以及网络的电阻、电抗、阻抗和阻抗角.

8.4.4 附图中 $R_1=25\ \Omega$，$R_2=10\ \Omega$，$L=50$ mH，$C=50\ \mu$F，$\omega=400\ \mathrm{s}^{-1}$，$U=100$ V，求以 A、B 为端点的二端网络的阻抗及电流（有效值）.

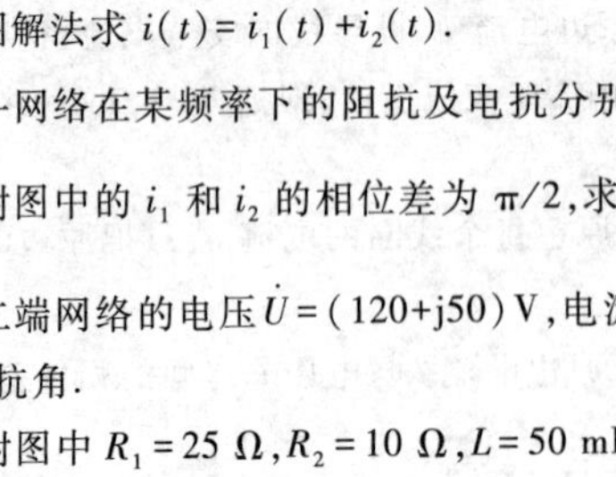

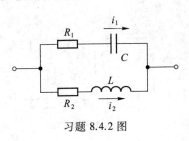

习题 8.4.2 图

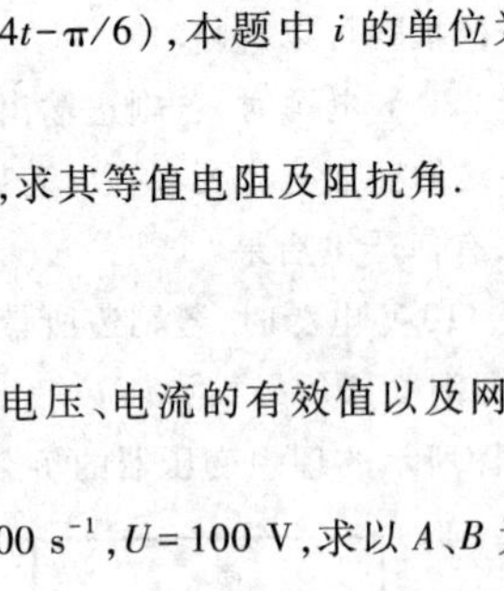

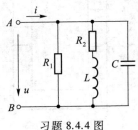

习题 8.4.4 图

8.4.5　附图中 $R_1=3\ \Omega$，$x_L=4\ \Omega$，$R_2=8\ \Omega$，$|x_C|=6\ \Omega$，$u=311\cos 314t$，u 的单位为 V，t 的单位为 s，用复数法计算总电流 i（瞬时值）.

8.4.6　附图中 A、B 间电压 $U=100$ V，$R_1=1\ \Omega$，$R_2=3\ \Omega$，$x_{L_1}=8\ \Omega$，$x_{L_2}=1\ \Omega$，$|x_{C_1}|=4\ \Omega$，$|x_{C_2}|=2\ \Omega$，求以 A、B 为端点的二端网络的复阻抗、阻抗、阻抗角以及电流 i 和电压 u_{AD} 的有效值.

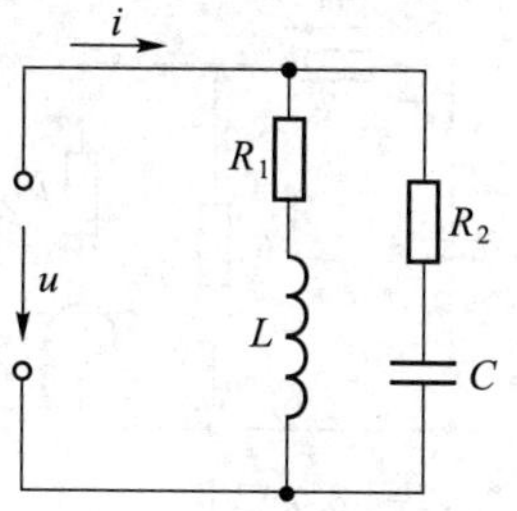

习题 8.4.5 图

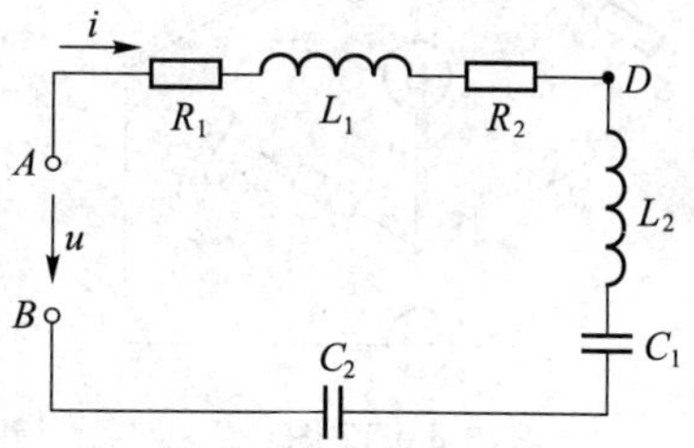

习题 8.4.6 图

8.4.7　附图中 $R=10\ \Omega$，$|x_{C_1}|=20\ \Omega$，$|x_{C_2}|=20\ \Omega$，$x_L=10\ \Omega$.

（1）求以 A、B 为端点的二端网络的复阻抗；

（2）如果在 A、B 两端加上有效值为 220 V 的电压，求二端网络电流的有效值.

8.4.8　附图中 $R:x_L:|x_C|=1:2:1$，用矢量图解法确定：

（1）i 与 u_{DB} 的相位关系；

（2）i 与 u_{AB} 的相位关系.

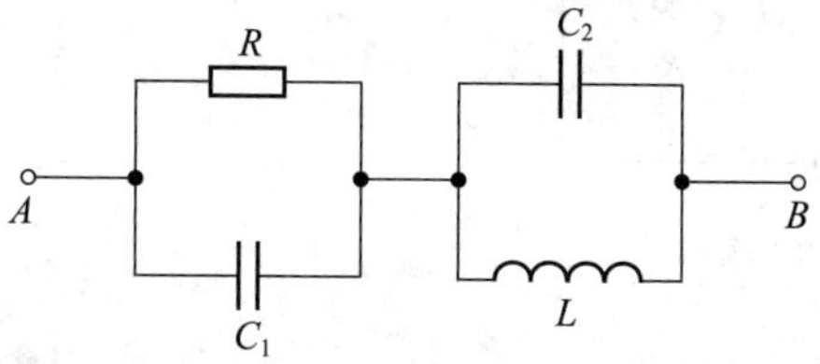

习题 8.4.7 图

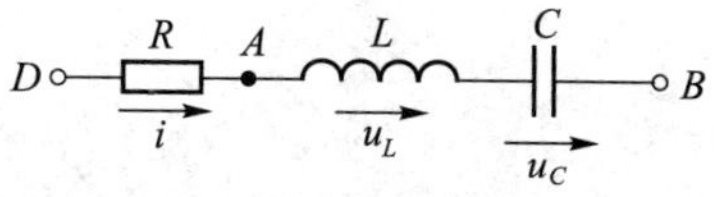

习题 8.4.8 图

8.4.9　将一个标有“120 V，60 W”的灯泡与一个纯电感串联后接在 50 Hz、220 V 的电源上，欲使灯泡正常工作，纯电感的自感 L 应是多大？

8.4.10　已知附图中 $u(t)=311\cos(314t+\pi/6)$，u 的单位为 V，t 的单位为 s，$R=|x_C|=10\ \Omega$，求各电流表读数及总电流瞬时值 $i(t)$ 的表达式.

8.4.11　附图中的 Z 为已知，$\dot{\mathscr{E}}_1=\mathscr{E}e^{j0}$，$\dot{\mathscr{E}}_2=\mathscr{E}e^{-j2\pi/3}$，$\dot{\mathscr{E}}_3=\mathscr{E}e^{-j4\pi/3}$，求 $\dot{I}_1$、$\dot{I}_2$ 及 $\dot{I}_3$.（提示：用基氏第一、第二定律.）

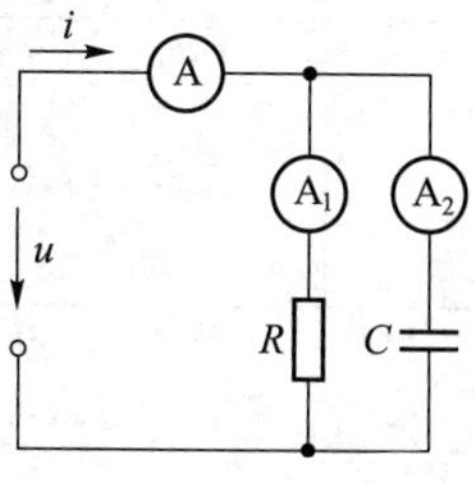

习题 8.4.10 图

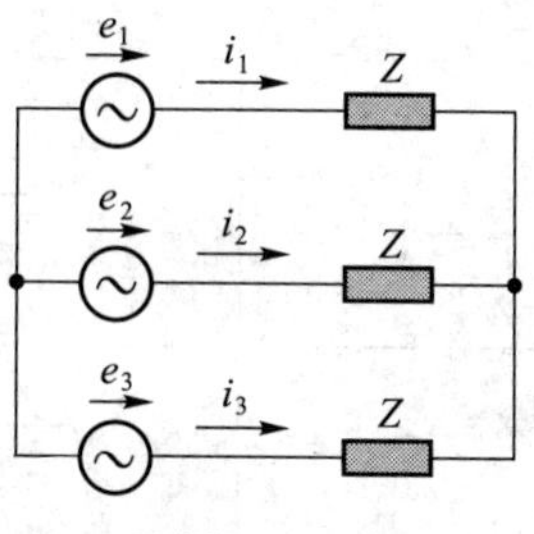

习题 8.4.11 图

8.4.12　附图的电桥在角频率为 ω 时处于平衡状态,求电感 L 和电容 C(表示为 R_1、R_2、R_3、R_4 的函数).

8.4.13　附图中 $x_L=30\ \Omega$, $|x_C|=60\ \Omega$, $R_1=50\ \Omega$, $R_2=30\ \Omega$, $R_3=25\ \Omega$, $\dot{\mathscr{E}}_1=100\ \mathrm{V}e^{j0}$, $\dot{\mathscr{E}}_2=50\ \mathrm{V}e^{j0}$,求 I_3.

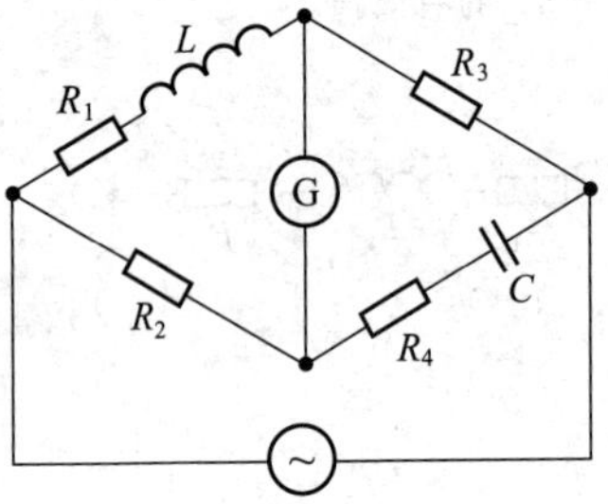

习题 8.4.12 图

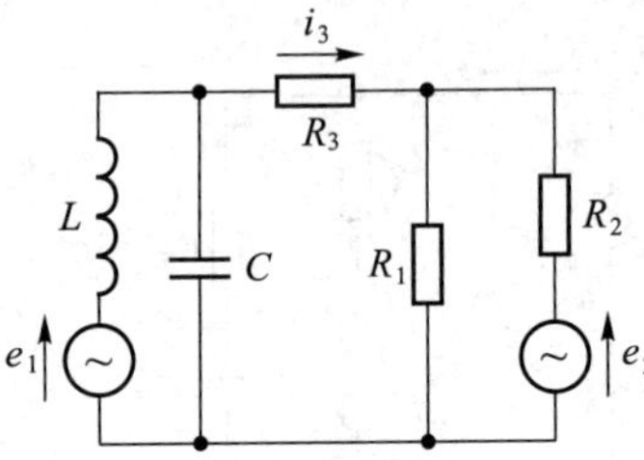

习题 8.4.13 图

8.4.14　附图所示的电路可测正弦电流的频率.试证:电桥平衡时被测频率为

$$f=\frac{1}{2\pi\sqrt{R_2R_4C_2C_4}}.$$

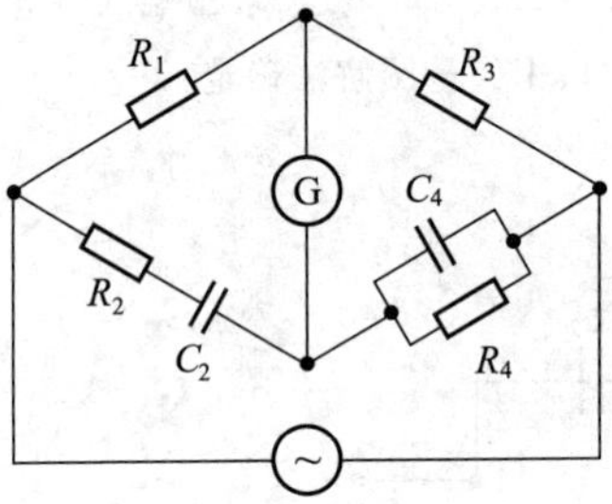

习题 8.4.14 图

8.4.15　用复数法推证下列各二端网络的阻抗和相位差公式:

二端网络	公式	
	z	$\tan\varphi$
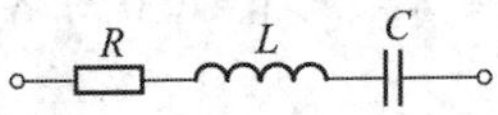	$\sqrt{R^2+\left(\omega L-\frac{1}{\omega C}\right)^2}$	$\frac{\omega L-\frac{1}{\omega C}}{R}$
	$\frac{R\omega L}{\sqrt{R^2+(\omega L)^2}}$	$\frac{R}{\omega L}$
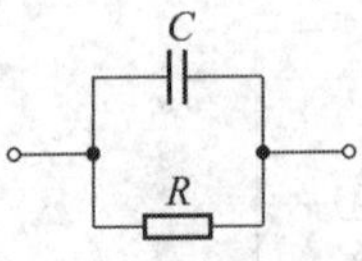	$\frac{R}{\sqrt{R^2+(\omega CR)^2}}$	$-\omega CR$
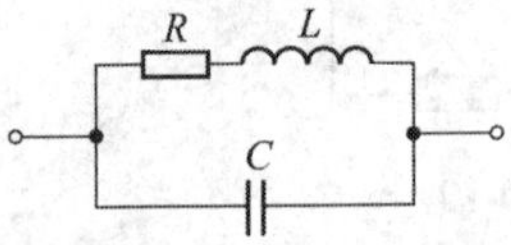	$\sqrt{\frac{R^2+(\omega L)^2}{(\omega CR)^2+(1-\omega^2LC)^2}}$	$\frac{\omega L-\omega C(R^2+\omega^2L^2)}{R}$

8.4.16　用矢量图解法推证下列各二端网络的阻抗和相位差公式：

二端网络	公式	
	z	$\tan\varphi$
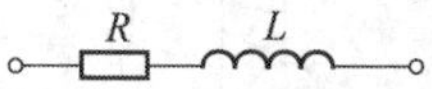	$\sqrt{R^2+(\omega L)^2}$	$\dfrac{\omega L}{R}$
	$\dfrac{R\omega L}{\sqrt{R^2+(\omega L)^2}}$	$\dfrac{R}{\omega L}$
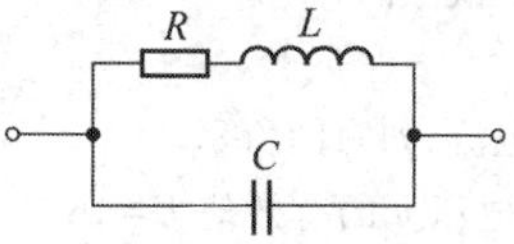	$\sqrt{\dfrac{R^2+(\omega L)^2}{(\omega CR)^2+(1-\omega^2 LC)^2}}$	$\dfrac{\omega L-\omega C(R^2+\omega^2 L^2)}{R}$
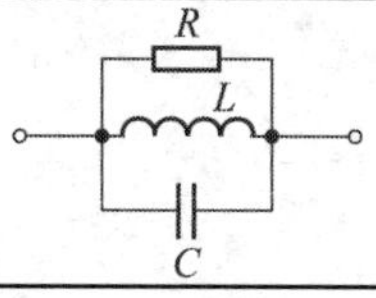	$\dfrac{\omega LR}{\sqrt{R^2(1-\omega^2 LC)^2+(\omega L)^2}}$	$\dfrac{R(1-\omega^2 LC)}{\omega L}$

8.5.1　把 $C=40\ \mu\text{F}$ 的电容与 $R=60\ \Omega$ 的电阻串联成的二端网络接在电压为 220 V、频率为 50 Hz 的电源上，求网络的阻抗 z、功率因数 $\cos\varphi$ 和吸收的功率.

8.5.2　阻抗为 z 的元件与 $C=10\ \mu\text{F}$ 的电容串联后接在频率为 50 Hz 的电源上.已知该元件、电容及电源两端的电压(有效值)均为 100 V，求该元件吸收的功率.

8.5.3　用一个 220 V、50 Hz 的交流电源给一个功率因数为 0.6 的感性负载供电，负载吸收的功率为 550 W.

(1) 欲使功率因数提高到 1，需要串联多大的电容？

(2) 串联电容后电源输出的功率是多少？

8.5.4　已知附图中的 $R=100\ \Omega$，各电压表的读数分别为 $U=20$ V，$U_1=15$ V，$U_2=12$ V，求用电器 Z 吸收的功率.

8.5.5　标明“220 V，15 W”的日光灯的工作电流为 0.35 A.

(1) 求其功率因数；

(2) 欲将功率因数提高到 1，应并联多大的电容(电源的工作频率为 50 Hz)？

(3) 欲将功率因数提高到 0.9，应并联多大的电容？

8.5.6　附图中 $R=4\ \Omega$，各电流表的读数分别为 $I=4$ A，$I_1=3$ A，$I_2=2$ A，求用电器 Z 吸收的功率.

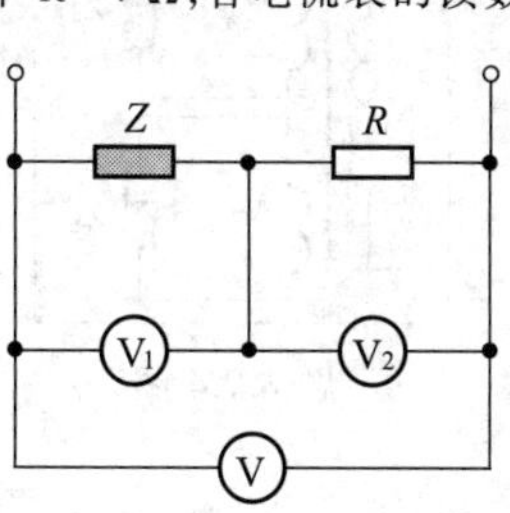

习题 8.5.4 图

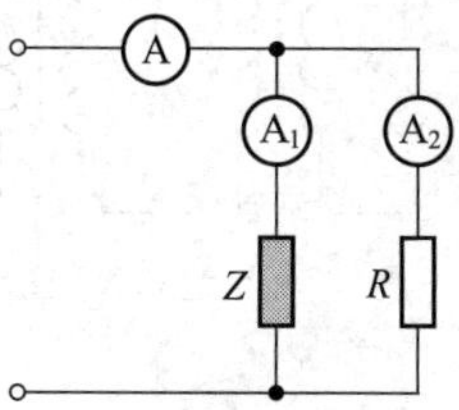

习题 8.5.6 图

8.5.7　附图中 $U_2=108$ V，$I=18.5$ A，$R_1=1\ \Omega$，$x_1=2\ \Omega$，Z_2 的功率因数 $\cos\varphi_2=0.8$，求 U_1 以及由 R_1、x_1、Z_2 三者串联而成的网络的功率因数 $\cos\varphi$(就 $\varphi_2>0$ 和 $\varphi_2<0$ 两种情况求解).

8.5.8 已知附图中电流表 A 的读数为 $I=0.435$ A,电压表 V_1 和 V_2 的读数分别为 $U_1=160$ V 和 $U_2=110$ V,功率表 W_1 和 W_2 的读数分别为 $P_1=55.8$ W 和 $P_2=44.3$ W,求电阻 r 和电抗 x.

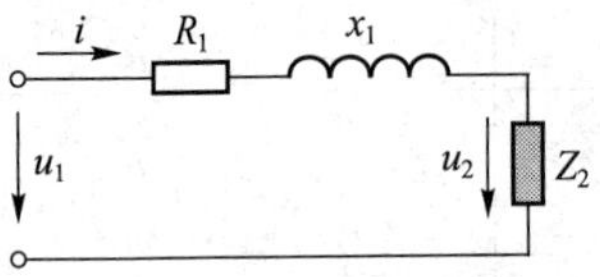

习题 8.5.7 图

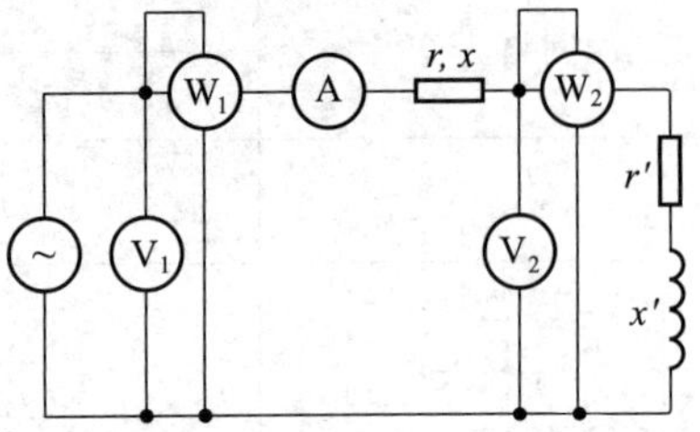

习题 8.5.8 图

注 为测功率,功率表内有两组线圈,共伸出两对接头分别测量电压和电流,如附图所示.

8.6.1 由 $L=0.01$ H、$C=100$ μF、$R=2$ Ω 组成的 RLC 串联谐振电路两端电压 u 的有效值 $U=16$ V,求:

(1) 电路的谐振角频率;

(2) 谐振时的电流;

(3) 电路的品质因数;

(4) 谐振时电感和电容上的电压.

8.7.1 欲将一个输入 220 V、输出 6.3 V 的变压器改绕成输入 220 V、输出 30 V 的变压器.在拆出二次绕组后数出匝数是 38 匝,应改绕成多少匝?

8.7.2 用理想变压器给感性负载供电.已知 $U_1=220$ V,测得负载吸收的功率为 $P_2=10$ W,负载的功率因数为 $\cos\varphi_2=0.8$,求原边电流.

8.7.3 用两个变压比均为 10∶1的理想变压器逐级降压(见附图).已知输入端的电压为 220 V,

(1) 求输出端的电压;

(2) 输出端如接 10 Ω 的电阻,求输入端的阻抗和电流.

8.7.4 理想变压器副边有两个线圈(见附图),它们与原边的匝数比分别为 $k_a(k_a\equiv N_1/N_{2a})$ 和 $k_b(k_b\equiv N_1/N_{2b})$.设副边的复阻抗分别为 Z_a 和 Z_b,试证从原边测得的复阻抗 Z'满足

$$\frac{1}{Z'}=\frac{1}{k_a^2Z_a}+\frac{1}{k_b^2Z_b}.$$

[提示:写出与式(8-77)及式(8-78)类似的式子,并利用理想变压器 $I_0 \ll I_1$ 的条件.(也可用其他解法.)]

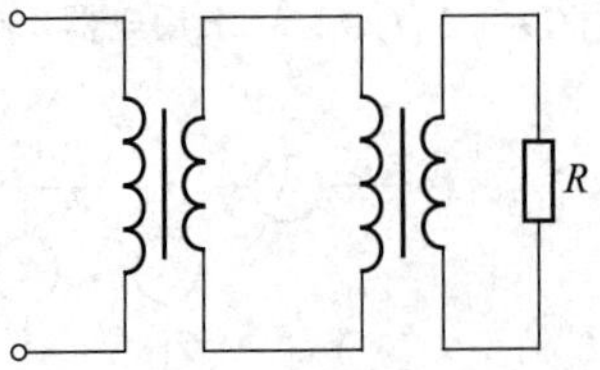

习题 8.7.3 图

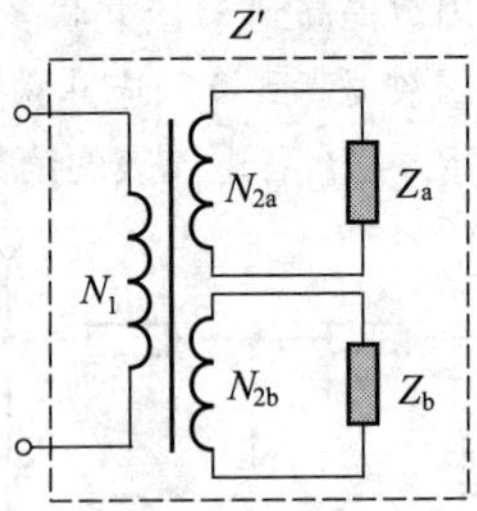

习题 8.7.4 图

第九章　时变电磁场和电磁波

§9.1　位移电流与麦克斯韦方程组

人类对电磁理论的认识经历了一个由浅入深、由片面到全面的过程.对静电和静磁现象的早期研究建立了关于静电场和静磁场的如下方程，

静电场：
$$\oiint_S \boldsymbol{E}\cdot \mathrm{d}\boldsymbol{S}=\frac{q}{\varepsilon_0}, \tag{9-1a}$$

$$\oint_L \boldsymbol{E}\cdot \mathrm{d}\boldsymbol{l}=0, \tag{9-1b}$$

静磁场：
$$\oiint_S \boldsymbol{B}\cdot \mathrm{d}\boldsymbol{S}=0, \tag{9-2a}$$

$$\oint_L \boldsymbol{B}\cdot \mathrm{d}\boldsymbol{l}=\mu_0\iint_S \boldsymbol{J}\cdot \mathrm{d}\boldsymbol{S}. \tag{9-2b}$$

后来，在探索电现象与磁现象的联系时，法拉第发现了电磁感应定律.用今天的语言来说，该定律表明式(9-1b)应由下式取代：

$$\oint_L \boldsymbol{E}\cdot \mathrm{d}\boldsymbol{l}=-\iint_S \frac{\partial \boldsymbol{B}}{\partial t}\cdot \mathrm{d}\boldsymbol{S}\quad\text{（法拉第电磁感应定律）}. \tag{9-3}$$

再后来，麦克斯韦在借用当时最先进的数学手段在总结前人成果的同时加进了关于“位移电流”的重要假设（见稍后内容），并于 1873 年在自己的 3 篇电磁学论文的基础上出版了集研究成果大成的著作《电磁论》（A Treatise on Electricity and Magnetism），提出了一套关于电磁场的完整理论，其中包括一个关于电场和磁场的方程组（后人称之为麦克斯韦方程组）.用今天的语言来说，它包含 4 个方程，其中 3 个就是式(9-1a)、式(9-3)和式(9-2a)，第四个则是对式(9-2b)修改的结果（补进位移电流项）.修改的一个重要原因是该式用于时变电磁场会导致理论内部的不自洽性.顺便一提，式(9-1a)和式(9-2a)虽然也是对静场总结的，但由于既不存在理论不自洽性，也不与实验冲突，所以麦氏默认（假定）它们对时变电磁场也成立.

下面介绍式(9-2b)的不自洽性以及应做的修改.此式是由毕-萨定律推出的，对恒定电流的磁场（静磁场）当然成立.该式的含义是：$\boldsymbol{B}$ 沿任一闭合曲线 L 的环流 $\oint_L \boldsymbol{B}\cdot \mathrm{d}\boldsymbol{l}$ 等于以 L 为边线的任一曲面 S 的 $\boldsymbol{J}$ 通量.虽然这样的曲面很多，但由恒定条件 $\oiint \boldsymbol{J}\cdot \mathrm{d}\boldsymbol{S}=0$ 不难证明以 L 为边线的任一曲面的 $\boldsymbol{J}$ 通量相等，因此取哪个曲面都可以，式(9-2b)右边的 $\iint_S \boldsymbol{J}\cdot \mathrm{d}\boldsymbol{S}$ 意义明确.然而，与时变电磁场相应的电流密度场 $\boldsymbol{J}$ 可以随时间而变，即不是恒定电流，$\oiint \boldsymbol{J}\cdot \mathrm{d}\boldsymbol{S}=0$ 不再成立，以闭合曲线 L 为边线的不同曲面可有不同的 $\boldsymbol{J}$ 通量.这就使式(9-2b)出现内部

不自洽性.(使用该式时究竟应选哪个曲面作为 S?)以图9-1为例.电容器在交变电源作用下不断地被充电和放电,导线上任一截面都存在交变电流,空间中存在时变电磁场.为了计算磁场 $\boldsymbol{B}$ 沿图中所示圆周 L 的环流 $\oint_L \boldsymbol{B}\cdot\mathrm{d}\boldsymbol{l}$,既可取曲面 S_1,也可取曲面 S_2.然而这两个曲面分别给出

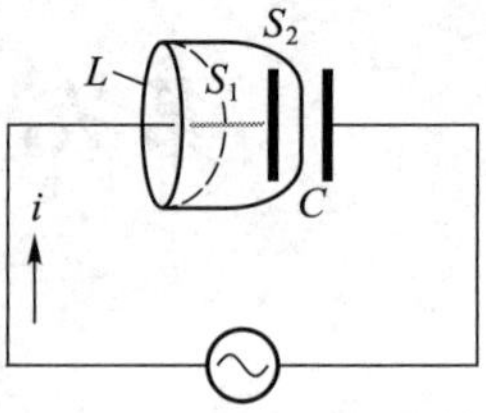

图 9-1 以 L 为边线的曲面 S_1 和 S_2 有不同的 $\boldsymbol{J}$ 通量

$$\oint_L \boldsymbol{B}\cdot\mathrm{d}\boldsymbol{l}=\mu_0\iint_{S_1}\boldsymbol{J}\cdot\mathrm{d}\boldsymbol{S}=\mu_0 i \quad (\text{其中 } i \text{ 为导线电流}),$$

和

$$\oint_L \boldsymbol{B}\cdot\mathrm{d}\boldsymbol{l}=\mu_0\iint_{S_2}\boldsymbol{J}\cdot\mathrm{d}\boldsymbol{S}=0,$$

显然矛盾.这一矛盾可用以下方法解决.只要承认电荷守恒定律,则 $\boldsymbol{J}$ 的通量满足如下的连续性方程[见式(4-5)]:

$$\oiint_S \boldsymbol{J}\cdot\mathrm{d}\boldsymbol{S}=-\frac{\mathrm{d}q}{\mathrm{d}t}, \tag{9-4}$$

其中 q 是闭合面 S 内的电荷.把式(9-1a)代入上式得

$$\oiint_S \boldsymbol{J}\cdot\mathrm{d}\boldsymbol{S}=-\frac{\mathrm{d}}{\mathrm{d}t}\oiint_S \varepsilon_0\boldsymbol{E}\cdot\mathrm{d}\boldsymbol{S}=-\oiint_S \varepsilon_0\frac{\partial\boldsymbol{E}}{\partial t}\cdot\mathrm{d}\boldsymbol{S},$$

故

$$\oiint_S\left(\boldsymbol{J}+\varepsilon_0\frac{\partial\boldsymbol{E}}{\partial t}\right)\cdot\mathrm{d}\boldsymbol{S}=0. \tag{9-5}$$

令

$$\boldsymbol{J}_{全}\equiv\boldsymbol{J}+\varepsilon_0\frac{\partial\boldsymbol{E}}{\partial t}, \tag{9-6}$$

则

$$\oiint_S \boldsymbol{J}_{全}\cdot\mathrm{d}\boldsymbol{S}=0. \tag{9-7}$$

如果用 $\boldsymbol{J}_{全}$ 代替式(9-2b)中的 $\boldsymbol{J}$,即把式(9-2b)改为

$$\oint_L \boldsymbol{B}\cdot\mathrm{d}\boldsymbol{l}=\mu_0\iint_S \boldsymbol{J}_{全}\cdot\mathrm{d}\boldsymbol{S}=\mu_0\iint_S\left(\boldsymbol{J}+\varepsilon_0\frac{\partial\boldsymbol{E}}{\partial t}\right)\cdot\mathrm{d}\boldsymbol{S}, \tag{9-8}$$

则上式至少不再有不自洽性,因为式(9-7)保证,对任一给定的闭合曲线 L 而言,以 L 为边线的任一曲面 S 都有相同的 $\boldsymbol{J}_{全}$ 通量.麦克斯韦就是这样做的,而且这样的修改至今仍被认为正确.麦氏把 $\varepsilon_0\partial\boldsymbol{E}/\partial t$ 视为某种电流密度,并称之为位移电流密度(其在某曲面上的积分则称为该面的**位移电流**)①.虽然现在看来这一称谓并不恰当,但它一直被沿用至今.为了区别,通常称 $\boldsymbol{J}$ 为**传导电流密度**.虽然在时变电磁场中 $\boldsymbol{J}$ 场一般不满足 $\oiint_S \boldsymbol{J}\cdot\mathrm{d}\boldsymbol{S}=0$,但式(9-7)表明"全电流密度"$\boldsymbol{J}_{全}$ 一定满足 $\oiint_S \boldsymbol{J}_{全}\cdot\mathrm{d}\boldsymbol{S}=0$,因而 $\boldsymbol{J}_{全}$ 的场线一定既无起点又无止点.麦氏对式(9-8)作过如下解释:不但传导电流($\boldsymbol{J}$ 相应的电流)会激发磁场,位移电流也会激发磁场.注意到位移电流密度实质上就是电场 $\boldsymbol{E}$ 的时变率,上述结论也就相当于"时变电场也会激发磁场",这与

① 麦氏定义的位移电流是 $\partial\boldsymbol{D}/\partial t$,我们只讨论真空情况,在这种情况下 $\partial\boldsymbol{D}/\partial t$ 等于 $\varepsilon_0\partial\boldsymbol{E}/\partial t$.

"时变磁场也会激发电场"的结论有相当好的对称性.这种"相互激发"的提法对于定性地理解电磁波的存在性是有帮助的.

式(9-8)右边第二项含有系数 $\varepsilon_0\mu_0$.由 $\varepsilon_0=\dfrac{1}{4\pi k}$ 及 $k=\tilde{9}\times10^9\ \mathrm{N\cdot m^2/C^2}$(见第 5 页)得

$$\varepsilon_0=\frac{1}{4\pi\times\tilde{9}\times10^9}\frac{\mathrm{C}^2}{\mathrm{N\cdot m^2}},$$

与 $\mu_0=4\pi\times10^{-7}\ \mathrm{H\cdot m^{-1}}$ 结合便得

$$\varepsilon_0\mu_0=\frac{1}{(\tilde{3}\times10^8\ \mathrm{m/s})^2}=\frac{1}{c^2}.$$

于是式(9-8)又可表示为

$$\oint_L \boldsymbol{B}\cdot\mathrm{d}\boldsymbol{l}=\iint_S\left(\mu_0\boldsymbol{J}+\frac{1}{c^2}\frac{\partial\boldsymbol{E}}{\partial t}\right)\cdot\mathrm{d}\boldsymbol{S}.\tag{9-8'}$$

式(9-8′)同式(9-1a)、式(9-3)和式(9-2a)放在一起就构成电磁场量 $\boldsymbol{E}$ 和 $\boldsymbol{B}$ 所必须服从的方程组,重列如下:

$$\begin{cases}\displaystyle\oiint_S \boldsymbol{E}\cdot\mathrm{d}\boldsymbol{S}=\frac{q}{\varepsilon_0}=\frac{1}{\varepsilon_0}\iiint_V\rho\,\mathrm{d}V, & (9\text{-}9\mathrm{a})\\ \displaystyle\oint_L\boldsymbol{E}\cdot\mathrm{d}\boldsymbol{l}=-\iint_S\frac{\partial\boldsymbol{B}}{\partial t}\cdot\mathrm{d}\boldsymbol{S}, & (9\text{-}9\mathrm{b})\\ \displaystyle\oiint_S\boldsymbol{B}\cdot\mathrm{d}\boldsymbol{S}=0, & (9\text{-}9\mathrm{c})\\ \displaystyle\oint_L\boldsymbol{B}\cdot\mathrm{d}\boldsymbol{l}=\iint_S\left(\mu_0\boldsymbol{J}+\frac{1}{c^2}\frac{\partial\boldsymbol{E}}{\partial t}\right)\cdot\mathrm{d}\boldsymbol{S}\quad\text{或}\quad\oint_L\boldsymbol{B}\cdot\mathrm{d}\boldsymbol{l}=\mu_0\iint_S\left(\boldsymbol{J}+\varepsilon_0\frac{\partial\boldsymbol{E}}{\partial t}\right)\cdot\mathrm{d}\boldsymbol{S}. & (9\text{-}9\mathrm{d})\end{cases}$$

这就是著名的**麦氏方程组**,它反映在场源(电荷密度 ρ 及电流密度 $\boldsymbol{J}$)给定的前提下电场 $\boldsymbol{E}$ 和磁场 $\boldsymbol{B}$ 随时间的演化所遵从的规律,即描述场源如何影响电磁场的演化.但是,电磁场反过来又会按洛伦兹力公式对场源(带电粒子)施加作用.所以电磁理论的研究对象通常包含两个物质场,即电磁场和带电粒子流,两者之间存在相互作用.麦氏方程组是电磁场的演化(运动)方程组(体现了带电粒子流对电磁场的作用),而洛伦兹力公式(代入牛顿第二定律①)则是带电粒子的运动方程(体现了电磁场对带电粒子流的作用).当然也存在这样的特殊(但重要)情况,即全空间(或所关心的空间区域)中只有电磁场而没有带电粒子,这种电磁场称为**无源电磁场**.麦氏方程组(9-9)的一个解是指满足这一方程组的两个 4 元函数 $\boldsymbol{E}(x,y,z,t)$ 和 $\boldsymbol{B}(x,y,z,t)$,它们在物理上代表一个时变电场和一个时变磁场.从物理角度考察,发现许多解都代表以光速传播的某种波动过程,称之为**电磁波**. §9.2 和 §9.4 将给出电磁波的两个例子.光波无非是电磁波的特例.麦克斯韦是识破光的电磁本性的第一人.他认为介质中带电粒子的振动可以通过相互作用而以波的形式传播,并在对介质的性质作了适当假设后推出了传播速率的公式.利用他人的有关实验数据,他发现这一波速与当时公认的光速测定值十分接近.由此他敏锐地意识到光是一种电磁起源的横波,并在 1861 年写给法拉第的信中介绍了自己的理论.

---

① 对高速带电粒子则应以相对论质点运动定律代替牛顿第二定律.

从近代物理学的观点看来,麦氏的这一预言是对物理学的"统一理论"的重要贡献.在早期的研究中,电、磁、光是三种互不关联的物理现象.奥斯特、安培和法拉第等人的实验研究统一了电磁现象.麦氏在此基础上建立了完整的电磁理论,而且把光也纳入了电磁理论的范畴.爱因斯坦在创立广义相对论后一直致力于创建"统一场论",试图把电磁力与万有引力统一起来,可惜由于客观条件不具备而未获成功.他曾经说过:"我完成不了这项工作了;它将被遗忘,但是将来会被重新发现."1961 年,格拉肖(Glashow)首先提出电磁相互作用与弱相互作用统一的猜想及有关预言,1967 及 1968 年,温伯格(Weinberg)和萨拉姆(Salam)以杨振宁的规范场论为工具先后独立地提出了电弱统一理论.为此,格、温、萨三人分享了 1979 年诺贝尔物理学奖.现代理论物理学的一个宏伟目标是把自然界的四种相互作用统一为一种相互作用,它吸引了许多杰出的理论物理学家和数学家为之努力,而且不断取得成果.超弦理论被许多人看好,被视为最有希望的统一理论,但持不同意见者也不乏其人.

麦克斯韦电磁场理论的提出

§9.2 平面电磁波

本节讨论自由空间($\rho=0,\boldsymbol{J}=\boldsymbol{0}$)的平面电磁波,其电场 $\boldsymbol{E}(x,y,z,t)$ 和磁场 $\boldsymbol{B}(x,y,z,t)$ 满足如下的无源麦氏方程组[方程组(9-9)在 $\rho=0$、$\boldsymbol{J}=\boldsymbol{0}$ 下的特例]:

$$\begin{cases}\oiint_S \boldsymbol{E}\cdot \mathrm{d}\boldsymbol{S}=0,\\ \oint_L \boldsymbol{E}\cdot \mathrm{d}\boldsymbol{l}=-\iint_S \dfrac{\partial \boldsymbol{B}}{\partial t}\cdot \mathrm{d}\boldsymbol{S},\\ \oiint_S \boldsymbol{B}\cdot \mathrm{d}\boldsymbol{S}=0,\\ \oint_L \boldsymbol{B}\cdot \mathrm{d}\boldsymbol{l}=\dfrac{1}{c^2}\iint_S \dfrac{\partial \boldsymbol{E}}{\partial t}\cdot \mathrm{d}\boldsymbol{S}.\end{cases} \tag{9-10}$$

由于待求函数 $\boldsymbol{E}$ 和 $\boldsymbol{B}$ 一起出现在同一方程中,求解多有不便.然而,数学上可以证明(略),从这一方程组出发可以推出以下两个分别只含 $\boldsymbol{E}$ 和 $\boldsymbol{B}$ 的偏微分方程:

$$\frac{\partial^2 \boldsymbol{E}}{\partial x^2}+\frac{\partial^2 \boldsymbol{E}}{\partial y^2}+\frac{\partial^2 \boldsymbol{E}}{\partial z^2}-\frac{1}{c^2}\frac{\partial^2 \boldsymbol{E}}{\partial t^2}=\boldsymbol{0}, \tag{9-11}$$

$$\frac{\partial^2 \boldsymbol{B}}{\partial x^2}+\frac{\partial^2 \boldsymbol{B}}{\partial y^2}+\frac{\partial^2 \boldsymbol{B}}{\partial z^2}-\frac{1}{c^2}\frac{\partial^2 \boldsymbol{B}}{\partial t^2}=\boldsymbol{0}. \tag{9-12}$$

注 对于尚未学过偏导数的读者,此处简单介绍符号 $\partial^2\boldsymbol{E}/\partial x^2$ 的含义.一元函数 $f(x)$ 的导数 $\mathrm{d}f(x)/\mathrm{d}x$ 是大家熟知的.设 $f(x,y)$ 代表二元函数,可以考虑保持 y 不变而只变 x 时 f 的变化率,这一变化率就称为 f 对 x 的偏导数,记为 $\partial f/\partial x$.一般而言,$\partial f/\partial x$ 仍是 x 和 y 的函数,它在 y 不变时随 x 的变化率称为 f 对 x 的二阶偏导数,记为 $\partial^2 f/\partial x^2$.现在,矢量场 $\boldsymbol{E}(x,y,z,t)$ 是 4 元函数,$\partial\boldsymbol{E}/\partial x$ 代表它对 x 的偏导数,是指 y、z、t 都不变时 $\boldsymbol{E}$ 随 x 的变化率.相应地就可理解二阶偏导数 $\partial^2\boldsymbol{E}/\partial x^2$.

任何矢量场 $\boldsymbol{E}(x,y,z,t)$,其二阶偏导数只要满足方程(9-11),就称为这个方程的一个特解.方程(9-11)和方程(9-12)存在许多特解.下面讨论如下形式的特解:

$$\boldsymbol{E}(z,t)=\boldsymbol{E}_{\mathrm{m}}\cos(\omega t-kz), \tag{9-13}$$

$$\boldsymbol{B}(z,t)=\boldsymbol{B}_{\mathrm{m}}\cos(\omega t-kz), \tag{9-14}$$

其中 ω 和 k 是正的待定常量,$\boldsymbol{E}_{\mathrm{m}}$ 和 $\boldsymbol{B}_{\mathrm{m}}$ 是常矢量场.首先验证式(9-13)的确是方程(9-11)

的解.所谓验证,就是对式(9-13)中的 $\boldsymbol{E}$ 求二阶偏导数,然后代入方程(9-11)的左边,并验证它的确为零.由式(9-13)不难求得 $\boldsymbol{E}$ 的各个偏导数为

$$\frac{\partial \boldsymbol{E}}{\partial x}=\boldsymbol{0},\quad \frac{\partial \boldsymbol{E}}{\partial y}=\boldsymbol{0},\quad \frac{\partial \boldsymbol{E}}{\partial z}=k\boldsymbol{E}_{\mathrm{m}}\sin(\omega t-kz),\quad \frac{\partial \boldsymbol{E}}{\partial t}=-\omega\boldsymbol{E}_{\mathrm{m}}\sin(\omega t-kz),$$

$$\frac{\partial^2 \boldsymbol{E}}{\partial x^2}=\boldsymbol{0},\quad \frac{\partial^2 \boldsymbol{E}}{\partial y^2}=\boldsymbol{0},\quad \frac{\partial^2 \boldsymbol{E}}{\partial z^2}=-k^2\boldsymbol{E}_{\mathrm{m}}\cos(\omega t-kz)=-k^2\boldsymbol{E},\quad \frac{\partial^2 \boldsymbol{E}}{\partial t^2}=-\omega^2\boldsymbol{E}.$$

于是

$$\text{方程(9-11)左边}=-k^2\boldsymbol{E}+\frac{\omega^2}{c^2}\boldsymbol{E}=\left(\frac{\omega^2}{c^2}-k^2\right)\boldsymbol{E},$$

欲使上式等于零[即欲使方程(9-11)被满足],必须且只需

$$\frac{\omega}{k}=c. \tag{9-15}$$

可见,只要 ω 和 k 满足上式,式(9-13)的 $\boldsymbol{E}$ 就是方程(9-11)的解.同理,式(9-14)的$\boldsymbol{B}$ 是方程(9-12)的解.我们来分析这两个解的物理意义(这是本节的重点).因两解类似,故只分析解式(9-13).

首先,对空间的任一点 A,式(9-13)给出

$$\boldsymbol{E}(z_A,t)=\boldsymbol{E}_{\mathrm{m}}\cos(\omega t-kz_A)\quad(\text{其中 } z_A \text{ 是 } A \text{ 点的 } z \text{ 坐标值}). \tag{9-16}$$

这是时间 t 的简谐函数,说明空间任一点的电场 $\boldsymbol{E}$ 的大小 E 随时间做简谐振荡(类似于机械运动中的简谐运动).其次,对任一时刻 t_1,式(9-13)给出

$$\boldsymbol{E}(z,t_1)=\boldsymbol{E}_{\mathrm{m}}\cos(\omega t_1-kz), \tag{9-17}$$

表明空间各点(不同 z 值)的简谐振荡在同一时刻 t_1 有不同的相位,有些点取正最大值,有些点取零值,等等(见图 9-2).设 t_1 时刻 A 点的相位为零,即 $\omega t_1-kz_A=0$(E 取正最大值),则离它很近的一点 A'的相位非零,但 A'点在一小段时间 Δt 后(那时 $t_2=t_1+\Delta t$)将取得这一相位(取正最大值,见图 9-2),我们说简谐振荡的相位在时间 Δt 内从 A 点传到了 A'点.这就是波的传播,所以说式(9-13)代表一种简谐波.这与绳子上的简谐波很类似,两者都涉及物理量的简谐运动(振荡)在空间的传播.[这物理量对绳子是点的位移,对式(9-13)是电场 $\boldsymbol{E}$.]正如绳子的波可称为位移波那样,式(9-13)的波被称为**电场波**(或**电波**,**E 波**).

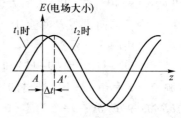

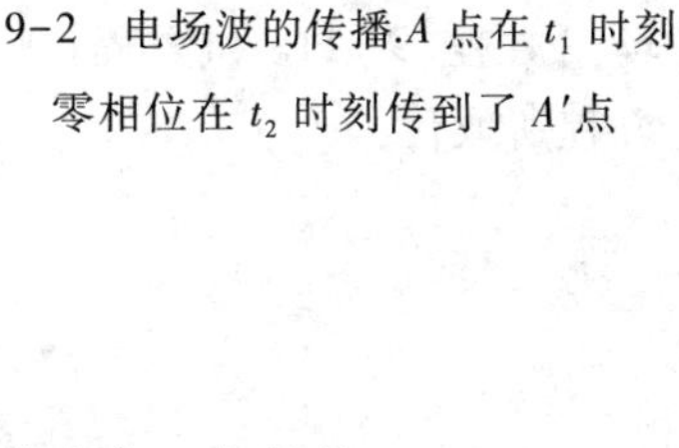

图 9-2 电场波的传播.A 点在 t_1 时刻的零相位在 t_2 时刻传到了 A'点

以上讨论还有助于计算电场波的速率.波的速率通常是指相位的传播速率.刚才说 A 点在 t_1 时刻取得的零相位在 t_2 时刻传到了 A'点,这表明

$$\omega t_1-kz_A=0=\omega t_2-kz_{A'},$$

故

$$\omega(t_2-t_1)=k(z_{A'}-z_A).$$

既然相位在 t_2-t_1 的时间内传了 $z_{A'}-z_A$ 这样一段距离,$\boldsymbol{E}$ 波的速率 v 自然是

$$v=\frac{z_{A'}-z_A}{t_2-t_1}=\frac{\omega}{k}=c\quad[\text{最后一步用到式(9-15)}].$$

可见电场波的波速等于光速(光在真空中的速率)!

根据波动理论,任一时刻空间中相位相等的点组成的面称为**波面**.既然 $\boldsymbol{E}$ 波的相位是 $\omega t-kz$,它在任一时刻 t 的等相面(波面)方程就是

$$\omega t-kz=\text{常数}.$$

这表明每一张等 z 面都是一张波面,所以式(9-13)的 $\boldsymbol{E}$ 波是**平面波**.波面的法向自然称为波的**传播方向**,可见式(9-13)代表沿 z 轴正向传播的平面电场波.同理,式(9-14)代表沿 z 轴正向传播的平面磁场波($\boldsymbol{B}$ 波).两式合起来组成一种简谐平面**电磁波**,又因简谐函数只有一个频率(波长),所以又称单色平面电磁波.

下面讨论式(9-13)、式(9-14)中 k 的物理意义.以 λ 代表电磁波的波长,则它与周期 T 的关系为 $\lambda=cT$,而 T 与 ω 的关系为 $T=2\pi/\omega$,故 $k=\omega/c$ 又可表示为

$$k=\frac{2\pi}{\lambda}, \tag{9-18}$$

即 k 与波长 λ 成反比.以 $\boldsymbol{e}_z$ 代表沿 z 轴正向的单位矢量,则矢量 $\boldsymbol{k}\equiv k\boldsymbol{e}_z$ 的方向便代表波的传播方向,大小则等于波长的倒数乘 2π.这样定义的矢量场 $\boldsymbol{k}$ 称为**波矢**(亦称**波数矢量**).

以上只验证了式(9-13)、式(9-14)在 ω 和 k 满足 $\omega=ck$ 时分别是方程(9-11)和方程(9-12)的解.它们也一定是麦氏方程组(9-10)的解吗?方程(9-11)和方程(9-12)是由(9-10)推出的,方程组(9-10)的解必定是方程(9-11)和方程(9-12)的解.然而逆命题并不成立,就是说,方程(9-11)和方程(9-12)的解不一定是方程组(9-10)的解.可以证明,为使式(9-13)、式(9-14)的 $\boldsymbol{E}$、$\boldsymbol{B}$ 波满足麦氏方程组(9-10),还需 $\boldsymbol{E}_{\mathrm{m}}$ 和 $\boldsymbol{B}_{\mathrm{m}}$ 满足如下两个条件:

$$① \quad \boldsymbol{e}_z\cdot\boldsymbol{E}_{\mathrm{m}}=0,\quad \boldsymbol{e}_z\cdot\boldsymbol{B}_{\mathrm{m}}=0, \tag{9-19}$$

$$② \quad \boldsymbol{B}_{\mathrm{m}}=\frac{1}{c}\boldsymbol{e}_z\times\boldsymbol{E}_{\mathrm{m}}. \tag{9-20}$$

(证明时用到麦氏方程的微分形式,而本书不讲这一形式.可参阅电动力学教材.)因为电磁波沿 $\boldsymbol{e}_z$ 方向传播,所以条件①表明电场矢量 $\boldsymbol{E}$ 和磁场矢量 $\boldsymbol{B}$ 在每点都与波的传播方向垂直,可见式(9-13)、式(9-14)的 $\boldsymbol{E}$、$\boldsymbol{B}$ 波都是横波.而条件②则进一步表明 $\boldsymbol{E}$ 和 $\boldsymbol{B}$ 也互相垂直($\boldsymbol{B}$ 与 $\boldsymbol{e}_z\times\boldsymbol{E}$ 同向说明 $\boldsymbol{B}$ 垂直于 $\boldsymbol{e}_z$ 和 $\boldsymbol{E}$).这一平面电磁波可用图 9-3 示意.

图 9-3 平面电磁波示意图($\boldsymbol{e}_z$ 沿 z 轴正向)

最后指出一点.方程(9-11)和方程(9-12)是由无源麦氏方程组(9-10)推出的.如果式(9-10)中的 $\partial\boldsymbol{B}/\partial t$ 和 $\partial\boldsymbol{E}/\partial t$ 有一个为零($\boldsymbol{B}$ 和 $\boldsymbol{E}$ 中有一个是静场),方程(9-11)和方程(9-12)就要被以下两个方程所取代:

$$\frac{\partial^2\boldsymbol{E}}{\partial x^2}+\frac{\partial^2\boldsymbol{E}}{\partial y^2}+\frac{\partial^2\boldsymbol{E}}{\partial z^2}=\boldsymbol{0}, \tag{9-11$'$}$$

$$\frac{\partial^2\boldsymbol{B}}{\partial x^2}+\frac{\partial^2\boldsymbol{B}}{\partial y^2}+\frac{\partial^2\boldsymbol{B}}{\partial z^2}=\boldsymbol{0}, \tag{9-12$'$}$$

$\boldsymbol{E}(z,t)=\boldsymbol{E}_{\mathrm{m}}\cos(\omega t-kz)$ 和 $\boldsymbol{B}(z,t)=\boldsymbol{B}_{\mathrm{m}}\cos(\omega t-kz)$ 就不再是解.事实上,方程(9-11′)和方程(9-12′)根本就不存在波动解(代表以有限速率传播的波的解).这一结论也适用于有源麦氏方程组(9-9).可见 $\partial\boldsymbol{B}/\partial t$ 和 $\partial\boldsymbol{E}/\partial t$ 项的同时存在是容纳电磁波解的必要前提.用物理语言

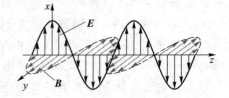

说，$\partial \boldsymbol{B}/\partial t$ 项的效应是“时变磁场激发电场”，$\partial \boldsymbol{E}/\partial t$ 项的效应是“时变电场激发磁场”，正是时变磁场与时变电场的这种互相激发保证了电磁波的存在性.虽然空间中的电荷密度 ρ 和电流密度 $\boldsymbol{J}$ 才是实质上的场源，但是时变磁场与电场的互相激发（亦即 $\partial \boldsymbol{B}/\partial t$ 和 $\partial \boldsymbol{E}/\partial t$ 项的同时存在）的确是电磁波存在的必要条件.

§9.3 电磁场的能量密度和能流密度

电磁场存在时的能量和能量守恒问题是一个重要而且有趣的话题.电磁场通常与（含有带电粒子的）实物系统并存.因为两者之间存在相互作用，实物系统自身的能量一般并不守恒（例如电视台的发射天线会因不断发射电磁波而不断消耗能量）.只有认为电磁场本身也有能量，才可能维护能量守恒定律.为了对涉及电磁场的系统的能量守恒问题有一个较好的理解，最好先重温电荷守恒定律.以 ρ 和 $\boldsymbol{J}$ 分别代表电荷密度和电流密度，则电荷守恒定律表现为如下形式［见式(4-5)］：

$$\oint\!\!\!\oint_S \boldsymbol{J}\cdot \mathrm{d}\boldsymbol{S} = -\frac{\mathrm{d}}{\mathrm{d}t}\iiint_V \rho \mathrm{d}V, \tag{9-21}$$

其中 V 是任一空间区域，S 是其边界面.上式右边代表体积 V 内电荷随时间的减小率，左边代表单位时间内从边界面 S 流出的电荷.左右两边相等正是电荷守恒的反映.这种守恒律称为**定域守恒律**，“定域”在这里的含义是可以找到两个有密度意义的场量，即标量场 ρ（电荷密度）和矢量场 $\boldsymbol{J}$（电流密度），它们对任何空间区域（包括任意小的区域）V 都满足式(9-21).电荷的定域守恒性比一般意义下的电荷守恒性在物理上有更为深刻的含义，它不但告诉我们全空间的电荷总量不随时间而变（这是一般意义的电荷守恒），而且定量地告诉我们，如果体积 V 内的电荷在单位时间内有所减小，那必定是它经过边界面 S 流了出去，流出的数量就等于电流密度矢量场 $\boldsymbol{J}$ 在 S 面上的积分.就是说，电荷的定域守恒律不但告诉我们电荷是守恒的，而且告诉我们电荷是怎样守恒的——如果某份电荷从甲地消失而在乙地出现，那必定是因为两地之间有电流流过.我们当然希望涉及电磁场的能量守恒律也是定域守恒律，就是说，希望找到两个有密度意义的场量，即标量场 w_{EM}（电磁场的能量密度）和矢量场 $\boldsymbol{Y}$（能流密度），它们对任何空间区域 V 也有类似于式(9-21)的关系，即

$$-\frac{\mathrm{d}}{\mathrm{d}t}\iiint_V w_{\mathrm{EM}}\mathrm{d}V = \oint\!\!\!\oint_S \boldsymbol{Y}\cdot \mathrm{d}\boldsymbol{S}. \tag{9-22}$$

然而，体积 V 内原则上既有电磁场又有实物（例如发射天线或某电路中的一个电阻元件），所以式(9-22)左边还应包含实物的能量密度 $w_{实}$，就是说，待找的 w_{EM} 和 $\boldsymbol{Y}$ 应该满足的是如下等式［而不是式(9-22)］：

$$-\frac{\mathrm{d}}{\mathrm{d}t}\iiint_V w_{\mathrm{EM}}\mathrm{d}V - \frac{\mathrm{d}}{\mathrm{d}t}\iiint_V w_{实}\,\mathrm{d}V = \oint\!\!\!\oint_S \boldsymbol{Y}\cdot \mathrm{d}\boldsymbol{S}. \tag{9-23}$$

$w_{实}$ 之所以随时间而变，是因为电磁场作用于带电粒子的洛伦兹力做了功.由于磁场力垂直于受力粒子的速度，其功为零，所谓洛伦兹力的功也就是电场力的功.以 ρ 代表实物的电荷密度，则体元 $\mathrm{d}V$ 中的电荷为 $\rho\mathrm{d}V$.设这份电荷以速度 $\boldsymbol{v}$ 运动，则其所受电场力 $(\rho\mathrm{d}V)\boldsymbol{E}$ 的功率等于 $(\rho\mathrm{d}V)\boldsymbol{E}\cdot\boldsymbol{v}=\boldsymbol{J}\cdot\boldsymbol{E}\mathrm{d}V$［因为电流密度 $\boldsymbol{J}$ 满足 $\boldsymbol{J}=\rho\boldsymbol{v}$，这其实就是式(4-13)］.这份功率应等于体元 $\mathrm{d}V$ 内实物能量的增加率 $\mathrm{d}(w_{实}\mathrm{d}V)/\mathrm{d}t$，即 $\boldsymbol{J}\cdot\boldsymbol{E}\mathrm{d}V=\mathrm{d}(w_{实}\mathrm{d}V)/\mathrm{d}t$，两边积分给出

$$\frac{\mathrm{d}}{\mathrm{d}t}\iiint_V w_{实}\,\mathrm{d}V=\iiint_V \boldsymbol{J}\cdot\boldsymbol{E}\,\mathrm{d}V, \tag{9-24}$$

代入式(9-23)便得

$$\iiint_V \boldsymbol{E}\cdot\boldsymbol{J}\mathrm{d}V=-\frac{\mathrm{d}}{\mathrm{d}t}\iiint_V w_{\mathrm{EM}}\,\mathrm{d}V-\oiint_S \boldsymbol{Y}\cdot\mathrm{d}\boldsymbol{S}. \tag{9-25}$$

我们希望找出满足上式的 w_{EM} 和 $\boldsymbol{Y}$ 的合理表达式(用 $\boldsymbol{E}$ 和 $\boldsymbol{B}$ 表出).[前面已看到静电场和静磁场的能量密度分别是 $w_{\mathrm{e}}=\varepsilon_0E^2/2$ 和 $w_{\mathrm{m}}=B^2/2\mu_0$(指无介质的情况,我们只讨论这种情况).然而时变电磁场的 $\boldsymbol{E}$ 不是静电场,$\boldsymbol{B}$ 也不是静磁场,目前尚无理由肯定任意时变电磁场($\boldsymbol{E}$,$\boldsymbol{B}$)的能量密度 w_{EM} 一定是 $(\varepsilon_0E^2+\mu_0^{-1}B^2)/2$.]我们的方法是先借助麦氏方程推出一个以 $\boldsymbol{E}$ 和 $\boldsymbol{B}$ 表示 $\iiint_V \boldsymbol{E}\cdot\boldsymbol{J}\mathrm{d}V$ 的公式,再与式(9-25)作对比.含 $\boldsymbol{J}$ 的麦氏方程只有式(9-9d),即

$$\oint_L \boldsymbol{B}\cdot\mathrm{d}\boldsymbol{l}=\mu_0\iint_S \boldsymbol{J}_{全}\cdot\mathrm{d}\boldsymbol{S}=\mu_0\iint_S\left(\boldsymbol{J}+\varepsilon_0\frac{\partial\boldsymbol{E}}{\partial t}\right)\cdot\mathrm{d}\boldsymbol{S},$$

困难在于上式的 $\boldsymbol{J}$ 含于面积分号之内而 $\iiint_V \boldsymbol{E}\cdot\boldsymbol{J}\mathrm{d}V$ 的 $\boldsymbol{J}$ 含于体积分号之内.借用某些数学公式以及麦氏方程(9-9d)和方程(9-9b)的微分形式不难克服这一困难,计算过程见拓展篇专题 20,此处只给出计算结果:

$$\iiint_V \boldsymbol{E}\cdot\boldsymbol{J}\mathrm{d}V=-\frac{\mathrm{d}}{\mathrm{d}t}\iiint_V \frac{1}{2}(\varepsilon_0E^2+\mu_0^{-1}B^2)\mathrm{d}V-\oiint_S(\mu_0^{-1}\boldsymbol{E}\times\boldsymbol{B})\cdot\mathrm{d}\boldsymbol{S}. \tag{9-26}$$

把上式同式(9-25)对比使我们得到启发.如果认为

$$w_{\mathrm{EM}}=\frac{1}{2}(\varepsilon_0E^2+\mu_0^{-1}B^2) \tag{9-27}$$

以及

$$\boldsymbol{Y}\equiv\mu_0^{-1}\boldsymbol{E}\times\boldsymbol{B}, \tag{9-28}$$

式(9-26)就给出式(9-25),即给出能量的定域守恒律.再者,式(9-27)在静电场和静磁场的特例下又能回到原来的电能密度 w_{e} 和磁能密度 w_{m} 的表达式.于是人们普遍接受式(9-27)和式(9-28)作为电磁场能量密度 w_{EM} 和能流密度 $\boldsymbol{Y}$ 的表达式(定义式).为了纪念创始人坡印廷,又将能流密度 $\boldsymbol{Y}\equiv\mu_0^{-1}\boldsymbol{E}\times\boldsymbol{B}$ 称为**坡印廷矢量**,其物理意义就是单位时间内流过(与 $\boldsymbol{Y}$ 垂直的)单位面积的电磁场能量(与电流密度矢量 $\boldsymbol{J}$ 对比便不难理解).

应该指出,虽然由式(9-27)和式(9-28)表达的 w_{EM} 和 $\boldsymbol{Y}$ 满足式(9-25),但满足式(9-25)的 w_{EM} 和 $\boldsymbol{Y}$ 却不是非取式(9-27)和式(9-28)的形式不可.所以我们并未证明电磁场的能量和能流密度一定就是 $w_{\mathrm{EM}}=\frac{1}{2}(\varepsilon_0E^2+\mu_0^{-1}B^2)$ 和 $\boldsymbol{Y}=\mu_0^{-1}\boldsymbol{E}\times\boldsymbol{B}$.事实上,单凭一个标量方程(9-25)不足以唯一确定 w_{EM} 和 $\boldsymbol{Y}$.哪怕我们先默认 w_{EM} 只能取 $w_{\mathrm{EM}}=\frac{1}{2}(\varepsilon_0E^2+\mu_0^{-1}B^2)$ 的形式,由方程(9-25)仍不足以唯一确定 $\boldsymbol{Y}$,即不足以保证 $\boldsymbol{Y}$ 非由式(9-28)表达不可,因为,设 $\boldsymbol{X}$ 是满足 $\oiint_S \boldsymbol{X}\cdot\mathrm{d}\boldsymbol{S}=0$(对任意闭合曲面 S)的任一矢量场(这样的矢量场很多),则 $w_{\mathrm{EM}}=\frac{1}{2}(\varepsilon_0E^2+\mu_0^{-1}B^2)$ 和 $\boldsymbol{Y}=\mu_0^{-1}\boldsymbol{E}\times\boldsymbol{B}+\boldsymbol{X}$ 同样满足方程(9-25).更何况没有充分理由肯定 w_{EM} 只能取 $w_{\mathrm{EM}}=\frac{1}{2}(\varepsilon_0E^2+\mu_0^{-1}B^2)$ 的形式.事实上,满足方程(9-25)的 w_{EM} 和 $\boldsymbol{Y}$ 存在无限多种可能表达式,$w_{\mathrm{EM}}=$

$\frac{1}{2}(\varepsilon_0 E^2+\mu_0^{-1}B^2)$ 和 $\boldsymbol{Y}=\mu_0^{-1}\boldsymbol{E}\times\boldsymbol{B}$ 只是其中最简单的一种.我们不想过多介入这个长期讨论的问题,只想说,由于某些原因,人们早已普遍接受式(9-27)和式(9-28)作为 w_{EM} 和 $\boldsymbol{Y}$ 的表达式,即认为电磁场的能量和能流密度分别就是 $w_{\mathrm{EM}}=\frac{1}{2}(\varepsilon_0 E^2+\mu_0^{-1}B^2)$ 和 $\boldsymbol{Y}=\mu_0^{-1}\boldsymbol{E}\times\boldsymbol{B}$.这里的"某些原因"是指:(1) 式(9-27)在静场情况下能回到原有的表达式;(2) 式(9-27)和式(9-28)的简单性;(3) 这种选择不导致理论内部的不自洽性,也同迄今为止所做的所有实验不矛盾;(4) 某些其他考虑,详略.

例 1 单色平面电磁波的能流.

自由空间中的单色平面电磁波的 $\boldsymbol{E}$ 和 $\boldsymbol{B}$ 可表示为(见 §9.1)

$$\boldsymbol{E}(z,t)=\boldsymbol{E}_{\mathrm{m}}\cos(\omega t-kz),\qquad \boldsymbol{B}(z,t)=\boldsymbol{B}_{\mathrm{m}}\cos(\omega t-kz),$$

空间任一点在任一时刻的能流密度为

$$\boldsymbol{Y}=\mu_0^{-1}\boldsymbol{E}\times\boldsymbol{B}=\mu_0^{-1}(\boldsymbol{E}_{\mathrm{m}}\times\boldsymbol{B}_{\mathrm{m}})\cos^2(\omega t-kz).$$

因为 $\cos^2(\omega t-kz)$ 对任何 t、z 值都非负,所以 $\boldsymbol{Y}$ 与 $\boldsymbol{E}_{\mathrm{m}}\times\boldsymbol{B}_{\mathrm{m}}$ 同向.由图 9-3 可知 $\boldsymbol{E}_{\mathrm{m}}\times\boldsymbol{B}_{\mathrm{m}}$ 正是波矢 $\boldsymbol{k}$ 的方向,即波的传播方向,可见电磁能量沿着电磁波的传播方向流动.如果取一个面积为 S 并与 $\boldsymbol{k}$ 垂直的平面,则

$$\text{单位时间流过此平面的能量}=|S\boldsymbol{Y}|$$

$$=\mu_0^{-1}S|\boldsymbol{E}_{\mathrm{m}}\times\boldsymbol{B}_{\mathrm{m}}|\cos^2(\omega t-kz)=\sqrt{\frac{\varepsilon_0}{\mu_0}}S|\boldsymbol{E}_{\mathrm{m}}|^2\cos^2(\omega t-kz),$$

其中最后一步用到 $\boldsymbol{B}_{\mathrm{m}}=\frac{1}{c}\boldsymbol{e}_z\times\boldsymbol{E}_{\mathrm{m}}$ 及 $c^{-2}=\varepsilon_0\mu_0$.上式表明流过该平面的能量随时间 t 做周期性变化,最大值为 $\sqrt{\frac{\varepsilon_0}{\mu_0}}S|\boldsymbol{E}_{\mathrm{m}}|^2$,最小值为零.请注意这一结论与平面的位置($z$ 值)无关.可见,从能量流动的角度看,单色平面电磁波是这样一种时变电磁场,其电磁能量从 $z=-\infty$ 沿 z 轴正向流动并流至 $z=\infty$.这其实是一种非常理想化的模型,真实的物理世界中自然不存在如此理想的电磁波,但却存在这样的电磁场(波),它在一定条件下可被近似看作单色平面电磁波.

例 2 简单直流电路的能流.

初学能流概念时往往以为能流只存在于时变电磁场中,其实这是错觉.事实上,只要涉及能量输运的情况就有能流.电路的重要任务是把电源的能量源源不断地输向负载,因此哪怕是直流电路也必定涉及能流问题.我们以最简单的直流电路为例作一讨论.设负载电阻为圆柱形,电流密度 $\boldsymbol{J}$ 在柱内均匀分布,则柱内一点 P 的 $\boldsymbol{E}$ 和 $\boldsymbol{B}$ 的方向如图 9-4 所示(注意 $\boldsymbol{J}=\gamma\boldsymbol{E}$ 表明 $\boldsymbol{E}$ 与 $\boldsymbol{J}$ 同向),故 P 点的 $\boldsymbol{Y}$ 指向柱轴,说明能量从柱的侧面向柱轴流动.事实上,与电阻释放的焦耳热相应的能量都是由电阻周围流进电阻的,其源头(能源)则是维持恒定电流所必需的电源(见图 9-6),详见下面的小字.

现在讨论电阻周围的能流.在电阻表面以外极近处取一点 P'(见图 9-5).P'点的 $\boldsymbol{B}$ 的方向与图 9-4 一样,但 $\boldsymbol{E}$ 的方向则有所不同.把电阻和空气看作两种电介质,仿照小节3.6.2关于 $\boldsymbol{E}$ 在两电介质交界面上切向分量连续性[式(3-45)]的证明方法,由 $\oint\boldsymbol{E}\cdot\mathrm{d}\boldsymbol{l}=0$ 可知 $\boldsymbol{E}$ 在图 9-5 的界面上的切向分量连续,即 $\boldsymbol{E}_{\mathrm{t}}(P')=\boldsymbol{E}_{\mathrm{t}}(P)$.而 $\boldsymbol{E}$ 在电阻内只有切向分量,即$\boldsymbol{E}(P)=\boldsymbol{E}_{\mathrm{t}}(P)$,故

$$\boldsymbol{E}_{\mathrm{t}}(P')=\boldsymbol{E}(P)\neq\boldsymbol{0}. \tag{9-29}$$

另一方面,把式(2-1)的推导方法用于图 9-5[并注意 $\boldsymbol{E}(P)$无法向分量],由 $\oint\!\!\!\oint\boldsymbol{E}\cdot\mathrm{d}\boldsymbol{S}=q/\varepsilon_0$ 又得

$$\boldsymbol{E}_{\mathrm{n}}(P')=\frac{\sigma}{\varepsilon_0}\boldsymbol{e}_{\mathrm{n}}\neq\boldsymbol{0},\tag{9-30}$$

其中 σ 是界面上的电荷面密度,$\boldsymbol{e}_{\mathrm{n}}$ 是从电阻侧指向空气侧的法向单位矢量.可见 P' 点的 $\boldsymbol{E}$ 既有切向(轴向)分量又有法向(径向)分量,于是 P' 点的能流密度(坡印廷矢量)

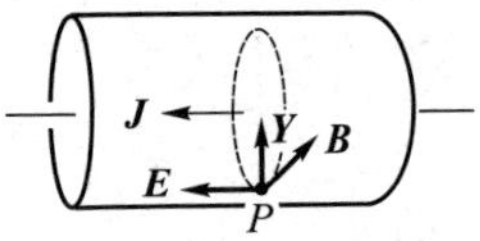

图 9-4 电阻内的能流密度 $\boldsymbol{Y}$ 指向柱轴

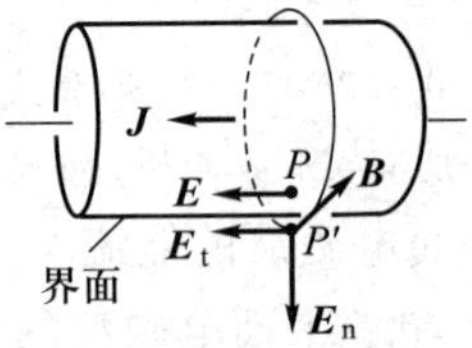

图 9-5 电阻周围的 $\boldsymbol{E}$ 既有轴向分量又有径向分量,使 $\boldsymbol{Y}$ 既有径向分量又有轴向分量

$$\boldsymbol{Y}(P')=\mu_0^{-1}\boldsymbol{E}(P')\times\boldsymbol{B}(P')=\mu_0^{-1}[\boldsymbol{E}_{\mathrm{t}}(P')\times\boldsymbol{B}(P')+\boldsymbol{E}_{\mathrm{n}}(P')\times\boldsymbol{B}(P')],\tag{9-31}$$

其中第一项逆着 $\boldsymbol{e}_{\mathrm{n}}$ 指向电阻内部(径向),第二项则沿切向(轴向)向左(当 $\sigma>0$ 时)或向右(当 $\sigma<0$ 时).考虑一个极端情况.设电阻器的电阻率逐渐减小至零(成为理想导线),则电导率 $\gamma\to\infty$,由 $\boldsymbol{J}=\gamma\boldsymbol{E}$ 可知导线内部的 $\boldsymbol{E}$ 只能为零(否则 J 为无限大),于是式(9-29)现在给出 $\boldsymbol{E}_{\mathrm{t}}(P')=\boldsymbol{0}$,导致式(9-31)右边第一项为零,$\boldsymbol{Y}(P')$ 便完全沿轴向.这说明理想导线附近的能量是平行于导线流动的.导线不但使电流沿着导线内部流动,而且引导着能量"贴着"导线流动.图 9-6 是简单直流电路的能流方向示意图,它形象地用箭头描绘出能量如何从电源出发沿着导线流进负载电阻.电源内部(及周围)能流方向之所以与电阻相反(流出而非流入),关键在于 $\boldsymbol{E}$ 与 $\boldsymbol{J}$ 在电源内部不是同向而是(大致)反向,这当然是因为电源内存在非静电力.

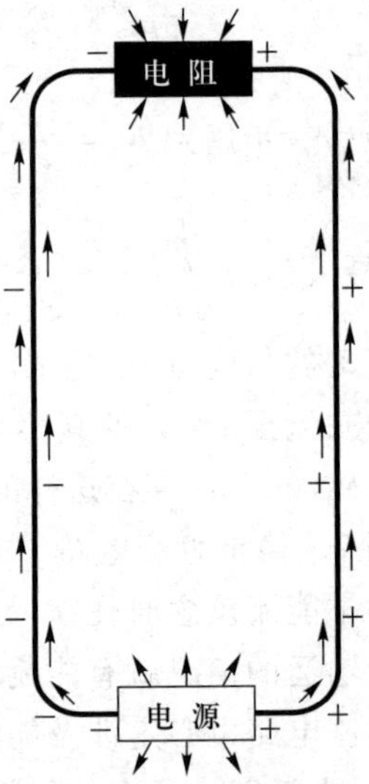

图 9-6 简单直流电路能流示意图(电源与电阻之间由理想导线连接)

注 以上讨论一再用到 $\boldsymbol{J}=\gamma\boldsymbol{E}$,但更周密的考虑表明此式不严格成立.$\boldsymbol{J}=\gamma\boldsymbol{E}$ 只是 $\boldsymbol{J}=\gamma(\boldsymbol{E}+\boldsymbol{E}_{非})$ 在 $\boldsymbol{E}_{非}=\boldsymbol{0}$ 时的特例.既然圆柱体内的电流激发磁场 $\boldsymbol{B}$,自由电子(载流子)还因有定向运动速度 $\boldsymbol{u}$ 而受到磁洛伦兹力 $e\,\boldsymbol{u}\times\boldsymbol{B}$,这正是现在情况下的 $\boldsymbol{E}_{非}$,因此应以 $\boldsymbol{J}=\gamma(\boldsymbol{E}+\boldsymbol{u}\times\boldsymbol{B})$ 代替 $\boldsymbol{J}=\gamma\boldsymbol{E}$.磁力 $e\,\boldsymbol{u}\times\boldsymbol{B}$ 迫使电子在轴向运动的基础上叠加一个内向的径向运动(也可看作霍尔效应),从而形成一个内向的径向霍尔电场 $\boldsymbol{E}_{\mathrm{H}}$,它对载流电子的力与电子所受磁洛伦兹力 $e\,\boldsymbol{u}\times\boldsymbol{B}$ 反向,当两者等值时达到平衡.平衡时 $\boldsymbol{J}=\gamma(\boldsymbol{E}+\boldsymbol{u}\times\boldsymbol{B})$,其中 $\boldsymbol{E}$ 是轴向分量 $\boldsymbol{E}_{轴}$ 与径向分量 $\boldsymbol{E}_{\mathrm{H}}$ 之和.$\boldsymbol{E}_{轴}$ 的作用与正文中 $\boldsymbol{E}$ 的作用相同,它与 $\boldsymbol{B}$ 提供的能流沿径向;$\boldsymbol{E}_{\mathrm{H}}$ 与 $\boldsymbol{B}$ 提供的能流则沿轴向(平行于电流方向).数量级估算表明通常可略去 $\boldsymbol{E}_{\mathrm{H}}$.

例 3 简谐交流电路中纯电容的能流.

考虑图 9-7 所示的由两个金属圆盘组成的平板电容器,图中 $i(t)$ 和 $u(t)$ 旁的箭头代表 i 和 u 的正方向.先讨论图中 P 点的能流密度 $\boldsymbol{Y}$.设在某时刻 t 有 $u>0$,则两板间的电场 $\boldsymbol{E}$ 自下而上,P 点的 $\boldsymbol{E}$ 近似如图箭头所示.对于 $u<0$ 的时刻,$\boldsymbol{E}$ 应反向,但只要把图中 $\boldsymbol{E}$ 旁的箭头理解为 $\boldsymbol{E}$ 的正方向,就可通用.由于 $\boldsymbol{B}$ 同 i 有右手螺旋关系,故当 $i>0$ 时 $\boldsymbol{B}$ 的方向由图中的箭头描述.只要把这个箭头理解为 $\boldsymbol{B}$ 的正方向,则它也适用于 $i<0$ 的情况.于是由 $\boldsymbol{Y}=\mu_0^{-1}\boldsymbol{E}\times\boldsymbol{B}$ 可知 P 点的 $\boldsymbol{Y}$(正方向)指向图中圆周 L 的圆心.对 L 用麦氏方程(9-9d),选 L 所围圆平面为式中的 S,则因传导电流 $\boldsymbol{J}$ 在 S 上各点为零以及位移电流 $\varepsilon_0\partial\boldsymbol{E}/\partial t$ 在 S 上各点近似相等,有

$$2\pi aB=\mu_0\varepsilon_0\frac{\partial E}{\partial t}\pi a^2,\tag{9-32}$$

其中 a 是圆盘半径，B 和 E 分别代表 $\boldsymbol{B}$ 和 $\boldsymbol{E}$ 在各自正方向的分量，时正时负，于是

$$B=\frac{1}{2}\mu_0\varepsilon_0 a\frac{\partial E}{\partial t},$$

代入 $\boldsymbol{Y}=\mu_0^{-1}\boldsymbol{E}\times\boldsymbol{B}$ 得 $\boldsymbol{Y}$ 在自己正方向的分量 Y(时正时负)的表达式：

$$Y=\frac{1}{2}\varepsilon_0 aE\frac{\partial E}{\partial t}. \tag{9-33}$$

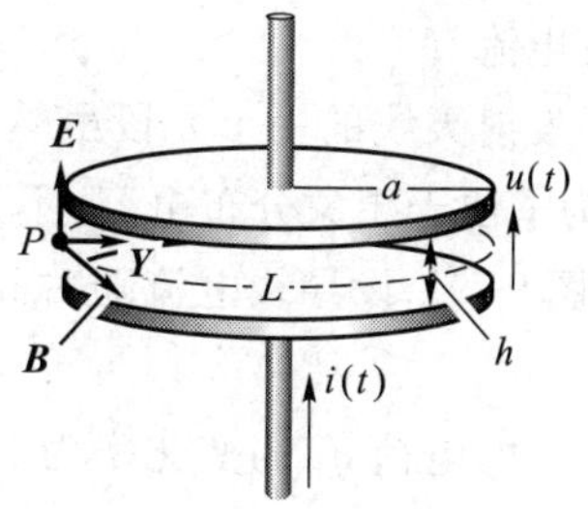

图 9-7　纯电容的能流

设两盘内壁间的距离为 h，则以两盘内壁为上下底、以 h 为高的圆柱面积为 $2\pi ah$，单位时间内从该面流进(对 $Y<0$ 的时刻实际上是流出)电容器的能量为

$$\text{流进电容器的能量}=Y\cdot 2\pi ah=\pi\varepsilon_0 a^2hE\frac{\partial E}{\partial t}. \tag{9-34}$$

从能量守恒出发，它应等于电容器内电磁场能量的增加率.现在来验证这一想法.因为讨论的是纯电容模型，其内部的磁场能量可以忽略，所以电容器内的电磁场能量 W 等于电场能量，即

$$W=W_e=\text{电能密度}\times\text{体积}=w_e\pi a^2h=\frac{1}{2}\pi\varepsilon_0 a^2hE^2,$$

其增加率为

$$\frac{\mathrm{d}W}{\mathrm{d}t}=\pi\varepsilon_0 a^2hE\frac{\mathrm{d}E}{\mathrm{d}t}, \tag{9-35}$$

与式(9-34)对比可知的确相等.[两板间的 E 只是 t(而不是空间坐标)的函数，E 对 t 的偏导数 $\partial E/\partial t$ 也就是 E 对 t 的导数 $\mathrm{d}E/\mathrm{d}t$.]

电场的瞬时值 $E(t)=u(t)/h$，而简谐电路中纯电容的电压 $u(t)$ 可表示为 $u(t)=U_m\sin\omega t$，故

$$E(t)=E_m\sin\omega t\quad(\text{其中 } E_m\equiv U_m/h),$$

于是 $\partial E/\partial t=\omega E_m\cos\omega t=\omega E_m\sin(\omega t+\pi/2)$，可见 $\partial E/\partial t$ 与 $E(t)$ 的相位差是 $\pi/2$.代入式(9-35)得

$$\frac{\mathrm{d}W}{\mathrm{d}t}=\pi\varepsilon_0 a^2h\omega E_m^2\sin\omega t\sin\left(\omega t+\frac{\pi}{2}\right),$$

仿照小节 8.5.1 的讨论并参看图 8-29，不难相信 $\mathrm{d}W/\mathrm{d}t$ 在一周期内的平均值为零.这是因为能量在一个周期内的某些时段流进电容器($Y>0$)而其他时段内流出($Y<0$)，而且进出量的绝对值相等.小节 8.5.1 是用 u 与 i 讨论的，关键是 u 与 i 相位差为 $\pi/2$，现在则用 E 与 B 讨论.由 $E=u/h$ 可知 E 正比于 u，由式(9-32)又知 B 正比于 $\varepsilon_0(\partial E/\partial t)\pi a^2$，而 $\varepsilon_0(\partial E/\partial t)\pi a^2$ 是流过电容器内横截面的位移电流强度，它应等于导线上的传导电流强度 i.所以用 E 与 B 讨论与用 u 与 i 讨论给出相同结果是很自然的.

§9.4　电偶极辐射与赫兹实验

9.4.1　电偶极辐射

§9.2 讨论的平面电磁波是一种高度理想化的模型，本节则要讨论一个实际得多的例子——由天线向外发射的电磁波.发射天线的时变电流通常来自 LC 回路的电磁振荡(通过互感耦合经馈线传到天线，如图 9-8).实际天线是复杂的，但原则上可以把它分成若干元段，麦氏方程的线性特性保证整个天线的电磁场等于所有元段的电磁场的叠加.本节只讨论其中一个元段，而且只讨论元段电流是简谐电流的情况，因为非简谐电流可以表示为各种频率的简谐电流之和.与直流电流不同，时变电流可以存在于导线的一个元段之中(因为时变电流不需要闭合).事实上，半导体收音机的拉杆天线(接收天线)内就存在高频

时变电流.

发射天线的一个元段虽然只是一根短导线,但在高频情况下其分布电容和电感不可忽略.为了便于想象分布电容,不妨认为该元段由两个全同金属小球以及其中的联接导线组成(见图 9-9).设导线电流随时间做简谐变化:

$$i(t)=I_{m}\sin\omega t, \tag{9-36}$$

则球 1 的电荷 q_1 的变化率为

$$\frac{\mathrm{d}q_1(t)}{\mathrm{d}t}=i(t)=I_{m}\sin\omega t.$$

积分上式得[默认 $q_2(0)=-q_1(0)=I_m/\omega$]

$$q_1(t)=-\frac{I_m}{\omega}\cos\omega t. \tag{9-37}$$

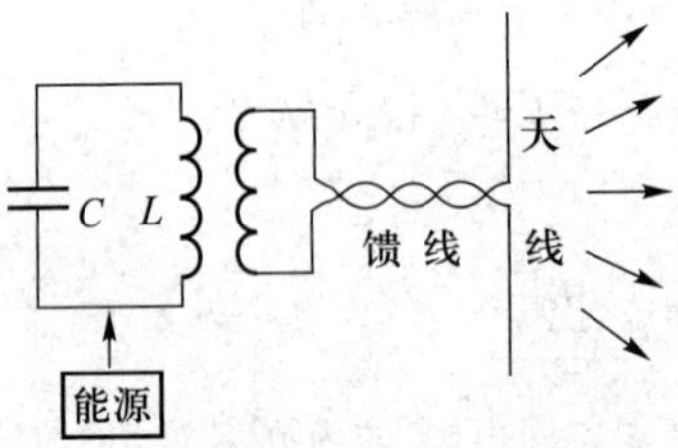

图 9-8 用 LC 振荡器给天线馈送振荡电流使天线发射电磁波示意图

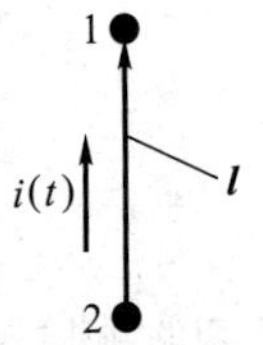

图 9-9 电偶极振子示意图

设从球 2 到球 1 的径矢 $\boldsymbol{l}$ 足够小(但小球半径还要小得多,因而仍可看作点电荷),则可认为两球组成一个电偶极子,其偶极矩为 $\boldsymbol{p}(t)\equiv q(t)\boldsymbol{l}$(从现在起把 q_1 简写为 q).所以常把这样的天线元段称为一个**偶极振子**.为求得偶极振子的电磁场($\boldsymbol{E},\boldsymbol{B}$),应求解以这样的电荷和电流分布为场源的麦氏方程组.限于数学知识,而且也为了突出物理意义,我们略去求解过程而径直给出求解结果. $\boldsymbol{E}$、$\boldsymbol{B}$ 的表达式颇长,我们引进如下代号以突出要点:

$$k\equiv\frac{\omega}{c},\quad G_1\equiv\frac{\mu_0 I_m l}{4\pi},\quad G_2\equiv\frac{I_m l}{4\pi\varepsilon_0\omega}, \tag{9-38}$$

以元段所在点为原点、元段延长线为极轴建立球坐标系(r,θ,φ)(见图 9-10),计算表明偶极振子的 $\boldsymbol{E}$ 和 $\boldsymbol{B}$ 在此坐标系的 6 个分量中有 3 个为零,即 $B_r=B_\theta=E_\varphi=0$,其他 3 个为

$$B_\varphi=(G_1\sin\theta)k^2\left[\frac{1}{kr}\cos\omega\left(t-\frac{r}{c}\right)+\frac{1}{k^2r^2}\sin\omega\left(t-\frac{r}{c}\right)\right], \tag{9-39}$$

$$E_r=(2G_2\cos\theta)k^3\left[\frac{1}{k^2r^2}\sin\omega\left(t-\frac{r}{c}\right)-\frac{1}{k^3r^3}\cos\omega\left(t-\frac{r}{c}\right)\right], \tag{9-40}$$

$$E_\theta=(G_2\sin\theta)k^3\left[\frac{1}{kr}\cos\omega\left(t-\frac{r}{c}\right)+\frac{1}{k^2r^2}\sin\omega\left(t-\frac{r}{c}\right)-\frac{1}{k^3r^3}\cos\omega\left(t-\frac{r}{c}\right)\right], \tag{9-41}$$

以上 3 式都含有 2 至 3 个简谐函数项,其角频率都是 ω[等于振子电流 $i(t)$ 的角频率].以 B_φ 第二项中的 $\sin\omega(t-r/c)$ 为例.因为$k\equiv\omega/c$[式(9-38)的第一式],所以 $\sin\omega(t-r/c)$ 可改写为 $\sin(\omega t-kr)$.与 §9.2对比可知 $\sin(\omega t-kr)$ 也是一种单色波(单一角频率),不过同一时刻的

等相面(波面)是“r=常量”的面,即以振子为心的各个球面,因而是单色球面波,其传播方向是沿径向向外.式(9-39)—式(9-41)中其他各个简谐函数都与此相仿,各简谐函数的差别只体现在初相上,所以由它们叠加而成的B_φ、E_r、E_θ都是沿径向向外传播的单色球面波.与§9.2的平面波的另一区别是式(9-39)至式(9-41)中的每个简谐函数前都要乘以r^{-1}、r^{-2}或r^{-3},这表明各简谐函数的振幅都随半径r的增大而衰减.注意到kr为无量纲的量,考察$kr\gg1$和$kr\ll1$这两种极端情况是很有启发的.

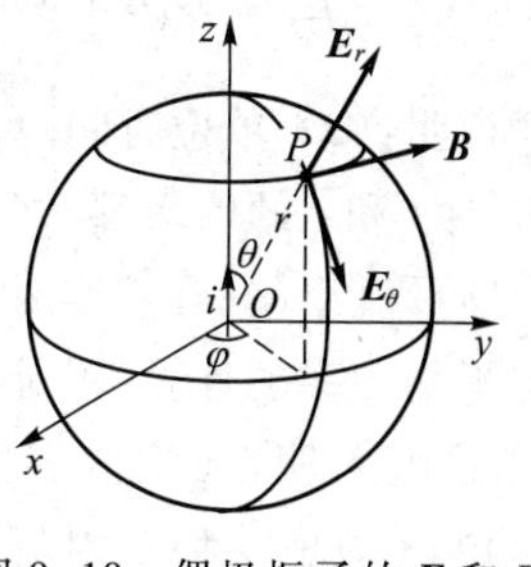

图 9-10 偶极振子的 $\boldsymbol{E}$ 和 $\boldsymbol{B}$

(1) $kr\gg1$ 的区域(**远区**).

$kr\gg1$ 导致$(kr)^{-1}\gg(kr)^{-2}\gg(kr)^{-3}$,故可只保留式(9-39)至式(9-41)中$(kr)^{-1}$的项,于是近似有

$$B_\varphi=k(G_1\sin\theta)\frac{1}{r}\cos(\omega t-kr),\quad B_r=B_\theta=0,\tag{9-42}$$

$$E_\theta=k^2(G_2\sin\theta)\frac{1}{r}\cos(\omega t-kr),\quad E_r=E_\varphi=0.\tag{9-43}$$

以$\boldsymbol{e}_r$、$\boldsymbol{e}_\theta$、$\boldsymbol{e}_\varphi$代表球坐标系的三个单位矢量,则上式也可改写为如下的矢量表达式:

$$\boldsymbol{B}=\boldsymbol{B}_\mathrm{m}\cos(\omega t-kr),\quad 其中\ \boldsymbol{B}_\mathrm{m}\equiv\boldsymbol{e}_\varphi r^{-1}kG_1\sin\theta,\tag{9-42$'$}$$

$$\boldsymbol{E}=\boldsymbol{E}_\mathrm{m}\cos(\omega t-kr),\quad 其中\ \boldsymbol{E}_\mathrm{m}\equiv\boldsymbol{e}_\theta r^{-1}k^2G_2\sin\theta.\tag{9-43$'$}$$

由此可知:

① 偶极振子远区的 $\boldsymbol{E}$ 和 $\boldsymbol{B}$ 是同频同相的单色球面波.

② 仿照§9.2对平面电磁波的讨论,可知远区的电磁波($\boldsymbol{E}$、$\boldsymbol{B}$波)也以光速传播(相速$=c$).

③ 因为等相面的法矢代表波的传播方向,所以远区电磁波的波矢为$\boldsymbol{k}\equiv k\boldsymbol{e}_r$.注意到$\boldsymbol{e}_\theta$和$\boldsymbol{e}_\varphi$都垂直于$\boldsymbol{e}_r$(而且$\boldsymbol{e}_\theta$、$\boldsymbol{e}_\varphi$互相垂直),可知式(9-42$'$)和式(9-43$'$)代表的球面电磁波是横波,而且$\boldsymbol{E}$和$\boldsymbol{B}$也互相垂直①.更有甚者,由式(9-42$'$)、式(9-43$'$)及式(9-38)还可推出$\boldsymbol{E}_\mathrm{m}$、$\boldsymbol{B}_\mathrm{m}$、$\boldsymbol{k}$三者有如下关系:

$$\boldsymbol{B}_\mathrm{m}=\frac{1}{c}\boldsymbol{e}_k\times\boldsymbol{E}_\mathrm{m}\quad(其中\ \boldsymbol{e}_k\ 代表\ \boldsymbol{k}\ 向的单位矢量,即\ \boldsymbol{e}_r),\tag{9-44}$$

这与平面电磁波的式(9-20)也相同.区别在于:式(9-20)中的$\boldsymbol{E}_\mathrm{m}$、$\boldsymbol{B}_\mathrm{m}$是常矢量场而现在的$\boldsymbol{E}_\mathrm{m}$、$\boldsymbol{B}_\mathrm{m}$却随$r$及$\theta$而变.

④ 远区电磁场是辐射电磁场.所谓辐射电磁场,是指有能量流到无限远去的电磁场.为了验证远区场是辐射场,只需计算以振子为心的一个足够大的球面上单位时间流出的能量.因为坡印廷矢量(能流密度)$\boldsymbol{Y}=\mu_0^{-1}\boldsymbol{E}\times\boldsymbol{B}$代表单位时间流过单位面积的能量,所以单位时间流过半径为r的球面S的能量为

$W=\oiint_S\boldsymbol{Y}\cdot\mathrm{d}\boldsymbol{S}=\mu_0^{-1}\oiint_S(\boldsymbol{E}\times\boldsymbol{B})\cdot\mathrm{d}\boldsymbol{S}=\mu_0^{-1}\oiint_S\dfrac{k^3G_1G_2\sin^2\theta}{r^2}\cos^2(\omega t-kr)\mathrm{d}S$.把$\mathrm{d}S=r^2\sin\theta\mathrm{d}\theta\mathrm{d}\varphi$代入上式并积分,再利用式(9-38)得

---

① 波是振动(振荡)在空间的传播,振动是物理量随时间的某种变化.当物理量为矢量(或标量)时,相应的波称为**矢量波**(或**标量波**).$\boldsymbol{E}$波和$\boldsymbol{B}$波都是矢量波.

$$W=\mu_0^{-1}k^3G_1G_2\cos^2(\omega t-kr)\int_0^{2\pi}\mathrm{d}\varphi\int_0^{\pi}\sin^3\theta\mathrm{d}\theta=\frac{(\omega I_{\mathrm{m}}l)^2}{6\pi\varepsilon_0c^3}\cos^2(\omega t-kr).\qquad(9\text{-}45)$$

上式说明：(a) 单位时间内从球面 S 流出的能量 W 与所关心的时刻 t 及球面 S 的半径 r 有关，但 W 对 t 和 r 的依赖都只含在因子 $\cos^2(\omega t-kr)$之内. $\cos^2(\omega t-kr)\geqslant 0$ 保证 $W\geqslant 0$，即任一时刻都有能量流出（只在特殊时刻不出不进），这其实是 $\boldsymbol{E}$ 与 $\boldsymbol{B}$ 同相位的结果. (b) 仿照第八章纯电阻平均功率的计算，不难得知一周期内流出的能量与$(\omega I_{\mathrm{m}}l)^2$ 成正比，而与球面 S 的半径 r 无关.这就表明，无论取多大的球面（$r\to\infty$），一周期内流出的能量是个定值.可见偶极振子远区电磁场是一种辐射场，它把振子的能量源源不断地输向无限远.请特别注意这是 $\boldsymbol{E}$ 和 $\boldsymbol{B}$ 都与 r 的一次方成反比的结果（两者乘积中的 r^{-2}恰与 $\mathrm{d}S$ 中的 r^2 相消）.发射电磁辐射使振子不断出现能量损失，为了维持振子的简谐电流 $i(t)=I_{\mathrm{m}}\sin\omega t$，必须用能源给振子馈送能量（**馈电**，见图 9-8）.

假定你在离电视发射天线足够远处收看电视，则天线所发电磁波可以近似看作具有横波性的球面电磁波.假定你离得更远致使球面的半径可看作无限大，则此球面波可近似看作平面波.可见，虽然 § 9.2 讨论的那种从 $z=-\infty$ 传至 $z=\infty$ 的平面电磁波只是一种理想模型，但刚才的例子在一定意义上可看作与这个模型相应的实际情况.

(2) $kr\ll 1$ 的区域（**近区**）.

$kr\ll 1$ 导致$(kr)^{-1}\ll(kr)^{-2}\ll(kr)^{-3}$，故对 $\boldsymbol{E}$ 只需保留$(kr)^{-3}$的项，对 $\boldsymbol{B}$ 只需保留$(kr)^{-2}$的项，于是近似有

$$B_\varphi=(G_1\sin\theta)\frac{1}{r^2}\sin(\omega t-kr),\qquad(9\text{-}46)$$

$$B_r=B_\theta=0,\qquad(9\text{-}47)$$

$$E_r=-(2G_2\cos\theta)\frac{1}{r^3}\cos(\omega t-kr),\qquad(9\text{-}48)$$

$$E_\theta=-(G_2\sin\theta)\frac{1}{r^3}\cos(\omega t-kr),\qquad(9\text{-}49)$$

$$E_\varphi=0.\qquad(9\text{-}50)$$

由 $kr\ll 1$ 得 $\cos kr\approx 1$，$\sin kr\approx kr\approx 0$，故

$$\sin(\omega t-kr)=\sin\omega t\cos kr-\cos\omega t\sin kr\approx\sin\omega t,$$

注意到 $G_1\equiv\mu_0I_{\mathrm{m}}l/4\pi$，$i(t)=I_{\mathrm{m}}\sin\omega t$，便可把式(9-46)、式(9-47)改写为

$$B_\varphi(r,\theta,t)=\frac{\mu_0}{4\pi}\frac{i(t)l\sin\theta}{r^2},\quad B_r=B_\theta=0.\qquad(9\text{-}51)$$

以 $\boldsymbol{e}_r$ 代表从原点到场点 P 的单位矢量，则上式又可改写为矢量表达式：

$$\boldsymbol{B}(r,\theta,t)=\frac{\mu_0}{4\pi}\frac{i(t)\boldsymbol{l}\times\boldsymbol{e}_r}{r^2}.\qquad(9\text{-}52)$$

上式与毕-萨定律的表达式(5-2)一样，唯一的区别是：毕-萨定律是恒定电流激发静（恒定）磁场的定律，而现在 i 和 $\boldsymbol{B}$ 都含 t.应该指出，时变电流 $i(t)$引起的电磁扰动本来是以波的形式传播的，波速（光速）虽然很大，但仍为一有限值，所以场点在 t 时刻的 $\boldsymbol{B}$ 值本应取决于源点在稍前时刻 $t'\equiv t-r/c$ 的电流值$i(t')$（这就是常说的**推迟效应**），只是由于 $kr\ll 1$ 而近似认为 $t'=t$.就是说，因为场点与源点足够靠近，不妨忽略推迟效应而认为场点在 t 时刻的场 $\boldsymbol{B}$ 取决于源点在

同一时刻的电流值.类似地,把 $G_2 \equiv I_m l/4\pi\varepsilon_0\omega$ 代入式(9-48)、式(9-49)得

$$E_r(r,\theta,t) = -\frac{2I_m l\cos\theta}{4\pi\varepsilon_0\omega r^3}\cos\omega t, \tag{9-53}$$

$$E_\theta(r,\theta,t) = -\frac{I_m l\sin\theta}{4\pi\varepsilon_0\omega r^3}\cos\omega t, \tag{9-54}$$

以式(9-37)代入上两式,注意到 $\boldsymbol{p}(t) \equiv q(t)\boldsymbol{l}$,便有

$$E_r(r,\theta,t) = \frac{2p(t)\cos\theta}{4\pi\varepsilon_0 r^3}, \tag{9-55}$$

$$E_\theta(r,\theta,t) = \frac{p(t)\sin\theta}{4\pi\varepsilon_0 r^3}. \tag{9-56}$$

上两式可综合表示为如下的矢量式:

$$\boldsymbol{E}(r,\theta,t) = \frac{p(t)}{4\pi\varepsilon_0 r^3}(2\boldsymbol{e}_r\cos\theta + \boldsymbol{e}_\theta\sin\theta), \tag{9-57}$$

这同静电偶极子电场的表达式(3-8)一样,唯一区别是现在的 $\boldsymbol{E}$ 和 p(偶极矩)都含 t.含 t 并不增加多少复杂性,因为场点在 t 时刻的电场取决于源点在同一时刻的电偶极矩 $\boldsymbol{p}$.当然,这也是忽略推迟效应的结果.可见,电偶极振子的近区电场可看作由时变电偶极矩 $\boldsymbol{p}(t) \equiv q(t)\boldsymbol{l}$"瞬时激发"的电场.

式(9-52)和式(9-57)使我们可以借用静磁场和静电场的公式方便地计算电偶极振子近区的磁场和电场,这是忽略推迟效应的结果.这种忽略推迟效应的近似称为**似稳近似**.下节对似稳电磁场和似稳电路还有更多的讨论.

最后讨论近区的能流.由式(9-46)—式(9-50)可知近区的 $\boldsymbol{B}$ 只有 φ 分量而 $\boldsymbol{E}$ 有 r 和 θ 分量,故坡印廷矢量 $\boldsymbol{Y} \equiv \mu_0^{-1}\boldsymbol{E}\times\boldsymbol{B}$ 既有 θ 分量 Y_θ(由 E_r 和 B_φ 决定)又有 r 分量 Y_r(由 E_θ 和 B_φ 决定).Y_θ 对应的能流不会离开球面,我们不必关心.Y_r 则代表沿 r 方向的能流密度.但由式(9-49)和式(9-46)可知,对同一场点,E_θ 与 B_φ 相位差为 $\pi/2$,所以一个周期内沿径向的能流为零(与纯电感或纯电容的情况类似).就是说,平均而言没有能量沿径向流动.更为重要的是,由于 E_θ 和 B_φ 对 r 的依赖关系分别为 r^{-3} 和 r^{-2},能流密度(正比于乘积 $E_r B_\varphi$)随 r 的增大将以 r^{-5} 的速率减小,而以 r 为半径的球面积只按 r^2 的速率增大,于是单位时间内流出球面的能量随着球半径的增大而急剧减小,当 $r\to\infty$ 时能流为零,没有能量输到无限远.可见,即使着眼于每一瞬间(而不是一周期的平均),近区场仍然不是辐射场.远区场之所以是辐射场,关键在于其 $\boldsymbol{E}$ 和 $\boldsymbol{B}$ 对距离的依赖都是 r^{-1},因而能流密度按 r^{-2} 的速率减弱,而球面积正比于 r^2,两者相消,单位时间流出球面的平均能量就与半径无关($\boldsymbol{E}$ 与 $\boldsymbol{B}$ 同相位保证每一时刻都是流出),因而能量从场源一直流到无限远.其实,把场分成远区场和近区场只是为简化讨论,实质性的特征应是场量随 r 增大而减小的速率.当说到"近区场不是辐射场"时,我们暗中略去了式(9-39)至式(9-41)中的所有含 r^{-1} 的项,其实这些项代表的正是辐射场.试想,能量是从波源(振子)先经近区再到远区最后奔向无限远的,如果这些 r^{-1} 项在近区根本不存在,又怎么会有能量流到无限远呢?

9.4.2 赫兹实验

电磁波的实验检验

麦克斯韦于 1865 年发表的关于电磁理论的论文(以及 1873 年出版的集大成著作)是纯理论研究,而且包含了关于位移电流的假设,所以在相当长的时间内并未受到足够的重视.许多物理学家对此并不信以为真,更谈不上考虑这一理论的实际应用.20 多年后的 1888 年,德国物理学家赫兹(Hertz)发表了他用一系列实验证实电磁波存在性的著名论文,从此电磁波的理论和应用问题才受到举世瞩目.在赫兹实验的鼓舞下,意大利物理学家马可尼(Marconi)于 1895 年制成了第一台电报机.遗憾的是,由于英年早逝,赫兹(卒于 1894 年)未能看到自己成果的如此重要的应用.马可尼由于对无线电通信的多项开拓性卓著贡献而被公认为"无线电通信之父",并获得 1909 年诺贝尔物理学奖.

赫兹的实验包括了对电磁波的发射、接收、反射、折射、偏振等一系列研究.机械波是机械振动在空间的传播,电磁波是电磁振荡在空间的传播.电磁振荡存在于振荡电路中,但通常的振荡电路几乎不发射电磁波.以图 6-61 的自由振荡电路为例,虽然电场和磁场都随时间变化,但电场和磁场能量分别集中于电容器和线圈内部,不利于电场与磁场的相互激发,难以形成电磁波.要激发电磁波可按图 9-11 的思路对 LC 电路作开放处理,开放到最后[见图 9-11(d)]就成为易于发射的偶极振子.就是说,电路开放的本身有利于电磁波的发射.此外,开放还带来第二个好处.粗略地仍把图 9-11(d)看作"LC 电路",其中的 L 和 C 代表分布电感和电容,其数值比图 9-11(a)的 L 和 C 小得多,由 $\omega=1/\sqrt{LC}$ 可知振荡频率要高得多,而这又进一步有利于电磁波的发射,理由如下.式(9-45)表明单位时间从偶极振子发射的能量 $W\propto(\omega I_{m}l)^{2}$,式(9-37)则表明 $I_{m}\propto\omega q_{m}$,故 $W\propto(\omega^{2}q_{m}l)^{2}=\omega^{4}p_{m}^{2}$.因此,在偶极矩(振幅)$p_{m}$一定的条件下,发射的能量与频率的 4 次方成正比,提高频率明显有利于发射.可见,从发射电磁波的角度看,LC 电路的开放可收一举两得之效.然而上述讨论有一个不切实际之处,就是没有考虑能量损耗.由于电路总有电阻,图 9-11(a)出现的其实不是自由振荡而是阻尼振荡,迟早要衰减为零.图 9-11(d)则还因电磁波会带走能量而使振荡的衰减加速.不言而喻,为使电路持续发射电磁波就必须加入能源.赫兹在当时的简陋实验条件下巧妙地利用火花隙与感应圈相配合解决了能源问题(感应圈的原理见小节 6.6.1 末).图 9-12 是根据赫兹原文附图简化画出的发射装置(后人称之为**赫兹振子**),其中 A_1 和 A_2 是直径为 3 cm 的黄铜圆柱体,B_1 和 B_2 是直径为 4 cm 的高度磨光的黄铜球,两球之间留有一个火花隙.感应圈原边接通直流电源后,副边的周期性高压使两球之间出现强电场,直至空气因击穿而导电(打火花),于是振子出现振荡电流.因为振子的分布电感 L 和电容 C 很小,振荡频率很高(量级为 10^8 Hz),所以有利于发射电磁波.在两个小球借火花导电反复充放电多次的过程中,由于存在能量损耗,振荡电流不断减幅,火花最终消失.此后情况大致复原,直到感应圈再度出现高压后再次演出相同一幕(请注意感应圈供电的周期远大于振荡的周期).为了接收这一电磁波,赫兹用细铜线制成一个开口圆环(开口处也是火花隙),一端装有磨光黄铜球,另一端被磨尖,并可通过绝缘螺钉被调到离铜球极近之处(以调节火花隙).圆环本身(作为振荡电路)有自己的固有频率,当它等于赫兹振子的固有频率时接收效果最佳.在赫兹振子发射时,位于附近的接收器(圆环)果然出现火花,表明它接收到电磁波.为了进一步确证这的确是电磁波,也为了证明光波也是电磁波,赫兹用他的装置验证了电磁波的各种波动特征(反射、折射、偏振、干涉、驻波等)以及与光的传播类似的直进性和聚焦性,特别是利用反射镜形成驻波后，通过测定两个波节的距离测出半波长，并由此间接求得波的速率，发现它在实验误差范围内与光速相等.

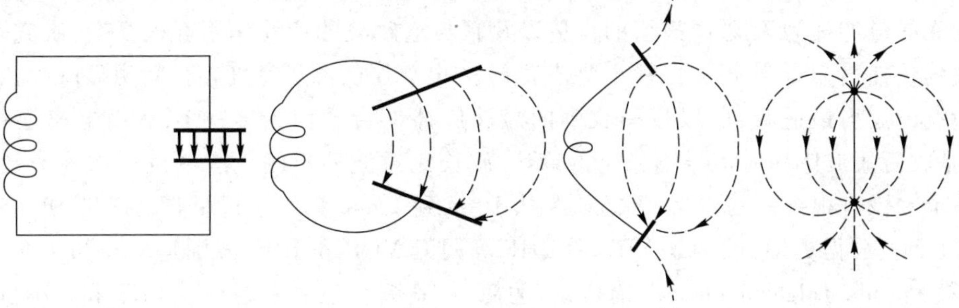

(a)　(b)　(c)　(d)

图 9-11　*LC* 振荡电路演变为偶极振子(虚线为 $\boldsymbol{E}$ 线，$\boldsymbol{B}$ 线未画出)

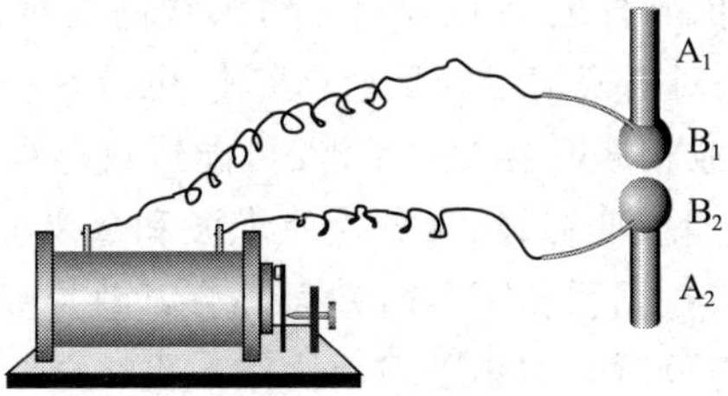

图 9-12　赫兹振子

9.4.3　电磁波谱

马可尼的电报机为无线电通信开了先河.今天的读者对无线电广播、电视以及移动电话已经司空见惯，对雷达和无线电导航肯定也有耳闻(雷达是通过发射并回收电磁波以确定目的物位置的技术，即无线电定位术).为陈述简便，以下把上述应用统称为无线电通信，所用的电磁波统称为**无线电波**.为了有效地发射，无线电波应有足够高的频率(通常比工频和音频高得多①)，其频率范围在文献中并不统一，比较常用的无线电波大致可认为在 $10^4 \sim 3\times 10^{11}$ Hz 之间，其中又细分为若干频段，见表 9-1.虽然无线电波与光波都是电磁波，但因所占频率段(波长段)不同，传播性能存在诸多差异.光波由于波长很短(400~760 nm)，其传播的一大特点是直进性，在通常障碍物后面要留下轮廓鲜明的暗影.无线电波相比于光波有较大的波长，而且覆盖的频率范围比光波的频率范围大得多，因此传播性能更为复杂.人们早就发现无线电波可以沿地球表面从 *A* 点传到 *B* 点(见图 9-13)，这就是有别于直进的绕射(衍射)效应.这种绕地面传播的无线电波称为**地波**.由于地球对电磁波的吸收，地波的传播距离不大.波长越长越容易绕射，但即使是长波，在通常的发射功率下绕射距离也不过数千公里.然而人们却发现

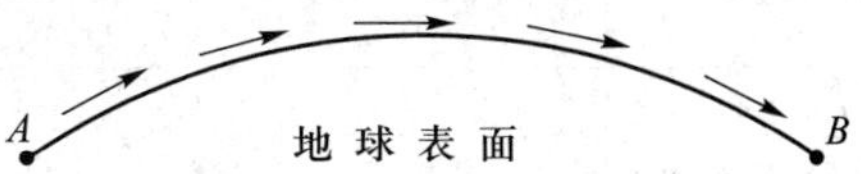

图 9-13　无线电波沿地面的绕射(地波)

---

①　然而也有例外.无线电波在海水中因发热而严重损耗，频率越高发热越甚，所以要实现地面与海底的无线电通信只能使用频率甚低的无线电波.在 20 世纪 90 年代的海湾战争中，美军潜艇通信所用无线电波的频率只有 30 Hz，明显低于工频(美国工频为 60 Hz).

短波的传播距离要大得多，甚至能从地面的一点传到地面的任一点.后来人们认识到这是地球上空的电离层所致.电离层是大气层中高度为70~500 km的部分，其中存在因日光的光电效应导致的大量离子和自由电子，相当于某种导体，对电磁波有反射作用.靠电离层反射而传播的无线电波称为**天波**.电离层的构造以及它与电磁波的相互作用都很复杂，研究表明它对短波的传播最为有利.短波广播主要依靠天波.电离层的离子密度在夜间明显减少，这种密度对短波的反射最适宜，所以夜间收到的短波广播电台比白天多得多.然而电离层很不稳定，这是收听短波广播时信号不稳定的起因.波长比短波还短的无线电波可以称为超短波，其频率范围没有很统一的定义，不妨认为从10 m到1 mm都属于超短波之列.近代文献中用得更多(而且分得更细)的则是VHF和UHF等词汇.VHF和UHF分别是very high frequency(甚高频)和ultra high frequency(特高频)的简写，其频率范围见表9-1.VHF和UHF也可分别称为米波和分米波.电视频道都分布在这两个频段中.频率增高带来两个后果：(1) 更难绕地面传播；(2) 相应的光子有更大的能量，因此易于穿透电离层进入太空而很少被反射.所以VHF和UHF的传播主要依靠直进.由此就可理解天线高度对电视信号发射和接收的重要性.此外，地面、建筑物和山丘对电视信号的反射(散射)也常是一种重要的传播途径(尤其对都市而言).但反射波与直进波相遇时会发生干涉，可能造成电视图像的失真和出现复像(俗称“重影”).波长最短的无线电波叫**微波**，又分为厘米波和毫米波.微波是性质介于光波和一般无线电波之间的一个波段，在民用和军事两方面都有日益重要的应用.读者最熟悉的微波民用实例也许要算微波炉，这里对其加热原理顺便作一粗略介绍.任何食物都含水分.水分子H_2O是有极分子，其永久电偶极矩在外电场中发生取向变化.若外电场方向改变，则水分子电偶极矩也随之而变.微波的电场是高速变化的，水分子在其作用下将发生高速转动.每个水分子的转动都要受到周围水分子的阻力(水分子中的带电原子与周围水分子的带电原子之间有电力)，形成“摩擦”，从而快速加热.又因为它只加热食物本身，所以能效很高.

表9-1 无线电波的波段划分和主要用途

波段	波长	频率	主要用途	附注
长波	30~3 km	10~100 kHz	电报通信(早期曾用于广播)	主要靠地波传播
中波	3 000~200 m	1~1.5 MHz	无线电广播，电报	主要靠地波传播
中短波	200~50 m	1.5~6 MHz	无线电广播，电报	主要靠天波传播
短波	50~10 m	6~30 MHz	无线电广播，电报	主要靠天波传播
VHF(甚高频)，即米波	10~1 m	30~300 MHz	广播(含调频)，电视，雷达，导航，移动通信	以频率增高为序分成Ⅰ、Ⅱ、Ⅲ区，Ⅰ、Ⅲ区为电视频道(记为$V_{Ⅰ}$、$V_{Ⅲ}$)，Ⅱ区为调频广播波段
UHF(特高频)，即分米波	1~0.1 m	300~3 000 MHz	电视，雷达，导航，移动通信	UHF是ultra high frequency(特高频)的简写

续表

波段		波长	频率	主要用途	附注
微波	SHF(超高频),即厘米波	0.1~0.01 m	3~30 GHz	电视,雷达,导航	SHF 是 super high frequency(超高频)的简写
	EHF(极高频),即毫米波	0.01~0.001 m	30~300 GHz	电视,雷达,导航及其他	EHF 是 extremely high frequency(极高频)的简写

以上只介绍了电磁波中的无线电波段.各种频率(波长)电磁波的集合称为**电磁波谱**(见图 9-14).介于无线电波与可见光波之间的波段称为红外线波段.红外线是不可见光,其主要表现是热效应,蛇和某些生物能够探测红外线.频率比可见光更高的电磁波是紫外线.太阳发射的紫外线由于被大气层的臭氧吸收而不至于危及地球上的生命.上面谈到的大气电离层主要就是日光中波长大于 100 nm 的成分(以紫外线为主)的电离作用所导致的.利用气体放电管发出的紫外线可制成有杀菌作用的紫外线灯.某些荧光粉在吸收紫外线后会放出可见光,由此可制造荧光灯(见小节 4.8.2).频率比紫外线更高的是 X 射线(伦琴射线).频率高意味着相应的光子能量大,所以 X 射线有很强的穿透力.密度越高的材料对 X 射线的吸收越强,这就是人体 X 射线照片可以显示骨骼的原因.频率高于 X 射线的电磁波统称 γ 射线,其波长甚至短到可同原子核尺度相比拟的程度.γ 射线来自核反应以及其他高能过程.在治疗肿瘤上优于手术刀的 γ 刀是 γ 射线在医学方面的应用.

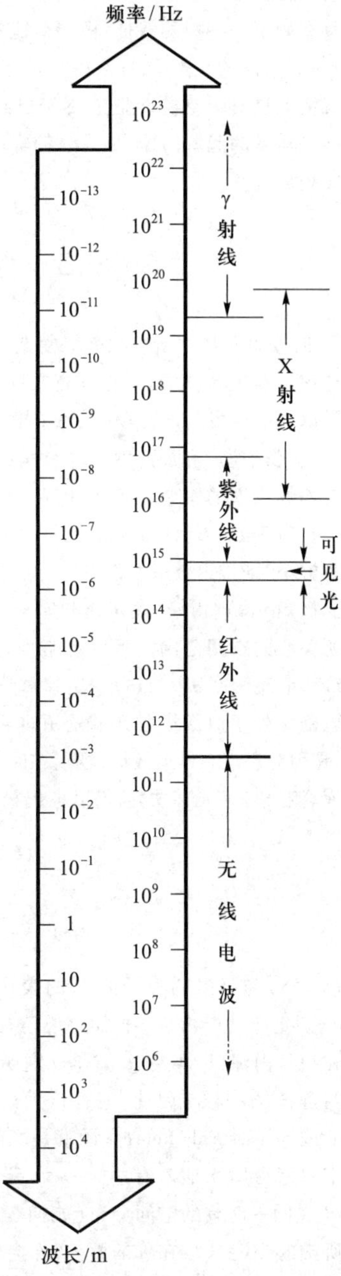

图 9-14 电磁波谱

电磁波谱对天文学的重要性是一个有趣的话题.从个别天体到整个宇宙都是天文学的研究对象.由于无法直接接触,天文学家只能依靠观测这些对象所发射的各种信息(其中很重要的是电磁信息)进行研究.早期的天文观测(从目测发展到光学望远镜)只涉及可见光波段.然而,浩瀚宇宙中的各种事件(如恒星的诞生和死亡)所发射的电磁波占据整个电磁波谱.如果一个天文学家只能进行可见光波段的观测,他将丢掉宇宙中的大多数信息.由于科技的不断进步,现代天文学家所拥有的观测手段可以覆盖从无线电波一直到 γ 射线的整个电磁波谱.20 世纪 60 年代初,天文学家以射电望远镜为工具探测到某种来自遥远空间的无线电波(射电波),并认识到发射体是某种类似于恒星但又有许多独特性质的特异天体(后来称为类星体).虽然类星体最初是作为射电源被发现的,但它发射的电磁波包含许多波段——它不但是光学亮的(发射大量可见光),而且发射的能量中有很大一部分处于红外波段;它也发射紫外线,同时又是强的 X 射线源.谈到 X 射线天文学,应该指出许多天体(如 X 射线脉冲星、爆发中的超新星以及某些双星系)都是宇宙中的 X 射线源.由于地球大气大量吸收 X 射线,对来自地球外的 X 射线的探测主要依靠人造卫星.美国和意大利在 1970 年底联合发射的专门探测 X 射线源的卫星在 3 年运行中探测到了二百多个 X 射线源,包括一对密近双星,其中的一个不可见子星——天鹅座 X-1,是人类发现的第一个恒星级黑洞,其质量约为太阳的 21 倍(2021 年数据).至于频率比 X 射线还高的 γ 射线,情况更是壮观.虽然超新星爆发等高能天体过程会发射 γ 射线,但 γ 射线天文学中最引人注目的无疑是 γ 射线暴(简称 γ 暴或伽马暴).这是一种在极短时间内释放出无比巨大能量的突发性 γ 射线爆发现象,是宇宙中涉及能量最大的事件.一次 10 s 的 γ 暴所释放的能量竟然大于太阳在自己的整个生命期(95 亿年)内所释放的能量!(太阳释放的能量来自其核心球内的烧氢变氦的核聚变反应,它已烧了 45 亿年,所余核能还够烧 50 亿年.)伽马暴是美苏冷战时期美国军事卫星对苏联进行核爆炸监测时于 1967 年发现的,成果首次发表于 1973 年.苏联的卫星很快证实了这个发现.伽马暴具有如下一些观测特征:极端高能的辐射;极强烈的爆发;极短的时标;极其复杂的时间结构;不规范的能谱;对应天体的缺失.伽马暴在空间上呈各向同性分布.为了弄清伽马暴的来龙去脉,人类发射了若干个高能观测卫星对天空进行监测.尽管已经取得许多成果和共识,但伽马暴的一些根本性问题还没有最终解决,包括伽马暴的起源问题、伽马暴的辐射机制问题、伽马暴的演化问题等.伽马暴至今仍然是宇宙中最神秘的天文现象之一.

*§9.5 似稳电磁场和集总参量似稳电路

时变电磁场之所以比静场复杂,关键在于时变磁场与时变电场的互相激发会造成电磁波.电磁波的传播速率虽然很高(光速),但毕竟有限,因此从一点传到另一点需要时间,这就导致推迟效应.例如,在一个运动带电粒子激发的电磁场中,为了求得场点在时刻 t 的场 $\boldsymbol{E}(t)$ 和 $\boldsymbol{B}(t)$,必须知道粒子在稍前的某时刻 t' 的状态(位置、速度和加速度),这就是推迟效应.电偶极振子的场是推迟效应的又一例子(见上节).请特别注意对静场成立的库仑定律(点电荷的电场公式)及毕-萨定律(电流元的磁场公式)对时变电磁场都不成立,场点在时刻 t 的 $\boldsymbol{E}(t)$ 和 $\boldsymbol{B}(t)$ 的计算要比静场复杂得多.然而,正如上节所指出的,如果场点与偶极振子的距离足够小,则推迟效应可以忽略,这时可近似认为场点在时刻 t 的场由源点在同一时刻的状态[电流 $i(t)$ 及电偶极矩 $p(t)$]由毕-萨定律和库仑定律决定,问题就可大为简化.这种近似称为似稳近似.一般地说,如果在所关心的空间范围内可以忽略推迟效应,就是说,如果该范围内的 $\boldsymbol{E}(t)$ 和 $\boldsymbol{B}(t)$ 可由 t 时刻的电荷密度 $\rho(t)$ 和电流密度 $\boldsymbol{J}(t)$ 按库仑定律和毕-萨定律决定,该范围内的电磁场就称为**似稳电磁场**,或说该范围内的电磁场处于似稳状态.似稳态并非静(稳)态,它随时间而变(在这个意义上一点也不静).之所以称为似稳态,是因为它没有推迟效应,场点在时刻 t 的场量 $\boldsymbol{E}(t)$ 和 $\boldsymbol{B}(t)$ 由空间各处的源量 $\rho(t)$ 和 $\boldsymbol{J}(t)$ 在时刻 t 的值按库仑和毕-萨定律决定.仍以电偶极振子的近区场为例,由上节可知其电场和磁场的表达式为

$$\boldsymbol{E}(r,\theta,t)=\frac{p(t)}{4\pi\varepsilon_0 r^3}(2\boldsymbol{e}_r\cos\theta+\boldsymbol{e}_\theta\sin\theta), \tag{9-58}$$

$$\boldsymbol{B}(r,\theta,t)=\frac{\mu_0}{4\pi}\frac{i(t)\boldsymbol{l}\times\boldsymbol{e}_r}{r^2}. \tag{9-59}$$

式(9-58)与静电偶极子的 $\boldsymbol{E}$ 的表达式(库仑定律的产物)一样,式(9-59)与恒定电流元的 $\boldsymbol{B}$ 的表达式(毕-萨定律的产物)一样.如果说还有什么不同,那就是上面两式中代表场的量 $\boldsymbol{E}$、$\boldsymbol{B}$ 和代表源的量 p、i 后面都在括号内注以 t.场量 $\boldsymbol{E}$、$\boldsymbol{B}$ 含 t 说明这不是静态场,但重要的是每一时刻的 $\boldsymbol{E}$、$\boldsymbol{B}$ 表达式(场与源的关系)都与静态场一样.(因此,笔者认为最好称这种场为准静态场.事实上,这种场的英语名称正是 quasi-static field 或 quasi-steady field,直译就是准静态场.不过,由于历史原因,“似稳场”的称谓在汉语教材中相当流行,本书只好沿用.)假若有这样一种“照相机”,它所拍出的“快照”能反映电荷密度 ρ、电流密度 $\boldsymbol{J}$、电场 $\boldsymbol{E}$ 和磁场 $\boldsymbol{B}$ 在同一时刻的空间分布(能捕获 ρ、$\boldsymbol{J}$、$\boldsymbol{E}$、$\boldsymbol{B}$ 的即时信息),那么,如果把一张用这种“照相机”对非似稳场所拍的“快照”放在你的面前,你会发现 $\boldsymbol{E}$、$\boldsymbol{B}$ 与 ρ、$\boldsymbol{J}$ 的关系不同于静态场中的关系,据此你可以肯定这不是静态场.但是,如果你看到的是一张对似稳场(准静态场)所拍的“快照”,你将无从分辨这个场究竟是静

态场还是(非静态的)似稳场.

与似稳电磁场相伴的电路称为**似稳电路**.交流电路相伴的电磁场是时变电磁场(其实就是电磁波,其频率与电流的频率相等),但是,只要交变电流的频率 f 足够低,以致其相应的波长 $\lambda(\lambda=c/f)$ 远大于电路的尺度 l(即 $\lambda\gg l$),则电磁场的波动性很不明显,可近似看作似稳电磁场.我国、俄罗斯及欧洲大陆的工频是 50 Hz(美洲大陆和日本的工频是 60 Hz),相应的 $\lambda=6\times10^6$ m远大于通常电路的尺度,所以通常电路在工频下可以很好地看作似稳电路.然而当频率高达 300 MHz 时 λ 仅为 1 m,把通常电路看作似稳电路就可能出现可察觉的误差.频率再高误差还要更大.不过,无论如何,似稳电路具有非常重要的实用价值.本书§6.8~§6.10 讨论的暂态电路(电路的暂态过程)以及第八章讨论的交流电路都属于似稳电路的范畴,而且它们几乎都是集总参量电路.难道还有不是集总参量电路的似稳电路吗?当然有.在讨论远程输电时,我们虽然仍然忽略输电线的分布电感和电容,但并未忽略其分布电阻,因为正是为了减小它的能耗才使用高压输电方式.此外,短波收音机的尺度虽然远小于波长(10~50 m),因而可看作似稳电路,但机内两条导线(甚至两个焊点)之间的分布电容却往往不能忽略,所以不能看作集总参量电路.然而,在大多数情况下忽略分布参量[或者把它的影响粗略地归结为某些附加集总参量(如潜布电容)的影响]仍可取得相当准确或者大致可用的结果,因而往往可以只关心简单得多的集总参量电路.集总参量电路是这样一种电路,首先,它的尺度远小于波长,即 $l\ll\lambda$(因而是似稳电路);其次,电路参量 R(电阻)、C(电容)、L(自感)和 M(互感)只集中在相应的元件(纯电阻、纯电容、纯自感和纯互感)中.通常遇到的各种工频供电用电设备及大多数电子仪器所涉及的都是集总参量的似稳电路.

非似稳电路之所以复杂,原因之一是同一支路的各个截面可以有不同的电流.例如,在远程平行双输电线的情况下,如果线长与波长有相同的数量级,则计算表明同一时刻每根线上各截面的电流 i 随线长 x 的变化如图 9-15 上方曲线所示.从物理上考虑,由麦氏方程可知作为传导电流 i 和位移电流 $i_{位}$ 之和的全电流 $i_{全}=i+i_{位}$ 总是闭合的(是指相应的全电流密度 $\boldsymbol{J}_{全}$ 满足 $\oiint \boldsymbol{J}_{全}\cdot\mathrm{d}\boldsymbol{S}=0$,因而 $\boldsymbol{J}_{全}$ 线既无起点又无止点).一根输电线的两个截面 S_1 和 S_2 所围出的导线段与另一根输电线的对应段之间存在分布电容,S_1 和 S_2 的传导电流 i_1 与 i_2 之所以不等,就是因为有位移电流流过分布电容.分布电容的 $i_{位}$ 是导致同一导线各截面传导电流不等的根本原因.反之,集总参量(因而似稳)电路则简单得多:既然集总参量电路已经忽略分布电容,同一导线各截面的电流就必定(近似)相等,所以仍可像直流电路那样谈及每一支路的电流.串有电容器的支路的传导电流在电容器内部是中断的(由 $i_{位}$ 补上),但流进电容器的电流等于从电容器流出的电流,所以串有电容器的支路也仍然只有一个电流.利用这一理论还不难看出基氏第一定律也近似适用于集总参量电路,即流进和流出一个节点的电流代数和近似为零.这就使得集总参量电路的讨论大为简化(我们在§6.8~§6.10 以及第八章中早已默认并多次用过这一结论).

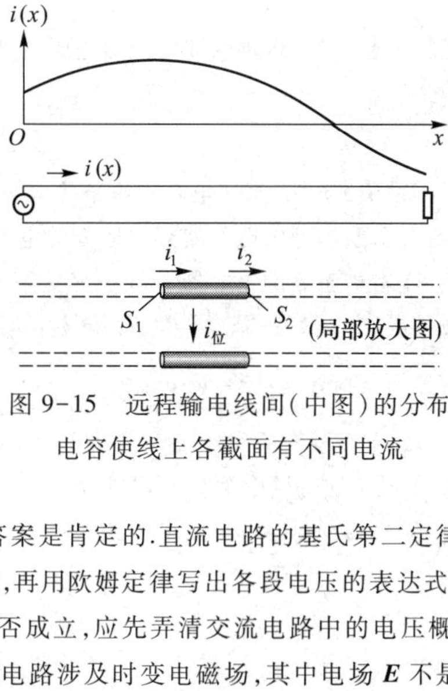

图 9-15　远程输电线间(中图)的分布电容使线上各截面有不同电流

自然要问:基氏第二定律也近似适用于集总参量电路吗?答案是肯定的.直流电路的基氏第二定律是回路各段电压之和为零的表现.先写出各段电压之和为零的等式,再用欧姆定律写出各段电压的表达式,便得到基氏第二方程.因此,欲知基氏第二定律对集总参量电路是否成立,应先弄清交流电路中的电压概念.直流电路的电压(电势差)是利用静电场的有势性定义的.交流电路涉及时变电磁场,其中电场 $\boldsymbol{E}$ 不是势场,不能定义电势和电势差.但是电压是交流电路中经常使用的概念,工程中还经常用交流电压表测量电路中任意两点的电压.对此如何理解?交流电路中的电压到底应如何定义?不同作者对此有不尽相同的讲法.我们认为,无论如何下定义,其数值至少应与工程中用交流电压表测得的数值一致.下面简述我们的定义.时变电场 $\boldsymbol{E}(t)$ 可分解为 $\boldsymbol{E}(t)=\boldsymbol{E}_{库}(t)+\boldsymbol{E}_{感}(t)$,虽然 $\boldsymbol{E}$ 不是势场,但这是由 $\boldsymbol{E}_{感}(t)$ 造成的,$\boldsymbol{E}_{库}(t)$ 仍是势场.

不妨就用 $\boldsymbol{E}_{库}(t)$ 的线积分来定义电势和电压，即把 $u_{AB}\equiv\int_A^B\boldsymbol{E}_{库}\cdot \mathrm{d}\boldsymbol{l}$ 称为电路中 A、B 两点间的电压.对静电场，$\boldsymbol{E}=\boldsymbol{E}_{库}$，上式回到原定义.对交流电路，可以证明（见拓展篇专题 19），用交流电压表测得的电压在足够高的准确度下等于我们定义的电压.根据这一定义，交流电路中任一回路各段的电压之和自然为零.至于每段的电压表达式，由于只讨论集总参量电路，所以回路中只有纯电阻、纯电感、纯电容以及无内阻电源.（回路还可能涉及互感，但不难参照对自感的讨论处理.）为求得纯电阻和纯电感的电压电流关系，先讨论一个真实线圈（见图 9-16）.线圈导线内任一点的电流密度可表示为 $\boldsymbol{J}=\gamma\boldsymbol{E}=\gamma(\boldsymbol{E}_{库}+\boldsymbol{E}_{感})$，其中 γ 是绕线的电导率.以 $\mathrm{d}\boldsymbol{l}$ 点乘两边并沿线圈积分得

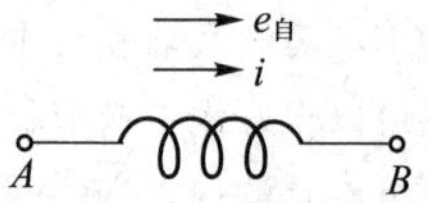

图 9-16　真实线圈

$$\int_{A(沿线圈)}^{B}\frac{\boldsymbol{J}}{\gamma}\cdot \mathrm{d}\boldsymbol{l}=\int_A^B\boldsymbol{E}_{库}\cdot \mathrm{d}\boldsymbol{l}+\int_{A(沿线圈)}^{B}\boldsymbol{E}_{感}\cdot \mathrm{d}\boldsymbol{l}.$$

上式左边等于 iR（i 是电流瞬时值，R 是线圈电阻），右边第一项按定义就是 A、B 间的电压（瞬时值）u_{AB}，第二项为线圈的自感电动势（瞬时值）$e_{自}$，即

$$iR=u_{AB}+e_{自}. \tag{9-60}$$

这与一段含源直流电路的欧姆定律一样，只不过现在的电动势是自感电动势.当线圈的电阻 R 很小以致 iR 可被忽略（线圈可看作纯电感）时，上式近似给出 $u_{AB}=-e_{自}$.以 L 代表线圈的自感，则因 $e_{自}=-L\mathrm{d}i/\mathrm{d}t$，故

$$u_{AB}=L\frac{\mathrm{d}i}{\mathrm{d}t}. \tag{9-61}$$

这正是小节 8.2.3 所讲的纯电感的电压电流瞬时值关系式［式(8-12)］.对简谐电路的稳态（各时变量都是简谐量①），上式可用复数法改写为

$$\dot{U}=\mathrm{j}\omega L\ \dot{I}\qquad［此即式(8-26)］. \tag{9-62}$$

反之，若线圈由高电阻率的电阻丝绕成，而且频率不高，致使其自感效应与电阻效应相较可忽略（“丝绕电阻”），则式(9-60)给出

$$u_{AB}=iR, \tag{9-63}$$

这正是小节 8.2.1 所讲的纯电阻的电压电流瞬时值关系式［式(8-7)］.对简谐电路的稳态，上式可改写为复数形式

$$\dot{U}=\dot{I}R\qquad［此即式(8-24)］. \tag{9-64}$$

再讨论纯电容.真实电容器内部的电场可表示为 $\boldsymbol{E}(t)=\boldsymbol{E}_{库}(t)+\boldsymbol{E}_{感}(t)$，其中 $\boldsymbol{E}_{库}(t)$ 由两板的电荷激发（在集总参量模型中已忽略其他地方的电荷），$\boldsymbol{E}_{感}(t)$ 由导线电流的交变磁场所激发.纯电容是指 $E_{感}\ll E_{库}$ 从而 $\boldsymbol{E}_{感}$ 可被忽略的电容器②.设电容支路电流为 $i=I_{\mathrm{m}}\sin\omega t$.我们来评估纯电容近似的成立条件.对电容器内任一点，由 i 激发的磁场 $B=B_{\mathrm{m}}\sin\omega t$（$B_{\mathrm{m}}$ 为常量），故 $\partial B/\partial t=\omega B_{\mathrm{m}}\cos\omega t$，因而 $E_{感}\propto\partial B/\partial t\propto\omega$.另一方面，电容器的电荷 q 满足 $i=\mathrm{d}q/\mathrm{d}t$，故 $q=\int i\mathrm{d}t=-\omega^{-1}I_{\mathrm{m}}\cos\omega t$，因而 $E_{库}\propto q\propto\omega^{-1}$.可见，频率越低越有利于实现 $E_{感}\ll E_{库}$.至于频率低到什么程度时 $\boldsymbol{E}_{感}$ 方可被忽略，则取决于电容器及电路的具体细节，难以给出一个判别公式.但是这一讨论至少给出如下结果：当频率足够低时总有 $\boldsymbol{E}\approx\boldsymbol{E}_{库}$，因而可看作纯电容.由 $i=\mathrm{d}q/\mathrm{d}t$ 及 $q=Cu$ 易得纯电容的电压电流关系

$$i=C\frac{\mathrm{d}u}{\mathrm{d}t}. \tag{9-65}$$

---

①　简谐电路在开关操作后的短暂时间内处于暂态，电流和电压等并非简谐量.暂态结束后进入稳态，稳态中的时变量才是简谐量.“似稳”一词容易使人误以为它类似于稳态，其实，正如正文所说，“似稳”的实质是“准静态”，即类似于静态，“似稳电路”则类似于直流电路而不是类似于交流电路的稳态.这是“似稳”一词的又一缺点.

②　电容器内电介质的漏电相当于并联一个阻值很大的电阻，纯电容条件还应包括这一大电阻与电容的容抗相比可看作无限大，因而可被略去.

这正是小节 8.2.2 所讲的纯电容的电压电流瞬时值关系式[式(8-10)].对简谐电路的稳态,上式的复数形式为

$$\dot{U}=-\mathrm{j}\frac{1}{\omega C}\dot{I}\quad[\text{此即式}(8-25)].\tag{9-66}$$

最后讨论回路中的无内阻电源.仿照对纯电感的讨论可知对无内阻电源有 $u=e$,其中 u 是电源端压的瞬时值(仍由 $\boldsymbol{E}_{库}$ 的线积分定义),e 是电动势的瞬时值.

在以上基础上就不难写出集总参量电路中任一回路的基氏第二方程.例如,当图 9-17 的回路处于简谐稳态时,其基氏第二方程的复数形式为

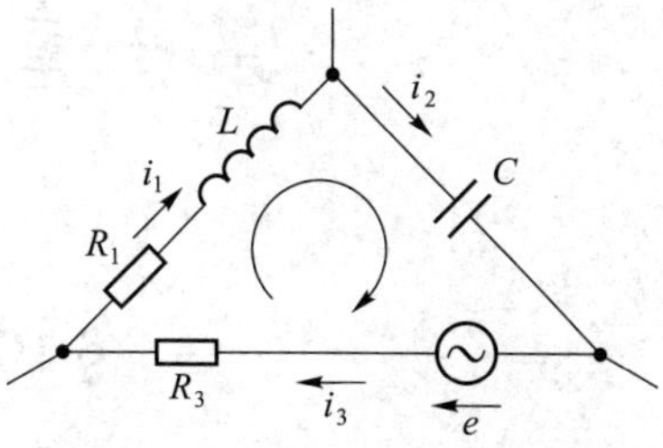

图 9-17　交流电路的一个回路

$$\dot{\mathscr{E}}=\dot{I}_1(R_1+\mathrm{j}\omega L)-\mathrm{j}\frac{\dot{I}_2}{\omega C}+\dot{I}_3R_3.$$

习　题

9.1.1　平板电容器内的交变电场 $E=720\sin(10^5\pi t)$,E 的单位为 V/m,t 的单位为 s,正方向如附图所示.忽略边缘效应,求:

(1) 电容器内的位移电流密度;

(2) 电容器内距中心线为 $r=10^{-2}$ m 的点 P 在 $t=0$ s 和 $t=5\times10^{-6}$ s 时的磁场 $\boldsymbol{B}$ 的大小及方向.

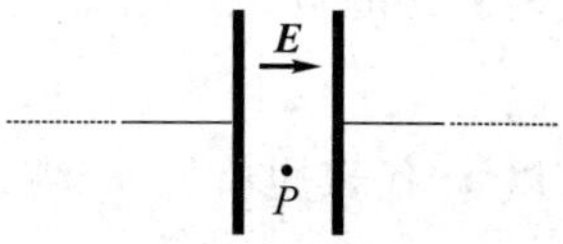

习题 9.1.1 图

9.1.2　上题图中的平板电容器由面积为 A 的两块圆形金属板构成,已知内壁电荷随时间的变化为 $q=q_{\mathrm{m}}\sin\omega t$,边缘效应可以忽略.

(1) 求电容器内的位移电流密度;

(2) 试证两板间的磁场为 $B=\dfrac{q_{\mathrm{m}}r\omega\mu_0}{2A}\cos\omega t$,其中 r 是由圆板中心线到场点的距离.

9.1.3　以 C、u 分别代表平板电容器的电容和电压,略去边缘效应,试证电容器中的位移电流可表示为

$$i_{位}=C\frac{\mathrm{d}u}{\mathrm{d}t}.$$

9.1.4　附图中 $\mathscr{E}=12$ V,$R=6\ \Omega$,$C=1.0\ \mu\mathrm{F}$,设开关 S 接通的瞬间为 $t=0$ s,求:

(1) $t=0$ s 时电容器极板间的位移电流;

(2) $t=6\times10^{-6}$ s 时电容器极板间的位移电流;

(3) 位移电流的持续时间.(以 τ 代表电路的时间常量,认为在 10τ 后电流小到可以忽略.)

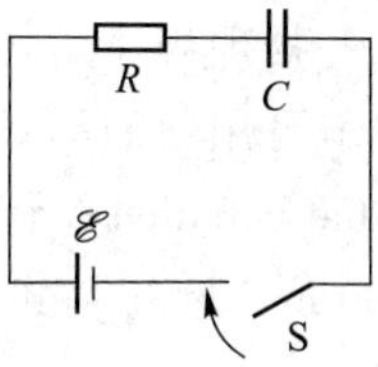

习题 9.1.4 图

9.3.1　圆截面细长螺线管单位长度匝数为 n,载有随时间增加的电流 $i(t)$,时变率为 $\mathrm{d}i/\mathrm{d}t$,求:

(1) 螺线管内距轴线为 r 的点的感生电场;

(2) 该点的坡印廷矢量 $\boldsymbol{Y}$ 的大小和方向.

9.3.2　无限长圆柱形导线半径 $a=10^{-2}$ m,单位长度的电阻 $K=3\times10^{-3}\ \Omega/\mathrm{m}$,载有电流 $I_0=25.1$ A,

(1) 计算导线外极近表面处一点的下列各量:(a) $\boldsymbol{H}$ 的大小,(b) $\boldsymbol{E}$ 在平行于导线方向上的分量 E_{t},(c) 坡印廷矢量 $\boldsymbol{Y}$ 在垂直于导线表面的分量 Y_{n};

(2) 验证单位长导线段所发焦耳热的功率 P 等于单位时间流进该段导线内的电磁能量 P'.

9.3.3　设 100 W 灯泡工作时有 10%的输入功率以光的形式均匀地向外辐射,并假定这是波长为 500 nm 的单色光.试计算离光源 10 m 处的电场 E 和磁场 B 的最大值及角频率.

第十章　电磁学的单位制

§10.1　单位制基本知识①

10.1.1　基本单位和导出单位

为了定量研究物理现象,必须对物理量进行测量.所谓测量,就是用一个与被测的量同类的量与该量作比较.这个用以比较的量称为**单位**.用某一单位测某一量的结果是一个数,例如以 m 为单位测百米跑道的长度得数为 100.用不同单位测同一量所得的数不同.若以 cm 为单位测百米跑道的长度,得数为 10 000.一般地说,以 A 代表被测的量,A_1 代表测量单位,a_1 代表测得的数,则

$$A=a_1A_1.$$

若以 a_2 代表用单位 A_2 测 A 所得的数,又有

$$A=a_2A_2,$$

故

$$a_1A_1=a_2A_2, \qquad (10-1)$$

上式也可改写为

$$\frac{a_1}{a_2}=\frac{A_2}{A_1}. \qquad (10-1')$$

如果 $a_1<a_2$,就说单位 A_1 比 A_2 大(都作为量).于是,用不同单位测同一量时,大单位得数小,小单位得数大.

物理规律是物理量之间关系的反映.既然选定单位后每个量可用一个数表示,物理规律也就可用**数的等式**表示.反映物理规律的数的等式称为物理规律的**数值表达式**(numerical-value equation).绝大多数物理公式都可理解为数值表达式,[只有同类量等式(例如 1 m=100 cm)例外],式中每一字母代表用某一单位测该量所得的数.例如功的公式

$$w=fl \qquad (10-2)$$

中的 w、f 及 l 可理解为用 J、N 及 m 为单位测量功、力和距离等物理量所得的数.

如果把上式的 w、f 及 l 分别理解为功、力及位移等物理量本身,则上式成为**量的等式**(quantity equation),它直接描述这 3 个量的关系.为了明确区分量和数以及区分量的等式和数的等式,本小节分别以大、小写字母代表量和数,于是数的等式 $w=fl$ 相应的量的等式为

$$W=FL. \qquad (10-2')$$

既然用不同单位测同一量得数不同,反映同一物理规律的数的等式就可能由于单位

---

① 更详细、准确的讨论可在《拓展篇》专题 23 的前 5 节中找到.

的改变而改变.例如,若力的单位由 N 改为 dyn(达因)而功和距离的单位不变,式(10-2)就要改变.为明确起见,以 f_N 及 f_{dyn} 分别代表以 N 及 dyn 为单位测同一力 F(是个量)所得的数,由于

$$1\ \mathrm{N}=10^5\mathrm{dyn},$$

故由式(10-1′)得

$$\frac{f_N}{f_{dyn}}=\frac{\mathrm{dyn}}{\mathrm{N}}=10^{-5},$$

即

$$f_N=10^{-5}f_{dyn}.$$

因为式(10-2)中的 f 是以 N 为单位测力所得的数,所以可更明确地表示为

$$w=f_N l,$$

把 $f_N=10^{-5}f_{dyn}$ 代入上式得

$$w=10^{-5}f_{dyn}l.$$

就是说,若分别以 J、dyn 及 m 为单位测量功、力及距离等物理量,则它们之间的数的关系应写成

$$w=10^{-5}fl. \tag{10-3}$$

可见同一物理规律在不同单位搭配下的数值表达式不同.但也不难相信,同一规律的各种数值表达式之间的差别仅体现为一个附加因子.若在表达式等号右边补一个依赖于各量单位选择的比例系数 k,则所得式子对任何单位搭配都成立.

单位的选择本来是任意的,但若对每类量都任意选择一个单位,则物理规律数值表达式的比例系数可能复杂得难以记住.为使数值表达式尽量简单,一般采用如下两步来选定每个量的单位:

(1) 选出几个最基本的量并独立地规定它们各自的单位.这些量称为**基本量**,这些单位称为**基本单位**.

(2) 不是基本量的量称为**导出量**,它们的单位称为**导出单位**.导出单位是由基本单位出发按下述方法逐一定义的:设欲定义导出量 A 的单位,先找出一个把量 A 与基本量联系起来的物理规律,写出该规律的数值表达式,任意指定表达式中的比例系数 k,便相当于定义了量 A 的导出单位.举一个例子来说明.在国际单位制(简记为 SI)的力学部分中,指定长度、质量和时间为基本量,指定 m、kg 和 s 为其基本单位.为定义导出量速度的单位,可利用速度与基本量(长度及时间)的关系的数值表达式

$$v=k\frac{l}{t}. \tag{10-4}$$

请特别注意其中各字母都代表数.上式对长度、时间和速度取任何单位的情况都成立,不同单位选择的区别只体现在 k 值的不同.为了定义速度的国际单位制单位,我们指定长度和时间以 m 及 s 为单位,并指定上式的 $k=1$,于是得

$$v=\frac{l}{t}. \tag{10-5}$$

这一指定就意味着定义了速度的 SI 单位.设一个做匀速直线运动的质点在某一时间内走了某一距离,式中的 t 和 l 分别代表以 s 和 m 为单位测量该时间和距离所得的数,若随便选一速度单位测其速度,得数未必等于 l/t(注意 l/t 也是数).只有用一适当单位测此速

度,得数 v 才恰好等于 l/t.可见式(10-5)的确定义了速度的单位.为了看出这个单位是怎样的一种速度,只需考虑一个特例.设质点在 1 s 内走了 1 m,分别以 s 和 m 为单位测量质点运动的时间及距离,得值便为 $t=1$ 及 $l=1$,代入式(10-5)得 $v=1$,说明这个质点的速度正是速度的单位[即由式(10-5)定义的速度单位].可见,速度的 SI 单位就是每 s 走1 m这样的一种速度.

在许多情况下,导出量 A 与基本量的关系中还涉及另一些导出量,例如,设导出量 A 与量 J 及 B 由某一物理规律联系起来,其中 J 是基本量而 B 是导出量,这时应设法先通过 B 与基本量的联系定义 B 的单位,再在 A、J、B 的关系的数值表达式中指定系数 k 来定义导出量 A 的导出单位.

基本单位与导出单位的全体组成一个**单位制**.用以定义导出单位的数值等式称为该**导出单位的定义方程**,例如式(10-5)是速度的 SI 单位(m/s)的定义方程.请注意定义方程是数的等式.定义方程中涉及的各量中除待定义单位的那个量外,其他各量的单位必须已经制定.

如果由某物理规律所联系的几个量的单位已经事先选定,这个规律的数值表达式中的系数就不能再任意指定,而应由实验测得.例如在 CGS 制中,长度、质量和时间是基本量,力的导出单位已由牛顿运动定律

$$f=ma$$

定义(上式是力的 CGS 制单位的定义方程),于是万有引力定律

$$f=g\frac{m_1m_2}{r^2}$$

中的系数 g 就不能再任意指定而只能由实验测得.

导出单位可借助乘和除的数学符号通过代数式用基本单位表示.如

$$\mathrm{C=A\cdot s},\quad \mathrm{V=m^2\cdot kg\cdot s^{-3}\cdot A^{-1}},\quad \mathrm{F=m^{-2}\cdot kg^{-1}\cdot s^4\cdot A^2} \tag{10-6}$$

等.导出单位也可借同样方法用其他导出单位表示,如

$$\mathrm{\Omega=V\cdot A^{-1}},\quad \mathrm{H=Wb\cdot A^{-1}},\quad \mathrm{T=Wb\cdot m^{-2}} \tag{10-7}$$

等.单位之间的乘除满足一般数之间乘除的基本法则,如交换律和结合律等.可以借单位的乘除进行单位换算.

10.1.2 再谈量的等式和数的等式

上小节曾分别以大、小写字母代表量和数.从现在开始取消这一限制.

前面讲过,物理规律的数学表达式既可看作数的等式又可看作量的等式.但有些公式(不是指物理规律的数学表达式)不能看作数的等式,例如

$$\text{跑道长度}=100\ \mathrm{m}=10\ 000\ \mathrm{cm} \tag{10-8}$$

就只能理解为量的等式,它表明 100 m 和 10 000 cm 这两个量相等.我们不能写成

$$\text{跑道长度}=100=10\ 000,$$

因为 100 无论如何不等于 10 000,而跑道长度是一个量,它也不能与一个数(100 或 10 000)相等.

式(10-8)其实是式(10-1)的特例,式(10-1)本身就是一个量的等式(a_1 是数,A_1 是量,数与量之积 a_1A_1 仍是量).因为单位本身也是量,所以单位之间的关系式[如式(10-6)

及式(10-7)]都是量的等式,它们不能被看作数的等式.

如前所述,物理规律的数学表达式既可看作数的等式又可看作量的等式.严格说来,两种看法在解题时的书写方式上应有所区别.仅举一例.

例 两个量值为 10^{-6}C 的点电荷相距 1 m,求两者间的静电力.

解:库仑定律在 MKSA 制的表达式

$$F=\frac{1}{4\pi\varepsilon_0}\frac{q_1q_2}{r^2}$$

既可看作量的等式又可看作数的等式,求解时相应地就有如下两种书写方式.

(1) 按量的等式书写.此时式中各字母都代表量,故应写成:

已知 $q_1=q_2=10^{-6}$ C, $r=1$ m, $\varepsilon_0\approx8.9\times10^{-12}\,\mathrm{C^2/(N\cdot m^2)}$,由库仑定律得

$$F=\frac{1}{4\pi\varepsilon_0}\frac{q_1q_2}{r^2}\approx\frac{1}{4\pi\times8.9\times10^{-12}\,\mathrm{C^2/(N\cdot m^2)}}\frac{10^{-6}\,\mathrm{C}\times10^{-6}\,\mathrm{C}}{(1\,\mathrm{m})^2}\approx9\times10^{-3}\,\mathrm{N}.$$

(2) 按数的等式求解.此时式中各字母都代表数,故应写成:

已知 $q_1=q_2=10^{-6}$, $r=1$, $\varepsilon_0\approx8.9\times10^{-12}$,由库仑定律得

$$F=\frac{1}{4\pi\varepsilon_0}\frac{q_1q_2}{r^2}\approx\frac{1}{4\pi\times8.9\times10^{-12}}\frac{10^{-6}\times10^{-6}}{1^2}\approx9\times10^{-3}(\mathrm{N}).$$

这是数的等式,F 在这里是一个数,约等于 9×10^{-3}.最右边把 N 写在括号内旨在表示 9×10^{-3}是以 N 为单位测该力所得的数,这个括号(连同里面的 N)不属于等式的一部分.

两种写法都正确.本书原版把所有物理规律的数值表达式都看作数的等式,非常统一.鉴于出版界后来规定书中只许出现量的等式,本修订版只好照此修改.然而,由于书中少数公式是作为某些量的单位定义方程出现的,而单位定义方程只能是数的等式,所以统一改为量的等式后难免会出现某些问题.仅以 $F=kq_1q_2/r^2$[即式(1-1)]为例.原版把该式理解为数的等式.因为力、电荷和距离的单位可以任选,所以比例系数 k 非常任意.在高斯制中,力和距离的单位分别为达因和厘米,指定系数 $k=1$ 后得到的 $F=q_1q_2/r^2$[即式(1-4)]就可充当电荷的高斯制单位(静库)的定义方程.若改用 MKSA 制(国际单位制中的电磁学部分),$F=kq_1q_2/r^2$中涉及的各量单位已分别指定为 N、C 和 m,故比例系数 k 不能再任意指定而只能由计算求得(可参考小节 10.3.3 关于数的等式的转换方法),结果为 $k\approx9\times10^9$(因为是数,所以不加单位).为方便起见,在 MKSA 制中常将 k 写成 $k=1/4\pi\varepsilon_0$ 的形式,相应的常数 $\varepsilon_0\approx8.9\times10^{-12}$(不加单位),于是$F=kq_1q_2/r^2$ 在 MKSA 制的数值表达式为

$$F=\frac{1}{4\pi\varepsilon_0}\frac{q_1q_2}{r^2}\quad(\text{看作数的等式}).$$

这本来是再清晰不过的讲法,遗憾的是,本修订版中的 ε_0 只允许代表量,于是只好写成$\varepsilon_0\approx8.9\times10^{-12}\,\mathrm{C^2/(N\cdot m^2)}$.然而在高斯制中的$k=1$却仍只能是数(因为 $F=q_1q_2/r^2$ 要充当电荷单位的定义方程).细心的读者不禁要问:$F=kq_1q_2/r^2$[式(1-1)]中的 k(相应地,ε_0)在你的修订版的同一小节(1.2.2)中到底代表量还是数? 该式到底是量的等式还是数的等式? 笔者只能这样回答:$F=kq_1q_2/r^2$ 是数的等式.指定系数 $k=1$ 所得的 $F=q_1q_2/r^2$ 也是数的等式,因而可充当导出单位静库的定义方程.不过,一旦定义了静库,也可把 $F=q_1q_2/r^2$看作量的等式(库仑定律在高斯制中的量的表达式).此外,$F=q_1q_2/4\pi\varepsilon_0r^2$ 同样既可看作数的等式又可看作量的等式.笔者一贯偏爱和习惯于把物理规律的数学表达式看作数的等式,这是在五十余年前受当时的苏联作者赛纳的书[赛纳著,嵇储凤等译,《物理学单位》(上海:上海科学技术出版社,1959)]的影响而逐渐形成的.该书认为物理规律的数学表达式都是数的等式而不是量的等式.例如,书中第 3 页明确写道:"通常在公式中的一些符号并非是量的本身,而是一些数值,这些数值是表示这些量用任一单位来量度时的数值."历经五十余载时断时续的思考、研究及与同仁的讨论,笔者建立了自己(及合作者)的一套关于单位制及量纲分析的理论(见笔者专著《量纲理论与应用》),其中少量内容已收入拓展篇的专题 23 及 24.笔者认为,数的等式最为清晰,而量的等式则只有在刻意讲清之后才有明确含义.例如,数的等式3×4=12 中乘号的含义

是 3 的 4 倍，等式的含义是 3 的 4 倍等于 12；而量的等式 $q=I\times t$ 或 库＝安×秒 中的乘号是什么意思？该式又代表什么意义？总不能说代表“安的秒倍等于库”这样一种毫无意义的“意义”吧！？因此，要使量的等式有明确意义就先要对量的乘法等运算下定义.笔者尚未在文献中查到这类定义，但自己（及合作者）已对此下了定义.由于该定义及其有关问题过于抽象和冗长，此处不拟介绍（详述请见《量纲理论与应用》），只想列出几个有用的结论：(1)物理规律的数值表达式不但清晰，而且在补上同类量等式后就完全够用，可以导出量纲分析的全套理论.这是最为清晰简洁的做法.(2)对量的运算刻意地下了定义后，物理规律的数学表达式也可看作量的等式.例题中把库仑定律看作量的等式并借它求解的做法正确.(3)导出单位的定义方程只能是数的等式.

10.1.3 量纲式和量纲

如果导出单位的定义方程不变而基本单位发生变化，导出单位就随之而变.描述导出单位随基本单位的改变而改变的依从关系的等式称为该导出量的**量纲式**.例如，由速度单位的定义方程(10-5)可得速度的量纲式

$$\dim v=\mathrm{LT}^{-1},\quad (\dim \text{ 在此处代表量纲}) \tag{10-9}$$

它表示当长度和时间单位分别改变 L 及 T 倍时速度单位将改变 LT^{-1} 倍.

国际单位制的力、电、磁部分有四个基本量（长度、质量、时间及电流），所以导出量的量纲式是 L、M、T、I 的幂连乘式，其中 L、M、T、I 分别代表长度、质量、时间、电流单位改变的倍数（都是数）.例如，电容在国际单位制中的量纲式为

$$\dim C=\mathrm{L}^{-2}\mathrm{M}^{-1}\mathrm{T}^{4}\mathrm{I}^{2},$$

而式(10-9)则可理解为

$$\dim v=\mathrm{LM}^{0}\mathrm{T}^{-1}\mathrm{I}^{0}.$$

一般地说，任一电磁学（含力学）量 A 在国际单位制中的量纲式可以表示为

$$\dim A=\mathrm{L}^{\lambda}\mathrm{M}^{\mu}\mathrm{T}^{\tau}\mathrm{I}^{\alpha},$$

其中 λ、μ、τ、α 称为量 A 在国际单位制中的**量纲指数**，$\dim A$ 称为量 A 在国际单位制中的**量纲**.量纲指数全部为零的量称为**量纲为一的量（亦称无量纲量）**.

当基本量的选法不同时，同一导出量的量纲式自然不同.例如，设有两族单位制，第一族以长度、质量和时间为基本量，第二族以长度、力和时间为基本量，则导出量在第一族单位制中的量纲式为 L、M、T 的幂连乘式，在第二族单位制中的量纲式为 L、F、T 的幂连乘式.另一方面，在基本量一样的前提下，如果导出单位的定义方程不同（指实质上的不同），则同一导出量的量纲式也会不同.

实际上，关于量纲有一门专门的学科，称之为**量纲分析**，在物理和工程的许多领域（特别是流体动力学）中有广泛的应用.根据量纲分析，可以证明关于量纲有一系列结论，下面举两个最简单、最常用的例子.

(1) 等式中的各项所代表的量必有相同的量纲.

根据这一性质，如果演算中出现一个等式，其等号两边量纲不等或式中某项与其他项量纲不等，则此式必错.这个方法有助于迅速发现演算中的某些错误.

根据一个肯定正确的等式，可以方便地由其中一项的量纲而知道其他各项的量纲.例如，根据国际单位制中的等式[式(3-32)]

$$\varepsilon_{\mathrm{r}}=1+\chi$$

可以立即知道χ和ε_r在国际单位制中都是无量纲的量，因为1是无量纲的量.又如，由国际单位制等式

$$\boldsymbol{H}=\frac{\boldsymbol{B}}{\mu_0}-\boldsymbol{M}$$

可立即知道H与M在国际单位制中有相同的量纲.

（2）超越函数符号（如sin、lg、ln、e、…）下的变量一定是量纲为一的量.

例如，由RL电路的暂态电流表达式

$$i=\frac{\mathscr{E}}{R}(1-\mathrm{e}^{-\frac{R}{L}t})$$

可知$\frac{R}{L}t$在国际单位制中一定是量纲为一的.读者可从表10-4中查出R及L的量纲自行验算.假如推演不慎而得结果

$$i=\frac{\mathscr{E}}{R}(1-\mathrm{e}^{-\frac{L}{R}t}),$$

从量纲角度可立即判明它是错的.

以上只是量纲分析的两个最简单的结论.量纲分析的理论和应用已超出本书（基础篇）的范畴，不再介绍.

作为结论（2）的特例，三角函数符号（如cos）下的变量（角度）也应是量纲为一的量.根据定义，角度是弧长与半径之比，因此是量纲为一的量.为了把一个有量纲量（如面积）变为一个数以便进行数学处理，必须引进单位.与此不同，角度本身就是数（弧长与半径之比为数），原则上无须引进任何单位.平常说角度可用不同单位量度，只是为了满足直观的需要.例如，如果告诉你某角度为1.624，你对它的大小恐怕难以找到感觉.只有当你发现这角度就是93°时，你才会心中有数.可见引入**度**的单位是有好处的.为了区别，就把弧长与半径之比称为以**弧度**为单位测该角所得的数.然而人们对如下问题感到困惑：角度既然有单位，不就有量纲吗？为什么又说角度是无量纲的量？我们在专著《量纲理论与应用》中给出了详细而有趣的讨论.由于缺乏某些基础知识，此处难以详述.

顺便一提，把物理公式一律理解为量的等式有时难免出现不自洽之处.例如，如果使用数的等式，振幅为3 A、角频率为314 s^{-1}、初相为$\pi/2$的简谐电流瞬时值可以表示为

$$i(t)=3\cos(314t+\pi/2)(\mathrm{A}),\tag{10-10}$$

这是十分清晰准确的：t代表数，$314t+\pi/2$自然也是数，放在cos号下正好合适.但若要用量的等式，则通常只能写成

$$i(t)=[3\cos(314t+\pi/2)]\mathrm{A}.\tag{10-11}$$

然而这是不自洽的，因为现在式中的t是一个量（例如可取$t=2$ s），与数314的乘积只能是量$314t=628$ s，它与后面的数（$\pi/2$）根本不能相加.为了自洽，看来只好不厌其烦地改写为

$$i(t)=[3\cos(314t/\mathrm{s}+\pi/2)]\mathrm{A},\tag{10-12}$$

但恐怕很少有人愿意接受这种虽然正确但却令人目眩的写法.

无论采用哪一种写法，当初相不是π的简单倍数时，人们更愿意用度而不是弧度为单位.例如，设初相为93°，式（10-10）右边的余弦便可写成$\cos(314t+93°)$，只要把93右上方的圆圈理解为一个数，即$°\equiv\pi/180$（数的等式！），则93°也是数（等于$93\pi/180$），与数$314t$自然可以相加.

在暂态过程的讨论中常把初始时刻表示为$t=0$，其实这也是数的等式（相应的量的等式应为$t=0$ s，但恐怕很少人愿意这样写）.类似的例子还有许多.总之，当读者在本书中发现不自洽的公式时，只要把式中的外文符号理解为数就不再有问题.

§10.2 国际单位制(SI)

由于不同的需要和历史的原因,工程与物理学中长期存在多种单位制并用的局面.考虑到这种局面所造成的诸多不便,国际计量委员会早就计划制定一种国际统一的单位制并为此做了长期和大量的工作.1960 年第十一届国际计量大会正式通过决议,把这一单位制命名为**国际单位制**,并规定其国际代号为"SI".后来的多届国际计量大会又对国际单位制做了补充,使之更臻完善.由于国际单位制的优越性很多,许多国家已经表示接受.我国国务院在 1977 年颁发的文件中就已规定在我国"逐步采用国际单位制",至今已取得令人瞩目的成效.

按照 1971 年国际计量委员会的建议,国际单位制包括"国际单位制单位"和"国际单位制词头"两大部分,分别介绍如下.

(1) 国际单位制单位.

国际单位制的基本单位共七个,见表 10-1(其中与电磁学有关的仅四个).国际单位制中具有专门名称的导出单位(包括辅助单位)见表 10-2.

表 10-1 国际单位制(SI)基本单位

量的名称	单位名称	单位符号	单位定义
时间	秒	s	当铯频率 Δv_{Cs},也就是铯-133 原子不受干扰的基态超精细跃迁频率,以单位 Hz 即 s^{-1} 表示时,将其固定数值取为 9 192 631 770 来定义秒。
长度	米	m	当真空中光速 c 以单位 $m\cdot s^{-1}$ 表示时,将其固定数值取为 299 792 458 来定义米,其中秒用 Δv_{Cs} 定义。
质量	千克(公斤)	kg	当普朗克常量 h 以单位 $J\cdot s$ 即 $kg\cdot m^2\cdot s^{-1}$ 表示时,将其固定数值取为 $6.626\ 070\ 15\times10^{-34}$ 来定义千克,其中米和秒分别用 c 和 Δv_{Cs} 定义。
电流	安[培]	A	当元电荷 e 以单位 C 即 $A\cdot s$ 表示时,将其固定数值取为 $1.602\ 176\ 634\times10^{-19}$ 来定义安培,其中秒用 Δv_{Cs} 定义。
热力学温度	开[尔文]	K	当玻耳兹曼常量 k 以单位 $J\cdot K^{-1}$ 即 $kg\cdot m^2\cdot s^{-2}\cdot K^{-1}$ 表示时,将其固定数值取为 $1.380\ 649\times10^{-23}$ 来定义开尔文,其中千克、米和秒分别用 h、c 和 Δv_{Cs} 定义。
物质的量	摩[尔]	mol	1 mol 精确包含 $6.022\ 140\ 76\times10^{23}$ 个基本单元。该数称为阿伏伽德罗数,为以单位 mol^{-1} 表示的阿伏伽德罗常量 N_A 的固定数值。一个系统的物质的量,符号为 ν,是该系统包含的特定基本单元数的量度。基本单元可以是原子、分子、离子、电子及其他任意粒子或粒子的特定组合。
发光强度	坎[德拉]	cd	当频率为 540×10^{12} Hz 的单色辐射的光视效能 K_{cd} 以单位 $lm\cdot W^{-1}$ 即 $cd\cdot sr\cdot W^{-1}$ 或 $cd\cdot sr\cdot kg^{-1}\cdot m^{-2}\cdot s^3$ 表示时,将其固定数值取为 683 来定义坎德拉,其中千克、米和秒分别用 h、c 和 Δv_{Cs} 定义。

表 10-2 国际单位制中具有专门名称的导出单位(包括辅助单位)

量的名称	单位名称	单位符号	有关关系式
[平面]角	弧度	rad	1 rad=1 m/m=1
立体角	球面度	sr	1 sr=1 m^2/m^2=1
频率	赫[兹]	Hz	1 Hz=1 s^{-1}
力	牛[顿]	N	1 N=1 kg·m/s^2
压强,应力	帕[斯卡]	Pa	1 Pa=1 N/m^2
能[量],功,热量	焦[耳]	J	1 J=1 N·m
功率,辐[射能]通量	瓦[特]	W	1 W=1 J/s
电荷[量]	库[仑]	C	1 C=1 A·s
电势(电位),电压,电动势	伏[特]	V	1 V=1 W/A
电容	法[拉]	F	1 F=1 C/V
电阻	欧[姆]	Ω	1 Ω=1 V/A
电导	西[门子]	S	1 S=1 Ω^{-1}
磁通[量]	韦[伯]	Wb	1 Wb=1 V·s
磁通[量]密度,磁感应强度	特[斯拉]	T	1 T=1 Wb/m^2
电感	亨[利]	H	1 H=1 Wb/A
摄氏温度	摄氏度	℃	1 ℃=1 K
光通量	流[明]	lm	1 lm=1 cd·sr
[光]照度	勒[克斯]	lx	1 lx=1 lm/m^2
[放射性]活度	贝可[勒尔]	Bq	1 Bq=1 s^{-1}
吸收剂量	戈[瑞]	Gy	1 Gy=1 J/kg
比授[予]能			
比释动能			
剂量当量	希[沃特]	Sv	1 Sv=1 J/kg

(2)国际单位制词头.

选择单位时,总希望与所测对象相差不太悬殊,以免测得的数太大或太小.但是,一个单位无法满足各个领域的不同要求.例如,安培在电工学(强电领域)中比较合适(甚至往往嫌小),而在电子学(弱电领域)中却常嫌过大.因此,有必要制定一套词头,用以构成 SI 单位的十进制倍数单位及分数单位.历届国际计量大会通过的国际单位制词头见表 10-3.

表 10-3 国际单位制(SI)词头

因数	词头名称		符号
	英文	中文	
10^{24}	yotta	尧[它]	Y
10^{21}	zetta	泽[它]	Z
10^{18}	exa	艾[可萨]	E
10^{15}	peta	拍[它]	P
10^{12}	tera	太[拉]	T
10^{9}	giga	吉[咖]	G
10^{6}	mega	兆	M
10^{3}	kilo	千	k
10^{2}	hecto	百	h
10^{1}	deca	十	da
10^{-1}	deci	分	d
10^{-2}	centi	厘	c
10^{-3}	milli	毫	m
10^{-6}	micro	微	μ
10^{-9}	nano	纳[诺]	n
10^{-12}	pico	皮[可]	p
10^{-15}	femto	飞[母托]	f
10^{-18}	atto	阿[托]	a
10^{-21}	zepto	仄[普托]	z
10^{-24}	yocto	幺[科托]	y

在 SI 基本单位中,质量单位千克是唯一由于历史原因在名称上带有词头“千”的.质量单位的十进制倍数单位及分数单位的名称,由在“克”字前加词头构成.

§10.3 电磁学的单位制

在电磁学及电动力学的书籍和文献中,长期存在多制并用的状态.用得最多的是 MKSA 有理制及高斯制.下面分别介绍这两种单位制.

10.3.1　MKSA 有理制

MKSA 有理制实际上是国际单位制中关于电磁学(包括力学)的部分,其基本量只有长度、质量、时间和电流四个,相应的基本单位则是 m、kg、s 和 A,见表 10-1.历史上,科学家曾经用两条载流导线间的相互作用力来定义安培.在尚未制定国际单位制时,毕-萨定律只能写成如下形式:

$$\mathrm{d}\boldsymbol{B}=K\frac{I\mathrm{d}\boldsymbol{l}\times\boldsymbol{e}_r}{r^2},\tag{10-13}$$

其中 K 是依赖于各量单位的比例常数.由此不难推出(见习题 5.6.1):设两条相距为 a 的无限长平行直导线载有 I_1 和 I_2 的电流,则导线 1 上长为 l 的一段受到来自导线 2 的安培力(大小)为

$$F=\frac{2KI_1I_2l}{a}.\tag{10-14}$$

令 $l=a=1\ \mathrm{m}$, $I_1=I_2$(记为 I),则

$$F=2KI^2.\tag{10-15}$$

调节 I 使 $F=2\times10^{-7}\mathrm{N}$,把这时每条导线的电流定义为 1 A.把 $I=1$ A 和 $F=2\times10^{-7}\mathrm{N}$ 代入式(10-15)得 $K=10^{-7}\mathrm{N/A^2}$.通常愿意用另一常量 μ_0 代替 K,两者关系为 $\mu_0\equiv4\pi K$,于是 $\mu_0=4\pi\times10^{-7}\mathrm{N/A^2}$,而且毕-萨定律改写为如下的常见形式:

$$\mathrm{d}\boldsymbol{B}=\frac{\mu_0}{4\pi}\frac{I\mathrm{d}\boldsymbol{l}\times\boldsymbol{e}_r}{r^2}.$$

至于 μ_0 的物理意义(真空磁导率),则是从上式出发讨论磁介质时发现的,见小节 7.1.3.

以上是关于 MKSA 制的基本单位.表 10-4 给出 MKSA 制中主要电磁学导出单位的名称、代号、定义方程、量纲式及其用基本单位表示的关系式.对此表要作如下四点说明.

(1) 可以看出,在每个导出单位的定义方程中,除该单位之外,其他各量的单位均已事先制定.小节 10.1.1 讲过,只有这样,这个等式才算是该导出单位的定义方程.例如,电容的单位 F(法拉)的定义方程为

$$C=\frac{q}{U},$$

其中电荷及电压的单位已先此而制定.

(2) 某导出单位的定义方程不一定是物理上给该量下定义的那个公式.量的定义与其单位的定义从原则上说来是两回事.例如,由表可知 $q=It$ 是电荷单位(C)的定义方程,但电荷作为一个物理量并不由此式定义(此式是电流的定义).某导出单位的定义方程也可能是一个物理定律而不是式中某物理量的定义,例如磁通单位的定义方程 $\mathscr{E}=-\mathrm{d}\Phi/\mathrm{d}t$ 实际是法拉第定律.在这定律确立之前,磁通、电动势、时间的概念早已建立.

(3) 同一导出单位可以选择不同的定义方程,只要所定义的单位一样.例如表中以 $\oiint\boldsymbol{D}\cdot\mathrm{d}\boldsymbol{S}=q_0$ 作为 $\boldsymbol{D}$ 单位的定义方程,但也可选 $\boldsymbol{D}=\varepsilon\boldsymbol{E}$ 作为 $\boldsymbol{D}$ 单位的定义方程(ε 及 $\boldsymbol{E}$ 的单位已先此而定义).读者可以验证这两个定义方程所定义的 $\boldsymbol{D}$ 单位一样.

表 10-4 MKSA 制中电磁学主要导出单位的名称、定义方程及量纲式

电磁学量	定义方程	量纲式	单位名称	单位代号		用基本单位表示的关系式	与某些导出单位的关系式
				中文	国际		
电荷 q	$q=It$	TI	库仑	库	C	s·A	
电荷体密度 ρ	$\rho=q/V$	$L^{-3}TI$	库仑每立方米	库/米^3	C/m^3	$m^{-3}\cdot s\cdot A$	
电荷面密度 σ	$\sigma=q/S$	$L^{-2}TI$	库仑每平方米	库/米^2	C/m^2	$m^{-2}\cdot s\cdot A$	
电压 U,电动势 $\mathscr{E}$	$U=W/q$	$L^2MT^{-3}I^{-1}$	伏特	伏	V	$m^2\cdot kg\cdot s^{-3}\cdot A^{-1}$	1V = 1J/C
电场强度 E	$E=-\Delta U/\Delta n$	$LMT^{-3}I^{-1}$	伏特每米	伏/米	V/m	$m\cdot kg\cdot s^{-3}\cdot A^{-1}$	1V/m = 1N/C
电容 C	$C=q/U$	$L^{-2}M^{-1}T^4I^2$	法拉	法	F	$m^{-2}\cdot kg^{-1}\cdot s^4\cdot A^2$	1F = 1C/V
介电常量 ε	$\varepsilon=\frac{Cd}{S}$	$L^{-3}M^{-1}T^4I^2$	法拉每米	法/米	F/m	$m^{-3}\cdot kg^{-1}\cdot s^4\cdot A^2$	1F/m = 1C^2/(N·m^2)
电位移 D	$\oiint \boldsymbol{D}\cdot d\boldsymbol{S}=q_0$	$L^{-2}TI$	库仑每平方米	库/米^2	C/m^2	$m^{-2}\cdot s\cdot A$	
电偶极矩 p	$p=ql$	LTI	库仑米	库米	C·m	$m\cdot s\cdot A$	
极化强度 P	$\boldsymbol{P}=\frac{\sum \boldsymbol{p}_i}{\Delta V}$	$L^{-2}TI$	库仑每平方米	库/米^2	C/m^2	$m^2\cdot s\cdot A$	
电阻 R	$R=U/I$	$L^2MT^{-3}I^{-2}$	欧姆	欧	Ω	$m^2\cdot kg\cdot s^{-3}\cdot A^{-2}$	1Ω = 1V/A
电阻率 ρ	$R=\rho\frac{l}{S}$	$L^3MT^{-3}I^{-2}$	欧姆米	欧米	Ω·m	$m^3\cdot kg\cdot s^{-3}\cdot A^{-2}$	
功率 P	$P=W/t$	L^2MT^{-3}	瓦特	瓦	W	$m^2\cdot kg\cdot s^{-3}$	1W = 1J/s = 1VA

续表

电磁学量	定义方程	量纲式	单位名称	单位代号		用基本单位表示的关系式	与某些导出单位的关系式
				中文	国际		
电导 G	$G=1/R$	$L^{-2}M^{-1}T^{3}I^{2}$	西门子	西	S	$m^{-2}\cdot kg^{-1}\cdot s^{3}\cdot A^{2}$	$1S=1A/V$
电导率 γ	$\gamma=1/\rho$	$L^{-3}M^{-1}T^{3}I^{2}$	西门子每米	西/米	S/m	$m^{-3}\cdot kg^{-1}\cdot s^{3}\cdot A^{2}$	
磁感应强度 B	$B=\frac{F}{Il}$(安培力公式)	$MT^{-2}I^{-1}$	特斯拉	特	T	$kg\cdot s^{-2}\cdot A^{-1}$	$1T=1Wb/m^{2}$
磁感应通量 Φ	$\Phi=BS$	$L^{2}MT^{-2}I^{-1}$	韦伯	韦	Wb	$m^{2}\cdot kg\cdot s^{-2}\cdot A^{-1}$	$1Wb=1V\cdot s$
磁矩 p_m	$p_m=IS$	$L^{2}I$	安培平方米	安·米^2	$A\cdot m^{2}$	$m^{2}\cdot A$	
磁化强度 M	$\boldsymbol{M}=\frac{\sum \boldsymbol{p}_m}{\Delta V}$	$L^{-1}I$	安培每米	安/米	A/m	$m^{-1}\cdot A$	
磁场强度 H	$\oint \boldsymbol{H}\cdot d\boldsymbol{l}=I_0$	$L^{-1}I$	安培每米	安/米	A/m	$m^{-1}\cdot A$	
自感 L	$L=\Phi/I$	$L^{2}MT^{-2}I^{-2}$	亨利	亨	H	$m^{2}\cdot kg\cdot s^{-2}\cdot A^{-2}$	$1H=1Wb/A$
磁导率 μ	$L=\mu n^{2}V$	$LMT^{-2}I^{-2}$	亨利每米	亨/米	H/m	$m\cdot kg\cdot s^{-2}\cdot A^{-2}$	$1H/m=1N/A^{2}$
磁阻 R_m	$R_m=\frac{l}{\mu S}$	$L^{-2}M^{-1}T^{2}I^{2}$	每亨利	1/亨	1/H	$m^{-2}\cdot kg^{-1}\cdot s^{2}\cdot A^{2}$	
磁动势 $\mathscr{E}_m$	$\mathscr{E}_m=NI$	I	安培匝	安匝	A		

(4) 介电常量 ε 是一个物理量,其 SI 单位(F/m)的定义方程 $\varepsilon=Cd/S$ 是由平板电容器的电容公式 $C=\varepsilon S/d$ 改写的①.可以这样想象这个单位:令两块面积为 1 m^2 的平行板相距 1 m,它们之间便有一个电容.在板间充以均匀电介质,电容便增大,如果充入某种均匀电介质后恰使电容增至 1 F,这种电介质的介电常量就被选为介电常量的国际单位制单位.此单位无专门名称,可记为F/m.在国际单位制中,任何电介质的介电常量都要用这个单位去测量,用这个单位测量真空(看作一种特殊电介质)的介电常量所得的近似值为 8.9×10^{-12},所以 $\varepsilon_0\approx8.9\times10^{-12}\,\mathrm{F/m}$.请注意此式是近似等式而 $\mu_0=4\pi\times10^{-7}\ \mathrm{N/A^2}$ 是准确等式.

10.3.2 高斯制

高斯制是在研究电磁理论的过程中逐渐演变而来的一种单位制,由于优点很多,曾被许多物理学家所采用,在相当长的一个时期内流行于电磁学及电动力学的书籍文献中.迄今仍有大量国外书刊文献采用高斯制.为减少读者在阅读这些书刊文献时的困难,本小节介绍高斯制的主要特点并列表给出主要电磁学公式在高斯制中的形式(见表10-5、表 10-6)及主要电磁学量在两种单位制中的单位的关系(见表 10-7).

表 10-5 MKSA 有理制和高斯制中电磁学常用公式对照表

公式名称	MKSA 有理制	高斯制
库仑定律(真空)	$F=\dfrac{1}{4\pi\varepsilon_0}\dfrac{q_1q_2}{r^2}$	$F=\dfrac{q_1q_2}{r^2}$
点电荷的电场强度(真空)	$E=\dfrac{1}{4\pi\varepsilon_0}\dfrac{q}{r^2}$	$E=\dfrac{q}{r^2}$
平板电容器内电场强度(真空)	$E=\dfrac{\sigma}{\varepsilon_0}$	$E=4\pi\sigma$
平板电容器内电场强度(电介质)	$E=\dfrac{\sigma}{\varepsilon_r\varepsilon_0}=\dfrac{\sigma}{\varepsilon}$	$E=\dfrac{4\pi\sigma}{\varepsilon}$
点电荷的电势(真空)	$V=\dfrac{1}{4\pi\varepsilon_0}\dfrac{q}{r}$	$V=\dfrac{q}{r}$
平板电容器的电容(真空)	$C=\varepsilon_0\dfrac{S}{d}$	$C=\dfrac{S}{4\pi d}$
平板电容器的电容(电介质)	$C=\varepsilon_r\varepsilon_0\dfrac{S}{d}=\varepsilon\dfrac{S}{d}$	$C=\dfrac{\varepsilon S}{4\pi d}$
电偶极矩	$p=ql$	$p=ql$
极化强度	$\boldsymbol{P}=\sum\boldsymbol{p}_i/\Delta V$	$\boldsymbol{P}=\sum\boldsymbol{p}_i/\Delta V$
$\boldsymbol{E}$、$\boldsymbol{D}$、$\boldsymbol{P}$ 之间的关系	$\boldsymbol{D}=\varepsilon_0\boldsymbol{E}+\boldsymbol{P}$	$\boldsymbol{D}=\boldsymbol{E}+4\pi\boldsymbol{P}$
ε_r 与 χ 的关系	$\varepsilon_r=1+\chi$	$\varepsilon=\varepsilon_r=1+4\pi\chi$

① ε 的 SI 单位也可由其他定义方程定义,请参阅《拓展篇》专题 24.

续表

公式名称	MKSA 有理制	高斯制
欧姆定律(不含源电路)	$U=IR$	$U=IR$
欧姆定律(含源电路)	$\mathscr{E}=U+IR$	$\mathscr{E}=U+IR$
洛伦兹力公式	$\boldsymbol{F}=q(\boldsymbol{E}+\boldsymbol{v}\times\boldsymbol{B})$	$\boldsymbol{F}=q\left(\boldsymbol{E}+\frac{1}{c}\boldsymbol{v}\times\boldsymbol{B}\right)$
毕奥-萨伐尔定律(真空)	$\mathrm{d}\boldsymbol{B}=\frac{\mu_0}{4\pi}\frac{I\mathrm{d}\boldsymbol{l}\times\boldsymbol{e}_r}{r^2}$	$\mathrm{d}\boldsymbol{B}=\frac{1}{c}\frac{I\mathrm{d}\boldsymbol{l}\times\boldsymbol{e}_r}{r^2}$
平行载流直导线相互作用力	$\frac{F}{l}=\frac{\mu_0}{2\pi}\frac{I_1I_2}{a}$	$\frac{F}{l}=\frac{1}{c^2}\frac{2I_1I_2}{a}$
螺线管磁场强度	$H=nI$	$H=\frac{4\pi}{c}nI$
螺线管磁感应强度	$B=\mu_r\mu_0nI=\mu nI$	$B=\frac{4\pi}{c}\mu nI$
法拉第定律	$\mathscr{E}=-\frac{\mathrm{d}\Phi}{\mathrm{d}t}$	$\mathscr{E}=-\frac{1}{c}\frac{\mathrm{d}\Phi}{\mathrm{d}t}$
螺线管自感	$L=\mu_r\mu_0n^2V=\mu n^2V$	$L=4\pi\mu n^2V$
电流环的磁矩	$m=IS$	$m=\frac{1}{c}IS$
磁化强度	$\boldsymbol{M}=\sum\boldsymbol{p}_{mi}/\Delta V$	$\boldsymbol{M}=\sum\boldsymbol{p}_{mi}/\Delta V$
$\boldsymbol{B}$、$\boldsymbol{H}$、$\boldsymbol{M}$ 之间的关系	$\boldsymbol{B}=\mu_0(\boldsymbol{H}+\boldsymbol{M})$	$\boldsymbol{B}=\boldsymbol{H}+4\pi\boldsymbol{M}$
μ_r 与 χ_m 的关系	$\mu_r=1+\chi_m$	$\mu=\mu_r=1+4\pi\chi_m$
电场能量密度	$w_e=\frac{1}{2}\boldsymbol{D}\cdot\boldsymbol{E}=\frac{1}{2}\varepsilon_r\varepsilon_0E^2$ $=\frac{1}{2}\varepsilon E^2$	$w_e=\frac{1}{8\pi}\boldsymbol{D}\cdot\boldsymbol{E}=\frac{1}{8\pi}\varepsilon E^2$
磁场能量密度	$w_m=\frac{1}{2}\boldsymbol{B}\cdot\boldsymbol{H}=\frac{1}{2}\mu_r\mu_0H^2$ $=\frac{1}{2}\mu H^2$	$w_m=\frac{1}{8\pi}\boldsymbol{B}\cdot\boldsymbol{H}=\frac{1}{8\pi}\mu H^2$
坡印廷矢量	$\boldsymbol{Y}=\boldsymbol{E}\times\boldsymbol{H}$	$\boldsymbol{Y}=\frac{c}{4\pi}(\boldsymbol{E}\times\boldsymbol{H})$

续表

公式名称	MKSA 有理制	高斯制
麦克斯韦方程组	$\oiint \boldsymbol{D}\cdot \mathrm{d}\boldsymbol{S} = q_0$ $\oint \boldsymbol{E}\cdot \mathrm{d}\boldsymbol{l} = -\iint \frac{\partial \boldsymbol{B}}{\partial t}\cdot \mathrm{d}\boldsymbol{S}$ $\oiint \boldsymbol{B}\cdot \mathrm{d}\boldsymbol{S} = 0$ $\oint \boldsymbol{H}\cdot \mathrm{d}\boldsymbol{l}$ $= \iint\left(\boldsymbol{J}_0 + \frac{\partial \boldsymbol{D}}{\partial t}\right)\cdot \mathrm{d}\boldsymbol{S}$	$\oiint \boldsymbol{D}\cdot \mathrm{d}\boldsymbol{S} = 4\pi q_0$ $\oint \boldsymbol{E}\cdot \mathrm{d}\boldsymbol{l} = -\frac{1}{c}\iint \frac{\partial \boldsymbol{B}}{\partial t}\cdot \mathrm{d}\boldsymbol{S}$ $\oiint \boldsymbol{B}\cdot \mathrm{d}\boldsymbol{S} = 0$ $\oint \boldsymbol{H}\cdot \mathrm{d}\boldsymbol{l}$ $= \frac{4\pi}{c}\iint\left(\boldsymbol{J}_0 + \frac{1}{4\pi}\frac{\partial \boldsymbol{D}}{\partial t}\right)\cdot \mathrm{d}\boldsymbol{S}$

表 10-6　主要电磁学量在高斯制中的量纲式及单位名称

电磁学量	量纲式	单位名称
电荷 q	$\mathrm{L}^{\frac{3}{2}}\mathrm{M}^{\frac{1}{2}}\mathrm{T}^{-1}$	静库或 CGSE(q)
电流 I	$\mathrm{L}^{\frac{3}{2}}\mathrm{M}^{\frac{1}{2}}\mathrm{T}^{-2}$	CGSE(I)
电场强度 E	$\mathrm{L}^{-\frac{1}{2}}\mathrm{M}^{\frac{1}{2}}\mathrm{T}^{-1}$	CGSE(E)
电位移 D	$\mathrm{L}^{-\frac{1}{2}}\mathrm{M}^{\frac{1}{2}}\mathrm{T}^{-1}$	CGSE(D)
极化强度 P	$\mathrm{L}^{-\frac{1}{2}}\mathrm{M}^{\frac{1}{2}}\mathrm{T}^{-1}$	CGSE(P)
电势 V	$\mathrm{L}^{\frac{1}{2}}\mathrm{M}^{\frac{1}{2}}\mathrm{T}^{-1}$	静伏或 CGSE(V)
电容 C	L	CGSE(C)
介电常量 ε	1	—
电阻 R	$\mathrm{L}^{-1}\mathrm{T}$	CGSE(R)
磁感应强度 B	$\mathrm{L}^{-\frac{1}{2}}\mathrm{M}^{\frac{1}{2}}\mathrm{T}^{-1}$	高斯
磁化强度 M	$\mathrm{L}^{-\frac{1}{2}}\mathrm{M}^{\frac{1}{2}}\mathrm{T}^{-1}$	CGSM(M)
磁场强度 H	$\mathrm{L}^{-\frac{1}{2}}\mathrm{M}^{\frac{1}{2}}\mathrm{T}^{-1}$	奥斯特
磁感应通量 Φ	$\mathrm{L}^{\frac{3}{2}}\mathrm{M}^{\frac{1}{2}}\mathrm{T}^{-1}$	麦克斯韦
磁导率 μ	1	—
电感 L	L	CGSM(L)

表 10-7 主要电磁学量的 MKSA 制和高斯制单位的关系

电磁学量	单位关系
电荷 q	1 库 = $\tilde{3}.0\times10^9$ 静库
电流 I	1 安 = $\tilde{3}.0\times10^9$ CGSE(I)
电势 V 及电动势 $\mathscr{E}$	1 伏 = $\frac{1}{\tilde{3}\times10^2}$ 静伏
电场强度 E	1 伏/米 = $\frac{1}{\tilde{3}.0\times10^4}$ CGSE(E)
极化强度 P	1 库/米^2 = $\tilde{3}\times10^5$ CGSE(P)
电位移 D	1 库/米^2 = $\tilde{3}\times4\pi\times10^5$ CGSE(D)
电容 C	1 法 = $\tilde{9}.0\times10^{11}$ CGSE(C)
电阻 R	1 欧 = $\frac{1}{\tilde{9}.0\times10^{11}}$ CGSE(R)
磁感应强度 B	1 特 = 10^4 高斯
磁感应通量 Φ	1 韦 = 10^8 麦克斯韦
磁化强度 M	1 安/米 = 10^{-3} CGSM(M)
磁场强度 H	1 安/米 = $4\pi\times10^{-3}$ 奥斯特
电感 L	1 亨 = 10^9 CGSM(L)
极化率 χ_e 及磁化率 χ_m	量纲为一，在 MKSA 制中的数值为高斯制中的 4π 倍

高斯制有以下主要特点.

(1) 高斯制的基本量是长度、质量和时间，基本单位是 cm、g 和 s.它是从力学的 CGS 制(厘米·克·秒制)发展起来的.在高斯制中，一切力学量的单位都与 CGS 制相同.

(2) 把力学的 CGS 制推广至电磁学有两种方法，从而在历史上形成了两种单位制——CGSE 制(绝对静电制)和 CGSM 制(绝对电磁制).两者各有优缺点.在电学范围内，CGSE 制公式较简单；在磁学范围内，CGSM 制公式较简单.高斯制实际上是两者的混合制，它规定所有电学量采用 CGSE 制单位而所有磁学量采用 CGSM 制单位，从而兼顾了两者的优点——只含电学量的公式及只含磁学量的公式都比较简单.当公式中既有电学量(如 q、I 等)又有磁学量(如 B、Φ 等)时，虽然可能出现不为 1 的系数，但这系数在多数情况下为 $c=\tilde{3}\times10^{10}$，即是以 cm/s 为单位测真空中的光速所得的数，故亦不难记住.

(3) 在高斯制中，介电常量和磁导率都是量纲为一的量，真空介电常量 ε_0 及真空磁导率 μ_0 都为 1，因此无须区分"绝对"和"相对"介电常量或磁导率.

10.3.3 物理公式在不同单位制之间的转换

小节 10.1.1 讲过，同一物理规律在不同单位制中可能有不同的数值表达式.本节通过举例介绍一种方法，使读者可以根据物理规律在某一单位制的数值表达式找到另一单位制的数值表达式，这可称为"物理公式在不同单位制之间的转换"(简称"公式转换").熟悉公式转换方法有重要意义.本书所有电磁学规律都只给出在国际单位制的公式,如果计算时已知量的数值都是用高斯制单位的测得值,虽然可以先逐一换算为国际单位制单位的数值,但若能直接代入高斯制的公式,解题往往更为迅速.此外,还有不少国外书刊文献仍用高斯制公式,为了看懂和熟悉它们,往往需要自己动手进行国际单位制与高斯制之间的公式转换.

例 1 把法拉第定律的公式从国际单位制形式转换至高斯制形式.

解:为明确起见,在法拉第定律的国际单位制公式各字母下注以下标"国",表明这些字母代表用国际单位制单位测量各该量所得的数:

$$\mathscr{E}_{国}=-\frac{\mathrm{d}\Phi_{国}}{\mathrm{d}t_{国}}. \tag{10-16}$$

由表 10-7 所列各量在两制中单位的关系,注意到式(10-1′),用下标"高"代表用高斯制单位测得的数,有

$$\frac{\mathscr{E}_{国}}{\mathscr{E}_{高}}=\frac{高斯制电动势单位}{\mathrm{V}}=\tilde{3}\times10^{2},\quad \frac{\Phi_{国}}{\Phi_{高}}=\frac{麦克斯韦}{\mathrm{Wb}}=10^{-8},\quad \frac{t_{国}}{t_{高}}=\frac{\mathrm{s}}{\mathrm{s}}=1,$$

代入式(10-16)化简得

$$\mathscr{E}_{高}=-\frac{1}{\tilde{3}\times10^{10}}\frac{\mathrm{d}\Phi_{高}}{\mathrm{d}t_{高}}=-\frac{1}{c_{高}}\frac{\mathrm{d}\Phi_{高}}{\mathrm{d}t_{高}},$$

其中 $c_{高}$ 是用高斯制速度单位(cm/s)测真空中光速所得的数.略去下标,便得法拉第定律在高斯制的数值表达式

$$\mathscr{E}=-\frac{1}{c}\frac{\mathrm{d}\Phi}{\mathrm{d}t}.$$

例 2 把真空中点电荷电场强度公式从国际单位制形式转换至高斯制形式.

解:国际单位制的点电荷电场强度公式为

$$E_{国}=\frac{1}{4\pi\varepsilon_{0国}}\frac{q_{国}}{r_{国}^{2}}=k_{国}\frac{q_{国}}{r_{国}^{2}}, \tag{10-17}$$

其中 $k_{国}$ 是库仑定律表达式右边的系数,$k_{国}=\tilde{9}\times10^{9}$(见第 5 页中部左侧),由表 10-7 得

$$\frac{E_{国}}{E_{高}}=\frac{高斯制电场强度单位}{\mathrm{Vm^{-1}}}=\tilde{3}\times10^{4},\quad \frac{q_{国}}{q_{高}}=\frac{\mathrm{SC}}{\mathrm{C}}=\frac{1}{\tilde{3}\times10^{9}},\quad \frac{r_{国}}{r_{高}}=\frac{\mathrm{cm}}{\mathrm{m}}=10^{-2},$$

代入式(10-17)化简得

$$E_{高}=\frac{q_{高}}{r_{高}^{2}},$$

故高斯制中的点电荷电场强度公式为

$$E=\frac{q}{r^{2}}.$$

例 3 把螺线管内磁场 B 的表达式从国际单位制形式转换至高斯制形式.

解:充有均匀磁介质的无限长螺线管内磁场 B 的国际单位制公式为

$$B_{国}=\mu_{0国}\mu_{r}n_{国}I_{国}, \tag{10-18}$$

其中 $\mu_{0国}$ 是用磁导率的国际单位制单位测真空磁导率所得的数,其值为

$$\mu_{0国}=4\pi\times10^{-7},$$

μ_r 是管内磁介质的相对磁导率.由表 10-7 得

$$\frac{B_{国}}{B_{高}}=\frac{高斯}{T}=10^{-4},\quad \frac{n_{国}}{n_{高}}=\frac{cm^{-1}}{m^{-1}}=10^2,\quad \frac{I_{国}}{I_{高}}=\frac{高斯制电流单位}{A}=\frac{1}{\tilde{3}\times10^9},$$

代入式(10-18)化简得

$$B_{高}=\frac{4\pi}{\tilde{3}\times10^{10}}\mu_r n_{高} I_{高}=\frac{4\pi}{c_{高}}\mu_r n_{高} I_{高},$$

注意到高斯制中相对磁导率等于磁导率,得螺线管内磁场 B 的高斯制公式

$$B=\frac{4\pi}{c}\mu nI.$$

以上三例虽然都是从国际单位制公式转换到高斯制公式,但不难由此学会从任一单位制到另一单位制的公式转换.由以上三例还可看出,为了实现两制之间的公式转换,必须知道公式涉及的各量在两制中的单位之间的关系.

例 4　把库仑定律的 q_1 和 q_2 都取为 q,从它的高斯制形式

$$f_{高}=\frac{q_{高}^2}{r_{高}^2}\tag{10-19}$$

和国际单位制形式

$$f_{国}=k_{国}\frac{q_{国}^2}{r_{国}^2}\tag{10-20}$$

出发,通过单位变换求出 $k_{国}$ 和 $\varepsilon_{0国}$ 的数值[已知 $\varepsilon_{0国}=(4\pi k_{国})^{-1}$].

解:因为式(10-20)中各量单位已分别指定为 N(牛顿)、C(库仑)和 m(米),所以 $k_{国}$ 不能再任意指定而只能由计算求得.因为 1 N=10^5 dyn(达因),1C=$\tilde{3}\times10^9$SC(静库)(请特别注意 $\tilde{3}\equiv2.997\ 924\ 58$),1 m=$10^2$ cm,所以 $f_{高}=10^5 f_{国}$,$q_{高}=\tilde{3}\times10^9 q_{国}$,$r_{高}=10^2 r_{国}$,代入式(10-19)得

$$10^5 f_{国}=\frac{(\tilde{3}\times10^9 q_{国})^2}{(10^2 r_{国})^2},$$

于是

$$f_{国}=(10^{-5}\times\tilde{9}\times10^{18}\times10^{-4})\frac{q_{国}^2}{r_{国}^2}=(\tilde{9}\times10^9)\frac{q_{国}^2}{r_{国}^2},$$

将上式与式(10-20)对比便得

$$k_{国}=\tilde{9}\times10^9=(2.997\ 924\ 58)^2\times10^9,$$

因而

$$\varepsilon_{0国}=\frac{1}{4\pi k_{国}}=\frac{1}{4\pi\times(2.997\ 924\ 58)^2\times10^9}\approx8.85\times10^{-12}.$$

习　题

10.1.1　用量纲式验证下列等式的正误:

(1) $\boldsymbol{\Phi}=\boldsymbol{B}\cdot\boldsymbol{S}$;

(2) $q=C\mathscr{E}(1-e^{-\frac{C}{R}t})$.

10.1.2 验证下列各式中各项在 MKSA 制中的量纲相等：

(1) $\boldsymbol{F}=q(\boldsymbol{E}+\boldsymbol{v}\times\boldsymbol{B})$；

(2) $U=IR$；

(3) $w_{\mathrm{m}}=\frac{1}{2}\boldsymbol{B}\cdot\boldsymbol{H}$；

(4) $\boldsymbol{Y}=\boldsymbol{E}\times\boldsymbol{H}$（$\boldsymbol{Y}$ 为坡印廷矢量）；

10.1.3 求电阻的国际单位制单位与高斯制单位的关系（电压及电流在两制中的单位关系可由表 10-7 查得）.

10.1.4 把安培力公式的国际单位制形式 $\mathrm{d}\boldsymbol{F}=I\mathrm{d}\boldsymbol{l}\times\boldsymbol{B}$ 简写为 $F=IlB$，并理解为数的等式.为了适应各量采用其他单位的情况，可在等式右边加一常系数 k，即写成 $F=kIlB$.试就下表的 4 种单位配合求出 k 值填入表中.

	F	I	l	B	k
(1)	达因	安培	厘米	高斯	
(2)	达因	安培	米	高斯	
(3)	牛顿	CGSE(I)	米	特斯拉	
(4)	牛顿	安培	厘米	特斯拉	

10.1.5 在下表中的“是否成立”栏内填“是”或“否”.在填“否”的行中的“附注”栏内写上在该制中的公式形式.

	公式	单位制	是否成立	附注
(1)	$U=IR$	高斯制		
(2)	$B=4\pi\mu nI$	高斯制		
(3)	$\oiint \boldsymbol{E}\cdot\mathrm{d}\boldsymbol{S}=4\pi q$	国际单位制		
(4)	$\oint \boldsymbol{H}\cdot\mathrm{d}\boldsymbol{l}=4\pi I_0$	高斯制		
(5)	$\mathscr{E}=U+IR$	国际单位制		
(6)	$\boldsymbol{E}=\frac{q}{r^2}\boldsymbol{e}_r$	国际单位制		
(7)	$\boldsymbol{F}=q\boldsymbol{v}\times\boldsymbol{B}$	高斯制		

10.1.6 若磁场强度 H 的单位用奥斯特，电流 I 的单位用安培，长度的单位用厘米，试证在这种单位配合下螺线管内的 H 的数值表达式为 $H=0.4\pi nI$.

10.1.7 (1) 利用表 10-7 从 MKSA 制的电容公式 $C=\varepsilon_0 S/d$ 推出此物理规律在高斯制的表达式；

(2) 已知电容公式在国际单位制和高斯制中分别为 $C=\varepsilon_0 S/d$ 和 $C=S/4\pi d$，问 1 F=？CGSE(C)；

(3) 若平板电容器的极板面积为 0.4 m^2，板间距离为 1 cm，分别用两种单位制的公式求出该电容器在真空中的电容[说明它等于多少 F 及多少 CGSE(C)].

10.1.8 以下各式都是物理规律在 MKSA 制的数值表达式，试利用表 10-7 把它们转换为高斯制的数值表达式：

(1) $\boldsymbol{D}$ 的高斯定理 $\oiint \boldsymbol{D}\cdot\mathrm{d}\boldsymbol{S}=q_0$；

(2) $\boldsymbol{B}$ 的环流定理 $\oint \boldsymbol{B}\cdot\mathrm{d}\boldsymbol{l}=\mu_0 I$；

(3) 螺线管磁场强度 $H=nI_0$；

（4）电场能量密度 $w_e=\frac{1}{2}\boldsymbol{D}\cdot\boldsymbol{E}$.

10.1.9　以下各式都是物理规律在高斯制的数值表达式，试利用表 10-7 把它们转换为 MKSA 制的数值表达式：

（1）电磁感应定律 $\mathscr{E}=-\frac{1}{c}\frac{\mathrm{d}\Phi}{\mathrm{d}t}$;

（2）螺线管自感 $L=4\pi\mu n^2V$;

（3）真空中的库仑定律 $F=\frac{q_1q_2}{r^2}$.

索　　引

部分习题答案

详细解题方法参见
《普通物理学教程
电磁学　习题分析与解答》

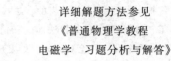

郑重声明

读者意见反馈

为收集对本书的意见建议，进一步完善本书编写并做好服务工作，读者可将对本书的意见建议通过如下渠道反馈至我社。

咨询电话　400-810-0598

反馈邮箱　hepsci@pub. hep. cn

通信地址　北京市朝阳区惠新东街4号富盛大厦1座

高等教育出版社理科事业部

邮政编码　100029

防伪查询说明

用户购书后刮开封底防伪涂层，使用手机微信等软件扫描二维码，会跳转至防伪查询网页，获得所购图书详细信息。

防伪客服电话　(010)58582300